民用建筑设计常见技术问题释疑

（第二版）

杨金铎　杨洪波　编著

中国建筑工业出版社

图书在版编目（CIP）数据

民用建筑设计常见技术问题释疑/杨金铎，杨洪波编著．—2版．—北京：中国建筑工业出版社，2015.11

ISBN 978-7-112-18487-3

Ⅰ.①民… Ⅱ.①杨… ②杨… Ⅲ.①民用建筑-建筑设计 Ⅳ.①TU24

中国版本图书馆CIP数据核字（2015）第225432号

责任编辑：张 建
责任校对：陈晶晶 刘梦然

民用建筑设计常见技术问题释疑
（第二版）
杨金铎 杨洪波 编著
*
中国建筑工业出版社出版、发行（北京西郊百万庄）
各地新华书店、建筑书店经销
北京红光制版公司制版
北京市密东印刷有限公司印刷
*
开本：787×1092毫米 1/16 印张：33½ 字数：580千字
2016年3月第二版 2016年3月第二次印刷
定价：**78.00**元
ISBN 978-7-112-18487-3
（27756）

第二版前言

在民用建筑设计中遇到的各类问题大多源自于设计人员对规范的不熟悉或理解得不够深刻，理解规范、运用规范解决各类技术问题是建筑设计人员不得不解决的问题。本书正是这样一本帮助建筑师解答工作中常见的各类技术问题，进而，帮助其加深对规范的理解、记忆和运用的工具书。

本书包含建筑设计和建筑构造与装修两大部分。释疑的依据是现行规范，特别是新规范及相关技术资料（资料搜集的截止日期是 2013 年 6 月 1 日）。建筑设计部分主要包括建筑材料与构件、建筑设计常见问题、地下工程防水、抗震设计、保温与节能设计、建筑结构防火设计、建筑装修防火设计，以及室内环境（采光、通风、防热、隔声、遮阳）设计等内容。建筑构造与装修部分主要包括墙身（幕墙）、地面与楼面（路面）、楼梯、电梯、自动扶梯与自动人行道、台阶与坡道、阳台与防护栏杆、门窗、屋面、吊顶等构造部分，以及建筑装修技术中的室内环境污染控制、抹灰工程、门窗工程、玻璃工程、吊顶工程、轻质隔断工程、墙面工程、涂饰工程、裱糊工程、地面辐射供暖工程等内容。

本次调整、修订的搜集资料截止日期是 2015 年 10 月 1 日。与 2013 年版相比，本次增加和修改了以下规范和规程的相关内容：

1. 新增加的内容有：

1）《智能建筑设计标准》GB/T 50314—2006

2）《智能建筑工程质量验收规范》GB 50339—2013

3）《采光顶与金属屋面技术规程》JGJ 255—2012

4）《住宅室内防水工程技术规范》JGJ 298—2013

5）《绿色建筑评价标准》GB/T 50378—2014

6）《建筑屋面雨水排水系统技术规程》CJJ 142—2014

7）《防火卷帘》GB 10142—2005

8）《公共建筑吊顶工程技术规程》JGJ 345 — 2014

9）《泡沫混凝土应用技术规程》JGJ/T 341—2014

2. 由于规范修订而修改的内容有：

1）《饮食建筑设计规范》JGJ 64—89

2）《居住建筑节能设计标准》DB 11/891—2012

3）《养老设施建筑设计规范》GB 50867—2013

4）《建筑模数协调标准》GB/T 50002—2013

5）《建筑工程建筑面积计算规范》GB/T 50353—2013

6）《建筑地面设计规范》GB 50037—2013

7）《种植屋面工程技术规范》JGJ 155 — 2013

8）《建筑设计防火规范》GB 50016—2014

9)《商店建筑设计规范》JGJ 48—2014

10)《建筑轻质条板隔墙技术规程》JGJ/T 157—2014

11)《旅馆建筑设计规范》JGJ 62 — 2014

12)《文化馆建筑设计规范》JGJ/T 41 — 2014

13)《民用建筑工程室内环境污染控制规范》GB 50325—2010（2013年版）

14)《汽车库、修车库、停车场设计防火规范》GB 50067—2014

15)《公共建筑节能设计标准》GB 50189—2015

16)《外墙饰面砖工程施工及验收规程》JGJ 126—2015

本书汇集了113本现行规范、标准、规程及标准图，并以此为依据梳理了323个常见技术问题，以文字叙述为主，以表格、插图为辅进行了分析、解答。本书资料丰富、内容翔实、分类明确、便于查找。

本书可以作为建筑设计人员日常工作的案头用书、建筑院校建筑设计教学参考用书和报考注册建筑师建筑设计和建筑构造的备考用书。

参加本书资料搜集和编写的人员有汪裕生、杨红、胡国齐、胡翰元同志，特此致谢。

目　　录

第一部分　建　筑　设　计

第一部分

建　筑　设　计

一、基 本 规 定

（一）建 筑 分 类

1. 民用建筑按功能不同如何进行分类?

《民用建筑设计术语标准》GB/T 50504—2009 规定，民用建筑是供人们居住和进行各种公共活动的建筑的总称。它包括：

1）居住建筑

供人们居住使用的建筑，常见的类型有：住宅、宿舍等。

2）公共建筑

供人们进行各种公共活动的建筑，常见的类型有：

（1）办公建筑，包括政府办公、司法办公、企事业办公、科研办公、社区办公、其他办公建筑等。

（2）教育建筑，包括托儿所建筑、幼儿园建筑、中小学建筑、高等院校建筑、职业教育建筑、特殊教育建筑等。

（3）医疗康复建筑，包括综合医院、专科医院、疗养院、康复中心、急救中心和其他所有与医疗、康复有关的建筑等。

（4）福利及特殊服务建筑，包括福利院、敬（安、养）老院、老年护理院、老年住宅、残疾人综合服务设施、残疾人托养中心、残疾人体训中心及其他残疾人集中或使用频率较高的建筑等。

（5）体育建筑，包括用于体育比赛（训练）、体育教学、体育休闲的体育场馆和场地设施等。

（6）文化建筑，包括文化馆、活动中心、图书馆、档案馆、纪念馆、纪念塔、纪念碑、宗教建筑、博物馆、展览馆、科技馆、艺术馆、美术馆、会展中心、剧场、音乐厅、电影院、会堂、演艺中心等。

（7）商业服务建筑，包括各类百货店、购物中心、超市、专卖店、专业店、餐饮建筑、旅馆等商业建筑，银行、证券等金融服务建筑，邮局、电信局等邮电建筑及娱乐建筑等。

（8）交通建筑，包括各类长途汽车站建筑、高速公路服务区建筑、公共停车场等。

（9）公共厕所建筑，包括独立式厕所、附属式公共厕所等。

（二）建筑层数与高度

2. 建筑层数与建筑高度是如何确定的?

1）建筑层数

建筑层数指的是建筑物的自然楼层数。《建筑设计防火规范》GB 50016—2014 规定：

下列空间可不计入建筑层数：

（1）室内顶板面高出室外设计地面的高度不大于1.5m的地下或半地下室；

（2）设置在建筑底部且室内高度不大于2.2m的自行车库、储藏室、敞开空间；

（3）建筑屋顶上突出的局部设备用房、出屋面的楼梯间等。

2）建筑高度

（1）《民用建筑设计术语标准》GB/T 50504—2009规定：

建筑高度指的是建筑物室外地面到建筑物屋面、檐口或女儿墙的高度。

（2）《民用建筑设计通则》GB 50352—2005规定：

① 平屋顶应按建筑物室外地面至其屋面面层或女儿墙顶点的高度计算。

② 坡屋顶应按建筑物室外地面至屋檐和屋脊的平均高度计算。下列突出物不计入建筑高度内：

a. 局部突出屋面的楼梯间、电梯机房、水箱间等辅助用房占屋顶平面面积不超过1/4者；

b. 突出屋面的通风道、烟囱、装饰构件、花架、通信设施等；

c. 空调冷却塔等设备。

（3）《建筑设计防火规范》GB 50016—2014规定，建筑高度的计算应符合下列规定：

① 建筑屋面为坡屋面时，建筑高度应为建筑室外设计地面至其檐口与屋脊的平均高度；

② 建筑屋面为平屋面（包括有女儿墙的平屋面）时，建筑高度应为建筑室外设计地面至其屋面面层的高度；

③ 同一座建筑有多种形式屋面时，建筑高度应按上述方法分别计算后，取其中最大值；

④ 对于台阶式地坪，当位于不同高程地坪上的同一建筑之间有防火墙分隔，各自有符合规范规定的安全出口，且可沿建筑的两个长边设置贯通式或尽头式消防车道时，可分别计算各自的建筑高度。否则，应按其中建筑高度最大者确定该建筑的建筑高度。

⑤ 局部突出屋顶的瞭望塔、冷却塔、水箱间、微波天线间或设施、电梯机房、排风和排烟机房以及楼梯出口小间等辅助用房占屋面面积不大于1/4者，可不计入建筑高度。

⑥ 对于住宅建筑，设置在底部且室内高度不大于2.20m的自行车库、储藏室、敞开空间，室内外高差或建筑的地下或半地下室的顶板面高出室外设计地面的高度不大于1.50m的部分，可不计入建筑高度。

（4）《建筑抗震设计规范》GB 50010—2010规定：多层砌体房屋和底部框架砌体房屋的总高度是指室外地面到主要屋面板板顶或檐口的高度。半地下室从地下室室内地面算起，全地下室和嵌固条件好的半地下室应从室外地面算起；对带阁楼的坡屋面应算到山尖墙的1/2高度处。多层和高层钢筋混凝土房屋、多层和高层钢结构房屋的高度是指室外地面到主要屋面板板顶的高度（不包括局部突出屋面部分）。

（5）《高层建筑混凝土结构技术规程》JGJ 3—2010规定：建筑高度是指自室外地面至房屋主要屋面的高度，不包括突出屋面的电梯机房、水箱、构架等高度。

3. 民用建筑按层数和高度如何进行分类?

1)《民用建筑设计通则》GB 50352—2005 中规定：

(1) 民用建筑按使用功能可分为居住建筑和公共建筑两大类。

(2) 民用建筑按地上层数或高度进行分类，其规定为：

① 住宅建筑按层数分类：1～3 层为低层住宅，4～6 层为多层住宅，7～9 层为中高层住宅，10 层及 10 层以上为高层住宅。

② 除住宅建筑之外的民用建筑，高度不大于 24m 者为单层或多层建筑，大于 24m 者为高层建筑（不包括建筑高度大于 24m 的单层公共建筑）。

③ 建筑高度大于 100m 的民用建筑为超高层建筑。

2)《建筑设计防火规范》GB 50016—2014 规定：

民用建筑根据其建筑高度和层数可分为单层、多层民用建筑和高层民用建筑。高层民用建筑根据其建筑高度、使用功能和楼层的建筑面积可分为一类和二类。具体划分标准可参见本书“建筑防火”表 1-150 的相关内容。

3)《高层建筑混凝土结构技术规程》JGJ 3—2010 中规定：

10 层及 10 层以上或房屋高度大于 28m 的住宅建筑和房屋高度大于 24m 的其他建筑为高层建筑。

(三) 建 筑 类 别 划 分

4. 民用建筑中按建筑面积进行分类的有哪些?

1)《展览建筑设计规范》JGJ 218—2010 中规定的类别见表 1-1。

展览建筑的类别　　**表 1-1**

类　别	特大型	大　型	中　型	小　型
总建筑面积（m^2）	大于 100000	30001～100000	10001～30000	小于或等于 10000

2)《博物馆建筑设计规范》JGJ 66—91 中规定的类别见表 1-2。

博物馆建筑的类别　　**表 1-2**

类　别	大　型	中　型	小　型
建筑面积（m^2）	>10000	4000～10000	<4000

3)《老年人居住建筑设计标准》GB/T 50340—2003 规定：老年人居住建筑的规模和面积标准见表 1-3。

老年人居住建筑的规模　　**表 1-3**

规模	人数（人）	人均用地指标（m^2）
小型	50 以下	80～100
中型	51～150	90～100
大型	151～200	95～105
特大型	200 以上	100～110

4)《文化馆建筑设计规范》JGJ/T 41—2014 规定的文化馆建筑的规模见表 1-4。

文化馆建筑的规模划分 **表 1-4**

规模	大型馆	中型馆	小型馆
建筑面积（m^2）	≥6000	<6000，且≥4000	<4000

5)《商店建筑设计规范》JGJ 48—2014 规定的商店建筑的规模见表 1-5。

商店建筑的规模划分 **表 1-5**

规模	小型	中型	大型
总建筑面积（m^2）	<5000	5000～20000	>20000

6)《住宅设计规范》GB 50096—2011 对普通住宅分类的规定为：

(1) 住宅应按套型设计，每套住宅应有卧室、起居室（厅）、厨房和卫生间等基本功能空间。

(2) 套型的使用面积应符合如下列规定：

① 由卧室、起居室（厅）、厨房和卫生间等组成的套型，其使用面积不应小于 $30m^2$。

② 由兼起居的卧室、厨房和卫生间等组成的最小套型，其使用面积不应小于 $22m^2$。

5. 民用建筑中按座席数进行分类的有哪些?

1)《剧场建筑设计规范》JGJ 57—2000 中规定的类别见表 1-6。

剧场建筑的类别 **表 1-6**

类　别	特大型	大　型	中　型	小　型
座席数	多于 1601 座	1201～1600 座	801～1200 座	300～800 座

2)《电影院建筑设计规范》JGJ 58—2008 中规定的类别见表 1-7。

电影院建筑的类别 **表 1-7**

类　别	特大型	大　型	中　型	小　型
座席数	多于 1801 座，观众厅不宜少于 11 个	1201～1800 座，观众厅不宜少于 8～10 个	701～1200 座，观众厅不宜少于 5～7 个	少于 700 座，观众厅不宜少于 5 个

3)《体育建筑设计规范》JGJ 31—2003 中规定的类别见表 1-8。

体育建筑的类别 **表 1-8**

类　别	特大型	大　型	中　型	小　型
体育场（座席数）	60000 座以上	40000～60000 座	20000～40000 座	20000 座以下
体育馆（座席数）	10000 座以上	6000～10000 座	3000～6000 座	3000 座以下
游泳设施（座席数）	6000 座以上	3000～6000 座	1500～3000 座	1500 座以下

6. 民用建筑中按班数（人数或面积）进行分类的有哪些?

1)《托儿所、幼儿园建筑设计规范》JGJ 39—87 中规定的类别见表 1-9。

托儿所、幼儿园建筑的类别 表 1-9

类　别	大　型	中　型	小　型
班数	10～12 班	6～9 班	5 班及以下

2)《宿舍建筑设计规范》JGJ 36—2005 中规定：宿舍居室按使用要求分为 4 类：

(1) 1 类：每室居住人数为 1 人，设置单层床或高架床，人均使用面积 $16m^2$，内设壁柜、吊柜、书架。

(2) 2 类：每室居住人数为 2 人，设置单层床或高架床，人均使用面积 $8m^2$，内设壁柜、吊柜、书架。

(3) 3 类：每室居住人数为 3～4 人，设置单层床或高架床，人均使用面积 $5m^2$，内设壁柜、吊柜、书架。

(4) 4 类：每室居住人数为 6 人或 8 人，设置双层床，人均使用面积 $4m^2$ 或 $3m^2$，内设壁柜、吊柜、书架。

注：上述面积中不包括居室内附设卫生间和阳台的面积。

3)《饮食建筑设计规范》JGJ 64—89 规定：

(1) 餐馆、饮食店、食堂的餐厅与饮食厅每座最小使用面积应符合表 1-10 的规定：

餐厅与饮食厅每座最小使用面积 表 1-10

等级 \ 类别	餐馆餐厅 (m^2/座)	饮食店饮食厅 (m^2/座)	食堂餐厅 (m^2/座)
一	1.30	1.30	1.10
二	1.10	1.10	0.85
三	1.00	—	—

(2) 100 座及 100 座以上餐馆、食堂中的餐厅与厨房（包括辅助部分）的面积比（餐厨比）为：餐馆宜为 1∶1.1；食堂宜为 1∶1。

7. 民用建筑中按使用性质和重要性进行分类的有哪些?

1)《办公建筑设计规范》JGJ 67—2006 中对办公建筑的分类见表 1-11。

办公建筑的分类 表 1-11

类　别	特　点
一类	特别重要的办公建筑
二类	重要的办公建筑
三类	普通的办公建筑

2)《旅馆建筑设计规范》JGJ 62—2014 规定：

根据旅馆的使用功能，按建筑质量标准和设备、设施条件，将旅馆建筑由低至高的顺序划分为一级、二级、三级、四级、五级。旅馆建筑按经营特点分为商务旅馆、度假旅馆、会议旅馆、公寓式旅馆等类型。旅馆建筑也可以称为酒店、饭店、宾馆、度假村等。各类旅馆客房的净面积指标和客房附设卫生间见表 1-12 和表 1-13 的规定：

客房净面积指标（m²） 表 1-12

旅馆建筑等级	一级	二级	三级	四级	五级
单人床间	—	8	9	10	12
双床或双人床间	12	12	14	16	20
多床间（按每床计）	每床不小于4			—	—

注：客房净面积是指除客房阳台、卫生间和门内出入口小走道（门廊）以外的房间内面积（公寓式旅馆建筑的客房除外）。

客房附设卫生间净面积（m²） 表 1-13

旅馆建筑等级	一级	二级	三级	四级	五级
净面积	2.5	3.0	3.0	4.0	5.0

3）《档案馆建筑设计规范》JGJ 25—2010 规定：

档案馆分为特级、甲级、乙级三个等级。不同等级档案馆设计的耐火等级及适用范围见表 1-14。

档案馆等级与耐火等级要求及适用范围 表 1-14

等　级	特　级	甲　级	乙　级
适用范围	中央国家级档案馆	省、自治区、直辖市、计划单列市、副省级市档案馆	地（市）级及县（市）档案馆
耐火等级	一级	一级	不低于二级

4）《汽车库建筑设计规范》JGJ 100—98 规定：

汽车库建筑规模宜按汽车类型和容量进行分类，具体划分应以表 1-15 的规定为准。

汽车库建筑规模 表 1-15

规　模	特大型	大　型	中　型	小　型
停车数（辆）	＞500	301～500	51～300	≤50

注：此分类适用于中、小型车辆坡道式汽车库及升降式汽车库，不适用于其他机械式汽车库。

5）《汽车库、修车库、停车场设计防火规范》GB 50067—2014 规定：汽车库、修车库、停车场的防火分类分为 4 类，具体划分应以表 1-16 为准。

汽车库、修车库、停车场的防火分类 表 1-16

名称		Ⅰ	Ⅱ	Ⅲ	Ⅳ
汽车库	停车数量（辆）	＞300	151～300	51～150	≤50
	总建筑面积 S（m²）	S＞10000	5000＜S≤10000	2000＜S≤5000	S≤2000
修车库	车位数（个）	＞15	6～15	3～5	≤2
	总建筑面积 S（m²）	S＞3000	1000＜S≤3000	500＜S≤1000	S≤500
停车场（辆）	修车数量（辆）	＞400	251～400	101～250	≤100

注：1. 当屋面露天停车场与下部汽车共用汽车坡道时，其停车数量应计算在汽车库的车辆总数内。
2. 室外坡道、屋面露天停车场的建筑面积可不计入汽车库的建筑面积之内。
3. 公交汽车库的建筑面积可按本表规定值增加 2.0 倍。

6）《城市公共厕所设计标准》CJJ 14—2005 中规定：

（1）城市公共厕所应分为独立式、附属式和活动式公共厕所 3 种类型。

（2）独立式公共厕所按建筑类别分为 3 类：

① 商业区，重要公共设施，重要交通客运设施，公共绿地及其他环境要求高的区域应设置一类公共厕所。

② 城市主、次干路及行人交通量较大的道路沿线应设置二类公共厕所。

③ 其他街道和区域应设置三类公共厕所。

（3）附属式公共厕所按建筑类别应分为 2 类，一般均设置在公共服务类的建筑物内。

① 大型商场、饭店、展览馆、机场、火车站、影剧院、大型体育场馆、综合性商业大楼和省市级医院应设置一类公共厕所。

② 一般商场（含超市）、专业性服务机关单位、体育场馆、餐饮店、招待所和区县级医院应设置二类公共厕所。

（4）活动式公共厕所按其结构特点和服务对象分为组装厕所、单体厕所、汽车厕所、拖动厕所和无障碍厕所 5 种类别。该 5 类厕所在流动特性、运输方式和服务对象等方面各有特点，应根据城市特点进行配置。

（5）根据女性上厕所占用时间长、占用空间大的特点，厕所男蹲（坐、站）位与女蹲（坐）位的比例以 1∶1～2∶3 为宜。独立式公共厕所以 1∶1 为宜，商业区以 2∶3 为宜。

7）《饮食建筑设计规范》JGJ 64—89 规定：

饮食建筑分为三大类：

（1）营业性餐馆（简称餐馆），分为 3 级：

① 一级餐馆，为接待宴请和零餐的高级餐馆，餐厅座位布置宽畅、环境舒适，设施、设备完善。

② 二级餐馆，为接待宴请和零餐的中级餐馆，餐厅座位布置比较舒适，设施、设备比较完善。

③ 三级餐馆，以零餐为主的一般餐馆。

（2）营业性冷、热饮食店（简称饮食店），分为 2 级：

① 一级饮食店，为有宽畅、舒适环境的高级饮食店，设施、设备标准较高。

② 二级饮食店，为一般饮食店。

（3）非营业性的食堂（简称食堂），分为 2 级：

① 一级食堂，餐厅座位布置比较舒适。

② 二级食堂，餐厅座位布置满足基本要求。

8）《养老设施建筑设计规范》GB 50867—2013 规定：养老设施建筑可按床位数量进行分级，具体划分表应以 1-17 为准。

养老设施建筑等级划分　　**表 1-17**

类别＼建筑	老年养老院（床）	养老院（床）	老年日间照料中心（人）
小型	≤100	≤150	≤40
中型	101～250	151～300	41～100
大型	251～350	301～500	—
特大型	＞350	＞500	—

8. 民用建筑中按控制室内环境污染进行分类的有哪些?

1)《民用建筑工程室内环境污染控制规范》GB 50325—20102013 年版规定:

民用建筑工程根据控制室内环境污染的不同要求,划分为以下 2 类:

(1) Ⅰ类民用建筑工程:住宅、医院、老年人建筑、幼儿园、学校教室等民用建筑工程。

(2) Ⅱ类民用建筑工程:办公楼、商店、旅馆、文化娱乐场所、书店、图书馆、展览馆、体育馆、公共交通等候室、餐厅、理发店等民用建筑工程。

2)《建筑材料放射性核素限量》GB 6566—2010 中指出:

依据装饰装修材料中天然放射性核素镭-226、钍-232、钾-40 的放射性比活度大小,将装饰装修材料划分为 A、B、C 3 级,应用于两类民用建筑,分类标准如下:

(1) Ⅰ类民用建筑包括:住宅、老年公寓、托儿所、医院和学校、办公楼、宾馆等。

(2) Ⅱ类民用建筑包括:商场、文化娱乐场所、书店、图书馆、展览馆、体育馆和公共交通等候室、餐厅、理发店等。

9. 民用建筑中按节能要求应如何对公共建筑进行分类?

1)《公共建筑节能设计标准》DB 11/687—2009(北京市标准)规定:按照建筑物面积及围护结构的能耗,将公共建筑分为:

(1) 甲类建筑:单栋建筑面积大于 20000m² 且全面设置空气调节设施的公共建筑。

(2) 乙类建筑:单栋建筑面积 300~20000m²,或建筑面积虽大于 20000m² 但不全面设置空气调节设施的公共建筑。

(3) 丙类建筑:单栋建筑面积小于 300m² 的公共建筑。

2)《公共建筑节能设计标准》GB 50189—2015(国家标准)规定:

(1) 甲类建筑:单栋建筑面积大于 300m²,或单栋建筑面积小于或等于 300m² 且总建筑面积大于 1000m² 的建筑群。

(2) 乙类建筑:单栋建筑面积小于或等于 300m² 的建筑。

10. 民用建筑工程的设计等级是如何确定的?

民用建筑工程设计等级的分类是依据单体建筑面积、立项投资、建筑高度、建筑层数、建筑重要性等诸多因素综合确定的。《建筑工程设计资质分类标准》〔1999〕9 号文件的规定如表 1-18 所示。

民用建筑工程设计等级分类　　表 1-18

类型与特征 \ 工程等级		特级	一级	二级	三级
一般公共建筑	单体建筑面积	≥8 万 m²	>2 万 m²,≤8 万 m²	>0.5 万 m²,≤2 万 m²	≤0.5 万 m²
	立项投资	>2 亿元	>0.4 亿元,≤2 亿元	>0.1 亿元,≤0.4 亿元	≤0.1 亿元
	建筑高度	>100m	>50m,≤100m	>24m,≤50m	≤24m(砌体结构应符合抗震规范要求)

续表

类型与特征 \ 工程等级		特　级	一　级	二　级	三　级
住宅、宿舍	层数	—	20层以上	12层以上至20层	12层级以下（砌体结构应符合抗震规范要求）
住宅区、工厂生活区	总建筑面积	—	>10万 m^2	≤10万 m^2	—
地下工程	地下空间（总建筑面积）	>5万 m^2	1万～5万 m^2	≤1万 m^2	—
	附建式人防（防护等级）	—	四级及以上	五级及以下	—
特殊公共建筑	超限高层建筑抗震要求	特殊超高的高层建筑	100m及以下的高层建筑	—	—
	技术复杂，有声、光、热、振动、视线等特殊要求	技术特别复杂	技术比较复杂	—	—
	重要性	国家级经济、文化、历史、涉外等重点工程项目	省级经济、文化、历史、涉外等重点工程项目	—	—

11. 民用建筑按设计使用年限是如何分类的？

1）《民用建筑设计通则》GB 50352—2005 规定：

民用建筑的设计使用年限应符合表1-19的规定。

民用建筑的设计使用年限　　**表1-19**

类别	设计使用年限（年）	建筑示例
1	5	临时性建筑
2	25	易于替换结构构件的建筑
3	50	普通建筑和构筑物
4	100	纪念性建筑和特别重要的建筑

2）《电影院建筑设计规范》JGJ 58—2008 规定：

电影院建筑的等级及设计使用年限详见表1-20。

电影院建筑的等级及设计使用年限　　**表1-20**

等　级	设计使用年限	耐火等级
特级、甲级、乙级	50年	不宜低于二级
丙级	25年	不宜低于二级

3）《办公建筑设计规范》JGJ 67—2006 中规定：

办公建筑等级及设计使用年限详见表 1-21。

办公建筑的等级及设计使用年限　　表 1-21

类别	示例	设计使用年限	耐火等级
一类	特别重要的办公建筑	100 年或 50 年	一级
二类	重要的办公建筑	50 年	不低于二级
三类	普通的办公建筑	50 年或 25 年	不低于二级

4)《剧场建筑设计规范》JGJ 58—2008 规定：

剧场建筑的等级及设计使用年限详见表 1-22。

剧场建筑的等级及设计使用年限　　表 1-22

等级	设计使用年限	耐火等级
特级	视具体情况确定	视具体情况确定
甲等	100 年以上	不应低于二级
乙等	51～100 年	不应低于二级
丙等	25～50 年	不应低于二级

5)《体育建筑设计规范》JGJ 31—2003 规定：

体育建筑的等级及设计使用年限详见表 1-23。

体育建筑的等级及设计使用年限　　表 1-23

等级	设计使用年限	耐火等级
特级	＞100 年	不应低于一级
甲级	50～100 年	不应低于二级
乙级	50～100 年	不应低于二级
丙级	25～50 年	不应低于二级

6)《人民防空地下室设计规范》GB 50038—2005 规定：

防空地下室结构的设计使用年限应按 50 年采用。当上部建筑结构的设计使用年限大于 50 年时，防空地下室结构的设计使用年限应与上部建筑结构相同。

二、建筑设计常用数据及规定

（一）建筑高度及突出物

12.《民用建筑设计通则》对建筑突出物是如何规定的？

《民用建筑设计通则》GB 50352—2005 规定：

1）建筑物及附属设施不得突出道路红线和用地红线建造，不得突出的建筑突出物为：

（1）地下建筑物及附属设施，包括结构挡土桩、挡土墙、地下室、地下室底板及其基础、化粪池等。

（2）地上建筑物及附属设施，包括门廊、连廊、阳台、室外楼梯、台阶、坡道、花池、围墙、平台、散水、明沟、地下室进排风口、地下室出入口、集水井、采光井等。

（3）除基地内连接城市的管线、隧道、天桥等市政公共设施外的其他设施。

2）经当地城市规划行政主管部门批准，允许突出道路红线的建筑突出物应符合下列规定：

（1）在有人行道的路面上空：

① 2.50m 以上允许突出建筑构件：凸窗、窗扇、窗罩、空调机位，突出的深度不应大于 0.50m。

② 2.50m 以上允许突出活动遮阳，突出宽度不应大于人行道宽度减 1.00m，并不应大于 3.00m。

③ 3.00m 以上允许突出雨篷、挑檐，突出的深度不应大于 2.00m。

④ 5.00m 以上允许突出雨篷、挑檐，突出的深度不宜大于 3.00m。

（2）在无人行道的路面上空：

4.00m 以上允许突出建筑构件为窗罩、空调机位，突出深度不应大于 0.50m。

（3）建筑突出物与建筑本身应有牢固的结合。

（4）建筑物和建筑突出物均不得向道路上空直接排泄雨水、空调冷凝水及从其他设施排出的废水。

3）当地城市规划行政主管部门在用地红线范围内另行划定建筑控制线时，建筑物的基底不应超出建筑控制线，突出建筑控制线的建筑突出物和附属设施应符合当地城市规划的要求。

4）属于公益上有需要而不影响交通及消防安全的建筑物、构筑物，包括公共电话亭、公共交通候车亭、治安岗亭等公共设施及临时性建筑物和构筑物，经当地城市规划行政主管部门的批准可突入道路红线建造。

5）骑楼、过街楼和沿道路红线的悬挑建筑建造不应影响交通及消防的安全；在有顶盖的公共空间下不应设置直接排气的空调机、排气扇等设施或排出有害气体的通风系统。

13. 建筑高度控制的计算应注意哪些问题？

《民用建筑设计通则》GB 50352—2005 规定：

1）建筑高度不应危害公共空间安全、卫生和景观，下列地区应实行建筑高度控制：

（1）对建筑高度有特别要求的地区，应按城市规划要求控制建筑高度；

（2）沿城市道路的建筑物，应根据道路的宽度控制建筑裙楼和主体塔楼的高度；

（3）机场、电台、电信、微波通信、气象台、卫星地面站、军事要塞工程等周围的建筑，当其处在各种技术作业控制区范围内时，应按净空要求控制建筑高度；

（4）当建筑处在国家或地方公布的各级历史文化名城、历史文化保护区、文物保护单位和风景名胜区等规划区内时，应按国家或地方指定的保护规划和有关条例控制高度。

注：建筑高度控制尚应符合当地城市规划行政主管部门和有关专业部门的规定。

2）建筑高度控制的计算应符合下列规定：

（1）机场、电台、电信、微波通信、气象台、卫星地面站、军事要塞工程等控制区内建筑高度和处在国家或地方公布的各级历史文化名城、历史文化保护区、文物保护单位和风景名胜区等规划区内的建筑高度，应按建筑物室外地面至建筑物和构筑物最高点的高度计算。

（2）非上述地区内的建筑高度按常规计算方法控制。

（二）建筑层高与净高

14. 各类建筑的层高与室内净高限值是如何规定的?

1）《民用建筑设计通则》GB 50352—2005 规定：

（1）建筑层高应结合建筑使用功能、工艺要求和技术经济条件综合确定，并符合专用建筑设计规范的要求。

（2）室内净高应按楼地面完成面至吊顶或楼板或梁底面之间的垂直距离计算；当楼盖、屋盖的下悬构件或管道底面影响有效使用空间时，应按楼地面完成面至下悬构件下缘或管道底面之间的垂直距离计算。

（3）建筑物用房的室内净高应符合专用建筑设计规范的规定，地下室、局部夹层、走道等有人员正常活动用房最低处的净高不应小于 2.00m。

2）《住宅设计规范》GB 50096—2011 规定：

（1）住宅层高宜为 2.80m。

（2）卧室、起居室（厅）的室内净高不应低于 2.40m，局部净高不应低于 2.10m，且其面积不应大于室内使用面积的 1/3。

（3）利用坡屋顶内空间作卧室、起居室（厅）时，至少有 1/2 的使用面积的室内净高不应低于 2.10m。

（4）厨房、卫生间的室内净高不应低于 2.20m。

（5）厨房、卫生间内排水横管下表面与楼面、地面净距不得低于 1.90m，且不得影响门、窗扇开启。

3）《住宅建筑规范》GB 50368—2005 规定：

（1）卧室、起居室（厅）的室内净高不应低于 2.40m，局部净高不应低于 2.10m，局部净高的面积不应大于室内使用面积的 1/3。

（2）利用坡屋顶内空间作卧室、起居室（厅）时，至少有 1/2 使用面积的室内净高不应低于2.10m。

4）《宿舍建筑设计规范》JGJ 36—2005规定：

（1）居室在采用单层床时，层高不宜低于2.80m；在采用双层床或高架床时，层高不宜低于3.60m。

（2）居室在采用单层床时，净高不宜低于2.60m；在采用双层床或高架床时，净高不宜低于3.40m。

（3）辅助用房的净高不宜低于2.50m。

5）《办公建筑设计规范》JGJ 67—2006中指出：

（1）一类办公建筑办公室的净高不应低于2.70m。

（2）二类办公建筑办公室的净高不应低于2.60m。

（3）三类办公建筑办公室的净高不应低于2.50m。

（4）办公建筑的走道净高不应低于2.20m。

（5）办公建筑贮藏间的净高不应低于2.00m。

（6）非机动车库的净高不得低于2.00m。

6）《中小学校设计规范》GB 50099—2011规定：

（1）中小学校主要教学用房的最小净高应符合表1-24的规定。

（2）风雨操场的净高应取决于场地的运动内容，各类体育场地最小净高应符合表1-25的规定。

7）《托儿所、幼儿园建筑设计规范》JGJ 39—87规定：

严禁将幼儿生活用房设在地下室或半地下室，对托儿所、幼儿园净高的规定见表1-26。

主要教学用房的最小净高（m）　　表1-24

教　室	小　学	初　中	高　中
普通教室、史地教室、美术教室、音乐教室	3.00	3.05	3.10
舞蹈教室	4.50		
科学教室、实验室、计算机教室、劳动教室、技术教室、合班教室	3.10		
阶梯教室	最后一排（楼地面最高处）距顶棚或上方突出物最小净高为2.20m		

各类体育场地的最小净高（m）　　表1-25

体育场地	田径	篮球	排球	羽毛球	乒乓球	体操
最小净高	9.00	7.00	7.00	9.00	4.00	6.00

注：田径场地可减少部分项目，降低层高。

托儿所、幼儿园的净高（m）　　表1-26

房间名称	净　高
活动室、寝室、乳儿室	2.80
音体活动室	3.60

注：特殊形状的顶棚，最低处距地面净高不应低于2.20m。

8）《旅馆建筑设计规范》JGJ 62—2014 规定：

（1）客房居住部分净高度，当设空调时不应低于 2.40m；不设空调时不应低于 2.60m。

（2）利用坡屋顶内空间作为客房时，应至少有 $8m^2$ 面积的净高度不低于 2.40m。

（3）卫生间及客房内过道净高度不应低于 2.20m。

（4）客房层公共走道及客房内走道净高度不应低于 2.10m。

（5）货运专用出入口设于地下车库时，地下车库货运通道和货运区域的净高不宜低于 2.80m。

9）《档案馆建筑设计规范》JGJ 25—2010 中规定：

档案库净高不应低于 2.60m。

10）《文化馆建筑设计规范》JGJ/T 41—2014 规定：

（1）计算机房的室内净高不应小于 3.00m；

（2）舞蹈排练室的室内净高不应小于 4.50m；

（3）录音录像室的室内净高宜为 5.50m；

11）《商店建筑设计规范》JGJ 48—2014 规定：

（1）商店建筑营业厅的净高见表 1-27。

商店建筑营业厅的净高 **表 1-27**

通风方式	自然通风			机械通风和自然通风相结合	空调调节系统
	单面开窗	前面敞开	前后开窗		
最大进深与净高比	2 : 1	2.5 : 1	4 : 1	5 : 1	—
最小净高（m）	3.20	3.20	3.50	3.50	3.00

注：1. 设有空调设施、新风量和过渡季节通风量不小于 $20m^3/(h·人)$，并且有人工照明的面积不超过 $50m^2$ 的房间或宽度不超过 3m 的局部空间的净高可酌减，但不应小于 2.40m；

2. 营业厅净高应按楼地面至吊顶或楼板底面障碍物之间的垂直高度计算。

（2）库房的净高应由有效储存空间及减少至营业厅垂直距离等确定，并应符合下列规定：

① 设有货架的储存库房净高不应小于 2.10m；

② 设有夹层的储存库房净高不应小于 4.60m；

③ 无固定堆放形式的储存库房净高不应小于 3.00m。

12）《疗养院建筑设计规范》（JGJ 40—87，2008 年 6 月确认继续有效）规定：

（1）疗养院建筑不宜超过 4 层。

（2）疗养室室内净高不应低于 2.60m。

13）《图书馆建筑设计规范》JGJ 38—99 中指出，书库、阅览室藏书区的净高应符合下列规定：

（1）书库、阅览室藏书区净高不应小于 2.40m。

（2）书库、阅览室藏书区有梁或管线时，其底面净高不宜小于 2.30m。

（3）采用积层书架的书库结构梁（或管线）底面之净高不得小于 4.70m。

14）《汽车库建筑设计规范》JGJ 100—98 中规定：

（1）汽车库内的最小净高见表 1-28。

汽车库内的最小净高（m） 表 1-28

车型	最小净高
微型车、小型车	2.20
轻型车	2.80
中、大型车，铰接客车	3.40
中、大型车，铰接货车	4.20

（2）汽车库的汽车出口宽度，单车行驶时不宜小于 3.50m，双车行驶时不宜小于 6.00m。

15）《城市公共厕所设计标准》CJJ 14—2005 中指出：公共厕所室内净高宜为3.50～4.00m（设天窗时可适当降低）。室内地坪标高应高于室外地坪 0.15m。

16）《饮食建筑设计规范》JGJ 64—89 中指出：

（1）小餐厅和小饮食厅不应低于 2.60m，设空调者不应低于 2.40m。

（2）大餐厅和大饮食厅不应低于 3.00m。

（3）异形顶棚的大餐厅和饮食厅最低处不应低于 2.40m。

（4）厨房和饮食制作间的室内净高不应低于 3.00m。

17）《博物馆建筑设计规范》JGJ 66—91 中指出：

（1）博物馆藏品库房的净高应为 2.40～3.00m，若有梁或管道等突出物，其底面净高不应低于 2.20m。

（2）博物馆陈列室单跨时的跨度不宜小于 8.00m，多跨时的柱距不宜小于 7.00m。室内应考虑在布置陈列装具时有灵活组合和调整互换的可能性。陈列室的室内净高除工艺、空间、视距等有特殊要求外，应为 3.50～5.00m。

18）《人民防空地下室设计规范》GB 50038—2005 中规定：

防空地下室的室内地平面至梁底和管线底部不得小于 2.00m，其中专业队装备掩蔽部和人防汽车库的室内地平面至梁底和管线底部还应大于或等于车高加 0.20m，防空地下室的室内地平面至顶板的结构板底面不宜小于 2.40m。

19）《养老设施建筑设计规范》GB 50867—2013 规定：老年人居住用房的净高不宜低于 2.60m；当利用坡屋顶空间作为居住用房时，最低处距地面净高不应低于 2.20m，其余低于 2.60m 高度部分面积不应大于室内空间面积的 1/3。

20）其他规范规定：

（1）剧场：候场室、后台跑场道 2.40m。

（2）体育建筑：运动员用房 2.60m，供篮球、排球运动员使用的体育馆走道 2.30m。

（3）医院：诊疗室 2.60m（个别部位 2.40m）；病房 2.80m（个别部位 2.50m）。

（4）娱乐健身场所：歌舞厅等大型厅室 3.60m（个别部位 3.20m）；歌厅、棋牌、电子游戏、网吧等小型厅室 2.80m（个别部位 2.50m）；体育、健身等厅室 2.90m（个别部位 2.60m）。

（5）自行车库：2.00m。

（6）汽车客运站：候车厅 3.60m（个别部位 3.30m）。

（三）建筑模数的规定

15.《建筑模数协调标准》对建筑模数是如何规定的？

《建筑模数协调标准》GB/T 50002—2013 规定：为了实现建筑设计、制造、施工安装的互相协调；合理对建筑各部位尺寸进行分割，确定各部位的尺寸和边界条件；优选某种类型的标准化方式，使得标准化部件的种类最优；有利于部件的互换性；有利于建筑部件的定位和安装，协调建筑部件与功能空间之间的尺寸关系而制定的标准。它包括以下主要内容：

1）基本模数

它是建筑模数协调标准中的基本数值，用 M 表示，1M＝100mm。主要应用于建筑物的高度、层高和门窗洞口高度。

2）导出模数

（1）扩大模数：它是导出模数的一种。扩大模数是基本模数的倍数。扩大方式为：2M（200mm）、3M（300mm）、6M（600mm）、9M（900mm）、12M（1200mm）……。主要应用于开间或柱距，进深或跨度，梁、板、隔墙和门窗洞口宽度等分部件的截面尺寸，其数列应为 2nM、3nM（n 为自然数）。

（2）分模数：它是导出模数的另一种。分模数是基本模数的分倍数。分解方式为：M/10、M/5、M/2。主要用于构造节点和分部件的接口尺寸。

3）部件优先尺寸的应用

部件优先尺寸指的是从模数数列中选出的模数尺寸或扩大模数尺寸。

（1）承重墙和外围护墙厚度的优先尺寸系列宜根据 1M 的倍数及其与 M/2 的组合确定，宜为 150mm、200mm、250mm、300mm。

（2）内隔墙和管道井墙厚度的优先尺寸系列宜根据分模数及 1M 与分模数的组合确定，宜为 50mm、100mm、150mm。

（3）层高和室内净高的优先尺寸系列宜为 nM。

（4）柱、梁截面的优先尺寸系列宜根据 1M 的倍数与 M/2 的组合确定。

（5）门窗洞口的水平、垂直方向定位优先尺寸系列宜为 nM。

4）四种尺寸

（1）标志尺寸

符合模数数列的规定，用以标注建筑物的定位线或基准面之间的垂直距离以及建筑部件、有关设备安装基准之间的尺寸。

（2）制作尺寸

制作部件或分部件所依据的设计尺寸。

（3）实际尺寸

部件、分部件等生产制作后的实际测得的尺寸。

（4）技术尺寸

模数尺寸条件下，非模数尺寸或生产工程中出现误差时所需要的技术处理尺寸。

5）部件的三种定位方法

为满足部件受力合理、生产简便、优化尺寸、减少部件种类的需要和满足部件的互换、位置可变以及符合模数的要求。定位方法可从以下三种中选用：

（1）中心线定位法（图 1-1）

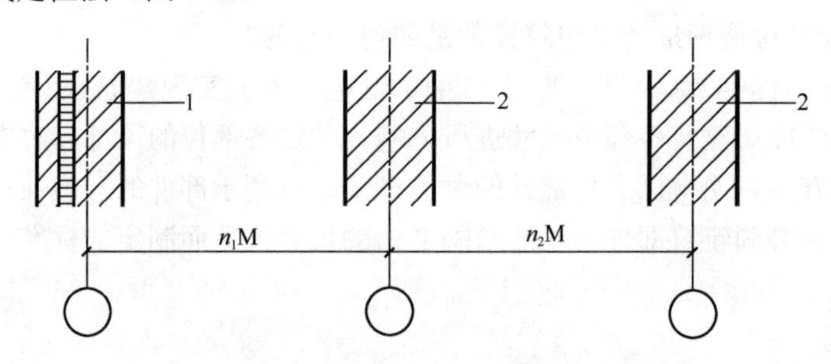

图 1-1　中心线定位法

1—外墙；2—柱、墙等构件

（2）界面定位法（图 1-2）

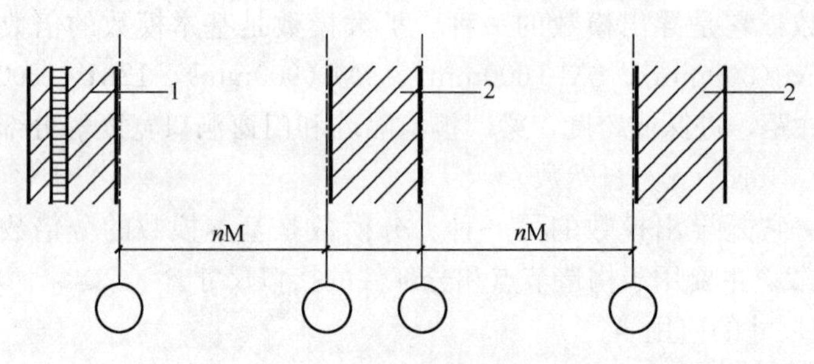

图 1-2　界面定位法

1—外墙；2—柱、墙等构件

（3）混合定位法（中心线定位与界面定位混合法）

6）部件公差的规定

（1）部件或分部件的加工或装配应符合基本公差的规定。基本公差包括制作公差、安装公差、位形公差和连接公差。

（2）部件或分部件的基本公差应按其重要性和尺寸大小进行确定，并应符合表 1-29 规定：

部件或分部件的基本公差（mm）　　**表 1-29**

级别 \ 部件尺寸	<50	≥50<160	≥160<500	≥500<1600	≥1600<5000	≥5000
1 级	0.5	1.0	2.0	3.0	5.0	8.0
2 级	1.0	2.0	3.0	5.0	8.0	12.0
3 级	2.0	3.0	5.0	8.0	12.0	20.0
4 级	3.0	5.0	8.0	12.0	20.0	30.0
5 级	5.0	8.0	12.0	20.0	30.0	50.0

（3）部件或分部件的基本公差，应按国家现行有关标准的规定。

（四）建筑面积的规定

16. 建筑面积如何计算？应从哪里开始计算？

1）《民用建筑设计术语标准》GB/T 50504—2009 中指出：

建筑面积指建筑物（包括墙体）所形成的楼地面面积。建筑面积由公共交通面积、结构面积和使用面积三部分组成。

2）《建筑工程建筑面积计算规范》GB/T 50353—2013 规定：

（1）建筑物的建筑面积应按自然层外墙结构外围水平面积之和计算。结构层高在2.20m及以上的，应计算全面积；结构层高在2.20m以下的，应计算1/2面积。

（2）建筑物内设有局部楼层时，对于局部楼层的二层及以上楼层，有围护结构的应按其围护结构外围水平面积计算，无围护结构的应按其结构底板水平面积计算。结构层高在2.20m及以上的，应计算全面积；结构层高在2.20m以下的，应计算1/2面积。

（3）形成建筑空间的坡屋顶，结构净高在2.10m及以上的部位应计算全面积；净高在1.20m及以上至2.10m以下的部位应计算1/2面积；结构净高在1.20m以下的部位不应计算建筑面积。

（4）场馆看台下的建筑空间，结构净高在2.10m及以上的部位应计算全面积；结构净高净高在1.20m及以上至2.10m以下的部位应计算1/2面积；结构净高在1.20m以下的部位不应计算建筑面积。室内单独设置的有围护设施的悬挑看台，应按看台结构底板水平投影面积计算建筑面积。有顶盖无围护结构的场馆看台应按其顶盖水平投影面积的1/2计算面积。

（5）地下室、半地下室应按其结构外围水平面积计算。结构层高在2.20m及以上的，应计算全面积；结构层高在2.20m以下的，应计算1/2面积。

（6）出入口外墙外侧坡道有顶盖的部位，应按其外墙结构外围水平面积的1/2计算面积。

（7）建筑物架空层及坡地建筑物吊脚架空层，应按其顶板水平投影计算建筑面积。结构层高在2.20m及以上的，应计算全面积；结构层高在2.20m以下的，应计算1/2面积。

（8）建筑物的门厅、大厅应按一层计算建筑面积，门厅、大厅内设置的走廊应按走廊结构底板水平投影面积计算建筑面积。结构层高在2.20m及以上的，应计算全面积；层高在2.20m以下的，应计算1/2面积。

（9）建筑物间的架空走廊，有顶盖和围护结构的，应按其围护结构外围水平面积计算全面积；无围护结构、有围护设施的，应按其结构底板水平投影面积计算1/2面积。

（10）立体书库、立体仓库、立体车库，有围护结构的，应按其围护结构外围水平面积计算建筑面积；无围护结构、有围护设施的，应按其结构底板水平投影面积计算建筑面积。无结构层的应按一层计算，有结构层的应按其结构层面积分别计算。结构层高在2.20m及以上的，应计算全面积；结构层高在2.20m以下的，应计算1/2面积。

（11）有围护结构的舞台灯光控制室，应按其围护结构外围水平面积计算。结构层高在2.20m及以上的，应计算全面积；层高在2.20m以下的，应计算1/2面积。

（12）附属在建筑物外墙的落地橱窗，应按其围护结构外围水平面积计算。结构层高在 2.20m 及以上的，应计算全面积；结构层高在 2.20m 以下的，应计算 1/2 面积。

（13）窗台与室内楼地面高差在 0.45m 以下且结构净高在 2.10m 及以上的凸（飘）窗，应按其围护结构外围水平面积计算 1/2 面积。

（14）有围护设施的室外走廊（挑廊），应按其结构底板水平投影面积计算 1/2 面积；有围护设施（或柱）的檐廊，应按其围护设施（或柱）外围水平面积计算 1/2 面积。

（15）门斗应按其围护结构外围水平面积计算建筑面积。结构层高在 2.20m 及以上的，应计算全面积；结构层高在 2.20m 以下的，应计算 1/2 面积。

（16）门廊应按其顶板水平投影面积的 1/2 计算建筑面积；有柱雨篷应按其结构板水平投影面积的 1/2 计算建筑面积；无柱雨篷的结构外边线至外墙结构外边线的宽度在 2.10m 及以上的，应按雨篷结构板的水平投影面积的 1/2 计算建筑面积。

（17）设在建筑物顶部的、有围护结构的楼梯间、水箱间、电梯机房等，结构层高在 2.20m 及以上的应计算全面积，结构层高在 2.20m 以下的，应计算 1/2 面积。

（18）围护结构不垂直于水平面的楼层，应按其底板面的外墙外围水平面积计算。结构净高在 2.10m 及以上的部位，应计算全面积；结构净高在 1.20m 及以上至 2.10m 以下的部位，应计算 1/2 面积；结构净高在 1.20m 以下的部位，不应计算建筑面积。

（19）建筑物内的室内楼梯、电梯井、提物井、管道井、通风排烟竖井、烟道，应并入建筑物的自然层计算建筑面积。有顶盖的采光井应按一层计算面积。结构净高在 2.10m 及以上的，应计算全面积，结构净高在 2.10m 以下的，应计算 1/2 建筑面积。

（20）室外楼梯应并入所依附建筑物自然层，并应按其水平投影面积的 1/2 计算建筑面积。

（21）在主体结构内的阳台，应按其结构外围水平面积计算全面积；在主体结构外的阳台，应按其结构底板水平投影面积计算 1/2 面积。

（22）有顶盖无围护结构的车棚、货棚、站台、加油站、收费站等，应按其顶盖水平投影面积的 1/2 计算建筑面积。

（23）以幕墙作为围护结构的建筑物，应按幕墙外边线计算建筑面积。

（24）建筑物的外墙外保温层，应按其保温材料的水平截面积计算，并计入自然层建筑面积。

（25）与室内相通的变形缝，应按其自然层合并在建筑物建筑面积内计算。对于高低联跨的建筑物，当高低跨内部连通时，其变形缝应计算在低跨面积内。

（26）对于建筑物内的设备层、管道层、避难层等有结构层的楼层，结构层高在 2.20m 及以上的，应计算全面积；结构层高在 2.20m 以下的，应计算 1/2 面积。

3）《住宅设计规范》GB 50096—2011 中规定：

（1）计算住宅的技术经济指标

① 各功能空间使用面积应等于各功能空间墙体内表面所围合的水平投影面积。

② 套内使用面积应等于套内各功能空间使用面积之和。

③ 套内阳台面积应等于套内各阳台的面积之和，阳台的面积均应按其结构底板投影净面积的一半计算。

④ 套型总建筑面积应等于套内使用面积、相应的建筑面积和套型阳台面积之和。

⑤ 住宅楼总建筑面积应等于全楼各套型总建筑面积之和。

（2）套内使用面积的计算

① 套内使用面积应包括卧室、起居室（厅）、餐厅、厨房、卫生间、过厅、过道、贮藏室、壁柜等使用面积的总和。

② 跃层住宅中的套内楼梯应按自然层数的使用面积总和计入套内使用面积。

③ 烟囱、通风道、管道井等均不应计入套内使用面积。

④ 套内使用面积应按结构墙体表面尺寸计算，有复合保温层时，应按复合保温层表面尺寸计算。

⑤ 利用坡屋顶内的空间时，屋面板下表面与楼板地面的净高低于 1.20m 的空间不应计算使用面积，净高在 1.20～2.10m 的空间应按 1/2 计算使用面积，净高超过 2.10m 的空间应全部计入套内使用面积，坡屋顶无结构顶层楼板，不能利用坡屋顶空间时不应计算其使用面积。

⑥ 坡屋顶内的使用面积应列入套内使用面积中。

（3）套型总建筑面积的计算

① 应按全楼各层外墙结构外表面及柱外沿所围合的水平投影面积之和求出住宅楼建筑面积，当外墙设外保温层时，应按保温层外表面计算。

② 应以全楼总套内使用面积除以住宅楼建筑面积得出计算比值。

③ 套型总建筑面积应等于套内使用面积除以计算比值所得面积，加上套型阳台面积。

（4）住宅楼的层数计算

① 当住宅的所有楼层的层高都不大于 3.00m 时，层数应按自然层计算。

② 当住宅和其他功能空间处于同一建筑物内时，应将住宅部分的层数与其他功能空间的层数叠加计算建筑层数。当建筑中有一层或若干层的层高大于 3.00m 时，应对大于 3.00m 的所有楼层按其高度总和除以 3.00m 进行层数折算，余数小于 1.50m 时，多出部分不应计入建筑层数，余数大于或等于 1.50m 时，多出部分应按 1 层计算。

③ 层高小于 2.20m 的架空层和设备层不应计入自然层数。

④ 高出室外设计地面小于 2.20m 的半地下室不应计入地上自然层数。

17. 建筑物中的哪些部分可以不计入建筑面积？

《建筑工程建筑面积计算规范》GB/T 50353—2013 规定建筑物中的以下部分可以不计入建筑面积。

1）与建筑物内不相连通的建筑部件；

2）骑楼、过街楼底层的开放公共空间和建筑物通道；

3）舞台及后台悬挂幕布和布景的天桥、挑台等；

4）露台、露天游泳池、花架、屋顶的水箱及装饰性结构构件；

5）建筑物内的操作平台、上料平台、安装箱和罐体的平台；

6）勒脚、附墙柱、垛、台阶、墙面抹灰、装饰面、镶贴块料面层、装饰性幕墙、主体结构外的空调室外机搁板（箱）、构件、配件，挑出宽度在 2.10m 以下的无柱雨篷和顶盖高度达到或超过两个楼层的无柱雨篷；

7）窗台与室内地面高差在 0.45m 以下且结构净高在 2.10m 以下的凸（飘）窗，窗台与室内地面高差在 0.45m 及以上的凸（飘）窗；

8）室外爬梯、室外专用消防钢楼梯；

9）无围护结构的观光电梯；

10）建筑物以外的地下人防通道，独立的烟囱、烟道、地沟、油（水）罐、气柜、水塔、贮油（水）池、贮仓、栈桥等构筑物。

注：《建筑工程建筑面积计算规范》GB/T 50353—2013 对常用术语的解释：

1. 架空层：仅有结构支撑而无外围护结构的开敞空间层。

2. 架空走廊：专门设置在建筑物二层及二层以上，作为不同建筑物之间水平交通的空间。

3. 落地橱窗：突出外墙面且根基落地的橱窗。

4. 檐廊：建筑物挑檐下的水平交通空间。

5. 挑廊：挑出建筑物外墙的水平交通空间。

6. 骑楼：建筑底层沿街面后退且留出公共人行空间的建筑物。

7. 过街楼：跨越道路上空并与两边建筑相连的建筑物。

8. 露台：设置在屋面、首层地面或雨篷上供人室外活动的有围护设施的平台。

（五）建 筑 间 距

18. 建筑间距如何确定?

1）《民用建筑设计通则》GB 50352—2005 中规定：

（1）民用建筑应根据城市规划条件和任务要求，按照建筑与环境关系的原则，对建筑布局、道路、竖向、绿化及工程管线等进行综合性的场地设计。

（2）建筑布局的规定

① 建筑间距应符合防火规范要求。

② 建筑间距应满足建筑用房天然采光的要求，并应防止视线干扰。

③ 有日照要求的建筑应符合建筑日照标准的要求，并应执行当地城市规划行政主管部门制定的相应的建筑间距规定。

④ 对有地震等自然灾害的地区，建筑布局应符合有关安全标准的规定。

⑤ 建筑布局应使建筑基地内的人流、车流与物流合理分流，防止干扰，并有利于消防、停车和人员集散。

⑥ 建筑布局应根据地域气候特征，防止和抵御寒冷、暑热、疾风、暴雨、积雪和沙尘等灾害侵袭，并应利用自然气流组织好通风，防止不良小气候产生。

⑦ 根据噪声源的位置、方向和强度，应在建筑功能分区、道路布置、建筑朝向、距离以及地形、绿化和建筑物的屏障作用等方面采取综合措施，以防止或减少环境噪声。

⑧ 建筑物与各种污染源的卫生距离，应符合有关卫生标准的规定。

（3）建筑日照标准的要求

① 每套住宅应至少有一个居住空间获得日照，该日照标准应符合现行国家标准《城市居住区规划设计规范》GB 50180—93 2002 年版的有关规定。

② 宿舍中的半数以上的居室，应能获得同住宅居住空间相等的日照标准。

③ 托儿所、幼儿园的主要生活用房，应能获得冬至日不小于 3h 的日照标准。

④ 老年人住宅、残疾人住宅的卧室、起居室，医院、疗养院半数以上的病房和疗养室，中小学半数以上的教室应能获得冬至日不小于 2h 的日照标准。

2）《城市居住区规划设计规范》GB 50180—93 2002 年版中规定：

（1）居住区的规划布局，应综合考虑路网结构、公建与住宅布局、群体组合、绿地系统及空间环境等的内在联系，构成一个完善的、相对独立的有机整体，并应遵循下列原则：

① 方便居民生活，有利组织管理。

② 组织与居住人口规模相对应的公共活动中心，方便经营、使用和社会化服务。

③ 合理组织人流、车流，有利安全防卫。

④ 构思新颖，体现地方特色。

（2）居住区的空间与环境设计，应遵循下列原则：

① 建筑应体现地方风格、突出个性，群体建筑与空间层次应在协调中求变化。

② 合理设置公共服务设施，避免烟、气（味）、尘及噪声对居民的污染和干扰。

③ 精心设置建筑小品，丰富与美化环境。

④ 注重景观和空间的完整性，市政公用站点、停车库等小建筑宜与住宅或公建结合安排，供电、电信、路灯等管线宜地下埋设。

⑤ 公共活动空间的环境设计，应处理好建筑、道路、广场、院落、绿地和建筑小品之间及其与人的活动之间的相互关系。

（3）住宅正面间距

住宅正面间距应以满足日照要求为基础，综合考虑采光、通风、防灾、管线埋设、视觉卫生等要求确定。

①住宅日照标准应符合表 1-30 的规定。

住宅建筑日照标准 **表 1-30**

建筑气候区划	Ⅰ、Ⅱ、Ⅲ、Ⅶ类气候区		Ⅳ类气候区		Ⅴ、Ⅵ类气候区
	大城市	中小城市	大城市	中小城市	
日照标准日	大寒日			冬至日	
日照时数（h）	≥2	≥3		≥1	
有效日照时间带（h）	8～16			9～15	
日照时间计算起点	底层窗台面				

注：1. 建筑气候区划中：

Ⅰ类气候区有沈阳、长春、哈尔滨、张家口等城市；

Ⅱ类气候区有北京、天津、石家庄、郑州、西安、济南、兰州、银川、太原、丹东等城市；

Ⅲ类气候区有合肥、南京、杭州、上海、桂林、成都、重庆等城市；

Ⅳ类气候区有南宁、广州、海南、福州、台北等城市；

Ⅴ类气候区有昆明、西昌、贵阳等城市；

Ⅵ类气候区有拉萨、西宁等城市；

Ⅶ类气候区有乌鲁木齐、和田、二连浩特等城市。

2. 底层窗台面是指距室内地坪 0.90m 高的外墙位置。

② 对于特定的建筑物和特殊情况还应符合下列规定：

a. 老年人居住建筑不应低于冬至日日照 2h 的标准。

b. 在原建筑外增加设施不应使相邻住宅原有日照标准降低。

c. 旧区改建的项目内新建住宅日照标准可酌情降低，但不应低于大寒日日照 1h 的标准。

③ 住宅正面间距系数　可按日照标准确定的不同方位的日照间距系数控制，见表1-31。

住宅正面间距系数　　**表 1-31**

方　　位	0°～15°（含）	15°～30°（含）	30°～45°（含）	45°～60°（含）	>60°
折减值	1.00L	0.90L	0.80L	0.90L	0.95L

注：1. 表中方位为正南向（0°）偏东、偏西的方位角。
2. L 为当地正南向住宅的标准日照间距（m）。
3. 本表指标仅适用于无其他日照遮挡的平行布置条式住宅之间。

（4）住宅侧面间距

① 条式住宅：多层之间不宜小于 6.00m，高层与各种层数之间不宜小于 13m。

② 高层塔式住宅、多层和中高层点式住宅与侧面有窗的各种层数住宅之间应考虑视觉卫生因素，适当加大间距。

（5）住宅布置

① 选用环境条件优越的地段布置住宅，其布置应合理紧凑。

② 临街布置的住宅，其出入口应避免直接开向城市道路和居住区级道路。

③ 在Ⅰ、Ⅱ、Ⅳ、Ⅶ建筑气候区，主要应利用住宅冬季的日照，防寒、保温与防风沙的侵袭；在Ⅲ、Ⅳ建筑气候区，主要应考虑夏季防热和组织自然通风、道风入室的要求。

④ 在丘陵和山区，除考虑住宅布置和主导风向的关系外，尚应重视因地形变化而产生的地方风对住宅建筑防寒、保温或自然通风的影响。

⑤ 老年人居住建筑宜靠近相关服务设施和公共绿地。

3）《住宅设计规范》GB 50096—2011 中指出：

（1）每套住宅至少应有一个居住空间能获得冬季日照。

（2）确定为获得冬季日照的居住空间的窗洞开口宽度不应小于 0.60m。

4）《住宅建筑规范》GB 50368—2005 中指出：

住宅应充分利用外部环境提供的日照条件，每套住宅至少应有一个居住空间能获得冬季日照。

5）《老年人居住建筑设计标准》GB/T 50340—2003 中指出：

老年人居住空间应布置在采光通风好的地段，应保证主要居室有良好的朝向，冬至日满窗日照不宜少于 2h。

6）《托儿所、幼儿园设计规范》JGJ 39—87 中指出：

托儿所、幼儿园的生活用房应布置在当地最好的日照方位，并满足冬至日满窗日照不少于 3h 的要求，温暖地区、炎热地区的生活用房应避免朝西，否则应设遮阳设施。

7）《养老设施建筑设计规范》GB 50867—2013 规定：老年人居住用房和主要公共活动用房应布置在日照充足、通风良好的地段，居住用房冬至日满窗日照不宜小于 2h。公共配套设施宜与居住用房就近设置。

（六）居住区道路

19. 建筑居住区内道路应符合哪些规定？

1）《城市道路工程设计规范》CJJ 37—2012 中规定的各类车辆的外廓尺寸为：

（1）机动车

机动车的外廓尺寸见表 1-32。

机动车的外廓尺寸（m）　　**表 1-32**

车辆类型	总　长	总　宽	总　高
小客车	6.00	1.80	2.00
大型车	12.00	2.50	4.00
铰接车	18.00	2.50	4.00

注：1. 总长：车辆前保险杠至后保险杠的距离。
2. 总宽：车辆宽度中不包括后视镜尺寸。
3. 总高：车辆顶或装载顶至地面的高度。

（2）非机动车

非机动车的外廓尺寸见表 1-33。

非机动车的外廓尺寸（m）　　**表 1-33**

车辆类型	总　长	总　宽	总　高
自行车	1.93	0.60	2.25
三轮车	3.40	1.25	2.25

注：1. 总长：自行车为前轮前缘至后轮后缘的距离；三轮车为前轮前缘至车厢后缘的距离。
2. 总宽：自行车为车把宽度；三轮车为车厢宽度。
3. 总高：自行车为骑车人骑在车上时，头顶至地面的高度；三轮车为载物顶至地面的高度。

2）《民用建筑设计通则》GB 50352—2005 中规定：

（1）建筑基地内道路应符合下列规定：

① 基地内应设道路与城市道路相连接，其连接处的车行路面应设限速设施，道路应能通达建筑物的安全出口。

② 沿街建筑应设连通街道和内院的人行通道（可利用楼梯间），其间距不宜大于 80m。

③ 道路改变方向时，路边绿化及建筑物不应影响行车有效视距。

④ 基地内设地下停车场时，车辆出入口应设有效显示标志，标志设置高度不应影响行人和车辆通行。

⑤ 基地内车流量较大时应设人行道路。

（2）建筑基地道路宽度应符合下列规定：

① 单车道路宽度不应小于 4.00m，双车道路宽度不应小于 7.00m。

② 人行道路宽度不应小于 1.50m。

③ 利用道路边设停车位时，不应影响有效通行宽度。

④车行道路改变方向时，应满足车辆最小转弯半径要求，消防车道路应按消防车最小转弯半径要求设置。

注：1.《汽车库建筑设计规范》JGJ 100—98 中指出汽车的最小半径为：

微型车：4.50m；小型车：6.00m；轻型车：6.50～8.00m；中型车：8.00～10.00m；大型车：10.50～12.00m；铰接车：10.50～12.50m。

2. 相关资料表明：轻型消防车的转弯半径为 9.00～10.00m；重型消防车的转弯半径为 12.00m。

3.《建筑设计防火规范》GB 50045—2014 中规定尽头式消防车道应设回车道或回车场，回车场的面积不应小于 12m×12m；对于高层建筑，不宜小于 15m×15m；供重型消防车使用时，不宜小于 18m×18m。

（3）道路与建筑物间距应符合下列规定：

① 基地内设有室外消火栓时，车行道路与建筑物的间距应符合防火规范的有关规定。

② 基地内道路边缘至建筑物、构筑物的最小距离应符合现行国家标准《城市居住区规划设计规范》GB 50180—93 2002 年版的有关规定。

③ 基地内不宜设高架车行道路，当设置的高架人行道路与建筑平行时，应有保护私密性的视距和防噪声的要求。

④ 建筑基地内地下车库的出入口设置应符合下列要求：

a. 地下车库出入口距基地道路的交叉路口或高架路的起坡点不应小于 7.50m。

b. 地下车库出入口与道路垂直时，出入口与道路红线应保持不小于 7.50m 安全距离。

c. 地下车库出入口与道路平行时，应经不小于 7.50m 长的缓冲车道汇入基地道路。

3）《城市居住区规划设计规范》GB 50180—93 2002 年版中指出：

（1）居住区的道路规划，应遵循下列原则：

① 根据地形、气候、用地规模和用地四周的环境条件、城市道路系统以及居民的出行方式，选择经济、便捷的道路系统和道路断面形式。

② 小区内应避免过境车辆的穿行、避免道路通而不畅、避免往返迂回，并适于消防车、救护车、商店货车和垃圾车等的通行。

③ 有利于居住区内各类用地的划分和有机联系以及建筑物布置的多样化。

④ 当公共交通线路引入居住区道路时，应减少交通噪声对居民的干扰。

⑤ 在地震烈度不低于 6 度的地区，应考虑防灾救灾要求。

⑥ 满足居住区的日照通风和地下工程管线的埋设要求。

⑦ 城市旧区改建，其道路系统应充分考虑原有道路特点，保留和利用有历史文化价值的街道。

⑧应便于居民汽车的通行，同时保证行人、骑车人的安全便利。

（2）居住区内道路可分为居住区道路、小区路、组团路和宅间小路 4 级。其道路宽度，应符合下列规定：

① 居住区道路：红线宽度不宜小于 20m。

② 小区路：路面宽 6.00～9.00m，建筑控制线之间的宽度，需敷设供热管线的不宜小于 14m，无供热管线的不宜小于 10m。

③ 组团路：路面宽 3.00～5.00m，建筑控制线之间的宽度，需敷设供热管线的不宜小于 10.00m，无供热管线的不宜小于 8.00m。

④ 宅间小路：路面宽不宜小于 2.50m。

⑤ 在多雪地区，应考虑堆积道路积雪的面积，道路宽度可酌情放宽，但应符合当地城市规划行政主管部门的有关规定。

（3）居住区内道路的纵向坡度

① 居住区内道路纵向坡度控制指标应符合表 1-34 的规定。

居住区内道路纵向坡度的控制指标（%）　　表 1-34

道路类别	最小纵向坡度	最大纵向坡度	多雪严寒地区最大纵向坡度
机动车道	≥0.2	≤8.0 L≤200m	≤5.0 L≤600m
非机动车道	≥0.2	≤3.0 L≤50m	≤2.0 L≤100m
步行道	≥0.2	≤8.0	≤4.0

注：L 为坡长。

② 机动车与非机动车混行的道路，其纵向坡度宜按非机动车道要求，或分段按非机动车道要求控制。

（4）山区和丘陵地区的道路系统规划设计，应遵循下列原则：

① 车行与人行宜分开设置，自成系统。

② 路网格式应因地制宜。

③ 主要道路宜平缓。

④ 路面可酌情缩窄，但应安排必要的排水边沟和会车车位，并应符合当地城市规划行政主管部门的有关规定。

（5）居住区内道路设置，应符合下列规定：

① 小区内主要道路至少应有 2 个出入口；居住区内主要道路至少应有 2 个方向与外围道路相连；机动车道对外出入口间距不应小于 150m。沿街建筑物长度超过 150m 时，应设不小于 4m×4m 消防车通道。人行出口间距不宜超过 80m，当建筑物长度超过 80m 时，应在底层加设人行通道。

② 居住区内道路与城市道路相接时，其交角不宜小于 75°；当居住区内道路坡度较大时，应设缓冲段与城市道路相接。

③ 进入组团的道路，既应方便居民出行和利于消防车、救护车的通行，又应维护院落的完整性和利于治安保卫。

④ 在居住区内的公共活动中心，应设置为残疾人通行的无障碍通道。通行轮椅车的坡道宽度不应小于 2.50m，纵向坡度不应大于 2.5%。

⑤ 居住区内尽端式道路的长度不宜大于 120m，并应在尽端设不小于 12m×12m 的回车场地。

⑥ 当居住区内用地坡度大于 8%时，应辅以梯级踏步解决竖向交通，并且宜在梯级踏步旁附设推行自行车的坡道。

⑦ 在多雪严寒的山坡地区，居住区内道路路面应考虑防滑措施；在地震设防地区，居住区内的主要道路，宜采用柔性路面。

⑧ 居住区内道路边缘至建筑物、构筑物的最小距离，应符合表1-35的规定。

道路边缘至建筑物、构筑物最小距离（m） **表1-35**

<table>
<tr><th colspan="3">道路级别
与建筑物、构筑物的关系</th><th>居住区道路</th><th>小区路</th><th>组团路及宅间小路</th></tr>
<tr><td rowspan="3">建筑物面向道路</td><td rowspan="2">无出入口</td><td>高层</td><td>5.0</td><td>3.0</td><td>2.0</td></tr>
<tr><td>多层</td><td>3.0</td><td>3.0</td><td>2.0</td></tr>
<tr><td colspan="2">有出入口</td><td>—</td><td>5.0</td><td>2.5</td></tr>
<tr><td colspan="2" rowspan="2">建筑物山墙面向道路</td><td>高层</td><td>4.0</td><td>2.0</td><td>1.5</td></tr>
<tr><td>多层</td><td>2.0</td><td>2.0</td><td>1.5</td></tr>
<tr><td colspan="3">围墙面向道路</td><td>1.5</td><td>1.5</td><td>1.5</td></tr>
</table>

注：1. 居住区道路的边缘指红线。

2. 小区路、组团路及宅间小路的边缘指路面边线。当小区路设有人行便道时，其道路边缘指便道边线。

（6）居住区内必须配套设置居民汽车（含通勤车）停车场、停车库，并应符合下列规定：

① 居民汽车停车率不应小于10%。

② 居住区内地面停车率（居住区内居民汽车的停车位数量与居住户数的比率）不宜超过10%。

③ 居民停车场、停车库的布置应方便居民使用，服务半径不宜大于150m。

④ 居民停车场、停车库的布置应留有必要的发展余地。

4）《中小学校设计规范》GB 50099—2011中规定：

中小学校校园内的道路及广场、停车场用地应包括消防车道、机动车道、步行道、无顶盖且无植被或植被不达标的广场及地面停车场。用地面积的计量范围应界定至路面或广场、停车场的外缘。校门外的缓冲场地在学校用地红线以内的面积应计量为学校的道路及广场、停车场用地。

（七）建筑竖向

20. 建筑竖向应符合哪些规定？

1）《民用建筑设计通则》GB 50352—2005中规定：

（1）建筑基地地面和道路坡度应符合下列规定：

① 基地地面坡度不应小于0.2%，地面坡度大于8%时宜分成台地，台地连接处应设挡墙或护坡。

② 基地机动车道的纵坡不应小于0.2%，亦不应大于8%，其坡长不应大于200m，在个别路段可不大于11%，其坡长不应大于80m，在多雪严寒地区，不应大于5%，其坡长不应大于600m；横坡应为1%～2%。

③ 基地非机动车道的纵坡不应小于0.2%，亦不应大于3%，其坡长不应大于50m，在多雪严寒地区，不应大于2%，其坡长不应大于100m；横坡应为1%～2%。

④ 基地步行道的纵坡不应小于0.2%，亦不应大于8%，在多雪严寒地区，不应大于4%；横坡应为1%～2%。

⑤ 基地内人流活动的主要地段，应设置无障碍人行道。

注：山地和丘陵地区竖向设计尚应符合有关规范的规定。

（2）建筑基地地面排水应符合下列规定：

① 基地内应有排除地面及路面雨水至城市排水系统的措施，排水方式应根据城市规划的要求确定，有条件的地区应采取雨水回收利用措施。

② 采用车行道排泄地面雨水时，雨水口形式及数量应根据汇水面积、流量、道路纵坡长度等确定。

③ 单侧排水的道路及低洼易积水的地段，应采取排雨水时不影响交通和路面清洁的措施。

（3）建筑物底层出入口处应采取措施防止室外地面雨水回流。

2）《城市居住区规划设计规范》GB 50180—93 2002年版中指出：

（1）居住区的竖向规划，应包括地形地貌的利用、确定道路控制高程和地面排水规划等内容。

（2）居住区竖向规划设计，应遵循下列原则：

① 合理利用地形地貌，减少土方工程量。

② 各种场地的适用坡度，应符合表1-36的规定。

各种场地的适用坡度（%） **表1-36**

场地名称	使用坡度
密实性地面和广场	0.3～3.0
广场兼停车场	0.2～0.5
室外场地——儿童游戏场	0.2～2.5
室外场地——运动场	0.2～0.5
室外场地——杂用场地	0.3～2.9
绿地	0.5～1.0
湿陷性黄土地面	0.5～7.0

③ 满足排水管线的埋设要求。

④ 避免土壤受冲刷。

⑤ 有利于建筑布置与空间环境的设计。

⑥ 对外联系道路的高程应与城市道路标高相衔接。

（3）当自然地形坡度大于8%，居住区地面连接形式宜选用台地式，台地之间应用挡土墙或护坡连接。

（4）居住区内地面水的排水系统，应根据地形特点设计。在山区和丘陵地区还必须考虑排洪要求。地面水排水方式的选择，应符合以下规定：

① 居住区内应采用暗沟（管）排除地面水。

② 在埋设地下暗沟（管）极不经济的陡坎、岩石地段，或在山坡冲刷严重，管沟易堵塞的地段，可采用明沟排水。

（八）建筑绿化

21. 建筑绿化应符合哪些规定?

1）《民用建筑设计通则》GB 50352—2005 中规定，建筑工程项目应包括绿化工程，其设计应符合下列要求：

（1）宜采用包括垂直绿化和屋顶绿化等在内的全方位绿化。绿地面积的指标应符合有关规范或当地城市规划行政主管部门的规定。

（2）绿化的配置和布置方式应根据城市气候、土壤和环境功能等条件确定。

（3）绿化与建筑物、构筑物、道路和管线之间的距离，应符合有关规范规定。

（4）应保护自然生态环境，并应对古树名木采取保护措施。

（5）应防止树木根系对地下管线缠绕及对地下建筑防水层的破坏。

2）《城市居住区规划设计规范》GB 50180—93 2002 年版中规定：

（1）居住区内绿地，应包括公共绿地、宅旁绿地、配套公建所属绿地和道路绿地，其中包括了满足当地植树绿化覆土要求、方便居民出入的地下或半地下建筑的屋顶绿地。

（2）居住区内绿地应符合下列规定：

① 一切可绿化的用地均应绿化，并宜发展垂直绿化。

② 宅间绿地应精心规划与设计，宅间绿地面积的计算应符合下列规定：

a. 宅旁（宅间）绿地面积计算的起止界为：对宅间路、组团路和小区路，算到路边，当小区路设有人行便道时，算至便道边，沿居住区路、城市道路则算至红线；距房屋墙脚 1.50m；对其他围墙、院墙，算至墙脚。

b. 道路绿地面积计算，以道路红线内规划的绿地面积为标准进行计算。

c. 院落式组团绿地面积计算起止界为：绿地边界距宅间路、组团路和小区路路边 1.00m，当小区路设有人行便道时，算到人行便道边，临城市道路、居住区级道路时算至道路红线，距房屋墙脚 1.50m。

d. 开敞型院落组团绿地应至少有一个面面向小区路，或向建筑控制线宽度不小于 10m 的组团级主路敞开。

e. 其他块状、带状公共绿地面积计算的起止界同院落式组团绿地。沿居住区（级）道路、城市道路的公共绿地算到红线。

③ 绿地率：新区建设不应低于 30%；旧区改造不宜低于 25%。

（3）居住区内的绿地规划，应根据居住区的规划布局形式、环境特点及用地的具体条件，采用集中与分散相结合，点、线、面相结合的绿地系统，并宜保留和利用规划范围内的已有树木和绿地。

（4）居住区内的公共绿地，应根据居住区不同的规划布局形式设置相应的中心绿地以及老年人、儿童活动场地和其他块状、带状公共绿地等，应符合以下规定：

① 中心绿地的设置应符合表 1-37 的规定。

各级中心绿地设置规定　　表 1-37

中心绿地内容	设置内容	要求	最小规模（hm^2）
居住区公园	花木草坪、花坛水面、凉亭雕塑、小卖茶座、老幼设施、停车场地和铺装地面等	园内布局应有明确的功能划分	1.00
小游园	花木草坪、花坛水面、雕塑、儿童设施和铺装地面等	园内布局应有一定的功能划分	0.40
组团绿地	花木草坪、桌椅、简易儿童设施等	灵活布局	0.04

注：表内“设置内容”可视具体条件选用。

② 应至少有一个边与相应级别的道路相邻。

③ 绿化面积（含水面）不宜小于 70%。

④ 便于居民休憩、散步和交往之用，宜采用开敞式，以绿篱或其他通透式院墙栏杆作分隔。

⑤ 组团绿地的设置应满足有不少于 1/3 的绿地面积在标准的建筑日照阴影线范围之外的要求，并便于设置儿童游戏设施，适于成人游憩活动。其中，院落式组团绿地的设置还应同时满足表 1-38 中各项要求，其面积计算起止界应符合综合技术经济指标的有关规定。

院落式组团绿地设置规定　　表 1-38

封闭型绿地		开敞型绿地	
南侧多层楼	南侧高层楼	南侧多层楼	南侧高层楼
$L \geqslant 1.5L_2$ $L \geqslant 30m$	$L \geqslant 1.5L_2$ $L \geqslant 50m$	$L \geqslant 1.5L_2$ $L \geqslant 30m$	$L \geqslant 1.5L_2$ $L \geqslant 50m$
$S_1 \geqslant 800m^2$	$S_1 \geqslant 1800m^2$	$S_1 \geqslant 500m^2$	$S_1 \geqslant 1200m^2$
$S_2 \geqslant 1000m^2$	$S_2 \geqslant 2000m^2$	$S_2 \geqslant 600m^2$	$S_2 \geqslant 1400m^2$

注：1. L——南北两楼正面间距（m）；

L_2——当地住宅的标准日照间距（m）；

S_1——北侧为多层楼的组团绿地面积（m^2）；

S_2——北侧为高层楼的组团绿地面积（m^2）。

2. 开敞型院落式组团绿地 L 应不小于 10m，可参见《城市居住区规划设计规范》GB 50180—93 2002 版附图 A.0.4。

⑥ 其他块状、带状公共绿地应同时满足宽度不小于 8.00m、面积不小于 $400m^2$ 和日照环境的要求。

⑦ 公共绿地的位置和规模，应根据规划用地周围的城市级公共绿地的布局综合确定。

（5）居住区内公共绿地的总指标，应根据居住人口规模分别达到：组团不少于 $0.50m^2$/人，小区（含组团）不少于 $1.00m^2$/人，居住区（含小区与组团）不少于 $1.50m^2$/人，并应根据居住区规划布局形式统一安排、灵活使用。

旧区改建可酌情降低，但不得低于相应指标的 70%。

3）《中小学校设计规范》GB 50099—2011 中规定：

中小学校的绿化用地宜包括集中绿地、零星绿地、水面和供教学实验的种植园及小动物饲养园。

（1）中小学校应设置集中绿地。集中绿地的宽度不应小于8.00m。

（2）集中绿地、零星绿地、水面、种植园、小动物饲养园的用地应按各自的外缘围合的面积计算。

（3）各种绿地的步行甬路应计入绿化面积。

（4）铺栽植被达标的绿地停车场用地应计入绿化用地。

（5）未铺栽植被或铺栽植被不达标的体育场地不宜计入绿化用地。

（九）建筑平面设计

22. 建筑平面设计应注意哪些问题？

《民用建筑设计通则》GB 50352—2005中规定：

1）平面布置应根据建筑的使用性质、功能、工艺要求，合理布局。

2）平面布置的柱网、开间、进深等定位轴线尺寸，应符合现行国家标准《建筑模数协调标准》GB/T 50002—2013等有关标准的规定。

3）根据使用功能，应使大多数房间或重要房间布置在有良好日照、采光、通风和景观的部位。对有私密性要求的房间，应防止视线干扰。

4）平面布置宜具有一定的灵活性。

5）地震区的建筑，平面布置宜规整，不宜错层。

23. 哪些房间不宜布置在地下室、半地下室内？

1）《民用建筑设计通则》GB 50352—2005中规定：

（1）严禁将幼儿、老年人生活用房设在地下室或半地下室。

（2）居住建筑中的居室不应布置在地下室内，当布置在半地下室时，必须对采光、通风、日照、防潮、排水及安全防护采取措施。

（3）建筑物内的歌舞、娱乐、放映、游艺场所不应设置在地下二层及以下；当设置在地下一层时，地下一层地面与室外出入口地坪的高差不应大于10m。

（4）民用建筑内配变电所不应设在厕所、浴室或其他经常积水场所的正下方，且不宜与上述场所相贴邻；装有可燃油电气设备的变配电室，不应设在人员密集场所的正上方、正下方、贴邻和疏散出口的两旁；当配变电所的正上方、正下方为住宅、客房、办公室等场所时，配变电所应作屏蔽处理。

2）《中小学校设计规范》GB 50099—2011中规定：

学生宿舍不得设在地下室或半地下室。

3）《住宅设计规范》GB 50096—2011中规定：

（1）卫生间不应直接布置在下层住户的卧室、起居室（厅）和厨房的上层，可布置在本套内的卧室、起居室（厅）和厨房的上层。当卫生间布置在本套内的卧室、起居室（厅）、厨房和餐厅的上层时，均应有防水和便于检修的措施。

(2) 卧室、起居室（厅）、厨房不应布置在地下室；当布置在半地下室时，必须对采光、通风、日照、防潮、排水及安全防护采取措施，并且不得降低各项指标要求。

(3) 除卧室、起居室（厅）、厨房以外的其他功能房间可布置在地下室，当布置在地下室时，应对采光、通风、防潮、排水及安全防护采取措施。

4)《住宅建筑规范》GB 50368—2005 中规定：

卫生间不应直接布置在下层住户的卧室、起居室（厅）和厨房、餐厅的上层。

5)《宿舍建筑设计规范》JGJ 36—2005 中规定：

宿舍居室不应布置在地下室，宿舍居室不宜布置在半地下室。

6)《办公建筑设计规范》JGJ 67—2006 中指出：

(1) 特殊重要的办公建筑主楼的正下方不宜布置地下汽车库。

(2) 办公建筑中的变配电所应避免与有酸、碱、粉尘、蒸汽、积水及噪声严重的场所毗邻，也不应直接设在有爆炸危险的环境的正上方或正下方，也不应直接设在厕所、浴室等经常积水场所的正下方。

7)《托儿所、幼儿园建筑设计规范》JGJ 39—87 中规定：

严禁将幼儿生活用房设在地下室或半地下室。

8)《养老设施建筑设计规范》GB 50867—2013 规定：老年人卧室、起居室、休息室和亲情居室不应设在地下、半地下，不应与电梯井道、有噪声振动的设备机房等贴邻布置。

24. 哪些房间的平面布置有特殊要求?

1)《文化馆建筑设计规范》JGJ/T 41—2014 规定：文化馆设置儿童、老年人的活动用房时，应布置在三层及三层以下，且朝向良好和出入安全、方便的位置。

2)《旅馆建筑设计规范》JGJ 62—2014 规定：

(1) 旅馆建筑的卫生间、盥洗室、浴室不应设在餐厅、厨房、食品贮藏等有严格卫生要求用房的直接上层。

(2) 旅馆建筑的卫生间、盥洗室、浴室不应设在变配电室等有严格防潮要求用房的直接上层。

(3) 客房不宜设置在无外窗的建筑空间内。

(4) 客房、会客厅不宜与电梯井道贴邻布置。

3)《建筑设计防火规范》GB 50016—2014 规定：

(1) 民用建筑的平面布置，应结合建筑的耐火等级、火灾危险性、使用功能和安全疏散等因素合理布置。

(2) 除为满足民用建筑使用功能所设置的附属库房外，民用建筑内不应设置生产车间和其他库房。

经营、存放和使用甲、乙类火灾危险性物品的商店、作坊和储藏间，严禁附设在民用建筑内。

(3) 商店建筑、展览建筑采用三级耐火等级建筑时，不应超过 2 层；采用四级耐火等级建筑时，应为单层。营业厅、展览厅设置在三级耐火等级建筑内时，应布置在首层或二层；设置在四级耐火等级建筑内时，应布置在首层。

营业厅、展览厅不应设置在地下三层及以下楼层。地下或半地下营业厅、展览厅不应经营、储存和展示甲、乙类火灾危险性物品。

(4) 托儿所、幼儿园的儿童用房，老年人活动场所和儿童游乐厅等儿童活动场所宜设置在独立的建筑内，且不应设置在地下或半地下；当采用一、二级耐火等级的建筑时，不应超过3层；采用三级耐火等级的建筑时，不应超过2层；采用四级耐火等级的建筑时，应为单层；确需设置在其他民用建筑时，应符合下列规定：

① 设置在一、二级耐火等级的建筑内时，应布置在首层、二层或三层；

② 设置在三级耐火等级的建筑内时，应布置在首层或二层；

③ 设置在四级耐火等级的建筑内时，应布置在首层；

④ 设置在高层建筑内时，应设置独立的安全出口和疏散楼梯；

⑤ 设置在单层、多层建筑内时，宜设置独立的安全出口和疏散楼梯。

(5) 医院和疗养院的住院部分不应设置在地下或半地下。

医院和疗养院的住院部分采用三级耐火等级建筑时，不应超过2层；采用四级耐火等级建筑时，应为单层；设置在三级耐火等级的建筑内时，应布置在首层或二层；设置在四级耐火等级的建筑内时，应布置在首层。

医院和疗养院的病房楼内相邻护理单元之间应采用耐火极限不低于2.00h的防火隔墙分隔，隔墙上的门应采用乙级防火门，设置在走道上的防火门应采用常开防火门。

(6) 教学建筑、食堂、菜市场采用三级耐火等级建筑时，不应超过2层；采用四级耐火等级建筑时，应为单层；设置在三级耐火等级的建筑内时，应布置在首层或二层；设置在四级耐火等级的建筑内时，应布置在首层。

(7) 剧场、电影院、礼堂宜设置在独立的建筑内；采用三级耐火等级建筑时，不应超过2层；确需设置在其他民用建筑内时，至少应设置1个独立的安全出口和疏散楼梯，并应符合下列规定：

① 应采用耐火极限不低于2.00h的防火隔墙和甲级防火门与其他区域分隔。

② 设置在一、二级耐火等级的建筑内时，观众厅宜布置在首层、二层或三层；确需布置在四层及以上楼层时，一个厅、室疏散门不应少于2个，且每个观众厅的建筑面积不宜大于400m^2。

③ 设置在三级耐火等级的建筑内时，不应布置在三层及以上楼层。

④ 设置在地下或半地下时，宜设置在地下一层，不应设置在地下三层及以下楼层。

⑤ 设置在高层建筑内时，应设置火灾自动报警系统及自动喷水灭火系统等自动灭火系统。

(8) 建筑内的会议厅、多功能厅等人员密集的场所，宜布置在首层、二层或三层。设置在三级耐火等级的建筑内时，不应布置在三层及以上楼层。确需布置在一、二级耐火耐火等级建筑的其他楼层时，应符合下列规定。

① 一个厅、室疏散门不应少于2个，且建筑面积不宜大于400m^2。

② 设置在地下或半地下时，宜设置在地下一层，不应设置在地下三层及以下楼层。

③ 设置在高层建筑内时，应设置火灾自动报警系统及自动喷水灭火系统等自动灭火系统。

(9) 歌舞厅、录像厅、夜总会、卡拉OK厅（含具有卡拉OK功能的餐厅）、游艺厅（含电子游艺厅）、桑拿浴室（不包括洗浴部分）、网吧等歌舞娱乐放映游艺场所（不含剧场、电影院）的布置应符合下列规定：

① 不应布置在地下二层及以下楼层；

② 宜布置在一、二级耐火等级建筑内的首层、二层或三层的靠外墙部位；

③ 不宜布置在袋形走道的两侧或尽端；

④ 确需布置在地下一层时，地下一层的地面与室外出入口地坪的高差不应大于10m；

⑤ 确需布置在地下或四层及以上楼层时，一个厅、室的建筑面积不应大于200m²；

⑥ 厅、室之间及与建筑的其他部位之间，应采用耐火极限不低于2.00h的防火隔墙和1.00h的不燃性楼板分隔，设置在厅、室墙上的门和该场所与建筑内其他部位相通的门均应采用乙级防火门。

（10）除商业服务网点外，住宅建筑与其他使用功能的建筑合建时，应符合下列规定：

① 住宅部分与非住宅部分之间，应采用耐火极限不低于2.00h且无门、窗、洞口的防火隔墙和1.50h的不燃性楼板完全分隔；当为高层建筑时，应采用无门、窗、洞口的防火墙和耐火极限不低于2.00h的不燃性楼板完全分隔。建筑外墙上、下层开口之间的防火措施应符合本规范“建筑构件和管道井”的相关规定。

② 住宅部分与非住宅部分的安全出口和疏散楼梯应分别独立设置；为住宅部分服务的地上车库应设置独立的疏散楼梯或安全出口，地下车库的疏散楼梯应符合本规范“疏散楼梯和疏散楼梯间等”的规定进行分隔。

③ 住宅部分与非住宅部分的安全疏散、防火分区和室内消防设施配置，可根据各自的建筑高度分别按照本规范有关住宅建筑和公共建筑的规定执行；该建筑的其他防火设计应根据建筑的总高度和建筑规模按本规范有关公共建筑的规定执行。

（11）设置商业服务网点的住宅建筑，其居住部分与商业服务网点之间应采用耐火极限不低于2.00h且无门、窗、洞口的防火隔墙和1.50h的不燃性楼板完全分隔；住宅部分和商业服务网点部分的安全出口和疏散楼梯应分别独立设置。

商业服务网点中每个分隔单元之间应采用耐火极限不低于2.00h且无门、窗、洞口的防火隔墙相互分隔，当每个分隔单元任一层建筑面积大于200m²时，该层应设置2个安全出口或疏散门。每个分隔单元内的任一点至最近直通室外的出口的直线距离不应大于本规范“直通疏散走道的房间疏散门至最近安全出口的直线距离”中有关多层其他建筑位于袋形走道两侧或尽端的疏散门至最近安全出口的最大直线距离。

注：室内楼梯的距离可按其水平投影长度的1.50倍计算。

（12）燃油或燃气锅炉、油浸变压器、充有可燃油的高压电容器和多油开关等，宜设置在建筑外的专用房间内；确需贴邻民用建筑布置时，应采用防火墙与所贴邻建筑分隔，且不应贴邻人员密集场所，该专用房间的耐火等级不应低于二级；确需布置在民用建筑内时，不应布置在人员密集场所的上一层、下一层或贴邻，具体设计要求应符合本书“特殊房间”的相关规定。

（13）布置在民用建筑内的柴油发电机房宜布置在首层或地下一、二层，不应布置在人员密集场所的上一层、下一层或贴邻，具体设计要求应符合本书“特殊房间”的相关规定。

25. 走道、通道的宽度有哪些规定？

1）《住宅设计规范》GB 50096—2011中规定：

（1）套内入口过道净宽度不宜小于1.20m；通往卧室、起居室（厅）的过道净宽度不应小于1.00m；通往厨房、卫生间、贮藏室的过道净宽度不应小于0.90m。

（2）套内设于底层或靠外墙、靠卫生间的壁柜内部应采取防潮措施。

2）《住宅建筑规范》GB 50368—2005中指出：

走廊和公共部位通道的净宽不应小于1.20m，局部净高不应低于2.00m。

3）《办公建筑设计规范》JGJ 67—2006中规定，办公建筑的走道应满足下列要求：

（1）办公建筑的走道的净宽应满足表1-39的要求。

办公建筑的走道的净宽 **表1-39**

走道长度（m）	走道净宽（m）	
	单面布房	双面布房
≤40	1.30	1.50
>40	1.50	1.80

（2）高差不足2级踏步时，不应设置台阶，应设坡道，其坡度不宜大于1∶8。

4）《商店建筑设计规范》JGJ 48—2014规定：

（1）营业厅内通道最小净宽度应符合表1-40的规定。

营业厅内通道最小净宽度 **表1-40**

通道位置		最小净宽度（m）
通道在柜台或货架墙面或陈列窗之间		2.20
通道在两个平行柜台或货架之间	每个柜台或货架长度小于7.50m	2.20
	一个柜台或货架长度小于7.50m，另一个柜台或货架长度为7.50～15.00m	3.00
	每个柜台或货架长度小于7.50～15.00m	3.70
	每个柜台长度大于15.00m	4.00
	通道一端仅有楼梯时	上下两个梯段宽度之和再加1.00m
柜台或货架边与开敞楼梯最近踏步间距离		4.00m，并不小于楼梯间净宽度

注：1. 当通道内设有陈设物时，通道最小净宽度应增加该陈列物的宽度；
2. 无柜台营业厅的通道最小净宽可根据实际情况，在本表的基础上酌减，减小量不应大于20%；
3. 菜市场营业厅的通道最小净宽宜按本表的规定基础上再增加20%。

（2）自选营业厅内通道最小净宽度应符合表1-41的规定（该通道兼作疏散的通道宜直通出厅口或安全出口）。

自选营业厅内通道最小净宽度 **表1-41**

通道位置		最小净宽度（m）	
		不采用购物车	采用购物车
通道在两个平行货架之间	靠墙货长度架不限，离墙货架长度小于15m	1.60	1.80
	每个货架长度小于15m	2.20	2.40
	离墙货架长度为15～24m	2.80	3.00

续表

通道位置		最小净宽度（m）	
		不采用购物车	采用购物车
与各货架相垂直的通道	通道长度小于15m	2.40	3.00
	通道长度不小于15m	3.00	3.60
货架与出入闸位间的通道		3.80	4.20

注：当采用货台、货区时，其周围留出的通道宽度，可按商品的可选择性进行调整。

（3）储存库房内货架与堆垛间通道净宽度应符合表1-42的规定：

货架与堆垛间的通道净宽度　　表1-42

通道位置	净宽度（m）
货架或堆垛与墙面间的通风通道	＞0.30
平行的两组货架或堆垛间手携商品通道，按货架或堆垛宽度选择	0.70～1.25
与各货架或堆垛间通道相连的垂直通道，可以通行轻便手推车	1.50～1.80
电瓶车通道（单车道）	＞2.50

注：1. 单个货架宽度为0.30～0.90m，一般为两架并靠成组；堆垛宽度为0.60～1.80m。
2. 存储库房内电瓶车行速不应超过75m/min，其通道宜取直，或设置不小于6m×6m的回车场地。

（4）大型或中性商店建筑内连续排列的商铺之间的公共通道最小净宽度应符合表1-43的规定：

连续排列的商铺之间的公共通道最小净宽度　　表1-43

通道名称	最小净宽度（m）	
	通道两侧设置通道	通道一侧设置通道
主要通道	4.00，且不小于通道长度的1/10	3.00，且不小于通道长度的1/15
次要通道	3.00	2.00
内部作业通道	1.80	—

注：主要通道长度按其两端安全出口间距离计算。

5）《中小学校设计规范》GB 50099—2011中指出：

（1）教学用建筑的走道宽度应符合下列规定：

① 应根据在该走道上各教学用房疏散的总人数，按照表1-44的规定计算走道的疏散宽度。

安全出口、疏散走道、疏散楼梯和房间疏散门每100人的净宽度　　表1-44

所在楼层位置	耐火等级		
	一、二级	三级	四级
地上一、二层	0.70	0.80	1.05
地上三层	0.80	1.05	—
地上四、五层	1.05	1.30	—
地下一、二层	0.80	—	—

② 走道疏散宽度内不得有壁柱、消火栓、教室开启后的门窗扇等设施。

(2) 中小学校的建筑物内，当走道有高差变化应设置台阶时，台阶处应有天然采光或照明，踏步级数不得少于 3 级，且不得采用扇形踏步。当高差不足 3 级踏步时，应设置坡道，坡道的坡度不应大于 1∶8，不宜小于 1∶12。

(3) 教学用房内走道净宽度不应小于 2.40m，单侧走廊及外廊的净宽度不应小于 1.80m。

6)《养老设施建筑设计规范》GB 50867—2013 规定：

(1) 老年人经过的过厅、走廊、房间等不应设置门槛，地面不应有高差，如遇有难以避免的高差时，应采用不大于 1/12 的坡道连接过渡，并应有安全提示。在起止处应设异色警示条，临近处墙面设置安全提示标志及灯光照明提示。

(2) 养老设施建筑走廊净宽不应小于 1.80m。固定在走廊墙、立柱上的物体或标牌距地面高度不应小于 2.00m；当小于 2.00m 时，探出部分的宽度不应大于 100mm；当探出部分的宽度大于 100mm 时，其距地面的高度应小于 600mm。

(3) 过厅、电梯厅、走廊等宜设置休憩设施，并应留有轮椅停靠的空间。电梯厅兼作消防前室（厅）时，应采用不燃材料制作靠墙固定的休息设施，且其水平投影面积不应计入消防前室（厅）的规定面积。

7)《饮食建筑设计规范》JGJ 64—89 中规定：餐厅与饮食厅的餐桌正向布置时，桌边到桌边（或墙面）的净距应符合下列规定：

(1) 仅就餐者通行时，桌边到桌边的净距不应小于 1.35m；桌边到内墙面的净距不应小于 0.90m；

(2) 有服务员通行时，桌边到桌边的净距不应小于 1.80m；桌边到内墙面的净距不应小于 1.35m；

(3) 有小车通行时，桌边到桌边的净距不应小于 2.10m；

8)《旅馆建筑设计规范》JGJ 62—2014 规定：客房部分走道应符合下列规定：

(1) 单面布房的公共走道净宽不应小于 1.30m，双面布房的公共走道净宽不应小于 1.40m；

(2) 客房内走道净宽不应小于 1.10m；

(3) 无障碍客房内走道净宽不应小于 1.50m；

(4) 对于公寓式旅馆建筑，公共走道、套内入户走道净宽不宜小于 1.20m；通往卧室、起居室（厅）的走道净宽不应小于 1.00m；通往厨房、卫生间、贮藏室的走道净宽不应小于 0.90m。

9)《建筑设计防火规范》GB 50016—2014 规定：

(1) 居住建筑疏散走道的总宽度应经计算确定，净宽度不应小于 1.10m。

(2) 公共建筑疏散走道的最小净宽度不应小于 1.10m。

(3) 高层公共建筑的疏散走道

① 高层医疗建筑：单面布房时为 1.40m、双面布房时为 1.50m；

② 其他高层公共建筑：单面布房时为 1.30m、双面布房时为 1.40m。

26. 外廊、门厅、安全疏散出口有哪些规定?

1)《建筑设计防火规范》GB 50016—2014 规定：

(1) 公共建筑内疏散门和安全出口的净宽度不应小于0.90m。高层公共建筑内楼梯间的首层疏散门、首层疏散外门的最小净宽度为：

① 高层医疗建筑为1.20m；

② 其他高层公共建筑为1.30m。

(2) 住宅建筑的户门和安全出口的总净宽度应经计算确定，且户门和安全出口的净宽度不应小于0.90m。首层疏散外门的净宽度不应小于1.10m。

2)《住宅设计规范》GB 50096—2011中规定：

(1) 走廊和出入口

① 住宅中作为主要通道的外廊宜作封闭外廊，并应设置可开启的窗扇。走廊通道的净宽不应小于1.20m，局部净高不应低于2.00m。

② 位于阳台、外廊及开敞楼梯平台的公共出入口，应采取防止物体坠落伤人的安全措施。

③ 公共出入口处应有标识，10层及10层以上住宅的公共出入口应设门厅。

(2) 安全疏散出口

① 10层以下的住宅建筑，当住宅单元任一层的建筑面积大于650m²，或任一套房的户门至安全出口的距离大于15m时，该住宅单元每层的安全出口不应少于2个。

② 10层及10层以上且不超过18层的住宅建筑，当住宅单元任一层的建筑面积大于650m²，或任一套房的户门至安全出口的距离大于10m时，该住宅单元每层的安全出口不应少于2个。

③ 19层及19层以上的住宅建筑，每层住宅单元的安全出口不应少于2个。

④ 安全出口应分散布置，两个安全出口的距离不应小于5.00m。

⑤ 楼梯间及前室的门应向疏散方向开启。

⑥ 10层以下的住宅建筑的楼梯间宜通至屋顶，且不应穿越其他房间。通至平屋面的门应向屋面方向开启。

⑦ 10层及10层以上的住宅建筑，每个住宅单元的楼梯均应通至屋顶，且不应穿越其他房间。通至平屋面的门应向屋面方向开启。各住宅单元的楼梯间宜在屋顶相连通，但符合下列条件之一的，楼梯可不通至屋顶：

a. 18层及18层以下，每层不超过8户，建筑面积不超过650m²，且设有一座公用的防烟楼梯间和消防电梯的住宅。

b. 顶层设有外部联系廊的住宅。

3)《老年人建筑设计规范》JGJ 122—99中规定：

(1) 老年人居住建筑出入口，宜采用阳面开门，出入口内外应留有不小于1.50m×1.50m的轮椅回转面积。

(2) 老年人公共建筑，通过式走道净宽不宜小于1.80m。

(3) 户室内通过式走道净宽不宜小于1.20m。

(4) 通过式走道两侧墙面上0.90m和0.65m高度处宜设直径为40～50mm的圆形横向扶手，扶手与墙表面间距为40mm；走道两侧墙面下部设0.35m高的护墙板。

4)《办公建筑设计规范》JGJ 67—2006中规定：

(1) 门厅内可设传达、收发、会客、服务、问讯、展示等功能房间（场所）。根据使用要求也可设商务中心、咖啡厅、警卫室、电话间等。

（2）楼梯、电梯厅宜与门厅邻近，并应满足防火疏散要求。

（3）严寒和寒冷地区的门厅应设门斗或其他防寒措施。

（4）有中庭空间的门厅应组织好人流交通，并应满足防火疏散要求。

5）《中小学校设计规范》GB 50099—2011 中规定：

（1）外廊栏杆（或栏板）的高度，不应低于 1.10m。栏杆不应采用易于攀登的花格。

（2）教学用房在建筑的主要出入口处宜设置门厅。

（3）在寒冷或风沙大的地区，教学用建筑物出入口应设挡风间或双道门。

注：原规范（GBJ 99—86）规定：挡风间或双道门的深度不宜小于 2.10m。

（4）校园内除建筑面积不大于 $200m^2$、人数不超过 50 人的单层建筑外，每栋建筑应设置 2 个出入口。非完全小学内，单栋建筑面积不超过 $500m^2$，且耐火等级为一、二级的低层建筑可只设 1 个出入口。

（5）教学用建筑物出入口净通行宽度不得小于 1.40m，门内与门外各 1.50m 范围内不宜设置台阶。

6）《旅馆建筑设计规范》JGJ 62—2014 规定：

（1）客房入口门的净宽不应小于 0.90m，门洞净高不应低于 2.00m；

（2）客房入口门宜设安全防范措施；

（3）客房内卫生间门洞宽度不应小于 0.70m，净高不应低于 2.10m；无障碍客房卫生间门净宽不应小于 0.80m。

7）《养老设施建筑设计规范》GB 50867—2013 规定：

（1）养老设施建筑供老年人使用的出入口不应少于 2 个，且门应采用向外开启平开门或电动感应平移门，不应选用旋转门；

（2）养老设施建筑出入口至机动车道路之间应留有缓冲空间；

（3）养老设施建筑的出入口、入口门厅、平台、台阶、坡道等应符合下列规定：

① 主要入口门厅处宜设休息座椅和无障碍休息区；

② 出入口内外及平台应设安全照明；

③ 台阶和坡道的设置应与人流方向一致，避免迂绕；

④ 主要出入口上部应设雨篷，其深度宜超过台阶外缘 1.00m 以上；雨篷应做有组织排水。

8）《文化馆建筑设计规范》JGJ/T 41—2014 规定：

（1）门厅的位置应明确，方便人流疏散，并具有明确的导向性；

（2）门厅应设置具有交流展示功能的设施。

（十）建筑无障碍设计

27. 无障碍设计的总体原则是什么？

1）《民用建筑设计通则》GB 50352—2005 中规定：

（1）居住区道路、公共绿地和公共服务设施中应设置无障碍设施，并与城市道路无障碍设施相连接。

（2）设置电梯的民用建筑的公共交通部位应设无障碍设施。

（3）残疾人、老年人专用的建筑物应设置无障碍设施。

2）《无障碍设计规范》GB 50763—2012 总则指出：为建设城市的无障碍环境，提高人民的社会生活质量，确保有需求的人能够安全地、方便地使用各种无障碍设施，制定本规范。

28. 城市道路的无障碍设计有哪些规定？

《无障碍设计规范》GB 50763—2012 中指出：

1）实施范围

（1）城市道路无障碍设计的范围应包括：

① 城市道路。

② 城市各级道路。

③ 城镇主要道路。

④ 步行街。

⑤ 旅游景点、城市景观带的周边道路。

（2）城市道路、桥梁、隧道、立体交叉中人行系统均应进行无障碍设计，无障碍设施应沿行人通行路径布置。

（3）人行系统中的无障碍设计主要包括人行道、人行横道、人行天桥及地道、公交车站。

2）人行道

（1）人行道处缘石坡道设计应符合下列规定：

① 人行道在各种路口、各种出入口位置必须设置缘石坡道。

② 人行横道两端必须设置缘石坡道。

（2）人行道处盲道设置应符合下列规定：

① 城市主要商业街、步行街的人行横道应设置盲道。

② 视觉障碍者集中区域周边道路应设置盲道。

③ 坡道的上下坡边缘处应设置提示盲道。

④ 道路周边场所、建筑等的出入口设置的盲道应与道路盲道相衔接。

（3）人行道的轮椅坡道设置应符合下列规定：

① 人行道设置台阶处，应同时设置轮椅坡道。

② 轮椅坡道的设置应避免干扰行人通行及其他设施的使用。

（4）人行道处服务设施设置应符合下列规定：

① 服务设施的设置应为残障人士提供方便。

② 宜为视觉障碍者提供触摸及音响一体化信息服务设施。

③ 设置屏幕信息服务设施，宜为听觉障碍者提供屏幕手语及字幕信息服务。

④ 低位服务设施的设置，应方便乘轮椅者使用。

⑤ 设置休息座椅时，应设置轮椅停留空间。

3）人行横道

（1）人行横道宽度应满足轮椅通行需求。

（2）人行横道安全岛的形式应方便乘轮椅者使用。

（3）城市中心区及视觉障碍者集中区域的人行横道，应配置过街音响提示装置。

4）人行天桥及地道

（1）盲道的设置应符合下列规定：

① 设置于人行道中的行进盲道应与人行天桥及地道出入口处的提示盲道相衔接。

② 人行天桥及地道出入口处应设置提示盲道。

③ 距每段台阶与坡道的起点与终点 250～500mm 处应设置提示盲道，其长度应与坡道、梯道相对应。

（2）人行天桥及地道处，坡道与无障碍电梯的选择应符合下列规定：

① 要求满足轮椅通行需求的人行天桥及地道处宜设置坡道，当设置坡道有困难时，应设置无障碍电梯。

② 坡道的净宽度不应小于 2.00m。

③ 坡道的坡度不应大于 1∶12。

④ 弧线形坡道的坡度，应以弧线内缘的坡度进行计算。

⑤ 坡道的高度每升高 1.50m 时，应设深度不小于 2.00m 的中间平台。

⑥ 坡道的坡面应平整、防滑。

（3）扶手设置应符合下列规定：

① 人行天桥及地道在坡道两侧应设扶手，扶手应设上、下两层。

② 在扶手下方宜设置安全阻挡措施。

③ 扶手起点水平段宜安装盲文铭牌。

（4）当人行天桥及地道无法满足轮椅通行需求时，宜考虑地面安全通行。

（5）人行天桥桥下的三角区净空高度小于 2.00m 时，应安装防护设施，并应在防护设施外设置提示盲道。

5）公交车站

（1）公交车站处站台设计应符合下列规定：

① 站台有效通行宽度不应小于 1.50m。

② 在车道之间的分隔带设公交车站时应方便乘轮椅者使用。

（2）盲文与盲文信息布置应符合下列规定：

① 站台距路缘石 250～500mm 处应设置提示盲道，其长度应与公交车站的盲道相连续。

② 当人行道中设有盲道系统时，应与公交车站的盲道相连接。

③ 宜设置盲文站牌或语言提示服务设施，盲文站牌的位置、高度与内容应方便视觉障碍者的使用。

6）无障碍标识系统

（1）无障碍设施位置不明显时，应设置相应的无障碍标识系统。

（2）无障碍标志牌应沿行人通行路径布置，构成标识引导系统。

（3）无障碍标志牌的布置应与其他交通标志牌相协调。

29. 城市广场的无障碍设计有哪些规定？

《无障碍设计规范》GB 50763—2012 中指出：

1）实施范围

城市广场进行无障碍设计的范围包括公共活动广场和交通集散广场。

2）实施部位和设计要求

（1）城市广场的公共停车场的停车数在50辆以下时，应设置不少于1个无障碍机动车停车位；100辆以下时，应设置不少于2个无障碍机动车停车位；100辆以上时，应设置不少于总停车数2%的无障碍机动车停车位。

（2）城市广场的地面应平整、防滑、不积水。

（3）城市广场盲道的设置应符合下列规定：

① 设有台阶或坡道时，距每段台阶与坡道的起点与终点250～500mm处应设提示盲道；其长度应与台阶、坡道相对应，宽度应为250～500mm。

② 人行横道中有行进盲道时，应与提示盲道相连接。

（4）城市广场的地面有高差时，坡道与无障碍电梯的选择应符合下列规定：

① 设置台阶的同时应设置轮椅坡道。

② 当设置轮椅坡道有困难时，可设置无障碍电梯。

（5）城市广场内服务设施应同时设置低位服务设施。

（6）男、女公共厕所均应满足本规范“城市公共厕所”的有关规定。

（7）城市广场的无障碍设施的位置应设置无障碍标志，无障碍标志应符合本规范“无障碍标识系统信息无障碍”的有关规定，带指示方向的无障碍设施标志牌应与无障碍设施标志牌形成引导系统，满足通行的连续性。

30. 城市绿地的无障碍设计有哪些规定?

《无障碍设计规范》GB 50763—2012 中指出：

1）实施范围

城市绿地进行无障碍设计的范围应包括下列内容：

（1）城市中的各类公园，包括综合公园、社会公园、社区公园、专类公园、带状公园、街旁绿地等。

（2）附属绿地中的开放式绿地。

（3）对公众开放的其他绿地。

2）公园绿地

（1）公园绿地停车场的总停车数在50辆以下时，应设置不少于1个无障碍机动车停车位；100辆以下时，应设置不少于2个无障碍机动车停车位；100辆以上时，应设置不少于总停车数2%的无障碍机动车停车位。

（2）售票处的无障碍设计应符合下列规定：

① 主要出入口的售票处应设置低位售票窗口。

② 低位售票窗口前地面有高差时，应设轮椅坡道以及不小于1.50m×1.50m的平台。

③ 售票窗口前应设提示盲道，距售票处外墙应为250～500mm。

（3）出入口的无障碍设计应符合下列规定：

① 主要出入口应设置为无障碍出入口，设有自动检票设备的出入口，也应设置专供乘轮椅者使用的检票口。

② 出入口检票口的无障碍通道宽度不应小于 1.20m。

③ 售票窗口前应设提示盲道，距售票处外墙应为 250～500mm。

（4）无障碍游览路线应符合下列规定：

① 无障碍游览主园路应结合公园绿地的主路设置，应能到达部分主要景区和景点，并宜形成环路，纵坡宜小于 5%，山地公园绿地的无障碍游览主园路纵坡宜小于 8%；无障碍游览主园路不宜设置台阶、梯道，必须设置时，应同时设置轮椅坡道。

② 无障碍游览支园路应能连接主要景点，并和无障碍游览主园路相连，形成环路；小路可达景点局部，不能形成环路时，应便于折返。无障碍游览支园路和小路的纵坡应小于 8%，超过 8%时，路面应作防滑处理，且不宜轮椅通行。

③ 园路坡度大于 8%时，宜每隔 10～20m 在路旁设置休息平台。

④ 紧邻湖岸的无障碍游览园路应设置护栏，高度应不低于 900mm。

⑤ 在地形险要的地段应设置安全防护设施和安全警示线。

⑥ 路面应平整、防滑、不松动，园路上的窨井盖板应与路面平齐，排水沟的滤水箅子孔的宽度不应大于 15mm。

（5）游憩区的无障碍设计应符合下列规定：

① 主要出入口或无障碍游览园路沿线应设置一定面积的无障碍游憩区。

② 无障碍游憩区应方便轮椅通行；有高差时应设置轮椅坡道，地面应平整、防滑、不松动。

③ 无障碍游憩区的广场树池应高出广场地面，与广场地面相平的树池应加箅子。

（6）常规设施的无障碍设计应符合下列规定：

① 在主要出入口、主要景点和景区，无障碍游憩区内的游憩设施、服务设施、公共设施、管理设施应为无障碍设施。

② 游憩设施的无障碍设计应符合下列规定：

a. 在没有特殊景观要求的前提下，应设有无障碍游憩设施。

b. 单体建筑和组合建筑，包括亭、廊、榭、花架等，当有台明和台阶时，台明不宜过高，入口应设置坡道，建筑室内应满足无障碍通行。

c. 建筑院落的出入口以及院内广场、通道有高差时，应设置轮椅坡道；有 3 个以上出入口时，应至少设 2 个无障碍出入口；建筑院落的内廊或通道宽度不应小于 1.20m。

d. 码头与无障碍园路和广场衔接处有高差时，应设置轮椅坡道。

e. 无障碍游览路线上的桥应为平板或坡道在 8%以下的小拱桥，宽度不应小于 1.20m，桥面应防滑，两侧应设栏杆。桥面与园路、广场衔接有高差时应设轮椅坡道。

③ 服务设施的无障碍设计应符合下列规定：

a. 小卖店的售货窗口应设置低位窗口。

b. 茶座、咖啡厅、餐厅、摄影部等出入口应为无障碍出入口，并提供一定数量的轮椅席位。

c. 服务台、业务台、咨询台、收货柜台等应设有低位服务设施。

④ 公共设施的无障碍设计应符合下列规定：

a. 公共厕所应满足本规范“城市公共厕所”的规定，大型园林建筑和主要游览区应设置无障碍厕所。

b. 饮水器、洗手台、垃圾箱等小品的设置应方便乘轮椅者使用。

c. 游客服务中心应符合本规范“商业服务建筑”的有关要求。

d. 休息座椅旁应设置轮椅停留空间。

⑤ 管理设施的无障碍设计应符合本规范“商业服务建筑”的有关要求。

（7）标识与信息应符合下列规定：

① 主要出入口、无障碍通道、停车位、建筑出入口、公共厕所等无障碍设施的位置应设置无障碍标志，并应形成完整的标识系统，清楚地指明无障碍设施的走向及位置，无障碍标志应符合本规范“无障碍标识系统、信息无障碍”的规定。

② 应设置系统的指路牌、定位导览图、景区景点和园中园说明牌。

③ 出入口应设置无障碍设施位置图、无障碍游览图。

④ 危险地段设置必要的警示、提示标志及安全警示线。

（8）不同类别的公园绿地的特殊要求：

① 大型植物园宜设置盲人植物区或植物角，并设置语音服务、盲文铭牌等供视觉障碍者使用的设施。

② 绿地内游览区、展示区、动物园的动物展示区应设置便于乘轮椅者参观的窗口或位置。

3）附属绿地

（1）附属绿地中的开放式绿地应进行无障碍设计。

（2）附属绿地中的无障碍设计应符合本规范“公园绿地”的有关要求。

4）其他绿地

（1）其他绿地中的开放式绿地应进行无障碍设计。

（2）其他绿地的无障碍设计应符合本规范“公园绿地”的有关要求。

31. 居住区、居住建筑的无障碍设计有哪些规定?

《无障碍设计规范》GB 50763—2012 中指出：

1）道路

（1）居住区道路进行无障碍设计的范围应包括居住区路、小区路、组团路。宅间小路的人行道。

（2）居住区级道路无障碍设计应符合本规范“城市道路”的有关规定。

2）居住绿地

（1）居住绿地的无障碍设计应符合下列规定：

① 居住绿地内的无障碍设计的范围及建筑物的类型包括出入口、游步道、休憩设施、儿童游乐场、休闲广场、健身运动场、公共厕所等。

② 基地地坪坡度不大于 5%的居住区的居住绿地应满足无障碍要求；地坪坡度大于 5%的居住区，应至少设置 1 个满足无障碍要求的居住绿地。

③ 满足无障碍要求的居住绿地，宜靠近设有无障碍住房和宿舍的居住建筑设置，并通过无障碍通道到达。

（2）出入口应符合下列规定：

① 居住绿地的主要出入口应设置为无障碍出入口；有 3 个以上出入口时，无障碍出

入口不应少于2个。

② 居住绿地内主要活动广场与相接的地面或路面高差小于300mm时，所有出入口均应为无障碍出入口；高差大于300mm时，当出入口少于3个，所有出入口均应为无障碍出入口；当出入口为3个或3个以上，应至少设置2个无障碍出入口。

③ 组团绿地、开放式宅间绿地、儿童活动场、健身运动场出入口应设置提示盲道。

（3）游步道及休憩设施应符合下列规定：

①隔居住绿地内的游步道应为无障碍通道，轮椅园路纵坡不应大于4%，轮椅专用道不应大于8%。

② 居住绿地的游步道及园林建筑、园林小品如亭、廊、花架等休憩设施不宜设置高于450mm的台明或台阶；必须设置时，应同时设置轮椅坡道并在休憩设施入口处设提示盲道。

③ 绿地及广场设置休息座椅时，应留有轮椅停留空间。

（4）活动场地应符合下列规定：

① 林下铺装活动场地，以种植乔木为主，林下净空不得低于2.20m。

② 儿童活动场地周围不宜种植遮挡视线的树木，保持较好的可通视性，且不宜选用硬质叶片的丛生植物。

3）配套公共设施

（1）居住区内的居委会、卫生站、健身房、物业管理、会所、社区中心、商业等为居民服务的建筑应设无障碍出入口，设有电梯的建筑至少应设置1部无障碍电梯，未设置电梯的多层建筑，应至少设置1部无障碍楼梯。

（2）供居民使用的公共厕所应满足本规范“公共厕所”的要求。

（3）停车场和车库应符合下列规定：

① 居住区停车场和车库的总停车位应设置不少于0.5%的无障碍机动车停车位，若设有多个停车场和车库，宜每处设置不少于1个无障碍机动车停车位。

② 地面停车场的无障碍机动车停车位宜靠近停车场的出入口设置。有条件的居住区宜靠近住宅出入口设置无障碍机动车停车位。

③ 车库的人行出入口应为无障碍出入口，设置在非首层的车库应设无障碍通道与无障碍电梯或无障碍楼梯连通，直达首层。

4）居住建筑

（1）居住建筑进行无障碍设计的范围应包括住宅及公寓、宿舍建筑（职工宿舍、学生宿舍）等。

（2）居住建筑的无障碍设计应符合下列规定：

① 设置电梯的居住建筑应至少设置1处无障碍出入口，通过无障碍通道直达电梯厅；未设置电梯的低层和多层居住建筑，当设置无障碍住房和宿舍时，应设置无障碍出入口。

② 设置电梯的居住建筑，每居住单元至少应设置1部能直达户门层的无障碍电梯。

（3）居住建筑应按每100套住房设置不少于2套无障碍住房。

（4）无障碍住房及宿舍宜建于底层。当无障碍住房及宿舍设在二层及以上且未设置电梯时，其公共楼梯应满足本规范“无障碍楼梯、台阶”的有关规定。

（5）宿舍建筑中，男、女宿舍应分别设置无障碍宿舍；每100套宿舍各应设置不少于

1套无障碍宿舍；当无障碍宿舍设置在二层及以上且宿舍建筑设置电梯时，应设置不少于1部无障碍电梯；无障碍电梯应与无障碍宿舍以无障碍通道连接。

（6）当无障碍宿舍内未设置厕所时，其所在楼层的公共厕所至少有1处应满足本规范“公共厕所的无障碍设计”的有关规定或设置无障碍厕所，并宜靠近无障碍宿舍设置。

32. 公共建筑的无障碍设计有哪些规定?

《无障碍设计规范》GB 50763—2012中指出：

1）公共建筑无障碍设计的一般规定

（1）公共建筑基地的无障碍设计应符合下列规定：

① 建筑基地的车行道与人行通道地面有高差时，在人行通道的路口及人行横道的两端应设缘石坡道。

② 建筑基地的广场和人行通道的地面应平整、防滑、不积水。

③ 建筑基地的主要人行通道当有高差或台阶时，应设置轮椅坡道或无障碍电梯。

（2）建筑基地内总停车数在100辆以下时，应设置不少于1个无障碍机动车停车位；在100辆以上时，应设置不少于总停车数1%的无障碍机动车停车位。

（3）公共建筑的主要出入口宜设置坡度小于1:30的平坡出入口。

（4）建筑内设有电梯时，至少应设置1部无障碍电梯。

（5）当设有各种服务窗口、售票窗口、公共电话台、饮水器等时，应设置低位服务设施。

（6）主要出入口、建筑出入口、通道、停车位、厕所、电梯等无障碍设施的位置，应设置无障碍标志，无障碍标志应符合本规范“无障碍标识系统、信息无障碍”的有关规定；建筑物出入口和楼梯前室宜设楼面示意图，在重要信息提示处宜设电子显示屏。

（7）公共建筑的无障碍设施应成系统设计，并宜相互靠近。

2）办公、科研、司法建筑

（1）办公、科研、司法建筑进行无障碍设计的范围包括：政府办公建筑、司法办公建筑、企事业办公建筑、各类科研建筑、社区办公及其他办公建筑等。

（2）为公众办理业务与信访接待的办公建筑的无障碍设计应符合下列规定：

① 建筑的主要出入口应为无障碍出入口。

② 建筑出入口大厅、休息厅、贵宾休息室、疏散大厅等人员聚集场所有高差或台阶时，应设轮椅坡道，宜提供休息座椅和可以放置轮椅的无障碍休息区。

③ 公众通行的室内走道应为无障碍通道，走道长度大于60m时，宜设休息区，休息区应避开行走路线。

④ 供公众使用的楼梯宜为无障碍楼梯。

⑤ 供公众使用的男、女公共厕所应满足本规范“公共厕所无障碍设计”的有关规定或在男、女公共厕所附近设置1个无障碍厕所，且建筑内至少应设置1个无障碍厕所，内部办公人员使用的男、女公共厕所至少应各有1个满足本规范“公共厕所的无障碍设计”的有关规定或在男、女公共厕所附近设置1个无障碍厕所。

⑥ 法庭、审判庭及为公众服务的会议及报告厅等的公众坐席座位数为300座以下时，应至少设置1个轮椅席位；300座以上时，不应少于2%且不少于2个轮椅席位。

（3）其他办公建筑的无障碍设施应符合下列规定：

① 建筑物至少应有 1 处为无障碍出入口，且宜位于主要出入口处。

② 男、女公共厕所至少各有 1 处应满足本规范“公共厕所的无障碍设计”的有关规定。

③ 多功能厅、报告厅等至少应设置 1 个轮椅坐席。

3）教育建筑

（1）教育建筑进行无障碍设计的范围应包括托儿所、幼儿园建筑、中小学建筑、高等院校建筑、职业教育建筑、特殊教育建筑等。

（2）教育建筑的无障碍设施应符合下列规定：

① 凡教师、学生和婴幼儿使用的建筑物主要出入口应为无障碍出入口，宜设置为平坡出入口。

② 主要教学用房应至少设置 1 部无障碍电梯。

③ 公共厕所至少应有 1 处满足本规范“公共厕所的无障碍设计”的有关规定。

（3）接收残疾生源的教育建筑的无障碍设施应符合下列规定：

① 主要教学用房每层至少有 1 处公共厕所应满足本规范“公共厕所无障碍设计”的有关规定。

② 合班教室、报告厅以及剧场等应设置不少于 2 个轮椅坐席，服务报告厅的公共厕所应满足本规范“公共厕所的无障碍设计”的有关规定或设置无障碍厕所。

③ 有固定座位的教室、阅览室、实验教室等教学用房，应在靠近出入口处预留轮椅回转空间。

（4）视力、听力、言语、智力残障学校设计应符合现行行业标准《特殊教育学校建筑设计规范》JGJ 76—2003 的有关要求。

4）医疗康复建筑

（1）医疗康复建筑进行无障碍设计的范围应包括综合医院、专科医院、疗养院、康复中心、急救中心和其他所有与医疗、康复有关的建筑物。

（2）医疗康复建筑中，凡病人、康复人员使用的建筑的无障碍设施应符合下列规定：

① 室外通行步道应满足本规范“无障碍通道、门”有关规定的要求。

② 院区室外的休息座椅旁，应留有轮椅停留空间。

③ 主要出入口应为无障碍出入口，宜设置为平坡出入口。

④ 室内通道应设置无障碍通道，净宽不应小于 1.80m，并应按本规范“扶手”的要求设置扶手。

⑤ 门应符合本规范“无障碍通道、门”的构造要求。

⑥ 同一建筑内应至少设置 1 部无障碍楼梯。

⑦ 建筑内设有电梯时，每组电梯应至少设置 1 部无障碍电梯。

⑧ 首层应至少设置 1 处无障碍厕所；各楼层至少有 1 处公共厕所应满足本规范“公共厕所的无障碍设计”的有关规定或设置无障碍厕所；病房内的厕所应设置安全抓杆，并应符合本规范“厕所里的其他无障碍设施”的有关规定。

⑨ 儿童医院的门、急诊部和医技部，每层宜设置至少 1 处母婴室，并靠近公共厕所。

⑩ 诊区、病区的护士站、公共电话台、查询处、饮水器、自助售货处、服务台等应

设置低位服务设施。

⑪ 无障碍设施应设符合我国国家标准的无障碍标志，在康复建筑的院区主要出入口处宜设置盲文地图或供视觉障碍者使用的语音导医系统和提示系统、供听力障碍者需要的手语服务及文字提示导医系统。

(3) 门、急诊部的无障碍设施还应符合下列规定：

① 挂号、收费、取药处应设置文字显示器以及语言广播装置和低位服务台或窗口。

② 候诊区应设轮椅停留空间。

(4) 医技部的无障碍设施应符合下列规定：

① 病人更衣室应留有直径不小于 1.50m 的轮椅回转空间，部分更衣箱高度应小于 1.40m。

② 等候区应留有轮椅停留空间，取报告处宜设文字显示器和语音提示装置。

(5) 住院部病人活动室墙面四周扶手的设置应满足本规范“扶手”的规定。

(6) 理疗用房应根据治疗要求设置扶手，并满足本规范“扶手”的规定。

(7) 办公、科研、餐厅、食堂、太平间用房的主要出入口应为无障碍出入口。

5) 福利及特殊服务建筑

(1) 福利及特殊服务建筑进行无障碍设计的范围应包括福利院、敬（安、养）老院、老年护理院、老年住宅、残疾人综合服务设施、残疾人托养中心、残疾人体训中心及其他残疾人集中或使用频率较高的建筑等。

(2) 福利及特殊服务建筑的无障碍设施应符合下列规定：

① 室外通行的步行道应满足本规范“无障碍通道、门”有关规定的要求。

② 室外院区的休息座椅旁应留有轮椅停留空间。

③ 建筑物的首层主要出入口应为无障碍出入口，宜设置为平坡出入口。主要出入口设置台阶时，台阶两侧宜设置扶手。

④ 建筑出入口大厅、休息厅等人员聚集场所宜提供休息座椅和可以放置轮椅的无障碍休息区。

⑤ 公共区域的室内通道应为无障碍通道，走道两侧墙面应设置扶手，并应满足本规范“扶手”的相关规定。室外的连通走道应选用平整、坚固、耐磨、不光滑的材料并宜设防风避雨设施。

⑥ 楼梯应为无障碍楼梯。

⑦ 电梯应为无障碍电梯。

⑧ 居室内宜留有直径不小于 1.50m 的轮椅回转空间。

⑨ 居室户门净宽不应小于 900mm；居室内走道净宽不应小于 1.20m；卧室、厨房、卫生间门净宽不应小于 800mm。

⑩ 居室内的厕所应设置安全抓杆，并应符合本规范“厕所里其他无障碍设施”的有关规定；居室外的公共厕所应满足本规范“公共厕所的无障碍设计”的规定或设置无障碍厕所。

⑪ 公共浴室应满足本规范“公共浴室”的有关规定；居室内的淋浴间或盆浴间应设安全抓杆，并应符合本规范“无障碍淋浴间”和“无障碍盆浴间”的有关规定。

⑫ 居室宜设置语音提示装置。

(3) 其他不同建筑类别应符合国家现行有关建筑设计规范与标准的设计要求。

6) 体育建筑

(1) 体育建筑进行无障碍设计的范围应包括作为体育比赛（训练）、体育教学、体育休闲的体育场馆和场地设施等。

(2) 体育建筑的无障碍设施应符合下列规定：

① 特级、甲级场馆基地内应设置不少于停车数量的2%，且不少于2个无障碍机动车停车位，乙级、丙级场馆基地内应设置不少于2个无障碍机动车停车位。

② 建筑物的观众、运动员及贵宾出入口应至少各设1处无障碍出入口，其他功能分区的出入口可根据需要设置无障碍出入口。

③ 建筑的检票口及无障碍出入口到各种无障碍设施的室内走道应为无障碍通道，通道长度大于60m时宜设休息区，休息区应避开行走路线。

④ 大厅、休息厅、贵宾休息室、疏散大厅等主要人员聚集场所宜设放置轮椅的无障碍休息区。

⑤ 供观众使用的楼梯应为无障碍楼梯。

⑥ 特级、甲级场馆内各类观众看台区、主席台、贵宾区内如设置电梯，应至少各设置1部无障碍电梯，乙级、丙级场馆内坐席区设有电梯时，至少应设置1部无障碍电梯，并应满足赛事和观众的需要。

⑦ 特级、甲级场馆每处观众区和运动员区使用的男、女公共厕所均应满足本规范“公共厕所的无障碍设计”的有关规定或各在每处男、女公共厕所附近设置1个无障碍厕所，且场馆内至少应设置1个无障碍厕所，主席台休息区、贵宾休息区应至少各设置1个无障碍厕所；乙级、丙级场馆的观众区和运动员区各至少有1处男、女公共厕所应满足本规范“公共厕所的无障碍设计”的有关规定或各在男、女公共厕所附近设置1个无障碍厕所。

⑧ 运动员浴室应满足本规范“公共浴室”的有关规定。

⑨ 场馆内各类观众看台的坐席区都应设置轮椅席位，并在轮椅席位旁或邻近的坐席处，设置1∶1的陪护席位，轮椅席位数不应少于观众席总数的0.2%。

7) 文化建筑

(1) 文化建筑进行无障碍设计的范围应包括文化馆、活动中心、图书馆、档案馆、纪念馆、纪念塔、纪念碑、宗教建筑、博物馆、展览馆、科技馆、艺术馆、美术馆、会展中心、剧场、音乐厅、电影院、会堂、演艺中心等。

(2) 文化类建筑的无障碍设计应符合下列规定：

① 建筑物至少应有1处为无障碍出入口，且宜位于主要出入口处。

② 建筑出入口大厅、休息厅（贵宾休息厅）、疏散大厅等主要人员聚集场所有高差或台阶时应设轮椅坡道，宜设置休息座椅和可以放置轮椅的无障碍休息区。

③ 公众通行的室内走道及检票口应为无障碍通道，走道长度大于60m时，宜设休息区，休息区应避开行走路线。

④ 供观众使用的楼梯应为无障碍楼梯。

⑤ 供公众使用的男、女厕所每层至少有1处应满足本规范“公共厕所的无障碍设计”的有关规定或在男、女公共厕所附近设置1个无障碍厕所。

⑥ 公共餐厅应提供总用餐数2%的活动座椅，供乘轮椅者使用。

(3) 文化馆、少儿活动中心、图书馆、档案馆、纪念馆、纪念塔、纪念碑、宗教建筑、博物馆、展览馆、科技馆、艺术馆、美术馆、会展中心等建筑物的无障碍设施应符合下列规定：

① 图书馆、文化馆等安有探测仪的出入口应便于乘轮椅者进入。

② 图书馆、文化馆等应设置低位目录检索台。

③ 报告厅、视听室、陈列室、展览厅等设有观众席位时，应至少设1个轮椅席位。

④ 县、市级及以上图书馆应设盲人专用图书室（角），在无障碍入口、服务台、楼梯间和电梯间入口、盲人图书室前应设行进盲道和提示盲道。

⑤ 宜提供语音导览机、助听器等信息服务。

(4) 剧场、音乐厅、电影院、会堂、演艺中心等建筑物的无障碍设施应符合下列规定：

① 观众厅等内座位数为300座及以下时，应至少设置1个轮椅席位，300座以上时，不应少于0.2%且不少于2个轮椅席位。

② 演员活动区域应至少有1处男、女公共厕所应满足本规范“公共厕所、无障碍厕所”的有关规定，贵宾室宜设1个无障碍厕所。

8) 商业服务建筑

(1) 商业服务建筑进行无障碍设计的范围包括各类百货店、购物中心、超市、专卖店、专业店、餐饮建筑、旅馆等商业建筑，银行、证券等金融服务建筑，邮局、电信局等邮电建筑，娱乐建筑等。

(2) 商业服务建筑的无障碍设计应符合下列规定：

① 建筑物至少应有1处无障碍出入口，且宜位于主要出入口处。

② 公众通行的室内走道应为无障碍通道。

③ 供公众使用的男、女公共厕所每层至少有1处应满足本规范“公共厕所的无障碍设计”的有关规定或在男、女公共厕所附近设置1个无障碍厕所，大型商业建筑宜在男、女公共厕所满足本规范“公共厕所的无障碍设计”的有关规定的同时在附近设置1个无障碍厕所。

④ 供公众使用的主要楼梯应为无障碍楼梯。

(3) 旅馆等商业服务建筑应设置无障碍客房，其数量应符合下列规定：

① 100间以下，应设1～2间无障碍客房。

② 100～400间，应设2～4间无障碍客房。

③ 400间以上，应至少设4间无障碍客房。

(4) 设有无障碍客房的旅馆建筑，宜配备方便导盲犬休息的设施。

9) 汽车客运站

(1) 汽车客运站建筑进行无障碍设计的范围包括各类长途汽车站。

(2) 汽车客运站建筑的无障碍设计应符合下列规定：

① 站前广场人行通道的地面应平整、防滑、不积水，有高差时，应做轮椅坡道。

② 建筑物至少应有1处为无障碍出入口，宜设置为平坡出入口，且宜位于主要出入口处。

③ 门厅、售票厅、候车厅、检票口等旅客通行的室内走道应为无障碍通道。

④ 供旅客使用的男、女厕所每层至少有 1 处满足本规范“公共厕所的无障碍设计”的有关规定，或在男、女公共厕所附近设置 1 个无障碍厕所，且建筑内至少应设置 1 个无障碍厕所。

⑤ 供公众使用的主要楼梯应为无障碍楼梯。

⑥ 行包托运处（含小件寄存处）应设置低位窗口。

10）公共停车场

(1) 公共停车场（库）应设置无障碍机动车停车位，其数量应符合下列规定：

① Ⅰ类公共停车场（库）应设置不少于停车数量 2%的无障碍机动车停车位。

② Ⅱ类及Ⅲ类公共停车场（库）应设置不少于停车数量 2%，且不少于 2 个无障碍机动车停车位。

③ Ⅳ类公共停车场（库）应设置不少于 1 个无障碍机动车停车位。

(2) 设有楼层公共停车库的无障碍机动车停车位宜设在与公共交通同层的位置，或通过无障碍设施衔接通往地面层。

11）汽车加油加气站

汽车加油加气站附属建筑的无障碍设计应符合下列规定：

(1) 建筑物至少应有 1 处为无障碍出入口，且宜位于主要出入口处。

(2) 男、女公共厕所宜满足本规范“城市公共厕所”的有关规定。

12）高速公路服务区建筑

高速公路服务区建筑内的服务建筑的无障碍设计应符合下列规定：

(1) 建筑物至少应有 1 处为无障碍出入口，且宜位于主要出入口处。

(2) 男、女公共厕所宜满足本规范“城市公共厕所”的有关规定。

13）城市公共厕所

(1) 城市公共厕所进行无障碍设计的范围包括独立式、附属式公共厕所。

(2) 城市公共厕所的无障碍设计应符合下列规定：

① 出入口应为无障碍出入口。

② 在两层公共厕所中，无障碍厕位应设在地面层。

③ 女厕所的无障碍设施包括至少 1 个无障碍厕位和 1 个无障碍洗手盆；男厕所的无障碍设施包括至少 1 个无障碍厕位、1 个无障碍小便器和 1 个无障碍洗手盆，并应满足本规范“公共厕所的无障碍设计”的有关规定。

④ 宜在公共厕所旁另设 1 处无障碍厕所。

⑤ 厕所内的通道应方便乘轮椅者的进出和回转，回转直径应不小于 1.50m。

⑥ 门应方便开启，通行净宽度不应小于 800mm。

⑦ 地面应防滑、不积水。

33. 历史文物保护建筑的无障碍设计有哪些规定?

《无障碍设计规范》GB 50763—2012 中指出：

1）实施范围

历史文化保护建筑进行无障碍设计的范围应包括开放参观的历史名园、开放参观的古建博物馆、使用中的庙宇、开放参观的近现代重要史迹及纪念性建筑、开放的复建古建筑等。

2）无障碍游览路线

对外开放的文物保护单位应根据实际情况设计无障碍游览路线，无障碍游览路线上的文物建筑宜尽量满足游客参观的需求。

3）出入口

（1）无障碍游览路线上对游客开放参观的文物建筑对外的出入口至少应设 1 处无障碍出入口，其设置标准要以保护文物为前提，坡道、平台等可为可拆卸的活动设施。

（2）展厅、陈列室、视听室等，至少应设 1 处无障碍出入口，其设置标准要以保护文物为前提，坡道、平台等可为可拆卸的活动设施。

（3）开放的文物保护单位的对外接待用房的出入口宜为无障碍出入口。

4）院落

（1）无障碍游览路线上的游览通道的路面应平整、防滑，其纵坡不宜大于 1∶50，有台阶处应同时设置轮椅坡道，坡道、平台等可为可拆卸的活动设施。

（2）开放的文物保护单位内可不设置盲道，当特别需要时可设置，且与周围环境相协调。

（3）位于无障碍游览路线上的院落内的公共绿地及其通道、休息凉亭等设施的地面应平整、防滑，有台阶处宜同时设置坡道，坡道、平台等可为可拆卸的活动设施。

（4）院落内的休息座椅旁宜设置轮椅停留空间。

5）服务设施

（1）供公众使用的男、女厕所至少应有 1 处满足本规范“城市公共厕所”的有关规定。

（2）供公众使用的服务性用房的出入口至少应有 1 处为无障碍出入口，且宜位于主要出入口处。

（3）售票处、服务台、公用电话、饮水器等应设置低位服务设施。

（4）纪念品商店如有开放式柜台、收银台，应配置低位柜台。

（5）设有演播电视等服务设施的，其观众区应至少设置 1 个轮椅席位。

（6）建筑基地内设有停车场的，应设置不少于 1 个无障碍机动车停车位。

6）信息与标识

信息与标识的无障碍设计应符合下列规定：

（1）主要出入口、无障碍通道、停车位、建筑出入口、厕所等无障碍设施的位置，应设置无障碍标志，并应符合本规范“无障碍标识系统、信息无障碍”的有关规定。

（2）重要的展览性陈设，宜设置盲文解说牌。

34. 建筑无障碍设施的具体规定有哪些?

《无障碍设计规范》GB 50763—2012 中指出：

1）缘石坡道

（1）缘石坡道的设计要求

① 缘石坡道的坡面应平整、防滑。

② 缘石坡道的坡口与车行道之间宜设有高差；当有高差时，高出车行道的地面不应大于10mm。

③ 宜优先选用全宽式单面坡缘石坡道。

(2) 缘石坡道的坡度

① 全宽式单面坡缘石坡道的坡度不应大于1∶20。

② 三面坡缘石坡道正面及侧面的坡度不应大于1∶12。

③ 其他形式的缘石坡道的坡度均不应大于1∶12。

(3) 缘石坡道的宽度

① 全宽式单面坡缘石坡道的宽度应与人行道宽度相同。

② 三面坡缘石坡道的正面坡道宽度不应小于1.20m。

③ 其他形式的缘石坡道的坡口宽度均不应小于1.50m。

2) 盲道

(1) 盲道的一般规定

① 盲道按其使用功能可分为行进盲道和提示盲道。

② 盲道的纹路应凸出路面4mm高。

③ 盲道铺设应连续，应避开树木（穴）、电线杆、拉线等障碍物，其他设施不得占用盲道。

④ 盲道的颜色应与相邻的人行道铺面的颜色形成对比，并与周围景观相协调，宜采用中黄色。

⑤ 盲道型材表面应防滑。

(2) 行进盲道的规定

① 行进盲道应与人行道的走向一致。

② 行进盲道的宽度宜为250～500mm。

③ 行进盲道宜在距围墙、花台、绿化带250～500mm处设置。

④ 行进盲道宜在距树池边缘250～500mm处设置；如无树池，行进盲道与路缘石上沿在同一水平面时，距路缘石不应小于500mm；行进盲道比路缘石上沿低时，距路缘石不应小于250mm；盲道应避开非机动车停放的位置。

⑤行进盲道的触感条规格应符合表1-45的规定。

行进盲道的触感条规格 **表1-45**

部位	尺寸要求（mm）
面宽	25
底宽	35
高度	4
中心距	62～75

(3) 提示盲道的规定

① 行进盲道在起点、终点、转弯处及其他有需要处应设提示盲道，当盲道的宽度不大于300mm时，提示盲道的宽度应大于行进盲道的宽度。

② 提示盲道的触感圆点规格应符合表1-46的规定。

提示盲道的触感圆点规格　　表 1-46

部　位	尺寸要求（mm）
表面直径	25
底面直径	35
圆点高度	4
圆点中心距	50

3）无障碍出入口

(1) 无障碍出入口的类别

① 平坡出入口。

② 同时设置台阶和轮椅坡道的出入口。

③ 同时设置台阶和升降平台的出入口。

(2) 无障碍出入口的规定

① 出入口的地面应平整、防滑。

② 室外地面滤水箅子的孔洞宽度不应大于 15mm。

③ 同时设置台阶和升降平台的出入口宜只应用于受场地限制无法改造的工程，并应符合本规范“升降平台”的有关规定。

④除平坡出入口外，在门完全开启的状态下，建筑物无障碍出入口的平台净深度不应小于 1.50m。

⑤ 建筑物无障碍出入口的门厅、过厅如设置两道门，门扇同时开启时两道门的间距不应小于 1.50m。

⑥ 建筑物无障碍出入口的上方应设置雨篷。

(3) 无障碍出入口的轮椅坡道及平坡出入口的坡度

① 平坡出入口的地面的坡度不应大于 1∶20，当场地条件比较好时，不宜大于1∶30；

② 同时设置台阶和轮椅坡道的出入口，轮椅坡道的坡度应符合本规范“轮椅坡道”的有关规定。

4）轮椅坡道

(1) 轮椅坡道宜设计成直线形、直角形或折返形。

(2) 轮椅坡道的净宽度不应小于 1.00m，无障碍出入口的轮椅坡道净宽度不应小于 1.20m。

(3) 轮椅坡道的高度超过 300mm 或坡度大于 1∶20 时，应在两侧设置单层扶手，坡道与休息平台的扶手应保持连贯，扶手应符合本规范“扶手”的有关规定。

(4) 轮椅坡道的最大高度和水平长度应符合表 1-47 的规定。

轮椅坡道的最大高度和水平长度　　表 1-47

坡度	1∶20	1∶16	1∶12	1∶10	1∶8
最大高度（m）	1.20	0.90	0.75	0.60	0.30
水平长度（m）	24.00	14.40	9.00	6.00	2.40

注：其他坡度可用插入法进行计算。

（5）轮椅坡道的坡面应平整、防滑、无反光。

（6）轮椅坡道起点、终点和中间休息平台的水平长度不应小于1.50m。

（7）轮椅坡道临空侧应设置安全阻挡措施。

（8）轮椅坡道应设置无障碍标志，无障碍标志应符合本规范“无障碍标识系统、信息无障碍”的要求。

5）无障碍通道、门

（1）无障碍通道的宽度

① 室内走道不应小于1.20m，人流较多或较集中的大型公共建筑的室内走道宽度不宜小于1.80m。

② 室外通道不宜小于1.50m。

③ 检票口、结算口轮椅通道不应小于900mm。

（2）无障碍通道的规定

①无障碍通道应连续，其地面应平整、防滑、反光小或无反光，并不宜设置厚地毯。

②无障碍通道上有高差时，应设置轮椅坡道。

③室外通道上的雨水箅子的孔洞宽度不应大于15mm。

④固定在无障碍通道的墙、立柱上的物体或标牌距地面的高度不应小于2.00m；如小于2.00m时，探出部分的宽度不应大于100mm；如突出部分大于100mm，则其距地面的高度应小于600mm。

⑤ 斜向的自动扶梯、楼梯等下部空间可以进入时，应设置安全挡牌。

（3）门的无障碍设计规定

① 不应采用力度大的弹簧门，且不宜采用弹簧门、玻璃门。当采用玻璃门时，应有醒目的提示标志。

② 自动门开启后通行净宽度不应小于1.00m。

③ 平开门、推拉门、折叠门开启后的通行净宽度不应小于800mm；有条件时，不宜小于900mm。

④ 在门扇内外应留有直径不小于1.50m的轮椅回转空间。

⑤ 在单扇平开门、推拉门、折叠门的门把手一侧的墙面，应设宽度不小于400mm的墙面。

⑥ 平开门、推拉门、折叠门的门扇应设距地900mm的把手，宜设视线观察玻璃，并宜在距地350mm范围内安装护门板。

⑦ 门槛高度及门内外地面高差不应大于15mm，并以斜面过渡。

⑧ 无障碍通道上的门扇应便于开关。

⑨ 宜与周围墙面有一定的色彩反差，方便识别。

6）无障碍楼梯、台阶

（1）无障碍楼梯的规定

① 宜采用直线形楼梯。

② 公共建筑楼梯的踏步宽度不应小于280mm，踏步高度不应大于160mm。

③ 不应采用无踢面和直角形突缘的踏步。

④ 宜在两侧均做扶手。

⑤ 如采用栏杆式楼梯，在栏杆下方宜设置安全遮挡措施。

⑥ 踏面应平整、防滑或在踏步前缘设防滑条。

⑦ 距踏步起点和终点 250～300mm 处宜设提示盲道。

⑧ 踏面和踢面的颜色宜有区分和对比。

⑨ 楼梯上行及下行的第一阶宜在颜色或材质上与平台有明显区别。

(2) 台阶的无障碍规定

① 公共建筑的室内外台阶踏步宽度不宜小于 300mm，踏步高度不宜大于 150mm，且不应小于 100mm。

② 踏步应防滑。

③ 3 级及 3 级以上的台阶应在两侧设置扶手。

④ 台阶上行及下行的第一个踏步宜在颜色或材质上与其他阶有明显区别。

7) 无障碍电梯、升降平台

(1) 无障碍电梯候梯厅的规定

① 候梯厅深度不应小于 1.50m，公共建筑及设置病床的候梯厅深度不宜小于 1.80m。

② 呼叫按钮高度为 0.90～1.10m。

③ 电梯门洞的净宽度不宜小于 900mm。

④ 电梯入口处宜设提示盲道。

⑤ 候梯厅应设电梯运行显示装置和抵达音响。

(2) 无障碍电梯轿厢的规定

① 轿厢门开启的净宽度不应小于 800mm。

② 在轿厢的侧壁上应设高 0.90～1.10m 的带盲文的选层按钮，盲文宜设置于按钮旁。

③ 在轿厢三面壁上应设高 850～900mm 的扶手，扶手应符合本规范“扶手”的相关规定。

④ 轿厢内应设电梯运行显示装置和报层音响。

⑤ 轿厢正面高 900mm 处至顶部应安装镜子或采用有镜面效果的材料。

⑥ 轿厢的规格应依据建筑性质和使用要求的不同而选用。最小规格为深度不小于 1.40m，宽度不小于 1.10m；中型规格为深度不小于 1.60m，宽度不小于 1.40m；医疗建筑与老人建筑宜采用病床专用电梯。

注：病床电梯的深度不应小于 2.00m。

⑦ 电梯位置应设置符合国际规定的通用标志牌。

(3) 无障碍升降平台的规定

① 升降平台只适用于场地有限的改造工程。

② 无障碍垂直升降平台的深度不应小于 1.20m，宽度不应小于 900mm，应设扶手、挡板及呼叫控制按钮。

③ 垂直升降平台的基坑应采用防止误入的安全防护措施。

④ 斜向升降平台的宽度不应小于 900mm，深度不应小于 1000mm，应设扶手和挡板。

⑤ 垂直升降平台的传送装置应有可靠的安全防护装置。

8) 扶手

(1) 无障碍单层扶手的高度应为 850～900mm，无障碍双层扶手的上层扶手高度应为

850～900mm，下层扶手高度应为 650～700mm。

（2）扶手应保持连贯，靠墙面的扶手的起点和终点处应水平延伸不小于 300mm 的长度。

（3）扶手末端应向内拐到墙面或向下延伸 100mm，栏杆式扶手应向下成弧形或延伸到地面上固定。

（4）扶手内侧与墙面的距离不应小于 40mm。

（5）扶手应安装坚固，形状易于抓握。圆形扶手的截面直径尺寸应为 35～50mm，矩形扶手的截面宽度应为 35～50mm。

（6）扶手的材质宜选用防滑、热惰性指标好的材料。

9）公共厕所、无障碍厕所

（1）公共厕所的无障碍措施

① 女厕所的无障碍设施包括至少 1 个无障碍厕位和 1 个无障碍洗手盆；男厕所的无障碍设施包括至少 1 个无障碍厕位、1 个无障碍小便器和 1 个无障碍洗手盆。

② 厕所的入口和通道应方便乘轮椅者进入和进行回转，回转直径不小于 1.50m。

③ 门应方便开启，通行净宽度不应小于 800mm。

④ 地面应防滑、不积水。

⑤ 无障碍厕位应设置无障碍标志，无障碍标志应符合本规范“无障碍标识系统、信息无障碍”的有关规定。

（2）无障碍厕位的规定

① 无障碍厕位应方便乘轮椅者到达和进出，尺寸宜为 2.00m×1.50m，且不应小于 1.80m×1.00m。

② 无障碍厕位的门宜向外开启，如向内开启，需在开启后厕位内留有直径不小于 1.50m 的轮椅回转空间。门的通行净宽度不应小于 800mm，平开门外侧应设高 900mm 的横扶把手，在关闭的门扇里侧设高 900mm 的关门拉手，且应采用门外可紧急开启的插销。

③ 厕位内应设坐便器，厕位两侧距地面 700mm 处应设长度不小于 700mm 的水平安全抓杆，另一侧应设高度为 1.40m 的垂直抓杆。

（3）无障碍厕所的规定

① 位置宜靠近公共厕所，应方便乘轮椅者进入和进行回转，回转直径不小于 1.50m。

② 面积不应小于 4.00m^2。

③ 当采用平开门时，门扇宜向外开启，如向内开启，需在开启后留有直径不小于 1.50m 的轮椅回转空间，门的通行净宽度不应小于 800mm，平开门应设高 900mm 的横扶把手，应采用门外可紧急开启的门锁。

④ 地面应防滑、不积水。

⑤ 内部应设坐便器、洗手盆、多功能台、挂衣钩和呼叫按钮。

⑥ 坐便器应符合本规范“无障碍厕位”的有关规定，洗手盆应符合本规范“无障碍洗手盆”的有关规定；

⑦ 多功能台长度不宜小于 700mm，宽度不宜小于 400mm，高度宜为 600mm。

⑧ 安全抓杆的设计应符合“抓杆”的相关规定。

⑨ 挂衣钩距地高度不应大于 1.20m。

⑩ 在坐便器旁的墙面上应设高 400～500mm 的救助呼叫按钮。

⑪入口处应设置无障碍标志，并应符合国际通用标志的要求。

（4）厕所里的其他无障碍设施

① 无障碍小便器下口距地面高度不应大于 400mm，小便器两侧应在离墙面 250mm 处，设高度为 1.20m 的垂直安全抓杆，并在离墙面 550mm 处，设高度为 900mm 水平安全抓杆，与垂直安全抓杆连接。

② 无障碍洗手盆的水嘴中心距侧墙应大于 550mm，其底部应留出宽 750mm、高 650mm、深 450mm 供乘轮椅者膝部和足尖部移动的空间，并在洗手盆上方安装镜子，出水龙头宜采用杠杆式水龙头或感应式自动出水方式。

③ 安全抓杆应安装牢固，直径应为 30～40mm，内侧距墙不应小于 40mm。

④ 取纸器应设在坐便器的侧前方，高度为 400～500mm。

10）公共浴室

（1）公共浴室无障碍设计的规定

① 公共浴室的无障碍设施包括 1 个无障碍淋浴间或盆浴间以及 1 个无障碍洗手盆。

② 公共浴室的入口和室内空间应方便乘轮椅者进入和使用，浴室内部应能保证轮椅进行回转，回转直径不小于 1.50m。

③ 无障碍浴室地面应防滑、不积水。

④ 当采用平开门时，门扇应向外开启，设高 900mm 的横扶把手，在门扇里侧设高 900mm 的关门拉手，并应采用门外可紧急开启的插销。

⑤ 应设置 1 个无障碍厕位。

（2）无障碍淋浴间的规定

① 无障碍淋浴间的短边宽度不应小于 1.50m。

② 淋浴间坐台高度宜为 450mm，深度不宜小于 450mm。

③ 淋浴间应设距地面高 700mm 的水平抓杆和高 1.40～1.60m 的垂直抓杆。

④ 淋浴间内淋浴喷头的控制开关高度不应大于 1.20m。

⑤ 毛巾架的高度不应大于 1.20m。

（3）无障碍盆浴间的规定

① 在浴盆一端设置方便进入和使用的坐台，其深度不应小于 400mm。

② 浴盆内侧应设高 600mm 和 900mm 的两层水平抓杆，水平长度不小于 800mm；洗浴坐台一侧的墙上设高 900mm、水平长度不小于 600mm 的安全抓杆。

③ 毛巾架的高度不应大于 1.20m。

11）无障碍客房

（1）无障碍客房应设在便于到达、进出和疏散的位置。

（2）房间内应有空间保证轮椅进行回转，回转直径不小于 1.50m。

（3）无障碍客房的门应符合本规范“门”的有关规定。

（4）无障碍客房卫生间内应保证轮椅进行回转，回转直径不小于 1.50m，其地面、门、内部设施均应符合本规范的相关规定。

（5）无障碍客房的其他规定：

① 床间距离不应小于1.20m。

② 家具和电器控制开关的位置和高度应方便乘轮椅者靠近和使用，床的使用高度为450mm。

③ 客房及卫生间应设高度为450～500mm的救助呼叫按钮。

④ 客房应设置为听力障碍者服务的闪光提示门铃。

12）无障碍住房及宿舍

(1) 户门及户内门开启后的净宽应符合本规范“无障碍通道、门”的有关规定。

(2) 通往卧室、起居室（厅）、厨房、卫生间、储藏室及阳台的通道应为无障碍通道，并应按规定设置扶手。

(3) 浴盆、淋浴、坐便器、洗手盆及安全抓杆等均应符合本规范的相关规定。

(4) 无障碍住房及宿舍的其他规定：

① 单人卧室面积不应小于7.00m^2，双人卧室面积不应小于10.50m^2，兼起居室的卧室面积不应小于16.00m^2，起居室面积不应小于14.00m^2，厨房面积不应小于6.00m^2。

② 设坐便器、洗浴器（浴盆或淋浴）、洗面盆3件卫生洁具的卫生间面积不应小于4.00m^2；设坐便器、洗浴器2件卫生洁具的卫生间面积不应小于3.00m^2；设坐便器、洗面器2件卫生洁具的卫生间面积不应小于2.50m^2；单设坐便器的卫生间面积不应小于2.00m^2。

③ 供乘轮椅者使用的厨房，操作台下方净宽和高度都不应小于650mm，深度不应小于250mm。

④ 居室和卫生间内应设置救助呼叫按钮。

⑤ 家具和电器控制开关的位置和高度应方便乘轮椅者靠近和使用。

⑥ 供听力障碍者使用的住宅和公寓应安装闪光提示门铃。

13）轮椅席位

(1) 轮椅席位应设在便于到达疏散口及通道的附近，不得设在公共通道范围内。

(2) 观众厅内通往轮椅席位的通道宽度不应小于1.20m。

(3) 轮椅席位的地面应平整、防滑，在边缘处应安装栏杆或栏板。

(4) 每个轮椅席位的占地面积不应小于1.10m×0.80m。

(5) 在轮椅席位上观看演出和比赛的视线不应受到遮挡，但也不应遮挡他人的视线。

(6) 在轮椅席位旁或在邻近的观众席内宜设置1∶1的陪伴席位。

(7) 轮椅席位处地面上应设置国际通用的无障碍标志。

14）无障碍机动车停车位

(1) 应将通行方便、行走路线距离最短的停车位设为无障碍机动车停车位。

(2) 无障碍机动车停车位的地面应平整、防滑、不积水，坡度不应大于1∶50。

(3) 无障碍机动车停车位一侧，应设宽度不小于1.20m的通道，供乘轮椅者从轮椅通道直接进入人行道和无障碍出入口。

(4) 无障碍机动车停车位的地面应涂有停车线、轮椅通道线和无障碍标志。

15）低位服务设施

(1) 设置低位服务设施的范围包括问询台、服务窗口、电话台、安检验证台、行李托运台、借阅台、各种业务台、饮水机等。

（2）低位服务设施上表面距地面高度宜为 700～850mm，其下部至少应留出宽 750mm、高 650mm、深 450mm 供乘轮椅者膝部和足尖部移动的空间。

（3）低位服务设施前应有轮椅回转空间，回转直径不应小于 1.50m。

（4）挂式电话离地不应高于 900mm。

16）无障碍标识系统、信息无障碍

（1）无障碍标志的规定：

① 无障碍标志的分类：无障碍标志分为通用的无障碍标志、无障碍设施标志牌和带指示方向的无障碍设施标志牌三大类。

② 无障碍标志应醒目，避免遮挡。

③ 无障碍标志应纳入城市环境或建筑内部的引导标志系统，形成完整的系统，清楚地指明无障碍设施的走向及位置。

（2）盲文标志应符合下列规定：

① 盲文标志可以是盲文地图、盲文铭牌、盲文站牌。

② 盲文标志的盲文必须采用国际通用的盲文表示方法。

（3）信息无障碍：

① 根据需求，因地制宜地设置无障碍设备和设施，使人们便捷地获取各类信息。

② 信息无障碍设备和设施的位置、布局应合理。

35. 其他规范对无障碍设计的要求有哪些？

1）《养老设施建筑设计规范》GB 50867—2013 规定：养老设施建筑及其场地的无障碍设计应符合表 1-48 的规定。

养老设施建筑及其场地的无障碍设计的具体部位　　表 1-48

部位	具体位置	无障碍设计的具体部位
室外场地	道路及停车场	主要出入口、人行道、停车场
	广场及绿地	主要出入口、内部道路、活动场地、服务设施、活动设施、休息设施
建筑	出入口	主要出入口、入口门厅
	过厅及通道	平台、休息厅、公共通道
	垂直交通	楼梯、坡道、电梯
	生活用房	卧室、起居室、休息室、亲情居室、自用卫生间、公用卫生间、公用厨房、老年人专用浴室、公用沐浴间、公共餐厅、交往厅
	公共活动用房	阅览室、网络室、棋牌室、书画室、健身室、教室、多功能厅、阳光厅、风雨廊
	医疗保健用房	医务室、观察室、治疗室、处置室、临终关怀室、保健室、康复室、心理疏导室

2）《旅馆建筑设计规范》JGJ 62—2014 中规定：

一级、二级、三级旅馆建筑的无障碍出入口宜设置在主要出入口，四级、五级旅馆建筑的无障碍出入口应设置在主要出入口。

（十一）养老设施建筑的安全设计

36. 养老设施建筑的安全设计有哪些要求？

《养老设施建筑设计规范》GB 50867－2013 规定：

1）老年人经过和使用的公共空间应沿墙安装安全扶手，并宜保持连续。安全扶手的尺寸应符合下列规定：

（1）扶手直径宜为 30～45mm，且在有水和蒸汽的潮湿环境时，截面尺寸应取下限值；

（2）扶手的最小有效长度不应小于 200mm。

2）养老设施建筑室内公共通道的墙（柱）面阳角应采用切角或圆弧处理，或安装成品护角。沿墙脚宜设 350mm 高的防撞踢脚。

3）养老设施建筑主要出入口附近和门厅内，应设置连续的导向标识，并应符合下列规定：

（1）出入口标识应易于辨别。且当有多个出入口时，应设置明显的号码或标示图案。

（2）楼梯间附近的明显位置应布置楼层平面示意图，楼梯间内应有楼层标识。

4）其他安全防护措施应符合下列规定：

（1）老年人所经过的路径内不应设置裸放的散热器、开水器等高温加热设备，不应摆设造型锋利和易碎饰品，以及种植带有尖刺和较硬枝条的盆栽；易与人体接触的热水明管应有安全防护措施；

（2）公共疏散通道的防火门扇和公共通道的分区门扇，距地 0.65m 以上，应安装透明的防火玻璃；防火门的闭门器应该有阻尼缓冲装置；

（3）养老设施建筑的自用卫生间、公用卫生间门宜安装便于施救的插销，卫生间门上应留有观察窗口；

（4）每个防护单元的出入口应安装安全监控装置；

（5）老年人使用的开敞阳台或屋顶上人平台在临空处不应设置可攀登的扶手；供老年人活动的屋顶平台女儿墙的护栏高度不应低于 1.20m；

（6）老年人居住用房应设安全疏散指示标识，墙面凸出处、临空框架柱等应采用醒目的色彩或采取图案区分和警示标识。

（十二）建筑架空层等设计

37. 建筑设备层、避难层、架空层有哪些规定？

1）《民用建筑设计通则》GB 50352—2005 中规定：

（1）设备层设置应符合下列规定：

① 设备层的净高应根据设备和管线的安装检修需要确定。

② 当宾馆、住宅等建筑上部有管线较多的房间，下部为大空间房间或转换为其他功

能用房而管线需转换时，宜在上下部之间设置设备层。

③ 设备层布置应便于市政管线的接入；在防火、防爆和卫生等方面互有影响的设备用房不应相邻布置。

④ 设备层应有自然通风或机械通风；当设备层设于地下室且无机械通风装置时，应在地下室外墙设置通风口或通风道，其面积应满足送、排风量的要求。

⑤ 给水排水设备的机房应设集水坑并预留排水泵电源和排水管路或接口；配电房应满足线路的敷设。

⑥ 设备用房布置位置及其围护结构，管道穿过隔墙、防火墙和楼板等应符合防火规范的有关规定。

(2) 建筑高度超过 100m 的超高层民用建筑，应设置避难层（间）。

(3) 有人员正常活动的架空层及避难层的净高不应低于 2.00m。

2)《住宅设计规范》GB 50096—2011 中规定：

(1) 住宅建筑内严禁布置存放和使用甲、乙类火灾危险性物品的商店、车间和仓库以及产生噪声、振动和污染环境卫生的商店、车间和娱乐设施。

(2) 住宅建筑内不应布置易产生油烟的餐饮店，当住宅底层商业网点布置有产生刺激性气味或噪声的配套用房时，应作排气、消声处理。

(3) 水泵房、冷热源机房、变压器机房等公共机电用房不宜布置在主体建筑内，也不宜布置在与住户相邻的楼层内，当无法满足上述要求而贴邻设置时，应增加隔声减振处理措施。

(4) 住户的公共出入口与附建公共用房的出入口应分开布置。

(十三) 公共建筑卫生间设计

38. 公共建筑中的厕所、盥洗室、浴室有哪些规定?

1)《民用建筑设计通则》GB 50352—2005 中规定：

(1) 厕所、盥洗室、浴室应符合下列规定：

① 建筑物的厕所、盥洗室、浴室不应直接布置在餐厅、食品加工、食品贮存、医药、医疗、变配电等有严格卫生要求或防水、防潮要求用房的上层；除本套住宅外，住宅卫生间不应直接布置在下层的卧室、起居室、厨房和餐厅的上层。

② 卫生设备配置的数量应符合专用建筑设计规范的规定，在公用厕所的男女厕位比例中，应适当加大女厕位比例。

③ 卫生用房宜有天然采光和不向邻室对流的自然通风，无直接自然通风和严寒及寒冷地区用房宜设自然通风道；当自然通风不能满足通风换气要求时，应采用机械通风。

④ 楼地面、楼地面沟槽、管道穿楼板及楼板接墙面处应严密防水、防渗漏。

⑤ 楼地面、墙面或墙裙的面层应采用不吸水、不吸污、耐腐蚀、易清洗的材料。

⑥ 楼地面应防滑，楼地面标高宜略低于走道标高，并应有坡度坡向地漏或水沟。

⑦ 室内上下水管和浴室顶棚应防冷凝水下滴，浴室热水管应防止烫人。

⑧ 公用男女厕所宜分设前室，或有遮挡措施。

⑨ 公用厕所宜设置独立的清洁间。

（2）厕所和浴室隔间的平面尺寸不应小于表 1-49 的规定。

厕所和浴室隔间的平面尺寸　　表 1-49

类　别	平面尺寸（宽度 m×深度 m）
外开门的厕所隔间	0.90×1.20
内开门的厕所隔间	0.90×1.40
医院患者专用厕所隔间	1.10×1.40
无障碍的厕所隔间	1.40×1.80（改建用 1.00×2.00）
外开门淋浴隔间	1.00×1.20
内设更衣凳的淋浴隔间	1.00×（1.00+0.60）
无障碍专用淋浴隔间	盆浴（门扇向外开启）2.00×2.25 淋浴（门扇向外开启）1.50×2.35

（3）卫生设备间距应符合下列规定：

① 洗脸盆或盥洗槽水嘴中心与侧墙面净距不宜小于 0.55m。

② 并列洗脸盆或盥洗槽水嘴中心间距不应小于 0.70m。

③ 单侧并列洗脸盆或盥洗槽外沿至对面墙的净距不应小于 1.25m。

④ 双侧并列洗脸盆或盥洗槽外沿之间的净距不应小于 1.80m。

⑤ 浴盆长边至对面墙面的净距不应小于 0.65m；无障碍盆浴间短边净宽度不应小于 2.00m。

⑥ 并列小便器的中心距离不应小于 0.65m。

⑦ 单侧厕所隔间至对面墙面的净距：当采用内开门时，不应小于 1.10m；当采用外开门时，不应小于 1.30m。双侧厕所隔间之间的净距：当采用内开门时，不应小于 1.10m；当采用外开门时，不应小于 1.30m。

⑧ 单侧厕所隔间至对面小便器或小便槽外沿的净距：当采用内开门时，不应小于 1.10m；当采用外开门时，不应小于 1.30m。

2）《商店建筑设计规范》JGJ 48—2014 指出供顾客使用的卫生间应符合下列规定：

（1）应设置前室，且厕所的门不宜直接开向营业厅、电梯厅、顾客休息室或休息区等主要公共空间；

（2）宜有天然采光和自然通风，条件不允许时，应采取机械通风措施；

（3）中型以上的商店建筑应设置无障碍专用厕所，小型商店建筑应设置无障碍厕位；

（4）卫生设施的数量应符合现行行业标准《城市公共厕所设计标准》CJJ 14—2005 的规定，且卫生间内宜配置污水池；

（5）当每个厕所大便器数量为 3 具及以上时，应至少设置 1 具坐式大便器；

（6）大型商店宜独立设置无性别公共卫生间，并应符合现行国家标准《无障碍设计规范》GB 50763—2012 的规定；

（7）宜设置独立的清洁间。

3）《中小学校设计规范》GB 50099—2011 规定：

（1）饮水处

① 中小学校的饮用水管线与室外公厕、垃圾站等污染源的距离应大于 25.00m。

② 教学用建筑内应在每层设饮水处，每处应按每 40～45 人设置一个水嘴计算水嘴的

数量。

③ 教学用建筑内每层的饮水处前应设置等候空间，等候空间不得挤占走道等疏散空间。

（2）卫生间

① 教学用建筑每层均应分设男、女学生卫生间及男女教师卫生间。学校食堂宜设工作人员专用卫生间。当教学用建筑中每层少于3个班时，男、女生卫生间可隔层设置。

② 卫生间位置应方便使用且不影响其周边教学环境卫生。

③ 在中小学校内，当体育场地中心与最近的卫生间的距离超过90.00m时，可设室外厕所。所建室外厕所的服务人数可按学生总人数的15%计算。室外厕所宜预留扩建的条件。

④ 学生卫生间卫生洁具的数量应按下列规定计算：

a. 男生应至少为每40人设1个大便器或1.20m长大便槽；每20人设1个小便斗或0.60m长小便槽；女生应至少为每13人设1个大便器或1.20m长大便槽；

b. 每40～45人设1个洗手盆或0.60m长盥洗槽；

c. 卫生间内或卫生间附近应设污水池。

⑤ 中小学校的卫生间内，厕所蹲位距后墙不应小于0.30m。

⑥ 各类小学大便槽的蹲位宽度不应大于0.18m。

⑦ 厕所间宜设隔板，隔板高度不应低于1.20m。

⑧ 中小学校的卫生间应设前室。男、女生卫生间不得共用一个前室。

⑨ 学生卫生间应具有天然采光、自然通风条件，并应安置排气管道。

⑩ 中小学校的卫生间外窗距室内楼地面1.70m以下部分应设视线遮挡措施。

⑪ 中小学校应采用冲水式卫生间。当采用旱厕时，应按学校专用无害化卫生厕所设计。

（3）浴室

① 宜在舞蹈教室、风雨操场、游泳池（馆）附设淋浴室。教师浴室与学生浴室应分设。

② 淋浴室墙面应设墙裙，墙裙高度不应小于2.10m。

（4）食堂

① 食堂与室外公厕、垃圾站等污染源间的距离应大于25.00m。

② 食堂不应与教学用房合并设置，宜设在校园的下风向。厨房的噪声及排放的油烟、气味不得影响教学环境。

③ 寄宿制学校的食堂应包括学生餐厅、教工餐厅、配餐室及厨房。走读制学校应设置配餐室、发餐室和教工餐厅。

④ 配餐室内应设洗手盆和洗涤池，宜设食物加热设施。

⑤ 食堂的厨房应附设蔬菜粗加工和杂物、燃料、灰渣存放空间。各空间应避免污染食物，并宜靠近校园的次要出入口。

⑥ 厨房和配餐室的墙面应设墙裙，墙裙的高度不应低于2.10m。

（5）饮水处

① 教学楼内应分层设饮水处，宜按每50人设1个饮水器的标准设置；

② 饮水处不应占用走道的宽度。

(6) 学生宿舍

学生宿舍宜分层设置公共盥洗室、卫生间和浴室。盥洗室门、卫生间门与居室门间的距离不得大于 20.00m。当每层寄宿学生较多时可分组设置。

4)《宿舍建筑设计规范》JGJ 36—2005 中指出：

(1) 公共厕所应设前室或经盥洗室进入，前室和盥洗室的门不宜相对。公共厕所和公共盥洗室与最近居室的距离不应大于 25m（附带卫生间的居室除外）。

(2) 公共厕所、公共盥洗室卫生设备数量应根据居住人数确定，设备数量不应小于表 1-50 的规定。

公共厕所、公共盥洗室卫生设备数量　　表 1-50

项　目	设备种类	卫生设备数量
男厕所	大便器	8 人以下设 1 个；超过 8 人时，每增加 15 人或不足 15 人增设 1 个
	小便器或槽位	每 15 人或不足 15 人设 1 个
	洗手盆	与盥洗室分设的厕所至少设 1 个
	污水池	公用卫生间或盥洗室设 1 个
女厕所	大便器	6 人以下设 1 个；超过 6 人时，每增加 12 人或不足 12 人增设 1 个
	洗手盆	与盥洗室分设的厕所至少设 1 个
	污水池	公用卫生间或盥洗室设 1 个
盥洗室（男、女）	洗手盆或盥洗室龙头	5 人以下设 1 个；超过 5 人时，每增加 10 人或不足 10 人增设 1 个

(3) 居室内的附设卫生间，其使用面积不应小于 2.00m²，设有淋浴设备或 2 个坐（蹲）便器的附设卫生间，其使用面积不宜小于 3.50m²。附设卫生间内的厕位和淋浴设备之间宜设隔断。

(4) 夏热冬暖地区和温和地区应在宿舍建筑内设淋浴设施，其他地区可根据条件设分散或集中的淋浴设施，每个浴位服务人数不应超过 15 人。

5)《办公建筑设计规范》JGJ 67—2006 中指出，公用厕所应符合下列规定：

(1) 公用厕所距离最远工作点不应大于 50m。

(2) 公用厕所大便器数量在 3 个以上时，其中一个宜为坐式大便器。

(3) 公用厕所的设备数量详见《城市公共厕所设计标准》CJJ 14—2005 的规定。

6)《托儿所、幼儿园建筑设计规范》JGJ 39—87 中规定：

(1) 每班卫生间的设备数量不应少于表 1-51 的规定。

卫生间的设备数量　　表 1-51

污水池（个）	大便器或沟槽（个或位）	小便槽（位）	盥洗台（水龙头、个）	淋　浴（位）
1	4	4	6～8	2

(2) 无论采用沟槽式还是坐蹲式大便器，均应有 1.20m 高的架空隔板，并加设幼儿扶手。

(3) 每个厕位的平面尺寸为 0.80m×0.70m，沟槽式的槽宽为 0.16～0.18m，坐便器高度为 0.25～0.30m。

(4) 盥洗池的高度为 0.50～0.55m，宽度为 0.40～0.45m，水龙头的间距为0.35～0.40m。

7)《疗养院建筑设计规范》JGJ 40—87 中指出，疗养院公共卫生用房应符合下列规定：

(1) 公用盥洗室应按 6～8 人设 1 个洗脸盆（或 0.70m 长盥洗槽）计。

(2) 公用厕所应按男 15 人设 1 个大便器和 1 个小便器（或 0.60m 小便槽），女 15 人设 1 个大便器计。大便器旁宜装扶手。

(3) 公用淋浴室应男、女分别设置。炎热地区按 8～10 人设 1 个淋浴器计，寒冷地区按 15～20 人设 1 个淋浴器计。

8)《图书馆建筑设计规范》JGJ 38—99 中指出：

图书馆公用和专用厕所宜分别设置。公共厕所卫生洁具按使用人数男、女各半计算，并应符合下列规定：

(1) 成人男厕，每 60 人设大便器 1 具，每 30 人设小便斗 1 个。

(2) 成人女厕，每 30 人设大便器 1 具。

(3) 儿童男厕，每 50 人设大便器 1 具，每 25 人设小便斗 1 个。

(4) 儿童女厕，每 25 人设大便器 1 具。

(5) 洗手盆，每 60 人设 1 个。

(6) 公用厕所内应设污水池 1 个。

(7) 公用厕所内应设供残疾人使用的专用设施。

9)《养老设施建筑设计规范》GB 50867—2013 规定：

(1) 老年人公用卫生间应与老年人经常使用的公共活动用房同层、邻近设置，并宜有天然采光和自然通风条件。老年养护院、养老院的每个养护单元内均应设置公用卫生间。公用卫生间的洁具数量应按表 1-52 的数量确定。

公用卫生间的洁具配置指标（人/每件） **表 1-52**

洁具	男	女
洗手盆	≤15	≤12
坐便器	≤15	≤12
小便器	≤12	—

(2) 老年人专用浴室、公用沐浴间的设置应符合下列规定：

① 老年人专用浴室宜按男女分别设置。规模可按总床位数测算，每 15 个床位应设 1 个浴位，其中轮椅使用者的专用浴室不应少于总床位数的 30%，且不应少于 1 间；

② 老年日间照料中心，每 15～20 个床位宜设 1 间具有独立分隔的公用沐浴间；

③ 公用淋浴间内应配置老年人使用的浴槽（床）或洗澡机等助浴设施，并应留有助浴空间；

④ 老年人专用浴室、公用淋浴间均应附设无障碍厕位。

10）《城市公共厕所设计标准》CJJ 14—2005 中规定：

（1）公共场所公共厕所卫生洁具服务人数应符合表 1-53 的规定。

公共场所公共厕所卫生洁具服务人数　　表 1-53

设置位置＼卫生洁具	大便器		小便器（人）
	男厕（人）	女厕（人）	
广场、街道	1000	700	1000
车站、码头	300	200	300
公园	400	300	400
体育场外	300	200	300
海滨活动场所	70	20	60

（2）商场、超市和商业街公共厕所卫生洁具服务人数应符合表 1-54 的规定。

商场、超市和商业街公共厕所卫生洁具服务人数　　表 1-54

商店购物面积（m^2）	设　施	男	女
1000～2000	大便器	1	2
	小便器	1	—
	洗手盆	1	1
	无障碍卫生间	1	
2001～4000	大便器	1	4
	小便器	2	—
	洗手盆	2	4
	无障碍卫生间	1	
≥4000	按照购物场所面积成比例增加		

注：1. 本表推荐顾客使用面积的卫生设施是净购物面积 $1000m^2$ 以上的商场。

2. 该表假设男、女顾客比例为各占 50%。

（3）饭馆、咖啡店、小吃店、快餐店和茶艺馆公共厕所卫生洁具服务人数应符合表 1-55 的规定。

饭馆、咖啡店、小吃店、快餐店和茶艺馆公共厕所卫生洁具服务人数　　表 1-55

设　施	男	女
大便器	400 人以下，每 100 人配 1 个；超过 400 人，每增加 250 人增设 1 个	200 人以下，每 50 人配 1 个；超过 200 人，每增加 250 人增设 1 个
小便器	每 50 人配 1 个	—
洗手盆	每个大便器配 1 个，每 5 个小便器增设 1 个	每个大便器配 1 个
清洗池	至少配 1 个	

注：该表假设男、女顾客比例为各占 50%。

（4）体育场馆、展览馆、影剧院、音乐厅等公共文体活动场所的公共厕所卫生洁具服务人数应符合表 1-56 的规定。

体育场馆、展览馆、影剧院、音乐厅等
公共文体活动场所公共厕所卫生洁具服务人数　　表 1-56

设　施	男	女
大便器	影院、剧场、音乐厅和相似活动的附属场所，250人以下设1个，每增加1～500人增设1个	影院、剧场、音乐厅和相似活动的附属场所，不超过40人设1个，41～70人设3个，71～100人设4个，100人以上每增加1～40人增设1个
小便器	影院、剧场、音乐厅和相似活动的附属场所，100人以下设2个，每增加1～80人增设1个	—
洗手盆	每1个大便器设1个，每1～5个小便器增设1个	每1个大便器设1个，每增2个大便器增设1个
清洁池	不少于1个，用于保洁	

注：该表假设男、女顾客比例为各占50%。

（5）饭店（宾馆）公共厕所卫生洁具服务人数应符合表1-57的规定。

饭店（宾馆）公共厕所卫生洁具服务人数　　表 1-57

招待类型	设备（设施）	数量	要求
附有整套卫生设施的饭店	整套卫生设备	每套客房1套	含澡盆（淋浴）、坐便器和洗手盆
	公用卫生间	男、女各1套	设置在底层大厅附近
	职工洗澡间	每9名职员配1个	—
	清洁池	每30个客房1个	每层至少1个
不带卫生套间的饭店和客房	大便器	每9人1个	—
	公用卫生间	男、女各1套	设置在底层大厅附近
	洗澡间	每9位客人1个	含澡盆（淋浴）、大便器和洗手盆
	清洁池	每层1个	—

（6）机场、火车站、公共汽（电）车和长途汽车始末站、地下铁道的车站、城市轻轨车站、交通枢纽站、高速路休息区、综合性服务楼和服务性单位公共厕所卫生洁具服务人数应符合表1-58的规定。

机场、火车站、公共汽（电）车和长途汽车始末站、
地下铁道的车站、城市轻轨车站、交通枢纽站、高速路休息区、
综合性服务楼和服务性单位公共厕所卫生洁具服务人数　　表 1-58

设　施	男	女
大便器	每1～150人配1个	1～12人配1个，13～30人配2个，30人以上每增加1～25人增设1个
小便器	75人以下配2个，75人以上每增加1～75人增设1个	—
洗手盆	每个大便器配1个，每1～5个小便器增设1个	每2个大便器配1个
清洁池	至少配1个，用于清洁设施和地面	

（7）办公、商场、工厂和其他公用建筑为职工配置的卫生洁具服务人数应符合表1-59的规定。

办公、商场、工厂和其他公用建筑为职工配置的卫生洁具服务人数　　表 1-59

适合任何种类职工使用的卫生标准		
数量（人）	大便器数量（个）	洗手盆数量（个）
1～5	1	1
6～25	2	2
26～50	3	3
51～75	4	4
76～100	5	5
＞100	增建卫生间的数量或按每 25 人的比例增加设施	
其中男性职工的卫生设施		
男性职工人数	大便器数量（个）	小便器数量（个）
1～15	1	1
16～30	2	1
31～45	2	2
46～60	3	2
61～75	3	3
76～90	4	3
91～100	4	4
＞100	增建卫生间的数量或按每 50 人的比例增加设施	

注：1. 洗手盆设置：50 人以下，每 10 人配 1 个，50 人以上，每增加 20 人增配 1 个。
2. 男、女厕所必须各设 1 个。

（8）设计规定

① 公共厕所的平面设计应将大便间、小便间和盥洗室分室设置，各室应具有独立功能。小便间不得露天设置。厕所的进门处应设置男、女通道，屏蔽墙或遮挡物。每个大便器应有一个独立的单元空间，划分单元空间的隔断板及门与地面的距离应大于 100mm，小于 150mm。隔断板及门距离地坪的高度：一类、二类公厕，大于 1.80m；三类公厕，大于 1.50m。独立小便器站位应有高度为 0.80m 的隔断板。

② 公共厕所的大便器应以蹲便器为主，并应为老年人和残疾人设置一定比例的坐便器。大、小便的冲洗宜采用自动感应或脚踏开关冲便装置。厕所的洗手龙头、洗手液宜采用非接触式的器具，并应配置烘干机或用一次性纸巾。大门应能双向开启。

③ 公共厕所服务范围内应有明显的指示牌。所需要的各项基本设施必须齐备。厕所平面布置宜将管道等附属设施集中在单独的夹道中。应采用性能可靠、故障率低、维修方便的器具。

④ 公共厕所内部空间布置应合理，应加大采光系数或增加人工照明。大便器应根据人体活动时所占的空间尺寸合理布置。一类公共厕所冬季应配置暖气、夏季应配置空调。

⑤ 公共厕所应采用先进、可靠、使用方便的节水卫生设备。

⑥ 厕所间平面优选尺寸（内表面尺寸）宜按表 1-60 选用。

厕所间平面优选尺寸（内表面尺寸）　　表 1-60

洁具数量	宽度（mm）	深度（mm）	备用尺寸（mm）
3 件	1200、1500、1800、2100	1500、1800、2100、2400、2700	$n\times100$ ($n\geqslant9$)
2 件	1200、1500、1800	1500、1800、2100、2400	
1 件	900、1200	1200、1500、1800	

11）《饮食建筑设计规范》JGJ 64—89 规定：

（1）就餐者专用的洗手设施和厕所应符合下列规定：

① 一、二级餐馆及一级饮食店应设洗手间和厕所，三级餐馆应设专用厕所，厕所应男、女分设。三级餐馆的餐厅及二级饮食店内应设洗手池，一、二级食堂餐厅内应设洗手池和洗碗池。

② 卫生器具设置的数量应符合表 1-61 的规定。

卫生器具设置的数量 **表 1-61**

建筑类型＼洁具数量		卫生器具设置数量			
		洗手间中洗手盆	洗手水龙头	洗碗水龙头	厕所中大、小便器
餐馆	一、二级	≤50 座设 1 个，>50 座时每 100 座增设 1 个	—	—	≤100 座时，设男大便器 1 个，小便器 1 个，女大便器 1 个；>100 座时，每 100 座增设男大便器或小便器 1 个，女大便器 1 个
	三	—	≤50 座设 1 个，>50 座时每 100 座增设 1 个	—	
饮食店	一	≤50 座设 1 个，>50 座时每 100 座增设 1 个	—	—	—
	二	—	≤50 座设 1 个，>50 座时每 100 座增设 1 个	—	—
食堂	一	—	≤50 座设 1 个，>50 座时每 100 座增设 1 个	≤50 座设 1 个，>50 座时每 100 座增设 1 个	—
	二	—	≤50 座设 1 个，>50 座时每 100 座增设 1 个	≤50 座设 1 个，>50 座时每 100 座增设 1 个	—

③ 厕所位置应隐蔽，其前室入口不应靠近餐厅或与餐厅相对。

④ 厕所应采用水冲式。所有水龙头不宜采用手动式开关。

（2）库房、办公用房的更衣、淋浴、厕所应符合下列规定：

① 更衣处宜按全部工作人员男女分设，每人一格更衣柜，其尺寸为 $0.50\times0.50\times0.50m^3$。

② 淋浴宜按炊事及服务人员最大班人数配置，每 25 人设一个淋浴器，设 2 个及 2 个以上淋浴器时男女应分设，每淋浴室均应设一个洗手盆。

③ 厕所应按全部工作人员最大班人数设置，30 人以下者可设一处，超过 30 人者男女应分设，并应均为水冲式厕所。男厕每 50 人设 1 个大便器和 1 个小便器，女厕每 25 人设 1 个大便器。男女厕所的前室各设 1 个洗手盆，厕所前室门不应朝向各加工间和餐厅。

12）《博物馆建筑设计规范》JGJ 66—91 中规定：

大、中型博物馆内陈列室的每层楼面应配置男、女厕所各 1 间，若该层的陈列室面积之和超过 $1000m^2$，则应再适当增加厕所的数量。男、女厕所内至少应各设 2 个大便器，并配有污水池。

13）《文化馆建筑设计规范》JGJ/T 41—2014 规定：

（1）文化馆的群众活动区域内应设置无障碍卫生间；

（2）文化馆建筑内应分层设置卫生间；

（3）公共卫生间应设置室内水冲式便器，并应设置前室；公共卫生间服务半径不宜大于 50m，卫生设施的数量应按按男每 40 人设置一个蹲位、一个小便器或 1m 小便池，女每 13 人设置一个蹲位；

（4）洗浴用房应按男女分设，且洗浴间、更衣间应分别设置，更衣间前应设前室或门斗；

（5）洗浴间应采用防滑地面，墙面应采用易清洗的饰面材料；

（6）洗浴间对外的门窗应有阻挡视线的功能。

14）《旅馆建筑设计规范》JGJ 62—2014 规定：

（1）客房附设卫生间的设置应符合表 1-62 的规定：

客房附设卫生间 **表 1-62**

旅馆建筑等级	一级	二级	三级	四级	五级
卫生洁具	2		3		

注：2 件指大便器、洗面盆；3 件指大便器、洗面盆、浴盆或淋浴间（开放式卫生间除外）。

（2）不设卫生间的客房，应设置集中的公共卫生间和浴室，并应符合表 1-63 的规定；

公共卫生间和浴室设施 **表 1-63**

设备（设施）	数　量	要　求
公共卫生间	男女至少各 1 间	宜每层设置
大便器	每 9 人 1 个	男女比例宜按不大于 2：3
小便器或 0.60m 小便槽	每 12 人 1 个	—
浴盆或淋浴间	每 9 人 1 个	—
洗面盆或盥洗槽龙头	每 1 个大便器配置 1 个，每 5 个小便器增设 1 个	—
清洗池	每层 1 个	宜单独设置清洁间

注：1. 上述设施大便器男女比例宜按 2：3 设置，若男女比例有变化需作相应调整；其与按男女比例 1：1 比例配置。

2. 应按现行国家标准现行国家标准《无障碍设计规范》GB 50763—2012 规定，设置无障碍专用厕所或位置和洗面盆。

（3）旅馆建筑的公共部分的卫生间，应符合下列规定：

① 卫生间应设前室，三级及以上旅馆建筑男女卫生间应分设前室。

② 四级和五级旅馆建筑卫生间的厕位隔间门宜向内开启，厕位隔间宽度不宜小于 0.90m，深度不宜小于 1.55m。

③ 公共部分卫生间洁具数量应符合表 1-64 的规定：

公共部分卫生间洁具数量 **表 1-64**

房间名称	男		女
	大便器	小便器	大便器
门厅（大堂）	每 150 人配 1 个，超过 300 人，每增加 300 人增设 1 个	每 100 人配 1 个	每 75 人配 1 个，超过 300 人，每增加 150 人增设 1 个

续表

房间名称	男		女
	大便器	小便器	大便器
各种餐厅（含咖啡厅、酒吧等）	每100人配1个，超过400人，每增加250人增设1个	每50人配1个	每50人配1个，超过400人，每增加250人增设1个
宴会厅、多功能厅、会议室	每100人配1个，超过400人，每增加200人增设1个	每40人配1个	每40人配1个，超过400人，每增加100人增设1个

注：1. 本表规定男、女各为50%，当性别比例不同时应进行调整。
2. 门厅（大堂）和餐厅兼顾使用时，洁具数量可按餐厅配置不必叠加。
3. 四、五级旅馆建筑可按实际情况酌情增加。
4. 洗面盆、清洁池数量可按现行城市设计标准《城市公共厕所设计标准》CJJ 14—2005 的要求配置。
5. 商业、娱乐加健身的卫生设施可按现行城市设计标准《城市公共厕所设计标准》CJJ 14—2005 的要求配置。

④ 公共卫生间应设前室或经盥洗室进入，前室和盥洗室的门不宜与客房门相对。

⑤ 与盥洗室分设的厕所应至少设一个洗面盆。

（十四）住宅厨房与卫生间设计

39. 住宅建筑中厨房有哪些规定?

1）《住宅设计规范》GB 50096—2011 中规定：

厨房应设置洗涤池、案台、炉灶及排油烟机、热水器等设施或为其预留位置。厨房应按炊事操作流程排列，排油烟机的位置应与炉灶位置对应，并应与排气道直接连通。单排布置设备的厨房净宽不应小于1.50m；双排布置设备的厨房其两排设备的净距不应小于0.90m。

2）《住宅厨房模数协调标准》JGJ/T 262—2012 中指出：

（1）住宅厨房优选平面尺寸（表1-65）：

住宅厨房优选平面尺寸　　表1-65

布置方式	最小面积（m^2）	优选平面净尺寸（mm^2）
单排布置	4.05 4.95	1500×2700 1500×3300
L形布置	4.59	1700×2700
L形布置（有冰箱）	5.10	1700×3000
U形布置	4.86	1800×2700
U形布置（有冰箱）	7.56 5.94	2800×2700 1800×3300
双排布置	5.40	1800×3000
双排布置（有冰箱）	5.94	1800×3300

（2）厨房的净宽不应小于2000mm，且轮椅的回转直径不应小于1500mm。

（3）平面分割尺寸：厨房局部尺寸分割时可插入50mm或20mm的分模数尺寸。

（4）空间高度：厨房自室内装修地面至室内吊顶的净高不应小于2200mm。

（5）厨房部件的高度尺寸：

①地柜（操作柜、洗涤柜、灶柜）高度应为750～900mm，地柜底座高度为100mm。当采用非嵌入灶具时，灶台台面的高度应减去灶台的高度。

②地柜的深度可为600mm、650mm、700mm，推荐尺寸宜为600mm。地柜前缘踢脚板凹口深度不应小于50mm。

③吊柜的深度应为300～400mm，推荐尺寸宜为350mm。

（6）厨房部件的宽度尺寸

厨房部件的宽度尺寸应符合表1-66的规定。

厨房部件的宽度尺寸　　表1-66

厨房部件名称	宽度尺寸（mm）
操作柜	800、900、1200
洗涤柜	600、800、900
灶　柜	600、750、800、900

40. 住宅建筑中卫生间有哪些规定?

1)《住宅设计规范》GB 50096—2011规定：

（1）每套住宅应设卫生间，应至少应配置便器、洗浴器、洗面器三件卫生设备或为其预留设置位置及条件。三件卫生设备集中配置的卫生间的使用面积不应小于2.50m^2。

（2）卫生间可根据使用功能要求组合不同的设备。不同组合的空间使用面积应符合下列规定：

① 设便器、洗面器时不应小于1.80m^2；

② 设便器、洗浴器时不应小于2.00m^2；

③ 设洗面器、洗浴器时不应小于2.00m^2；

④ 设洗面器、洗衣机时不应小于1.80m^2；

⑤ 单设便器时不应小于1.10m^2。

（3）无前室的卫生间的门不应直接开向起居室（厅）或厨房。

（4）卫生间不应直接布置在下层的卧室、起居室（厅）、厨房和餐厅的上层。

（5）当卫生间布置在本套内的卧室、起居室（厅）、厨房和餐厅的上层时，均应有防水和便于检修的措施。

（6）每套住宅应设置洗衣机的位置和条件。

2)《住宅卫生间模数协调标准》JGJ/T 263—2012规定：

（1）住宅卫生间的优选平面尺寸（表1-67）。

（2）平面分割尺寸：卫生间局部尺寸分割时可插入50mm或20mm的分模数尺寸。

（3）空间高度：卫生间自室内装修地面至室内吊顶的净高不应小于2200mm。

住宅卫生间的优选平面尺寸　　表1-67

设备	最小面积（m^2）	优选平面净尺寸（mm^2）
便器	1.35	900×1500
便器、洗面器	1.56	1300×1300
便器、洗面器	1.95	1300×1500
便器、洗面器、淋浴器	2.40	1500×1800
便器、洗面器、浴盆	2.70	1500×2100
便器、洗面器、浴盆	3.15	1500×2200
便器、洗面器、浴盆	3.30	1500×2400
便器、洗面器、淋浴器、洗衣机	3.36	1800×2200
便器、洗面器、淋浴器、洗衣机	3.52	1800×2400
便器、洗面器、淋浴器（分室）	3.60	1500×2700
便器、洗面器、浴盆（分室）	5.40	1800×3000
便器、洗面器、浴盆、洗衣机	4.80	1500×3200
便器、洗面器、淋浴器、洗衣机（分室）	5.10	1500×3400

三、建筑材料与构件的规定

（一）砌体结构材料

41.《砌体结构设计规范》中规定的砌体结构的材料有哪些？它们的强度等级有几种？应用范围如何？

《砌体结构设计规范》GB 50003—2011 中规定：

1）烧结普通砖、烧结多孔砖

（1）烧结普通砖：由煤矸石、页岩、粉煤灰或黏土为主要原料，经过焙烧而成的无孔洞的实心砖。分为烧结煤矸石砖、烧结页岩砖、烧结粉煤灰砖或烧结黏土砖等。基本尺寸为 240mm×115mm×53mm。强度等级有 MU30、MU25、MU20、MU15 和 MU10 等几种。用于砌体结构的最低强度等级为 MU10。

（2）烧结多孔砖：由煤矸石、页岩、粉煤灰或黏土为主要原料，经过焙烧而成、孔洞率不小于 35%、孔的尺寸小而数量多、主要用于承重部位的砖。强度等级有 MU30、MU25、MU20、MU15 和 MU10 等几种。用于砌体结构的最低强度等级为 MU10。

注：北京市规定这些砖若使用黏土，其掺加量不得超过总量的 25%。

2）蒸压灰砂普通砖、蒸压粉煤灰普通砖

（1）蒸压灰砂普通砖：以石灰等钙质材料和砂等硅质材料为主要原料，经坯料制备、压制排气成型、高压蒸汽养护而成的无孔洞的实心砖，基本尺寸为 240mm×115mm×53mm。强度等级有 MU25、MU20、MU15。用于砌体结构的最低强度等级为 MU15。

（2）蒸压粉煤灰普通砖：以石灰、消石灰（如电石渣）和水泥等钙质材料与粉煤灰等硅质材料及集料（砂等）为主要原料，掺加适量石膏，经坯料制备、压制排气成型、高压蒸汽养护而成的无孔洞的实心砖。基本尺寸为 240mm×115mm×53mm。强度等级有 MU25、MU20、MU15。用于砌体结构的最低强度等级为 MU15。

3）混凝土普通砖、混凝土多孔砖

（1）混凝土普通砖：以水泥为胶凝材料，以砂、石等为主要集料，加水搅拌、养护制成的实心砖。强度等级有 MU30、MU25、MU20、MU15。主要规格尺寸为 240mm×115mm×53mm、240mm×115mm×90mm。用于砌体结构的最低强度等级为 MU15。

（2）混凝土多孔砖：以水泥为胶凝材料，以砂、石等为主要集料，加水搅拌、养护制成的一种多孔的混凝土半盲孔砖。主规格尺寸为 240mm×115mm×90mm、240mm×190mm×90mm、190mm×190mm×90mm。强度等级有 MU30、MU25、MU20、MU15。用于砌体结构的最低强度等级为 MU15。

4）混凝土小型空心砌块（简称混凝土砌块或砌块）

由普通混凝土或轻集料混凝土制成，主规格尺寸为 390mm×190mm×190mm、空心率为 25%～50%的空心砌块。强度等级有 MU20、MU15、MU10、MU7.5 和 MU5。用于砌体结构的最低强度等级为 MU7.5。

5）石材

石材的强度等级有 MU100、MU80、MU60、MU50、MU40、MU30 和 MU20 等。用于砌体结构的最低强度等级为 MU30。

6）砌筑砂浆

（1）烧结普通砖、烧结多孔砖、蒸压灰砂普通砖和蒸压粉煤灰普通砖砌体采用的普通砂浆强度等级：M15、M10、M7.5、M5.0 和 M2.5；蒸压灰砂普通砖和蒸压粉煤灰普通砖砌体采用的专用砂浆强度等级：Ms15、Ms10、Ms7.5、Ms5.0。

（2）混凝土普通砖、混凝土多孔砖、单排孔混凝土砌块和煤矸石混凝土砌块采用的砂浆强度等级：Mb20、Mb15、Mb10、Mb7.5 和 Mb5.0。

（3）双排孔或多排孔轻集料混凝土砌块砌体采用的砂浆强度等级：Mb10、Mb7.5 和 Mb5.0。

（4）毛料石、毛石砌体采用的砂浆强度等级：M7.5、M5.0 和 M2.5。

7）自承重墙体材料

（1）空心砖的强度等级：MU10、MU7.5 、MU5.0 和 MU3.5。最低强度等级为 MU7.5。

（2）轻集料混凝土砌块的强度等级：MU10、MU7.5 、MU5.0 和 MU3.5。最低强度等级为 MU3.5。

砌筑砂浆用于地上部位时，应采用混合砂浆；用于地下部位时，应采用水泥砂浆。上述砂浆的强度等级符号为 M。砌筑烧结普通砖、烧结多孔砖的砂浆强度等级有 M15、M10、M7.5、M5.0 和 M2.5 等几种，最低强度等级为 M5.0。用于砌块的砂浆的强度等级符号为 Mb，有 Mb15、Mb10、Mb7.5、Mb5.0 等几种，用于蒸压灰砂砖的砂浆强度等级符号为 Ms，有 Ms15、Ms10、Ms7.5、Ms5.0 等几种。

42. 如何界定"实心砖、多孔砖、空心砖、烧结普通砖、烧结多孔砖、烧结空心砖"？

《建筑材料术语标准》JGJ/T 191—2009 中指出：

1）实心砖是无孔洞或空洞率小于 25%的砖。

2）多孔砖是空洞率不小于 25%，孔的尺寸小而数量多的砖。

3）空心砖是空洞率不小于 40%，孔的尺寸大而数量少的砖。

4）烧结普通砖是规格尺寸为 240mm×115mm×53mm 的实心砖。烧结普通砖是以黏土、页岩、煤矸石、粉煤灰等为主要原料，经制坯和焙烧制成的砖。

5）烧结多孔砖是以黏土、页岩、煤矸石、粉煤灰等为主要原料，经成型、干燥和焙烧制成，主要用于承重结构的砖。

6）烧结空心砖是以黏土、页岩、煤矸石、粉煤灰等为主要原料，经成型、干燥和焙烧制成，主要用于非承重结构的砖。

43. 《蒸压加气混凝土应用技术规程》的规定中有哪些问题值得注意？

1）蒸压加气混凝土有砌块和板材两类。

2）蒸压加气混凝土砌块可用作承重墙体、非承重墙体和保温隔热材料。

3）蒸压加气混凝土配筋板材除用于隔墙板外，还可做成屋面板、外墙板和楼板。

4）加气混凝土强度等级符号为A，用于承重墙时的强度等级不应低于A5.0。

5）蒸压加气混凝土砌块应采用专用砂浆砌筑，砂浆强度等级符号为Ma。

6）地震区加气混凝土砌块横墙承重房屋总层数和总高度见表1-68。

加气混凝土砌块横墙承重房屋总层数和总高度 **表1-68**

强度等级	抗震设防烈度		
	6	7	8
A5.0（B07）	5层（16m）	5层（16m）	4层（13m）
A7.5（B08）	6层（19m）	6层（19m）	5层（16m）

注：房屋承重砌块的厚度不宜小于250mm。

7）下列部位不得采用加气混凝土制品：

（1）建筑物防潮层以下的外墙。

（2）长期处于浸水和化学侵蚀环境的部位。

（3）承重制品表面温度经常处于80℃以上的部位。

8）蒸压加气混凝土砌块的密度级别与强度级别的关系见表1-69。

蒸压加气混凝土砌块的密度级别与强度级别的关系 **表1-69**

干体积密度级别		B03	B04	B05	B06	B07	B08
干体积密度（kg/m^3）	优等品≤	300	400	500	600	700	800
	合格品≤	325	425	525	625	725	825
强度级别（MPa）	优等品≥	A1.0	A2.0	A3.5	A5.0	A7.5	A10
	合格品≥			A2.5	A3.5	A5.0	A7.5

注：1. 用于非承重墙，宜以B05级、B06级、A2.5级、A3.5级为主。
2. 用于承重墙，宜以A5.0级为主。
3. 作为砌体保温砌块材料使用时，宜采用低密度级别的产品，如B03级、B04级。

44.《石膏砌块砌体技术规程》的规定中有哪些问题值得注意？

《石膏砌块砌体技术规程》JGJ/T 201—2010中指出：

1）特点：

石膏砌块是以建筑石膏为主要原料，经加水搅拌、浇筑成型和干燥而制成的块状轻质建筑石膏制品。在生产中还可以加入各种轻骨料、填充料、纤维增强材料、发泡剂等辅助材料。有时亦可用高强石膏代替建筑石膏。石膏砌块实质上是一种石膏复合材料。

2）规格：

石膏砌块的推荐规格为长度600mm，高度500mm，厚度分别为60mm、70mm、80mm、100mm。

3）应用范围：

石膏砌块主要应用于框架结构和其他结构的非承重墙体，一般作内隔墙使用，其优点主要有：

(1) 耐火性能高：用于结构材料时，与混凝土相比耐火性能高出 5 倍；用于装修材料时，属于 A 级装修材料。

(2) 保温性能好：一般 80mm 厚的石膏砌块相当于 240mm 厚的烧结普通砖的保温隔热能力。

(3) 隔声性能优越：一般 100mm 厚的石膏砌块的隔声能力可达 36～38dB。

(4) 自重轻：平均重量仅为烧结实心砖的 1/3～1/4。

(5) 石膏砌块配合精密、表面平整。

(6) 干法施工：石膏砌块可钉、可锯、可刨、可修补，加工处理十分方便。

(7) 污染少：石膏砌块在使用过程中，不会产生对人体有害的物质，是一种理想的绿色建材。

4) 石膏砌块砌体在应用时应注意以下几点：

(1) 石膏砌块砌体不得应用于防潮层以下部位、长期处于浸水或化学侵蚀的环境。

(2) 石膏砌块砌体的底部应加设墙垫，其高度不应小于 200mm，可以采用现浇混凝土、预制混凝土块、烧结实心砖砌筑等方法制作。

(3) 厨房、卫生间砌体应采用防潮实心砌块。

(4) 石膏砌块砌体与梁或顶板应采用柔性连接（泡沫交联聚乙烯）或刚性连接（木楔挤实），与柱或墙之间应采用刚性连接（钢钉固定）。

(5) 洞口大于 1.00m 时，应采用钢筋混凝土过梁。

(6) 石膏砌块砌体与主体结构的墙或柱连接时，应在每皮砌块中加设 2ϕ6 通长钢筋。

(7) 石膏砌块砌体与不同材料的接缝处及阴阳角部位，应采用耐碱玻纤网格布加强带进行处理。

45.《泡沫混凝土应用技术规程》的规定中哪些问题值得注意？

《泡沫混凝土应用技术规程》JGJ/T 341—2014 中规定

1) 定义

以水泥为主要胶凝材料，并在骨料、外加剂和水等组分共同制成的砂浆中引入气泡，经混合搅拌、浇筑成型、养护而成的具有闭孔结构的轻质多孔混凝土。

2) 性能

(1) 密度等级

泡沫混凝土密度等级按其干密度 ρ_d 划分为 16 个等级，如 A01，干密度标准值为 100kg/m^3，允许范围为 50～150kg/m^3，具体划分可查阅规范原文。

(2) 强度等级

泡沫混凝土强度等级采用立方体抗压强度的平均值，代号为 FC，单位为 MPa。最低为 FC0.2，最高为 FC30，共 14 个等级，具体划分可查阅规范原文。

(3) 导热系数

导热系数 λ 共分为 16 个等级，范围为 0.05～0.46W/(m·K)，具体划分可查阅规范原文。

(4) 抗冻性能

泡沫混凝土在不同使用环境下的抗冻性能要求为：

① 非采暖地区：非采暖地区指的是最冷月的平均温度高于－5℃的地区，抗冻标号为D15；

② 采暖地区：采暖地区指的是最冷月的平均温度低于或等于－5℃的地区。

a. 相对湿度≤60%时，抗冻标号为D25；

b. 相对湿度>60%时，抗冻标号为D35；

c. 干湿交替部位和水位变化部位，抗冻标号为≥D50。

3）产品类型

（1）现浇泡沫混凝土：泡沫混凝土拌合物应具有良好的黏聚性、保水性和流动性，不得泌水。现浇泡沫混凝土的燃烧性能等级为A1级。

（2）泡沫混凝土保温板：用于墙体工程的泡沫混凝土保温板，按其干密度分为Ⅰ、Ⅱ型。Ⅰ型干密度不应大于180kg/m^3，Ⅱ型干密度不应大于250kg/m^3。

（3）界面砂浆

（4）泡沫混凝土砌块

4）设计选用

（1）一般规定

① 现浇泡沫混凝土及泡沫混凝土制品适用于建筑工程的非承重墙体，外墙、屋面、楼（地）面的保温隔热层和回填等。

② 泡沫混凝土的设计使用年限不应小于50年。

（2）现浇泡沫混凝土

① 高层或超高层建筑中现浇泡沫混凝土墙宜用于内墙（强度等级不应低于FC3）；当用于外墙时强度等级不应低于FC4，并应与主体结构构件有可靠的连接措施，墙体自身应加设墙拉筋等加强措施。

② 屋面泡沫混凝土保温层的坡度宜为2%。

③ 泡沫混凝土墙不得在下列部位使用：

a. 建筑物防潮层以下部位；

b. 长期浸水或经常干湿交替的部位；

c. 受化学侵蚀的环境；

d. 墙体表面经常处于80℃以上的高温环境。

（3）泡沫混凝土保温板

① 泡沫混凝土保温板采用外墙外保温系统时，宜采用薄抹灰系统。

② 泡沫混凝土保温板外墙外保温系统的构造：

a. 泡沫混凝土保温板与基层墙面的连接应采用粘结砂浆按点框法粘结，粘结面积不应小于60%。

b. 抹面层中应压入玻纤网格布；建筑物首层应由两层玻纤网格布组成，二层及二层以上墙面可采用一层玻纤网格布，抹面层的厚度单层玻纤网格布宜为3～5mm，双层玻纤网格布宜为5～7mm。

c. 泡沫混凝土保温板外墙外保温系统在高层建筑的20m高度以上部分应使用机械锚固件作为保温层与基层墙体的辅助连接。

③ 泡沫混凝土保温外墙外保温系统女儿墙应设置混凝土压顶或金属板盖板，并应采

取双侧保温措施，内侧外保温的高度距离屋面完成面不应低于300mm。

（4）泡沫混凝土砌块

① 泡沫混凝土砌块宜作为非承重填充墙和隔断的材料使用；

② 泡沫混凝土砌块墙体宜设控制缝，并应做好室内墙面的盖缝粉刷；

③处于潮湿环境的泡沫混凝土砌块墙体，墙面应采用水泥砂浆粉刷等有效的防潮措施；

④ 泡沫混凝土砌块墙体与主体结构连接处，应在沿墙高每400mm的水平灰缝内设置不少于2根直径4mm、横筋间距不大于200mm的焊接钢筋网片；

⑤ 泡沫混凝土砌块墙体用砌筑砂浆应具有良好的和易性，分层度不得大于30mm；砌筑砂浆稠度宜为60～80mm。

46.《混凝土小型空心砌块建筑技术规程》的类型和强度等级有哪些?

《混凝土小型空心砌块建筑技术规程》JGJ/T 14—2011中规定：

1）种类

混凝土小型空心砌块包括普通混凝土小型空心砌块和轻骨料混凝土小型空心砌块两种，简称小砌块（或砌块）。基本规格尺寸为390mm×190mm×190mm，辅助规格尺寸为190mm×190mm×190mm和290mm×190mm×190mm两种。

2）材料强度等级

（1）普通混凝土小型空心砌块的强度等级：MU20、MU15、MU10、MU7.5和MU5。

（2）轻骨料混凝土小型空心砌块的强度等级：MU15、MU10、MU7.5、MU5和MU3.5。

（3）砌筑砂浆的强度等级：Mb20、Mb15、Mb10、Mb7.5和Mb5。

（4）灌孔混凝土的强度等级：Cb40、Cb35、Cb30、Cb25和Cb20。

47.《植物纤维工业灰渣混凝土砌块建筑技术规程》的构造要点有哪些?

《植物纤维工业灰渣混凝土砌块建筑技术规程》JGJ/T 228—2010中规定：

1）特点

以水泥基材料为主要原料，以工业废渣为主要骨料，并加入植物纤维，经搅拌、振动、加压成型的砌块。按承重方式分为承重砌块和非承重砌块。

2）类型

（1）承重砌块：强度等级为MU5.0及以上的单排孔砌块，主规格尺寸为390mm×190mm×190mm。强度等级为MU10.0、MU7.5、MU5.0，用于抗震设防地区的砌块的强度等级不应低于MU7.5。

（2）非承重砌块：强度等级为MU5.0以下，有单排孔和双排孔之分，主规格有390mm×190mm×190mm、390mm×140mm×190mm和390mm×90mm×190mm。强度等级为MU3.5。

3）砌筑砂浆与灌孔混凝土的强度等级

（1）砌筑砂浆的强度等级：Mb10、Mb7.5、Mb5、Mb3.5、Mb2.5。用于抗震设防

地区的砌筑砂浆的强度等级不应低于 Mb7.5。

（2）灌孔混凝土的强度等级：Cb20。

4）允许建造层数和允许建造高度

允许建造层数和允许建造高度详见表 1-70。

允许建造层数和允许建造高度（m）　　**表 1-70**

建筑类别	最小抗震墙厚度（mm）	抗震设防烈度和设计基本地震加速度									
		6		7				8			
		0.05g		0.10g		0.15g		0.20g		0.30g	
		高度	层数	高度	层数	高度	层数	高度	层数	高度	层数
多层砌体建筑	190	15	5	15	5	12	4	12	4	9	3
底层框架—抗震墙砌体建筑	190	16	5	16	5	13	4	10	3	—	—

注：1. 室内外高差大于 0.60m 时，建筑总高度允许比表中数值适当增加，但增加量不应大于 1.00m。

2. 砌块砌体建筑的层高不应超过 3.60m；底层框架一抗震墙砌体建筑的底层层高不应超过 4.50m。

5）禁用部位

植物纤维工业灰渣混凝土砌块不得应用于下列部位：

（1）长期与土壤接触、浸水的部位。

（2）经常受干湿交替或经常受冻融循环的部位。

（3）受酸碱化学物质侵蚀的部位。

（4）表面温度高于 80℃的承重墙。

（5）承重砌块不得用于安全等级为一级或设计使用年限大于 50 年的砌体建筑。

（6）不得用于基础或地下室外墙。

（7）首层地面以下的地下室内墙，5 层及 5 层以上砌体建筑的底层砌体和受较大振动或层高大于 6.00m 的墙和柱。

48.《墙体材料应用统一技术规范》中对墙体材料的要求有哪些?

《墙体材料应用统一技术规范》GB 50574—2010 中规定的墙体材料的总体要求是：

1）墙体材料

（1）砌筑蒸压砖、蒸压加气混凝土砌块、混凝土小型空心砌块、石膏砌块墙体时，宜选用专用砌筑砂浆。

（2）墙体不应采用非蒸压硅酸盐砖（砌块）及非蒸压加气混凝土制品。

（3）应用氯氧镁墙材制品时应进行吸潮返卤、翘曲变形及耐水性试验，并应在其试验指标满足使用要求后再用于工程。

注：氯氧镁墙材制品是利用氯氧镁水泥制作的砖、混凝土、防火材料、吸附材料等制品，这种材料的缺点是容易吸潮返卤，制作的构件容易翘曲变形。

2）块体材料

（1）非烧结含孔块材的孔洞率、壁厚及肋厚度应符合表 1-71 的要求。

非烧结含孔块材的孔洞率、壁厚及肋厚度要求 **表 1-71**

块体材料类型及用途		孔洞率（%）	最小壁厚（mm）	最小肋厚（mm）	其他要求
含孔砖	用于承重墙	≤35	15	15	孔的长度与宽度比应小于 2
	用于自承重墙	—	10	10	—
砌 块	用于承重墙	≤47	30	25	孔的圆角半径不应小于 20mm
	用于自承重墙	—	15	15	—

注：1. 承重墙体的混凝土砖的孔洞应垂直于铺浆面。当孔的长度与宽度比不小于 2 时，外壁的厚度不应小于 18mm；当孔的长度与宽度比小于 2 时，外壁的厚度不应小于 15mm。

2. 承重含孔块材，其长度方向的中部不得设孔，中肋壁厚不宜小于 20mm。

（2）承重烧结多孔砖的孔洞率不应大于 35％。

（3）块体材料的强度等级：蒸压普通砖（蒸压灰砂实心砖、蒸压粉煤灰实心砖）和多孔砖（烧结多孔砖、混凝土多孔砖）的强度等级有 MU30、MU25、MU20、MU15、MU10。

（4）块体材料的最低强度等级见表 1-72。

块体材料的最低强度等级 **表 1-72**

块体材料用途及类型		最低强度等级（MPa）	备 注
承重墙	烧结普通转、烧结多孔砖	MU10	用于外墙和潮湿环境的内墙时，强度等级应提高一个等级
	蒸压普通砖、混凝土砖	MU15	
	普通、轻骨料混凝土小型空心砌块	MU7.5	以粉煤灰做掺合料时，粉煤灰的品质、掺加量应符合相关规范的规定
	蒸压加气混凝土砌块	A5.0	用于外墙和潮湿环境的内墙时
自承重墙	轻骨料混凝土小型空心砌块	MU3.5	强度等级不应低于 MU5.0。全烧结陶粒保温砌块用于内墙，其强度等级不应低于 MU2.5、密度不应大于 800kg/m^3
	蒸压加气混凝土砌块	A2.5	用于外墙时，强度等级不应低于 A3.5
	烧结空心砖和空心砌块、石膏砌块	MU3.5	用于外墙和潮湿环境的内墙时，强度等级不应低于 MU5.0

注：1. 防潮层以下应采用实心砖或预先将孔灌实的多孔砖（空心砌块）。

2. 水平孔块体材料不得用于承重墙体。

（5）块体材料物理性能应符合下列要求：

①材料标准应给出吸水率和干燥收缩率的限值。

②碳化系数及软化系数均不应小于 0.85。

③抗冻性能应符合表 1-73 的规定。

块体材料的抗冻性能　　表 1-73

适用条件	抗冻指标	质量损失（%）	强度损失（%）
夏热冬暖地区	F15（冻融循环 15 次）	≤5	≤25
夏热冬冷地区	F25（冻融循环 25 次）		
寒冷地区	F35（冻融循环 35 次）		
严寒地区	F50（冻融循环 50 次）		

④线膨胀系数不宜大于 1.0×10^{-5}/℃。

3）板状材料

(1) 板状材料包括预制隔墙板和骨架隔墙板。

(2) 预制隔墙板：

①表面平整度不应大于 2.0mm，厚度偏差不应超过±1.0mm。

②允许挠度值为 1/250。

③抗冲击次数不应少于 5 次。

④单点吊挂力不应小于 1000N。

⑤含水率不应大于 10%。

(3) 骨架隔墙板：

①幅面平板的表面平整度不应大于 1.00mm。

②断裂荷载（抗折强度）应比规定的标准提高 20%。

49.《墙体材料应用统一技术规范》中对保温墙体有哪些构造要求?

《墙体材料应用统一技术规范》GB 50574—2010 中指出：

1）保温材料

(1) 除加气混凝土墙体以外，浆体保温材料不宜单独用于严寒和寒冷地区建筑的内、外墙保温。

(2) 墙体内、外保温材料的干密度见表 1-74。

墙体内、外保温材料的干密度　　表 1-74

材料名称	干密度（kg/m³）	材料名称	干密度（kg/m³）
模塑聚苯板	18～22	玻璃棉板	32～48
挤塑聚苯板	25～32	岩棉及矿棉毡	60～100
聚苯颗粒保温浆料	180～250	岩棉及矿渣棉板	80～150
聚氨酯硬泡沫板	35～45	蒸压加气混凝土砌块	500～600
泡沫玻璃保温板	150～180	陶粒混凝土小型空心砌块	600～800
无机保温浆料	250～350		

(3) 不得采用掺有无机掺合料的模塑聚苯板、挤塑聚苯板。

(4) 墙体内、外保温材料的抗压强度：

① 挤塑聚苯板的抗压强度不应低于 0.20MPa。

② 胶粉模塑聚苯板颗粒保温浆料的抗压强度不应低于 0.20MPa。

③ 无机保温砂浆压缩强度不应低于 0.40MPa。

④ 当相对变形为 10%时，模塑聚苯板和挤塑聚苯板的压缩强度分别不应小于 0.10MPa 和 0.20MPa。

2）建筑及建筑节能

（1）建筑设计

① 砌体类材料应与其他专业配合进行排块设计。

② 底层外墙、阳角、门窗洞口等易受碰撞的墙体部位应采取加强措施。

③ 外墙洞口、有防水要求房间的墙体应采取防渗和防漏措施。

④ 夹芯保温复合墙的外叶墙上不得直接吊挂重物及承托悬挑构件。

⑤ 不得采用含有石棉纤维、未经防腐和防虫蛀处理的植物纤维墙体材料。

（2）建筑节能设计

① 建筑外墙可根据不同气候分区、墙体材料与施工条件，采用外保温复合墙、内保温复合墙、夹芯保温复合墙或单一材料保温墙系统。

② 外保温复合墙体设计应符合下列规定：

a. 饰面层应选用防水透气性材料或作透气性构造处理。

b. 浆体材料保温层设计厚度不得大于 50mm。

c. 外保温系统应根据不同气候分区的要求进行耐候性试验。

d. 外保温内表面温度不应低于室内空气露点温度。

③ 内保温复合墙体设计应符合下列规定：

a. 保温材料应选用非污染、不燃、难燃且燃后不产生有害气体的材料。

b. 外部墙体应选用蒸汽渗透阻较小的材料或设有排湿构造，外饰面涂料应具有防水透气性。

c. 保温材料应做保护面层，当需在墙上悬挂重物时，其悬挂件的预埋件应固定于基层墙体内。

d. 不满足梁、柱等热桥部位内表面温度验算时，应对内表面温度低于室内空气露点温度的热桥部位采取保温措施。

④ 夹芯保温复合墙体设计应符合下列规定：

a. 应根据不同气候分区、材料供应及施工条件选择夹芯墙的保温材料，并确定其构造和厚度。

b. 夹芯保温材料应为低吸水率材料。

c. 外叶墙及饰面层应具有防水透气性。

d. 严寒及寒冷地区，保温层与外叶墙之间应设置空气间层，其间距宜为 20mm，且应在楼层处采取排湿构造。

e. 多层及高层建筑的夹芯墙，其外叶墙应由每层楼板托挑，外露托挑构件应采取外保温措施。

⑤ 单一材料保温墙体设计应符合下列规定：

a. 墙体设计应满足结构功能的要求。

b. 外墙饰面应采用防水透气性材料。

c. 应对梁、柱等热桥部位进行保温处理。

50.《墙体材料应用统一技术规范》中对砂浆与灌孔混凝土有哪些要求?

《墙体材料应用统一技术规范》GB 50574—2010 中指出：

1）砂浆

（1）砌筑砂浆

① 砌筑砂浆有烧结型块材用砂浆，强度等级符号为 M；专用砌筑砂浆：蒸压加气混凝土砌块用砂浆的强度等级符号为 Ma、混凝土小型空心砌块用砂浆的强度等级符号为 Mb、蒸压砖用砂浆的强度等级符号为 Ms。各类砂浆应符合表 1-75 的规定。

砌筑砂浆的强度等级 **表 1-75**

砌体位置	砌筑砂浆种类	砌体材料种类	强度等级（MPa）
防潮层以上	普通砌筑砂浆	普通砖	M5.0
		蒸压加气混凝土	Ma5.0
		混凝土砖、混凝土砌块	Mb5.0
		蒸压普通砖	Ms5.0
防潮层以下及潮湿环境	水泥砂浆、预拌砂浆或专用砌筑砂浆	普通砖	M10.0
		混凝土砖、混凝土砌块	Mb10.0
		蒸压普通砖	Ms10.0

② 掺有引气剂的砌筑砂浆，其引气量不应大于 20%。

③ 水泥砂浆的最低水泥用量不应小于 200kg/m^3。

④ 水泥砂浆密度不应小于 1900kg/m^3，水泥混合砂浆密度不应小于 1800kg/m^3。

（2）抹面砂浆

① 内墙抹灰砂浆的强度等级不应小于 M5.0，粘结强度不应低于 0.15MPa。

② 外墙抹灰砂浆宜采用防裂砂浆。采暖地区砂浆强度等级不应小于 M10，非采暖地区砂浆强度等级不应小于 M7.5，蒸压加气混凝土砌块用砂浆强度等级宜为 Ma5.0。

③ 地下室及潮湿环境应采用具有防水性能的水泥砂浆或预拌水泥砂浆。

④ 墙体应采用薄层抹灰砂浆。

2）灌孔混凝土

灌孔混凝土应符合下列规定：

① 强度等级不应小于块材强度等级的 1.50 倍。

② 有抗冻性要求的墙体，灌孔混凝土应根据使用条件和设计要求进行冻融试验。

③ 坍落度不宜小于 180mm，泌水率不宜大于 3.0%，3d 龄期的膨胀率不应小于 0.025%且不大于 0.50%，并应具有良好的粘结性。

51.《砌体结构设计规范》中规定的砌体砂浆有哪些?它们的强度等级有几种?应用范围如何?

《砌体结构设计规范》GB 50003—2011 规定：

1）承重墙体材料的砌筑砂浆

（1）应用于烧结普通砖、烧结多孔砖、蒸压灰砂普通砖和蒸压粉煤灰普通砖砌体的普通砂浆强度等级有M15、M10、M7.5、M5.0和M2.5。应用于蒸压灰砂普通砖和蒸压粉煤灰普通砖砌体的专用砂浆强度等级有Ms15、Ms10、Ms7.5、Ms5.0。

（2）应用于混凝土普通砖、混凝土多孔砖、单排孔混凝土砌块和煤矸石混凝土砌块的砌筑砂浆强度等级有Mb20、Mb15、Mb10、Mb7.5和Mb5.0。

（3）应用于双排孔或多排孔轻集料混凝土砌块砌体的砌筑砂浆强度等级有Mb10、Mb7.5和Mb5.0。

（4）应用于毛料石、毛石砌体的砌筑砂浆强度等级：M7.5、M5.0和M2.5。

2）自承重墙体材料的砌筑砂浆

（1）应用于空心砖的砌筑砂浆强度等级有MU10、MU7.5、MU5.0和MU3.5。

（2）应用于轻集料混凝土砌块的砌筑砂浆强度等级有MU10、MU7.5 、MU5.0和MU3.5。

3）砌筑砂浆的应用

砌筑砂浆用于地上部位时，应采用混合砂浆；用于地下部位时，应采用水泥砂浆。

52. 什么叫预拌砂浆？它有哪些类型？

《预拌砂浆应用技术规程》JGJ/T 223—2010中指出：预拌砂浆有湿拌砂浆和干混砂浆2种。预拌砂浆有砌筑砂浆、抹灰砂浆、地面砂浆、防水砂浆、界面砂浆和陶瓷砖粘结砂浆等。

1）砌筑砂浆

采用砌筑砂浆时，水平灰缝厚度宜为（10±2）mm。

2）抹灰砂浆

抹灰砂浆的厚度不宜大于35mm，当抹灰总厚度大于或等于35mm时，应采取加强措施。

3）地面砂浆

（1）地面砂浆的强度等级不应小于M15，面层砂浆的稠度宜为（50±10）mm。

（2）地面找平层和面层砂浆的厚度不应小于20mm。

4）防水砂浆

防水砂浆可采用抹压法、涂刮法施工，砂浆总厚度宜为12～18mm。

5）界面砂浆

混凝土、蒸压加气混凝土、模塑聚苯板和挤塑聚苯板等表面采用界面砂浆进行界面处理时，厚度宜为2mm。

6）陶瓷砖粘结砂浆：

水泥砂浆、混凝土等基层采用陶瓷砖饰面时，粘结砂浆的平均厚度不宜大于5mm。

53. 什么叫干拌砂浆？它有哪些类型？

《干拌砂浆应用技术规程》DBJ/T 01-73－2003中指出：由专业生产厂生产，把经干燥筛分处理的细集料与无机胶凝材料、矿物掺合料、其他外加剂，按一定比例混合成的一种粉状或颗粒状混合物叫干拌砂浆。干拌砂浆的产品可以散装或袋装，在施工现场加水搅拌即成砂浆。

1）干拌砂浆的分类

（1）普通干拌砂浆：普通干拌砂浆有以下 4 种：DM—干拌砌筑砂浆；Dpi—干拌内墙抹灰砂浆；DPe—干拌外墙抹灰砂浆；DS—干拌地面砂浆。DP—G 粉刷石膏。

（2）特种干拌砂浆：特种干拌砂浆有以下 3 种：DTA—干拌瓷砖粘结砂浆；DEA—干拌聚苯板粘结砂浆；DBI—干拌外保温抹面砂浆。DB—界面剂。

2）普通干拌砂浆强度等级与传统砂浆强度等级的对应关系

普通干拌砂浆强度等级与传统砂浆的强度等级的对应关系见表 1-76。

普通干拌砂浆强度等级与传统砂浆强度等级的对应关系　　表 1-76

种　类	强度等级（MPa）	传统砂浆（MPa）
砌筑砂浆（DM）	2.5	M2.5 混合砂浆 M2.5 水泥砂浆
	5.0	M5.0 混合砂浆 M5.0 水泥砂浆
	7.5	M7.5 混合砂浆 M7.5 水泥砂浆
	10.0	M10.0 混合砂浆 M10.0 水泥砂浆
	15.0	—
抹灰砂浆（Dpi、DPe）	2.5	—
	5.0	1∶1∶6 混合砂浆
	7.5	—
	10.0	1∶1∶4 混合砂浆
地面砂浆（DS）	15.0	—
	20.0	1∶2 水泥砂浆
	25.0	—

（二）混凝土结构材料

54.《混凝土结构设计规范》中对混凝土有哪些规定？

《混凝土结构设计规范》GB 50010—2010 中指出：

1）密度与强度等级

混凝土的干表观密度为 2000～2800kg/m^3。混凝土强度等级应按立方体抗压强度标准值确定。立方体抗压强度标准值系指按标准方法制作、养护的边长为 150mm 的立方体试件，在 28d 或设计规定龄期以标准试验方法测得的具有 95%保证率的抗压强度值。

2）强度等级符号

混凝土的强度等级符号为 C，强度等级共 14 个，分别是：C15、C20、C25、C30、C35、C40、C45、C50、C55、C60、C65、C70、C75、C80。

3）应用

素混凝土结构的混凝土强度等级不应低于C15；钢筋混凝土结构的混凝土强度等级不应低于C20；当采用400MPa及以上的钢筋时，混凝土强度等级不应低于C25。预应力混凝土结构的混凝土强度等级不宜低于C40，且不应低于C30。

承受重复荷载的钢筋混凝土构件，混凝土强度等级不应低于C30。

55. 什么叫轻骨料混凝土？应用范围如何？

《轻骨料混凝土技术规程》JGJ 51—2002中指出：

轻骨料混凝土（曾用名：轻集料混凝土），是由轻粗骨料、轻砂或普通砂、水泥和水等配置而成，干表观密度为600～1950kg/m³的混凝土。

轻骨料混凝土强度等级符号为“LC”，强度等级共有13个，分别是：LC5.0、LC7.5、LC10、LC15、LC20、LC25、LC30、LC35、LC40、LC45、LC50、LC55、LC60。

轻骨料混凝土按用途分类共有3种，它们分别是：

1）保温轻骨料混凝土：主要用于保温的围护结构或热工构筑物。

2）结构保温轻骨料混凝土：主要用于既承重又保温的围护结构。

3）结构轻骨料混凝土：主要用于承重构件或构筑物。

56. 什么叫补偿收缩混凝土？应用范围如何？

1）《建筑材料术语标准》JGJ/T 191—2009中指出：

补偿收缩混凝土是采用膨胀剂或膨胀水泥配置，产生0.2～1.0MPa自应力的混凝土。

补偿收缩混凝土多用于变形缝或替代变形缝等构造部位，如地下工程中的后浇带等。

2）《补偿收缩混凝土应用技术规程》JGJ/T 1751—2009中指出：

（1）基本规定

① 补偿收缩混凝土宜用于混凝土结构自防水、工程接缝填充、采取连续施工的超长混凝土结构、大体积混凝土结构等工程。以钙矾石作为膨胀源的补偿收缩混凝土，不得用于长期处于环境温度高于80℃的钢筋混凝土工程。

② 补偿收缩混凝土的限制膨胀率应符合表1-77的规定。

补偿收缩混凝土的限制膨胀率　　表1-77

用　途	限制膨胀率（%）	
	水中14d	水中14d转空气中28d
用于补偿混凝土收缩	≥0.015	≥−0.030
用于后浇带、膨胀加强带和工程接缝措施	≥0.025	≥−0.020

③ 补偿收缩混凝土的设计强度等级不宜低于C25；用于填充的补偿收缩混凝土的设计强度等级不宜低于C30。

④ 补偿收缩混凝土的抗压强度应满足下列要求：

a. 对大体积混凝土工程或地下工程，补偿收缩混凝土的抗压强度可以养护 60d 或 90d 的强度为准。

b. 除对大体积混凝土工程和地下工程外，补偿收缩混凝土的抗压强度应以标准养护 28d 的强度为准。

（2）设计原则

① 用于后浇带和膨胀加强带的补偿收缩混凝土的设计强度应比两侧混凝土提高一个等级。

② 限制膨胀率的设计取值应符合表 1-78 的规定（使用限制膨胀率大于 0.060％的混凝土时，应预先进行试验）。

限制膨胀率的设计取值 **表 1-78**

结构部位	限制膨胀率（％）
板梁结构	≥0.015
墙体结构	≥0.020
后浇带、膨胀加强带等部位	≥0.025

③ 限制膨胀率的取值应以 0.005％的间隔为 1 个等级。

④ 对下列情况，限制膨胀率的取值宜适当加大：

a. 强度等级不小于 C50 的混凝土，限制膨胀率应提高一个等级。

b. 约束程度大的桩基底板的构件。

c. 气候干燥地区、夏季炎热地区养护条件差的构件。

d. 结构总长度大于 120m。

e. 屋面板。

f. 室内结构越冬外露施工。

57.《混凝土结构设计规范》中对钢筋有哪些规定？

《混凝土结构设计规范》GB 50010—2010 中指出：

1）钢筋种类和级别

（1）纵向受力普通钢筋宜采用 HRB400、HRB500、HRBF400、HRBF500 钢筋，也可采用 HPB300、HRB335、HRBF335、RRB400 钢筋。

（2）梁、柱纵向受力普通钢筋应采用 HRB400、HRB500、HRBF400、HRBF500 钢筋。

（3）箍筋宜采用 HRB400、HRBF400、HPB300、HRB500、HRBF500 钢筋，也可采用 HRB335、HRBF335 钢筋。

（4）预应力钢筋宜采用预应力钢丝、钢绞线和预应力螺纹钢筋。

2）钢筋直径

钢筋的直径以 mm 为单位。通常有 6、8、10、12、14、16、18、20、22、25、28、32、36、40、50mm 等共 15 种。

3）钢筋强度

（1）普通钢筋的屈服强度标准值 f_{yk}、极限强度标准值 f_{stk} 详见表 1-79。

普通钢筋强度标准值（N/mm²） **表 1-79**

种类	符号	公称直径 d（mm）	屈服强度标准值 f_{yk}	极限强度标准值 f_{stk}
HPB300	Φ	6～22	300	420
HRB335 HRBF335	Φ $Φ^{F}$	6～50	335	455
HRB400 HRBF400 RRB400	Φ $Φ^{F}$ $Φ^{R}$	6～50	400	540
HRB500 HRBF500	$Φ^{F}$ $Φ^{F}$	6～50	500	630

注：当采用直径大于 40mm 的钢筋时，应经相应的试验检验或有可靠的工程经验。

（2）预应力钢丝、钢绞线和预应力螺纹钢筋的屈服强度标准值 f_{pyk}、极限强度标准值 f_{ptk} 详见表 1-80。

预应力筋强度标准值（N/mm²） **表 1-80**

种类		符号	公称直径 d（mm）	屈服强度标准值 f_{pyk}	极限强度标准值 f_{ptk}
中强度预应力钢丝	光面	$Φ^{PM}$	5、7、9	620	800
				780	970
	螺旋肋	$Φ^{HM}$		980	1270
预应力螺纹钢筋	螺纹	$Φ^{T}$	18、25、32、40、50	785	980
				930	1080
				1080	1230
消除应力钢丝	光面	$Φ^{P}$	5	—	1570
				—	1860
			7	—	1570
	螺旋肋	$Φ^{H}$	9	—	1470
				—	1570
钢绞线	1×3（三股）	$Φ^{S}$	8.6、10.8、12.9	—	1570
				—	1860
				—	1960
	1×7（七股）		9.5、12.7、15.2、17.8	—	1720
				—	1860
				—	1960
			21.6	—	1860

注：极限强度标准值为 1960N/mm² 的钢绞线作后张法预应力配筋时，应有可靠的工程经验。

（三）结 构 构 件

58. 砌体结构构件的厚度应如何确定？

综合相关技术资料：

1）单一材料墙体：用于承重外墙的厚度通常为一砖半厚（365mm）；用于承重内墙的厚度通常为一砖（240mm 厚）；用于非承重隔墙的厚度通常为半砖厚（115mm）。

2）复合墙体：复合墙体的承重部分的厚度一般取 240mm。

3）混凝土小型空心砌块厚度为 190mm（绘图时标注 200mm）。

4）保温墙体分为外保温复合墙体、内保温复合墙体、夹芯复合保温墙体、单一材料保温墙体 4 种。

59. 砌体结构夹芯墙的厚度应如何确定？

《砌体结构设计规范》GB 50003—2011 中规定：

夹芯墙指的是在墙体中预留的连续空腔内填充保温或隔热材料，并在墙体内叶和外叶之间用防锈的金属拉结件连接形成的墙体。

1）夹芯墙的夹层厚度不宜小于 120mm。

2）外叶墙的砖及混凝土砌块的强度等级不应低于 MU10。

3）夹芯墙外叶墙的最大横向支承间距宜按下列规定采用：设防烈度为 6 度时，不宜大于 9.00m；7 度时，不宜大于 6.00m；8、9 度时，不宜大于 3.00m。

4）夹芯墙的内、外叶墙应由拉结件可靠拉结，拉结件宜符合下列规定：

（1）当采用环形拉结件时，钢筋直径不应小于 4mm；当为“z”形拉结件时，钢筋直径不应小于 6mm。拉结件的水平和竖向最大间距分别不宜大于 800mm 和 600mm；有振动或有抗震设防要求时，其水平和竖向最大间距分别不宜大于 800mm 和 400mm。

（2）当采用可调拉结件时，钢筋直径不应小于 4mm。拉结件的水平和竖向最大间距均不宜大于 400mm。叶墙间灰缝的高差不应大于 3mm，可调拉结件中孔眼和扣钉间的公差不应大于 1.50mm。

（3）当采用钢筋网片做拉结件时，网片横向钢筋的直径不应小于 4mm，其间距不应大于 400mm，网片的竖向间距不宜大于 600mm；有振动或有抗震设防要求时，不宜大于 400mm。

（4）拉结件在叶墙上的搁置长度不应小于叶墙厚度的 2/3 且不小于 60mm。

（5）门窗洞口周边 300mm 范围内应附加间距不大于 600mm 的拉结件。

60. 什么叫夹芯板？应用范围如何？

两侧为彩色钢板，中间为硬质聚氨酯、聚苯乙烯或岩棉制成的板材为夹芯板。夹芯板可用于屋面或墙体。由相关技术资料得知夹芯板的数据为：

1）厚度：夹芯板的厚度为 30～250mm，用于建筑围护结构的夹芯板厚度为 50～100mm，夹芯板两侧彩色钢板的厚度为 0.5mm 或 0.6mm。

2）燃烧性能

（1）硬质聚氨酯夹芯板：属于 B_1 级建筑材料。

（2）聚苯乙烯夹芯板：属于阻燃型材料，氧指数不小于30%。

（3）岩棉夹芯板：厚度不小于80mm时，耐火极限不小于60min；厚度小于80mm时，耐火极限不小于30min。

3）导热系数

（1）硬质聚氨酯夹芯板：≤0.033W/（m·K）。

（2）聚苯乙烯夹芯板：≤0.041W/（m·K）。

（3）岩棉夹芯板：≤0.038W/（m·K）。

4）面密度

（1）硬质聚氨酯夹芯板

硬质聚氨酯夹芯板的面密度允许值见表1-81。

硬质聚氨酯夹芯板的面密度 **表1-81**

面材厚度（mm）	面密度（kg/m^2）						
	30	40	50	60	80	100	120
0.4	7.3	7.6	7.9	8.2	8.8	9.4	10.0
0.5	8.9	9.2	9.5	9.5	10.4	11.0	11.6
0.6	10.5	10.8	11.1	11.4	12.0	12.6	13.2

（2）聚苯乙烯夹芯板

聚苯乙烯夹芯板的面密度允许值见表1-82。

聚苯乙烯夹芯板的面密度允许值 **表1-82**

面材厚度（mm）	面密度（kg/m^2）					
	50	75	100	150	200	250
0.5	9.0	9.5	10.0	10.5	11.5	12.5
0.6	10.5	11.0	11.5	12.0	13.0	14.0

（3）岩棉夹芯板

岩棉夹芯板的面密度允许值见表1-83。

岩棉夹芯板的面密度允许值 **表1-83**

面材厚度（mm）	面密度（kg/m^2）					
	50	80	100	120	150	200
0.5	13.5	16.5	18.5	20.5	23.5	28.5
0.6	15.1	18.1	20.1	22.1	25.1	30.1

四、建 筑 抗 震

（一）基 本 规 定

61. 抗震设防烈度与设计基本地震加速度的关系是什么？

《建筑抗震设计规范》GB 50011—2010 中规定：抗震设防烈度与设计基本地震加速度值的对应关系见表 1-84，我国各直辖市、省、自治区的抗震设防烈度与设计基本地震加速度数值详见表 1-85。

抗震设防烈度与设计基本地震加速度值的对应关系　　表 1-84

抗震设防烈度	6	7	8	9
设计基本地震加速度	0.05*g*	0.10（0.15*g*）	0.20（0.30*g*）	0.40*g*

注：g 为重力加速度。

抗震设防烈度与设计基本地震加速度　　表 1-85

直辖市、省、自治区	抗震设防烈度与设计基本地震加速度	代表性城市或地区
北京市	8 度、0.20*g*	东城、西城、朝阳、丰台、石景山、海淀、房山、通州、顺义、大兴、平谷、延庆
	7 度、0.15*g*	昌平、门头沟、怀柔、密云
	7 度、0.10*g*	—
	6 度、0.05*g*	—
天津市	8 度、0.20*g*	宁河
	7 度、0.15*g*	和平、河东、河西、南开、河北、红桥、蓟县、静海等
	7 度、0.10*g*	大港
	6 度、0.05*g*	—
上海市	8 度、0.20*g*	—
	7 度、0.15*g*	—
	7 度、0.10*g*	黄浦、卢湾、徐汇、长宁、静安、普陀、闸北、虹口等
	6 度、0.05*g*	金山、崇明
重庆市	8 度、0.20*g*	—
	7 度、0.15*g*	—
	7 度、0.10*g*	—
	6 度、0.05*g*	渝中、大渡口、江北、沙坪坝、九龙坡、南岸、北碚等
河北省	8 度、0.20*g*	唐山、古冶、三河、大厂、香河、廊坊、怀来、涿鹿等
	7 度、0.15*g*	邯郸、任丘、河间、大成、张家口（宣化区）、蔚县等
	7 度、0.10*g*	张家口（桥东、桥西）、承德、石家庄、保定、秦皇岛等
	6 度、0.05*g*	围场、沽源、正定、承德（双桥、双滦）、秦皇岛（山海关）
山西省	8 度、0.20*g*	太原、晋中、临汾、永济、平遥、太谷、原平、介休等
	7 度、0.15*g*	大同（城区）、大同县、塑州、浑源、沁源、宁武、侯马等
	7 度、0.10*g*	大同（欣荣）、长治（城区）、阳泉（城区、矿区）、平顺等
	6 度、0.05*g*	晋城、永和、吕梁、襄垣、左权、岢岚、河曲、保德等

续表

直辖市、省、自治区	抗震设防烈度与设计基本地震加速度	代表性城市或地区
内蒙古自治区	8度、0.30g	达拉特旗、土墨特右旗
	8度、0.20g	呼和浩特、磴口、乌海、包头、宁城等
	7度、0.15g	赤峰（红山）、喀喇沁旗、凉城、固阳、武川、阿拉善左旗
	7度、0.10g	赤峰（松山）、开鲁、通辽、丰镇、额尔多斯、
	6度、0.05g	满洲里、商都、兴和、包头（白云矿区）
辽宁省	8度、0.20g	普兰店、东港
	7度、0.15g	营口、海城、大石桥、瓦房店、大连（金州）、丹东
	7度、0.10g	沈阳、辽阳、鞍山、抚顺、铁岭、盘锦、朝阳县、旅顺等
	6度、0.05g	本溪、葫芦岛、昌图、彰武、锦州、兴城、绥中、建昌等
吉林省	8度、0.20g	前郭尔罗斯、松原
	7度、0.15g	大安
	7度、0.10g	长春、白城、舒兰、吉林、九台
	6度、0.05g	四平、辽源、图们、梅河口、公主岭、靖宇、伊通等
黑龙江省	8度、0.20g	—
	7度、0.15g	—
	7度、0.10g	绥化、萝北、泰来
	6度、0.05g	哈尔滨、齐齐哈尔、大庆、佳木斯、伊春、绥芬河等
江苏省	8度、0.30g	宿迁
	8度、0.20g	新沂、邳州、睢宁
	7度、0.15g	扬州、镇江、泗洪、江都、东海、沭阳、大丰
	7度、0.10g	南京、常州、徐州、连云港、泰州、盐城、丹阳
	6度、0.05g	无锡、苏州、宜兴、南通、江阴、张家港、响水等
浙江省	8度、0.20g	—
	7度、0.15g	—
	7度、0.10g	岱山、嵊泗、舟山、宁波（北仑、镇海）
	6度、0.05g	杭州、湖州、宁波（江北）、嘉兴、温州、绍兴、余姚等
安徽省	8度、0.20g	—
	7度、0.15g	五河、泗县
	7度、0.10g	合肥、阜阳、淮南、六安、固镇、铜陵县、安庆、灵璧等
	6度、0.05g	铜陵（郊区）、芜湖、宣城、阜南、滁州、砀山、宿州等
福建省	8度、0.20g	金门
	7度、0.15g	漳州、厦门、泉州、晋江等
	7度、0.10g	福州、莆田
	6度、0.05g	三明、政和、永定、马祖
江西省	8度、0.20g	—
	7度、0.15g	—
	7度、0.10g	寻乌、会昌
	6度、0.05g	南昌、九江、瑞昌、瑞金、靖安、修水

续表

直辖市、省、自治区	抗震设防烈度与设计基本地震加速度	代表性城市或地区
山东省	8度、0.20g	郯城、临沭、莒南、莒县
	7度、0.15g	临沂、青州、菏泽、潍坊、淄博、寿光、枣庄、聊城等
	7度、0.10g	烟台、威海、文登、平原、东营、日照、栖霞、梁山等
	6度、0.05g	荣成、德州、曲阜、兖州、济南、青岛、济宁、即墨等
河南省	8度、0.20g	新乡、安阳、鹤壁、汤阴、淇县、辉县等
	7度、0.15g	台南、陕县、郑州、濮阳、灵宝、焦作、三门峡等
	7度、0.10g	南阳、许昌、郑州（上街）、焦作、开封、济源、偃师等
	6度、0.05g	信阳、漯河、平顶山、商丘、登封、汝州、渑池、周口等
湖北省	8度、0.20g	—
	7度、0.15g	—
	7度、0.10g	竹溪、竹山、房县
	6度、0.05g	武汉、荆州、荆门、襄樊、十堰、宜昌、赤壁、孝感等
湖南省	8度、0.20g	—
	7度、0.15g	常德（武陵、鼎城）
	7度、0.10g	岳阳、汨罗、津市、桃源
	6度、0.05g	长沙、岳阳、益阳、张家界、郴州、邵阳、慈利、冷水江
广东省	8度、0.20g	汕头、潮安、南澳、饶平
	7度、0.15g	揭阳、揭东、汕头（潮阳、潮南）、饶平
	7度、0.10g	广州、深圳、湛江、汕尾、茂名、珠海、中山、电白等
	6度、0.05g	韶关、广州（花都）、肇庆、东莞、梅州、佛山、四会等
广西壮族自治区	8度、0.20g	—
	7度、0.15g	灵山、田东
	7度、0.10g	玉林、兴业、百色、横县、北流、田阳
	6度、0.05g	南宁、桂林、柳州、梧州、北海、防城港、兴安、全州等
海南省	8度、0.30g	海口（龙华、秀英、琼山、美兰）
	8度、0.20g	文昌、定安
	7度、0.15g	澄迈
	7度、0.10g	临高、琼海、儋州、屯昌
	6度、0.05g	三亚、万宁、昌江、白沙、东方、五指山、琼中等
四川省	9度、0.40g	康定、西昌
	8度、0.30g	冕宁
	8度、0.20g	茂县、汶川、松潘、北川、都江堰、九寨沟、德昌等
	7度、0.15g	绵竹、什邡、木里、巴塘、江油等
	7度、0.10g	自贡、绵阳、广元、乐山、宜宾、攀枝花、广汉、峨眉山
	6度、0.05g	泸州、内江、达州、阆中、容县、红原、梓潼等

续表

直辖市、省、自治区	抗震设防烈度与设计基本地震加速度	代表性城市或地区
贵州省	8度、0.20g	—
	7度、0.15g	—
	7度、0.10g	望谟、咸宁
	6度、0.05g	贵阳、凯里、安顺、都匀、金沙、六盘水、普安、盘县等
云南省	9度、0.40g	寻甸、昆明（东川）、澜沧
	8度、0.30g	剑川、嵩明、丽江、永胜、双江、沧源
	8度、0.20g	石林、大理、昆明、普洱、宾川、祥云、会泽
	7度、0.15g	香格里拉、曲靖、宁洱、沾益、昌宁
	7度、0.10g	盐津、绥江、昭通、宣威、蒙自、金平
	6度、0.05g	威信、广南、河口、砚山
西藏自治区	9度、0.40g	当雄、墨脱
	8度、0.30g	申扎、米林、波密
	8度、0.20g	普兰、拉萨
	7度、0.15g	吉隆、白朗
	7度、0.10g	改则、定结、昌都
	6度、0.05g	革吉
陕西省	8度、0.20g	西安（雁塔、临潼）、渭南、华县、华阴、陇县
	7度、0.15g	咸阳、西安（长安）、户县、宝鸡、咸阳、韩城、略阳
	7度、0.10g	安康、平利、洛南、汉中
	6度、0.05g	延安、神木、富县、吴旗、定边
甘肃省	9度、0.40g	古浪
	8度、0.30g	天水、礼县、西和、白银（平川区）
	8度、0.20g	陇南、徽县、康县、文县、兰州（城关）、武威、永登等
	7度、0.15g	康乐、嘉峪关、酒泉、白银（白银区）、兰州（红古区）
	7度、0.10g	张掖、合作、玛曲、敦煌、山丹、临夏、积石山
	6度、0.05g	华池、正宁、庆阳、合水、宁县、西峰
青海省	8度、0.20g	玛沁、玛多、达日
	7度、0.15g	祁连、甘德、门源、治多、玉树
	7度、0.10g	乌兰、称多、西宁（城区）、同仁、德令哈、格尔木
	6度、0.05g	泽库
宁夏回族自治区	8度、0.30g	海原
	8度、0.20g	石嘴山、平罗、银川、吴忠、贺兰、固原、中卫、隆德
	7度、0.15g	彭阳
	6度、0.05g	盐池

续表

直辖市、省、自治区	抗震设防烈度与设计基本地震加速度	代表性城市或地区
新疆维吾尔自治区	9度、0.40g	乌恰、塔什库耳干
	8度、0.30g	阿图什、喀什、疏附
	8度、0.20g	巴里坤、乌鲁木齐、阿克苏、库车、石河子、克拉玛依
	7度、0.15g	木垒、库尔勒、新河、伊宁、霍城、岳普湖
	7度、0.10g	鄯善、乌鲁木齐（达坂城）、克拉玛依、叶城、皮山
	6度、0.05g	额敏、于田、阿勒泰、克拉玛依（白碱滩）
港澳特区和台湾地区	9度、0.40g	台中、苗栗、云林、嘉义、花莲
	8度、0.30g	台南、台北、桃园、基隆、宜兰、台东、屏东
	8度、0.20g	高雄、澎湖
	7度、0.15g	香港
	7度、0.10g	澳门

62. 建筑抗震设防类别是如何界定的?

《建筑工程抗震设防分类标准》GB 50225—2008 中规定：

抗震设防类别是根据遭遇地震后，可造成人员伤亡、直接和间接经济损失、社会影响的程度及其在抗震救灾中的作用等因素，对各类建筑所做的设防类别划分。

1）特殊设防类（甲类）

使用上有特殊功能，涉及国家公共安全的重大建筑工程和地震时可能发生严重次生灾害等特别重大灾害后果，需要进行特殊设防的建筑。

2）重点设防类（乙类）

地震时使用功能不能中断或需尽快恢复的生命线相关建筑，以及地震时可能导致大量人员伤亡等重大灾害后果，需要提高设防标准的建筑。

3）标准设防类（丙类）

大量的除 1)、2)、4）款以外的按标准要求进行设防的建筑。

4）适度设防类（丁类）

使用上人员稀少且震损不致产生次生灾害，允许在一定条件下适度降低要求的建筑。

63. 建筑抗震设防标准是如何界定的?

《建筑工程抗震设防分类标准》GB 50225—2008 中规定：抗震设防标准是衡量设防高低的尺度，是根据抗震设防烈度和设计地震动参数及建筑抗震设防类别而确定的。

1）标准设防类

应按本地区抗震设防标准烈度确定其抗震措施和地震作用，涉及在遭遇高于当地抗震设防烈度的预估罕遇地震影响时不致倒塌或发生生命安全的严重破坏的抗震设防目标，如居住建筑。

2）重点设防类

应按高于本地区抗震设防烈度1度的要求加强其抗震措施，但抗震设防烈度为9度时应按比9度更高的要求采取抗震措施。地基基础的抗震措施应符合有关规定，同时，应按本地区抗震设防烈度确定其地震作用。如幼儿园、中小学校教学用房、宿舍、食堂、电影院、剧场、礼堂、报告厅等均属于重点设防类。

3）特殊设防类

应按高于本地区抗震设防烈度1度的要求加强其抗震措施，但抗震设防烈度为9度时应按比9度更高的要求采取抗震措施。同时，应按标准的地震安全性评价的结果且高于本地区抗震设防烈度的要求确定其地震作用。如国家级的电力调度中心、国家级卫星地球站上行站等均属于特殊设防类。

4）适度设防类

允许适当降低其抗震措施，但抗震设防烈度为6度时不应降低。一般情况下，仍应按本地区抗震设防烈度确定其地震作用。如仓库类等人员活动少、无次生灾害的建筑。

注：地震作用在现行国家标准《建筑抗震设计规范》GB 50011—2010中的解释为“地震作用，包括水平地震作用、竖向地震作用以及由水平地震作用引起的扭转影响等”。

（二）砌体结构的抗震

64. 砌体结构抗震设防的一般规定包括哪些?

《建筑抗震设计规范》GB 50011—2010中指出：

1）限制房屋总高度和建造层数

砌体结构房屋总高度和建造层数与抗震设防烈度和设计基本地震加速度有关，具体数值应以表1-86为准。

房屋的层数和总高度限值（m） 表1-86

房屋类别		最小抗震墙厚度（mm）	烈度和设计基本地震加速度											
			6		7				8				9	
			0.05g		0.10g		0.15g		0.20g		0.30g		0.40g	
			高度	层数	高度	层数	高度	层数	高度	层数	高度	层数	高度	层数
多层砌体房屋	普通砖	240	21	7	21	7	21	7	18	6	15	5	12	4
	多孔砖	240	21	7	21	7	18	6	18	6	15	5	9	3
	多孔砖	190	21	7	18	6	15	5	15	5	12	4	—	—
	小砌块	190	21	7	21	7	18	6	18	6	15	5	9	3
底部框架—抗震墙砌体房屋	普通砖 多孔砖	240	22	7	22	7	19	6	16	5	—	—	—	—
	多孔砖	190	22	7	19	6	16	5	13	4	—	—	—	—
	小砌块	190	22	7	22	7	19	6	16	5	—	—	—	—

注：1. 室内外高差大于0.6m时，房屋总高度应允许比表中数值适当增加，但增加量小于1.0m；
2. 乙类的多层砌体房屋仍按本地区设防烈度查表，其层数应减少1层且总高应降低3m；不应采用底部框架—抗震墙砌体房屋；
3. 砌块砌体建筑的层高不应超过3.6m；底层框架—抗震墙砌体建筑的底层层高不应超过4.5m；
4. 抗震墙又称为剪力墙。

2）限制建筑体形高宽比：

限制建筑体形高宽比的目的在于减少过大的侧移，保证建筑的稳定。砌体结构房屋总高度与总宽度的最大限值，应符合表1-87的规定。

房屋最大高宽比 **表1-87**

烈　度	6	7	8	9
最大高宽比	2.5	2.5	2.0	1.5

注：1. 单面走廊房屋的总宽度不包括走廊宽度；

2. 建筑平面接近正方形时，其高宽比宜适当减小。

3）多层砌体建筑的结构体系，应符合下列要求：

（1）应优先采用横墙承重或纵横墙共同承重的结构体系，不应采用砌体墙和混凝土墙混合承重的结构体系。

（2）纵横向砌体抗震墙的布置应符合下列要求。

①宜均匀对称，沿平面内宜对齐，沿竖向应上下连续，且纵横墙体的数量不宜相差过大。

②平面轮廓凹凸尺寸不应超过典型尺寸的50%，当超过典型尺寸的25%时，房屋转角处应采取加强措施。

③楼板局部大洞口的尺寸不宜超过楼板宽度的30%，且不应在墙体两侧同时开洞。

④房屋错层的楼板高差超过500mm时，应按两层计算，错层部位的墙体应采取加强措施。

⑤同一轴线的窗间墙宽度宜均匀，墙面洞口的面积，设防烈度为6、7度时不宜大于墙体面积的55%，8、9度时不宜大于50%。

⑥在房屋宽度方向的中部应设置内纵墙，其累计长度不宜小于房屋总长度的60%（高宽比大于4的墙段不计入）。

（3）房屋有下列情况之一时宜设置防震缝，缝的两侧均应设置墙体，砌体结构的防震缝的宽度应根据烈度和房屋高度确定，可采用70～100mm。

①房屋立面高差在6m以上。

②房屋有错层，且楼板高差大于高的1/4。

③各部分的结构刚度、质量截然不同。

（4）楼梯间不宜设置在房屋的尽端或转角处。

（5）不应在房屋转角处设置转角窗。

（6）横墙较少、跨度较大的房屋，宜采用现浇钢筋混凝土楼盖和屋盖。

4）限制抗震横墙的最大间距：

砌体结构抗震横墙的最大间距不应超过表1-88的规定。

房屋抗震横墙的最大间距（m） **表1-88**

<table>
<tr><th colspan="2" rowspan="2">房屋类别</th><th colspan="4">烈　度</th></tr>
<tr><th>6</th><th>7</th><th>8</th><th>9</th></tr>
<tr><td rowspan="3">多层砌体房屋</td><td>现浇或装配整体式钢筋混凝土楼、屋盖</td><td>15</td><td>15</td><td>11</td><td>7</td></tr>
<tr><td>装配式钢筋混凝土楼、屋盖</td><td>11</td><td>11</td><td>9</td><td>4</td></tr>
<tr><td>木屋盖</td><td>9</td><td>9</td><td>4</td><td>—</td></tr>
<tr><td rowspan="2">底部框架—抗震墙砌体房屋</td><td>上部各层</td><td colspan="3">同多层砌体房屋</td><td>—</td></tr>
<tr><td>底层或底部两层</td><td>18</td><td>15</td><td>11</td><td>—</td></tr>
</table>

注：1. 多层砌体房屋的顶层，除木屋盖外的最大横墙间距应允许适当放宽，但应采取相应加强措施。

2. 多孔砖抗震横墙厚度为190mm时，最大横墙间距应比表中数值减少3.00m。

5）多层砌体房屋中砌体墙段的局部尺寸限值：

多层砌体房屋中砌体墙段的局部尺寸限值应符合表 1-89 的规定。

多层砌体房屋中墙段局部尺寸的限值（m） **表 1-89**

部 位	6 度	7 度	8 度	9 度
承重窗间墙最小宽度	1.0	1.0	1.2	1.5
承重外墙尽端至门窗洞边的最小距离	1.0	1.0	1.2	1.5
非承重外墙尽端至门窗洞边的最小距离	1.0	1.0	1.0	1.0
内墙阳角至门窗洞边的最小距离	1.0	1.0	1.5	2.0
无锚固女儿墙（非出入口处）的最大高度	0.5	0.5	0.5	0.0

注：1. 局部尺寸不足时，应采取局部加强措施弥补，且最小宽度不得小于 1/4 层高和表列数值的 80%；
2. 出入口处的女儿墙应有锚固。

6）其他结构要求：

（1）楼盖和屋盖

①现浇钢筋混凝土楼板或屋面板伸进纵、横墙内的长度，均不应小于 120mm。

②装配式钢筋混凝土楼板或屋面板，当圈梁未设在板的同一标高时，板端伸进外墙的长度不应小于 120mm，伸进内墙的长度不应小于 100mm 或采用硬架支模连接，在梁上不应小于 80mm 或采用硬架支模连接。

③当反的跨度大于 4.80m 并与外墙平行时，靠外墙的预制板侧边应与墙或圈梁拉结。

④6 度时房屋的屋盖和 7～9 度时房屋的楼、屋盖，当圈梁设在板底时，钢筋混凝土预制板应互相拉结，并应与梁、墙或圈梁拉结。

（2）楼梯间

①顶层楼梯间横墙和外墙应沿墙高每隔 500mm 设 2ϕ6 通长钢筋和 ϕ4 分布短钢筋平面内点焊组成的拉结网片或 ϕ4 点焊网片；7～9 度时其他各层楼梯间墙体应在休息平台或楼层半高处设置 60mm 厚、纵向钢筋不少于 2ϕ10 的钢筋混凝土带或配筋砖带，配筋砖带不少于 3 皮，每皮的配筋不少于 2ϕ6，砂浆强度等级不应低于 M7.5，且不低于同层墙体的砂浆强度等级。

②楼梯间及门厅内墙阳角的大梁支承长度不应小于 500mm，并应与圈梁拉结。

③装配式楼梯段应与平台板的梁可靠连接，8、9 度时不应采取装配式楼梯段，不应采用墙中悬挑式或踏步竖肋插入墙体的楼梯，不应采用无筋砖砌栏板。

④突出屋顶的楼梯、电梯间，构造柱应伸向顶部，并与顶部圈梁拉结，所有墙体应沿墙高每隔 500mm 设 2ϕ6 通长钢筋和 ϕ4 分布短筋平面内点焊组成的拉结网片或 ϕ4 点焊网片。

（3）其他

①门窗洞口处不应采用无筋砖过梁，过梁的支承长度：6～8 度时不应小于 240mm，9 度时不应小于 360mm。

②预制阳台，6，7 度时应与圈梁和楼板的现浇板带可靠拉结，8、9 度时不应采用预制阳台。

③后砌的非承重砌体隔墙、烟道、风道、垃圾道均应有可靠拉结。

④同一结构单元的基础（或桩承台），宜采用同一类型的基础，底面宜埋置在同一标

高上，否则应增设基础圈梁并应按 1∶2 的台阶逐步放坡。

⑤坡屋顶房屋的屋架应与顶层圈梁可靠拉结，檩条或屋面板应与墙、屋架可靠拉结，房屋出入口处的檐口瓦应与屋面构件锚固。采用硬山搁檩时，顶层内纵墙顶宜增砌支承山墙的踏步式墙垛，并设置构造柱。

⑥6、7 度时长度大于 7.20m 的大房间以及 8、9 度时外墙转角及内外墙交接处，应沿墙高每隔 500mm 配置 2ϕ6 通长钢筋和 ϕ4 分布短筋平面内点焊组成的拉结网片或 ϕ4 点焊网片。

65. 砌体结构抗震设计对圈梁的设置是如何规定的?

《建筑抗震设计规范》GB 50011—2010 中指出，圈梁的作用有以下 3 点：一是增强楼层平面的整体刚度；二是防止地基的不均匀下沉；三是与构造柱一起形成骨架，提高砌体结构的抗震能力。圈梁应采用钢筋混凝土制作，并应在现场浇筑。

1）圈梁的设置原则

（1）装配式钢筋混凝土楼盖、屋盖或木屋盖的砖房，横墙承重时，应按表 1-90 的要求设置圈梁，纵墙承重时，抗震横墙上的圈梁间距应比表 1-90 内的要求适当加密。

多层砖砌体房屋现浇钢筋混凝土圈梁的设置要求　　表 1-90

墙体类别		烈度		
		6、7	8	9
圈梁设置	外墙和内纵墙	屋盖处及每层楼盖处	屋盖处及每层楼盖处	屋盖处及每层楼盖处
	内横墙	同上；屋盖处间距不应大于 4.50m；楼盖处间距不应大于 7.20m；构造柱对应部位	同上；各层所有横墙，且间距不应大于 4.50m；构造柱对应部位	同上；各层所有横墙
配筋	最小纵筋	4ϕ10	4ϕ12	4ϕ14
	箍筋，最大间距(mm)	250	200	150

（2）现浇或装配整体式钢筋混凝土楼盖、屋盖与墙体有可靠连接的房屋，可以不设圈梁，但楼板沿抗震墙体周边应加设配筋并应与相应的构造柱钢筋有可靠连接。

2）圈梁的构造要求

（1）圈梁应闭合，遇有洞口，圈梁应上下搭接。圈梁宜与预制板设置在同一标高处或紧靠板底。

（2）圈梁在表 1-78 内只有轴线（无横墙）时，应利用梁或板缝中配筋替代圈梁。

（3）圈梁的截面高度不应小于 120mm，基础圈梁的截面高度不应小于 180mm、配筋不应少于 4ϕ12。

（4）圈梁的截面宽度不应小于 240mm。

66. 砌体结构抗震设计对构造柱的设置是如何规定的?

《建筑抗震设计规范》GB 50011—2010 中指出：

构造柱的作用是与圈梁一起形成封闭骨架，提高砌体结构的抗震能力。构造柱应采用现浇钢筋混凝土柱。

1）构造柱的设置原则

（1）构造柱的设置部位，应以表 1-91 为准。

多层砖砌体房屋构造柱设置要求　　表 1-91

<table>
<tr><th colspan="4">房屋层数</th><th colspan="2" rowspan="2">设　置　部　位</th></tr>
<tr><th>6 度</th><th>7 度</th><th>8 度</th><th>9 度</th></tr>
<tr><td>4、5</td><td>3、4</td><td>2、3</td><td></td><td rowspan="3">楼、电梯间四角；楼梯斜梯段上、下端对应的墙体处；外墙四角和对应转角；错层部位横墙与外纵墙交接处；大房间内外墙交接处；较大洞口两侧</td><td>隔 12m 或单元横墙与外纵墙交接处；楼梯间对应的另一侧内横墙与外纵墙交接处</td></tr>
<tr><td>6</td><td>5</td><td>4</td><td>2</td><td>隔开间横墙（轴线）与外墙交接处；山墙与内纵墙交接处</td></tr>
<tr><td>7</td><td>≥6</td><td>≥5</td><td>≥3</td><td>内墙（轴线）与外墙交接处；内墙的局部较小墙垛处；内纵墙与横墙（轴线）交接处</td></tr>
</table>

注：较大洞口，内墙指大于 2.10m 的洞口；外墙在内外墙交接处已设置构造柱时允许适当放宽，但洞侧墙体应加强。

（2）外廊式和单面走廊式的多层房屋，应根据房屋增加 1 层的层数，按表 1-91 的要求设置构造柱，且单面走廊两侧的纵墙均应按外墙处理。

（3）横墙较少的房屋，应根据房屋增加 1 层的层数，按表 1-91 的要求设置构造柱；当横墙较少的房屋为外廊式或单面走廊时，应按（2）款要求设置构造柱，但 6 度不超过 4 层、7 度不超过 3 层和 8 度不超过 2 层时，应按增加 2 层的层数对待。

（4）各层横墙很少的房屋，应按增加 2 层的层数设置构造柱。

（5）采用蒸压灰砂砖和蒸压粉煤灰砖的砌体房屋，当砌体的抗剪强度仅达到普通黏土砖砌体的 70%时，应根据增加 1 层的层数按（1）～（4）款要求设置构造柱，但 6 度不超过 4 层、7 度不超过 3 层和 8 度不超过 2 层时，应按增加 2 层的层数对待。

2）构造柱的构造要求

（1）构造柱最小截面可采用 180mm×240mm（墙厚 190mm 时为 180mm×190mm），纵向钢筋宜采用 $4\phi12$，箍筋间距不宜大于 250mm，且在上下端应适当加密；6、7 度时超过 6 层、8 度时超过 5 层和 9 度时，构造柱纵向钢筋宜采用 $4\phi14$，箍筋间距不宜大于 200mm；房屋四角的构造柱应适当加大截面及增加配筋。

（2）构造柱与墙体连接处应砌成马牙槎，沿墙高每隔 500mm 设 $2\phi6$ 水平钢筋和 $\phi4$ 分布短筋平面内点焊组成的拉结网片或 $\phi4$ 点焊钢筋网片，每边深入墙内长度不宜小于 1.00m。6、7 度时底部 1/3 楼层，8 度时底部 1/2 楼层，9 度时全部楼层，相邻构造柱的墙体应沿墙高每隔 500mm 设置 $2\phi6$ 通长水平钢筋和 $\phi4$ 分布短筋组成的拉结网片，并锚入构造柱内。

（3）构造柱与圈梁连接处，构造柱的纵筋应在圈梁纵筋内侧穿过，保证构造柱纵筋上下贯通。

（4）构造柱可不单独设置基础，但应深入室外地面下 500mm 或与埋深小于 500mm 的基础圈梁相连。

（5）房屋层数和高度接近房屋的层数和总高度限值时，纵、横墙内构造柱间距还应符合下列要求：

① 横墙内的构造柱间距不宜大于层高的 2 倍；下部 1/3 楼层的构造柱间距应适当减小。

② 当外纵墙开间大于 3.90m 时，应另设加强措施，内纵墙的构造柱间距不宜大于 4.20m。

3）构造柱的施工要求

（1）构造柱施工时，应先放构造柱的钢筋骨架，再砌砖墙，最后浇筑混凝土，这样做可使构造柱与两侧墙体拉结牢固，节省模板。

（2）构造柱两侧的墙体应做到“五进五出”，即每 300mm 高伸出 60mm，每 300mm 高再收回 60mm。墙厚为 360mm 时，外侧形成 120mm 厚的保护墙。

（3）每层楼板的上下端和地梁上部、顶板下部各 500mm 处为构造柱的箍筋加密区，加密区的箍筋间距为 100mm。

67. 砌体结构中非承重构件的抗震构造是如何规定的?

1）女儿墙

（1）《建筑抗震设计规范》GB 50011—2010 中规定：

砌体女儿墙在人流出入口和通道处应与主体结构锚固；非出入口处无锚固女儿墙高度，6～8度时不宜超过 0.50m，9 度时应有锚固。防震缝处女儿墙应留有足够的宽度，缝两侧的自由端应予以加强。女儿墙的顶部应做压顶，压顶的厚度不得小于 60mm。女儿墙的中部应设置构造柱，其断面随女儿墙厚度不同而变化，最小断面不应小于 190mm×190mm。

（2）《砌体结构设计规范》GB 50003—2011 中规定：

顶层墙体及女儿墙的砂浆强度等级：采用烧结普通砖、烧结多孔砖、蒸压灰砂普通砖、蒸压粉煤灰普通砖时，不应低于 M7.5（普通砂浆）或 Ms7.5（专用砂浆）；采用混凝土普通砖、混凝土多孔砖、单排孔混凝土砌块、煤矸石混凝土砌块时，不应低于 Mb7.5。女儿墙中构造柱的最大间距为 4.00m。构造柱应伸至女儿墙顶并与现浇钢筋混凝土压顶整浇在一起。

2）后砌砖墙和非承重构件

《建筑抗震设计规范》GB 50011—2010 中指出：

多层砌体结构中的非承重墙体等非承重构件应符合下列要求：

（1）后砌的非承重隔墙应沿墙高每隔 500～600mm 配置 2ϕ6 拉结钢筋与承重墙或柱拉结，每边伸入墙内不应少于 500mm，8 度和 9 度时，长度大于 5.00m 的后砌隔墙墙顶还应与楼板或梁拉结，独立柱肢端部及大门洞边宜设钢筋混凝土构造柱。

（2）烟道、通风道、垃圾道等不应削弱墙体，当墙体被削弱时，应对墙体采取加强措施；不宜采用无竖向配筋的附墙烟囱或出屋面的烟囱。

（3）不应采用无锚固的钢筋混凝土预制挑檐。

(三) 平 面 布 置

68. 建筑平面布置中哪些做法对抗震不利?

综合相关技术资料的规定，下列做法对抗震不利，应尽量避免，它们是：

1）局部设置地下室。

2）大房间设在顶层的端部。

3）楼梯间放在建筑物的边角部位。

4）设置转角窗。

5）平面凹凸不规则（平面凹进的尺寸不应大于相应投影方向点尺寸的30%）。

6）采用砌体墙与混凝土墙混合承重。

(四) 钢筋混凝土结构的抗震

69. 钢筋混凝土框架结构的抗震构造要求有哪些?

《建筑抗震设计规范》GB 50011—2010中指出：

1）抗震等级

一般性建筑（丙类建筑）现浇钢筋混凝土房屋的抗震等级与建筑物的设防类别、烈度、结构类型和房屋高度有关，抗震等级的具体数值见表1-92。

现浇钢筋混凝土房屋的抗震等级　　表1-92

结构类型		设防烈度									
		6		7			8			9	
框架结构	高度（m）	≤24	>24	≤24	>24		≤24	>24		≤24	
	框架	四	三	三	二		二	一		一	
	大跨度框架	三		二			一			一	
框架—抗震墙结构	高度（m）	≤60	>60	≤24	25～60	>60	≤24	25～60	>60	≤24	25～50
	框架	四	三	四	三	二	三	二	一	二	一
	抗震墙	三		三	二		二	一		一	
抗震墙结构	高度（m）	≤80	>80	≤24	25～80	>80	≤24	25～80	>80	≤24	25～60
	剪力墙	四	三	四	三	二	三	二	一	二	一
部分框支抗震墙结构	高度（m）	≤80	>80	≤24	25～80	>80	≤24	25～80			
	抗震墙 一般部位	四	三	四	三	二	三	二			
	抗震墙 加强部位	三	二	三	二	一	二	一			
	框支层框架	二		二		一	一				
框架—核心筒结构	框架	三		二			一			一	
	核心筒	二		二			一			一	
筒中筒结构	外筒	三		二			一			一	
	内筒	三		二			一			一	
板柱—抗震墙结构	高度（m）	≤35	>35	≤35	>35		≤35	>35			
	框架、板柱的柱	三	二	二	二		一				
	抗震墙	二	二	二	一		二	一			

注：大跨度框架指跨度不小于18m的框架。

2）确定截面尺寸

（1）柱子

《建筑抗震设计规范》GB 50011—2010 中规定，钢筋混凝土框架结构中柱子的截面尺寸宜符合下列要求：

① 截面的宽度和高度：四级或层数不超过 2 层时，不宜小于 300mm，一、二、三级且层数超过 2 层时，不宜小于 400mm；圆柱的直径：四级或层数不超过 2 层时，不宜小于 350mm，一、二、三级且层数超过 2 层时，不宜小于 450mm。柱子截面应是 50mm 的倍数。

② 剪跨比宜大于 2（剪跨比是简支梁上集中荷载作用点到支座边缘的最小距离 a 与截面有效高度 h_0 之比。它反映计算截面上正应力与剪应力的相对关系，是影响抗剪破坏形态和抗剪承载力的重要参数）。

③ 截面长边与短边的边长比不应大于 4。

④ 抗震等级为一级时，柱子的混凝土强度等级不应低于 C30。

⑤ 柱子与轴线的关系的最佳方案是双向轴线通过柱子的中心或圆心，尽量减少偏心力的产生。

工程实践中，采用现浇钢筋混凝土梁和板时，柱子截面的最小尺寸为 400mm×400mm，采用现浇钢筋混凝土梁、预制钢筋混凝土板时，柱子截面的最小尺寸 500mm×500mm。柱子的宽度应大于梁的截面尺寸每侧至少 50mm。

（2）梁

《建筑抗震设计规范》GB 50011—2010 中指出，钢筋混凝土框架结构中梁的截面尺寸宜符合下列要求：

① 截面宽度不宜小于 200mm。

② 截面高宽比不宜大于 4。

③ 净跨与截面宽度之比不宜小于 4。

④ 抗震等级为一级时，梁的混凝土强度等级不应低于 C30。

工程实践中经常按跨度的 1/10 左右估取截面高度，并取 1/2～1/3 的截面高度估取截面宽度，且应为 50mm 的倍数。截面形式多为矩形。

采用预制钢筋混凝土楼板时，框架梁分为托板梁与连系梁。托板梁的截面一般为十字形，截面高度一般按 1/10 左右的跨度估取，截面宽度可以取 1/2 柱子宽度并不得小于 250mm；连系梁的截面形式多为矩形，截面高度多为按托板梁尺寸减小 100mm 估取，梁的宽度一般取 250mm。上述各种尺寸均应按 50mm 进级。

（3）板

《混凝土结构设计规范》GB 50010—2010 中规定，钢筋混凝土框架结构中的现浇钢筋混凝土板的厚度应以表 1-93 的规定为准。

现浇钢筋混凝土板的厚度单向板可以按 1/30、双向板可以按 1/40 板的跨度估取，且应是 10mm 的倍数。

预制钢筋混凝土板也可以用于框架结构的楼板和屋盖，但由于其整体性能较差，采用时必须处理好以下三个问题：

① 保证板缝宽度并在板缝中加钢筋及填塞细石混凝土；

现浇钢筋混凝土板的最小厚度（mm） 表 1-93

<table>
<tr><th colspan="2">板的类型</th><th>最小厚度</th><th colspan="2">板的类型</th><th>最小厚度</th></tr>
<tr><td rowspan="4">单向板</td><td>屋面板</td><td>60</td><td rowspan="2">密肋楼盖</td><td>面板</td><td>50</td></tr>
<tr><td>民用建筑楼板</td><td>60</td><td>肋高</td><td>250</td></tr>
<tr><td>工业建筑楼板</td><td>70</td><td rowspan="2">悬臂板
（根部）</td><td>悬臂长度不大于 500mm</td><td>60</td></tr>
<tr><td>行车道下的楼板</td><td>80</td><td>悬臂长度 1200mm</td><td>100</td></tr>
<tr><td colspan="2" rowspan="2">双向板</td><td rowspan="2">80</td><td colspan="2">无梁楼板</td><td>150</td></tr>
<tr><td colspan="2">现浇空心楼盖</td><td>200</td></tr>
</table>

② 保证预制板在梁上的搭接长度不应小于 80mm；

③ 预制板的上部浇筑厚度不小于 50mm 的加强面层；

④ 8 度设防时应采用装配整体式楼板和屋盖。

（4）框架结构的抗震墙（剪力墙）

① 抗震墙的厚度不应小于 160mm 且不宜小于层高或无支长度的 1/20；底层加强部位不应小于 200mm 且不宜小于层高或无支长度的 1/16。

② 抗震墙的混凝土强度等级不应低于 C30。

③ 抗震墙的布置应注意：抗震墙的间距 L 与框架宽度之比不应大于 4。

④ 抗震墙的作用主要是承受剪力（风力、地震力），不属于填充墙的范围，因而是有基础的墙。

（5）填充墙与隔墙

由于钢筋混凝土框架结构墙体只承自重，不承外重，所以外墙只起围护作用，称为“填充墙”，内墙只起分隔作用，称为“隔墙”。

① 材料

a.《建筑抗震设计规范》GB 50011—2010 中规定：框架结构中的填充墙应优先选用轻质墙体材料。轻质墙体材料包括陶粒混凝土空心砌块、加气混凝土砌块和空心砖等。

b.《砌体结构设计规范》GB 50003—2011 中规定：框架结构中的填充墙除应满足稳定要求外，还应考虑水平风荷载及地震作用的影响。框架结构填充墙的使用年限宜与主体结构相同。结构安全等级可按二级考虑。填充墙宜选用轻质块体材料，如陶粒混凝土空心砌块（强度等级不应低于 MU3.5）和蒸压加气混凝土砌块（强度等级不应低于 A2.5）等。

② 厚度

填充墙的墙体厚度不应小于 90mm。北京地区的外墙由于考虑保温，厚度通常取用 250～300mm，内墙由于考虑隔声和自身稳定，厚度通常取用 150～200mm。

③ 应用高度

钢筋混凝土框架结构的非承重隔墙的应用高度参考值见表 1-94。

钢筋混凝土框架结构的非承重隔墙的应用高度参考值 表 1-94

墙体厚度（mm）	墙体高度（m）	墙体厚度（mm）	墙体高度（m）
75	1.50～2.40	125	2.70～3.90
100	2.10～3.20	150	3.30～4.70

续表

墙体厚度（mm）	墙体高度（m）	墙体厚度（mm）	墙体高度（m）
175	3.90～5.60	250	4.80～6.90
200	4.40～6.40	—	—

④ 构造要求

a.《建筑抗震设计规范》GB 50011—2010 中指出，框架结构的填充墙应符合下列要求：

a）填充墙在平面和竖向的布置，宜均匀对称，宜避免形成薄弱层或短柱（柱高小于柱子截面宽度的 4 倍时称为短柱）。

b）砌体的砂浆强度等级不应低于 M5，实心块体的强度等级不应低于 MU2.5，空心块体的强度等级不应低于 MU3.5，墙顶应与框架梁密切结合。

c）填充墙应沿框架柱全高每隔 500～600mm 设置 2ϕ6 拉筋。拉筋伸入墙体内的长度：6、7 度时宜沿墙全长贯通；8、9 度时应沿墙全长贯通。

d）墙长大于 5.00m，墙顶与梁应有拉结；墙长超过 8.00m 或层高的 2 倍时，宜设置钢筋混凝土构造柱；墙高超过 4.00m 时，墙体半高处宜设置与柱拉结沿墙全长贯通的钢筋混凝土水平系梁。

e）楼梯间和人流通道的填充墙，还应采用钢丝网砂浆面层加强。

b.《砌体结构设计规范》GB 50003—2011 中规定：填充墙与框架柱的连接有脱开法连接和不脱开法连接两种。

a）脱开法连接：

（a）填充墙两端与框架柱、填充墙顶面与框架梁之间留出不小于 20mm 的间隙。

（b）填充墙端部应设置构造柱，柱间距宜不大于 20 倍墙厚且不大于 4.00m，柱宽度应不小于 100mm。竖向钢筋不宜小于 ϕ10，箍筋宜为 ϕ^R5，间距不宜大于 400mm。柱顶与框架梁（板）应预留不小于 15mm 的缝隙，用硅酮胶或其他密封材料封缝。当填充墙有宽度大于 2.10m 的洞口时，洞口两侧应加设宽度不小于 50mm 的单筋混凝土柱。

（c）填充墙两端宜卡入设在梁、板底及柱侧的卡口铁件内，墙侧卡口板的竖向间距不宜大于 500mm，墙顶卡口板的水平间距不宜大于 1.50m。

（d）墙体高度超过 4m 时宜在墙高中部设置与柱连通的水平系梁。水平系梁的截面高度应不小于 60mm。填充墙高不宜大于 6.00m。

（e）填充墙与框架柱、梁的缝隙可采用聚苯乙烯泡沫塑料板条或聚氨酯发泡填充材料充填，并用硅酮胶或其他弹性密封材料封缝。

b）不脱开法连接：

（a）填充墙沿柱高每隔 500mm 配置 2 根直径为 6mm 的拉结钢筋（墙厚大于 240mm 时配置 3 根）。钢筋伸入填充墙的长度不宜小于 700mm，且拉结钢筋应错开截断，相距不宜小于 200mm。填充墙墙顶应与框架梁紧密结合。顶面与上部结构接触处宜用一皮砖或配砖斜砌楔紧。

（b）当填充墙有洞口时，宜在窗洞口的上端或下端、门窗洞口的上端设置钢筋混凝土带，钢筋混凝土带应与过梁的混凝土同时浇筑，过梁的截面与配筋应由计算确定。钢筋混凝土带的混凝土强度等级应不小于 C20。当有洞口的填充墙尽端至门窗洞口边的距离小于 240mm 时，宜采用钢筋混凝土门窗框。

（c）填充墙长度超过 5.00m 或墙长大于 2 倍层高时，墙顶与梁宜有拉结措施，墙体中部应加设构造柱；填充墙高度超过 4.00m 时，宜在墙高中部设置与柱连通的水平系梁，填充墙高度超过 6.00m 时，宜沿墙高每 2.00m 设置与柱连通的水平系梁，梁的截面高度应不小于 60mm。

70. 钢筋混凝土抗震墙结构的抗震构造要求有哪些?

《建筑抗震设计规范》GB 50011—2010 中规定：

1）一般规定

抗震墙结构的应用高度：6 度时为 140m；7 度时为 120m；8 度（0.2g）时为 100m；8 度（0.3g）时为 80m；9 度时为 60m。

2）截面设计与构造

（1）一、二级抗震墙：底部加强部位不应小于 200mm，其他部位不应小于 160mm；一字形独立抗震墙的底部加强部位不应小于 220mm，其他部位不应小于 180mm。

（2）三、四级抗震墙：不应小于 160mm，一字形独立抗震墙的底部加强部位不应小于 180mm。

（3）非抗震设计时不应小于 160mm。

（4）抗震墙井筒中，分隔电梯井或管道井的墙肢截面厚度可适当减小，但不宜低于 160mm。

（5）高层抗震墙结构的竖向和水平分布钢筋不应单排设置，抗震墙截面厚度不大于 400mm 时，可采用双排钢筋，抗震墙截面厚度大于 400mm 但不大于 700mm 时，宜采用三排配筋；抗震墙截面厚度大于 700mm 时，宜采用四排钢筋。各排分布钢筋之间拉筋的间距不应大于 600mm，直径不应小于 6mm。

71. 钢筋混凝土框架-抗震墙结构的抗震构造要求有哪些?

《建筑抗震设计规范》GB 50011—2010 中规定：

1）一般规定

框架—抗震墙结构的应用高度：6 度时为 130m；7 度时为 120m；8 度（0.2g）时为 100m；8 度（0.3g）时为 80m；9 度时为 50m。

2）构造要求

（1）框架—抗震墙结构中柱、梁的构造要求详见框架结构的要求。

（2）抗震墙的厚度不应小于 160mm 且不小于层高或无支长度的 1/20；底部加强部位不应小于 200mm 且不宜小于层高或无支长度的 1/16。

（3）抗震墙的混凝土强度等级不应低于 C30。

（4）抗震墙的布置应注意：抗震墙的间距 L 与框架宽度 B 之比不应大于 4。

（5）抗震墙的竖向和横向分布钢筋，配筋率均不应小于 0.25%，钢筋直径不宜小于 10mm，间距不宜大于 300mm，并应双排布置，双排分布钢筋应设置拉筋。

（6）抗震墙是主要承受剪力（风力、地震力）的墙，不属于填充墙的范围，因而是有基础的墙。

72. 钢筋混凝土板柱-抗震墙结构的抗震构造要求有哪些?

《建筑抗震设计规范》GB 50011—2010 中规定：

1）一般规定

板柱—抗震墙结构的应用高度：6 度时为 80m；7 度时为 70m；8 度（0.2g）时为 55m；8 度（0.3g）时为 40m；9 度时不应采用。

2）构造要求

（1）板柱—抗震墙结构中的抗震墙应符合框架—抗震墙的相关规定。板柱—抗震墙结构中的柱（包括抗震墙端柱）、梁应符合框架结构的相关规定。

（2）板柱-抗震墙的结构布置，应符合下列要求：

① 抗震墙厚度不应小于 180mm，且不宜小于层高或无支长度的 1/20；房屋高度大于 12m 时，墙厚不应小于 200mm。

② 房屋的周边应采用有梁结构，楼梯、电梯洞口周边宜设置边框梁。

③ 8 度时宜采用有托板或柱帽的板柱节点，托板或柱帽根部的厚度（包括板厚）不宜小于柱纵筋直径的 16 倍，托板或柱帽的边长不宜小于 4 倍板厚和柱截面对应边长之和。

④ 房屋的地下一层顶板，宜采用梁板结构。

73. 钢筋混凝土筒体结构的抗震构造要求有哪些?

《高层建筑混凝土结构技术规程》JGJ 3—2010 中规定：

1）一般规定

（1）框架—核心筒结构的应用高度：6 度时为 150m；7 度时为 130m；8 度（0.2g）时为 100m；8 度（0.3g）时为 90m；9 度时为 70m。

（2）筒中筒结构的应用高度：6 度时为 180m；7 度时为 150m；8 度（0.2g）时为 120m；8 度（0.3g）时为 100m；9 度时为 80m。

2）构造要求

（1）框架—核心筒结构

① 核心筒宜贯通建筑物的全高。核心筒的宽度不宜小于筒体总高的 1/12。当筒体结构设置角筒、剪力墙或增强结构整体刚度的构件时，核心筒的宽度可适当减小。

② 抗震设计时，核心筒墙体设计应符合下列规定：

a. 底部加强部位主要墙体的水平和竖向分布钢筋的配筋率均不宜小于 0.30%。

b. 底部加强部位约束边缘构件沿墙肢的长度宜取墙肢截面高度的 1/4，约束边缘构件范围内应主要采用箍筋。

c. 底部加强部位以上应设置约束构件。

③ 框架—核心筒结构的周边柱间必须设置框架梁。

④ 核心筒连梁的受剪截面应符合构造要求。

⑤ 当内筒偏置、长宽比大于 2 时，宜采用框架—双筒结构。

⑥ 当框架—双筒结构的双筒间楼板开洞时，其有效楼板宽度不宜小于楼板典型宽度的 50%，洞口附近楼板应加厚，并应采用双层双向配筋，每层单向配筋率不应小于 0.25%。双筒间楼板宜按弹性板进行细化设计。

（2）筒中筒结构

① 筒中筒结构的平面外形宜选用圆形、正多边形、椭圆形或矩形等，内筒宜居中。

② 矩形平面的长宽比不宜大于2。

③ 内筒的宽度可为高度的1/12～1/15，如有另外的角筒或剪力墙时，内筒平面尺寸可适当减小。内筒宜贯通建筑物全高，竖向刚度宜均匀变化。

④ 三角形平面宜切角，外筒的切角长度不宜小于相应边长的1/8，其角部可设置刚度较大的角柱或角筒；内筒的切角长度不宜小于相应边长的1/10，切角处的筒壁宜适当加厚。

⑤ 外框筒应符合下列规定：

a. 柱距不宜大于4m，框筒柱的截面长边应沿筒壁方向布置，必要时可采用“T”形截面。

b. 洞口面积不宜大于墙面面积的60%，洞口高宽比宜与层高和柱距之比值接近。

c. 外框筒梁的截面高度可取柱净距的1/4。

d. 角柱截面面积可取中柱的1～2倍。

⑥ 外框筒梁和内筒连梁的构造配筋应符合下列要求：

a. 非抗震设计时，箍筋直径不应小于8mm；抗震设计时，箍筋直径不应小于10mm。

b. 非抗震设计时，箍筋间距不应大于150mm；抗震设计时，箍筋间距沿梁长不变，且不应大于100mm；当梁内设置交叉暗撑时，箍筋间距不应大于200mm。

c. 框架梁上、下纵向钢筋的直径不应小于16mm，腰筋的直径不应小于10mm，有筋间距不应大于200mm。

⑦ 跨高比不大于2的框筒梁和内筒连梁宜增配对角斜向钢筋。跨高比不大于1的框筒梁和内筒连梁宜采用交叉暗撑，且应符合下列规定：

a. 梁截面宽度不宜小于400mm。

b. 全部剪力应由暗撑承担，每根暗撑应由不少于4根纵向钢筋组成，钢筋直径不应小于14mm。

c. 两个方向暗撑的纵向钢筋应采用矩形箍筋或螺纹箍筋绑成一体，箍筋直径不应小于8mm，箍筋间距不应大于150mm。

74. 混合结构的抗震构造要求有哪些?

《高层建筑混凝土结构技术规程》JGJ 3—2010中规定：

混合结构是指由外围钢框架或型钢混凝土、钢管混凝土与钢筋混凝土核心筒所组成的框架-核心筒结构，或由外围钢框筒或型钢混凝土、钢管混凝土框筒与钢筋混凝土核心筒所组成的筒中筒结构。

1）一般规定

(1) 混合结构高层建筑的最大适用高度见表1-95。

混合结构高层建筑的最大适用高度（m）　　表1-95

结构体系		非抗震设计	抗震设防烈度				
			6度	7度	8度		9度
					0.20g	0.30g	
框架—核心筒	钢框架—钢筋混凝土核心筒	210	200	160	120	100	70
	型钢（钢管）混凝土框架—钢筋混凝土核心筒	240	220	190	150	130	70

续表

结构体系		非抗震设计	抗震设防烈度				
			6度	7度	8度		9度
					0.20g	0.30g	
筒中筒	钢框筒—钢筋混凝土核心筒	280	260	210	160	140	80
	型钢(钢管)混凝土外筒—钢筋混凝土核心筒	300	280	230	170	150	90

注：平面和竖向不规则的结构，最大适用高度应适当降低。

(2) 抗震设计时，混合结构房屋应根据设防类别、烈度、结构类型和房屋高度采用不同的抗震等级，并应符合相应的计算和构造措施要求。丙类建筑混合结构的抗震等级见表1-96。

钢-混凝土混合结构抗震等级　　表1-96

结构类型		抗震设防烈度						
		6度		7度		8度		9度
房屋高度（m）		≤150	>150	≤130	>130	≤100	>100	≤70
钢框架—钢筋混凝土核心筒	钢筋混凝土核心筒	二	一	一	特一	一	特一	特一
型钢(钢管)混凝土框架—钢筋混凝土核心筒	钢筋混凝土核心筒	二	二	二	一	一	特一	特一
	型钢（钢管）混凝土框架	三	二	二	一	一	一	一
房屋高度(m)		≤180	>180	≤150	>150	≤120	>120	≤90
钢外筒—钢筋混凝土核心筒	钢筋混凝土核心筒	二	一	一	特一	一	特一	特一
型钢(钢管)混凝土外筒—钢筋混凝土核心筒	钢筋混凝土核心筒	二	二	二	一	一	特一	特一
	型钢（钢管）混凝土外筒	三	二	二	一	一	一	一

注：钢结构构件抗震等级，抗震设防烈度为6、7、8、9度时，应分别取四、三、二、一级。

(3) 当采用型钢楼板、混凝土楼板组合时，楼板混凝土可采用轻骨料混凝土，其强度等级不应低于CL25；高层建筑钢-混凝土混合结构的内部隔墙应采用轻骨料隔墙。

2) 结构布置

(1) 混合结构的平面布置应符合下列要求：

① 平面宜简单、规则、对称，具有足够的整体抗扭刚度，平面宜采用方形、矩形、

多边形、圆形、椭圆形等规则平面，建筑的开间、进深宜统一。

② 筒中筒结构体系中，当外围钢框架柱采用“H”形截面柱时，宜将柱截面强轴方向布置在外围筒体平面内；角柱宜采用十字形、方形或圆形平面。

③ 楼盖主梁不宜搁置在核心筒或内筒的连梁上。

（2）混合结构的竖向布置应符合下列要求：

① 结构的侧向刚度和承载力沿竖向宜均匀变化、无突变，构件截面宜由下至上逐渐减小。

② 混合结构的外围框架柱沿高度宜采用同类结构构件；当采用不同类型结构构件时，应设置过渡层，且单柱的抗弯刚度变化不宜超过30%。

③ 对于刚度变化较大的楼层，应采用可靠的过渡加强措施。

④ 钢框架部分采用支撑时，宜采用偏心支撑和耗能支撑，支撑宜双向连续布置。框架支撑宜延伸至基础。

（3）混合结构中，外围框架平面内梁与柱应采用刚性连接；楼面梁与钢筋混凝土筒体及外围框架柱的连接可采用刚接或铰接。

（4）楼盖体系应具有良好的水平刚度和整体性，其布置应符合下列要求：

① 楼面宜采用压型钢板现浇混凝土组合楼板、现浇混凝土楼板或预应力混凝土叠合楼板，楼板与钢梁应可靠连接。

② 机房设备层、避难层及外伸臂桁架上、下杆件所在楼层的楼板宜采用钢筋混凝土楼板，并应采取加强措施。

③ 对于建筑物楼面有较大开洞或为转换楼层时，应采用现浇混凝土楼板；对楼板大开洞部位宜采取设置刚性水平支撑等加强措施。

（5）当侧向刚度不足时，混合结构可设置刚度适宜的加强层。加强层宜采用伸臂桁架，必要时可配合布置周边带状桁架，加强层设计应符合下列要求：

① 伸臂桁架和周边带状桁架宜采用钢桁架。

② 伸臂桁架应与核心筒连接，上、下弦杆均应延伸至墙内且贯通，墙体内宜设置斜腹杆或暗撑；外伸臂桁架与外围框架柱宜采用铰接或刚接，周边带状桁架与外框架柱的连接宜采用刚性连接。

③ 核心筒墙体与伸臂桁架连接处宜设置构造柱，型钢柱宜至少延伸至伸臂桁架高度范围以外上、下各一层。

④ 当布置有外伸桁架加强层时，应采取有效措施减少由于外框柱与混凝土筒体竖向变形差异引起的桁架杆件内力。

（五）基础的抗震

75. 基础的抗震构造要求有哪些？

《建筑地基基础设计规范》GB 50007—2010中规定：

1）地基基础的设计等级

（1）地基基础设计应根据地基复杂程度、建筑物规模和功能特征以及由于地基问题可能造成建筑物破坏或影响正常使用的程度分为三个设计等级，详见表1-97。

地基基础的设计等级　　表 1-97

设计等级	建筑和地基类型
甲级	重要的工业与民用建筑 30 层以上的高层建筑 体形复杂、层数相差超过 10 层、高低层连成一体的建筑物 大面积的多层地下建筑物（如地下车库、商场、运动场等） 对地基变形有特殊要求的建筑物 复杂地质条件下的坡上建筑物（包括高边坡） 对原有工程影响较大的新建建筑物 场地和地基条件复杂的一般建筑物 位于复杂地质条件及软土地区的地下二层及二层以上地下室的基坑工程 开挖深度大于 15m 的基坑工程 周边环境条件复杂、环境保护要求高的基坑工程
乙级	除甲级、丙级以外的工业与民用建筑物 除甲级、丙级以外的基坑工程
丙级	场地和地基条件复杂、荷载分布均匀的 7 层和 7 层以下民用建筑及一般工业建筑，次要的轻型建筑物 非软土地区且场地地质条件简单、基坑周边环境条件简单、环境保护要求不高且开挖深度小于 5.00m 的基坑工程

（2）基础的类型：

① 筏性基础：包括梁板式和平板式两种类型。框架-核心筒结构和筒中筒结构宜采用平板式筏性基础。筏性基础的混凝土强度等级不应低于 C30。有地下室时，应采用防水混凝土，其抗渗等级应符合规定。重要建筑宜采用自防水并设置架空排水层。

采用筏性基础的地下室，钢筋混凝土外墙的厚度不应小于 250mm，内墙厚度不应小于 200mm。墙体内应设双面钢筋，不宜采用光面圆钢筋，水平钢筋的直径不应小于 12mm，竖向钢筋的直径不应小于 10mm，间距不应大于 200mm。

② 桩基础：包括混凝土桩基础和混凝土灌注桩低桩承台基础。竖向受压桩按桩身竖向受力情况分为摩擦型桩和端承型桩。

摩擦型桩的中心距不宜小于桩身直径的 3 倍，扩底灌注桩的中心距不宜小于扩底直径的 1.5 倍，当扩底直径大于 2.00m 时，桩端净距不宜小于 1.00m。扩底灌注桩的扩底直径不宜大于桩身的 3 倍。

桩底进入持力层的深度宜为桩身直径的 1～3 倍，且不宜小于 0.50m。

设计使用年限不少于 50 年时，非腐蚀环境中预制桩的混凝土强度等级不应低于 C30，预应力桩不应低于 C40，灌注桩的混凝土强度等级不应低于 C25。使用年限不少于 100 年时，桩身混凝土强度等级宜适当提高。水下灌注混凝土的桩身混凝土强度等级不宜高于 C40。

桩顶嵌入承台内的长度不应小于 50mm。

灌注桩主筋混凝土保护层厚度不应小于 50mm；预制桩不应小于 45mm，预应力管桩不应小于 35mm；腐蚀环境中的灌注桩不应小于 55mm。

承台的宽度不应小于500mm，最小厚度不应小于300mm，混凝土强度等级不应低于C20。纵向钢筋的混凝土保护层厚度不应小于70mm；当有混凝土垫层时，不应小于50mm，且不小于桩头嵌入承台内的长度。

③ 岩石锚杆基础：

岩石锚杆基础适用于直接建在基岩上的柱基以及承受拉力或水平力较大的建筑物基础。

锚杆基础应与岩石连成整体。锚杆孔直径宜为锚杆筋体直径的3倍且不应小于1倍锚杆筋体直径加50mm。锚杆筋体宜采用热轧带肋钢筋，水泥砂浆强度不宜低于30MPa，细石混凝土强度等级不宜低于C30。

2）基本要求

《高层建筑混凝土结构技术规程》JGJ 3—2010中规定：

（1）高层建筑宜设置地下室。

（2）高层建筑的基础应综合考虑建筑场地的工程地质和水文地质状况、上部结构的类型和房屋高度、施工技术和经济条件等因素，使建筑物不致发生过量沉降或倾斜，满足建筑物正常使用要求，还应了解邻近地下构筑物及各项地下设施的位置和标高等，减少与相邻建筑的相互影响。

（3）在地震区，高层建筑宜避开对抗震不利的地段；当条件不允许避开不利地段时，应采取可靠措施，使建筑物在地震时不至于由于地基失效而破坏，或者产生过量下沉或倾斜。

（4）高层建筑应采用整体性好、能满足地基承载力和建筑物容许变形要求并能调节不均匀沉降的基础形式。

（5）高层建筑主体结构基础底面形心宜与永久作用重力荷载重心重合；当采用桩基时，桩基的竖向刚度中心宜与高层建筑主体结构永久重力荷载重心重合。

（6）在重力荷载与水平荷载标准值或重力荷载代表值与多遇水平荷载标准值共同作用下，高宽比大于4的建筑，基础底面不宜出现零应力区；高宽比不大于4的高层建筑，基础底面与地基之间零应力区面积不应超过基础底面面积的15%。质量偏心较大的裙楼与主楼可分别计算基底应力。

3）基础类型与规定

《高层建筑混凝土结构技术规程》JGJ 3—2010中规定：

（1）高层建筑宜采用筏形基础或带桩基的筏形基础（桩筏基础），必要时可采用箱形基础。

① 当地质条件好且能满足地基承载力和变性要求时，也可采用交叉梁式基础或其他形式基础。

② 当地基承载力或变形不满足要求时，可采用桩基或复合地基。

（2）基础应有一定的埋置深度。在确定埋置深度时，应综合考虑建筑的高度、体形、地基土质、抗震设防烈度等因素。基础埋置深度可从室外地坪算至基础底面，并宜符合下列规定：

① 天然地基或复合地基，可取房屋高度的1/15。

② 桩基础，不计桩长，可取房屋高度的1/18。

③ 当建筑物采用岩石地基或其他有效措施时，基础埋深可适当减小。

④ 当地基可能滑移时，应采取有效的抗滑移措施。

（3）高层建筑的基础和与其相连的裙房的基础，设置防震缝时，应考虑高层主楼基础有可靠的侧向约束及有效埋深；不设沉降缝时，应采取有效措施减少差异沉降及其影响。

（4）高层建筑基础的混凝土强度等级不应低于C25。当有防水要求时，混凝土的抗渗等级应根据埋置深度确定。必要时可设置架空排水层。

（5）基础及地下室的外墙、底板，当采用粉煤灰混凝土时，可采用60d或90d龄期的强度指标作为混凝土设计强度。

（6）抗震设计时，独立基础宜沿两个主轴方向设置基础系梁；剪力墙基础应具有良好的抗转动能力。

五、建筑保温与节能

（一）建筑气候分区

76. 建筑气候分区是如何划分的?

1）《民用建筑设计通则》GB 50352—2005 中指出：

建筑气候分区对建筑的基本要求应符合表 1-98 的规定。

不同分区对建筑的基本要求　　　　表 1-98

分区名称		热工分区名称	气候主要指标	建筑基本要求
Ⅰ	ⅠA ⅠB ⅠC ⅠD	严寒地区	1月平均气温≤−10℃，7月平均气温≤25℃，7月平均相对湿度≥50%	1. 建筑物必须满足冬季保温、防寒、防冻等要求 2. ⅠA、ⅠB区应防止冻土、积雪对建筑物的危害 3. ⅠB、ⅠC、ⅠD区的西部，建筑物应防冰雹、防风沙
Ⅱ	ⅡA ⅡB	寒冷地区	1月平均气温≤−10～0℃，7月平均气温 18～28℃	1. 建筑物必须满足冬季保温、防寒、防冻等要求，夏季部分地区应兼顾防热 2. ⅡA区建筑物应防热、防潮、防暴风雨，沿海地带应防盐雾侵蚀
Ⅲ	ⅢA ⅢB ⅢC	夏热冬冷地区	1月平均气温≤0～10℃，7月平均气温 25～30℃	1. 建筑物必须满足夏季防热、遮阳、通风降温要求，冬季应兼顾防寒 2. 建筑物应防雨、防潮、防洪、防雷电 3. ⅢA区应防台风、暴雨袭击及盐雾侵蚀
Ⅳ	ⅣA ⅣB	夏热冬暖地区	1月平均气温＞10℃，7月平均气温 25～29℃	1. 建筑物必须满足夏季防热、遮阳、通风、防雨要求 2. 建筑物应防暴雨、防潮、防洪、防雷电 3. ⅣA区应防台风、暴雨袭击及盐雾侵蚀
Ⅴ	ⅤA ⅤB	温和地区	7月平均气温 18～25℃，1月平均气温 0～13℃	1. 建筑物应满足防雨和通风要求 2. ⅤA建筑物应注意防寒，ⅤB区应特别注意防雷电
Ⅵ	ⅥA ⅥB	严寒地区	7月平均气温＜18℃，1月平均气温为 0～−22℃	1. 热工应符合严寒和寒冷地区的相关要求 2. ⅥA、ⅥB区应防冻土对建筑物地基及地下管道的影响，并应特别注意防风沙 3. ⅥC区的东部，建筑物应防雷电
	ⅥC	寒冷地区		

续表

分区名称		热工分区名称	气候主要指标	建筑基本要求
Ⅶ	ⅦA ⅦB ⅦC	严寒地区	7月平均气温≥18℃，1月平均气温－5～－20℃，7月平均相对湿度＜50％	1. 热工应符合严寒和寒冷地区的相关要求 2. 除ⅦD区外，应防冻土对建筑物地基及地下管道的危害 3. ⅦB区建筑物应特别注意积雪的危害 4. ⅦC区建筑物应特别注意防风沙，夏季兼顾防热 5. ⅦD区建筑物应特别注意夏季防热，吐鲁番盆地应特别注意隔热、降温
	ⅦD	寒冷地区		

注：ⅠA区的代表城市有漠河等；ⅠB区的代表城市有满洲里等；ⅠC区的代表城市有齐齐哈尔等；ⅠD区的代表城市有赤峰、张家口等；ⅡA区的代表城市有北京、天津等；ⅡB区的代表城市有太原、临汾等；ⅢA区的代表城市有上海、温州等；ⅢB区的代表城市有合肥、南昌、重庆等；ⅢC区的代表城市有西安、成都等；ⅣA区的代表城市有香港、海口等；ⅣB区的代表城市有南宁、漳州等；ⅤA区的代表城市有贵阳等；ⅤB区的代表城市有昆明等；ⅥA区的代表城市有西宁、格尔木等；ⅥB区的代表城市有那曲等；ⅥC区的代表城市有拉萨等、ⅦA区的代表城市有克拉玛依等；ⅦB区的代表城市有乌鲁木齐等；ⅦC区的代表城市有二连浩特等；ⅦD区的代表城市有库尔勒、和田等。

2）《民用建筑热工设计规范》GB 50176—93将建筑热工设计分区分为严寒地区、寒冷地区、夏热冬冷地区、夏热冬暖地区、温和地区，其规定与表1-98的要求完全一致。

3）《公共建筑节能设计标准》GB 50189—2015中规定的建筑气候分区为严寒地区（细分为严寒A区、严寒B区、严寒C区）；寒冷地区（细分为寒冷A区、寒冷B区）；夏热冬冷地区（细分为夏热冬冷A区、夏热冬冷B区）；夏热冬暖地区（细分为夏热冬暖A区、夏热冬暖B区）；温和地区（细分为温和A区、温和B区）。各区的代表城市见表1-124所述。

4）《严寒和寒冷地区居住建筑节能设计标准》JGJ 26—2010中规定：

严寒地区（Ⅰ区）分为A、B、C三个子区；寒冷地区（Ⅱ区）分为A、B两个子区。

（1）严寒A（ⅠA）区的代表城市有黑河、嫩江等。

（2）严寒B（ⅠB）区的代表城市有哈尔滨、齐齐哈尔、牡丹江等。

（3）严寒C（ⅠC）区的代表城市有呼和浩特、沈阳、长春、西宁、乌鲁木齐、大同等。

（4）寒冷A（ⅡA）区的代表城市有太原、马尔康、咸宁、昭通、拉萨、兰州、银川等。

（5）寒冷B（ⅡB）区的代表城市有北京、天津、石家庄、徐州、亳州、济南、郑州、西安等。

（二）建　筑　节　能

77. 建筑节能设计必须考虑的问题有哪些?

《民用建筑设计通则》GB 50352—2005 中指出：

建筑节能是我国的基本国策，建筑设计必须认真执行有关设计规范的规定。建筑节能设计原则是：

1）建筑群的规划布置、建筑物的平面设计，应有利于冬季日照、避风及夏季和其他季节的自然通风。

2）建筑物主体朝向宜采用南北向或接近南北向。主要房间宜避开北向及西北向。

3）朝向冬季主导风向（北向或西北向）的主要入口处应设门斗或热风幕、旋转门等防风措施，其他朝向可适当考虑。

78. 建筑保温的措施有哪些?

《民用建筑设计通则》GB 50352—2005 中规定：

1）建筑物宜布置在向阳、无日照遮挡、避风地段。

2）设置供热的建筑物体形应减少外表面积。

3）严寒地区的建筑物宜采用围护结构外保温技术，且不应设置开敞的楼梯间和外廊，其出入口应设门斗或采取其他防寒措施；寒冷地区的建筑物不宜设置开敞的楼梯间和外廊，其出入口宜设门斗或采取其他防寒措施。

4）建筑物的外门窗应减少其缝隙长度，并采取密封措施，宜选用节能型外门窗。

5）严寒和寒冷地区设置集中供暖的建筑物，其建筑热工和采暖设计应符合有关节能设计标准的规定。

6）夏热冬冷地区、夏热冬暖地区建筑物的建筑节能设计应符合有关节能设计标准的规定。

79. 建筑防热的措施有哪些?

1）《民用建筑设计通则》GB 50352—2005 中规定：

（1）夏季防热的建筑物应符合下列规定：

① 建筑物的夏季防热应采取绿化环境、组织有效自然通风、外围护结构隔热和设置建筑遮阳等综合措施。

② 建筑群的总体布局、建筑物的平面空间组织、剖面设计和门窗的设置，应有利于组织室内通风。

③ 建筑物的东、西向窗户，外墙和屋顶应采取有效的遮阳和隔热措施。

④ 建筑物的外围护结构应进行夏季隔热设计，并应符合有关节能设计标准的规定。

（2）设置空气调节的建筑物应符合下列规定：

① 建筑物的体形应减少外表面积。

② 设置空气调节的房间应相对集中布置。

③ 设置空气调节的房间的外部窗户应有良好的密闭性和隔热性；向阳的窗户宜设遮

阳设施，并宜采用节能窗。

④ 设置非中央空气调节设施的建筑物，应统一设计、安装空调机的室外机位置，并使冷凝水有组织排水。

⑤ 间歇使用的空气调节建筑，其外围护结构内侧和内围护结构宜采用轻质材料；连续使用的空调建筑，其外围护结构内侧和内围护结构宜采用重质材料。

⑥ 建筑物外围护结构应符合有关节能设计标准的规定。

2)《民用建筑热工设计规范》GB 50176—93 中规定，建筑防热的措施主要有：

(1) 外表面做浅色饰面，如浅色粉刷、涂层和面砖等。

(2) 设置通风间层，如通风屋顶、通风墙等。通风屋顶的风道长度不宜大于 10m。间层高度以 200mm 左右为宜。基层上面应有 60mm 左右的隔热层。夏季多风地区，檐口处宜采用兜风构造。

(3) 采用双排孔或三排孔混凝土或轻骨料混凝土空心砌块。

(4) 复合墙体的内侧宜采用厚度为 100mm 的砖或混凝土等重质材料。

(5) 设置带铝箔的封闭空气间层（可以减少辐射传热）。当为单面铝箔空气间层时，铝箔宜设置在温度较高的一侧。

(6) 蓄水屋顶：水面宜有水浮莲等浮生植物或白色漂浮物。水深宜为 150～200mm。

(7) 采用有土和无土植被屋顶以及墙面垂直绿化等。

80. 严寒和寒冷地区的节能标准要求有哪些?

《严寒和寒冷地区居住建筑节能设计标准》JGJ 26—2010 中规定，严寒和寒冷地区居住建筑的节能主要有以下几点：

1) 采暖度日数与空调度日数

依据不同的采暖度日数（*HDD*18）和空调度日数（*CDD*26）范围，将严寒地区和寒冷地区进一步划分成为表 1-99 所示的五个气候子区。

2) 建筑布置

(1) 建筑群的总体布置，单体建筑的平、立面设计和门窗的设置应考虑冬季利用日照并避开冬季主导风向。

(2) 建筑物宜朝向南、北或接近南、北。建筑物不宜设有三面外墙的房间，一个房间不宜在不同方向的墙面上设置 2 个或更多的窗。

3) 体形系数

居住建筑的体形系数不应大于表 1-100 规定的限值，当体形系数大于规定的限值时，则必须进行围护结构热工性能的权衡判断。

居住建筑节能设计气候子区 **表 1-99**

气候子区		分区依据
严寒地区（Ⅰ区）	严寒（A）区（冬季异常寒冷、夏季凉爽）	6000≤*HDD*18
	严寒（B）区（冬季非常寒冷、夏季凉爽）	5000≤*HDD*18<6000
	严寒（C）区（冬季很寒冷、夏季凉爽）	3800≤*HDD*18<5000

续表

气 候 子 区		分 区 依 据
寒冷地区（Ⅱ区）	寒冷（A）区（冬季寒冷、夏季凉爽）	2000≤*HDD*18<3800，*CDD*26≤90
	寒冷（B）区（冬季寒冷、夏季热）	2000≤*HDD*18<3800，*CDD*26>90

注：我国严寒和寒冷地区主要代表城市的 *HDD*、*CDD* 值：

北京市属于寒冷 B 区（*HDD* 为 2699、*CDD* 为 94）；
天津市属于寒冷 B 区（*HDD* 为 2743、*CDD* 为 92）；
河北省石家庄市属于寒冷 B 区（*HDD* 为 2388、*CDD* 为 147）；
山西省太原市属于寒冷 A 区（*HDD* 为 3160、*CDD* 为 11）；
内蒙古自治区呼和浩特市属于严寒 C 区（*HDD* 为 4186、*CDD* 为 11），海拉尔区属于严寒 A 区（*HDD* 为 6713、*CDD* 为 0）；
辽宁省沈阳市属于严寒 C 区（*HDD* 为 3929、*CDD* 为 25）；
吉林省长春市属于严寒 C 区（*HDD* 为 4642、*CDD* 为 12）；
黑龙江省哈尔滨市属于严寒 B 区（*HDD* 为 5032、*CDD* 为 14），黑河市属于严寒 A 区（*HDD* 为 6310、*CDD* 为 4）；
江苏省赣榆市属于寒冷 A 区（*HDD* 为 2226、*CDD* 为 93）；
安徽省亳州市属于寒冷 B 区（*HDD* 为 2030、*CDD* 为 154）；
山东省济南市属于寒冷 B 区（*HDD* 为 2211、*CDD* 为 160）；
河南省郑州市属于寒冷 B 区（*HDD* 为 2106、*CDD* 为 125）；
四川省诺尔盖市属于严寒 B 区（*HDD* 为 5972、*CDD* 为 0）；
贵州省毕节市属于寒冷 A 区（*HDD* 为 2125、*CDD* 为 0）；
云南省德钦市属于严寒 C 区（*HDD* 为 4266、*CDD* 为 0）；
西藏自治区拉萨市属于寒冷 A 区（*HDD* 为 3425、*CDD* 为 0）；
陕西省西安市属于寒冷 B 区（*HDD* 为 2178、*CDD* 为 153）；
甘肃省兰州市属于寒冷 A 区（*HDD* 为 3094、*CDD* 为 10）；
青海省西宁市属于严寒 C 区（*HDD* 为 4478、*CDD* 为 0）；
宁夏回族自治区银川市属于寒冷 A 区（*HDD* 为 3472、*CDD* 为 11）；
新疆维吾尔自治区乌鲁木齐市属于严寒 C 区（*HDD* 为 4329、*CDD* 为 36）。

居住建筑的体形系数限值　　表 1-100

地区 \ 层数	建筑层数			
	≤3 层	4～8 层	9～13 层	≥14 层
严寒地区	0.50	0.30	0.28	0.25
寒冷地区	0.52	0.33	0.30	0.26

4）窗墙面积比

建筑物的窗墙面积比不应大于表 1-101 的规定，当窗墙面积比大于规定的限值时，则必须进行围护结构热工性能的权衡判断。在权衡判断时，各朝向窗墙面积比最大也只能比表 1-101 中的对应值大 0.1。

严寒和寒冷地区居住建筑的窗墙面积比限值　　表 1-101

朝　向	窗墙面积比	
	严寒地区	寒冷地区
北	0.25	0.30
东、西	0.30	0.35
南	0.45	0.50

注：1. 敞开式阳台的阳台门上部透明部分计入窗户面积，下部不透明部分不计入窗户面积。

2. 表中的窗墙面积比按开间计算。表中的“北”代表从北偏东小于 60°至北偏西小于 60°的范围；“东、西”代表从东或西偏北不大于 30°至偏南小于 60°的范围；“南”代表从南偏东不大于 30°至偏西不大于 30°的范围。

5）热工性能参考限值

（1）严寒（A）区围护结构热工性能参数限值详表1-102。

严寒（A）区围护结构热工性能参数限值　　表1-102

围护结构部位		传热系数 K［W/（m²·K）］		
		≤3层建筑	4～8层的建筑	≥9层建筑
屋面		0.20	0.25	0.25
外墙		0.25	0.40	0.50
架空或外挑楼板		0.30	0.40	0.40
非采暖地下室顶板		0.35	0.45	0.45
分隔采暖与非采暖空间的隔墙		1.20	1.20	1.20
分隔采暖与非采暖空间的户门		1.50	1.50	1.50
阳台门下部门芯板		1.20	1.20	1.20
外窗	窗墙面积比≤0.2	2.00	2.50	2.50
	0.2＜窗墙面积比≤0.3	1.80	2.00	2.20
	0.3＜窗墙面积比≤0.4	1.60	1.80	2.00
	0.4＜窗墙面积比≤0.45	1.50	1.60	1.80
围护结构部位		保温材料层热阻 R［（m²·K）/W］		
周边地面		1.70	1.40	1.10
地下室外墙（与土壤接触的外墙）		1.80	1.50	1.20

（2）严寒（B）区围护结构热工性能参数限值详表1-103。

严寒（B）区围护结构热工性能参数限值　　表1-103

围护结构部位	传热系数 K［W/（m²·K）］		
	≤3层建筑	4～8层的建筑	≥9层建筑
屋面	0.25	0.30	0.30
外墙	0.30	0.45	0.55
架空或外挑楼板	0.30	0.45	0.45
非采暖地下室顶板	0.35	0.50	0.50

续表

围护结构部位		传热系数 K [W/（m^2·K)]		
		≤3 层建筑	4～8 层的建筑	≥9 层建筑
分隔采暖与非采暖空间的隔墙		1.20	1.20	1.20
分隔采暖与非采暖空间的户门		1.50	1.50	1.50
阳台门下部门芯板		1.20	1.20	1.20
外窗	窗墙面积比≤0.2	2.00	2.50	2.50
	0.2<窗墙面积比≤0.3	1.80	2.20	2.20
	0.3<窗墙面积比≤0.4	1.60	1.90	2.00
	0.4<窗墙面积比≤0.45	1.50	1.70	1.80
围护结构部位		保温材料层热阻 R [（m^2·K）/W]		
周边地面		1.40	1.10	0.83
地下室外墙（与土壤接触的外墙）		1.50	1.20	0.91

（3）严寒（C）区围护结构热工性能参数限值详表 1-104。

严寒（C）区围护结构热工性能参数限值　　表 1-104

围护结构部位		传热系数 K [W/（m^2·K)]		
		≤3 层建筑	4～8 层的建筑	≥9 层建筑
屋面		0.30	0.40	0.40
外墙		0.35	0.50	0.60
架空或外挑楼板		0.35	0.50	0.50
非采暖地下室顶板		0.50	0.60	0.60
分隔采暖与非采暖空间的隔墙		1.50	1.50	1.50
分隔采暖与非采暖空间的户门		1.50	1.50	1.50
阳台门下部门芯板		1.20	1.20	1.20
外窗	窗墙面积比≤0.2	2.00	2.50	2.50
	0.2<窗墙面积比≤0.3	1.80	2.20	2.20
	0.3<窗墙面积比≤0.4	1.60	2.00	2.00
	0.4<窗墙面积比≤0.45	1.50	1.80	1.80
围护结构部位		保温材料层热阻 R [（m^2·K）/W]		
周边地面		1.10	0.83	0.56
地下室外墙（与土壤接触的外墙）		1.20	0.91	0.61

(4) 寒冷(A)区围护结构热工性能参数限值详表1-105。

寒冷(A)区围护结构热工性能参数限值　　表1-105

围护结构部位		传热系数 K [W/(m^2·K)]		
		≤3层建筑	4～8层建筑	≥9层建筑
屋面		0.35	0.45	0.45
外墙		0.45	0.60	0.70
架空或外挑楼板		0.45	0.60	0.60
非采暖地下室顶板		0.50	0.65	0.65
分隔采暖与非采暖空间的隔墙		1.50	1.50	1.50
分隔采暖与非采暖空间的户门		2.00	2.00	2.00
阳台门下部门芯板		1.70	1.70	1.70
外窗	窗墙面积比≤0.2	2.80	3.10	3.10
	0.2<窗墙面积比≤0.3	2.50	2.80	2.80
	0.3<窗墙面积比≤0.4	2.00	2.50	2.50
	0.4<窗墙面积比≤0.5	1.80	2.00	2.30
围护结构部位		保温材料层热阻 R [(m^2·K)/W]		
周边地面		0.83	0.56	—
地下室外墙(与土壤接触的外墙)		0.91	0.61	—

(5) 寒冷(B)区围护结构热工性能参数限值详表1-106。

寒冷(B)区围护结构热工性能参数限值　　表1-106

围护结构部位		传热系数 K [W/(m^2·K)]		
		≤3层建筑	4～8层的建筑	≥9层建筑
屋面		0.35	0.45	0.45
外墙		0.45	0.60	0.70
架空或外挑楼板		0.45	0.60	0.60
非采暖地下室顶板		0.50	0.65	0.65
分隔采暖与非采暖空间的隔墙		1.50	1.50	1.50
分隔采暖与非采暖空间的户门		2.00	2.00	2.00
阳台门下部门芯板		1.70	1.70	1.70
外窗	窗墙面积比≤0.2	2.80	3.10	3.10
	0.2<窗墙面积比≤0.3	2.50	2.80	2.80
	0.3<窗墙面积比≤0.4	2.00	2.50	2.50
	0.4<窗墙面积比≤0.45	1.80	2.00	2.30
围护结构部位		保温材料层热阻 R [(m^2·K)/W]		
周边地面		0.83	0.56	—
地下室外墙(与土壤接触的外墙)		0.91	0.61	—

(6) 寒冷(B)区外窗综合遮阳系数限值详表1-107。

寒冷（B）区外窗综合遮阳系数限值　　表 1-107

围护结构部位		遮阳系数 SC（东、西向/南、北向）		
		≤3层建筑	4~8层的建筑	≥9层建筑
外窗	窗墙面积比≤0.2	—/—	—/—	—/—
	0.2<窗墙面积比≤0.3	—/—	—/—	—/—
	0.3<窗墙面积比≤0.4	0.45/—	0.45/—	0.45/—
	0.4<窗墙面积比≤0.5	0.35/—	0.35/—	0.35/—

6）构造要求

（1）楼梯间及外走廊与室外连接的开口处应设置窗或门，且该窗或门应能密闭。严寒A区和严寒B区的楼梯间宜采暖，设置采暖的楼梯间的外墙和外窗应采取保温措施。

（2）寒冷B区建筑的南向外窗（包括阳台的透明部分）宜设置水平遮阳或活动遮阳。东、西向的外窗宜设置活动遮阳。

（3）居住建筑不宜设置凸窗。严寒地区除南向外不应设置凸窗。寒冷地区北向的卧室、起居室不得设置凸窗。

当设置凸窗时，凸窗凸出（从外墙面至凸窗外表面）不应大于400mm。凸窗的传热系数限值应比普通窗降低15%，且其不透明的顶部、底部、侧面的传热系数应不大于外墙的传热系数。当计算窗墙面积比时，凸窗的窗面积和凸窗所占的墙面积应按窗洞口面积计算。

（4）外窗及敞开式阳台门应具有良好的密闭性能。严寒地区外窗及敞开式阳台门的气密性等级不应低于现行国家标准《建筑外门窗气密、水密、抗风压性能分级及检测方法》GB/T 7106—2008中规定的6级。寒冷地区1~6层的外窗及敞开式阳台门的气密性等级不应低于现行国家标准《建筑外门窗气密、水密、抗风压性能分级及检测方法》GB/T 7106—2008中规定的4级，7层及7层以上不应低于6级。

（5）封闭式阳台的保温应符合下列规定：

① 阳台和直接连通的房间之间应设置隔墙和门、窗。

② 当阳台和直接连通的房间之间不设置隔墙和门、窗时，应将阳台作为所连通房间的一部分。阳台与室外空气接触的墙板、顶板、地板的传热系数必须符合围护结构热工性能的相关要求，阳台的窗墙面积比也应符合围护结构热工性能的相关要求。

③ 当阳台和直接连通的房间之间设置隔墙和门、窗，且所设隔墙、门、窗的传热系数不大于相关限值，窗墙面积比不超过规定的限值时，可不对阳台外表面作特殊热工要求。

④ 当阳台和直接连通的房间之间设置隔墙和门、窗，且所设隔墙、门、窗的传热系数大于相关规定时，阳台与室外空气接触的墙板、顶板、地板的传热系数不应大于规定数值的120%，严寒地区阳台窗的传热系数不应大于2.50W/（m^2·K），寒冷地区阳台窗的传热系数不应大于3.10 W/（m^2·K），阳台外表面的窗墙面积比不应大于60%。阳台和直接连通的房间隔墙的窗墙面积比不应超过规定的限值，当阳台的面宽小于直接连通房间的开间宽度时，可按房间的开间计算隔墙的窗墙面积比。

⑤ 外窗（门）框与墙体之间的缝隙，应采用高效保温材料填堵，不应采用普通水泥

砂浆补缝。

⑥ 外窗（门）洞口室外部分的侧墙面应作保温处理，并应保证窗（门）洞口室内部分的侧墙面的内表面温度不低于室内空气设计温度、湿度条件下的露点温度，减少附加热损失。

⑦ 外墙与屋面的热桥部位均应进行保温处理，以保证热桥部位的内表面温度在室内空气设计温度、湿度条件下不低于露点温度。

⑧ 地下室外墙应根据地下室的不同用途，采取合理的保温措施。

81. 夏热冬冷地区的节能标准要求有哪些?

夏热冬冷地区指的是我国长江流域及其周围地区，涉及 16 个省、自治区、直辖市。代表性城市有上海、南京、杭州、长沙、武汉、重庆、南昌、成都、贵阳等。

《夏热冬冷地区居住建筑节能设计标准》JGJ 134—2010 中规定：

1）建筑布置

（1）建筑群的规划布置、建筑物的平面布置与立面设计应有利于自然通风。

（2）建筑物宜朝向南北或接近南北。

2）体形系数

建筑物的体形系数应符合表 1-108 的规定，如果体形系数不满足表的规定时，则必须进行建筑围护结构热工性能的综合判断。

居住建筑的体形系数限值　　　表 1-108

建筑层数	≤3 层	4～11 层	≥12 层
建筑的体形系数	0.55	0.40	0.35

3）传热系数（K）和热惰性指标（D）的限值

围护结构各部分的传热系数和热惰性指标应符合表 1-109 的规定。当建筑的围护结构的屋面、外墙、架空或外挑楼板、外窗不符合表的规定时，必须进行建筑围护结构热工性能的综合判断。

围护结构各部分的传热系数（K）和热惰性指标（D）的限值　　　表 1-109

围护结构部位		传热系数 K [W/（m^2·K）]	
		惰性指标 $D \leqslant 2.5$	惰性指标 $D>2.5$
体形系数不大于 0.40	屋面	0.8	1.0
	外墙	1.0	1.5
	底面接触室外空气的架空或外挑楼板	1.5	
	分户墙、楼板、楼梯间隔墙、外走廊隔墙	2.0	
	户门	3.0（通往封闭空间） 2.0（通往非封闭空间或户外）	
	外窗（含阳台门的透明部分）	2.8	

续表

围护结构部位		传热系数 K［W/（m²·K）］	
		惰性指标 D≤2.5	惰性指标 D>2.5
体形系数大于0.40	屋面	0.5	0.6
	外墙	0.8	1.0
	底面接触室外空气的架空或外挑楼板	1.0	
	分户墙、楼板、楼梯间隔墙、外走廊隔墙	2.0	
	户门	3.0（通往封闭空间） 2.0（通往非封闭空间或户外）	
	外窗（含阳台门的透明部分）	2.8	

4）窗墙面积比

不同朝向外窗（包括阳台门的透明部分）的窗墙面积比不应超过表1-110规定的限值。不同朝向、不同窗墙面积比的外窗传热系数不应大于表1-111规定的限值；综合遮阳系数应符合表1-111的规定。当外窗为凸窗时，凸窗的传热系数应比1-111规定的限值小10%；计算窗墙面积比时，凸窗的面积按洞口面积计算。

不同朝向窗墙面积比的限值　表1-110

朝　向	窗墙面积比	朝　向	窗墙面积比
北	0.40	南	0.45
东、西	0.35	每套房间允许一个房间（不分朝向）	0.60

不同朝向、不同窗墙面积比的外窗传热系数和综合遮阳系数的限值　表1-111

建筑	窗墙面积比	传热系数 K［W/（m²·K）］	外窗综合遮阳系数 SC_W（东、西向/南向）
体形系数不大于0.40	窗墙面积比≤0.20	4.7	—/—
	0.20<窗墙面积比≤0.30	4.0	—/—
	0.30<窗墙面积比≤0.40	3.2	夏季≤0.40 / 夏季≤0.45
	0.40<窗墙面积比≤0.45	2.8	夏季≤0.35 / 夏季≤0.40
	0.45<窗墙面积比≤0.60	2.5	东、西、南向设置外遮阳 夏季≤0.25/冬季≥0.60
体形系数大于0.40	窗墙面积比≤0.20	4.0	—/—
	0.20<窗墙面积比≤0.30	3.2	—/—
	0.30<窗墙面积比≤0.40	2.8	夏季≤0.40 / 夏季≤0.45
	0.40<窗墙面积比≤0.45	2.5	夏季≤0.35 / 夏季≤0.40
	0.45<窗墙面积比≤0.60	2.3	东、西、南向设置外遮阳 夏季≤0.25/冬季≥0.60

注：1. 表中的“东、西”代表从东或西偏北30°（含30°）至偏南60°（含60°）的范围；“南”代表从南偏东30°至偏西30°的范围。

2. 楼梯间、外走廊的窗不按本表规定执行。

5）构造要求

（1）东偏北 30°至东偏南 60°，西偏北 30°至西偏南 60°范围内的外窗应设置挡板式遮阳或可以遮住窗户正面的活动外遮阳，南向的外窗宜设置水平遮阳或可以遮住窗户正面的活动外遮阳。各朝向的窗户，当设置了可以遮住正面的活动外遮阳（如卷帘、百叶窗等）时，应认定满足表 1-111 对外窗遮阳的要求。

（2）外窗可开启面积（含阳台门面积）不应小于外窗所在房间地面面积的 5%，多层住宅外窗宜采用平开窗。

（3）建筑物 1～6 层的外窗及敞开式阳台门的气密性等级，不应低于现行国家标准《建筑外窗气密、水密、抗风压性能分级及其检测方法》GB/T 7106—2008 规定的 4 级；7 层及 7 层以上的外窗及阳台门的气密性等级，不应低于该标准规定的 6 级。

（4）当外窗采用凸窗时，应符合下列规定：

① 窗的传热系数限值应比表 1-111 的相应数值小 10%；

② 计算窗墙面积比时，凸窗的面积按窗洞口面积计算；

③ 对凸窗不透明的上顶板、下底板和侧板，应进行保温处理，且板的传热系数不应低于外墙的传热系数的限值要求。

（5）围护结构的外表面宜采用浅色饰面材料。平屋顶宜采用绿化、涂刷隔热涂料等隔热措施。

（6）采用分体式空气调节器（含风管机、多联机）时，室外机的安装位置应符合下列规定：

① 应稳定牢固，不应存在安全隐患；

② 室外机的换热器应通风良好，排出空气与吸入空气之间应避免气流短路；

③ 应便于室外机的维护；

④ 应尽量减小对周围环境的热影响和噪声影响。

82. 夏热冬暖地区的节能标准要求有哪些?

夏热冬暖地区指的是我国广东、广西、福建、海南等省区。这个地区的特点是夏季炎热干燥、冬季温和多雨。代表性城市有广州、南宁、福州、海口等。

《夏热冬暖地区居住建筑节能设计标准》JGJ 75—2012 中指出：

1）夏热冬暖地区的子气候区

（1）北区：建筑节能设计主要考虑夏季空调，兼顾冬季采暖。代表城市有柳州、英德、龙岩等。

（2）南区：建筑节能设计主要考虑夏季空调，不考虑冬季采暖。代表城市有南宁、百色、凭祥、漳州、厦门、广州、汕头、香港、澳门等。

2）设计指标

（1）夏季空调室内设计计算温度为 26℃，换气次数为 1.0 次/h。

（2）北区冬季采暖室内设计计算温度为 16℃，换气次数为 1.0 次/h。

3）建筑和建筑热工节能设计

（1）建筑群的总体规划应有利于自然通风和减轻热岛效应。建筑的平面、立面设计应有利于自然通风。

（2）居住建筑的朝向宜采用南北向或接近南北向。

（3）北区内，单元式、通廊式住宅的体形系数不宜超过 0.35，塔式住宅的体形系数不宜大于 0.40。

（4）各朝向的单一朝向窗墙面积比：南北向不应大于 0.40，东、西向不应大于 0.30。

（5）建筑的卧室、书房、起居室等主要房间的窗地面积比不应小于 1/7。当房间的窗地面积比小于 1/5 时，外窗玻璃的可见光透射比不应小于 0.40。

（6）居住建筑的天窗面积不应大于屋顶总面积的 4%，传热系数不应大于 4.00W/(m^2·K)，遮阳系数不应大于 4.00W/(m^2·K)。

（7）居住建筑屋顶和外墙的传热系数和热惰性指标应符合表 1-112 的规定。

居住建筑屋顶和外墙的传热系数 K [W/(m^2·K)] 和热惰性指标 D　　表 1-112

屋顶	外墙
$0.4<K\leqslant0.9$，$D\geqslant2.5$	$2.0<K\leqslant2.5$，$D\geqslant3.0$ 或 $1.5<K\leqslant2.0$，$D\geqslant2.8$ 或 $0.7<K\leqslant1.5$，$D\geqslant2.5$
$K\leqslant0.4$	$K\leqslant0.7$

注：1. $D<2.5$ 的轻质屋顶和东、西墙还应满足现行国家标准《民用建筑热工设计规范》GB 50176—93 所规定的隔热要求。

2. 传热系数 K 和热惰性指标 D 的要求中，$2.0<K\leqslant2.5$，$D\geqslant3.0$ 这一档次仅适用于南区。

（8）居住建筑外窗的平均传热系数和平均综合遮阳系数应符合表 1-113 和表 1-114 的规定。

北区居住建筑外窗的平均传热系数和平均综合遮阳系数限值　　表 1-113

外墙平均指标	外窗平均传热系数 K [W/(m^2·K)]	外墙加权平均综合遮阳系数 S_W			
		平均窗地面积比 $C_{MF}\leqslant0.25$ 或平均窗墙面积比 $C_{MW}\leqslant0.25$	平均窗地面积比 $0.25<C_{MF}\leqslant0.30$ 或平均窗墙面积比 $0.25<C_{MW}\leqslant0.30$	平均窗地面积比 $0.30<C_{MF}\leqslant0.35$ 或平均窗墙面积比 $0.30<C_{MW}\leqslant0.35$	平均窗地面积比 $0.35<C_{MF}\leqslant0.40$ 或平均窗墙面积比 $0.35<C_{MW}\leqslant0.40$
$K\leqslant2.0$ $D\geqslant2.8$	4.0	≤0.3	≤0.2	—	—
	3.5	≤0.5	≤0.3	≤0.2	—
	3.0	≤0.7	≤0.5	≤0.4	≤0.3
	2.5	≤0.8	≤0.6	≤0.6	≤0.4
$K\leqslant1.5$ $D\geqslant2.5$	6.0	≤0.6	≤0.3	—	—
	5.5	≤0.8	≤0.4	—	—
	5.0	≤0.9	≤0.6	≤0.3	—
	4.5	≤0.9	≤0.7	≤0.5	≤0.2
	4.0	≤0.9	≤0.8	≤0.6	≤0.4
	3.5	≤0.9	≤0.9	≤0.7	≤0.5
	3.0	≤0.9	≤0.9	≤0.8	≤0.6
	2.5	≤0.9	≤0.9	≤0.9	≤0.7
$K\leqslant1.0$ $D\geqslant2.5$ 或 $K\leqslant0.7$	6.0	≤0.9	≤0.9	≤0.6	≤0.2
	5.5	≤0.9	≤0.9	≤0.7	≤0.4
	5.0	≤0.9	≤0.9	≤0.8	≤0.6
	4.5	≤0.9	≤0.9	≤0.8	≤0.7
	4.0	≤0.9	≤0.9	≤0.9	≤0.7
	3.5	≤0.9	≤0.9	≤0.9	≤0.8

南区居住建筑外窗平均综合遮阳系数限值　　表 1-114

外墙平均指标（$\rho \leqslant 0.8$）	外窗的加权平均综合遮阳系数 S_W				
	平均窗地面积比 $C_{MF} \leqslant 0.25$ 或平均窗墙面积比 $C_{MW} \leqslant 0.25$	平均窗地面积比 $0.25 < C_{MF} \leqslant 0.30$ 或平均窗墙面积比 $0.25 < C_{MW} \leqslant 0.30$	平均窗地面积比 $0.30 < C_{MF} \leqslant 0.35$ 或平均窗墙面积比 $0.30 < C_{MW} \leqslant 0.35$	平均窗地面积比 $0.35 < C_{MF} \leqslant 0.40$ 或平均窗墙面积比 $0.35 < C_{MW} \leqslant 0.45$	平均窗地面积比 $0.405 < C_{MF} \leqslant 0.45$ 或平均窗墙面积比 $0.40 < C_{MW} \leqslant 0.45$
$K \leqslant 2.5$ $D \geqslant 3.0$	≤0.5	≤0.4	≤0.3	≤0.2	—
$K \leqslant 2.0$ $D \geqslant 2.8$	≤0.6	≤0.5	≤0.4	≤0.3	≤0.2
$K \leqslant 1.5$ $D \geqslant 2.5$	≤0.8	≤0.7	≤0.6	≤0.5	≤0.4
$K \leqslant 1.0$ $D \geqslant 2.5$ 或 $K \leqslant 0.7$	≤0.9	≤0.8	≤0.7	≤0.6	≤0.5

（9）居住建筑的东、西向外窗必须采取建筑外遮阳措施，建筑外遮阳系数 SD 不应大于 0.8。

（10）居住建筑南、北向外窗应采取建筑外遮阳措施，建筑外遮阳系数 SD 不应大于 0.9。当采用水平、垂直或综合建筑外遮阳构造时，外遮阳的挑出长度不应小于表 1-115 的规定。

建筑外遮阳构造的挑出长度限值（m）　　表 1-115

朝向	南			北		
遮阳形式	水平	垂直	综合	水平	垂直	综合
北区	0.25	0.20	0.15	0.40	0.25	0.15
南区	0.30	0.25	0.15	0.45	0.30	0.20

（11）窗口的建筑外遮阳系数 SD：北区建筑应采用冬季和夏季遮阳系数的平均值，南区应采用夏季的遮阳系数。窗口上方的上一楼层阳台和外廊应作为水平遮阳计算；同一立面对相邻立面上的多个窗口形成自遮挡时，应逐一窗口计算。典型形式的建筑外遮阳系数可按表 1-116 取值。

典型形式的建筑外遮阳系数 *SD*　　表 1-116

遮　阳　形　式	建筑外遮阳系数 SD
可完全遮挡直射阳光的固定百叶、固定挡板、遮阳板等	0.5
可基本遮挡直射阳光的固定百叶、固定挡板、遮阳板等	0.7
较密的花格	0.7
可完全覆盖窗的不透明活动百叶、金属卷帘	0.5
可完全覆盖窗的织物卷帘	0.7

注：位于窗口上方的上一楼层的阳台也作为遮阳板考虑。

（12）外窗（包含阳台门）的通风开口面积不应小于房间地面面积的10%或外窗面积的45%。

（13）居住建筑应能自然通风，每户至少应有1个居住房间通风开口和通风路径的设计满足自然通风要求。

（14）居住建筑1～9层外窗的气密性能不应低于现行国家标准《建筑外门窗气密、水密、抗压性能分级及检测方法》GB/T 7106—2008中规定的4级水平；10层及10层以上应满足上述规范的6级水平。

（15）居住建筑的屋顶和外墙宜采用下列隔热措施：

① 反射隔热外饰面；

② 屋顶内设置贴铝箔的封闭空气间层；

③ 用含水多孔材料做屋面或外墙面的面层；

④ 屋面蓄水；

⑤ 屋面遮阳；

⑥ 屋面种植；

⑦ 东、西外墙采用花格构件或植物遮阳。

83. 居住建筑节能标准的规定有哪些?

依据《居住建筑节能设计标准》DB 11/891—2012（北京市地方标准）的规定摘编：

1）节能设计的一般规定

（1）建筑群的规划布置、建筑物的平面和立面设计，应有利于冬季日照和避风、夏季自然通风。

（2）建筑物的朝向和布置宜满足下列要求：

①朝向采用南北向或接近南北向；

②建筑物不宜设有三面外墙的房间；

③主要房间避开冬季最多频率风向（北向及西北向）。

（3）建筑物的体形系数S：

①建筑层数≤3层时体形系数S为0.52；

②建筑层数在4～8层时体形系数S为0.33；

③建筑层数在9～13层时体形系数S为0.30；

④建筑层数≥14层时体形系数S为0.26。

（4）普通住宅的层高不宜高于2.80m。

（5）居住建筑的窗墙面积比M_1。

①计算原则

a. 敞开式阳台的阳台门计入窗户面积；

b. 凸窗的窗面积按窗洞口面积计算；

c. 封闭式阳台的窗墙面积比的计算标准为：

a）与直接相通房间之间设置保温隔墙和门窗时，按阳台内侧与房间相邻的围护结构面积计算，阳台门计入窗户面积；

b）与直接相通房间之间无保温隔墙和门窗隔断时，按阳台外侧围护结构计算。

②具体数值

不同朝向的窗墙面积比 M_1 限值和最大值见表 1-117。

不同朝向的窗墙面积比 M_1 限值和最大值　　表 1-117

朝向	M_1 限值	M_1 最大值
北	0.30	0.40
东、西	0.35	0.45
南	0.50	0.60

注：1. 北向指的是从北偏东＜60°至北偏西＜60°的范围；

2. 东、西向指的是从包括从东或西偏北≤30°至偏南＜60°的范围；

3. 南向指的是从南偏东≤30°至偏西≤30°的范围。

（6）平屋顶的屋顶透明部分的总面积不应大于平屋顶总面积的 5%；坡屋顶房间的窗户为采光窗时，开窗面积不应超过所在房间面积的 1/11。

（7）安装太阳能热水系统装置的住宅屋顶应满足下列规定：

①无南向遮挡的平屋面和南向坡屋面的最小投影面积不应小于计算集热器总面积的 2.5 倍；

②屋面装饰构架等设施不应影响太阳能集热板的日照要求；

③女儿墙实体部分高度距屋面完成面不宜大于 1.10m。

2）节能设计的构造要求

（1）外墙需保温时，应采用外保温构造。当确有困难无法实施外保温而采用内保温时，热桥部位应采取可靠的保温或阻断热桥的措施，并采取可靠的防潮措施。

（2）建筑各部分围护结构的传热系数 K 限值见表 1-118。

建筑各部分围护结构的传热系数 K 限值　　表 1-118

序号	围护结构			≤3 层建筑	4～8 层的建筑	≥9 层建筑
				K [W/(m²·K)]		
1	外窗、阳台门（窗）	北向	$M_1 \leqslant 0.20$	1.80	2.00	2.00
			$M_1 > 0.20$	1.50	1.80	1.80
		东、西向	$M_1 \leqslant 0.25$	1.80	2.00	2.00
			$M_1 > 0.25$	1.50	1.80	1.80
		南向	$M_1 \leqslant 0.40$	1.80	2.00	2.00
			$M_1 > 0.40$	1.50	1.80	1.80
2	屋顶透明部分			1.80	2.00	2.00
3	屋顶			0.30	0.35	0.40
4	外墙			0.35	0.40	0.45
5	架空或外挑楼板			0.35	0.40	0.45
6	不供暖地下室顶板			0.50	0.50	0.50
7	分隔供暖与非供暖空间隔墙			1.50	1.50	1.50
8	户门			2.00	2.00	2.00
9	单元外门			3.00	3.00	3.00
10	变形缝墙（两侧墙内保温）			0.60	0.60	0.60

注：1. 坡屋顶与水平面的夹角≥45°时，按外墙计；＜45°时，按屋顶计。

2. 底层别墅供暖房间与室外直接接触的外门应按阳台门计。

3. 当沿变形缝外侧的垂直面高度方向和水平面水平方向填满保温材料，向缝内填充深度均不小于 300mm，且保温材料导热系数不大于 0.045W/（m²·K）时，可认为达到限值要求。

（3）东、西向开间窗墙面积比 M_2 大于 0.3 的房间，外窗的综合遮阳系数 SC 应符合下列规定：

①$M_2 \leqslant 0.4$ 时，SC 不应大于 0.45；

②$M_2 > 0.4$ 时，SC 不应大于 0.35。

注：1. 设置了展开或关闭后可以全部遮蔽窗户的活动外遮阳装置视为满足要求；
2. 封闭式阳台，阳台与房间之间设置了能完全隔断的门窗视为满足要求。

（4）凸窗的设置应符合下列规定：

①北向房间不得设置凸窗。

②其他朝向不宜设置凸窗，当设置凸窗时，应符合下列规定：

a. 凸窗凸出（从外墙外表面至凸窗外表面）不应大于 500mm；

b. 凸窗的传热系数不应大于外窗的传热系数限值，不透明的顶部、底部、侧面的传热系数不应大于外墙的传热系数限值。

（5）阳台和室外平台的热工设计应符合下列规定：

①敞开式阳台内侧的建筑外墙和阳台门（窗）：与直接相通房间之间不设置门窗的封闭式阳台，阳台外侧与室外空气接触的围护结构以及与直接相通房间之间设置隔墙和门窗的封闭式阳台，阳台内侧的隔墙和门窗或阳台外侧与室外空气接触的围护结构均应分别满足表 1-118 的相关规定。

②当封闭式阳台内侧设置保温门窗时，保温门窗应与建筑工程同步设计、施工和验收。

③与直接相通房间不设置门窗，以及设置隔墙和门窗、但保温设在阳台外侧的封闭式阳台，应按阳台门冬季经常开启考虑，将阳台作为所联通房间的一部分。

④室外平台的传热系数不应大于屋顶传热系数的限值。

（6）楼梯间和其他套外公共空间的热工设计应符合下列要求：

①楼梯间、外走廊等套外公共空间与室外连接的开口处应设置窗或门，且该门和窗应能完全关闭。

②建筑物出入口宜设置过渡空间和双道门。

③围护结构的传热系数应符合表 1-118 的规定。

（7）外窗、敞开式阳台的阳台门（窗）应具有良好的密闭性能，其气密性等级不应低于国家标准规定的 7 级。

（8）建筑遮阳设施的设置应符合下列规定：

①东、西向主要房间的外窗（不包括封闭式阳台的透明部分）应设置展开或关闭后，可以全部遮蔽窗户的活动外遮阳。

②南向外窗宜设置水平外遮阳或活动外遮阳。

注：三玻中间遮阳窗，靠近室内的玻璃或窗扇为双玻（中空），且遮阳部件关闭时可以全部遮蔽窗户，冬季可以完全收起，等同于可以全部遮蔽窗户的活动外遮阳。

（9）居住建筑外窗的实际开启面积，不应小于所在房间面积的 1/15，并应采取可以调节换气量的措施。

（10）外围护结构的下列部位应进行详细的构造设计：

①外保温的外墙和屋顶宜减少混凝土出挑构件、附墙部件、屋顶突出物等；当外墙和

屋顶有出挑构件、附墙部件和突出物时。应采取隔热断桥或保温措施。

②外墙采用外保温时，外窗宜靠外墙主体部分的外侧设置，否则外窗（外门）口外侧四周墙面应进行保温处理。

③外窗（门）框与墙体之间的缝隙，应采用高效保温材料填堵，不得采用普通水泥砂浆补缝。

④变形缝墙应采取保温措施，且缝外侧应封闭。当变形缝内填充保温材料时，应沿高度方向填满，且缝两边水平方向填充深度均不应小于 300mm；当采用在缝的两侧墙做内保温时，每一侧内保温墙的传热系数不应大于表 1-118 的限值。

84. 公共建筑的节能标准要求有哪些?

1）《公共建筑节能设计标准》DB 11/687—2009（北京市标准）中规定：

（1）建筑设计

① 建筑总平面的规划布置和平面设计，应有利于冬季日照和避风、夏季减少得热和充分利用自然通风。

② 建筑的主体朝向宜采用南北向或接近南北向，主要房间宜避开冬季最多频率风向（北向、西向）和夏季最大日照朝向（西向）。

③ 按照建筑物面积以及围护结构能耗占全年建筑总耗能的比例特征，划分为甲类建筑、乙类建筑和丙类建筑（具体划分标准可参见第 9 题）。

④ 建筑物的体形系数，不宜大于 0.4。

⑤ 公共建筑的窗墙面积比，应符合下列规定：

a. 甲类、乙类建筑每个朝向的窗（包括透明幕墙）墙面积比，不应大于 0.70。如不符合，应进行权衡判断；

b. 丙类建筑总窗（包括透明幕墙）墙面积比，不应大于 0.70；

c. 当单一朝向的窗墙面积比小于 0.40 时，玻璃（或其他透明材料）的可见光透射比不应小于 0.4。

注：“建筑物总窗墙面积比”系指各朝向外窗（包括透明幕墙）总面积之和与各朝向墙面（包括窗和透明幕墙）总面积之和的比值。

⑥ 屋顶透明部分的面积比例，应符合下列规定：

a. 甲类建筑不应大于屋顶总面积的 30%，乙类建筑不应大于屋顶总面积的 20%，若不符合应进行权衡判断；

b. 丙类建筑不应大于屋顶总面积的 30%。

⑦ 单一朝向外窗的实际可开启面积不应小于同朝向外墙总面积的 5%，单一朝向的透明幕墙实际可开启面积不应小于同朝向幕墙总面积的 5%。

注：外墙实际可开启面积应按下述方法计算：

——平开窗：当窗开启最大时，窗的侧向投影面积；

——上、下悬窗：当开启最大时，窗的水平投影面积。

⑧ 人员出入频繁的外门，应符合下列规定：

a. 朝向为北、东、西的外门设门斗或其他减少冷风进入的设施；

b. 高层建筑的平面布置，宜采取防止产生烟囱效应的措施。

⑨ 建筑总平面布置和建筑物内部的平面设计，应合理确定冷热源和风机机房的位置，应尽可能缩短冷热水系统和风系统的疏散距离。

(2) 围护结构热工指标的限值

① 甲类建筑围护结构的传热系数和其他热工指标，应符合表 1-119、表 1-120 的规定，若不能满足时，必须进行权衡判断。

甲类建筑屋顶传热系数和遮阳系数限值 **表 1-119**

透明部分与屋面之比 M	传热系数 K [W/(m²·K)]		遮阳系数 SC
	非透明部分	透明部分	
$M \leqslant 0.20$	≤0.60	≤2.70	≤0.50
$0.20 < M \leqslant 0.25$	≤0.55	≤2.40	≤0.40
$0.25 < M \leqslant 0.30$	≤0.50	≤2.20	≤0.30

甲类建筑其他围护结构传热系数和外窗遮阳系数限值 **表 1-120**

围护结构部位		传热系数 K [W/(m²·K)]	
外墙（包括非透明幕墙）		≤0.80	
底面接触室外空气的架空或外挑楼板		≤0.50	
非采暖空调房间与采暖空调房间的隔墙或楼板		≤1.50	
变形缝（两侧墙内保温时）		≤0.80	
外窗（包括透明玻璃）		传热系数 K_C [W/(m²·K)]	遮阳系数 SC（东、南、西向）
单一朝向外窗（包括透明幕墙）	窗墙面积比≤0.30	≤3.00	不限制
	0.30<窗墙面积比≤0.40	≤2.70	≤0.65
	0.40<窗墙面积比≤0.50	≤2.40	≤0.55
	0.50<窗墙面积比≤0.70	≤2.20	≤0.45

注：1. K_C 为窗的传热系数，不是窗玻璃的传热系数。

2. 有外遮阳时，遮阳系数=玻璃的遮阳系数（1－窗框比）×外遮阳的遮阳系数；无外遮阳时，遮阳系数=玻璃的遮阳系数×（1－窗框比）。

3. 朝向定义："北"代表从北偏东小于 60°至北偏西 60°的范围；"东、西"代表从东或西偏北不大于 30°至偏南小于 60°的范围；"南"代表从南偏东不大于 30°至偏西不大于 30°的范围。

4. 屋顶与外墙连成弧形整体时，弧形各点切线与水平面的夹角大于 45°的下部按外墙计、小于 45°的上部按屋顶计。

5. 外墙的传热系数为包括结构性热桥在内的平均传热系数。

6. 北向外窗（包括透明幕墙）的遮阳系数 SC 值不限制。

7. 围护结构的构造及其建筑热工特性指标示例可查阅北京市地方标准《公共建筑节能设计标准》DB 11/687—2009 附录。

8. 建筑物下部为裙房，上部有几栋外立面做法不同的大楼时，其裙房和每栋大楼的窗墙面积比可分别计算。

② 乙类建筑围护结构的传热系数和其他热工指标，应符合表 1-121 和表 1-122 的规定。若不能满足时，必须进行权衡判断。

乙类建筑外窗及屋顶透明部分传热系数和遮阳系数限值　　表 1-121

外窗（包括透明外墙）		体形系数不大于 0.30		体形系数大于 0.30	
		传热系数 K_C [W/(m²·K)]	传热系数 K_C [W/(m²·K)]	传热系数 K_C [W/(m²·K)]	传热系数 K_C [W/(m²·K)]
单一朝向外窗（包括透明幕墙）	窗墙面积比≤0.20	≤3.00	不限制	≤2.80	不限制
	0.20<窗墙面积比≤0.30	≤3.00	不限制	≤2.50	不限制
	0.30<窗墙面积比≤0.40	≤2.70	≤0.70	≤2.30	≤0.70
	0.40<窗墙面积比≤0.50	≤2.30	≤0.30	≤2.00	≤0.60
	0.50<窗墙面积比≤0.70	≤2.00	≤0.50	≤1.80	≤0.50
屋顶透明部分		≤2.70	≤0.50	≤2.70	≤0.50

乙类建筑其他围护结构传热系数限值　　表 1-122

围护结构部位	传热系数 K [W/(m²·K)]		
	体形系数≤0.30	0.30<体形系数≤0.40	体形系数>0.40
屋面	≤0.55	≤0.45	≤0.40
外墙（包括非透明幕墙）	≤0.60	≤0.50	≤0.45
底面接触室外空气的架空或外挑楼板	≤0.50	≤0.50	≤0.50
非采暖空调房间与采暖空调房间的隔墙或楼板	≤1.50	≤1.50	≤1.50
变形缝（两侧墙内保温时）	≤0.80	≤0.80	≤0.80

③ 丙类建筑围护结构的传热系数，必须符合表 1-123 的规定。

丙类建筑围护结构传热系数　　表 1-123

围护结构部位	传热系数 K [W/(m²·K)]
屋面	≤0.60
外墙（包括非透明幕墙）	≤0.60
外窗（包括透明幕墙）	≤2.80
屋顶透明部分	≤2.70
底面接触室外空气的架空或外挑楼板	≤0.50
非采暖空调房间与采暖空调房间的隔墙或楼板	≤1.50

注：1. 既不需要采暖、又不需要空调的丙类建筑可不执行本表规定。

2. 其他同表 1-120 的注 1、注 5、注 7。

④ 外窗和透明外墙的气密性能应符合下列要求：

a. 外窗的气密性不应低于 6 级；

b. 透明幕墙的气密性不应低于 2 级。

（3）围护结构的保温隔热和细部设计

① 外墙应采用外保温体系。当无法实施外保温时，才可采用内保温。

② 外墙采用外保温体系时，应对下列部位进行详细的构造设计：

a. 外墙出挑构件及附墙构件，如阳台、雨罩、靠外墙的阳台栏板、空调室外机搁板、附壁柱、凸窗、装饰线等均应采取隔热断桥和保温措施。

b. 变形缝内应填满保温材料或采取其他保温措施，当采用在缝两侧墙做内保温且变形缝外侧采用封闭措施时，其每一侧内保温墙的平均传热系数不应大于 0.8 W/(m^2 · K)。

③ 外墙采用内保温构造时，应充分考虑结构性热桥的影响，并应符合下列要求：

a. 外墙平均传热系数应不大于表 1-121、表 1-122 和表 1-123 的限值。

b. 热桥部位应采取可靠保温或“断桥”措施。

c. 按照现行国家标准《民用建筑热工设计规范》GB 50176—93 的规定，进行内部冷凝受潮验算和采取可靠的防潮措施。

④ 宜采取以下增强围护结构隔热性能的措施：

a. 西向和东向外窗，宜设置活动外遮阳设施。

b. 屋顶应采用通风屋面构造。

c. 钢结构等轻体结构体系建筑，其外墙宜采用设置通风间层的措施。

⑤ 外门和外窗的细部设计，应符合下列规定：

a. 门、窗框与墙体之间的缝隙，应采用高效保温材料填堵，不得采用普通水泥砂浆补缝。

b. 门、窗框四周与抹灰层之间的缝隙，宜采用保温材料和嵌缝密封膏密封，避免不同材料界面开裂，影响门、窗的热工性能；窗口外侧四周墙面，应进行保温处理。

c. 采用全玻璃幕墙时，隔墙、楼板或梁与幕墙之间的间隙，应填满保温材料。

2)《公共建筑节能设计标准》GB 50189—2015 的规定：

(1) 一般规定

①公共建筑的分类

a. 甲类公共建筑：单栋建筑面积大于 300m^2，或单栋建筑面积小于或等于 300m^2 且总建筑面积大于 1000m^2 的建筑群。

b. 乙类公共建筑：单栋建筑面积小于或等于 300m^2 的建筑。

②代表城市的建筑热工设计分区（表 1-124）

代表城市的建筑热工设计分区　　表 1-124

<table>
<tr><th colspan="2">气候分区及气候子区</th><th>代表城市</th></tr>
<tr><td rowspan="3">严寒地区</td><td>严寒 A 区</td><td rowspan="2">博客图、伊春、呼玛、海拉尔、满洲里、阿尔山、玛多、黑河、嫩江、海伦、齐齐哈尔、富锦、哈尔滨、牡丹江、大庆、安达、佳木斯、二连浩特、多伦、大柴旦、阿勒泰、那曲</td></tr>
<tr><td>严寒 B 区</td></tr>
<tr><td>严寒 C 区</td><td>长春、通化、延吉、通辽、四平、抚顺、阜新、沈阳、本溪、鞍山、呼和浩特、包头、鄂尔多斯、赤峰、额济纳旗、大同、乌鲁木齐、克拉玛依、酒泉、西宁、日喀则、甘孜、康定</td></tr>
<tr><td rowspan="2">寒冷地区</td><td>寒冷 A 区</td><td rowspan="2">丹东、大连、张家口、承德、唐山、青岛、洛阳、太原、阳泉、晋城、天水、榆林、延安、宝鸡、银川、平凉、兰州、喀什、伊宁、阿坝、拉萨、林芝、北京、天津、石家庄、保定、邢台、济南、德州、兖州、郑州、安阳、徐州、运城、西安、咸阳、吐鲁番、库尔勒、哈密</td></tr>
<tr><td>寒冷 B 区</td></tr>
</table>

续表

气候分区及气候子区		代表城市
夏热冬冷地区	夏热冬冷A区	南京、蚌埠、盐城、南通、合肥、安庆、九江、武汉、黄石、岳阳、汉中、安康、上海、杭州、宁波、温州、宜昌、长沙、南昌、株洲、永州、赣州、韶关、桂林、重庆、达县、万州、涪陵、南充、宜宾、成都、遵义、凯里、绵阳、南平
	夏热冬冷B区	
夏热冬暖地区	夏热冬暖A区	福州、莆田、龙岩、梅州、兴宁、英德、河池、柳州、贺州、泉州、厦门、广州、深圳、湛江、汕头、南宁、北海、梧州、海口、三亚
	夏热冬暖B区	
温和地区	温和A区	昆明、贵阳、丽江、会泽、腾冲、保山、大理、楚雄、曲靖、泸西、屏边、广南、兴义、独山
	温和B区	瑞丽、耿马、临沧、澜沧、思茅、江城、蒙自

③建筑群的总体规划应考虑减轻热岛效应。建筑的总体规划和总平面设计应有利于自然通风和冬季日照。建筑的主朝向宜选择本地区最佳朝向或适宜朝向，且宜避开冬季主导风向。

④建筑设计应遵循被动节能措施优先的原则，充分利用天然采光、自然通风，结合围护结构保温隔热和遮阳措施，降低建筑的用能要求。

⑤建筑体形宜规整紧凑，避免过多的凹凸变化。

⑥建筑总平面设计及平面布置应合理确定能源设备机房的位置，缩短能源供应输送距离。同一公共建筑的冷热源机房宜位于或靠近冷热负荷中心位置集中设置。

（2）建筑设计

①严寒和寒冷地区公共建筑体形系数应符合表1-125的规定：

严寒和寒冷地区公共建筑的体形系数　　表1-125

单栋建筑面积 A（m^2）	建筑体形系数
$300<A\leqslant800$	≤0.50
$A>800$	≤0.40

②严寒地区的甲类公共建筑各单一立面窗墙面积比（包括透光幕墙）均不宜大于0.60。其他地区甲类公共建筑各单一立面窗墙面积比（包括透光幕墙）均不宜大于0.70。

③单一立面窗墙面积比的计算应符合下列规定：

a. 凹凸立面朝向应按其所在立面的朝向计算；

b. 楼梯间和电梯间的外墙和外窗均应参与计算；

c. 外凸窗的顶部、底部和侧面的面积不应计入外墙面积；

d. 当外墙上的外窗、顶部和侧面为不透光构造的凸窗时，窗面积应按洞口面积计算。当凸窗顶部和侧面透光时，外凸窗面积应按透光部分实际面积计算。

④甲类公共建筑单一立面窗墙面积比小于0.40时，透光材料的可见光透射比不应小于0.60；甲类公共建筑单一立面窗墙面积比大于等于0.40时，透光材料的可见光透射比不应小于0.40。

⑤夏热冬暖、夏热冬冷、温和地区的建筑各朝向外窗（包括透光幕墙）均应采用遮阳措施；寒冷地区的建筑宜采用遮阳措施。当设置外遮阳时应符合下列规定：

a. 东西向宜设置活动外遮阳，南向宜设置水平外遮阳；

b. 建筑外遮阳装置应兼顾通风及冬季日照。

⑥建筑立面朝向的划分应符合下列规定：

a. 北向应为北偏西 60°至北偏东 60°；

b. 南向应为南偏西 30°至南偏东 30°；

c. 西向应为西偏北 30°至西偏南 60°（包括西偏北 30°和西偏南 60°）；

d. 东向应为东偏北 30°至东偏南 60°（包括东偏北 30°和东偏南 60°）。

⑦甲类公共建筑的屋顶透明部分面积不应大于屋顶总面积的 20%。当不能满足本条的规定时，必须进行权衡判断。

⑧单一立面外窗（包括透光幕墙）的有效通风换气面积应符合下列规定：

a. 甲类公共建筑的外窗（包括透光幕墙）应设可开启窗扇，其有效通风换气面积不宜小于所在房间外墙面积的 10%；当透光幕墙受条件限制无法设置可开启窗扇时，应设置通风换气装置。

b. 乙类公共建筑外窗有效通风换气面积不宜小于窗面积的 30%。

⑨外窗（包括透光幕墙）的有效通风换气面积应为开启扇面积和窗开启后的空气流通界面面积的较小值。

⑩严寒地区建筑的外门应设置门斗；寒冷地区建筑面向冬季主导风向的外门应设置门斗或双层外门，其他外门宜设置门斗或应采取其他减少冷风渗透的措施；夏热冬冷、夏热冬暖和温和地区建筑的外门应采取保温隔热措施。

⑪建筑中庭应充分利用自然通风降温，并可设置机械排风装置加强自然补风。

⑫建筑设计应充分利用天然采光。天然采光不能满足照明要求的场所，宜采用导光、反光等装置将自然光引入室内。

⑬人员长期停留房间的内表面可见光反射比宜符合表 1-126 的规定。

人员长期停留房间的内表面可见光反射比　　表 1-126

房间内表面位置	可见光反射比
顶棚	0.7～0.9
墙面	0.5～0.8
地面	0.3～0.5

⑭电梯应具备节能运行功能。两台及以上电梯集中排列时，应设置群控措施。电梯应具备无外部召唤且轿厢内一段时间无预置指令时，自动转为节能运行模式的功能。

⑮自动扶梯、自动人行步道应具备空载时暂停或低速运转的功能。

(3) 围护结构热工设计

①甲类公共建筑：根据建筑热工设计的气候分区，甲类公共建筑的围护结构热工性能应分别符合表 1-127～表 1-132 的规定。当不能满足要求时，应进行权衡判断。

严寒 A、B 区甲类公共建筑围护结构热工性能限值　　表 1-127

围护结构部位	体形系数≤0.30	0.30<体形系数≤0.50
	传热系数 K [W/(m²·K)]	
屋面	≤0.28	≤0.25
外墙(包括非透光幕墙)	≤0.38	≤0.35

续表

围护结构部位		体形系数≤0.30	0.30<体形系数≤0.50
		传热系数 K [W/(m²·K)]	
底面接触室外空气的架空或外挑楼板		≤0.38	≤0.35
地下车库与供暖房间之间的楼板		≤0.50	≤0.50
非供暖楼梯间与供暖房间之间的隔墙		≤1.20	≤1.20
单一立面外窗（包括透光幕墙）	窗墙面积比≤0.20	≤2.70	≤2.50
	0.20<窗墙面积比≤0.30	≤2.50	≤2.30
	0.30<窗墙面积比≤0.40	≤2.20	≤2.00
	0.40<窗墙面积比≤0.50	≤1.90	≤1.70
	0.50<窗墙面积比≤0.60	≤1.60	≤1.40
	0.60<窗墙面积比≤0.70	≤1.50	≤1.40
	0.70<窗墙面积比≤0.80	≤1.40	≤1.30
	窗墙面积比>0.80	≤1.30	≤1.20
屋顶透光部分（屋顶透光部分面积≤20%）		≤2.20	
围护结构部位		保温材料层热阻 R [(m²·K)/W]	
周边地面		≥1.10	
供暖地下室与土壤接触的外墙		≥1.10	
变形缝（两侧墙内保温时）		≥1.20	

严寒C区甲类公共建筑围护结构热工性能限值　　表1-128

围护结构部位		体形系数≤0.30	0.30<体形系数≤0.50
		传热系数 K [W/(m²·K)]	
屋面		≤0.35	≤0.28
外墙（包括非透光幕墙）		≤0.43	≤0.38
底面接触室外空气的架空或外挑楼板		≤0.43	≤0.38
地下车库与供暖房间之间的楼板		≤0.70	≤0.70
非供暖楼梯间与供暖房间之间的隔墙		≤1.50	≤1.50
单一立面外窗（包括透光幕墙）	窗墙面积比≤0.20	≤2.90	≤2.70
	0.20<窗墙面积比≤0.30	≤2.60	≤2.40
	0.30<窗墙面积比≤0.40	≤2.30	≤2.10
	0.40<窗墙面积比≤0.50	≤2.00	≤1.70
	0.50<窗墙面积比≤0.60	≤1.70	≤1.50
	0.60<窗墙面积比≤0.70	≤1.70	≤1.50
	0.70<窗墙面积比≤0.80	≤1.50	≤1.40
	窗墙面积比>0.80	≤1.40	≤1.30
屋顶透光部分（屋顶透光部分面积≤20%）		≤2.30	
围护结构部位		保温材料层热阻 R [(m²·K)/W]	
周边地面		≥1.10	
供暖地下室与土壤接触的外墙		≥1.10	
变形缝（两侧墙内保温时）		≥1.20	

寒冷地区甲类公共建筑围护结构热工性能限值 **表 1-129**

围护结构部位		体形系数≤0.30		0.30<体形系数≤0.50	
		传热系数 K [W/(m²·K)]	太阳得热系数 $SHGC$（东、南、西向/北向）	传热系数 K [W/(m²·K)]	太阳得热系数 $SHGC$（东、南、西向/北向）
屋面		≤0.45	—	≤0.40	—
外墙(包括非透光幕墙)		≤0.50	—	≤0.45	—
底面接触室外空气的架空或外挑楼板		≤0.50	—	≤0.45	—
地下车库与供暖房间之间的楼板		≤1.00	—	≤1.00	—
非供暖楼梯间与供暖房间之间的隔墙		≤1.50	—	≤1.50	—
单一立面外窗（包括透光幕墙）	窗墙面积比≤0.20	≤3.00	—	≤2.80	—
	0.20<窗墙面积比≤0.30	≤2.70	≤0.52/-	≤2.50	≤0.52/-
	0.30<窗墙面积比≤0.40	≤2.40	≤0.48/-	≤2.20	≤0.48/-
	0.40<窗墙面积比≤0.50	≤2.20	≤0.43/-	≤1.90	≤0.43/-
	0.50<窗墙面积比≤0.60	≤2.00	≤0.40/-	≤1.70	≤0.40/-
	0.60<窗墙面积比≤0.70	≤1.90	≤0.35/0.60	≤1.70	≤0.35/0.60
	0.70<窗墙面积比≤0.80	≤1.60	≤0.35/0.52	≤1.50	≤0.35/0.52
	窗墙面积比>0.80	≤1.50	≤0.35/0.52	≤1.40	≤0.30/0.52
屋顶透光部分(屋顶透光部分面积≤20%)		≤2.40	≤0.44	≤2.40	≤0.35

围护结构部位	保温材料层热阻 R [(m²·K)/W]
周边地面	≥0.60
保暖、空调地下室外墙(与土壤接触的墙)	≥0.60
变形缝(两侧墙内保温时)	≥0.90

夏热冬冷地区甲类公共建筑围护结构热工性能限值 **表 1-130**

围护结构部位		传热系数 K [W/(m²·K)]	太阳得热系数 $SHGC$（东、南、西向/北向）
屋面	围护结构热惰性指标 D≤2.5	≤0.40	—
	围护结构热惰性指标 D>2.5	≤0.50	
外墙(包括非透光幕墙)	围护结构热惰性指标 D≤2.5	≤0.60	—
	围护结构热惰性指标 D>2.5	≤0.80	
底面接触室外空气的架空或外挑楼板		≤0.70	—
单一立面外窗（包括透光幕墙）	窗墙面积比≤0.20	≤3.50	—
	0.20<窗墙面积比≤0.30	≤3.00	≤0.44/0.48
	0.30<窗墙面积比≤0.40	≤2.60	≤0.40/0.44
	0.40<窗墙面积比≤0.50	≤2.40	≤0.35/0.40
	0.50<窗墙面积比≤0.60	≤2.20	≤0.35/0.40
	0.60<窗墙面积比≤0.70	≤2.20	≤0.30/0.35
	0.70<窗墙面积比≤0.80	≤2.00	≤0.26/0.35
	窗墙面积比>0.80	≤1.80	≤0.24/0.30
屋顶透光部分(屋顶透光部分面积≤20%)		≤2.60	≤0.30

夏热冬暖地区甲类公共建筑围护结构热工性能限值　　表 1-131

围护结构部位		传热系数 K [W/(m²·K)]	太阳得热系数 $SHGC$ (东、南、西向/北向)
屋面	围护结构热惰性指标 $D \leq 2.5$	≤0.50	—
	围护结构热惰性指标 $D > 2.5$	≤0.80	
外墙(包括非透光幕墙)	围护结构热惰性指标 $D \leq 2.5$	≤0.80	—
	围护结构热惰性指标 $D > 2.5$	≤1.50	
底面接触室外空气的架空或外挑楼板		≤1.50	—
单一立面外窗(包括透光幕墙)	窗墙面积比≤0.20	≤5.20	≤0.52/-
	0.20<窗墙面积比≤0.30	≤4.00	≤0.44/0.52
	0.30<窗墙面积比≤0.40	≤3.00	≤0.35/0.44
	0.40<窗墙面积比≤0.50	≤2.70	≤0.35/0.40
	0.50<窗墙面积比≤0.60	≤2.50	≤0.26/0.35
	0.60<窗墙面积比≤0.70	≤2.50	≤0.24/0.30
	0.70<窗墙面积比≤0.80	≤2.50	≤0.22/0.26
	窗墙面积比>0.80	≤2.00	≤0.18/0.26
屋顶透光部分(屋顶透光部分面积≤20%)		≤3.00	≤0.30

温和地区甲类公共建筑围护结构热工性能限值　　表 1-132

围护结构部位		传热系数 K [W/(m²·K)]	太阳得热系数 $SHGC$ (东、南、西向/北向)
屋面	围护结构热惰性指标 $D \leq 2.5$	≤0.50	—
	围护结构热惰性指标 $D > 2.5$	≤0.80	
外墙(包括非透光幕墙)	围护结构热惰性指标 $D \leq 2.5$	≤0.80	—
	围护结构热惰性指标 $D > 2.5$	≤1.50	
单一立面外窗(包括透光幕墙)	窗墙面积比≤0.20	≤5.20	—
	0.20<窗墙面积比≤0.30	≤4.00	≤0.44/0.48
	0.30<窗墙面积比≤0.40	≤3.00	≤0.40/0.44
	0.40<窗墙面积比≤0.50	≤2.70	≤0.35/0.40
	0.50<窗墙面积比≤0.60	≤2.50	≤0.35/0.40
	0.60<窗墙面积比≤0.70	≤2.50	≤0.30/0.35
	0.70<窗墙面积比≤0.80	≤2.50	≤0.26/0.35
	窗墙面积比>0.80	≤2.00	≤0.24/0.30
屋顶透光部分(屋顶透光部分面积≤20%)		≤3.00	≤0.30

注：传热系数 K 只适用于温和 A 区，温和 B 区的传热系数 K 不作要求。

②乙类公共建筑：乙类公共建筑的围护结构热工性能应符合表 1-133 和表 1-134 的规定：

乙类公共建筑屋面、外墙、楼板热工性能限值　　表 1-133

围护结构部位	传热系数 K [W/(m²·K)]				
	严寒A、B区	严寒C区	寒冷地区	夏热冬冷地区	夏热冬暖地区
屋面	≤0.35	≤0.45	≤0.55	≤0.70	≤0.90
外墙(包括非透光幕墙)	≤0.45	≤0.50	≤0.60	≤1.00	≤1.50
底面接触室外空气的架空或外挑楼板	≤0.45	≤0.50	≤0.60	≤1.00	—
地下车库与供暖房间之间的楼板	≤0.50	≤0.70	≤1.00	—	—

乙类公共建筑外窗(包括透明幕墙)热工性能限值 表 1-134

外墙(包括透光幕墙)	传热系数 K [W/(m^2·K)]					太阳得热系数 $SHGC$		
	严寒A、B区	严寒C区	寒冷地区	夏热冬冷地区	夏热冬暖地区	寒冷地区	夏热冬冷地区	夏热冬暖地区
单一立面外窗(包括透光幕墙)	≤2.00	≤2.20	≤2.50	≤3.00	≤4.00	—	≤0.52	≤0.48
屋顶透光部分(屋顶透光部分面积≤20%)	≤2.00	≤2.20	≤2.50	≤3.00	≤4.00	≤0.44	≤0.35	≤0.30

③建筑围护结构热工性能参数计算的规定：

a. 外墙的传热系数应包括结构性热桥在内的平均传热系数。

b. 外窗（包括透光幕墙）的传热系数应按现行国家标准《民用建筑热工设计规范》GB 50176 进行。

c. 当设置外遮阳构件时，外窗（包括透光幕墙）的太阳得热系数应为外墙（包括透光幕墙）本身的太阳得热系数与外遮阳构件的遮阳系数的乘积。外窗（包括透光幕墙）本身的太阳得热系数和外遮阳构件的遮阳系数应按现行国家标准《民用建筑热工设计规范》GB 50176 进行。

④屋面、外墙和地下室的热桥部位的内表面温度不应低于室内空气露点温度。

⑤建筑外门、外窗的气密性分级应符合现行国家标准《建筑外门窗气密、水密、抗风压性能分级及检测方法》GB/T 7106—2008 中第 4.1.2 条的规定，并应满足下列要求：

a. 10 层及以上建筑外窗的气密性不应低于 7 级；

b. 10 层以下建筑外窗的气密性不应低于 6 级；

c. 严寒和寒冷地区外门的气密性不应低于 4 级。

⑥建筑幕墙的气密性应符合现行国家标准《建筑幕墙》GB/T 21086—2007 中第 5.1.3 条的规定且不应低于 3 级。

⑦当公共建筑入口大堂采用全玻璃墙时，全玻璃墙中非中空玻璃的面积不应超过同一立面透光面积（门窗和全玻璃墙）的 15%，且应按同一立面透光面积（含全玻璃墙面积）加权计算平均传热系数。

(三) 建筑保温构造

85. 外墙外保温的构造要点有哪些?

1）《外墙外保温工程技术规程》JGJ 144—2004 中指出：

（1）设计要点

外墙外保温的基层应为砖墙或钢筋混凝土墙，保温层应为 EPS 板（膨胀型聚苯乙烯泡沫塑料板）、胶粉 EPS 颗粒保温浆料和 EPS 钢筋网架板。使用寿命为不少于 25 年。施工期间及完工后的 24h 内，基层及环境温度不应低于 5℃。夏季应避免阳光暴晒。在 5 级以上大风天气和雨天不得施工。

（2）构造做法

外墙外保温的构造做法有以下 5 种：

① EPS 板薄抹灰系统

做法要点：由 EPS 板保温层、薄抹灰层和饰面涂层构成。建筑物高度在 20m 以上时或受负风压作用较大的部位，EPS 板宜使用锚栓固定。EPS 板宽度不宜大于 1200mm，高度不宜大于 600mm。粘结 EPS 板时，涂胶粘剂面积不得小于 EPS 板面积的 40%。薄抹灰层的厚度为 3～6mm（图 1-3）。

② 胶粉 EPS 颗粒保温浆料系统

做法要点：由界面层、胶粉 EPS 保温浆料保温层、抗裂砂浆薄抹面层（满铺玻纤网）和饰面层构成。保温浆料的设计厚度不宜超过 100mm。保温浆料宜分遍抹灰，每遍间隔时间应在 24h 以上，每遍厚度不宜超过 20mm（图 1-4）。

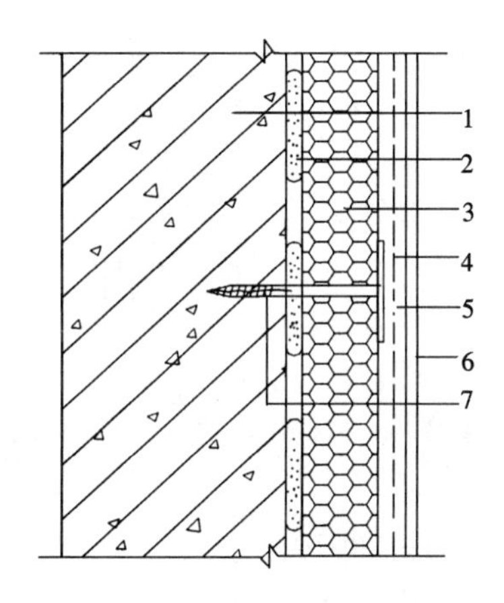

图 1-3　EPS 板薄抹灰系统

1—基层；2—胶粘剂；3—EPS 板；4—玻纤网；5—薄抹面层；6—饰面涂层；7—锚栓

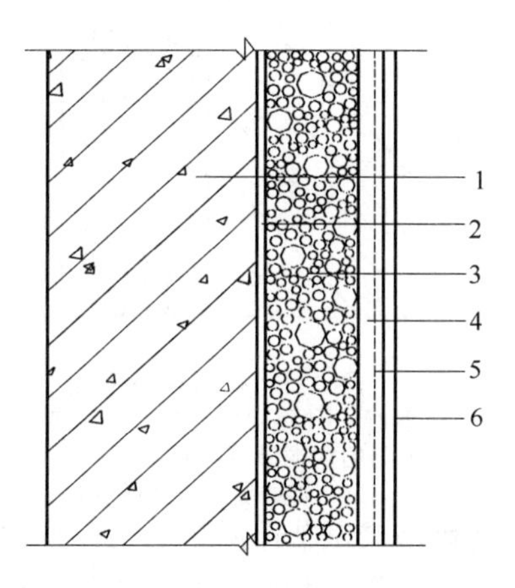

图 1-4　保温浆料系统

1—基层；2—界面砂浆；3—胶粉 EPS 颗粒保温浆料；4—抗裂砂浆薄抹面层；5—玻纤网；6—饰面层

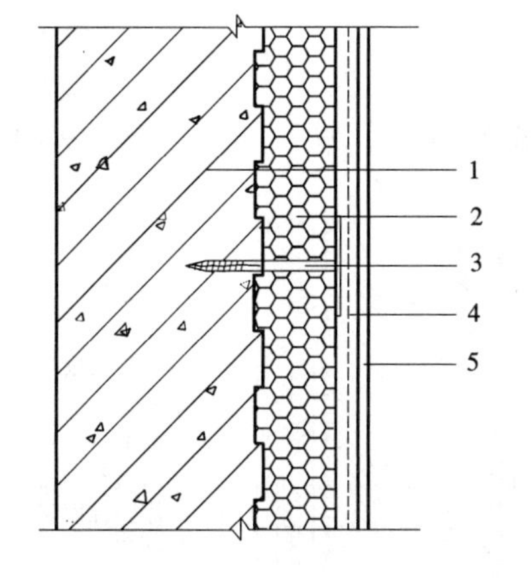

图 1-5　无网现浇系统

1—现浇混凝土外墙；2—EPS 板；3—锚栓；4—抗裂砂浆薄抹面层；5—饰面层

③ EPS 板现浇混凝土系统

做法要点：以现浇混凝土外墙作为基层，EPS 板为保温层，EPS 板表面抹抗裂砂浆（满铺玻纤网）、锚栓作辅助固定。EPS 板宽度宜为 1200mm，高度宜为建筑物全高。锚栓每平方米宜设 2～3 个。混凝土一次浇筑高度不宜大于 1m（图 1-5）。

④ EPS 钢丝网现浇混凝土系统

做法要点：以现浇混凝土作为基层，EPS 单面钢丝网架板置于外墙外模板内侧，并安装 $\phi6$ 钢筋作为辅助固定件，混凝土浇筑后，表面抹掺外加剂的水泥砂浆形成厚抹面层作饰面层。$\phi6$ 钢筋每平方米宜设 4 根，锚固深度不得小于 100mm；混凝土一次浇筑高度不宜大于 1m（图 1-6）。

⑤ 机械固定EPS钢丝网架板系统

做法要点：由机械固定装置、腹丝非穿透型EPS钢丝网架板、掺外加剂的水泥砂浆厚抹面层和饰面层构成。机械固定做法不适用于加气混凝土和轻集料混凝土基层。机械固定装置每平方米不应小于7个。用于砌体外墙时，宜采用预埋钢筋网片固定EPS钢丝网架板。机械固定系统的所有金属件应作防锈处理（图1-7）。

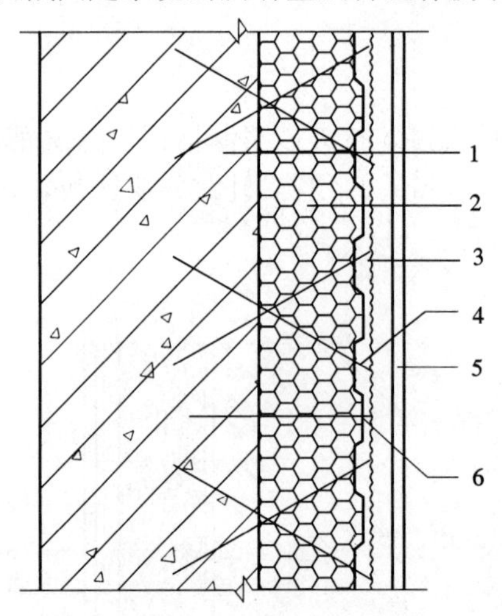

图1-6 有网现浇系统

1—现浇混凝土外墙；2—EPS单面钢丝网架板；3—掺外加剂的水泥砂浆厚抹面层；4—钢丝网架；5—饰面层；6—ϕ6钢筋

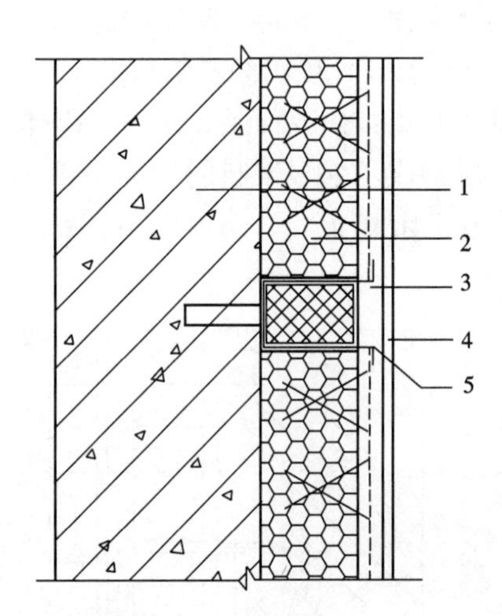

图1-7 机械固定系统

1—基层；2—EPS钢丝网架板；3—掺外加剂的水泥砂浆厚抹面层；4—饰面层；5—机械固定装置

2）《硬泡聚氨酯保温防水工程技术规范》GB 50404—2007中规定：

（1）硬泡聚氨酯按成型工艺分为喷涂硬泡聚氨酯和硬泡聚氨酯板两大类。

（2）喷涂硬泡聚氨酯按其物理性能分为3种类型，主要适用于以下部位：

Ⅰ型：用于屋面和外墙保温层；

Ⅱ型：用于屋面复合保温防水层；

Ⅲ型：用于屋面保温防水层。

（3）用于外墙外保温的构造顺序（由外而内）：

饰面层—抹面层—保温层—找平层—墙体基层。

（4）施工要求：喷涂硬泡聚氨酯的施工温度不应低于10℃，空气相对湿度宜小于85%，风力不宜大于3级。严禁在雨天、雪天施工，当施工中途下雨、下雪时，应采取遮盖措施。

（5）在正确的使用和维护条件下，硬泡聚氨酯外墙外保温工程的使用年限不应少于25年。

（6）热工和节能要求：

① 保温层内表面温度应高于0℃；

② 保温系统应覆盖门窗框外侧洞口、女儿墙、封闭阳台以及外挑构件等热桥部位。

（7）构造节点：

① 喷涂硬泡聚氨酯外墙外保温系统（图1-8）。

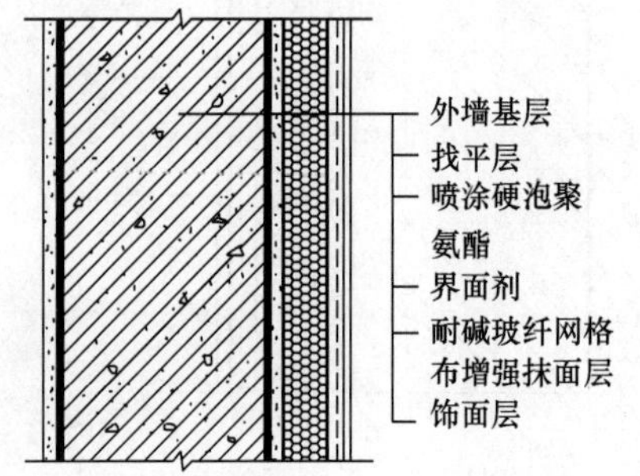

图1-8 喷涂硬泡聚氨酯外墙外保温系统构造

② 硬泡聚氨酯复合板外墙外保温系统（图 1-9）。

③ 带抹面层（或饰面层）的硬泡聚氨酯复合板外墙外保温系统（图 1-10）。

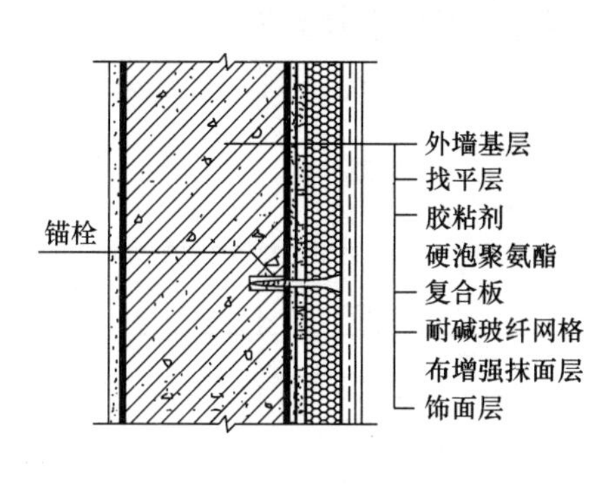

图 1-9　硬泡聚氨酯复合板外墙外保温系统构造

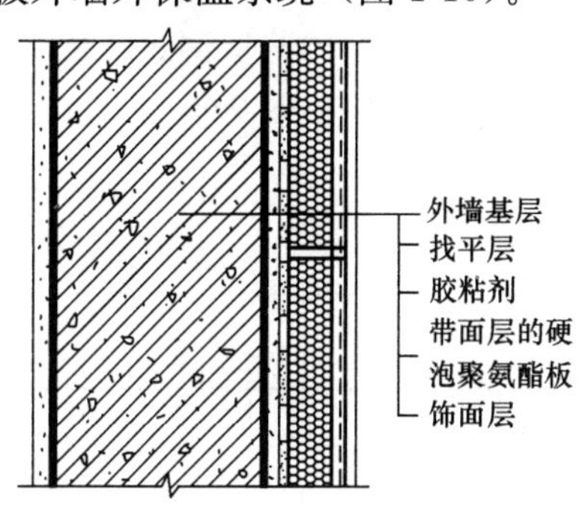

图 1-10　带抹面层（或饰面层）的硬泡聚氨酯复合板外墙外保温系统构造

（8）构造要求：

① 喷涂硬泡聚氨酯采用抹面胶浆时，普通型 3～5mm，加强型 5～7mm。饰面层的材料宜采用柔性腻子和弹涂材料。

② 硬泡聚氨酯板材宜采用带抹面层或饰面层的系统。建筑物高度在 20m 以上时，在受负风压作用较大的部位，应使用锚栓辅助固定。

③ 硬泡聚氨酯板外墙外保温薄抹面系统设计应符合下列规定：

a. 建筑物首层或 2.00m 以下墙体，应在先铺一层加强耐碱玻纤网格布的基础上，再满铺一层耐碱玻纤网格布。加强耐碱玻纤网格布在墙体转角及阴阳角处的接缝应搭接，其搭接宽度不得小于 200mm；在其他部位的接缝宜采用对接。

b. 建筑物二层或 2m 以上墙体，应采用标准耐碱玻纤网格布满铺，耐碱玻纤网格布的接缝应搭接，其搭接宽度不宜小于 100mm。在门窗洞口、管道穿墙洞口、勒脚、阳台、变形缝、女儿墙等保温系统的收头部位，耐碱玻纤网格布应翻包，包边宽度不应小于 100mm。

④ 门窗外侧洞口四周墙体，硬泡聚氨酯厚度不应小于 20mm。铺设耐碱玻纤网格布时，应在四角处 45°斜向加贴 300mm×200mm 的标准耐碱玻纤网格布。

⑤ 勒脚部位的外保温与室外散水间应预留不小于 20mm 缝隙，缝内宜填充泡沫塑料，端部应采用标准网布、加强网布包缝，包边宽度不得小于 100mm。

⑥ 檐口、女儿墙部位应采用保温层全包覆做法，以防止产生热桥。当有檐沟时，应保证檐沟混凝土顶面有不小于 20mm 厚的硬泡聚氨酯保温层。

⑦ 变形缝处应填充泡沫塑料，填塞深度应大于缝宽度的 3 倍且不小于墙体厚度。盖缝板宜采用铝板或不锈钢板。变形缝处应作包边处理，包边宽度不得小于 100mm。

3）《无机轻集料砂浆保温系统技术规程》JGJ 253—2011 中规定：

（1）无机轻集料砂浆是以憎水型膨胀珍珠岩、膨胀玻化微珠、闭孔珍珠岩、陶砂等无机轻集料为保温材料，以水泥或其他无机胶凝材料为主要粘结料，并掺加高分子聚合物及其他功能性添加剂而制成的建筑保温干混砂浆。

（2）无机轻集料砂浆保温系统是由界面层、无机轻集料保温砂浆保温层、抗裂面层及饰面层组成的保温系统。

（3）无机轻集料砂浆保温系统包括外墙外保温、外墙内保温两种构造做法。

（4）无机轻集料砂浆保温系统用于外墙外保温时，厚度不宜大于50mm。

（5）用于无机轻集料砂浆保温系统外墙外保温时，其导热系数、蓄热系数应符合表1-135的规定。

无机轻集料保温砂浆的导热系数、蓄热系数　　表1-135

保温砂浆类型	蓄热系数 S [W/（m²·K）]	导热系数 λ [W/（m·K）]	修正系数
Ⅰ型	1.20	0.070	1.25
Ⅱ型	1.50	0.085	1.25
Ⅲ型	1.80	0.100	1.25

（6）无机轻集料砂浆保温系统外墙外保温的构造：

① 涂料饰面无机轻集料砂浆保温系统外墙外保温的基本构造（图1-11）：

a. 基层①：混凝土墙及各种砌体墙；

b. 界面层②：界面砂浆；

c. 保温层③：无机轻集料保温砂浆；

d. 抗裂面层④：抗裂砂浆＋玻纤网（有加强要求的增设一道玻纤网）；

e. 饰面层⑤：柔性腻子＋涂料饰面。

② 面砖饰面无机轻集料砂浆保温系统外墙外保温的基本构造（图1-12）：

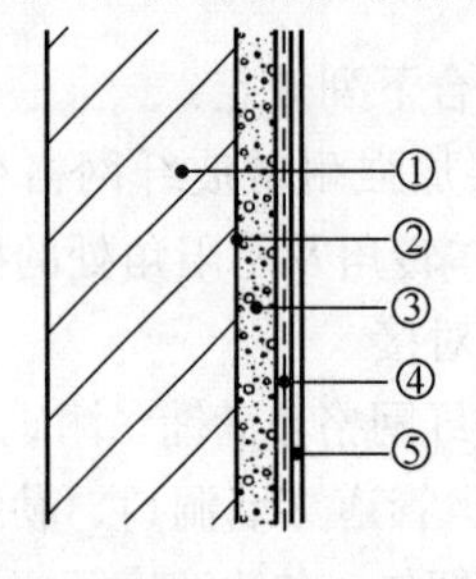

图1-11　涂料饰面无机轻集料砂浆保温系统外墙外保温构造

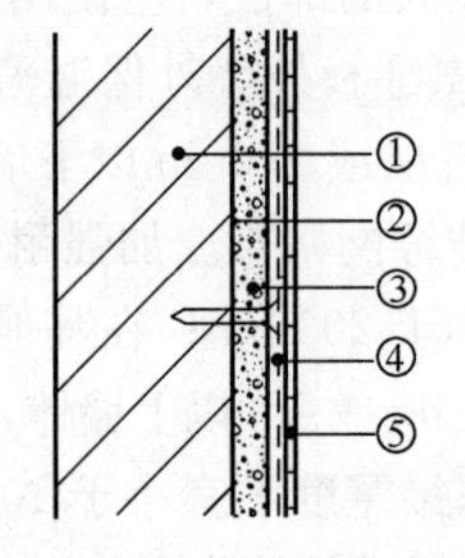

图1-12　面砖饰面无机轻集料砂浆保温系统外墙外保温构造

a. 基层①：混凝土墙及各种砌体墙；

b. 界面层②：界面砂浆；

c. 保温层③：无机轻集料保温砂浆；

d. 抗裂面层④：抗裂砂浆＋玻纤网（锚固件与基层锚固）；

e. 饰面层⑤：胶粘剂＋面砖＋填缝剂。

86.《建筑设计防火规范》对外墙保温有哪些构造要求？

《建筑设计防火规范》GB 50016－2014规定：

1）建筑的内、外保温系统，宜采用燃烧性能为A级的保温材料，不宜采用B_2级保温材料，严禁采用B_3级保温材料；设置保温系统的基层墙体或屋面板的耐火极限应符合本规范的有关规定。

2）建筑外墙采用内保温系统时，保温系统应符合下列规定：

（1）对于人员密集场所，用火、燃油、燃气等具有火灾危险性的场所以及各类建筑内的疏散楼梯间、避难走道、避难间、避难层等场所或部位，应采用燃烧性能为A级的保温材料。

（2）对于其他场所，应采用低烟、低毒且燃烧性能不低于B_1级的保温材料。

（3）保温系统应采用不燃材料做保护层。采用燃烧性能为B_1级的保温材料时，保护层的厚度不应小于10mm。

3）建筑外墙采用保温材料与两侧墙体构成无空腔复合保温结构体系时，该结构体的耐火极限应符合本规范的有关规定；当保温材料的燃烧性能为B_1、B_2级时，保温材料两侧的墙体应采用不燃材料且厚度均不应小于50mm。

4）设置人员密集场所的建筑，其外墙外保温材料的燃烧性能应为A级。

5）与基层墙体、装饰层之间无空腔的建筑外墙外保温系统，其保温材料应符合下列规定：

（1）住宅建筑

①建筑高度大于100m时，保温材料的燃烧性能应为A级；

②建筑高度大于27m，但不大于100m时，保温材料的燃烧性能不应低于B_1级；

③建筑高度不大于27m时，保温材料的燃烧性能不应低于B_2级。

（2）除住宅建筑和设置人员密集场所的建筑外，其他建筑：

①建筑高度大于50m时，保温材料的燃烧性能应为A级；

②建筑高度大于24m，但不大于50m时，保温材料的燃烧性能不应低于B_1级；

③建筑高度不大于24m时，保温材料的燃烧性能不应低于B_2级。

6）除设置人员密集场所的建筑外，与基层墙体、装饰层之间有空腔的建筑外墙外保温系统，其保温材料应符合下列规定：

（1）建筑高度大于24m时，保温材料的燃烧性能应为A级；

（2）建筑高度不大于24m时，保温材料的燃烧性能不应低于B_1级。

7）除上述3）规定的情况外，当建筑的外墙外保温系统按本节规定采用燃烧性能为B_1、B_2级的保温材料时，应符合下列规定：

（1）除采用B_1级保温材料且建筑高度不大于24m的公共建筑或采用B_1级保温材料且建筑高度不大于27m的住宅建筑外，建筑外墙上的门、窗的耐火完整性不应低于0.50h。

（2）应在保温系统中每层设置水平防火隔离带。防火隔离带应采用A级的材料，防火隔离带的高度不应小于300mm。

8）建筑的外墙外保温系统应采用不燃材料在其表面设置防护层，防护层应将保温材料完全包覆。除上述3）规定的情况外，当按本节规定采用B_1、B_2级的保温材料时，保护层的厚度首层不应小于15mm，其他层不应小于5mm。

9）建筑外墙外保温系统与基层墙体、装饰层之间的空腔，应在每层楼板处采用防火封堵材料封堵。

10）建筑的屋面外保温系统，当屋面板的耐火极限不低于1.00h时，保温材料的燃烧性能不应低于B_2级。采用B_1、B_2级保温材料的外保温系统应采用不燃材料作保护层，保护层的厚度不应小于 10mm。

当建筑的屋面和外墙系统均采用 B_1、B_2 级保温材料时，屋面与外墙之间应采用宽度不小于 500mm 的不燃材料设置防火隔离带进行分隔。

11）电气线路不应穿越或敷设在燃烧性能为 B_1 或 B_2 级的保温材料中；确需穿越或敷设时，应采取穿金属管并在金属管周围采用不燃隔热材料进行防火隔离等防火保护措施。设置开关、插座等电器配件的部位周围应采用不燃隔燃材料进行防火隔离等防火保护措施。

12）建筑外墙的装饰层应采用燃烧性能为 A 级的材料，但建筑高度不大于 50m 时，可采用 B_1 级材料。

87. 什么叫防火隔离带？有哪些构造要求？

中华人民共和国公安部 公消［2012］350 号文件指出：为认真吸取上海胶州路教师公寓“11·15”和沈阳皇朝万鑫大厦“2·3”大火教训，2011 年 3 月 14 日部消防局下发了《关于进一步明确民用建筑外保温材料使用及管理》，提出了应急性要求。2011 年 12 月 30 日国务院下发的《国务院关于加强和改进消防工作的意见》（国发［2011］46 号）和 2012 年 7 月 17 日新颁布的《建筑工程消防监督管理规定》，对新建、扩建、改建建设工程使用外保温材料的防火性能和监督管理工作作了明确规定。经研究，《关于进一步明确民用建筑外保温材料消防监督管理有关要求的通知》不再执行，意即外墙保温材料除选用 A 级（不燃保温材料）之外，亦可使用 B_1 级（难燃烧材料）、B_2 级（可燃烧材料），但必须设置防火隔离带［注：《国务院关于加强和改进消防工作的意见》（国发［2011］46 号）要求：“本着对国家和人民生命财产安全高度负责的态度，为遏制当前建筑易燃、可燃外保温材料火灾高发的势头，把好火灾防控源头关。”要求民用建筑外保温材料应采用燃烧性能为 A 级的保温材料］。

1）常用的外墙保温材料

（1）A 级保温材料：具有密度小、导热能力差、承载能力高、施工方便、经济耐用等特点，如水泥发泡聚苯板、玻璃微珠保温砂浆、岩棉板、玻璃棉板等。

（2）B_1 级保温材料：大多在有机保温材料中添加大量的阻燃剂，如膨胀型聚苯板、挤塑型聚苯板、酚醛板、聚氨酯板等。

（3）B_2 级保温材料：一般在有机保温材料中添加适量的阻燃剂。

2）防火隔离带的有关问题

《建筑外墙外保温防火隔离带技术规程》JGJ 289—2012 中指出：

（1）防火隔离带是设置在可燃、难燃保温材料外墙外保温工程中，按水平方向分布，采用不燃保温材料制成，以阻止火灾沿外墙面或在外墙外保温系统内蔓延的防火构造。

（2）防火隔离带的基本规定

① 防火隔离带应与基层墙体可靠连接，应能适应外保温的正常变形而不产生裂缝和空鼓；应能承受自重、风荷载和室外的反复作用，而不产生破坏。

② 建筑外墙外保温防火隔离带保温材料的燃烧性能等级应为 A 级。

③ 在薄抹灰外墙外保温系统中粘贴保温板防火隔离带，宜选用岩棉带防火隔离带，并应满足表 1-136 的要求。

粘贴保温板防火隔离带做法　　　　表 1-136

序号	防火隔离带保温板及宽度	外墙外保温系统保温材料及厚度	系统抹灰层平均厚度
1	岩棉带，宽度不小于 300mm	EPS 板，厚度不大于 120mm	≥4.0mm
2	岩棉带，宽度不小于 300mm	XPS 板，厚度不大于 90mm	≥4.0mm
3	发泡水泥板，宽度不小于 300mm	EPS 板，厚度不大于 120mm	≥4.0mm
4	泡沫玻璃板，宽度不小于 300mm	EPS 板，厚度不大于 120mm	≥4.0mm

（3）性能指标

① 防火隔离带的性能要求（表 1-137）

防火隔离带的性能要求　　　　表 1-137

项　　目	性　能　指　标
外观	无裂缝、粉化、空鼓、剥落现象
抗风压性	无断裂、分层、脱开、拉出现象
保护层与保温层拉伸粘结强度（kPa）	≥80

② 防火隔离带的其他性能指标（表 1-138）

防火隔离带的其他性能指标　　　　表 1-138

项　　目		性　能　指　标
抗冲击性		二层及以上 3.0J 级冲击合格 首层部位 10.0 J 级冲击合格
吸水量（g/m^2）		≤500
耐冻融	外观	无可见裂缝，无粉化、空鼓、剥落现象
	拉伸粘结强度（kPa）	≥80
水蒸气透过湿流密度［$g/(m^2 \cdot h)$］		≥0.85

③ 防火隔离带保温板的性能指标（表 1-139）

防火隔离带保温板的性能指标　　　　表 1-139

项　　目		性能指标		
		岩棉带	发泡水泥板	泡沫玻璃板
密度（kg/m^2）		≥100	≤250	≤160
导热系数［$W/(m^2 \cdot K)$］		≤0.048	≤0.070	≤0.052
垂直于表面的抗拉强度（kPa）		≥80	≥80	≥80
短期吸水量（kg/m^2）		≤1.0	—	—
体积吸水率（%）		—	≤10	—
软化系数		—	≥0.8	—
酸度系数		≥1.6	—	—
均匀灼热性能（750℃，0.5h）	线收缩率（%）	≤8	≤8	≤8
	质量损失率（%）	≤10	≤25	≤5
燃烧性能等级		A	A	A

④ 胶粘剂的主要性能指标（表 1-140）

胶粘剂的主要性能指标　　　　表 1-140

项　　目		性能指标
拉伸粘结强度（kPa）（与水泥砂浆板）	原强度	≥600
	耐水强度（浸水 2d，干燥 7d）	≥600
拉伸粘结强度（kPa）（与防火隔离带保温板）	原强度	≥80
	耐水强度（浸水 2d，干燥 7d）	≥80
可操作时间		1.5～4.0

⑤ 抹面胶浆的主要性能指标（表 1-141）

抹面胶浆的主要性能指标　　　　表 1-141

项　目		性能指标
拉伸粘结强度（kPa）（与防火隔离带保温板）	原强度	≥80
	耐水强度（浸水 2d，干燥 7d）	≥80
	耐冻融强度（循环 30 次，干燥 7d）	≥80
抗折性		≤3.0
可操作时间（h）		1.5～4.0
抗冲击性		3.0J 级
吸水量（g/m^2）		≤500
不透水性		试样抹面层内侧无水渗透

（4）设计与构造

① 防火隔离带的基本构造应与外墙外保温系统相同，并宜包括胶粘剂、防火隔离带保温板、锚栓、抹面胶浆、玻璃纤维网、饰面层等（图 1-13）。

② 防火隔离带的宽度不应小于 300mm。

③ 防火隔离带的厚度宜与外墙外保温系统厚度相同。

④ 防火隔离带保温板应与基层墙体全面积粘贴。

⑤ 防火隔离带应使用锚栓辅助连接，锚栓应压住底层玻璃纤维网布。锚栓间距不应大于 600mm，锚栓距离保温板端部不应小于 100mm，每块保温板上锚栓数量不应少于 1 个。当采用岩棉带时，锚栓的扩压盘直径不应小于 100mm。

⑥ 防火隔离带和外墙外保温系统应使用相同的抹面胶浆，且抹面胶浆应将保温材料和锚栓完全覆盖。

⑦ 防火隔离带部位的抹灰层应加底层玻璃纤维网布，底层玻璃纤维网布垂直方向超出防火隔离带边缘不应小于 100mm（图 1-14），水平方向可对接，对接位置离防火隔离带保温板端部接缝位置不应小于 100mm（图 1-15）。当面层玻璃纤维布上下有搭接时，搭接位置距离隔离带边缘不应小于 200mm。

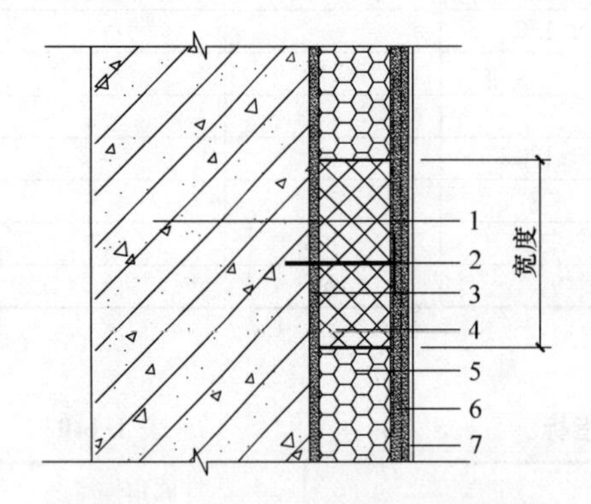

图 1-13　防火隔离带的基本构造

1—基层墙体；2—锚栓；3—胶粘剂；4—防火隔离带保温板；5—外保温系统的保温材料；6—抹面胶浆＋玻璃纤维网布；7—饰面材料

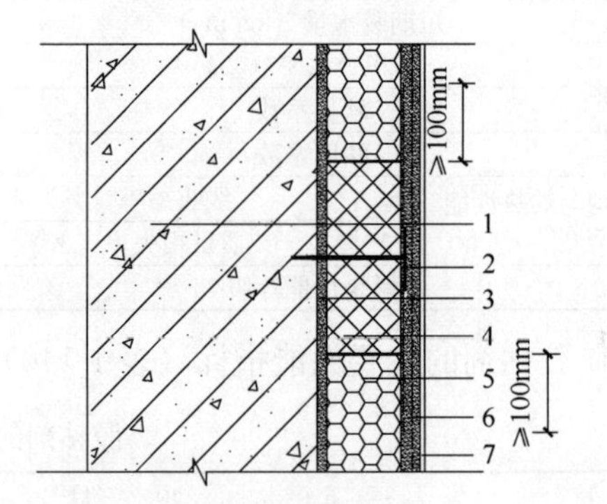

图 1-14　防火隔离带网格布垂直方向搭接

1—基层墙体；2—锚栓；3—胶粘剂；4—防火隔离带保温板；5—外保温系统的保温材料；6—抹面胶浆＋玻璃纤维网布；7—饰面材料

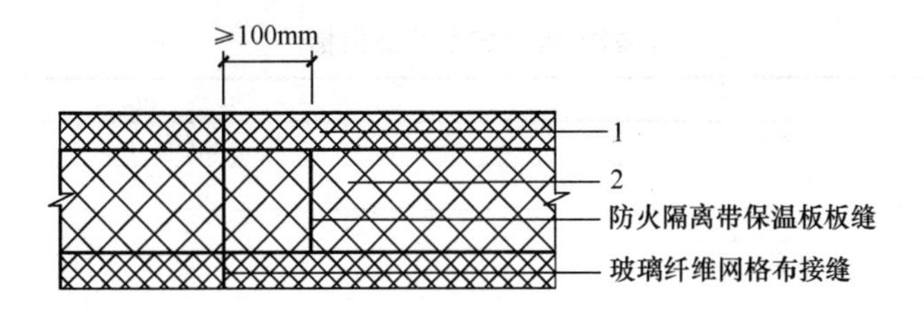

图 1-15　防火隔离带网格布水平方向搭接

1—底层玻纤网格布；2—防火隔离带保温板

⑧ 防火隔离带应设置在门窗洞口上部，且防火隔离带下边距洞口上沿不应超过 500mm。

⑨ 当防火隔离带在门窗洞口上沿时，门窗洞口上部防火隔离带在粘贴时应作玻璃纤维网布翻包处理，翻包的玻璃纤维网布应超出防火隔离带上沿 100mm（图 1-16）。翻包、底层及面层的玻璃纤维网布不得在门窗洞口顶部搭接或对接，抹面层平均厚度不宜小于 6mm。

⑩ 当防火隔离带在门窗洞口上沿，且门窗框外表面缩进基层墙体时，门窗洞口顶部外露部分应设置防火隔离带，且防火隔离带保温板宽度不应小于 300mm（图 1-17）。

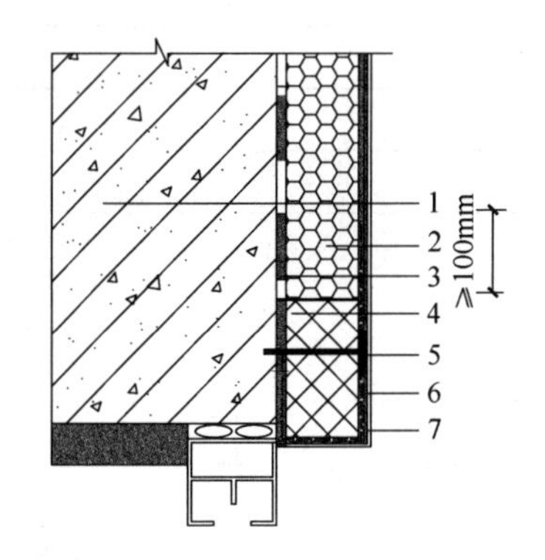

图 1-16　门窗洞口上部防火隔离带做法（一）

1—基层墙体；2—外保温系统的保温材料；3—胶粘剂；4—防火隔离带保温板；5—锚栓；6—抹面胶浆＋玻璃纤维网布；7—饰面材料

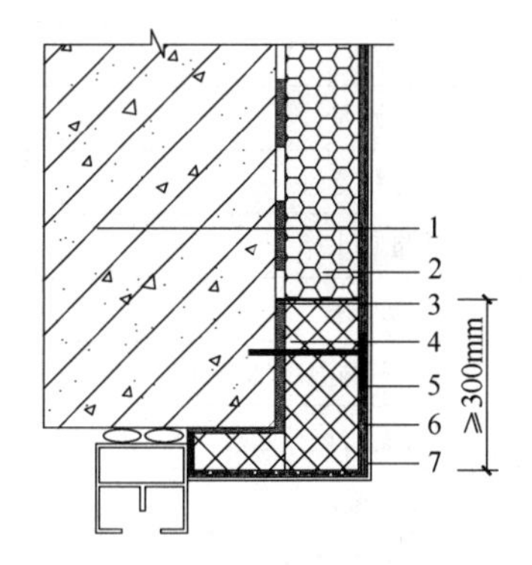

图 1-17　门窗洞口上部防火隔离带做法（二）

1—基层墙体；2—外保温系统的保温材料；3—胶粘剂；4—防火隔离带保温板；5—锚栓；6—抹面胶浆＋玻璃纤维网布；7—饰面材料

⑪ 严寒、寒冷地区的建筑外保温采用防火隔离带时，防火隔离带热阻不得小于外墙外保温系统热阻的 50％；夏热冬冷地区的建筑外保温采用防火隔离带时，防火隔离带热阻不得小于外墙外保温系统热阻的 40％。

⑫防火隔离带部位的墙体内表面温度不得低于室内空气设计温湿度条件下的露点温度。

3）相关技术资料介绍的 A 级保温材料及构造要求

（1）材料（摘自《A 级不燃材料外墙外保温构造图集》）

① 岩棉板

国家标准 GB/T 25975—2010 规定的岩棉板的技术经济指标见表 1-142。

岩棉板的技术经济指标　　表 1-142

项　目		单　位	指　标
密度		kg/m³	≥140
平整度偏差		mm	≤6
酸度系数		—	≥1.6
尺寸稳定性		%	≤1.0
质量吸水率		%	≤1.0
憎水率		%	≥98
短期吸水量		kg/m²	≤6
导热系数（平均温度 25℃）		W/（m·K）	≤0.040
垂直于表面的抗拉强度	TR15	kPa	≥15
	TR10		≥10
	TR7.5		≥7.5
压缩强度		kPa	≥40
燃烧性能等级		—	A 级

② 玻璃纤维板

企业标准 Q/JC JCY 017—2011 规定的玻璃纤维板的技术经济指标见表 1-143。

玻璃纤维板的技术经济指标　　表 1-143

项　目	单　位	指　标
密度	kg/m³	≥90
吸水量	kg/m²	≤1.0
尺寸稳定性	%	≤1.0
质量吸水率	%	≤1.0
憎水率	%	≥98.0
导热系数（平均温度 25℃）	W/（m·K）	≤0.035
垂直于表面的抗拉强度	kPa	≥7.5
压缩强度	kPa	≥40
燃烧性能等级	—	A 级

③ ZC 无机发泡保温板

ZC 无机发泡保温板的技术经济指标见表 1-144。

ZC 无机发泡保温板的技术经济指标　　表 1-144

项　目	单　位	指　标
体积干密度	kg/m³	≤190
导热系数	W/（m·K）	≤0.054
抗压强度	MPa	≥0.15
抗拉强度	MPa	≥0.06
体积吸水率	%	≤10
燃烧性能	—	A 级

④ 泡沫玻璃

行业标准 JC/T 647—2005 规定的泡沫玻璃的技术经济指标见表 1-145。

泡沫玻璃的技术经济指标　　表 1-145

项　目	单　位	指　标
密度	kg/m^3	130～160
抗压强度	MPa	≥0.4
抗折强度	MPa	≥0.3
体积吸水率	%	≤0.5
导热系数（温度 25℃）	W/（m·K）	≤0.052
透湿系数	ng/（Pa·s·m）	≤0.05

（2）构造要求

① 非幕墙不燃材料外保温做法的要点

a. 不要采用性能不高的、未经增强处理的岩棉裸板、玻璃纤维裸板直接粘贴；

b. 采暖地下室外墙外保温材料应做至地下室底板垫层处，无地下室外墙保温材料应伸入室外地面下部 800mm；

c. 凸窗上、下挑板均应作保温；

d. 女儿墙外部保温应做至压顶，女儿墙内部亦应作保温（厚度可适当减薄）；

e. 不封闭阳台的上部、下部及顶层雨罩的上部、下部均应作保温；

f. 变形缝中应嵌入玻璃纤维板等保温材料；

g. 硬质、阻燃的 UPVC 雨水管应固定在保温层的外侧，并应采用尼龙胀管螺钉固定。固定点中距应不大于 1500mm，每根主管的数量不应少于 3 个。

② 幕墙不燃材料外保温做法的构造要点

a. 保温板粘贴在基层墙时，应满粘；

b. 保温板之间的缝隙应用砂浆堵严；

c. 保温板外与幕墙面板（石材、金属板、玻璃等）之间的空隙，应按楼层在楼板处用岩棉条封堵，杜绝空气的上下流动。

88. 建筑内保温的构造要点有哪些?

1）《外墙内保温工程技术规程》JGJ/T 261—2011 中指出：

（1）设计要点

① 内保温工程的热工和节能设计应符合下列规定：

a. 外墙平均传热系数应符合现行国家标准；

b. 外墙热桥部位内表面温度不应低于室内空气在设计温度、湿度条件下的露点温度，必要时进行保温处理；

c. 内保温复合墙体内部有可能出现冷凝时，应进行冷凝受潮验算，必要时应设置隔离层。

② 内保温工程砌体外墙或框架填充墙，在混凝土构件外露时，应在其外侧加强保温处理。

③ 内保温工程宜在墙体易裂部位及与屋面板、楼板交接部位采取抗裂构造措施。

④ 内保温系统各构造层组成材料的选择，应符合下列规定：

a. 保温板及复合板与基层墙体的粘结，可采用胶粘剂或粘结石膏。当用于厨房、卫生间等潮湿环境或饰面层为面砖时，应采用胶粘剂。

b. 厨房、卫生间等潮湿环境或饰面层为面砖时，不得使用粉刷石膏抹面。

c. 无机保温板或保温砂浆的抹面层的增强材料宜采用耐碱玻璃纤维网布。有机保温材料的抹面层为抹面胶浆时，其增强材料可选用涂塑中碱玻璃纤维网布。当抹面层为粉刷石膏时，其增强材料可选用中碱玻璃纤维网布。

d. 当内保温工程用于厨房、卫生间等潮湿环境，采用腻子时，应采用耐水腻子；在低收缩性面板上刮涂腻子时，可选普通型腻子；保温层尺寸稳定性差或面层材料收缩值大时，宜选用弹性腻子，不得使用普通型腻子。

⑤ 设计保温层厚度时，保温材料的导热系数应进行修正。

⑥ 有机保温材料应采用不燃材料或难燃材料做保护层，且保护层厚度不应小于 6mm。

⑦ 外窗四角和外墙阴阳角等处的内保温工程抹面层中，应设置附加增强网布。门窗洞口内侧面应作保温。

⑧ 在内保温复合墙体上安装设备、管道和悬挂重物时，其支承的预埋件应固定于基层墙体上，并应作密封设计。

⑨ 内保温基层墙体应具有防水能力。

（2）构造做法

① 复合板内保温系统（由内而外）：基层墙体（混凝土墙体、砌体墙体）—粘结层（胶粘剂或粘结石膏＋锚栓）—复合板（保温层与面层复合）—饰面层（腻子层＋涂料或墙纸或面砖）。

② 有机保温板内保温系统（由内而外）：基层墙体（混凝土墙体、砌体墙体）—粘结层（胶粘剂或粘结石膏）—保温层（EPS 板、XPS 板、PU 板）—保护层（涂塑中碱玻璃纤维网布）—饰面层［腻子层＋涂料或墙纸（布）或面砖］。

③ 无机保温板内保温系统（由内而外）：基层墙体（混凝土墙体、砌体墙体）—粘结层（胶粘剂）—保温层（无机保温板）—保护层（抹面胶浆＋耐碱玻璃纤维网布）—饰面层［腻子层＋涂料或墙纸（布）或面砖］。

④ 保温砂浆内保温系统（由内而外）：基层墙体（混凝土墙体、砌体墙体）—界面层（界面砂浆）—保温层（保温砂浆）—保护层（抹面胶浆＋耐碱纤维网布）—饰面层［腻子层＋涂料或墙纸（布）或面砖］。

⑤ 喷涂硬泡聚氨酯内保温系统（由内而外）：基层墙体（混凝土墙体、砌体墙体）—界面层（水泥砂浆聚氨酯防潮底漆）—保温层（喷涂硬泡聚氨酯）—界面层（专用界面砂浆或专用界面剂）—找平层（保温砂浆或聚合物水泥砂浆）—保护层（抹面胶浆复合涂塑中碱玻璃纤维网布）—饰面层［腻子层＋涂料或墙纸（布）或面砖］。

⑥ 玻璃棉、岩棉、喷涂硬泡聚氨酯龙骨固定内保温系统（由内而外）：基层墙体（混凝土墙体、砌体墙体）—保温层［离心法玻璃棉板（或毡）或摆锤法岩棉板（或毡）或喷涂硬泡聚氨酯］—隔汽层（PVC、聚丙烯薄膜、铝箔等）—龙骨（建筑用轻钢龙骨或复合龙骨）—龙骨固定件（敲击式或旋入式塑料螺栓）—保护层（纸面石膏板或无石棉硅酸钙板或无石棉纤维水泥平板＋自攻螺钉）—饰面层［腻子层＋涂料或墙纸（布）或面砖］

（图 1-18）。

2）《无机轻集料砂浆保温系统技术规程》JGJ 253—2011 中规定：

（1）无机轻集料砂浆是以憎水型膨胀珍珠岩、膨胀玻化微珠、闭孔珍珠岩、陶砂等无机轻集料为保温材料，以水泥或其他无机胶凝材料为主要胶结料，并掺加高分子聚合物及其他功能性添加剂而制成的建筑保温干混砂浆。

（2）无机轻集料砂浆保温系统由界面层、无机轻集料保温砂浆保温层、抗裂面层及饰面层组成的保温系统。

（3）无机轻集料砂浆保温系统外墙内保温的构造（由内而外）：基层（混凝土墙及各种砌体墙）—界面层（界面砂浆）—保温层（无机轻集料保温砂浆）—抗裂面层（抗裂砂浆＋玻纤网）—饰面层（涂料饰面）。

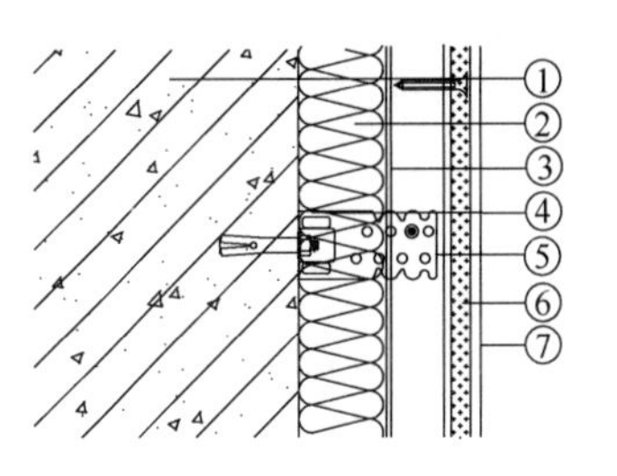

图 1-18　玻璃棉、岩棉、喷涂硬泡聚氨酯龙骨固定内保温系统构造做法

①基层墙体；②保温层；③隔汽层；④龙骨；⑤龙骨固定件；⑥保护层；⑦饰面层

六、建 筑 防 火

（一）必须了解的术语

89. 建筑防火的常用术语有哪些？

《建筑设计防火规范》GB 50016—2014 规定：

1）高层建筑

建筑高度大于 27m 的住宅建筑和建筑高度大于 24m 的非单层厂房、仓库和其他民用建筑。

2）裙房

在高层建筑主体投影范围外，与建筑主体相连且建筑高度不大于 24m 的附属建筑。

3）重要公共建筑

发生火灾可能造成重大人员伤亡、财产损失和严重社会影响的公共建筑。

4）商业服务网点

设置在住宅的首层或首层及二层，每个分隔单元建筑面积不大于 300m^2 的商店、邮政所、储蓄所、理发店等小型营业性用房。

5）半地下室

房间地面低于室外设计地面的平均高度大于该房间平均净高 1/3，且不大于 1/2 者。

6）地下室

房间地面低于室外设计地面的平均高度大于该房间平均净高 1/2 者。

7）耐火极限

在标准耐火试验条件下，建筑构件、配件或结构从受到火的作用时起，到失去承载能力、完整性或隔热性时止所用时间，用小时表示。

8）防火隔墙

建筑内防止火灾蔓延至相邻区域且耐火极限不低于规定要求的不燃性墙体。

9）防火墙

防止火灾蔓延至相邻建筑或相邻水平防火分区且耐火极限不低于 3.00h 的不燃性墙体。

10）避难层（间）

建筑内用于人员暂时躲避火灾及其烟气危害的楼层（房间）。

11）安全出口

供人员安全疏散用的楼梯间和室外楼梯的出入口或直通室内外安全区域的出口。

12）封闭楼梯间

在楼梯间入口处设置门，以防止火灾的烟和热气进入的楼梯间。

13）防烟楼梯间

在楼梯间入口处设置防烟的前室、开敞式阳台或凹廊（统称前室）等设施，且通向前室和楼梯间的门均为防火门，以防止火灾的烟和热气进入的楼梯间。

14）避难走道

采取防烟措施且两侧设置耐火极限不低于3.00h的防火隔墙，用于人员安全通行至室外的走道。

15）防火间距

防止着火建筑在一定时间内引燃相邻建筑，便于消防扑救的间隔距离。

16）防火分区

在建筑内部采用防火墙、楼板及其他防火分隔设施分隔而成，能在一定时间内防止火灾向同一建筑的其余部分蔓延的局部空间。

17）闪点

在规定的试验条件下，可燃性液体或固体表面产生的蒸气与空气形成的混合物，遇火源能够闪燃的液体或固体的最低温度（采用闭杯法测定）。

18）爆炸下限

可燃的蒸气、气体或粉尘与空气组成的混合物，遇火源即能够发生爆炸的最低浓度。

（二）耐火极限

90. 建筑结构材料的防火分类是如何规定的？

综合《建筑设计防火规范》GB 50016—2014和相关技术资料，建筑结构材料的防火分类为：

1）不燃性材料：指在空气中受到火烧或高温作用时，不起火、不燃烧、不炭化的材料，如砖、石、金属材料和其他无机材料。用不燃烧性材料制作的建筑构件通常称为“不燃性构件”。

2）难燃性材料：指在空气中受到火烧或高温作用时，难起火、难燃烧、难炭化的材料，当火源移走后，燃烧或微燃立即停止的材料。如刨花板和经过防火处理的有机材料。用难燃烧性材料制作的建筑构件通常称为“难燃性构件”。

3）可燃性材料：指在空气中受到火烧或高温作用时，立即起火燃烧且火源移走后仍能继续燃烧或微燃的材料，如木材、纸张等材料。用可燃性材料制作的建筑构件通常称为“可燃性构件”。

91. 常用建筑结构材料的耐火极限是如何规定的？

《建筑设计防火规范》GB 50016—2014规定各类非木结构构件的燃烧性能和耐火极限见表1-146。

各类非木结构构件的燃烧性能和耐火极限　　表1-146

序号	构件名称	构件厚度或截面最小尺寸（mm）	耐火极限（h）	燃烧性能
一、承重墙				
1.	普通黏土砖、硅酸盐砖、混凝土、钢筋混凝土实体墙	120	2.50	不燃性
		180	3.50	不燃性
		240	5.50	不燃性
		370	10.50	不燃性

续表

序号	构件名称	构件厚度或截面最小尺寸(mm)	耐火极限(h)	燃烧性能
2.	加气混凝土砌块墙	100	2.00	不燃性
3.	轻质混凝土砌块、天然石料的墙	120	1.50	不燃性
		240	3.50	不燃性
		370	5.50	不燃性
二、非承重墙				
1. 普通黏土砖墙	不包括双面抹灰	60	1.50	不燃性
		120	3.00	不燃性
	包括双面抹灰（每侧15mm抹灰）	150	4.50	不燃性
		180	5.00	不燃性
		240	8.00	不燃性
2. 轻质混凝土墙	加气混凝土砌块墙	75	2.50	不燃性
		100	6.00	不燃性
		200	8.00	不燃性
	钢筋加气混凝土垂直墙板墙	150	3.00	不燃性
	粉煤灰加气混凝土砌块墙	100	3.40	不燃性
	充气混凝土砌块墙	150	7.50	不燃性
3. 钢筋混凝土墙	大板墙（C20）	60	1.00	不燃性
		120	2.60	不燃性
4. 钢龙骨两面钉纸面石膏板隔墙，单位(mm)	20+46+12	78	0.33	不燃性
	2×12+70（空）+2×12	118	1.20	不燃性
	2×12+70（空）+3×12	130	1.25	不燃性
	2×12+75（填岩棉，容重为100kg/m³）+2×12	123	1.50	不燃性
	12+75（填50厚玻璃棉）+12	99	0.50	不燃性
	2×12+75（填50厚玻璃棉）+2×12	123	1.00	不燃性
	3×12+75（填50厚玻璃棉）+3×12	147	1.50	不燃性
	12+75（空）+12	99	0.52	不燃性
	12+75（其中50厚岩棉）+12	99	0.90	不燃性
	15+9.5+75+15	114.5	1.50	不燃性
5. 钢龙骨两面钉双层石膏板隔墙，单位(mm)	2×12+75（空）+2×12	123	1.10	不燃性
	18+70（空）+18	106	1.35	不燃性
	2×12+75（空）+2×12	123	1.35	不燃性
	2×12+75（填岩棉，容重为100kg/m³）+2×12	123	2.10	不燃性

续表

序号	构件名称	构件厚度或截面最小尺寸(mm)	耐火极限(h)	燃烧性能
6. 轻钢龙骨两面钉耐火纸面石膏板隔墙，单位（mm）	3×12+100（岩棉）+2×12	160	2.00	不燃性
	3×15+100（50厚岩棉）+2×12	169	2.95	不燃性
	3×15+100（80厚岩棉）+2×15	175	2.82	不燃性
	3×15+150（100厚岩棉）+3×15	240	4.00	不燃性
	9.5+3×12+100（空）+100（80厚岩棉）+2×12+9.5+12	291	3.00	不燃性
7. 混凝土砌块墙	1）轻集料小型空心砌块	330×140	1.98	不燃性
		330×190	1.25	不燃性
	2）轻集料（陶粒）混凝土砌块	330×240	2.92	不燃性
		330×290	4.00	不燃性
	3）轻集料小型空心砌块（实体墙体）	330×190	4.00	不燃性
	4）普通混凝土承重空心砌块	330×140	1.65	不燃性
		330×190	1.93	不燃性
		330×290	4.00	不燃性
8.	轻骨料混凝土条板隔墙	90	1.50	不燃性
		120	2.00	不燃性
三、柱				
1. 钢筋混凝土矩形柱	截面尺寸（mm）	180×240	1.20	不燃性
		200×200	1.40	不燃性
		200×300	2.50	不燃性
		240×240	2.00	不燃性
		300×300	3.00	不燃性
		200×400	2.70	不燃性
		200×500	3.00	不燃性
		300×500	3.50	不燃性
		370×370	5.00	不燃性
2. 普通黏土砖柱	截面尺寸（mm）	370×370	5.00	不燃性
3. 钢筋混凝土圆柱	直径（mm）	300	3.00	不燃性
		450	4.00	不燃性
4. 有保护层的钢柱	1）金属网抹M5砂浆保护层，厚度（mm）	25	0.80	不燃性
		50	1.30	不燃性
	2）加气混凝土保护层，厚度（mm）	40	1.00	不燃性
		50	1.40	不燃性
		70	2.00	不燃性
		80	2.33	不燃性

续表

序号	构件名称	构件厚度或截面最小尺寸（mm）	耐火极限（h）	燃烧性能
4. 有保护层的钢柱	3）C20混凝土保护层，厚度（mm）	25	0.80	不燃性
		50	2.00	不燃性
		100	2.85	不燃性
	4）普通黏土砖保护层，厚度（mm）	120	2.85	不燃性
	5）陶粒混凝土保护层，厚度（mm）	80	3.00	不燃性
	6）薄涂型钢结构防火涂料保护层，厚度（mm）	5.5	1.00	不燃性
		7.0	1.50	不燃性
	7）厚涂型钢结构防火涂料保护层，厚度（mm）	15	1.00	不燃性
		20	1.50	不燃性
		30	2.00	不燃性
		40	2.50	不燃性
		50	3.00	不燃性
四、梁				
简支的钢筋混凝土梁	1）非预应力钢筋，保护层厚度（mm）	10	1.20	不燃性
		20	1.75	不燃性
		25	2.00	不燃性
		30	2.30	不燃性
		40	2.90	不燃性
		50	3.50	不燃性
	2）预应力钢筋或高强度钢丝，保护层厚度（mm）	25	1.00	不燃性
		30	1.20	不燃性
		40	1.50	不燃性
		50	2.00	不燃性
	3）有保护层的钢梁	15mm厚LG防火隔热涂料保护层	1.50	不燃性
		20mm厚LY防火隔热涂料保护层	2.30	不燃性
五、楼板和屋顶承重构件				
1. 非预应力简支钢筋混凝土圆孔空心楼板	保护层厚度（mm）	10	0.90	不燃性
		20	1.25	不燃性
		30	1.50	不燃性

续表

序号	构件名称	构件厚度或截面最小尺寸（mm）	耐火极限（h）	燃烧性能
2. 预应力简支钢筋混凝土圆孔空心楼板	保护层厚度（mm）	10	0.40	不燃性
		20	0.70	不燃性
		30	0.85	不燃性
3. 四边简支的钢筋混凝土楼板	保护层厚度、板厚（mm）	10、70	1.40	不燃性
		15、80	1.45	不燃性
		20、80	1.50	不燃性
		30、90	1.85	不燃性
4. 现浇的整体式梁板	保护层厚度、板厚（mm）	10、100	2.00	不燃性
		15、100	2.00	不燃性
		20、100	2.10	不燃性
		30、100	2.15	不燃性
5. 屋面板	1）钢筋加气混凝土屋面板，保护层厚度 10mm	—	1.25	不燃性
	2）钢筋充气混凝土屋面板，保护层厚度 10mm	—	1.60	不燃性
	3）钢筋混凝土方孔屋面板，保护层厚度 10mm	—	1.20	不燃性
	4）预应力钢筋混凝土槽形屋面板，保护层厚度 10mm	—	0.50	不燃性
	5）预应力钢筋混凝土槽瓦，保护层厚度 10mm	—	0.50	不燃性
	6）轻型纤维石膏板屋面板	—	0.60	不燃性
六、吊顶				
1. 钢吊顶搁栅	1）钢丝网（板）抹灰	15	0.25	不燃性
	2）钉石棉板	10	0.85	不燃性
	3）钉双层石膏板	10	0.30	不燃性
	4）挂石棉型硅酸钙板	10	0.30	不燃性
	5）两侧挂 0.5mm 厚薄钢板，内填容重为 100kg/m³ 的陶瓷棉复合板	40	0.40	不燃性
2. 夹芯板	双面单层彩钢面岩棉夹芯板，中间填容重为 120kg/m³ 的岩棉	50	0.30	不燃性
		100	0.50	不燃性
3. 钢龙骨，防火板，填容重 100kg/m³ 的岩棉（mm）	9+75（岩棉）	84	0.50	不燃性
	12+100（岩棉）	112	0.75	不燃性
	2×9+100（岩棉）	118	0.90	不燃性
4. 纸面石膏板（mm）	12+2 填缝料+60（空）	74	0.10	不燃性
	12+1 填缝料+12+1 填缝料+60（空）	86	0.40	不燃性
5. 防火纸面石膏板（mm）	12+50（填 60kg/m³ 的岩棉）	62	0.20	不燃性
	15+1 填缝料+15+1 填缝料+60（空）	92	0.50	不燃性

续表

序号	构件名称	构件厚度或截面最小尺寸（mm）	耐火极限（h）	燃烧性能
七、防火门				
1. 木质防火门	木质面板或木质面板内设防火板 1）门扇内填充珍珠岩 2）门扇内填充氯化镁、氧化镁	（丙级）40～50	0.50	难燃性
		（乙级）45～50	1.00	难燃性
		（甲级）50～90	1.50	难燃性
2. 钢木质防火门	1）木质面板 （1）钢质或钢木质复合门框、木质骨架，迎/背火面一面或两面设防火板或不设防火板。门扇内填充珍珠岩，或氯化镁、氧化镁	（丙级）40～50	0.50	难燃性
	（2）木质门框、木质骨架，迎/背火面一面或两面设防火板或钢板。门扇内填充珍珠岩，或氯化镁、氧化镁	（乙级）45～50	1.00	难燃性
	2）钢制面板 钢质或钢木质复合门框、钢质或木质骨架，迎/背火面一面或两面设防火板，或不设防火板。门扇内填充珍珠岩，或氯化镁、氧化镁	（甲级）50～90	1.50	难燃性
3. 钢质防火门	钢制门框、钢制面板、钢质骨架，迎/背火面一面或两面设防火板，或不设防火板。门扇内填充珍珠岩，或氯化镁、氧化镁	（丙级）40～50	0.50	不燃性
		（乙级）45～70	1.00	不燃性
		（甲级）50～90	1.50	不燃性
八、防火窗				
1. 钢制防火窗	窗框钢质，窗扇钢质，窗框填充水泥砂浆，窗扇内填充珍珠岩，或氧化镁、氯化镁，或防火板。复合防火玻璃	25～30	1.00	不燃性
		30～38	1.50	不燃性
2. 木质防火窗	窗框、窗扇均为木质，或均为防火板和木质复合。窗框无填充材料，窗扇迎/背火面外设防火板和木质面板，或为阻燃实木。复合防火玻璃	25～30	1.00	难燃性
		30～38	1.50	难燃性
3. 钢木复合防火窗	窗框钢质，窗扇木质，窗框填充水泥砂浆，窗扇迎/背火面外设防火板和木质面板，或为阻燃实木。复合防火玻璃	25～30	1.00	难燃性
		30～38	1.50	难燃性
九、防火卷帘				
1.	钢质普通型防火卷帘（帘板为单层）	—	1.50～3.00	不燃性
2.	钢制复合型防火卷帘（帘板为双层）	—	2.00～4.00	不燃性
3.	无机复合防火卷帘（采用多种无机材料复合而成）	—	3.00～4.00	不燃性
4.	无机复合轻质防火卷帘（双层、不需水幕保护）	—	4.00	不燃性

注：1. λ为钢管混凝土构件长细比，对于圆钢管混凝土，$\lambda=4L/D$；对于方、矩形钢管混凝土，$\lambda=\sqrt{3}L/B$；L为构件的计算长度。
2. 对于矩形钢管混凝土柱，应以截面短边长度为依据。
3. 钢管混凝土柱的耐火极限为根据福州大学土木建筑工程学院提供的理论计算值，未经逐个试验验证。
4. 确定墙的耐火极限不考虑墙上有无洞孔。
5. 墙的总厚度包括抹灰粉刷层。
6. 中间尺寸的构件，其耐火极限建议经试验确定，亦可按插入法计算。
7. 计算保护层时，应包括抹灰粉刷层在内。
8. 现浇的无梁楼板按简支板数据采用。
9. 无防火保护层的钢梁、钢柱、钢楼板和钢屋架，其耐火极限可按 0.25h 确定。
10. 人孔盖板的耐火极限可参照防火门确定。
11. 防火门和防火窗中的“木质”均为经阻燃处理。

92. 其他常用建筑结构材料的耐火极限是如何规定的？

1）《蒸压加气混凝土建筑应用技术规程》JGJ/T 17—2008 中规定的蒸压加气混凝土的耐火性能详见表 1-147。

蒸压加气混凝土的耐火性能　　表 1-147

材　料		体积密度级别	厚度（mm）	耐火极限（h）
加气混凝土砌块	水泥、矿渣、砂为原材料	B05	75	2.50
			100	3.75
			150	5.75
			200	8.00
	水泥、石灰、粉煤灰为原材料	B06	100	6.00
			200	8.00
	水泥、石灰、砂为原材料	B05	100	3.00
			150	＞4.00
屋面板	水泥、矿渣、砂为原材料	B05	100	3.00
			3300×600×150	1.25
墙　板		B05	2700×(3×600)×150	＜4.00

2）《植物纤维工业废渣混凝土砌块建筑技术规程》JGJ/T 228—2010 中规定的，植物纤维工业废渣混凝土砌块墙体的耐火极限和燃烧性能见表 1-148。

植物纤维工业废渣混凝土砌块墙体的耐火极限和燃烧性能　　表 1-148

砌块墙体类型	耐火极限（h）	燃烧性能
190mm 厚承重砌块墙体	2.00	不燃烧体
90mm 厚砌块墙体	1.00	不燃烧体

注：墙体两面无粉刷。

3）《混凝土小型空心砌块建筑技术规程》JGJ/T 14—2011 中规定的，混凝土小型空心砌块墙体的耐火极限和燃烧性能见表 1-149。

混凝土小型空心砌块墙体的耐火极限和燃烧性能　　表 1-149

小砌块墙体类型	耐火极限（h）	燃烧性能
90mm 厚小砌块墙体	1.00	不燃烧体
190mm 厚小砌块墙体	承重墙 2.00	不燃烧体
190mm 厚配筋小砌块墙体	承重墙 3.50	不燃烧体

注：不包括两侧墙面粉刷。

（三）耐　火　等　级

93. 民用建筑的防火分类是如何规定的？

《建筑设计防火规范》GB 50016－2014 规定民用建筑应根据其使用性质、火灾危险性、疏散和补救难度等进行分类，并应符合表 1-150 的规定：

民用建筑的分类 表 1-150

名称	高层民用建筑		单层、多层民用建筑
	一类	二类	
住宅建筑	建筑高度大于 54m 的住宅建筑（包括设置商业服务网点的住宅建筑）	建筑高度大于 27m，但不大于 54m 的住宅建筑（包括设置商业服务网点的住宅建筑）	建筑高度不大于 27m 的住宅建筑（包括设置商业服务网点的住宅建筑）
公共建筑	1. 建筑高度大于 50m 的公共建筑； 2. 建筑高度 24m 以上部分任一楼层建筑面积大于 $1000m^2$ 的商店、展览、电信、邮政、财贸金融建筑和其他多种功能组合的建筑； 3. 医疗建筑、重要公共建筑； 4. 省级及以上广播电视和防灾指挥调度建筑、网局级和省级电力调度建筑； 5. 藏书超过 100 万册的图书馆、书库	除一类高层公共建筑外的其他高层公共建筑	1. 建筑高度大于 24m 的单层公共建筑； 2. 建筑高度不大于 24m 的其他公共建筑

注：1. 表中未列入的建筑，其类别应根据本表类比确定。

2. 除本规范另有规定外，宿舍、公寓等非住宅类居住建筑的防火要求，应符合本规范有关公共建筑的规定。

3. 除本规范另有规定外，裙房的防火要求应符合本规范有关高层民用建筑的规定。

94. 民用建筑的耐火等级是如何规定的？

1）建筑构件的燃烧性能和耐火极限

《建筑设计防火规范》GB 50016－2014 规定民用建筑的耐火等级可分为一级、二级、三级、四级。除本规范另有规定外，不同耐火等级建筑相应构件的燃烧性能和耐火极限不应低于表 1-151 的规定。

不同耐火等级建筑相应构件的燃烧性能和耐火极限（h） 表 1-151

构件名称		耐火等级			
		一级	二级	三级	四级
墙	防火墙	不燃性 3.00	不燃性 3.00	不燃性 3.00	不燃性 3.00
	承重墙	不燃性 3.00	不燃性 2.50	不燃性 2.00	难燃性 0.50
	非承重外墙	不燃性 1.00	不燃性 1.00	不燃性 0.50	可燃性
	楼梯间和前室的墙、电梯井的墙、住宅建筑单元之间的墙和分户墙	不燃性 2.00	不燃性 2.00	不燃性 1.50	难燃性 0.50
	疏散走道两侧的隔墙	不燃性 1.00	不燃性 1.00	不燃性 0.50	难燃性 0.25
	房间隔墙	不燃性 0.75	不燃性 0.50	难燃性 0.50	难燃性 0.25

续表

构件名称	耐火等级			
	一级	二级	三级	四级
柱	不燃性 3.00	不燃性 2.50	不燃性 2.00	难燃性 0.50
梁	不燃性 2.00	不燃性 1.50	不燃性 1.00	难燃性 0.50
楼板	不燃性 1.50	不燃性 1.00	不燃性 0.50	可燃性
屋顶承重构件	不燃性 1.50	不燃性 1.00	可燃性 0.50	可燃性
疏散楼梯	不燃性 1.50	不燃性 1.00	不燃性 0.50	可燃性
吊顶（包括吊顶搁栅）	不燃性 0.25	难燃性 0.25	难燃性 0.15	可燃性

注：1. 除本规范另有规定外，以木柱承重且墙体采用不燃材料的建筑，其耐火等级应按四级确定。

2. 住宅建筑构件的耐火极限和燃烧性能可按现行国家标准《住宅建筑规范》GB 50368—2005 的规定执行。

2）民用建筑的耐火等级

《建筑设计防火规范》GB 50016－2014 规定民用建筑的耐火等级应根据其建筑高度、使用功能、重要性和火灾扑救难度等确定，并应符合下列规定：

（1）地下、半地下建筑（室）和一类高层建筑的耐火等级不应低于一级；

（2）单层、多层重要公共建筑和二类高层建筑的耐火等级不应低于二级。

3）建筑高度大于 100m 的民用建筑，其楼板的耐火极限不应低于 2.00h。

一、二级耐火等级建筑的上人平屋顶，其屋面板的耐火极限分别不应低于 1.50h 和 1.00h。

4）一、二级耐火等级建筑的屋面板应采用不燃材料。

屋面防水层宜采用不燃、难燃材料，当采用可燃防水材料且铺设在可燃、难燃保温材料上时，防水材料或可燃、难燃保温材料应采用不燃材料作保护层。

5）二级耐火等级建筑内采用难燃性墙体的房间隔墙，其耐火极限不应低于 0.75h；当房间的建筑面积不大于 $100m^2$ 时，房间隔墙可采用耐火极限不低于 0.50h 的难燃性墙体或耐火极限不低于 0.30h 的不燃性墙体。

二级耐火等级多层住宅建筑内采用预应力钢筋混凝土的楼板，其耐火极限不应低于 0.75h。

6）建筑中的非承重外墙、房间隔墙和屋面板，当确需采用金属夹芯板时，其芯材应为不燃材料，且耐火极限应符合本规范的有关规定。

7）二级耐火等级建筑内采用不燃材料的吊顶，其耐火极限不限。

三级耐火等级的医疗建筑、中小学校的教学建筑、老年人建筑及托儿所、幼儿园的儿童用房和儿童游乐厅等儿童活动场所的吊顶，应采用不燃材料；当采用难燃材料时，其耐火极限不低于0.25h。

二、三级耐火等级建筑内门厅、走道的吊顶应采用不燃材料。

8）建筑内预制钢筋混凝土构件的节点外露部位，应采取防火保护措施，且节点的耐火极限不应低于相应构件的耐火极限。

95. 其他民用建筑规范对耐火等级是如何规定的?

1）《住宅建筑规范》GB 50368—2005中对住宅建筑的防火等级的规定：

（1）住宅建筑的耐火等级应划分为4级，其构件的燃烧性能和耐火极限不应低于表1-152的规定。

住宅建筑的燃烧性能和耐火等级　　表1-152

构件名称		耐火等级			
		一级	二级	三级	四级
墙	防火墙	不燃烧材料 3.00	不燃烧材料 3.00	不燃烧材料 3.00	不燃烧材料 3.00
	非承重外墙、疏散走道两侧的隔墙	不燃烧材料 1.00	不燃烧材料 1.00	不燃烧材料 0.75	难燃烧材料 0.75
	楼梯间的墙、电梯井的墙、住宅单元之间的墙、住宅分户墙、承重墙	不燃烧材料 2.00	不燃烧材料 2.00	不燃烧材料 1.50	难燃烧材料 1.00
	房间隔墙	不燃烧材料 0.75	不燃烧材料 0.50	难燃烧材料 0.50	难燃烧材料 0.25
柱		不燃烧材料 3.00	不燃烧材料 2.50	不燃烧材料 2.00	难燃烧材料 1.00
梁		不燃烧材料 2.00	不燃烧材料 1.50	不燃烧材料 1.00	难燃烧材料 1.00
楼板		不燃烧材料 1.50	不燃烧材料 1.00	不燃烧材料 0.75	难燃烧材料 0.50
屋顶承重构件		不燃烧材料 1.50	不燃烧材料 1.00	难燃烧材料 0.50	难燃烧材料 0.25
疏散楼梯		不燃烧材料 1.50	不燃烧材料 1.00	不燃烧材料 0.75	燃烧材料 0.50

注：表中的外墙指扣除外保温层厚度以后的主要构件。

（2）四级耐火等级的住宅建筑最多允许建造层数为3层，三级耐火等级的住宅建筑最多允许建造层数为9层，二级耐火等级的住宅建筑最多允许建造层数为18层。

2）《图书馆建筑设计规范》JGJ 38—99中对图书馆建筑的耐火等级及防火分区最大允许建筑面积及耐火等级的规定如下：

（1）图书馆书库、非书资料库、藏阅合一的阅览空间防火分区最大允许建筑面积：

① 当为单层时，不应大于1500m²；

② 当为多层、建筑高度不超过24m时，不应大于1000m²；

③ 当为多层、建筑高度超过 24m 时，不应大于 700m²；

④ 地下室或半地下室的书库，不应大于 300m²。

（2）耐火等级：

① 藏书量超过 100 万册的图书馆、书库，耐火等级应为一级；

② 图书馆特藏库、珍善本书库的耐火等级应为一级；

③ 建筑高度超过 24m，藏书量不超过 100 万册的图书馆、书库，耐火等级不应低于二级；

④ 建筑高度不超过 24m，藏书量超过 10 万册但不超过 100 万册的图书馆、书库，耐火等级不应低于二级；

⑤ 建筑高度不超过 24m，建筑层数不超过 3 层，藏书量不超过 10 万册的图书馆，耐火等级应为三级，但其书库和开架阅览室部分的耐火等级不应低于二级。

3）《汽车库、修车库、停车场设计防火规范》GB 50067—2014 中规定：

（1）汽车库、修车库的耐火等级分为一级、二级和三级。其构件的燃烧性能和耐火极限不应低于表 1-153 的规定。

汽车库、修车库构件的燃烧性能和耐火极限（h）　　表 1-153

建筑构件名称		耐火等级		
		一级	二级	三级
墙	防火墙	不燃性 3.00	不燃性 3.00	不燃性 3.00
墙	承重柱	不燃性 3.00	不燃性 2.50	不燃性 2.00
墙	楼梯间和前室的墙、防火隔墙	不燃性 2.00	不燃性 2.00	不燃性 2.00
墙	隔墙、非承重外墙	不燃性 1.00	不燃性 1.00	不燃性 0.50
柱		不燃性 3.00	不燃性 2.50	不燃性 2.00
梁		不燃性 2.00	不燃性 1.50	不燃性 1.00
楼板		不燃性 1.50	不燃性 1.00	不燃性 0.50
疏散楼梯、坡道		不燃性 1.50	不燃性 1.00	不燃性 1.00
屋顶承重构件		不燃性 1.50	不燃性 1.00	可燃性 0.50
吊顶（包括吊顶搁栅）		不燃性 0.25	不燃性 0.25	难燃性 0.15

注：预制钢筋混凝土构件的节点缝隙或金属承重构件的外露部位应加设防火保护层，其耐火极限不应低于表中相应构件的规定。

（2）汽车库和修车库的耐火等级应符合下列规定：

① 地下、半地下和高层汽车库应为一级；

② 甲、乙类物品运输车的汽车库、修车库和Ⅰ类汽车库、修车库，应为一级；

③ Ⅱ、Ⅲ类的汽车库、修车库的耐火等级不应低于二级；

④ Ⅳ类的汽车库、修车库的耐火等级不应低于三级。

4）《博物馆建筑设计规范》JGJ66－91 规定：

（1）博物馆藏品库区和陈列区建筑的耐火等级不应低于二级。大、中型馆的耐久年限不应少于 100 年，小型馆的耐久年限不应少于 50 年。

（2）博物馆藏品库区的防火分区面积，单层建筑不得大于 1500m²，多层建筑不得大于 1000m²，同一防火分区内的隔间面积不得大于 500m²。

(3) 博物馆陈列区的防火分区面积不得大于 2500m²，同一防火分区内的隔间面积不得大于 1000m²。

(4) 藏品库房和陈列室内的固定装修应选用非燃烧体或阻燃材料。

5)《人民防空工程设计防火规范》GB 50098－2009 规定：人民防空工程的地下室、半地下室的耐火等级和防火分区应执行现行国家标准《建筑设计防火规范》GB 50016－2014 的有关规定。

(1) 地下、半地下建筑（室）的耐火等级

① 地下、半地下建筑（室）的耐火等级应为一级；

② 地下汽车库的耐火等级应为一级。

(2) 地下室、半地下室的防火分区：

① 地下室、半地下室的防火分区面积为 500m²。当设置自动灭火系统时，其面积可增加 1.0 倍；局部设置时，局部面积增加 1.0 倍。

② 高层建筑的商场营业厅、展览厅等，当设有火灾自动报警系统且采用不燃烧材料或难燃烧材料进行装修时，地下部分防火分区的最大建筑面积为 2000m²。

6)《养老设施建筑设计规范》GB 50867－2013 规定养老设施建筑中老年人用房建筑的耐火等级不应低于二级。

(四) 防火间距

96. 建筑防火间距的计算方法是如何规定的?

《建筑设计防火规范》GB 50016－2014 规定：

1) 建筑物之间的防火间距应按相邻建筑外墙的最近水平距离计算，当外墙有凸出的可燃或难燃构件时，应从其凸出部分外缘算起。

建筑物与储罐、堆场的防火间距，应为建筑外墙至储罐外壁或堆场中相邻堆垛外缘的最近水平距离。

2) 储罐之间的防火间距应为相邻两储罐外壁的最近水平距离。储罐与堆场的防火间距应为储罐外壁至堆场中相邻堆垛外缘的最近水平距离。

3) 堆场之间的防火间距应为两堆场相邻堆垛外缘的最近水平距离。

4) 变压器之间的防火间距应为相邻变压器外壁的最近水平距离。

变压器与建筑物、储罐或堆场的防火间距，应从变压器外壁至建筑外墙、储罐外壁或相邻堆垛外缘的最近水平距离。

5) 建筑物、储罐或堆场与道路、铁路的防火间距应为建筑外墙、储罐外壁或相邻堆垛外缘距道路最近一侧路边或铁路中心线的最小水平距离。

97. 建筑防火间距的规定有哪些?

1)《建筑设计防火规范》GB 50016－2014 规定：

(1) 在总平面布局中，应合理确定建筑的位置、防火间距、消防车道和消防水源等，不宜将民用建筑布置在甲、乙类厂（库）房，甲、乙、丙类液体储罐，可燃气体储罐和可

燃材料堆场的附近。

（2）民用建筑之间的防火间距不应小于表 1-154 的规定，与其他建筑之间的防火间距，除应符合本节的规定外，尚应符合本规范其他章的有关规定。

民用建筑之间的防火间距（m） **表 1-154**

建筑类别		高层民用建筑	裙房和其他民用建筑		
		一、二级	一、二级	三级	四级
高层民用建筑	一、二级	13	9	11	14
裙房和其他民用建筑	一、二级	9	6	7	9
	三 级	11	7	8	10
	四 级	14	9	10	12

注：1. 相邻两座单、多层建筑，当相邻外墙为不燃性墙体且无外露的可燃性屋檐，每面外墙上无防火保护的门、窗、洞口不正对开设且门、窗、洞口的面积之和不大于外墙面积的 5%时，其防火间距可按本表规定减少 25%。

2. 两座建筑相邻较高一面外墙为防火墙，或高出相邻较低一座一、二级耐火等级建筑的屋面 15m 及以下范围内的外墙为防火墙时，其防火间距不限。

3. 相邻两座高度相同的一、二级耐火等级建筑中相邻任一侧外墙为防火墙，屋顶的耐火极限不低于 1.00h 时，其防火间距不限。

4. 相邻两座建筑中较低一座建筑的耐火等级不低于二级，相邻较低一面外墙为防火墙且屋顶无天窗，屋顶的耐火极限不低于 1.00h 时，其防火间距不应小于 3.50m；对于高层建筑，不应小于 4.00m。

5. 相邻两座建筑中较低一座建筑的耐火等级不低于二级且屋顶无天窗，相邻较高一面外墙高出较低一座建筑的屋面 15m 及以下范围内的开口部位设置甲级防火门、窗，或设置符合现行国家标准《自动喷水灭火系统设计规范》GB 50084 规定的防火分隔水幕或符合本规范规定的防火卷帘时。其防火间距不应小于 3.50m；对于高层建筑，不应小于 4.00m。

6. 相邻建筑通过连廊、天桥或底部的建筑物等连接时，其间距不应小于本表的规定。

7. 耐火等级低于四级的既有建筑，其耐火等级可按四级确定。

（3）民用建筑与单独建造的变电站的防火间距应按“厂房之间及与乙、丙、丁、戊类仓库、民用建筑等的防火间距”有关室外变、配电站的规定。但与单独建造的终端变电站的防火间距，可根据变电站的耐火等级按本规范“民用建筑之间的防火间距”（表1-154）有关民用建筑的规定确定。

民用建筑与 10kV 及以下的预装式变电站的防火间距不应小于 3m。

民用建筑与燃油、燃气或燃煤锅炉房的防火间距应符合本规范“厂房之间及与乙、丙、丁、戊类仓库、民用建筑等的防火间距”规定中有关丁类厂房的规定，但与单台蒸汽锅炉的蒸发量不大于 4t/h 或单台热水锅炉的额定热功率不大于 2.8MW 的燃煤锅炉房的防火间距，可根据锅炉房的耐火等级按“民用建筑之间的防火间距”（表 1-154）有关民用建筑的规定确定。

（4）除高层民用建筑外，数座一、二级耐火等级的住宅建筑或办公建筑，当建筑物的占地面积总和不大于 2500m^2 时，可成组布置，但组内建筑物之间的间距不宜小于 4.00m。组与组或组与相邻建筑物的防火间距不应小于本规范“民用建筑之间的防火间距”（表 1-154）的规定。

（5）民用建筑与燃气调压站、液化石油气气化站或混气站、城市液化石油气供应站瓶库等的防火间距，应符合现行国家标准《城镇燃气设计规范》GB 50028—2006 的规定。

(6) 建筑高度大于 100m 的民用建筑与相邻建筑的防火间距，当符合“丙、丁、戊类厂房与民用建筑的耐火等级”、“丁、戊类仓库与民用建筑的耐火等级”、“甲、乙、丙类液体储罐（区）和乙、丙类液体桶装堆场与民用建筑的防火间距”和“民用建筑之间的防火间距”（表 1-154）中允许减小的条件时，仍不应减小。

2)《住宅建筑规范》GB 50368—2005 规定：住宅建筑与相邻民用建筑之间的防火间距应符合表 1-155 的规定。

住宅建筑与相邻民用建筑之间的防火间距（m） **表 1-155**

建筑类别			10层和10层以上住宅或其他民用建筑		10层以下住宅或其他非高层民用建筑		
					耐火等级		
			高层建筑	裙房	一、二级	三级	四级
10层以下住宅	耐火等级	一、二级	9	9	6	7	9
		三级	11	7	7	8	10
		四级	14	9	9	10	12
10层和10层以上住宅			13	9	9	11	14

3)《汽车库、修车库、停车场设计防火规范》GB 50067－2014 规定：

(1) 汽车库、修车库、停车场之间及汽车库、修车库、停车场与除甲类物品仓库外的其他建筑物的防火间距，不应小于表 1-156 的规定。其中高层汽车库与其他建筑物，汽车库、修车库与高层建筑的防火间距应按表 1-156 值增加 3m；汽车库、修车库与甲类厂房的防火间距应按表 1-156 值增加 2m。

汽车库、修车库、停车场之间及汽车库、修车库、停车场与除甲类物品仓库外的其他建筑物的防火间距（m） **表 1-156**

名称和防火等级	汽车库、修车库		厂房、仓库、民用建筑		
	一、二级	三级	一、二级	三级	四级
一、二级汽车库、修车库	10	12	10	12	14
三级汽车库、修车库	12	14	12	14	16
停车场	6	8	6	8	10

注：1. 防火间距应按相邻建筑物外墙的最近距离算起，如外墙有凸出的可燃物构件时，则应从其凸出部分外缘算起，停车场从靠近建筑物的最近停车位置边缘算起；

2. 厂房、仓库的火灾危险性分类应符合现行国家标准《建筑设计防火规范》GB 50016—2014 的有关规定。

(2) 汽车库、修车库之间或汽车库、修车库与其他建筑物之间的防火间距可适当减少，但应符合下列规定：

① 当两座建筑物相邻较高一面外墙为无门、窗、洞口的防火墙或当较高一面外墙比较低一座一、二级耐火等级建筑屋面高 15m 及以下范围的外墙为无门、窗、洞口的防火

墙时，其防火间距可不限。

② 当两座建筑物相邻较高一面外墙上，同较低建筑等高的以下范围内的墙为无门、窗、洞口的防火墙时，其防火间距可按表 1-156 的规定值减小 50%。

③ 相邻的两座一、二级耐火等级建筑，当较高一面外墙的耐火极限不低于 2.00h，墙上开口部位设置甲级防火门、窗或耐火极限不低于 2.00h 的防火卷帘、水幕等防火设施时，其防火间距可减小，但不应小于 4m。

④ 相邻的两座一、二级耐火等级建筑，当较低一座的屋顶无开口，屋顶的耐火极限不低于 1.00h，且较低一面外墙为防火墙时，其防火间距可减小，但不应小于 4m。

(3) 停车场与相邻的一、二级耐火等级建筑之间，当相邻建筑的外墙为无门、窗、洞口的防火墙，或比停车部位高 15m 范围以下的外墙为无门、窗、洞口的防火墙时，防火间距可不限。

(4) 停车场的汽车宜分组停放，每组的停车数量不宜大于 50 辆，组与组之间的防火间距不应小于 6m。

(五) 防 火 分 区

98. 建筑防火分区的规定有哪些?

1)《建筑设计防火规范》GB 50016－2014 规定：

(1) 除本规范另有规定外，不同耐火等级建筑的允许建筑高度或层数、防火分区最大允许建筑面积应符合表 1-157 的规定。

不同耐火等级建筑的允许建筑高度或层数、防火分区最大允许建筑面积　　表 1-157

<table>
<tr><th>名称</th><th>耐火等级</th><th>允许建筑高度或层数</th><th>防火分区的最大允许建筑面积 (m²)</th><th>备注</th></tr>
<tr><td>高层民用建筑</td><td>一、二级</td><td>详表 1-150 的规定</td><td>1500</td><td rowspan="2">对于体育馆、剧场的观众厅，防火分区的最大允许建筑面积可适当增加</td></tr>
<tr><td rowspan="3">单层、多层民用建筑</td><td>一、二级</td><td>详表 1-150 的规定</td><td>2500</td></tr>
<tr><td>三级</td><td>5 层</td><td>1200</td><td rowspan="2">—</td></tr>
<tr><td>四级</td><td>2 层</td><td>600</td></tr>
<tr><td>地下或半地下建筑（室）</td><td>一级</td><td>—</td><td>500</td><td>设备用房的防火分区最大允许建筑面积不应大于 1000m²</td></tr>
</table>

注：1. 表中规定的防火分区最大允许建筑面积，当建筑内设置自动灭火系统时，可按本表的规定增加 1.0 倍；局部设置时，防火分区的增加面积可按该局部面积的 1.0 倍计算。
2. 裙房与高层建筑主体之间设置防火墙时，裙房的防火分区可按单、多层建筑的要求确定。

(2) 建筑物内设置自动扶梯、敞开楼梯等上、下层相连通的开口时，其防火分区的建筑面积应按上、下层相连通的面积叠加计算；当叠加计算后的建筑面积大于上表的规定时，应划分防火分区。

建筑内设置中庭时，其防火分区的建筑面积应按上、下层相连通的建筑面积叠加计算；当叠加计算后的建筑面积大于上表的规定时，应符合下列规定：

① 与周围连通空间应进行防火分隔：采用防火隔墙时，其耐火极限不应低于1.00h；采用防火玻璃墙时，其耐火隔热性和耐火完整性不应低于1.00h，采用耐火完整性不低于1.00h的非隔热性防火玻璃墙时，应设置自动喷水灭火系统进行保护；采用防火卷帘时，其耐火极限不应低于3.00h，并应符合本规范“防火卷帘”的相关规定；与中庭相连通的门、窗，应采用火灾时能自动关闭的甲级防火门、窗。

② 高层建筑内的中庭回廊应设置自动喷水灭火系统和火灾自动报警系统。

③ 中庭应设置排烟措施。

④ 中庭内不应布置可燃物。

(3) 防火分区之间应采用防火墙分隔。确有困难时，可采用防火卷帘等防火分隔设施分隔。当采用防火卷帘分隔时，应符合本规范“防火卷帘”的有关规定。

(4) 一、二级耐火等级建筑内的商店营业厅、展览厅，当设置自动灭火系统和火灾自动报警系统并采用不燃或难燃装修材料时，其每个防火分区的最大允许建筑面积应符合下列规定：

① 设置在高层建筑内时，不应大于4000m²；

② 设置在单层建筑内或仅设置在多层建筑的首层内时，不应大于10000m²；

③ 设置在地下或半地下时，不应大于2000m²。

2)《汽车库、修车库、停车场设计防火规范》GB 50067－2014规定：

(1) 汽车库防火分区的最大允许建筑面积应符合表1-158的规定。其中，敞开式、错层式、斜楼板式汽车库的上下连通面积应叠加计算，每个防火分区的最大允许建筑面积不应大于表1-158的2.0倍；室内有车道且有人员停留的机械式汽车库，其防火分区的最大允许建筑面积应按表1-158的规定减少35%。

汽车库防火分区的最大允许建筑面积（m²） **表1-158**

耐火等级	单层汽车库	多层汽车库、半地下汽车库	地下汽车库、高层汽车库
一、二级	3000	2500	2000
三级	1000	不允许	不允许

注：除本规范另有规定外，防火分区之间应采用符合本规范规定的防火墙、防火卷帘等分隔。

(2) 设置自动灭火系统的汽车库，其每个防火分区的最大允许建筑面积不应大于表1-153规定的2.0倍。

(3) 室内无车道且无人员停留的机械式汽车库，应符合下列规定：

① 当停车数量超过100辆时，应采用无门、窗、洞口的防火墙分隔为多个停车数不大于100辆的区域，但当采用防火隔墙和耐火极限不低于1.00h的不燃性楼板分隔成多个停车单元，且停车单元内的停车数不大于3辆时，应分隔为停车数量不大于300辆的区域；

② 汽车库内应设置火灾自动报警系统和自动喷水灭火系统，自动喷水灭火系统应选用快速响应喷头；

③ 楼梯间及停车区的检修通道上应设置室内消火栓；

④ 汽车库内应设置排烟设施，排烟口应设置在运输车辆的通道顶部。

（4）甲、乙类物品运输车的汽车库、修车库，每个防火分区的最大允许建筑面积不应大于 500m^2。

（5）修车库防火分区最大允许建筑面积不应大于 2000m^2，当修车部位与相邻使用有机溶剂的清洗和喷漆工段采用防火墙分隔时，每个防火分区的最大允许建筑面积不应大于 4000m^2。

（6）汽车库、修车库与其他建筑合建时，应符合下列规定：

① 当贴邻建造时，应采用防火墙隔开；

② 设在建筑物内的汽车库（包括屋顶停车场）、修车库与其他部位之间，应采用防火墙和耐火极限不低于 2.00h 的不燃性楼板分隔；

③ 汽车库、修车库的外墙门、洞口上方，应设置耐火极限不低于 1.00h、宽度不小于 1.0m、长度不小于开口宽度的不燃性防火挑檐；

④ 汽车库、修车库的外墙上、下层开口之间墙的高度，不应小于 1.20m 或设置耐火极限不低于 1.00h、宽度不小于 1.0m 的不燃性防火挑檐。

（7）汽车库内设置修理车位时，停车部位与修车部位之间应采用防火墙和耐火极限不低于 2.00h 的不燃性楼板分隔。

（8）修车库内使用有机溶剂清洗和喷漆的工段，当超过 3 个车位时，均应采取防火隔墙等分隔措施。

（9）附设在汽车库、修车库内的消防控制室、自动灭火系统的设备室、消防水泵房和排烟、通风空气调节机房等，应采用防火隔墙和耐火极限不低于 1.50h 的不燃性楼板相互隔开或相邻部位分隔。

3）《人民防空工程设计防火规范》GB 50098—2009 规定：

（1）人防工程的出入口地面建筑与周围建筑物之间的防火间距应按现行国家标准《建筑设计防火规范》GB 50016—2014 的有关规定执行。

（2）人防工程的采光窗井与相邻地面建筑之间的最小防火间距应符合表 1-159 的规定。

采光窗井与相邻地面建筑之间的最小防火间距（m）　　表 1-159

建筑类别和耐火等级 人防工程类别	民用建筑			高层民用建筑	
	一、二级	三级	四级	主体	附属
一般人防工程	6	7	9	13	6

注：1. 防火间距按人防工程有窗外墙与相邻地面建筑外墙的最近距离计算。

2. 当相邻的地面建筑物外墙为防火墙时，其防火间距不限。

（3）人防工程内应采用防火墙划分防火分区。当采用防火墙确有困难时，可采用防火卷帘等防火分隔设施分隔，防火分区的划分应符合下列要求：

① 防火分区应在各安全出口处的防火门范围内划分。

② 水泵房、污水泵房、水池、厕所、盥洗间等无可燃物的房间，其面积可不计入防

火分区的面积之内。

③ 与柴油发电机房或锅炉房配套的水泵间、风机房、储油间等，应与柴油发电机房或锅炉房一起划分为一个防火分区。

④ 防火分区的划分宜与人防工程的防护单元相结合。

⑤ 工程内设置有旅馆、病房、员工宿舍时，不得设置在地下二层及以下层，并应划分为独立的防火分区，且疏散楼梯间不得与其他防火分区的疏散楼梯共用。

（4）每个防火分区的允许最大使用面积，除另有规定外，不应超过 500m²。当设有自动灭火系统时，允许最大建筑面积可增加 1 倍；局部设置时，增加的面积可按该局部面积的 1 倍计算。

（5）商业营业厅、展览厅、电影院和礼堂的观众厅、溜冰馆、游泳馆、射击馆、保龄球馆等的防火分区的划分应符合下列规定：

① 商业营业厅、展览厅等，当设置自动报警系统和自动灭火系统，且采用 A 级装修材料时，防火分区允许最大建筑面积不应大于 2000m²。

② 电影院、礼堂的观众厅，防火分区允许最大建筑面积不应大于 1000m²。当设有火灾自动报警和自动灭火系统时，其允许最大建筑面积也不得增加。

③ 溜冰馆的冰场、游泳馆的游泳池、射击馆的靶道区、保龄球馆的球道区等，其面积可不计入溜冰馆、游泳馆、射击馆、保龄球馆的防火分区面积内。溜冰馆的冰场、游泳馆的游泳池、射击馆的靶道区等，其装修材料应采用 A 级。

（6）人防工程内设置有内挑台、走马廊、开敞楼梯和自动扶梯等上下连通层时，其防火分区面积应按上下层相连通的面积计算，其建筑面积之和应符合相关规定，且连通的层数不宜大于 2 层。

（7）当人防工程地面建有建筑物，且与地下一、二层有中庭相通或地下一、二层有中庭相通时，防火分区面积应按上下多层相连通的面积叠加计算。当超过防火分区的最大允许建筑面积时，应符合下列规定：

① 房间与中庭相通的开口部位应设置火灾时能自行关闭的甲级防火门、窗。

② 与中庭相通的过厅、通道等处，应设置甲级防火门或耐火极限不低于 3.00h 的防火卷帘。防火门或防火卷帘应能在火灾时自动关闭或降落。

③ 中庭应设置排烟设施。

（8）需设置排烟设施的部位，应划分防烟分区，并应符合下列规定：

① 每个防烟分区的建筑面积不应大于 500m²，但当从室内地面至顶棚或顶板的高度在 6m 以上时，可不受此限。

② 防烟分区不得跨越防火分区。

（9）需设置排烟设施的走道，净高不超过 6.00m 的房间，应采用挡烟垂壁、隔墙或从顶棚突出不小于 0.50m 的梁划分防烟分区。

99. 地下商店防火设计的规定有哪些？

《建筑设计防火规范》GB 50016—2014 规定：

总建筑面积大于 20000m² 地下或半地下商店，应采用无门、窗、洞口的防火墙、耐火极限不低于 2.00h 的楼板分隔为多个建筑面积不大于 20000m² 的区域。相邻区域确需局部连通时，应采用下沉式广场等室外开敞空间、防火隔间、避难走道、防烟楼梯间等方式进行连通，并应符合下列规定：

1）下沉式广场等室外开敞空间应能防止相邻区域的火灾蔓延和便于安全疏散，并应符合本规范“下沉式广场”构造的规定。

2）防火隔间的墙应为耐火极限不低于3.00h的防火隔墙，并应符合本规范“防火隔间”构造的有关规定。

3）避难走道应符合本规范“避难走道”的规定。

4）防烟楼梯间的门应采用甲级防火门。

100. 步行商业街防火设计的规定有哪些?

《建筑设计防火规范》GB 50016—2014规定餐饮、商店等商业设施通过有顶棚的步行街连接，且步行街两侧的建筑需利用步行街进行疏散时，应符合下列规定：

1）步行街两侧建筑的耐火等级不应低于二级。

2）步行街两侧建筑相对面的最近距离不应小于本规范对相应高度建筑的防火间距要求且不应小于9.00m。步行街的端部在各层均不宜封闭，确需封闭时，应在外墙上设置可开启的门窗，且可开启门窗的面积不应小于该部位外墙面积的一半。步行街的长度不宜大于300m。

3）步行街两侧建筑的商铺之间应设置耐火极限不低于2.00h的防火隔墙，每间商铺的建筑面积不宜大于300m^2。

4）步行街两侧建筑的商铺，其面向步行街一侧的围护构件的耐火极限不应低于1.00h，并宜采用实体墙，其门、窗应采用乙级防火门、窗；当采用防火玻璃墙（包括门、窗）时，其耐火隔热性和耐火完整性不应低于1.00h；当采用耐火完整性不低于1.00h的非隔热防火玻璃墙（包括门、窗）时，应设置闭式自动喷水灭火系统进行保护。相邻商铺之间面向步行街一侧应设置宽度不小于1.00m、耐火极限不低于1.00h的实体墙。

当步行街两侧的建筑为多个楼层时，每层面向步行街一侧的商铺均应设置防止火灾竖向蔓延的措施，并应符合本规范“建筑构件和管道井”的规定；设置回廊或挑檐时，其出挑宽度不应小于1.20m；步行街两侧的商铺的上部各层需设置回廊或连接天桥时，应保证步行街上部各层楼板的开口面积不应小于地面面积的37%，且开口面积宜均匀布置。

5）步行街两侧建筑内的疏散楼梯应靠外墙设置并宜直通室外，确有困难时，可在首层直接通至步行街；首层商铺的疏散门可直接通至步行街，步行街内任一点到达最近室外安全地点的步行距离不应大于60m。步行街两侧建筑二层及以上各层商铺的疏散门至该层最近疏散楼梯口或其他安全出口的直线距离不应大于37.50m。

6）步行街的顶棚材料应采用不燃或难燃材料，其承重结构的耐火极限不应低于1.00h。步行街内不应布置可燃物。

7）步行街的顶棚下檐距地面的高度不应小于6.00m，顶棚应设置自然排烟设施并宜采用常开式的排烟口，且自然排烟口的有效面积不应小于步行街地面面积的25%。常闭式自然排烟设施应能在火灾时手动和自动开启。

8）步行街两侧建筑的商铺外应每隔30m设置*DN*65的消火栓，并应配备消防软管卷盘或消防水龙，商铺内应设置自动喷水灭火系统和火灾自动报警系统；每层回廊均应设置自动喷水灭火系统。步行街内宜设置自动跟踪定位射流灭火系统。

9）步行街两侧建筑的商铺内外均应设置疏散照明、灯光疏散指示标志和消防应急广播系统。

(六) 安 全 疏 散

101. 安全疏散的一般要求有哪些?

《建筑设计防火规范》GB 50016—2014 规定：

1）民用建筑应根据其建筑高度、规模、使用功能和耐火等级等因素合理设置安全疏散和避难措施。安全出口和疏散门的位置、数量、宽度及疏散楼梯间的形式，应满足人员安全疏散的要求。

2）建筑内的安全出口和疏散门应分散布置，且建筑内每个防火分区或一个防火分区的每个楼层、每个住宅单元每层相邻两个安全出口以及每个房间相邻两个疏散门最近边缘之间的水平距离不应小于 5.00m。

3）建筑的楼梯间宜直通至屋面，通向屋面的门或窗应向外开启。

4）自动扶梯和电梯不应计作安全疏散措施。

5）除人员密集场所外，建筑面积不大于 500m^2、使用人数不超过 30 人且埋深不大于 10m 的地下或半地下建筑（室），当需要设置 2 个安全出口时，其中一个安全出口可利用直通室外的金属竖向梯。

除歌舞娱乐放映游艺场所外，防火分区建筑面积不大于 200m^2 的地下或半地下设备间、防火分区建筑面积不大于 50m^2 且经常停留人数不超过 15 人的其他地下或半地下建筑（室），可设置 1 个安全出口或 1 部疏散楼梯。

除本规范另有规定外，建筑面积不大于 200m^2 的地下或半地下设备间、建筑面积不大于 50m^2 且经常停留人数不超过 15 人的其他地下或半地下房间，可设置 1 个疏散门。

6）直通建筑内附设汽车库的电梯，应在汽车库部分设置电梯候梯厅，并应采用耐火极限不低于 2.00h 的防火隔墙和乙级防火门与汽车库分隔。

7）高层建筑直通室外的安全出口上方，应设置挑出宽度不小于 1.00m 的防护挑檐。

102. 公共建筑的安全疏散有哪些规定?

《建筑设计防火规范》GB 50016—2014 规定：

1）公共建筑内每个防火分区或一个防火分区的每个楼层，其安全出口的数量应经计算确定，且不应少于 2 个。符合下列条件之一的公共建筑，可设置 1 个安全出口或 1 部疏散楼梯：

(1) 除托儿所、幼儿园外，建筑面积不大于 200m^2 且人数不超过 50 人的单层公共建筑或多层公共建筑的首层；

(2) 除医疗建筑，老年人建筑，托儿所、幼儿园的儿童用房，儿童游乐厅等儿童活动场所和歌舞娱乐放映游艺场所等外，符合表 1-160 规定公共建筑；

可设置 1 个疏散楼梯的公共建筑　　表 1-160

耐火等级	最多层数	每层最大建筑面积（m^2）	人数
一、二级	3 层	200	第二、三层的人数之和不超过 50 人
三级	3 层	200	第二、三层的人数之和不超过 25 人
四级	2 层	200	第二层人数不超过 15 人

2）一、二级耐火等级公共建筑内的安全出口全部直通室外确有困难的防火分区，可利用通向相邻防火分区的甲级防火门作为安全出口，但应符合下列要求：

（1）利用通向相邻的防火分区的甲级防火门作为安全出口时，应采用防火墙与相邻防火分区进行分隔；

（2）建筑面积大于 $1000m^2$ 的防火分区，直通室外的安全出口不应少于 2 个；建筑面积不大于 $1000m^2$ 的防火分区，直通室外的安全出口不应少于 1 个；

（3）该防火分区通向相邻的防火分区的疏散净宽度不应大于其按本规范“每 100 人最小疏散净宽度”（表 1-165）规定计算所需疏散总净宽度的 30%，建筑各层直通室外的安全出口总净宽度不应小于“每 100 人最小疏散净宽度”（表 1-165）规定计算所需疏散总净宽度。

3）高层公共建筑的疏散楼梯，当分散设置确有困难且从任一疏散门至最近疏散楼梯间入口的距离不大于 10m 时，可采用剪刀楼梯间，但应符合下列规定：

（1）剪刀楼梯间应为防烟楼梯间；

（2）剪刀楼梯间梯段之间应设置耐火极限不低于 1.00h 的防火隔墙；

（3）剪刀楼梯间的前室应分别设置。

4）设置不少于 2 部疏散楼梯的一、二级耐火等级多层公共建筑，如顶层局部升高，当高出部分的层数不超过 2 层、人数之和不超过 50 人且每层建筑面积不大于 $200m^2$ 时，高出部分可设置 1 部疏散楼梯，但至少应另外设置 1 个直通主体建筑上人平屋面的安全出口，且上人屋面应符合人员安全疏散的要求。

5）一类高层公共建筑和建筑高度大于 32m 的二类高层公共建筑，其疏散楼梯应采用防烟楼梯间。

裙房和建筑高度不大于 32m 的二类高层公共建筑，其疏散楼梯应采用封闭楼梯间。

注：当裙房与高层建筑主体之间设置防火墙时，裙房的疏散楼梯可按本规范有关单层、多层建筑的要求确定。

6）下列多层公共建筑的疏散楼梯，除与敞开式外廊直接连通的楼梯间外，应采用封闭楼梯间：

（1）医疗建筑、旅馆、老年人建筑及类似功能的建筑；

（2）设置歌舞娱乐放映游艺场所的建筑；

（3）商店、图书馆、展览建筑、会议中心及类似使用功能的建筑；

（4）6 层及以上的其他建筑。

7）公共建筑内的客、货电梯宜设置电梯候梯厅，不宜直接设置在营业厅、展览厅、多功能厅等场所内。

8）公共建筑内房间疏散门数量应经计算确定且不应少于 2 个。除托儿所、幼儿园、老年人建筑、医疗建筑、教学建筑内位于走道尽端的房间外，符合下列条件之一的房间可设置1个疏散门：

（1）位于两个安全出口之间或袋形走道两侧的房间，对于托儿所、幼儿园、老年人建筑，建筑面积不大于50m²；对于医疗建筑、教学建筑，建筑面积不大于75m²；对于其他建筑或场所，建筑面积不大于120m²。

（2）位于走道尽端的房间，建筑面积小于50m²且疏散门的净宽度不小于0.90m，或由房间内任一点至疏散门的直线距离不大于15m、建筑面积不大于200m²，且疏散门的净宽度不小于1.40m。

（3）歌舞娱乐放映游艺场所内建筑面积不大于50m²且经常停留人数不超过15人的厅、室。

9）剧场、电影院、礼堂和体育馆的观众厅或多功能厅，其疏散门的数量应经计算确定且不应少于2个。并应符合下列规定：

（1）对于剧场、电影院、礼堂的观众厅或多功能厅，每个疏散门的平均疏散人数不应超过250人；当容纳人数超过2000人时，其超过2000人的部分，每个疏散门的平均疏散人数不应超过400人。

（2）对于体育馆的观众厅，每个疏散门的平均疏散人数不宜超过400～700人。

10）公共建筑的安全疏散距离应符合下列规定：

（1）直通疏散走道的房间疏散门至最近安全出口的直线距离不应大于表1-161的规定；

直通疏散走道的房间疏散门至最近安全出口的直线距离（m）　　表1-161

名　称			位于两个安全出口之间的疏散门			位于袋形走道两侧或尽端的疏散门		
			一、二级	三级	四级	一、二级	三级	四级
托儿所、幼儿园、老年人建筑			25	20	15	20	15	10
歌舞娱乐放映游艺场所			25	20	15	9	—	—
医疗建筑	单、多层		35	30	25	20	15	10
	高层	病房部分	24	—	—	12	—	—
		其他部分	30	—	—	15	—	—
教学建筑	单、多层		35	30	25	22	20	10
	高层		30	—	—	15	—	—
高层旅馆、展览建筑			30	—	—	15	—	—
其他建筑	单、多层		40	35	25	22	20	15
	高　层		40	—	—	20	—	—

注：1. 建筑内开向敞开式外廊的房间疏散门至最近安全出口的直线距离可按本表的规定增加5m。

2. 直通疏散走道的房间疏散门至最近敞开楼梯间的直线距离，当房间位于两个楼梯间之间时，应按本表的规定减少5m；当房间位于袋形走道两侧或尽端时，应按本表规定减少2m。

3. 建筑物内全部设置自动喷水灭火系统时，其安全疏散距离可按本表的规定增加25%。

（2）楼梯间应在首层直通室外，确有困难时，可在首层采用扩大的封闭楼梯间或防烟楼梯间前室。当层数不超过4层且未采用扩大的封闭楼梯间或防烟楼梯间前室时，可将直通室外的门设置在离楼梯间不大于15m处。

（3）房间内任一点至房间疏散走道的疏散门的直线距离，不应大于表1-161规定的袋形走道两侧或尽端的疏散门至最近安全出口的直线距离。

（4）一、二级耐火等级建筑内疏散门或安全出口不少于2个的观众厅、展览厅、多功能厅、餐厅、营业厅等，其室内任一点至最近疏散门或安全出口的直线距离不应大于30m；当疏散门不能直通室外地面或疏散楼梯间时，应采用长度不大于10m的疏散走道至最近的安全出口。当该场所设置自动喷水灭火系统时，室内任一点至最近安全出口的安全疏散距离可分别增加25%。

11）除本规范另有规定外，公共建筑内疏散门和安全出口的净宽度不应小于0.90m，疏散走道和疏散楼梯的净宽度不应小于1.10m。

高层公共建筑内楼梯间的首层疏散门、首层疏散外门、疏散走道和疏散楼梯的最小净宽度应符合表1-162的规定。

高层公共建筑内楼梯间的首层疏散门、首层疏散外门、疏散走道和疏散楼梯的最小净宽度（m）　　**表1-162**

建筑类别	楼梯间的首层疏散门、首层疏散外门	走道		疏散楼梯
		单面布房	双面布房	
高层医疗建筑	1.30	140	1.50	1.30
其他高层公共建筑	1.20	1.30	1.40	1.20

12）人员密集的公共场所、观众厅的疏散门不应设置门槛，其净宽度不应小于1.40m，且紧靠门口内外各1.40m范围内不应设置踏步。

人员密集的公共场所的室外疏散通道的净宽度不应小于3.00m，并应直接通向宽敞地带。

13）剧场、电影院、礼堂、体育馆等场所的疏散走道、疏散楼梯、疏散门、安全出口的各自总净宽度，应符合下列规定：

（1）观众厅内疏散走道的净宽度应按每100人不小于0.60m的计算，且不应小于1.00m；边走道的净宽度不宜小于0.80m。

布置疏散走道时，横走道之间的座位排数不宜超过20排；纵走道之间的座位数：剧场、电影院、礼堂等，每排不宜超过22个；体育馆，每排不宜超过26个；前后排座椅的排距不小于0.90m时，可增加1.0倍，但不得超过50个；仅一侧有纵走道时，座位数应减少一半。

（2）剧场、电影院、礼堂等场所供观众疏散的所有内门、外门、楼梯和走道的各自总净宽度，应根据疏散人数按每100人的最小净宽度不小于表1-163的规定计算确定。

剧院、电影院、礼堂等场所每100人所需最小疏散净宽度（m/百人）　　**表1-163**

观众厅座位数（座）			≤2500	≤1200
耐火等级			一、二级	三级
疏散部位	门和走道	平坡地面	0.65	0.85
		阶梯地面	0.75	1.00
	楼 梯		0.75	1.00

(3) 体育馆供观众疏散的所有内门、外门、楼梯和走道的各自总净宽度，应根据疏散人数按每100人的最小疏散净宽度不小于表1-164的规定计算确定。

体育馆每100人所需最小疏散净宽度（m/百人） **表1-164**

观众厅座位数范围（座）			3000～5000	5001～10000	10001～20000
疏散部位	门和走道	平坡地面	0.43	0.37	0.32
		阶梯地面	0.50	0.43	0.37
	楼梯		0.50	0.43	0.37

注：本表中较大座位数范围按规定计算的疏散总净宽度，不应小于对应相邻较小座位数范围按其最多座位数计算的疏散总净宽度。对于观众厅座位数少于3000个的体育馆，计算供观众疏散的所有内门、外门、楼梯和走道的各自总净宽度时，每100人的最小疏散净宽度不应小于表1-163的规定。

(4) 有等场需要的入场门不应作为观众厅的疏散门。

14) 除剧场、电影院、礼堂、体育馆外的其他公共建筑，其房间疏散门、安全出口、疏散走道和疏散楼梯的各自总净宽度，应符合下列规定：

(1) 每层的房间疏散门、安全出口、疏散走道和疏散楼梯的各自总净宽度，应根据疏散人数按每100人的最小疏散净宽度不小于表1-165的规定计算确定。当每层疏散人数不等时，疏散楼梯的总净宽度可分层计算，地上建筑内下层楼梯的总净宽度应按该层及以上疏散人数最多一层的人数计算；地下建筑内上层楼梯的总净宽度应按该层及以下疏散人数最多一层的人数计算。

每层的房间疏散门、安全出口、疏散走道和疏散楼梯的每100人最小疏散净宽度（m/百人） **表1-165**

建筑层数		耐火等级		
		一、二级	三级	四级
地上楼层	1～2层	0.65	0.75	1.00
	3层	0.75	1.00	—
	≥4层	1.00	1.25	—
地下楼层	与地面出入口地面的高差 $\Delta H \leqslant 10m$	0.75	—	—
	与地面出入口地面的高差 $\Delta H > 10m$	1.00	—	—

(2) 地下或半地下人员密集的厅、室和歌舞娱乐放映游艺场所，其房间疏散门、安全出口、疏散走道和疏散楼梯的各自总净宽度，应根据疏散人数每100人不小于1.00m计算确定。

(3) 首层外门的总净宽度应按该建筑疏散人数最多一层的人数计算确定，不供其他楼层人员疏散的外门，可按本层的疏散人数计算确定。

(4) 歌舞娱乐放映游艺场所中录像厅的疏散人数，应根据该厅、室的建筑面积按不小于1.0人/m² 计算；其他歌舞娱乐放映游艺场所的疏散人数，应根据厅、室的建筑面积按不小于0.50人/m² 计算。

(5) 有固定座位的场所，其疏散人数可按实际座位数的1.1倍计算。

(6) 展览厅的疏散人数应根据展览厅的建筑面积和人员密度计算，展览厅内的人员密度不宜小于0.75人/m²。

(7) 商店的疏散人数应按每层营业厅的建筑面积乘以表1-166规定的人员密度计算。对于建材商店、家具和灯饰展示建筑，其人员密度可按表1-166规定值的30%确定。

商店营业厅内的人数密度（人/m²） **表1-166**

楼层位置	地下第二层	地下第一层	地上第一、二层	地上第三层	地上第四层及以上各层
人员密度	0.56	0.60	0.43～0.60	0.39～0.54	0.30～0.42

15）人员密集的公共建筑不宜在窗口、阳台等部位设置封闭的金属栅栏，确需设置时，应能从内部易于开启；窗口、阳台等部位宜根据其高度设置适用的辅助疏散逃生设施。

16）建筑高度超过100m的公共建筑，应设置避难层（间）。避难层（间）应符合下列规定：

(1) 第一个避难层（间）的楼地面至灭火救援场地的高度不应大于50m；两个避难层（间）之间的高度不宜大于50m。

(2) 通向避难层（间）的疏散楼梯应在避难层分隔、同层错位或上下层断开。

(3) 避难层（间）净面积应能满足设计避难人数避难的要求，并宜按5.0人/m²计算。

(4) 避难层可兼作设备层，设备管道宜集中布置，其中的易燃、可燃液体或气体管道应集中布置，设备管道区应采用耐火极限不低于3.00h的防火隔墙与避难区分隔。管道井和设备间应采用耐火极限不低于2.00h的防火隔墙与避难区分隔，管道井和设备间的门不应直接开向避难区；确需直接开向避难区时，与避难层区出入口的距离不应小于5m，且应采用甲级防火门。

避难间内不应设置易燃、可燃液体或气体管道，不应开设除外窗、疏散门之外的其他开口。

(5) 避难层应设置消防电梯出口。

(6) 应设置消防消火栓和消防软管卷盘。

(7) 应设置消防专线电话和应急广播。

(8) 在避难层（间）进入楼梯间的入口处和疏散楼梯通向避难层（间）的出口处，应设置明显的指示标志。

(9) 应设置直接对外的可开启窗口或独立的机械防烟设施，外窗应采用乙级防火窗。

17）高层病房楼应在二层及以上的病房楼层和洁净手术室设置避难间。避难间应符合下列规定：

(1) 避难间服务的护理单元不应超过2个，其净面积应按每个护理单元不小于25m²确定。

(2) 避难间兼作其他用途时，应保证人员的避难安全，且不得减少可供避难的净面积。

(3) 应靠近楼梯间，并应采用耐火极限不低于2.00h的防火隔墙和甲级防火门与其他部位分隔。

(4) 应设置消防专线电话和消防应急广播。

(5) 避难间的入口处应设置明显的指示标志。

(6) 应设置直接对外的可开启窗口或独立的机械防烟设施，外窗应采用乙级防火窗。

103. 居住建筑的安全疏散有哪些规定?

《建筑设计防火规范》GB 50016—2014 规定：

1）住宅建筑安全出口的设置应符合下列规定：

（1）建筑高度不大于 27m 的建筑，当每个单元任一层的建筑面积大于 650m² 或任一户门至最近安全出口的距离大于 15m 时，每个单元每层的安全出口不应少于 2 个。

（2）建筑高度大于 27m、不大于 54m 的建筑，当每个单元任一层的建筑面积大于 650m²，或任一户门至最近安全出口的距离大于 10m 时，每个单元每层的安全出口不应少于 2 个。

（3）建筑高度大于 54m 的建筑，每个单元每层的安全出口不应少于 2 个。

2）建筑高度大于 27m，但不大于 54m 的住宅建筑，每个单元设置一座疏散楼梯时，疏散楼梯应通至屋面，且单元之间的疏散楼梯应能通过屋面连通，户门应采用乙级防火门。当不能通至屋面或不能通过屋面连通时，应设置 2 个安全出口。

3）住宅建筑的疏散楼梯设置应符合下列规定：

（1）建筑高度不大于 21m 的住宅建筑可采用敞开楼梯间；与电梯井相邻布置的疏散楼梯应采用封闭楼梯间，当户门采用乙级防火门时，仍可采用敞开楼梯间。

（2）建筑高度大于 21m、不大于 33m 的住宅建筑应采用封闭楼梯间；当户门采用乙级防火门时，可采用敞开楼梯间。

（3）建筑高度大于 33m 的住宅建筑应采用防烟楼梯间，户门不宜直接开向前室，确有困难时，每层开向同一前室的户门不应大于 3 樘且应采用乙级防火门。

4）住宅单元的疏散楼梯，当分散设置确有困难且任一户门至最近疏散楼梯间入口的距离不大于 10m 时，可采用剪刀楼梯间，但应符合下列规定：

（1）剪刀楼梯间应为防烟楼梯间；

（2）剪刀楼梯间梯段之间应设置耐火极限不低于 1.00h 的防火隔墙；

（3）剪刀楼梯间的前室不宜共用；必须共用时，前室的使用面积不应小于 6m²；

（4）剪刀楼梯间的前室或共用前室不宜与消防电梯的前室合用；楼梯间的前室与消防电梯的前室合用时，合用前室的使用面积不应小于 12m²，且短边不应小于 2.40m。

5）住宅建筑的安全疏散距离应符合下列规定：

（1）直通疏散走道的户门至最近安全出口的直线距离不应大于表 1-167 的规定：

住宅建筑直通疏散走道的户门至最近安全出口的直线距离（m）　　表 1-167

住宅建筑类别	位于两个安全出口之间的户门			位于袋形走道两侧或尽端的户门		
	一、二级	三级	四级	一、二级	三级	四级
单、多层	40	35	25	22	20	15
高层	40	—	—	20	—	—

注：1. 开向敞开式外廊的户门至最近安全出口的最大直线距离可按本表的规定增加 5m。

2. 直通疏散走道的户门至最近敞开楼梯间的直线距离，当户门位于两个楼梯间之间时，应按本表的规定减少 5m；当户门位于袋形走道两侧或尽端时，应按本表的规定减少 2m。

3. 住宅建筑内全部设置自动喷水灭火系统时，其安全疏散距离可按本表的规定增加 25%。

4. 跃廊式住宅的户门至最近安全出口的距离，应从户门算起，小楼梯的一段距离可按其水平投影长度的 1.50 倍计算。

（2）楼梯间应在首层直通室外，或在首层采用扩大的封闭楼梯间或防烟楼梯间前室。层数不超过 4 层时，可将直通室外的门设置在离楼梯间不大于 15m 处。

（3）户内任一点至直通疏散走道的户门的直线距离不应大于表 1-167 规定的袋形走道两侧或尽端的疏散门至最近安全出口的最大直线距离。

注：跃廊式住宅、户门楼梯的距离可按其梯段水平投影长度的 1.50 倍计算。

6）住宅建筑的户门、安全出口、疏散走道和疏散楼梯的各自总净宽度应经计算确定，且户门和安全出口的净宽度不应小于 0.90m，疏散走道、疏散楼梯和首层疏散外门的净宽度不应小于 1.10m。建筑高度不大于 18m 的住宅中一边设置栏杆的疏散楼梯，其净宽度不应小于 1.00m。

7）建筑高度大于 100m 的住宅建筑应设置避难层，避难层的设置应符合“公共建筑”中有关避难层的要求。

8）建筑高度大于 54m 的住宅建筑，每户应有一间房间符合下列规定：

（1）应靠外墙设置，并应设置可开启外窗；

（2）内、外墙体的耐火极限不应低于 1.00h，该房间的门宜采用乙级防火门，外窗的耐火完整性不宜低于 1.00h。

104. 其他民用建筑的安全疏散有哪些规定?

1）《办公建筑设计规范》JGJ 67—2006 中指出：

（1）公共建筑的开放式、半开放式办公室，其室内任何一点至最近的安全出口的直线距离不应超过 30m。

（2）机要室、档案室和重要库房等隔墙的耐火极限不应小于 2.00h，楼板不应小于 1.50h，并应采用甲级防火门。

2）《图书馆建筑设计规范》JGJ 38—99 中指出，图书馆的安全疏散应符合下列规定：

（1）图书馆的安全出口不应少于 2 个，并应分散布置。

（2）书库、非书资料库、藏阅合一的藏书空间，每个防火分区的安全出口不应少于 2 个，但符合下列条件之一时，可设 1 个安全出口：

① 建筑面积不超过 $100m^2$ 的特藏库、胶片库和珍善本书库；

② 建筑面积不超过 $100m^2$ 的地下室或半地下室书库；

③ 除建筑面积不超过 $100m^2$ 的地下室外的相邻两个防火分区，当防火墙上有防火门连通，且两个防火分区的建筑面积之和不超过最大允许建筑面积的 1.40 倍时；

④ 占地面积不超过 $300m^2$ 的多层书库。

（3）书库、非书资料库的疏散楼梯，应设计为封闭楼梯间或防烟楼梯间，宜在库门外邻近布置。

（4）超过 300 座的报告厅，应独立设置安全出口，且不得少于 2 个。

3）《住宅建筑规范》GB 50368—2005 中指出，住宅建筑的安全疏散应符合下列规定：

（1）住宅建筑应根据建筑的耐火等级、建筑层数、建筑面积、疏散距离等因素设置安全出口，并应符合下列要求：

① 10层以下的住宅建筑，当住宅单元任一层建筑面积大于650m^2，或任一套房的户门至安全出口的距离大于15m时，该住宅单元每层的安全出口不应少于2个。

② 10层及10层以上但不超过18层的住宅建筑，当住宅单元任一层建筑面积大于650m^2，或任一套房的户门至安全出口的距离大于10m时，该住宅单元每层的安全出口不应少于2个。

③ 19层及19层以上的住宅建筑，每个住宅单元每层的安全出口不应少于2个。

④ 安全出口应分散布置，两个安全出口之间的距离不应小于5.00m。

⑤ 楼梯间及前室的门应向疏散方向开启，安装有门禁系统的住宅，应保证住宅直通室外的门在任何时候都能从内部徒手开启。

(2) 每层有2个及2个以上安全出口的住宅单元，套房户门至最近安全出口的距离应根据建筑的耐火等级、楼梯间的形式和疏散方式确定。

(3) 住宅建筑的楼梯间形式应根据建筑形式、建筑层数、建筑面积及套房户门的耐火等级等因素确定。在楼梯间的首层应设置直接对外的安全出口，或将对外出口设置在距离楼梯间不超过15m处。

(4) 住宅建筑楼梯间顶棚、墙面和地面均应采用不燃性材料。

4) 综合《汽车库、修车库、停车场设计防火规范》GB 50067－2014和《汽车库建筑设计规范》JGJ 100－98的规定：

(1) 汽车库、修车库的人员安全出口和汽车疏散出口应分开设置。设置在工业与民用建筑内的汽车库，其车辆疏散出口应与其他场所的人员安全出口分开设置。

(2) 除室内无车道且无人员停留的机械式停车库外，汽车库、修车库内每个防火分区的人员安全出口不应少于2个，Ⅳ类汽车库和Ⅲ、Ⅳ类修车库设置1个。

(3) 汽车库、修车库的疏散楼梯应符合下列规定：

①建筑高度大于32m的高层汽车库、室内地面与室外出入口地坪的高差大于10m的地下汽车库应采用防烟楼梯间。其他汽车库、修车库应采用封闭楼梯间；

②楼梯间和前室的门应采用乙级防火门，并应向疏散方向开启；

③疏散楼梯的宽度不应小于1.1m。

(4) 除室内无车道且无人员停留的机械式停车库外，建筑高度大于32m的汽车库应设置消防电梯。消防电梯的设置应符合现行国家标准《建筑设计防火规范》GB 50016的有关规定。

(5) 室外疏散楼梯可采用金属楼梯，并应符合下列规定：

① 倾斜角度不应大于45°，栏杆扶手的高度不应小于1.10m；

② 每层休息平台应采用耐火极限不低于1.00h的不燃性材料制作；

③ 在室外楼梯周围2m范围内的墙面上，不应开设除疏散门外的其他门、窗、洞口；

④ 通向室外楼梯的门应采用乙级防火门。

(6) 汽车库室内任一点至最近人员出口的疏散距离不应大于45m，当设有自动灭火系统时，其距离不应大于60m。对于单层或设在建筑首层的汽车库，室内任一点至室外最近出口的距离不应大于60m。

(7) 与住宅地下室相连通的地下汽车库、半地下汽车库，人员疏散可借用住宅部分的疏散楼梯；当不能直接进入住宅部分的疏散楼梯间时，应在汽车库与住宅部分的疏散楼梯之间设置连通走道，走道应采用防火隔墙分隔，汽车库开向该走道的门均应采用甲级防火门。

（8）室内无车道且无人员停留的机械式停车库可不设置人员安全出口，但应按下列规定设置供灭火救援用的楼梯间。

①每个停车区域当停车数量大于100辆时，应至少设置1个楼梯间；

②楼梯间与停车区域之间应采用防火隔墙进行分隔，楼梯间的门应采用乙级防火门；

③楼梯的净宽不应小于0.90m。

（9）汽车库、修车库的汽车疏散出口总数不应少于2个，且应分散布置。

（10）当符合下列条件之一时，汽车库、修车库的汽车疏散出口可设置1个：

①Ⅳ类汽车库；

②设置双车道汽车疏散出口的Ⅲ类汽车库；

③设置双车道汽车疏散出口、停车数小于或等于100辆且建筑面积小于4000m^2的地下或半地下汽车库；

④Ⅱ、Ⅲ、Ⅳ类修车库。

（11）Ⅰ、Ⅱ类地上汽车库和停车数大于100辆的地下、半地下汽车库，当采用错层或斜楼板式，坡道为双车道且设置自动喷水灭火系统时，其首层或地下一层至室外的汽车疏散出口不应少于2个，汽车库内的其他楼层汽车疏散坡道可设置1个。

（12）Ⅳ类汽车库设置汽车坡道有困难时，可采用汽车专用升降机作汽车疏散出口，升降机的数量不应少于2台，停车数少于25辆时，可设置1台。

（13）汽车疏散坡道的净宽度，单车道不应小于3.00m，双车道不应小于5.50m。

（14）除室内无车道且无人员停留的机械式立体汽车库外，相邻两个汽车疏散出口之间的水平距离不应小于10m，毗邻设置的两个汽车坡道应采用防火隔墙分隔。

（15）停车场的汽车疏散出口不应少于2个；停车数量不大于50辆时，可设置1个。

（16）除室内无车道且无人员停留的机械式停车库外，汽车库内汽车之间和汽车与墙、柱之间的水平距离，不应小于表1-168的规定。

汽车之间和汽车与墙、柱之间的水平距离（m） **表1-168**

项目	汽车尺寸（m）			
	车长≤6或车宽≤1.8	6<车长≤8或1.8<车宽≤2.2	8<车长≤12或2.2<车宽≤2.5	车长>12或车宽>2.5
汽车与汽车	0.5	0.7	0.8	0.9
汽车与墙	0.5	0.5	0.5	0.5
汽车与柱	0.3	0.3	0.4	0.4

注：当墙、柱外有暖气片等突出物时，汽车与墙、柱的水平距离应从其凸出部分外缘算起。

（17）汽车库内汽车的最小转弯半径，应符合表1-169的规定。

汽车库内汽车的最小转弯半径（m） **表1-169**

车型	最小转弯半径	车型	最小转弯半径
微型车	4.50	中型车	8.00～10.00
小型车	6.00	大型车	10.50～12.00
轻型车	6.50～8.00	铰接车	10.50～12.50

5）《剧场建筑设计规范》JGJ 57—2000 规定：

（1）观众厅出口应符合下列规定：

① 出口均匀布置，主要出口不宜靠近舞台。

② 楼座与池座分别设置出口。楼座至少有 2 个独立的出口，不足 50 座时可设 1 个出口。楼座不应穿越池座疏散。当楼座与池座无交叉且不影响池座疏散时，楼座可经池座疏散。

（2）观众厅出口门、疏散外门及后台疏散门应符合下列规定：

① 应设双扇门，净宽不小于 1.40m，向疏散方向开启。

② 紧靠门的部位不应设门槛，设置踏步应在 1.40m 以外。

③ 严禁用推拉门、卷帘门、转门、折叠门、铁栅门。

④ 宜采用自动门闩，门洞上方应设疏散方向标志。

（3）观众厅外疏散通道应符合下列规定：

① 室内部分坡度不应大于 1/8，室外部分坡度不应大于 1/10，并应加防滑措施。室内坡道采用的地毯等不应低于 B_1 级材料。为残疾人设置的坡道坡度不应大于 1/12。

② 地面以上 2.00m 内不得有任何突出物，不得设置落地镜子及装饰性假门。

③ 疏散通道穿行前厅及休息厅时，设置在前厅、休息厅的小卖部及存衣处不得影响疏散的畅通。

④ 疏散通道的隔墙耐火极限不应小于 1.00m。

⑤ 疏散通道内装饰材料：顶棚不应低于 A 级；墙面和地面不应低于 B_1 级，不得采用在燃烧时产生有害气体的材料。

⑥ 疏散通道宜有自然通风及采光；当没有自然通风及采光时，应设人工照明；超过 20m 长时，应采用机械通风排烟。

（4）主要疏散楼梯应符合下列规定：

① 踏步宽度不应小于 0.28m，踏步高度不应大于 0.16m，连续踏步不应超过 18 级，超过 18 级时，应加设中间休息平台。楼梯休息平台宽度不应小于梯段宽度，且不得小于 1.10m。

② 不得采用螺旋楼梯，采用扇形梯段时，离踏步窄端扶手距离 0.25m 处踏步宽度不应小于 0.22m，宽端扶手处不应大于 0.50m，休息平台窄端不应小于 1.20m。

③ 楼梯应设置坚固、连续的扶手，高度不应低于 0.85m。

（5）后台应有不少于 2 个直接通向室外的出口。

（6）乐池和台仓出口不应少于 2 个。

（7）舞台天桥、栅顶的垂直交通，舞台至面光桥、耳光室的垂直交通应采用金属梯或钢筋混凝土梯，坡度不应大于 60°，宽度不应小于 0.60m，并应有坚固、连续的扶手。

（8）剧场与其他建筑合建时应符合下列规定：

① 观众厅应建在首层、二层或三层。

② 出口标高宜同于所在层标高。

③ 应设专用疏散通道通向室外安全地带。

（9）疏散门的帷幕应采用 B_1 级材料。

（10）室外疏散及集散广场不得兼作停车场。

6）《电影院建筑设计规范》JGJ 58—2008 中规定：

电影院的疏散除应满足现行国家标准《建筑设计防火规范》GB 50016—2014 的规定外，还应注意以下几点：

（1）电影院观众厅的疏散门不应设置门槛，在紧靠门口 1.40m 范围内不应设置踏步。疏散门应为自动推闩式外开门，严禁采用推拉门、卷帘门、折叠门、转门等。

（2）观众厅疏散门的数量应由计算确定，且不应少于 2 个。门的净宽度不应小于 0.90m，应采用甲级防火门，且应向疏散方向开启。

（3）观众厅外的疏散走道、出口等应符合下列规定：

① 穿越休息厅或门厅时，厅内存衣、小卖部等活动陈列物的布置不应影响疏散的通畅；2.00m 高度内应无突出物、悬挂物。

② 当疏散走道有高差变化时，宜做成坡道；当设置台阶时，应有明显标志、采光或照明。

③ 疏散走道室内的坡度不应大于 1/8，并应加防滑措施。为残疾人设置的坡道坡度不应大于 1/12。

（4）疏散楼梯应符合下列规定：

① 对于有候场需要的门厅，门厅内供入场使用的主楼梯不应作为疏散楼梯。

② 疏散楼梯的踏步宽度不应小于 0.28m，踏步高度不应大于 0.16m，楼梯最小宽度不应小于 1.20m，转弯楼梯休息平台深度不应小于楼梯段宽度，直跑楼梯的中间休息平台深度不应小于 1.20m。

③ 疏散楼梯不得采用螺旋楼梯和扇形踏步；当踏步上下两级形成的平面角度不超过 10°，且每级离扶手 0.25m 处踏步宽度超过 0.22m 时，可不受此限。

④ 室外楼梯的净宽不应小于 1.10m；下行人流不应妨碍地面人流。

（5）观众厅内疏散走道的宽度应由计算确定，还应满足下列规定：

① 中间纵向走道净宽度不应小于 1.00m。

② 边走道净宽度不应小于 0.80m。

③ 横向走道除排距尺寸以外的通行净宽度不应小于 1.00m。

7）《民用建筑设计通则》GB 50352—2005 及其他规范中规定：

（1）地下室、半地下室与地上层不应共用楼梯间，当必须共用时，应在首层与地下室、半地下室的入口处设置耐火极限不低于 2.00h 的隔墙和乙级防火门隔开，并应有明显标志。

（2）地下室、半地下室内存放可燃物平均重量超过 $30kg/m^2$ 的隔墙，其耐火极限不应低于 2.00h，房间门应采用甲级防火门。

（3）高层建筑地下室的疏散楼梯间应采用防烟楼梯间。通向楼梯间及前室的门均应采用乙级防火门。

（4）多层建筑地下室疏散楼梯间应采用封闭楼梯间，通过楼梯间的门应采用乙级防火门。

（5）防空地下室的楼梯间应采用防烟楼梯间，其前室应采用甲级防火门。

8）《人民防空工程设计防火规范》GB 50098—2009 中指出：

（1）一般规定

① 每个防火分区安全出口设置的数量，应符合下列规定之一：

a. 每个防火分区安全出口的数量不应少于2个。

b. 当有2个或2个以上防火分区相邻，且将相邻防火分区之间设置的防火门作为安全出口时，防火分区安全出口应符合下列规定：

a）防火分区建筑面积大于1000m^{2}的商业营业厅、展览厅等场所，设置通向室外、直通室外的疏散楼梯间或避难走道的安全出口不得少于2个；

b）防火分区建筑面积不大于1000m^{2}的商业营业厅、展览厅等场所，设置通向室外、直通室外的疏散楼梯间或避难走道的安全出口不得少于1个；

c）在一个防火分区内，设置通向室外、直通室外的疏散楼梯间或避难走道的安全出口宽度之和，不宜小于按百人指标计算的数值的70%。

c. 建筑面积不大于500m^2，且室内地面与室外地坪高差不大于10m、容纳人数不大于20人的防火分区，当设置有仅用于采光或进风的竖井，且竖井内有金属梯直通地面，防火分区通向竖井处设置有不低于乙级的常闭防火门时，可只设置1个通向室外、直通室外的疏散楼梯间或避难走道的安全出口，也可设置1个与相邻防火分区相通的防火门。

d. 建筑面积不大于200m^2，且经常停留人数不超过3人的防火分区，可只设置1个通向相邻防火分区的防火门，并宜有1个直通地上的安全出口。

② 房间建筑面积不大于50m^2，且经常停留人数不超过15人时，可设置1个安全出口。

③ 歌舞娱乐放映游艺场所的疏散应符合下列规定：

a. 不宜布置在袋形走道的两侧或尽端，当必须布置在袋形走道的两侧或尽端时，最远房间的疏散门到最近安全出口的距离不应大于9.00m，一个厅、室的建筑面积不应大于200m^2。

b. 建筑面积大于50m^{2}的厅、室，疏散出口不应少于2个。

④ 每个防火分区的安全出口，宜向不同方向分散设置；当受条件限制需要同方向设置时，两个安全出口最近边缘距离不应小于5.00m。

⑤ 安全疏散距离应满足下列规定：

a. 房间内最远点至房间门的距离不应大于15m。

b. 房间内至最近安全出口的最大距离：医院应为24m，旅馆应为30m，其他工程应为40m。位于袋形走道两侧或尽端的房间，其最大距离应为上述相应距离的一半。

c. 观众厅、展览厅、多功能厅、餐厅、营业厅和阅览室等，其室内任何一点到最近安全出口的直线距离不宜大于30m；该防火分区设置有自动喷水灭火系统时，疏散距离可增加25%。

⑥ 疏散宽度的计算和最小净宽度应符合下列规定：

a. 每个防火分区安全出口的总宽度，应按该防火分区设计容纳总人数乘以疏散宽度指标计算确定，疏散宽度指标应按下列规定确定：

a）室内地面与室外地坪高差不大于10m的防火分区，疏散宽度指标应为每100人不小于0.75m；

b）室内地面与室外地坪高差大于10m的防火分区，疏散宽度指标应为每100人不小于1.00m；

c）人员密集的厅、室以及歌舞娱乐放映游艺场所，疏散宽度指标应为每100人不小于1.00m。

b. 安全出口、疏散楼梯和疏散走道的最小净宽度应符合表1-170的规定。

安全出口、疏散楼梯、疏散走道的最小净宽（m）　　**表1-170**

建筑物名称	安全出口和楼梯的最小净宽	疏散走道的最小净宽	
		单面布置房间	双面布置房间
商场、公共娱乐场所、健身体育场所	1.50	1.50	1.60
医院	1.30	1.40	1.50
旅馆、餐厅	1.10	1.20	1.30
其他民用工程	1.10	1.20	—

⑦ 设置有固定座位的电影院、礼堂等的观众厅，其疏散走道、疏散出口等应符合下列规定：

a. 厅内的疏散走道净宽应按通过人数每100人不小于0.80m计算，且不宜小于1.00m。边走道净宽不宜小于0.80m。

b. 厅的疏散出口和厅外疏散走道的总宽度：平坡地面应分别按通过人数每100人不小于0.65m计算，阶梯地面应分别按通过人数每100人不小于0.80m计算；疏散出口和疏散走道的净宽均不应小于1.40m。

c. 观众厅座位的布置：横走道之间的排数不宜超过20排。纵走道之间每排座位不宜超过22个。当前后排座位的排距不小于0.90m时，可增至44个。只一侧有纵走道时，其座位数应减半。

d. 观众厅每个疏散口的疏散人数平均不应大于250人。

e. 观众厅的疏散门宜采用推闩式外开门。

⑧ 公共建筑出口处内、外1.40m范围内不应设置踏步，门必须向疏散方向开启，且不应设置门槛。

⑨ 地下商店每个防火分区的疏散人数，应按该防火分区内营业厅使用面积乘以面积折算值和疏散人数换算系数确定。面积折算系数宜为70%，疏散人数换算系数应按表1-171确定。经营丁、戊类物品的专业商店，可按上述确定的人数减少50%。

地下商店营业厅内的疏散人数换算系数（人/m^2）　　**表1-171**

楼层位置	地下一层	地下二层
换算系数	0.85	0.80

⑩ 歌舞娱乐放映游艺场所最大容纳人数应按该场所建筑面积乘以人员密度指标来计算，其人员密度指标应按下列规定确定：

a. 录像厅、放映厅人员密度指标为1.00人/m^2。

b. 其他歌舞娱乐放映游艺场所人员密度指标为0.50人/m^2。

（2）楼梯、走道

① 电影院、礼堂，使用面积超过 $500m^2$ 的医院、旅馆和使用面积超过 $1000m^2$ 的商场、餐厅、展览厅、公共娱乐场所、健身体育场所等处的人防工程，当底层室内地面与室外出入口地坪高差大于 10m 时，应设置防烟楼梯间；当地下为 2 层，且地下第二层的室内地面与室外出入口地坪高差不大于 10m 时，应设置封闭楼梯间。

② 封闭楼梯间应采用不低于乙级的防火门；封闭楼梯间的地面出口可用于天然采光和自然通风，当不能采用自然通风时，应采用防烟楼梯间。

③ 人民防空地下室的疏散楼梯间，在主体建筑地面首层应采用耐火极限不低于 2h 的隔墙与其他部位隔开并应直通室外；当必须在隔墙上开门时，应采用不低于乙级的防火门。

人民防空地下室与地上层不应共用楼梯间；当必须共用楼梯间时，应在地面首层与地下室的出入口处设置耐火极限不低于 2h 的隔墙和不低于乙级的防火门隔开，并应有明显标志。

④ 防烟楼梯间前室的面积不应小于 $6.00m^2$，当与消防电梯间合用前室时，其面积不应小于 $10.00m^2$。

⑤ 避难走道的设置应符合下列规定：

a. 避难走道直通地面的出口不应少于 2 个，并应设置在不同方向；当避难走道只与一个防火分区相通时，避难走道直通地面的出口可设置 1 个，但该防火分区至少应有 1 个不通向该避难走道的安全出口。

b. 通向避难走道的各防火分区人数不等时，避难走道的净宽不应小于设计容纳人数最多的一个防火分区通向避难走道的安全出口最小净宽之和。

c. 避难走道的装修材料燃烧性能等级应为 A 级。

d. 防火分区至避难走道入口处应设置前室，前室面积不应小于 $6.00m^2$，前室的门应采用甲级防火门。

e. 避难走道应设置消火栓。

f. 避难走道应设置火灾应急照明。

g. 避难走道应设置应急广播和消防专线电话。

⑥ 疏散走道、疏散楼梯和前室不应有影响疏散的突出物；疏散走道应减少曲折，走道内不宜设置门槛、阶梯；疏散楼梯的阶梯不宜采用螺旋楼梯和扇形踏步，但踏步上、下级所形成的平面角小于 10°，且每级离扶手 0.25m 处的踏步宽度大于 0.22m 时，可不受此限。

⑦ 疏散楼梯间在各层的位置不应改变；各层人数不等时，其宽度应按该层及以下层中通过人数最多的一层计算。

9)《展览建筑设计规范》JGJ 218—2010 中规定：

(1) 展厅的疏散人数应根据展厅中单位展览面积的最大使用人数经计算确定。展厅中单位展览面积的最大使用人数详见表 1-172。

展厅中单位展览面积的最大使用人数（人/m^2） **表 1-172**

楼层位置	地下一层	地上一层	地上二层	地上二层及三层以上楼层
指标	0.65	0.70	0.65	0.50

（2）多层建筑内的地上展厅、地下展厅和其他空间的安全出口、疏散楼梯的各自总宽度，应符合下列规定：

① 每层安全出口、疏散楼梯的净宽度应按表 1-173 的规定经计算确定。当每层人数不等时，疏散楼梯的总宽度可分层计算，下层楼梯的总宽度应按上层人数最多一层的人数计算。

安全出口、疏散楼梯和房间疏散门每 100 人的净宽度（m）　　**表 1-173**

楼层位置	每 100 人的净宽度
地上一、二层	≥0.65
地上三层	≥0.75
地上四层及四层以上各层	≥1.00
与地面出入口地坪的高差不超过 10m 的地下建筑	≥0.75
与地面出入口地坪的高差超过 10m 的地下建筑	≥1.00

② 首层外门的总宽度应按人数最多的一层的人数计算确定，不供楼上人员疏散的外门，可按本层人数计算确定。

（3）高层建筑内的展厅和其他空间的安全出口、疏散楼梯间及其前室的门的各自总宽度，应符合下列规定：

① 疏散楼梯间及其前室的门的净宽度应按通过人数计算，每 100 人不应小于 1.00m，且最小净宽度不应小于 0.90m。

② 首层外门的总宽度应按通过人数最多的一层人数计算，每 100 人不应小于 1.00m，且最小净宽度不应小于 1.20m。

（4）展厅内任何一点至最近安全出口的直线距离不宜大于 30m，当单、多层建筑物内全部设置自动灭火系统时，其展厅的安全疏散距离可增大 25%。

（5）展厅内的疏散走道应直达安全出口，不应穿过办公、厨房、储存间、休息间等区域。

10）《中小学校设计规范》GB 50099—2011 中规定：

（1）疏散通行宽度

① 中小学校内，每股人流的宽度应按 0.60m 计算。

② 中小学校建筑的疏散通道宽度最小应为 2 股人流，并应按 0.60m 的整数倍增加疏散通道宽度。

③ 中小学校建筑的安全出口、疏散走道、疏散楼梯和房间疏散门等处每 100 人的净宽度应按表 1-174 计算。同时，教学用房的内走道净宽度不应小于 2.40m，单侧走道及外廊的净宽度不应小于 1.80m。

安全出口、疏散走道、疏散楼梯和房间疏散门每 100 人的净宽度（m）　　**表 1-174**

所在楼层位置	耐火等级		
	一、二级	三级	四级
地上一、二层	0.70	0.80	1.05
地上三层	0.80	1.05	—
地上四、五层	1.05	1.30	—
地下一、二层	0.80	—	—

④ 房间疏散门开启后，每樘门净通行宽度不应小于 0.90m。

（2）校园出入口

① 校园内道路应设置 2 个出入口。出入口的位置应符合教学、安全、管理的需要，出入口的布置应避免人流、车流交叉。有条件的学校宜设置机动车专用出入口。

② 中小学校校园出入口应与市政交通连接，但不应直接与城市主干道连接。校园主要出入口应设置缓冲场地。

（3）校园道路

① 校园内道路应与各建筑出入口及走道衔接，构成安全、方便、明确、通畅的路网。

② 校园道路每通行 100 人道路净宽为 0.70m，每一路段的宽度应按该路段通达的建筑物容纳人数之和计算，每一路段的宽度不宜小于 3.00m。

③ 校园内人流集中的道路不宜设置台阶。当必须设置台阶时，台阶数量不得少于 3 级。

（4）建筑物出入口

① 校园内每栋建筑应设置 2 个出入口（建筑面积不大于 $200m^2$，人数不超过 50 人的单层建筑除外）。非完全小学内，单栋建筑面积不超过 $500m^2$，且耐火等级为一、二级的低层建筑可只设 1 个出入口。

② 教学用房在建筑的主要出入口处宜设门厅。

③ 教学用建筑物出入口的净通行宽度不得小于 1.40m，门内与门外各 1.50m 范围内不宜设置台阶。

④ 在寒冷或风沙大的地区，教学用建筑物出入口应设挡风间或双道门。

⑤ 教学用建筑物的出入口应设置无障碍设施，并应采取防止物体坠落和地面防滑的措施。

⑥ 停车场地及地下车库的出入口不应直接通向师生人流集中的道路。

（5）走道

① 教学用建筑的走道宽度应符合下列规定：

a. 应根据在该走道上各教学用房疏散总人数，计算走道的疏散宽度；

b. 走道疏散宽度内不得有壁柱、消火栓、教室开启的门窗扇等设施。

② 中小学校的建筑物内，当走道有高差变化应设置台阶时，台阶处应有天然采光或照明，踏步级数不得少于 3 级，并不得采用扇形踏步。当高差不足 3 级踏步时，应设置坡道。坡道的坡度不应大于 1∶8，不宜小于 1∶12。

（6）楼梯

① 中小学校教学用房的楼梯梯段宽度应为人流股数的整数倍。梯段宽度不应小于 1.20m，并应按 0.60m 的整数倍增加梯段宽度。每个梯段可增加不超过 0.15m 的摆幅宽度。

② 中小学校楼梯每个梯段的踏步级数不应少于 3 级，且不多于 18 级，并应符合下列规定：

a. 各类小学楼梯踏步的宽度不得小于 0.26m，高度不得大于 0.15m；

b. 各类中学楼梯踏步的宽度不得小于 0.28m，高度不得大于 0.16m；

c. 楼梯的坡度不得大于 30°。

③ 疏散楼梯不得采用螺旋楼梯和扇形踏步。

④ 楼梯两梯段间楼梯井净宽不得大于 0.11m，当大于 0.11m 时，应采取有效的安全防护措施。两梯段扶手间的水平净距宜为 0.10～0.20m。

⑤ 中小学校的楼梯扶手的设置应符合下列规定：

a. 楼梯宽度为 2 股人流时，应至少在一侧设置扶手。

b. 楼梯宽度为 3 股人流时，两侧均应设置扶手。

c. 楼梯宽度为 4 股人流时，应加设中间扶手，中间扶手两侧的梯段宽度应为 1.20m，并应按 0.60m 的整数倍增加梯段宽度。每个梯段可增加不超过 0.15m 的摆幅宽度。

d. 中小学校室内楼梯扶手高度不应低于 0.90m，室外楼梯扶手高度不应低于 1.10m；水平扶手高度不应低于 1.10m。

e. 中小学校的楼梯栏杆不得采用易于攀登的构造和花饰；杆件和花饰的镂空处净距不得大于 0.11m。

f. 中小学校的楼梯扶手上应加装防止学生溜滑的设施。

⑥ 除首层和顶层外，教学楼疏散楼梯在中间层的楼层平台与梯段接口处宜设置缓冲空间，缓冲空间的宽度不宜小于梯段宽度。

⑦ 中小学校的楼梯相邻梯段间不得设置遮挡视线的隔墙。

⑧ 教学用房的楼梯间应有天然采光和自然通风。

（7）教室疏散

① 每间教室用房的疏散门均不应少于 2 个，疏散门的宽度应通过计算确定，同时，每樘疏散门的通行净宽度不应小于 090m。当教室处于袋形走道尽端，教室内任何一点距教室门不超过 15m，且门的通行净宽度不小于 1.50m 时，可设 1 个门。

② 普通教室及不同课程的专用教室对教室内桌椅间的疏散走道宽度的要求不同，应按各教室的要求进行。

11）《商店建筑设计规范》JGJ 48—2014 规定：商店营业厅的疏散门应为平开门，且应向疏散方向开启，其净宽度不应小于 1.40m，并不宜设置门槛。

（七）特殊房间的防火要求

105. 特殊房间的防火要求有哪些?

1）《建筑设计防火规范》GB 50016－2014 规定：

（1）燃油或燃气锅炉、油浸变压器、充有可燃油的高压电容器和多油开关等，宜设置在建筑外的专用房间内；确需贴邻民用建筑布置时，应采用防火墙与所贴邻的建筑分隔，且不应贴邻人员密集场所，该专用房间的耐火等级不应低于二级；确需布置在民用建筑内时，不应布置在人员密集场所的上一层、下一层或贴邻，并应符合下列规定：

① 燃油和燃气锅炉房、变压器室应设置在首层或地下一层的靠外墙部位，但常（负）压燃油或燃气锅炉可设置在地下二层或屋顶上，设置在屋顶上的常（负）压燃气锅炉，距离通向屋面的安全出口不应小于 6m。

采用相对密度（与空气密度的比值）不小于 0.75 的可燃气体为燃料的锅炉，不得设置在地下或半地下。

② 锅炉房、变压器室的疏散门均应直通室外或安全出口。

③ 锅炉房、变压器室等与其他部位之间应采用耐火极限不低于 2.00h 的防火隔墙和 1.50h 的不燃性楼板分隔。在隔墙和楼板上不应开设洞口，确需在隔墙上设置门、窗时，应采用甲级防火门、窗。

④ 锅炉房内设置储油间时，其总储存量不应大于 $1m^3$，且储油间应采用耐火极限不低于 3.00h 的防火隔墙与锅炉间分隔；确需在防火墙上设置门时，应采用甲级防火门。

⑤ 变压器室之间、变压器室与配电室之间，应设置耐火极限不低于 2.00h 的防火隔墙。

⑥ 油浸变压器、多油开关室、高压电容器室，应设置防止油品流散的设施。油浸变压器下面应设置能储存变压器全部油量的事故储油设施。

⑦ 应设置火灾报警装置。

⑧ 应设置与锅炉、变压器、电容器和多油开关等的容量及建筑规模相适应的灭火设施，当建筑内其他部位设置自动喷水灭火系统时，应设置自动喷水灭火系统。

⑨ 锅炉的容量应符合现行国家标准《锅炉房设计规范》GB 50041—2008 的有关规定。油浸变压器的总容量不应大于 1260kV · A，单台容量不应大于 630kV · A。

⑩ 燃气锅炉房应设置爆炸泄压设施。燃油或燃气锅炉房应设置独立的通风系统，并应符合本规范“供暖、通风和空气调节”的相关规定。

（2）布置在民用建筑内的柴油发电机房应符合下列规定：

① 宜布置在首层及地下一、二层。

② 不应布置在人员密集的场所的上一层、下一层或贴邻。

③ 应采用耐火极限不低于 2.00h 的防火隔墙和 1.50h 的不燃性楼板与其他部位分隔，门应采用甲级防火门。

④ 机房内应设置储油间时，其总储存量不应大于 $1m^3$，储油间应采用耐火极限不低于 3.00h 防火隔墙与发电机间分隔；确需在防火隔墙上开门时，应采用甲级防火门。

⑤ 应设置火灾报警装置。

⑥ 应设置与柴油发电机容量和建筑规模相适应的灭火设施，当建筑内其他部位设置自动喷水灭火系统时，机房内应设置自动喷水灭火系统。

（3）供建筑内使用的丙类液体燃料的布置及规定，设置在建筑内的锅炉和柴油发的燃料管道的布置及规定，高层民用建筑内使用可燃气体时管道的规定和建筑采用瓶装液化石油气瓶组供气的规定可查阅规范原文。

2）《人民防空工程设计防火规范》GB 50098—2009 中规定：

（1）人防工程的总平面设计应根据人防工程建设规划、规模、用途等因素，合理确定其位置、防火间距、消防水源和消防车道等。

（2）人防工程内不得使用和储存液化石油气、相对密度（与空气密度比值）不小于 0.75 的可燃气体和闪点小于 60℃的液体燃料。

（3）人防工程内不宜设置哺乳室、幼儿园、托儿所、幼儿园、游乐厅等儿童活动场所和残疾人员活动场所。

（4）医院病房不应布置在地下二层及以下层，当设置在地下一层时，室内地面与室外出入口地坪高差不应大于 10m。

(5) 歌舞厅、卡拉OK厅(含具有卡拉OK功能的餐厅)、夜总会、录像厅、放映厅、桑拿浴室(除洗浴部分外)、游艺厅(含电子游艺厅)、网吧等歌舞娱乐放映游艺场所,不应设置在地下二层及以下层;当设置在地下一层时,室内地面与室外出入口地坪高差不应大于10m。

(6) 地下商店应符合下列规定:

① 营业厅不应设置在地下三层及以下。

② 当总建筑面积大于20000m^{2}时,应采用防火墙进行分隔,且防火墙上不得开设门、窗洞口,相邻区域确需局部连通时,应采取可靠的防火分隔措施,具体方式有:

a. 下沉式广场的室外开敞空间;

b. 防火隔间,该防火隔间的墙应为实体防火墙;

c. 避难走道;

d. 防烟楼梯间,该防烟楼梯间及前室的门应为火灾时能自动关闭的常开式甲级防火门。

(7) 下沉式广场应符合下列规定:

① 不同防火分区通向下沉式广场安全出口最近边缘之间的水平距离不应小于13m,广场内疏散区域的净面积不应小于169m^2。

② 广场应设置不少于1个直通地坪的疏散楼梯,疏散楼梯的总宽度不应小于相邻最大防火分区通向下沉式广场的计算疏散总宽度。

③ 当确需设置防风雨篷时,篷不得封闭,并应符合下列规定:

a. 四周敞开的面积应大于下沉式广场投影面积的25%,经计算大于40m^{2}时,可取40m^2;

b. 敞开的高度不得小于1m;

c. 当敞开部分采用防风雨百叶时,百叶的有效通风排烟面积可按百叶洞口面积的60%计算。

④ 下沉式广场的最小净面积的范围内不得用于除疏散外的其他用途;其他面积的使用,不得影响人员的疏散。

注:疏散楼梯总宽度可包括疏散楼梯宽度和90%自动扶梯宽度。

(8) 设置防火隔间时,应符合下列规定:

① 防火隔间与防火分区之间应设置常开式甲级防火门,并应在发生火灾时能自行关闭。

② 不同防火分区开设在防火隔间墙上的防火门最近边缘之间的水平距离不应小于4.00m;该门不应计算在该防火分区安全出口的个数和总疏散宽度内。

③ 防火隔间装修材料燃烧性能等级应为A级,且不得用于除人员通行外的其他用途。

(9) 消防控制室应设置在地下一层,并应靠近直接通向地面的安全出口;消防控制室可设置在值班室、变配电室等房间内;当地面建筑设置消防控制室时,可与地面建筑消防控制室合用。隔墙、楼板、防火门均应符合相关规定。

(10) 柴油发电机房和燃油或燃气锅炉房的设置除应满足现行国家标准《建筑设计防火规范》GB 50016—2014的规定外,还应满足下列要求:

① 应与配套的水泵间、风机房、储油间划分为一个防火分区。

② 柴油发电机房与电站控制室之间的密闭观察窗除应满足密闭要求外，还应达到甲级防火窗的性能。

③ 柴油发电机房与电站控制室之间的连接通道处，应设置一道具有甲级防火门耐火性能的门，并应常闭。

④ 储油间的设置应满足地面、门槛、防火门的要求。

（11）燃气管道的敷设和燃气设备的使用还应符合现行国家标准《城镇燃气设计规范》GB 50028—2006 的有关规定。

（12）人防工程内不得设置油浸电力变压器和其他油浸电气设备。

（13）当人防工程设置直通室外的安全出口的数量和位置受条件限制时，可设置避难走道。

（14）设置在人防工程内的汽车库、修车库，其防火设计应执行现行国家标准《汽车库、修车库、停车场设计防火规范》GB 50067—2014 中的有关规定。

3）《汽车库、修车库、停车场设计防火规范》GB 50067－2014 规定：

（1）汽车库、修车库、停车场不应布置在易燃、可燃液体或可燃气体的生产装置区和贮存区内。

（2）汽车库不应与火灾危险性为甲、乙类的厂房、仓库贴邻或组合建造。

（3）汽车库不应与托儿所、幼儿园，老年人建筑，中小学校的教学楼，病房楼等组合建造。当符合下列要求时，汽车库可设置在托儿所、幼儿园、老年人建筑，中小学校的教学楼，病房楼等的地下部分：

① 汽车库与托儿所、幼儿园，老年人建筑，中小学校的教学楼，病房楼等建筑之间，应采用耐火极限不低于 2.00h 的楼板完全分隔。

② 汽车库与托儿所、幼儿园，老年人建筑，中小学校的教学楼，病房楼等的安全出口和疏散楼梯应分别独立设置。

（4）甲、乙类物品运输车的汽车库、修车库应为单层建筑，且应独立建造。当停车数量不超过 3 辆时，可与一、二级耐火等级的Ⅳ类汽车库贴邻，但应采用防火墙隔开。

（5）Ⅰ类修车库应单独建造；Ⅱ、Ⅲ、Ⅳ类修车库可设置在一、二级耐火等级的建筑物的首层或与其贴邻，但不得与甲、乙类厂房、仓库，明火作业的车间或托儿所、幼儿园、中小学校的教学楼，老年人建筑，病房楼及人员密集场所组合建造或贴邻。

（6）为汽车库、修车库服务的下列附属建筑，可与汽车库、修车库贴邻，但应采用防火墙隔开，并应设置直通室外的安全出口：

① 贮存量不大于 1.0t 的甲类物品库房；

② 总安装容量不超过 5.0m^3/h 的乙炔发生器间和贮存量不超过 5 个标准钢瓶的乙炔气瓶库；

③ 1 个车位的非封闭喷漆间或不大于 2 个车位的封闭喷漆间；

④ 建筑面积不大于 200m^2 的充电间和其他甲类生产场所。

（7）地下、半地下汽车库内不应设置修理车位、喷漆间、充电间、乙炔间和甲、乙类物品库房。

（8）汽车库和修车库内不应设置汽油罐、加油机、液化石油气或液化天然气储罐、加气机。

(9) 停放易燃液体、液化石油气罐车的汽车库内，不得设置地下室和地沟。

(10) 燃油和燃气锅炉、油浸变压器、充有可燃油的高压电容器和多油开关等，不应设置在汽车库、修车库内。当受条件限制必须贴邻汽车库、修车库布置时，应符合现行国家标准《建筑设计防火规范》GB 50016 的有关规定。

(11) Ⅰ、Ⅱ类汽车库、停车场宜设置耐火等级不低于二级的灭火器材间。

4)《饮食建筑设计规范》JGJ 64－89 规定：热加工间的上层有餐厅或其他用房时，其外墙开口上方应设宽度不小于 1m 的防火挑檐。

(八) 木结构防火

106. 木结构民用建筑的防火要求是如何规定的?

《建筑设计防火规范》GB 50016－2014 规定：

1) 木结构建筑构件的燃烧性能和耐火极限应符合表 1-175 的规定。

木结构建筑构件的燃烧性能和耐火极限　　表 1-175

构件名称	燃烧性能和耐火极限 (h)
防火墙	不燃性 3.00
承重墙，住宅建筑单元之间的墙和分户墙，楼梯间的墙	难燃性 1.00
电梯井的墙	不燃性 1.00
非承重外墙，疏散走道两侧的隔墙	难燃性 0.75
房间隔墙	难燃性 0.50
承重柱	可燃性 1.00
梁	可燃性 1.00
楼　板	难燃性 0.75
屋顶承重构件	可燃性 0.50
疏散楼梯	难燃性 0.50
吊　顶	难性 0.15

注：1. 除本规范另有规定外，当同一座木结构建筑存在不同高度的屋顶时，较低部分的屋顶承重构件和屋面不应采用可燃性构件；采用难燃性屋顶承重构件时，其耐火极限不应低于 0.75h。

2. 轻型木结构建筑的屋顶，除防水层、保温层及屋面板外，其他部分均应视为屋顶承重构件，且不应采用可燃性构件，耐火极限不应低于 0.50h。

3. 当建筑的层数不超过 2 层、防火墙间的建筑面积小于 600m² 且防火墙间的长度小于 60m 时，建筑构件的燃烧性能和耐火极限可按本规范有关四级耐火等级建筑的要求确定。

2) 建筑采用木骨架组合墙体时，应符合下列规定：

(1) 建筑高度不大于 18m 的住宅建筑、建筑高度不大于 24m 的办公建筑和丁、戊类厂房（库房）的房间隔墙和非承重外墙可采用木骨架组合墙体，其他建筑的非承重外墙不得采用木骨架组合墙体。

(2) 墙体填充材料的燃烧性能应为 A 级。

(3) 木骨架组合墙体的燃烧性能和耐火极限应符合表 1-176 的规定，其他要求应符合现行国家标准《木骨架组合墙体技术规范》(GB/T 50361) 的规定。

木骨架组合墙体的燃烧性能和耐火极限（h）　　表 1-176

构件名称	建筑物的耐火等级或类型				
	一级	二级	三级	木结构建筑	四级
非承重外墙	不允许	难燃性 1.25	难燃性 0.75	难燃性 0.75	无要求
房间隔墙	难燃性 1.00	难燃性 0.75	难燃性 0.50	难燃性 0.50	难燃性 0.25

3）当采用木结构建筑和木结构组合建筑时，其允许层数和允许建筑高度应符合表1-177的规定。木结构建筑中防火墙间的允许建筑长度和每层最大允许建筑面积应符合表1-178的规定。

木结构建筑或木结构组合建筑的允许层数和允许建筑高度　　表 1-177

木结构建筑的形式	普通木结构建筑	轻型木结构建筑	胶合木结构建筑		木结构组合建筑
允许层数（层）	2	3	1	3	7
允许建造高度（m）	10	10	不限	15	24

木结构建筑中防火墙间的允许建筑长度和每层最大允许建筑面积　　表 1-178

层数（层）	防火墙间的允许建筑长度（m）	防火墙间的每层最大允许建筑面积（m^2）
1	100	1800
2	80	900
3	60	600

注：1. 当设置自动喷水灭火系统时，防火墙间的允许建筑长度和每层最大允许建筑面积可按本表规定增加1.0倍。

2. 体育场馆等高大空间建筑，其建筑高度和建筑面积可适当增加。

4）老年人建筑的住宿部分、托儿所、幼儿园的儿童用房和活动场所设置在木结构建筑内时，应布置在首层或二层。

商店、体育馆应采用单层木结构建筑。

5）除住宅建筑外，建筑内发电机间、配电间、锅炉间的设置及其防火要求，应符合本规范“平面布置”中关于配电间、发电机间、锅炉间的有关规定。

6）设置在木结构住宅建筑内的机动车库、发电机间、配电间、锅炉间，应采用耐火极限不低于2.00h的防火隔墙和1.00h的不燃性楼板与其他部位分隔，不宜开设与室内相通的门、窗、洞口，确需开设时，可开设一樘不直通卧室的单扇乙级防火门。机动车库的建筑面积不宜大于60m^2。

7）民用木结构建筑的安全疏散设计应符合下列规定：

（1）建筑的安全出口和房间疏散门的设置，应符合本规范“安全疏散和楼梯”的规定。当木结构建筑的每层建筑面积小于200m^2 且第二层和第三层的人数之和不超过25人时，可设置1部疏散楼梯。

（2）房间直通疏散走道的疏散门至最近安全出口的直线距离不应大于表1-179的规定。

房间直通疏散走道的疏散门至最近安全出口的直线距离（m）　　表 1-179

名　　称	位于两个安全出口之间的疏散门	位于袋形走道两侧或尽端的疏散门
托儿所、幼儿园、老年人建筑	15	10
歌舞娱乐放映游艺场所	15	6
医院和疗养院建筑、教学建筑	25	12
其他民用建筑	30	15

（3）房间内任一点到该房间直通疏散走道的疏散门的直线距离，不应大于表 1-179 中有关袋形走道两侧或尽端的疏散门至最近安全出口的直线距离。

（4）建筑内疏散走道、安全出口、疏散楼梯和房间疏散门的净宽度，应根据疏散人数按每 100 人的最小疏散净宽度不小于表 1-180 的规定计算确定。

疏散走道、安全出口、疏散楼梯和房间疏散门每 100 人的最小疏散净宽度（m/百人）　　表 1-180

建　筑　层　数	地上 1、2 层	地上 3 层
每 100 人的疏散净宽度	0.75	1.00

8）管道、电气线路敷设在墙体内或穿过楼板、墙体时，应采取防火保护措施，与墙体、楼板之间的缝隙应采用防火封堵材料填塞密实。

住宅建筑内厨房的明火或高温部位及排油烟管道等，应采用防火隔热措施。

9）民用木结构建筑之间及其与其他民用建筑之间的防火间距不应小于表 1-181 的规定。

民用木结构建筑之间及其与其他结构的民用建筑的防火间距（m）　　表 1-181

建筑耐火等级或类别	一、二级	三级	木结构建筑	四级
木结构建筑	8	9	10	11

注：1. 两座木结构建筑之间或木结构建筑与其他民用建筑之间，外墙均无任何门、窗、洞口时，防火间距可为 4m。外墙上的门、窗、洞口不正对且开口面积之和不大于外墙面积的 10%时，防火间距可按本表的规定减少 25%。
2. 当相邻建筑外墙有一面为防火墙，或建筑物之间设置防火墙，且墙体截断不燃性屋面或高出难燃性、可燃性屋面不低于 0.50m 时，防火间距不限。

10）木结构墙体、楼板及封闭吊顶或屋顶下的密闭空间内应采取防火分隔措施，且水平分隔长度或宽度不应超过 20m，面积不应超过 300m^2，墙体的竖向分隔高度不应超过 3m。

在轻型木结构建筑的每层楼梯梁处应采取防火分隔措施。

11）木结构建筑与钢结构、钢筋混凝土结构或砌体结构等其他结构类型组合建造时，应符合下列要求：

（1）竖向组合建造时，木结构部分的层数不应超过 3 层并应设置在建筑的上部，木结构部分与其他结构部分宜采用耐火极限不低于 1.00h 的不燃性楼板分隔。

水平组合建造时，木结构部分与其他结构部分宜采用防火墙分隔。

（2）当木结构部分与其他结构部分之间按（1）项规定进行了防火分隔时，木结构部分和其他部分的防火设计，可分别执行本规范对木结构建筑和其他结构建筑的规定；其他情况的防火设计应执行本规范有关“木结构建筑”的规定。

（3）室内消防给水应根据组合建筑的总高度、体积或层数和用途按本规范“消防设施的位置”和国家有关标准的规定确定，室外消防给水应按本规范四级耐火等级建筑的规定确定。

12）总建筑面积大于 1500m² 的木结构公共建筑应设置火灾自动报警系统，木结构住宅建筑内应设置火灾探测与报警装置。

13）木结构建筑的其他防火设计要求应执行本规范有关四级耐火等级建筑的规定，防火构造要求除应符合本规范的规定外，还应符合现行国家标准《木结构设计规范》GB 50005 等标准的规定。

107. 各类木结构构件的燃烧性能和耐火极限是如何规定的?

《建筑设计防火规范》GB 50016—2014 规定各类木结构构件的燃烧性能和耐火极限见表 1-182：

各类木结构构件的燃烧性能和耐火极限　　表 1-182

构件名称			结构厚度或截面最小尺寸（mm）	耐火极限（h）	燃烧性能
承重墙	木龙骨两侧钉石膏板的承重内墙	1. 15mm 耐火石膏板； 2. 木龙骨：截面尺寸 40mm×90mm； 3. 填充岩棉或玻璃棉； 4. 15mm 耐火石膏板，木龙骨的间距为 400mm 或 600mm	120	1.00	难燃性
		1. 15mm 耐火石膏板； 2. 木龙骨：截面尺寸 40mm×140mm； 3. 填充岩棉或玻璃棉； 4. 15mm 耐火石膏板，木龙骨的间距为 400mm 或 600mm	170	1.00	难燃性
	木龙骨两侧钉石膏板＋定向刨花板的承重外墙	1. 15mm 耐火石膏板； 2. 木龙骨：截面尺寸 40mm×90mm； 3. 填充岩棉或玻璃棉； 4. 15mm 定向刨花板，木龙骨的间距为 400mm 或 600mm	120	1.00	难燃性
		1. 15mm 耐火石膏板； 2. 木龙骨：截面尺寸 40mm×140mm； 3. 填充岩棉或玻璃棉； 4. 15mm 定向刨花板，木龙骨的间距为 400mm 或 600mm	170	1.00	难燃性

续表

构件名称			结构厚度或截面最小尺寸（mm）	耐火极限（h）	燃烧性能
非承重墙	木龙骨两侧钉石膏板的非承重内墙	1. 双层15mm耐火石膏板； 2. 双排木龙骨，木龙骨截面尺寸40mm×90mm； 3. 填充岩棉或玻璃棉； 4. 双层15mm耐火石膏板，木龙骨的间距为400mm或600mm	245	2.00	难燃性
非承重墙	木龙骨两侧钉石膏板的非承重内墙	1. 双层15mm耐火石膏板； 2. 双排木龙骨交错放置在40mm×140mm的底梁板上，木龙骨截面尺寸40mm×90mm； 3. 填充岩棉或玻璃棉； 4. 双层15mm耐火石膏板，木龙骨的间距为400mm或600mm	200	2.00	难燃性
非承重墙	木龙骨两侧钉石膏板的非承重内墙	1. 双层12mm耐火石膏板； 2. 木龙骨：截面尺寸40mm×90mm； 3. 填充岩棉或玻璃棉； 4. 双层12mm耐火石膏板，木龙骨的间距为400mm或600mm	138	1.00	难燃性
非承重墙	木龙骨两侧钉石膏板的非承重内墙	1. 12mm耐火石膏板； 2. 木龙骨：截面尺寸40mm×90mm； 3. 填充岩棉或玻璃棉； 4. 12mm耐火石膏板，木龙骨的间距为400mm或600mm	114	0.75	难燃性
非承重墙	木龙骨两侧钉石膏板的非承重内墙	1. 15mm普通石膏板； 2. 木龙骨：截面尺寸40mm×90mm； 3. 填充岩棉或玻璃棉； 4. 15mm普通石膏板，木龙骨的间距为400mm或600mm	120	0.50	难燃性
非承重墙	木龙骨两侧钉石膏板或定向刨花板的非承重外墙	1. 12mm耐火石膏板； 2. 木龙骨：截面尺寸40mm×90mm； 3. 填充岩棉或玻璃棉； 4. 12mm定向刨花板，木龙骨的间距为400mm或600mm	114	0.75	难燃性
非承重墙	木龙骨两侧钉石膏板或定向刨花板的非承重外墙	1. 15mm耐火石膏板； 2. 木龙骨：截面尺寸40mm×90mm； 3. 填充岩棉或玻璃棉； 4. 15mm耐火石膏板，木龙骨的间距为400mm或600mm	120	1.25	难燃性

续表

<table>
<tr><th colspan="3">构件名称</th><th>结构厚度或截面最小尺寸（mm）</th><th>耐火极限（h）</th><th>燃烧性能</th></tr>
<tr><td rowspan="2">非承重墙</td><td rowspan="2">木龙骨两侧钉石膏板或定向刨花板的非承重外墙</td><td>1. 12mm 耐火石膏板；
2. 木龙骨：截面尺寸 40mm×140mm；
3. 填充岩棉或玻璃棉；
4. 12mm 定向刨花板，木龙骨的间距为 400mm 或 600mm</td><td>164</td><td>0.75</td><td>难燃性</td></tr>
<tr><td>1. 15mm 耐火石膏板；
2. 木龙骨：截面尺寸 40mm×140mm；
3. 填充岩棉或玻璃棉；
4. 15mm 耐火石膏板，木龙骨的间距为 400mm 或 600mm</td><td>170</td><td>1.25</td><td>难燃性</td></tr>
<tr><td rowspan="2">柱</td><td colspan="2">支持屋顶和楼板的胶合木柱（四面曝火）</td><td>横截面尺寸 200mm×280mm</td><td>1.00</td><td>可燃性</td></tr>
<tr><td colspan="2">支持屋顶和楼板的胶合木柱（四面曝火）</td><td>横截面尺寸 272mm×352mm 横截面尺寸在 200mm × 280mm 的基础上每个曝火面厚度各增加 36mm</td><td>1.00</td><td>可燃性</td></tr>
<tr><td rowspan="2">梁</td><td colspan="2">支持屋顶和楼板的胶合木梁（三面曝火）</td><td>横截面尺寸 200mm ×400mm</td><td>1.00</td><td>可燃性</td></tr>
<tr><td colspan="2">支持屋顶和楼板的胶合木梁
（三面曝火）</td><td>横截面尺寸 272mm×436mm 横截面尺寸在 200mm × 400mm 的基础上每个曝火面厚度各增加 36mm</td><td>1.00</td><td>可燃性</td></tr>
<tr><td>楼板</td><td colspan="2">1. 楼面板为 18mm 定向刨花板或胶合板；
2. 楼板搁栅 40mm×235mm；
3. 填充岩棉或玻璃棉；
4. 顶棚为双层 12mm 耐火石膏板，采用实木搁栅或工字木搁栅，间距 400mm 或 600mm</td><td>277</td><td>1.00</td><td>难燃性</td></tr>
<tr><td>屋顶承重构件</td><td colspan="2">1. 屋顶椽条或轻型木桁架；
2. 填充保温材料；
3. 顶棚为 12mm 耐火石膏板，木桁架的间距为 400mm 或 600mm</td><td>—</td><td>0.50</td><td>难燃性</td></tr>
<tr><td>吊顶</td><td colspan="2">1. 实木楼盖结构 40mm×235mm；
2. 木板条 30mm×50mm（间距为 400mm）；
3. 顶棚为 12mm 耐火石膏板</td><td>独立顶棚，厚度 42mm，总厚度 277mm</td><td>0.25</td><td>难燃性</td></tr>
</table>

（九）消防车道

108. 消防车道是如何规定的？

1）《建筑设计防火规范》GB 50016－2014 规定：

（1）街区内的道路应考虑消防车的通行，道路中心线间的距离不宜大于 160m。

当建筑物沿街道部分的长度大于 150m 或总长度大于 220m 时，应设置穿过建筑物的消防车道，确有困难时，应设置环形消防车道。

（2）高层民用建筑，超过 3000 个座位的体育馆，超过 2000 个座位的会堂，占地面积大于 3000m^2 的商店建筑、展览建筑等单、多层公共建筑应设置环形消防车道，确有困难时，可沿建筑的两个长边设置消防车道；对于高层建筑和山坡地或河道边临空建造的高层民用建筑，可沿建筑的一个长边设置消防车道，但该长边所在建筑立面应为消防车登高操作面。

（3）有封闭内院或天井的建筑物，当内院或天井的短边长度大于 24m 时，宜设置进入内院或天井的消防车道。当该建筑物沿街时，应设置连通街道和内院的人行通道（可利用楼梯间），其间距不宜大于 80m。

（4）在穿过建筑物或进入建筑物内院的消防车道两侧，不应设置影响消防车通行或人员疏散的设施。

（5）供消防车取水的天然水源和消防水池应设置消防车道。消防车道的边缘距离取水点不宜大于 2m。

（6）消防车道应符合下列要求：

① 车道的净宽度和净空高度均不应小于 4.0m；

② 转弯半径应满足消防车转弯的要求；

③ 消防车道与建筑之间不应设置妨碍消防车操作的障碍物、架空管线等障碍物；

④ 消防车道靠建筑外墙一侧的边缘距离建筑外墙不宜小于 5m；

⑤ 消防车道的坡度不宜大于 8％。

（7）环形消防车道至少应有两处与其他车道连通。尽头式消防车道应设置回车道或回车场，回车场的面积不应小于 12m×12m；对于高层建筑，不宜小于 15m×15m；供重型消防车使用时，不宜小于 18m×18m。

消防车道的路面、救援操作场地、消防车道和救援操作场地下面的管道和暗沟等，应能承受重型消防车的压力。

消防车道可利用城乡、厂区道路等，但该道路应满足消防车通行、转弯和停靠的要求。

（8）消防车道不宜与铁路正线平交。确需平交时，应设置备用车道，且两车道间的间距不应小于一列火车的长度。

2）《汽车库、修车库、停车场设计防火规范》GB 50067－2014 规定：

（1）汽车库、修车库周围应设置消防车道。

（2）消防车道应符合下列要求：

① 除Ⅳ类汽车库和修车库外，消防车道应为环形，当设置环形车道有困难时，可沿

建筑物的一个长边和另一边设置；

② 尽头式消防车道应设回车道或回车场，回车场的面积不应小于 12m×12m；

③ 消防车道的宽度不应小于 4m。

（3）穿过汽车库、修车库、停车场的消防车道，其净空高度和净宽均不应小于 4m；当消防车道上空遇有障碍物时，路面与障碍物之间的净空高度不应小于 4m。

3）其他相关资料表明，消防车道的转弯半径为：轻型消防车不应小于 9～10m，重型消防车不应小于 12m。

（十）防火构造

109. 防火墙的构造要求有哪些?

《建筑设计防火规范》GB 50016－2014 规定：

1）防火墙应直接设置在建筑的基础或框架、梁等承重结构上，框架、梁等承重结构的耐火极限不应低于防火墙的耐火极限。

防火墙应从楼地面基层隔断至梁、楼板或屋面板的底面基层。当高层厂房（仓库）屋顶承重结构和屋面板的耐火极限低于 1.00h，其他建筑屋顶承重结构和屋面板的耐火极限低于 0.5h 时，防火墙应高出屋面 0.5m 以上。

2）防火墙横截面中心线水平距离天窗端面小于 4.0m，且天窗端面为可燃性墙体时，应采取防止火势蔓延的措施。

3）建筑外墙为难燃性或可燃性墙体时，防火墙应凸出墙的外表面 0.4m 以上，且防火墙两侧的外墙均应为宽度不小于 2.00m 的不燃性墙体，其耐火极限不应低于外墙的耐火极限。

建筑的外墙为不燃性墙体时，防火墙可不凸出墙的外表面。紧靠防火墙两侧的门、窗、洞口之间最近边缘的水平距离不应小于 2.00m；采取设置乙级防火窗等防止火灾水平蔓延的措施时，该距离不限。

4）建筑内的防火墙不宜设置在转角处，确需设置时，内转角两侧墙上的门、窗、洞口之间最近边缘的水平距离不应小于 4.00m；采取设置乙级防火窗等防止火灾水平蔓延的措施时，该距离不限。

5）防火墙上不应开设门、窗、洞口，确需开设时，应设置不可开启或火灾时能自动关闭的甲级防火门、窗。

可燃气体和甲、乙、丙类液体的管道严禁穿过防火墙。防火墙内不应设置排气道。

6）除 5）规定以外的其他管线不宜穿过防火墙，确需穿过时，应采用防火封堵材料将墙与管道之间的空隙紧密填实，穿过防火墙处的管道保温材料，应采用不燃材料；当管道为难燃及可燃材料时，应在防火墙两侧的管道上采取防火措施。

7）防火墙的构造应能在防火墙任意一侧的屋架、梁、楼板等受到火灾的影响而破坏时，不会导致防火墙倒塌。

110. 建筑构件的防火构造要求有哪些?

《建筑设计防火规范》GB 50016－2014 规定：

1）剧场等建筑的舞台与观众厅之间的隔墙应采用耐火极限不低于3.00h的防火隔墙。

舞台上部与观众厅闷顶之间的隔墙可采用耐火极限不低于1.50h的防火隔墙，隔墙上的门应采用乙级防火门。

舞台下部的灯光操作室和可燃物储藏室应采用耐火极限不低于2.00h的防火隔墙与其他部位分隔。

电影放映室、卷片室应采用耐火极限不低于1.50h的防火隔墙与其他部分分隔，观察孔和放映孔应采取防火分隔措施。

2）医疗建筑内的手术室或手术部、产房、重症监护室、贵重精密医疗装备用房、储藏间、实验室、胶片室等，附设在建筑内的托儿所、幼儿园的儿童活动用房和儿童游乐厅等儿童活动场所、老年人活动场所，应采用耐火极限不低于2.00h的防火隔墙和1.00h的楼板与其他场所或部位分隔，墙上必须设置的门、窗应采用乙级防火门、窗。

3）民用建筑内的附属库房，剧场后台的辅助用房；除居住建筑中套内的厨房外，宿舍、公寓建筑中的公共厨房和其他建筑内的厨房；附设在住宅建筑内的机动车库应采用耐火极限不低于2.00h的防火隔墙与其他部位分隔，墙上的防火门、窗应采用乙级防火门、窗。确有困难时，可采用防火卷帘，并应符合本规范“防火卷帘”的规定。

4）建筑内的防火隔墙应从楼地面基层隔断至梁、楼板或屋面板底面基层。住宅分户墙和单元之间的墙应隔断至梁、楼板或屋面板的底面基层，屋面板的耐火极限不应低于0.50h。

5）除本规范另有规定外，建筑外墙上、下层开口之间应设置高度不小于1.20m的实体墙或挑出宽度不小于1.00m、长度不小于开口宽度的防火挑檐；当室内设置自动喷水灭火系统时，上、下层开口之间的实体墙高度不应小于0.80m；当上、下层开口之间设置实体墙确有困难时，可设置防火玻璃墙，但高层建筑的防火玻璃墙的耐火完整性不应低于1.00h，多层建筑的防火玻璃墙的耐火完整性不应低于0.50h。外墙的耐火完整性不应低于防火玻璃墙的耐火完整性要求。

住宅建筑外墙上相邻户之间的墙体宽度不应小于1.00m；小于1.00m时，应在开口之间设置突出外墙不小于0.60m的隔板。

实体墙、防火挑檐和隔板的耐火极限和燃烧性能，均不应低于耐火等级建筑外墙的要求。

6）附设在建筑物内的消防控制室、灭火设备室、消防水泵房和通风空气调节机房、变配电室等，应采用耐火极限不低于2.00h的隔墙和不低于1.50h的楼板与其他部位分隔。

通风、空气调节机房和变配电室开向建筑内的门应采用甲级防火门，消防控制室和其他设备用房的门应采用乙级防火门。

7）冷库采用泡沫塑料等可燃材料作墙体内的绝热层时，宜采用不燃绝热材料在每层楼板处做水平防火分隔。防火分隔部位的耐火极限不应低于楼板的耐火极限。冷库阁楼层和墙体的可燃绝热层宜采用不燃性墙体分隔。

冷库采用的泡沫塑料作内绝热层时，绝热层的燃烧性能不应低于B_1级，且绝热层的表面应采用不燃材料做保护层。

冷库的库房与加工车间贴邻建造时，应采用防火墙分隔，当需要开设相互连通的开口时，应采用防火隔间等措施进行分隔，隔间两侧的门应为甲级防火门。当冷库的氨压缩机房与加工车间贴邻时，应采用不开门、窗、洞口的防火墙分隔。

111. 建筑幕墙的防火构造有哪些要求?

《建筑设计防火规范》GB 50016—2014 规定，建筑幕墙应在每层楼板外沿处采取本规范“实体墙高度和防火挑檐挑出宽度”规定的耐火极限不低于1.00h、高度不低于0.80m的不燃性实体墙。幕墙与每层楼板、隔墙处的缝隙处应采用防火封堵材料封堵。

112. 竖向管道的防火构造要求有哪些?

《建筑设计防火规范》GB 50016—2014 规定：

1）电梯井应独立设置，井内严禁敷设可燃气体和甲、乙、丙类液体管道，不应敷设与电梯无关的电缆、电线等。电梯井的井壁除设置电梯门、安全逃生门和通气孔洞外，不应设置其他开口。

2）电缆井、管道井、排烟道、排气道、垃圾道等竖向井道，应分别独立设置。井壁的耐火极限不低于1.00h；井壁上的检查门应采用丙级防火门。

3）建筑内的电缆井、管道井应在每层楼板处采用不低于楼板耐火极限的不燃材料或防火封堵材料封堵。

建筑内的电缆井、管道井与房间、走道等相连通的孔隙应采用防火封堵材料封堵。

4）建筑内的垃圾道宜靠外墙设置，垃圾道的排气口应直接开向室外，垃圾斗应采用不燃材料制作，并应能自行关闭。

电梯层门的耐火极限不应低于1.00h，并应符合现行国家标准《电梯层门耐火试验完整性、隔热性和热通量测定法》GB/T 27903 规定的完整性和隔热性要求。

5）户外电致发光广告牌不应直接设置在有可燃、难燃材料的墙体上。

户外广告牌的设置不应遮挡建筑的外窗，不应影响外部灭火救援行动。

113. 屋顶、闷顶和建筑缝隙的防火构造要求有哪些?

《建筑设计防火规范》GB 50016—2014 规定：

1）在三、四级耐火等级建筑的闷顶内采用可燃材料作绝热层时，其屋顶不应采用冷摊瓦。

闷顶内的非金属烟囱周围0.50m、金属烟囱0.70m范围内，应采用不燃材料作绝热层。

2）层数超过2层的三级耐火等级建筑内的闷顶，应在每个防火隔断范围内设置老虎窗，且老虎窗的间距不宜大于50m。

3）内有可燃物的闷顶，应在每个防火隔断范围内设置净宽度和净高度不小于0.70m的闷顶入口；对于公共建筑，每个防火隔断范围内的闷顶入口不宜少于2个。闷顶入口宜布置在走廊中靠近楼梯间的部位。

4）变形缝内的填充材料和变形缝的构造基层应采用不燃材料。

电线、电缆、可燃气体和甲、乙、丙类液体的管道不宜穿过建筑内的变形缝，确需穿过时，应在穿过处加设不燃材料制作的套管或采取其他防变形措施，并应采用防火封堵材料封堵。

5）防烟、排烟、供暖、通风和空气调节系统中的管道及建筑内的其他管道，在穿越防火隔墙、楼板和防火墙处的孔隙应采用防火封堵材料封堵。

风管穿过防火隔墙、楼板和防火墙时，穿越处风管上的防火阀、排烟防火阀两侧各2.0m范围内的风管应采取耐火风管或风管外壁应采取防火保护措施，且耐火极限不应低于该防火隔体的耐火极限。

6）建筑内受高温或火焰作用易变形的管道，在贯穿楼板部位和穿越防火隔墙的两侧宜采取阻火措施。

7）建筑屋顶上的开口与邻近建筑或设施之间，应采取防止火灾蔓延的措施。

114. 疏散楼梯间的防火构造要求有哪些?

《建筑设计防火规范》GB 50016－2014规定疏散用的楼梯间应符合下列规定：

1）疏散用的楼梯间应能天然采光和自然通风，并宜靠外墙设置。靠外墙设置时，楼梯间、前室及合用前室外墙上的窗口与两侧的门、窗、洞口最近边缘的水平距离不应小于1.00m。

2）疏散用的楼梯间内不应设置烧水间、可燃材料储藏室、垃圾道。

3）疏散用的楼梯间内不应有影响疏散的凸出物或其他障碍物。

4）疏散用的封闭楼梯间、防烟楼梯间及其前室，不应设置卷帘。

5）疏散用的楼梯间内不应设置甲、乙、丙类液体管道。

6）封闭楼梯间、防烟楼梯间及其前室内禁止穿过或设置可燃气管道。敞开楼梯间内不应设置可燃气体管道，当住宅建筑的敞开楼梯间内确需设置可燃气体管道可燃气体计量表时，应采用金属管和设置切断气源的阀门。

115. 封闭楼梯间的防火构造要求有哪些?

《建筑设计防火规范》GB 50016－2014规定封闭楼梯间除应符合疏散用楼梯间的规定外，还应满足下列规定：

1）不能自然通风或自然通风不能满足要求时，应设置机械加压送风系统或采用防烟楼梯间。

2）除楼梯间的出入口和外窗外，楼梯间的墙上不应开设其他门、窗、洞口。

3）高层建筑、人员密集的公共建筑，其封闭楼梯间的门应采用乙级防火门，并应向疏散方向开启；其他建筑，可采用双向弹簧门。

4）楼梯间的首层可将走道和门厅等包括在楼梯间内形成扩大的封闭楼梯间，但应采用乙级防火门等与其他走道和房间分隔。

116. 防烟楼梯间的防火构造要求有哪些?

《建筑设计防火规范》GB 50016－2014规定防烟楼梯间除应符合疏散用楼梯间的规定外，还应满足下列规定：

1）应设置防烟设施。

2）前室可与消防电梯间前室合用。

3）前室的使用面积：公共建筑，不应小于6.00m^2；住宅建筑，不应小于4.50m^2。

与消防电梯间前室合用时，合用前室的使用面积：公共建筑，不应小于 10.00m²；住宅建筑，不应小于 6.00m²。

4）疏散走道通向前室以及前室通向楼梯间的门应采用乙级防火门。

5）除住宅建筑的楼梯间前室外，防烟楼梯间和前室内的墙上不应开设除疏散门和送风口外的其他门、窗、洞口。

6）楼梯间的首层可将走道和门厅等包括在楼梯间前室内形成扩大的前室，但应采用乙级防火门与其他走道和房间分隔。

117. 地下、半地下建筑（室）楼梯的防火构造要求有哪些?

《建筑设计防火规范》GB 50016－2014 规定除住宅建筑套内自用楼梯外，地下、半地下建筑（室）的疏散楼梯间，应符合下列规定：

1）室内地面与室外出入口地坪高差大于 10m 或 3 层及以上的地下、半地下建筑（室），其疏散楼梯应采用防烟楼梯间；其他地下式半地下建筑（室），其疏散楼梯应采用封闭楼梯间。

2）应在首层采用耐火极限不低于 2.00h 的防火隔墙与其他部位分隔并应直通室外，确需在隔墙上开门时，应采用乙级防火门。

3）建筑的地下或半地下部分与地上部分不应共用楼梯间，确需共用楼梯间时，应在首层采用耐火极限不低于 2.00h 的防火隔墙和乙级防火门将地下或半地下部分与地上部分的连通部位完全分隔，并应设置明显的标志。

118. 疏散楼梯的防火构造要求有哪些?

《建筑设计防火规范》GB 50016－2014 规定：

1）除通向避难层错位的疏散楼梯外，建筑内的疏散楼梯间在各层的平面位置不应改变。

2）符合下列规定的室外楼梯时可作为疏散楼梯使用，并可替代封闭楼梯间或防烟楼梯间：

（1）栏杆扶手的高度不应小于 1.10m，楼梯的净宽度不应小于 0.90m；

（2）倾斜角度不应大于 45°；

（3）楼梯段和平台均应采取不燃材料制作。平台的耐火极限不应低于 1.00h，梯段的耐火极限不应低于 0.25h；

（4）通向室外楼梯的门应采用乙级防火门，并应向室外开启；

（5）除疏散门外，楼梯周围 2m 内的墙面上不应设置门、窗、洞口。疏散门不应正对楼梯段。

3）疏散用楼梯和疏散通道上的阶梯不宜采用螺旋楼梯和扇形踏步；确需采用时，踏步上、下两级所形成的平面角度不应大于 10°，且每级离扶手 250mm 处的踏步深度不应小于 220mm。

4）建筑内的公共疏散楼梯，其两梯段及扶手间的水平净距不宜小于 150mm。

5）高度大于 10m 的三级耐火等级建筑应设置通至屋顶的室外消防梯。室外消防梯不应面对老虎窗，宽度不应小于 0.6m，且宜从离地面 3.0m 高度处设置。

119. 疏散走道与疏散门的防火构造要求有哪些?

1)《建筑设计防火规范》GB 50016－2014 规定：

(1) 疏散走道在防火分区处应设置常开的甲级防火门。

(2) 建筑内疏散门应符合下列规定：

① 民用建筑的疏散门应采用向疏散方向开启的平开门，不应采用推拉门、卷帘门、吊门、转门和折叠门。人数不超过 60 人且每樘门的平均疏散人数不超过 30 人的房间，其疏散门的开启方向不限。

② 开向疏散楼梯或疏散楼梯间的门，当其完全开启时，不应减少楼梯平台的有效宽度。

③ 人员密集场所内平时需要控制人员随意出入的疏散门和设置有门禁系统的住宅、宿舍、公寓建筑的外门，应保证火灾时不需使用钥匙等任何工具即能从内部易于打开，并应在显著位置设置具有使用提示的标识。

2)《电影院建筑设计规范》JGJ 58—2008 中规定：

观众厅的疏散门应采用甲级防火门，门的净宽度不应小于 0.90m，并应向疏散方向开启。数量应由计算确定，且不应少于 2 个。

3)《剧场建筑设计规范》JGJ 57—2000 中规定：

(1) 舞台主台通向各处的洞口均应采用甲级防火门。

(2) 变电室之高、低压配电室与舞台、侧台、后台相连时，必须设置面积不小于 $6m^2$ 的前室，并应设甲级防火门。

4)《办公建筑设计规范》JGJ 67—2006 中规定：机要室、档案室和重要库房应采用甲级防火门。

5)《图书馆建筑设计规范》JGJ 38－87 规定：

(1) 书库防火分区隔墙上的门，应为甲级防火门。

(2) 书库、开架阅览室藏书区防火分区各层面积之和超过规定的防火分区最大面积时，工作人员专用楼梯间应做成封闭楼梯间，并采用乙级防火门。

6)《档案馆建筑设计规范》JGJ 25—2010 中指出：档案库区内设置楼梯时，应采用封闭楼梯间，门应采用不低于乙级的防火门。

7)《综合医院建筑设计规范》JGJ 49—88 中指出：防火分区通向公共走道的单元入口处，应设乙级防火门。

120. 下沉式广场的防火构造要求有哪些?

《建筑设计防火规范》GB 50016－2014 规定用于防火分隔的下沉式广场等室外开敞空间，应符合下列规定：

1) 分隔后的不同区域通向下沉式广场等室外开敞空间的开口最近边缘之间的水平距离不应小于 13m。室外开敞空间除用于人员疏散外不得用于其他商业或可能导致火灾蔓延的用途，其中用于疏散的净面积不应小于 $169m^2$。

2) 下沉式广场等室外开敞空间内应设置不少于 1 部直通地面的疏散楼梯。当连接下沉广场的防火分区需利用下沉广场进行疏散时，疏散楼梯的总净宽度不应小于任一防火分区通向室外开敞空间的设计疏散总净宽度。

3）确需设置防风雨蓬时，防风雨蓬不应完全封闭，四周开口部位应均匀布置，开口的面积不应小于该空间地面面积的 25%，开口高度不应小于 1.00m；开口设置百叶时，百叶的有效排烟面积可按百叶通风口面积的 60%计算。

121．防火隔间的构造要求有哪些？

《建筑设计防火规范》GB 50016－2014 规定防火隔间的设置应符合下列规定：

1）防火隔间的建筑面积不应小于 6.00m²。

2）防火隔间的门应采用甲级防火门。

3）不同防火分区通向防火隔间的门不应计入安全出口，门的最小间距不应小于 4m。

4）防火隔间的内部装修材料的燃烧性能应为 A 级。

5）不应用于除人员通行外的其他用途。

122．避难走道的防火构造要求有哪些？

《建筑设计防火规范》GB 50016－2014 规定避难走道的设置应符合下列规定：

1）避难走道防火隔墙的耐火极限不应低于 3.00h，楼板的耐火极限不应低于 1.50h。

2）避难走道直通地面的出口不应少于 2 个，并应设置在不同方向；当避难走道仅与 1 个防火分区相通且该防火分区至少有 1 个直通地面的出口时，可设置 1 个直通室外的安全出口。任一防火分区通向避难走道的门至该避难走道最近直通地面的出口的距离不应大于 60m。

3）避难走道的净宽度不应小于任一防火分区通向该避难走道的设计疏散总净宽度。

4）避难走道的内部装修材料的燃烧性能应为 A 级。

5）防火分区至避难走道入口处应设置防烟前室，前室的使用面积不应小于 6.00m²，开向前室的门应采用甲级防火门；前室开向避难走道的门应采用乙级防火门。

6）避难走道内应设置消火栓、消防应急照明、应急广播和消防专线电话。

123．必须应用防火门和防火窗的部位有哪些？

归纳总结《建筑设计防火规范》GB 50016－2014 中需应用防火门和防火窗的部位有：

1）与中庭相连通的门、窗，应采用火灾时能自行关闭的甲级防火门、防火窗。

2）地下商店中，防烟楼梯间的门应采用甲级防火门。

3）剧场、电影院、礼堂应采用甲级防火门与其他区域分隔。

4）歌舞厅、录像厅、夜总会、卡拉 OK 厅、游艺厅、桑拿浴室、网吧等歌舞娱乐放映游艺场所，厅、室墙上的门及该场所与其他部位之间相通的门应采用乙级防火门。

5）燃油与燃气锅炉房、油浸变压器室隔墙上开设的门、窗时，应采用甲级防火门、窗。

6）燃油与燃气锅炉房内设置储油间时应采用防火墙，当必须在防火墙上开门时应采用甲级防火门。

7）柴油发电机房布置在民用建筑内时，在防火隔墙上开门时应采用甲级防火门。

8）柴油发电机房内设置储油间时，确需在耐火极限不低于 3.00h 的防火隔墙上开门时应设置甲级防火门。

9）直通建筑内附设汽车库的电梯厅，应采用乙级防火门与汽车库分隔。

10）一、二级耐火等级的公共建筑内安全出口全部直通室外确有困难的防火分区，可利用通向相邻防火分区的甲级防火门作为疏散出口。

11）建筑高度大于100m的公共建筑避难层的出入口应采用甲级防火门。外窗应采用乙级防火窗。

12）高层病房楼设置的避难间应采用甲级防火门与其他部位分隔，外窗应采用乙级防火窗。

13）建筑高度大于27m、不大于54m的住宅建筑，每个单元设置一座疏散楼梯间时，户门应采用乙级防火门。

14）建筑高度不大于21m的住宅建筑，当户门采用乙级防火门时，可采用敞开楼梯间。

15）建筑高度大于21m、不大于33m的住宅建筑，当户门采用乙级防火门时，可采用敞开楼梯间。

16）建筑高度大于33m的住宅建筑，当户门采用乙级防火门（不大于3樘）时，可采用封闭楼梯间。

17）建筑高度大于54m的住宅建筑，每户应有一间房间的门采用乙级防火门。

18）靠近防火墙两侧的门窗水平距离不应小于2m，采取设置乙级防火窗等措施时，该距离可不受限制。

19）建筑内防火墙不宜设置在转角处，采取设置乙级防火窗等措施时，距门、窗、洞口的距离可小于4m。

20）必须在建筑的防火墙上开设门窗洞口时，应设置不可开启或火灾时能自行关闭的甲级防火门、窗。

21）剧院舞台上部与观众厅闷顶之间的防火隔墙上开门时应采用乙级防火门。

22）医疗建筑内的手术室或手术部、产房等以及附设在建筑内的托儿所、幼儿园等儿童活动场所和老年人活动场所等的防火隔墙上必须开设的门、窗时应采用乙级防火门、窗。

23）宿舍、公寓建筑中的公共厨房和其他建筑内的厨房（住宅建筑除外）、附设在住宅建筑内的机动车库分隔墙上的门、窗应采用乙级防火门、窗。

24）通风、空气调节机房和变配电室开向建筑内的门应采用甲级防火门。消防控制室和其他设备机房开向建筑内的门应采用乙级防火门。

25）冷库的库房与加工车间之间应采用防火墙分隔，需相互连通时应采用甲级防火门。

26）电缆井、管道井、排烟道、排气道、垃圾道等竖井井壁上的检查门应采用丙级防火门。

27）高层建筑、人员密集的公共建筑中封闭楼梯间的门应采用乙级防火门。

28）扩大的封闭楼梯间应采用乙级防火门与走道和房间分隔。

29）防烟楼梯间中疏散走道通向前室及前室通向楼梯间的门应采用乙级防火门。

30）防烟楼梯间首层的扩大防烟前室与走道、房间分隔部位的门应采用乙级防火门。

31）地下、半地下建筑（室）首层的防火隔墙与其他部位分隔并应直通室外，确需在隔墙上开门时，应采用乙级防火门。

32）地下或半地下部分确需与地上部分共用楼梯间时，应在首层设置乙级防火门进行分隔。

33）通向室外楼梯的门应采用乙级防火门。

34）疏散走道在防火分区处应选用常开的甲级防火门。

35）防火隔间的门应采用甲级防火门。

36）防火分区至避难走道入口处应设置防烟前室，开向前室的门应采用甲级防火门。前室开向避难走道的门应采用乙级防火门。

37）消防电梯的前室或合用前室的门应采用乙级防火门，不应设置卷帘门。

38）消防电梯井、机房与消防电梯井、机房之间的防火隔墙上开设的门应为甲级防火门。

39）设置在木结构住宅建筑内的机动车库、发电机间、配电间、锅炉间的防火隔墙上开设门时应为乙级防火门。

40）消防电梯井、机房与相邻电梯井、机房之间，应设置耐火极限不低于2.00h的防火隔墙；隔墙上的门应采用甲级防火门。

124. 防火门的构造要求有哪些?

1）《建筑设计防火规范》GB 50016－2014 规定防火门的构造应符合下列规定：

（1）设置在建筑内经常有人通行处的防火门宜采用常开防火门。常开防火门应能在火灾时自行关闭，并应有信号反馈的功能。

（2）除允许设置常开防火门的位置外，其他位置的防火门均应采用常闭防火门。常闭防火门应在其明显位置设置“保持防火门关闭”等提示标识。

（3）除管井检修门和住宅的户门外，防火门应具有自行关闭功能。双扇防火门应具有按顺序自行关闭的功能。

（4）除本规范“建筑内的疏散门”中关于人员密集场所的规定外，防火门应能在其两侧手动开启。

（5）设置在建筑变形缝附近时，防火门应设置在楼层较多的一侧，并应保证防火门开启时门扇不跨越变形缝。

（6）防火门关闭后应具有防烟功能。

（7）防火门的类型：

① 木质防火门

木质面板或木质面板内设防火板，门扇内填充珍珠岩或填充氯化镁、氧化镁材料。木质防火门的耐火极限分为丙级（0.50h）、乙级（1.00h）、甲级（1.50h）。属于难燃性构件。

② 钢木质防火门

a. 木质面板

a）钢质或钢木质复合门框、木质骨架，迎/背火面一面或两面设防火板，或不设防火板。门扇内填充珍珠岩，或氯化镁、氧化镁。

b）木质门框、木质骨架，迎/背火面一面或两面设防火板，或不设防火板。门扇内填充珍珠岩，或氯化镁、氧化镁材料。

b. 钢制面板

钢质或钢木质复合门框、钢质或木质骨架，迎/背火面一面或两面设防火板，或不设防火板。门扇内填充珍珠岩，或氯化镁、氧化镁材料。

钢木质防火门的耐火极限为分为丙级（0.50h）、乙级（1.00h）、甲级（1.50h）。属于难燃性构件。

③ 钢质防火门：钢制门框、钢制面板、钢质骨架，迎/背火面一面或两面设防火板，或不设防火板。门扇内填充珍珠岩，或氯化镁、氧化镁。钢质防火门的耐火极限为分为丙级（0.50h）、乙级（1.00h）、甲级（1.50h）。属于难燃性构件。

2）专用标准《防火门》GB 12955－2008 规定防火门的材质有木制防火门、钢质防火门、钢木质防火门和其他材质防火门。耐火性能分为：

（1）隔热防火门（A 类）：A0.50（丙级）、A1.00（乙级）、A1.50（甲级）、A2.00、A3.00。

（2）部分隔热防火门（B 类）：B1.00、B1.50、B2.00、B3.00。

（3）非隔热防火门（C 类）：C1.00、C1.50、C2.00、C3.00。

125. 防火窗的构造要求有哪些?

1）《建筑设计防火规范》GB 50016－2014 规定：

（1）设置在防火墙、防火隔墙上的防火窗，应采用不可开启的窗扇或具有火灾时能自行关闭的功能。

（2）防火窗的类型：

① 钢制防火窗：窗框钢质，窗扇钢质，窗框填充水泥砂浆，窗扇内填充珍珠岩，或氧化镁、氯化镁，或防火板。复合防火玻璃。耐火极限为 1.00h 和 1.50h。属于不燃性构件。

② 木质防火窗：窗框、窗扇均为木质，或均为防火板与木质复合。窗框无填充材料，窗扇迎/背火面外设防火板和木质面板，或为阻燃实木。复合防火玻璃。耐火极限为 1.00h 和 1.50h。属于难燃性构件。

③ 钢木复合防火窗：窗框钢质，窗扇木质，窗框填充水泥砂浆，窗扇迎/背火面外设防火板和木质面板，或为阻燃实木。复合防火玻璃。耐火极限为 1.00h 和 1.50h。属于难燃性构件。

2）专用标准《钢质防火窗》GB 16809－2008 规定防火窗的分级为：

（1）防火窗包括钢制防火窗、木质防火窗、钢木复合防火窗等类型。

（2）防火窗的耐火性能：

① 隔热防火窗（A 类）：A0.50（丙级）、A1.00（乙级）、A1.50（甲级）、A2.00、A3.00。

② 非隔热防火窗（C 类）：C1.00、C1.50、C2.00、C3.00。

126. 防火卷帘的构造要求有哪些?

1)《建筑设计防火规范》GB 50016－2014 规定防火分隔部位设置防火卷帘时，应符合下列规定：

(1) 除中庭外，当防火分隔部位的宽度不大于 30m 时，防火卷帘的宽度不应大于 10m；当防火分隔部位的宽度大于 30m 时，防火卷帘的宽度不应大于该部位宽度的 1/3，且不应大于 20m。

(2) 防火卷帘应具有火灾时靠自重自动关闭功能。

(3) 除本规范另有规定外，防火卷帘的耐火极限不应低于本规范对所设置部位的耐火极限要求。

当防火卷帘的耐火极限符合现行国家标准《门和卷帘的耐火试验方法》GB/T 7633—2008 有关耐火完整性和耐火隔热性的判定条件时，可不设置自动喷水灭火系统保护。

当防火卷帘的耐火极限仅符合现行国家标准《门和卷帘耐火试验方法》GB 7633 有关耐火完整性的判定条件时，应设置自动喷水灭火系统保护。自动喷水灭火系统的设计应符合现行国家标准《自动喷水灭火系统设计规范》GB 50084—2005 的有关规定，但其火灾延续时间不应小于该防火卷帘的耐火极限。

(4) 防火卷帘应具有防烟性能，与楼板、梁、墙、柱之间的空隙应采用防火封堵材料封堵。

(5) 需在火灾时自动降落的防火卷帘，应具有信号反馈的功能。

(6) 防火窗卷帘的类型：

① 钢质普通型防火卷帘（帘板为单层）。耐火极限为 1.50～3.00h，属于不燃性构件。

② 钢制复合型防火卷帘（帘板为双层）。耐火极限为 2.00～4.00h，属于不燃性构件。

③ 无机复合防火卷帘（采用多种无机材料复合而成）。耐火极限为 3.00～4.00h，属于不燃性构件。

④ 无机复合轻质防火卷帘（双层、不需水幕保护）。耐火极限为 4.00h，属于不燃性构件。

2) 专用标准《防火卷帘》GB 14102－2005 对防火卷帘的规定。

(1) 防火卷帘应具有防火和防烟功能。

(2) 防火卷帘的规格根据工程实际用洞口尺寸表达。

(3) 防火卷帘有钢质防火卷帘（耐火极限为 2.00h 和 3.00h）、无机纤维复合防火卷帘（耐火极限为 2.00h 和 3.00h）和特级防火卷帘（耐火极限为 3.00h）三种。

127. 天桥、栈桥的防火构造要求有哪些?

《建筑设计防火规范》GB 50016－2014 规定：

1) 天桥、跨越房屋的栈桥均应采用不燃材料。

2) 输送有火灾或爆炸危险物质的栈桥不应兼作疏散通道。

3) 封闭天桥、栈桥与建筑物连接处的门洞，均宜采取防止火势蔓延的措施。

4) 连接两座建筑物的天桥、连廊，应采取火灾在两座建筑间蔓延的措施。当仅供通行的天桥、连廊采用不燃材料，且建筑物通向天桥、连廊的出口符合安全出口的要求时，该出口可作为安全出口。

128．其他规范有关防火构造的要求有哪些?

1)《图书馆建筑设计规范》JGJ 38－99 规定图书馆建筑的防火建筑构造应符合下列规定：

(1) 基本书库、非书资料库应用防火墙与其毗邻的建筑完全隔离，防火墙的耐火极限不应低于 3.00h。

(2) 书库、非书资料库、珍善本书库、特藏书库等防火墙上的防火门应为甲级防火门。

(3) 书库楼板不得任意开洞，提升设备的井道井壁（不含电梯）应为耐火极限不低于 2.00h 的不燃烧体，井壁上的传递洞口应安装防火闸门。

(4) 书库、非书资料库，藏阅合一的藏书空间，当内部设有上下层连通的工作楼梯或走廊时，应按上下连通层作为一个防火分区，当面积超过规定时，应设计成封闭楼梯间，并应采用乙级防火门。

2)《住宅建筑规范》GB 50368－2005 规定住宅建筑的防火构造应符合下列规定：

(1) 住宅建筑上下相邻套房开口部位间应设置高度不低于 0.80m 的窗槛墙或设置耐火极限不低于 1.00h 的不燃烧实体挑檐，其挑出宽度不应小于 0.50m，长度不应小于开口宽度。

(2) 楼梯间窗口与套房最近边缘之间的水平间距不应小于 1.00m。

(3) 住宅建筑中竖井的设置应符合下列要求：

① 电梯井应独立设置，井内严禁敷设燃气管道，并不应敷设与电梯无关的电缆、电线等。电梯井井壁上除开设电梯门洞和通气孔洞外，不应开设其他洞口。

② 电缆井、管道井、排烟道、排气管等竖井应分别独立设置，其井壁应采用耐火极限不低于 1.00h 的不燃性构件。

③ 电缆井、管道井应在每层楼板处采用不低于楼板耐火极限的不燃性材料或防火封堵材料封堵；电缆井、管道井与房间、走道等相连通的孔洞，其空隙应采用防火封堵材料封堵。

④ 电缆井和管道井设置在防烟楼梯间前室、合用前室时，其井壁上的检查门应采用丙级防火门。

(4) 当住宅建筑中的楼梯、电梯直通住宅楼层下部的汽车库时，楼梯、电梯的汽车库出入口部位应采取防火分隔措施。

3)《汽车库、修车库、停车场设计防火规范》GB 50067－2014 规定汽车库、修车库、停车场建筑的防火建筑构造应符合下列规定：

(1) 防火墙应直接设置在建筑的基础或框架、梁等承重结构上。框架、梁等承重结构的耐火极限不应低于防火墙的耐火极限；防火墙、防火隔墙应从楼地面基层隔断至梁、楼板或屋面结构层的底面。

(2) 当汽车库、修车库的屋面板为不燃材料且耐火极限不低于 0.50h 时，防火墙、防火隔墙可砌至屋面基层的底部。

（3）三级耐火等级汽车库、修车库的防火墙、防火隔墙应截断其屋顶结构，并应高出其不燃性屋面且不小于0.40m；高出可燃性或难燃性屋面不小于0.50m。

（4）防火墙不宜设在汽车库、修车库的内转角处。当设在转角处时，内转角处两侧墙上的门、窗、洞口之间的水平距离不应小于4m。防火墙两侧的门、窗、洞口之间最近边缘的水平距离不应小于2m。当防火墙两侧设置固定乙级防火窗时，可不受距离的限制。

（5）防火墙或防火隔墙上不应设置通风孔道，也不宜穿过其他管道（线）；当管道（线）穿过防火墙或防火隔墙时，应采用防火封堵材料将孔洞周围的空隙紧密填塞。

（6）防火墙或防火隔墙上不宜开设门、窗、洞口，当必须开设时，应设置甲级防火门、窗或耐火极限不低于3.00h的防火卷帘。

（7）设置在车道上的防火卷帘的耐火极限、完整性、隔热性，应符合现行国家标准《门和卷帘的耐火试验方法》GB/T 7633—2008的有关规定。

（8）电梯井、管道井、电缆井和楼梯间应分别独立设置。管道井、电缆井的井壁应采用不燃材料，且耐火极限不应低于1.00h；电梯井的井壁应采用不燃材料，且耐火极限不应低于2.00h。

（9）电缆井、管道井应在每层楼板处采用不燃材料或防火封堵材料进行分隔，且分隔后的耐火极限不应低于楼板的耐火极限，井壁上的检查门应采用丙级防火门。

（10）除敞开式汽车库、斜楼板式汽车库外，其他汽车库内的汽车坡道两侧应采用防火墙与停车区隔开，坡道的出入口应采用水幕、防火卷帘或甲级防火门等与停车区隔开。但当汽车库和汽车坡道上均设置自动灭火系统时，坡道的出入口可不设置水幕、防火卷帘或甲级防火门。

（11）汽车库、修车库的内部装修，应符合现行国家标准《建筑内部装修设计防火规范》GB 50222—952001年版的有关规定。

4）《剧场建筑设计规范》JGJ 57－2000规定剧场建筑的防火建筑构造应符合下列规定：

（1）甲等及乙等大型、特大型的剧场舞台台口应设防火幕。超过800个座位的特等、甲等剧场及高层民用建筑中的超过800个座位的剧场舞台台口宜设防火幕。

（2）舞台主台通向各处洞口应设甲级防火门，或按规定设置水幕。

（3）舞台与后台部分的隔墙及舞台下部台仓的周围墙体均应采用耐火极限不低于2.50h的不燃烧体。

（4）舞台（包括主台、侧台、后舞台）内的天桥、渡桥码头、平台板、栅顶应采用不燃烧体，耐火极限不应小于0.50h。

（5）剧场变电间之高、低压配电室与舞台、侧台、后台相连时，必须设置面积不小于$6.00m^2$的前室，并应设甲级防火门。

（6）甲等及乙等大型、特大型的剧场应设消防控制室，位置宜靠近舞台，并应有对外的单独出入口，面积不宜小于$12m^2$。

（7）观众厅吊顶内的吸声、隔热、保温材料应采用不燃烧材料。观众厅（包括乐池）的天棚、墙面、地面装修材料不应低于A_1级，当采用B_1级装修材料时，应设置相应的消防措施（雨淋灭火系统）。

（8）剧场检修马道应采用不燃烧材料。

(9) 观众厅及舞台内的灯光控制室、面光桥及耳光室各界面构造均应采用不燃烧材料。

(10) 舞台上部的屋顶或侧墙上应设置通风排烟设施。当舞台高度小于 12m 时，可采用自然排烟，排烟窗的净面积不应小于主台地面面积的 5%。排烟窗应避免因锈蚀或冰冻而无法开启。在设置自动开启装置的同时，应设置手动开启装置。当舞台高度等于或大于 12m 时，应设机械排烟装置。

(11) 舞台内严禁设置燃气加热装置，后台使用上述装置时，应采用耐火极限不低于 2.50h 的隔墙和甲级防火门分隔，并不得靠近服装间、道具间。

(12) 剧场建筑与其他建筑毗连时，应形成独立的防火分区，应用防火墙隔开，并不得在墙上开设门洞口，当必须设门时，应采用甲级防火门。上下楼板的耐火极限不应低于 1.50h。

(13) 机械舞台台板采用的材料不得低于 B_1 级。

(14) 舞台所有幕布均应采用 B_1 级材料。

5)《电影院建筑设计规范》JGJ 58—2008 规定电影院建筑的防火建筑构造应符合下列规定：

(1) 当电影院建在综合建筑内时，应形成独立的防火分区。

(2) 观众厅内座席台阶结构应采用不燃烧材料。

(3) 观众厅、声闸和疏散通道内的顶棚材料应采用 A 级材料，墙面、地面的材料不应低于 B_1 级。

(4) 观众厅吊顶内吸声、隔热、保温材料与检修马道应采用 A 级材料。

(5) 银幕架、扬声支架应采用不燃材料制作，银幕和所有幕帘材料不应低于 B_1 级。

(6) 放映机房应采用耐火极限不低于 2.00h 的隔墙和不低于 1.50h 的楼板与其他部位隔开。顶棚装修材料不应低于 A 级，墙面、地面材料不应低于 B_1 级。

(7) 电影院顶棚、墙面装饰采用的龙骨材料均应采用 A 级。

(8) 面积大于 $100m^2$ 的地上观众厅和面积大于 $50m^2$ 的地下观众厅应设置机械排烟设施。

(9) 放映机房应设火灾自动报警装置。

(10) 电影院内吸烟室的室内顶棚装修应采用 A 级材料，地面、墙面应采用不低于 B_1 级材料，并应设有火灾自动报警装置和机械排风设施。

(11) 电影院通风和空气调节系统的送、回风总管及穿越防火分区的送、回风管在防火墙两侧应设防火阀；风管、消声设备及保温材料应采用不燃烧材料。

(12) 室内消火栓宜设在门厅、休息厅、观众厅主要出入口和楼梯间附近以及放映机入口处等明显位置。布置消火栓时，应保证有两支水枪的充实水柱同时到达室内任何部位。

6)《人民防空工程设计防火规范》GB 50098－2009 规定人民防空工程的防火建筑构造应符合下列规定：

(1) 防火墙应直接设置在基础上或耐火极限不低于 3.00h 的承重构件上。

(2) 防火墙上不宜开设门、窗、洞口，当需要开设时，应设置能自行关闭的甲级防火门、窗。

(3) 电影院、礼堂的观众厅和舞台之间的墙，耐火极限不应低于2.50h。观众厅与舞台之间的舞台口应设置自动喷水系统；电影院放映室（卷片室）应采用耐火极限不低于1.00h的隔墙与其他部位隔开。观察窗和放映孔应设置阻火闸门。

(4) 下列场所应采用耐火极限不低于2.00h的隔墙和1.50h的楼板与其他场所隔开，并应符合下列规定：

① 消防控制室、消防水泵房、排烟机房、灭火剂储瓶室、变配电室、通风和空调机房、可燃物存放量平均值超过30kg/m² 火灾荷载密度的房间等，墙上应设常闭的甲级防火门；

② 同一防火分区内厨房、食品加工等用火用电用气场所，墙上应设置不低于乙级的防火门，人员频繁出入的防火门应设置火灾时能自动关闭的常开式防火门；

③ 歌舞娱乐放映游艺场所，且一个厅、室的建筑面积不应大于200m²，隔墙上应设置不低于乙级的防火门。

(5) 人防工程的内部装修应执行现行国家标准《建筑内部装修设计防火规范》GB 50222—95 2001年版的有关规定。

(6) 人防工程的耐火等级应为一级，其出入口地面建筑物的耐火等级不应低于二级。

(7) 规范允许使用的可燃气体和丙类液体管道，除可穿过柴油发电机房、柴油锅炉房的储油间与机房间的防火墙外，严禁穿过防火分区之间的防火墙；当其他管道需要穿过防火墙时，应采用防火封堵材料将管道周围的空隙紧密填塞。

(8) 通过防火墙或设置有防火门的隔墙处的管道和管线沟，应采用不燃材料将通过处的空隙紧密填塞。

(9) 变形缝的基层应采用不燃材料，表面层不应采用可燃或易燃材料。

(10) 防火门应划分为甲、乙、丙3个等级，防火窗应划分为甲、乙2个等级。

(11) 防火门的设置应符合下列规定：

① 位于防火分区分隔处安全出口的门应为甲级防火门；当使用功能上确实需要采用防火卷帘分隔时，应在其旁设置与相邻防火分区的疏散走道相通的甲级防火门；

② 公共场所的疏散门应向疏散方向开启，并应在关闭后能从任何一侧手动开启；

③ 公共场所人员频繁出入的防火门，应采用能在火灾时自动关闭的常开式防火门；平时需要控制人员随意出入的防火门，应设置火灾时不需使用钥匙等任何工具即能从内部易于打开的常闭防火门，并应在明显部位设置标识和使用提示；其他部位的防火门，宜选用常闭式的防火门；

④ 用防护门、防护密闭门、密闭门代替甲级防火门时。其耐火性能应符合甲级防火门的要求，且不得用于平战结合的公共场所的安全出口处；

⑤ 常开的防火门应具有信号反馈的功能。

(12) 用防火墙划分防火分区有困难时，可采用防火卷帘分隔，并以符合下列规定：

① 当防火分隔部位的宽度不大于30m时，防火卷帘的宽度不应大于10m；当防火分隔部位的宽度大于30m时，防火卷帘的宽度不应大于防火分隔部位宽度的1/3，且不应大于20m；

② 防火卷帘的耐火极限不应低于3.00h；

③ 防火卷帘应具有防烟性能，与楼板、梁和墙、柱之间的空隙应采用防火封堵材料

封堵；

④ 在火灾时能自动降落的防火卷帘，应具有信号反馈的功能。

7）《商店建筑设计规范》JGJ 48－2014 规定：

（1）除为综合建筑配套服务且建筑面积小于 1000m² 的商店外，综合性建筑的商店部分应采用耐火极限不低于 2.00h 的隔墙和耐火极限不低于 1.50h 的不燃烧体楼板与建筑的其他部分隔开；

（2）商店部分的安全出入口必须与建筑其他部分隔开。

（十一）消防救援

129．消防救援场地和入口的防火构造要求有哪些？

《建筑设计防火规范》GB 50016－2014 规定：

1）高层建筑应至少有一个长边或周边长度的 1/4 且不小于一个长边长度的底边连续布置消防车登高操作场地，该范围内的裙房进深不应大于 4m。

建筑高度不大于 50m 的建筑，连续布置消防登高车操作场地确有困难时，可间隔布置，但间隔距离不宜大于 30m，且消防车登高车操作场地的总长度仍应符合上述规定。

2）消防车登高操作场地应符合下列规定：

（1）场地与民用建筑之间不应设置妨碍消防车操作的树木、架空管线等障碍物合车库出入口。

（2）场地的长度和宽度分别不应小于 15m 和 10m。对于建筑高度不大于 50m 的建筑，场地的长度和宽度分别不应小于 20m 和 10m。

（3）场地及其下面的建筑结构、管道和暗沟等，应能承受重型消防车的压力。

（4）场地应与消防车道连通，场地靠建筑外墙一侧的边缘距离建筑外墙不宜小于 5m，且不应大于 10m。场地的坡度不宜大于 3％。

3）建筑物与消防登高操作场地相对应的范围内，应设置直通室外的楼梯或直通楼梯间的入口。

4）公共建筑的外墙应在每层的适当设置可供消防救援人员进入的窗口。

5）供消防救援人员进入的窗口的净高度和净宽度均不应小于 1.0m，下沿距室内地面不宜大于 1.2m。间距不宜大于 20m 且每个防火分区不应少于 2 个，设置位置应与消防车登高操作场地相对应。窗口的玻璃应易于破碎，并应设置可在室外识别的明显标志。

130．消防电梯的防火构造要求有哪些？

《建筑设计防火规范》GB 50016－2014 规定：

1）下列建筑应设置消防电梯：

（1）建筑高度大于 33m 的住宅建筑；

（2）一类高层公共建筑和建筑高度大于 32m 的二类高层公共建筑；

（3）设置消防电梯的建筑的地下或半地下室，埋深大于 10m 且总建筑面积大于 3000m² 的其他地下或半地下建筑（室）。

2）消防电梯应分别设置在不同的防火分区内，且每个防火分区不应少于 1 台。

3）符合消防电梯要求的客梯或货梯可兼作消防电梯。

4）除设置在冷库连廊等处的消防电梯外，消防电梯应设置前室，并应符合下列规定：

（1）前室宜靠外墙设置，并应在首层直通室外或经过长度不大于 30m 的通道通向室外；

（2）前室的使用面积不应小于 $6.00m^2$；与防烟楼梯间合用的前室，应符合本规范“剪刀楼梯间”和“防烟楼梯间”的规定；

（3）除前室的出入口、前室内设置的正压送风口和本规范“住宅建筑的疏散楼梯”规定的户门外，前室内不应开设其他门、窗、洞口；

（4）前室或合用前室的门应采用乙级防火门，不应设置卷帘。

5）消防电梯井、机房与相邻电梯井、机房之间，应设置耐火极限不低于 2.00h 的防火隔墙，隔墙上的门应采用甲级防火门。

6）消防电梯的井底应设置排水设施，排水井的容量不应小于 $2.00m^3$，排水泵的排水量不应小于 10L/s。消防电梯间前室门口宜设置挡水设施。

7）消防电梯应符合下列规定：

（1）应能每层停靠；

（2）电梯的载重量不应小于 800kg；

（3）电梯从首层至顶层的运行时间不宜大于 60s；

（4）电梯的动力与控制电缆、电线、控制面板应采取防水措施；

（5）在首层的消防电梯入口处应设置供消防队员专用的操作按钮；

（6）电梯轿厢的内部装修应采用不燃材料；

（7）电梯轿厢内部应设置专用消防对讲电话。

131. 直升机停机坪的防火构造要求有哪些?

《建筑设计防火规范》GB 50016－2014 规定直升机停机坪应符合下列规定：

1）建筑高度大于 100m 且标准层建筑面积大于 $2000m^2$ 的公共建筑，宜在屋顶设置直升机停机坪或供直升机救助的设施。

2）直升机停机坪应符合下列规定：

（1）设置在屋顶平台上时，距离设备机房、电梯机房、水箱间、共用天线等突出物不应小于 5m；

（2）建筑通向停机坪的出口不应少于 2 个，每个出口的宽度不宜小于 0.90m；

（3）四周应设置航空障碍灯，并应设置应急照明；

（4）在停机坪的适当位置应设置消火栓；

（5）其他要求应符合国家现行航空管理有关标准的规定。

七、建筑内部装修防火

（一）建筑内部装修的部位

132. 建筑内部装修包括哪些部位？

依据《建筑内部装修设计防火规范》GB 50222—95 2001 年版的规定，民用建筑内部装修防火设计包括顶棚、墙面、地面、隔断的装修以及固定家具、窗帘、帷幕、床罩、家具包布、固定饰物等方面。

注：1. 隔断系指不到顶的隔断。到顶的固定隔断装修应与墙面的规定相同。

2. 柱面的装修应与墙面的规定相同。

（二）建筑内部装修材料的耐火等级

133. 建筑内部装修材料的耐火等级是如何确定的？

《建筑内部装修设计防火规范》GB 50222—95 2001 年版中指出：

1）装修材料按其使用部位和功能，可划分为顶棚装修材料、墙面装修材料、地面装修材料、隔断装修材料、固定家具、装饰织物及其他装饰材料 7 类。

注：1. 装饰织物系指窗帘、帷幕、床罩、家具包布等。

2. 其他装饰材料系指楼梯扶手、挂镜线、踢脚板、窗帘盒、暖气罩等。

2）装修材料按其燃烧性能应分为 4 级，其规定见表 1-183。

装修材料燃烧性能等级　　表 1-183

等级	装修材料燃烧性能	示例
A	不燃性材料	砖、石、金属、玻璃、水泥制品等
B_1	难燃性材料	纸面石膏板、硬质 PVC 塑料等
B_2	可燃性材料	木地板、塑料壁纸等
B_3	易燃性材料	布匹、纸张等

134. 常用建筑内部装修材料的耐火等级是如何划分的？

《建筑内部装修设计防火规范》GB 50222—95 2001 年版中指出：

常用建筑内部装修材料燃烧性能的等级划分，详见表 1-184。

常用建筑内部装修材料燃烧性能的等级划分　　表 1-184

材料类别	级别	材料举例
各部位材料	A	花岗石、大理石、水磨石、混凝土制品、水泥制品、石膏板、石灰制品、黏土制品、玻璃、瓷砖、陶瓷锦砖、钢铁、铝铜合金等

续表

材料类别	级别	材料举例
顶棚材料	B_2	纸面石膏板、纤维石膏板、水泥刨花板、矿棉装饰吸声板、玻璃棉装饰吸声板、珍珠岩装饰吸声板、难燃胶合板、难燃中密度纤维板、岩棉装饰板、难燃木材、铝箔复合材料、难燃酚醛胶合板、铝箔玻璃钢复合材料等
墙面材料	B_2	纸面石膏板、纤维石膏板、水泥刨花板、矿棉板、玻璃棉板、珍珠岩板、难燃胶合板、难燃中密度纤维板、防火塑料装饰板、难燃双面刨花板、多彩涂料、难燃墙纸、难燃墙布、难燃仿花岗石装饰板、氯氧镁水泥装配式墙板、难燃玻璃钢平板、PVC塑料护墙板、轻质高强复合墙板、阻燃模压木质复合板材、彩色阻燃人造板、难燃玻璃钢等
	B_2	各类天然木材、木质人造板、竹材、纸制装饰板、装饰微薄木贴面板、印刷木纹人造板、塑料贴面装饰板、聚酯装饰板、复塑装饰板、塑纤板、无纺贴墙布、墙布、复合壁纸、天然材料壁纸、人造革等
地面材料	B_1	硬PVC塑料地板、水泥刨花板、水泥木丝板、氯丁橡胶地板等
	B_2	半硬质PVC塑料地板、PVC卷材地板、木地板氯纶地毯等
装饰织物	B_1	经阻燃处理的各类难燃织物等
	B_2	纯毛装饰布、纯麻装饰布、经阻燃处理的其他织物等
其他装饰材料	B_1	聚氯乙烯塑料、酚醛塑料、聚碳酸酯塑料、聚四氟乙烯塑料、三聚氰胺、脲醛塑料、硅树脂塑料装饰型材、经阻燃处理的各种织物等，另见顶棚材料和墙面材料中的有关材料
	B_2	经阻燃处理的聚乙烯、聚丙烯、聚氨酯、聚苯乙烯、玻璃钢、化纤织物、木制品等

135. 可以提高建筑内部装修材料耐火等级的做法有几种?

《建筑内部装修设计防火规范》GB 50222—95 2001年版中指出：满足以下要求的构造做法可以按比原有材料等级提高一个等级使用：

1）安装在钢龙骨上的纸面石膏板，可作为A级装修材料使用。

2）当胶合板表面涂覆一级饰面型防火材料时，可作为B_1级装修材料使用。

注：饰面型防火材料的等级应符合现行国家标准《防火涂料防火性能试验方法及分级标准》GB 15442.1—1995的有关规定。

3）单位重量小于300g/m^{2}的纸质、布质壁纸，当直接粘贴在A级基材上时，可作为B_1级装修材料使用。

4）施涂于A级基材上的无机装饰涂料，可作为A级装修材料使用；施涂于A级基材上，湿涂覆比小于1.5kg/m^{2}的有机装饰涂料，可作为B_1级装修使用。涂料施涂于B_1、B_2级基材上时，应将涂料连同基材一起确定其燃烧性能等级。

（三）建筑内部装修防火设计

136. 民用建筑装修防火设计的一般规定有哪些?

《建筑内部装修设计防火规范》GB 50222—95 2001 年版中指出：

1）当顶棚或墙面表面局部采用多孔或泡沫状塑料时，其厚度不应大于 15mm，面积不得超过该房间顶棚或墙面积的 10%。

2）除地下建筑外，无窗房间的内部装修材料的燃烧性能等级，除 A 级外，应在规范规定的基础上提高一级。

3）图书室、资料室、档案室和存放文物的房间，其顶棚、墙面应采用 A 级装修材料，地面应采用不低于 B_1 级的装修材料。

4）大中型电子计算机房、中央控制室、电话总机房等放置特殊贵重设备的房间，其顶棚和墙面应采用 A 级装修材料，地面及其他装修应使用不低于 B_1 级的装修材料。

5）消防水泵房、排烟机房、固定灭火系统钢瓶间、配电室、变压器室、通风和空调机房等，其内部所有装修均应采用 A 级装修材料。

6）无自然采光楼梯间、封闭楼梯间、防烟楼梯间及其前室的顶棚、墙面和地面均应使用 A 级装修材料。

7）建筑物内没有上下层相连通的中庭、走马廊、开敞楼梯、自动扶梯时，其连通部位的顶棚、墙面应采用 A 级装修材料，其他部位应采用不低于 B_1 级的装修材料。

8）防烟分区的挡烟垂壁，应使用 A 级装修材料。

9）建筑内部的变形缝（包括沉降缝、伸缩缝、防震缝等）两侧的基层应采用 A 级材料，表面装修应采用不低于 B_1 级的装修材料。

10）建筑内部的配电箱不应直接安装在低于 B_1 级的装修材料上。

11）照明灯具的高温部位，当靠近非 A 级装修材料时，应采取隔热、散热等防火保护措施。灯饰所用材料的燃烧性能等级不应低于 B_1 级。

12）公共建筑内部不宜设置采用 B_3 级装饰材料制成的壁挂、雕塑、模型、标本，当需要设置时，不应靠近火源或热源。

13）地上建筑的水平疏散走道和安全出口的门厅，其顶棚应采用 A 级装修材料，其他部位应采用不低于 B_1 级的装修材料。

14）建筑内部消火栓的门不应被装饰物遮掩，消火栓门四周的装修材料颜色应与消火栓门的颜色有明显区别。

15）建筑内部装修不应遮挡消防设施和疏散指示标志及出口，并且不应妨碍消防设施和疏散走道的正常使用。

16）建筑物内的厨房，其顶棚、墙面、地面均应采用 A 级装修材料。

17）经常使用明火器具的餐厅、科研试验室，装修材料的燃烧性能等级，除 A 级外，应在规范规定的基础上提高一级。

137. 单层、多层民用建筑的防火设计有哪些要求?

《建筑内部装修设计防火规范》GB 50222—95 2001 年版中指出：

1）单层、多层民用建筑内部各部位装修材料的燃烧性能等级，不应低于表 1-185 的规定。

单层、多层民用建筑内部各部位装修材料的燃烧性能等级　　表 1-185

建筑物及场所	建筑规模、性质	装修材料燃烧性能等级							
		顶棚	墙面	地面	隔断	固定家具	装饰织物		其他装饰材料
							窗帘	帷幕	
候机楼的候机大厅、商店、餐厅、贵宾候机室、售票厅等	建筑面积＞10000m² 的候机楼	A	A	B_1	B_1	B_1	B_1	—	B_1
	建筑面积≤10000m² 的候机楼	A	B_1	B_2	B_1	B_2	B_2	—	B_2
汽车站、火车站、轮船客运站的候车（船）室、餐厅、商场等	建筑面积＞10000m² 的车站、码头	A	A	B_1	B_1	B_2	B_2	—	B_1
	建筑面积≤10000m² 的车站、码头	B_1	B_1	B_1	B_2	B_2	B_2	—	B_2
影院、会堂、礼堂、剧院、音乐厅	＞800 座位	A	A	B_1	B_1	B_1	B_1	B_1	B_1
	≤800 座位	A	B_1	B_1	B_1	B_2	B_1	B_1	B_2
体育馆	＞3000 座位	A	A	B_1	B_1	B_1	B_1	B_1	B_2
	≤3000 座位	A	B_1	B_1	B_1	B_2	B_2	B_1	B_2
商场营业厅	每层建筑面积＞3000m² 或总建筑面积＞9000m² 的营业厅	A	B_1	A	A	B_1	B_1	—	B_2
	每层建筑面积＞1000～3000m² 或总建筑面积为 3000～9000m² 的营业厅	A	B_1	B_1	B_1	B_2	B_2	—	—
	每层建筑面积＜1000m² 或总建筑面积＜3000m² 的营业厅	B_1	B_1	B_1	B_2	B_2	B_2	—	—
饭馆、旅馆的客房及公共活动用房等	设有中央空调系统的饭店、旅馆	A	B_1	B_1	B_1	B_1	B_2	—	B_2
	其他饭店、旅馆	B_1	B_1	B_2	B_2	B_2	B_2	—	—
歌舞厅、餐馆等娱乐、餐饮建筑	营业面积＞100m²	A	B_1	B_1	B_1	B_2	B_1	—	B_2
	营业面积≤100m²	B_1	B_1	B_1	B_1	B_2	B_2	—	B_2
幼儿园、托儿所、医院病房楼、疗养院		A	B_1	B_2	B_1	B_2	B_1	—	B_2
纪念馆、展览馆、博物馆、图书馆、档案馆、资料馆等	国家级、省级	A	B_1	B_1	B_1	B_2	B_1	—	B_2
	省级以下	B_1	B_1	B_2	B_2	B_2	B_2	—	B_2
办公楼、综合楼	设有中央空调系统的办公楼、综合楼	A	B_1	B_1	B_1	B_2	—	—	B_2
	其他办公楼、综合楼	B_1	B_1	B_2	B_2	B_2	B_2	—	—
住宅	高级住宅	B_1	B_1	B_1	B_1	B_2	B_2	—	B_2
	普通住宅	B_1	B_2	B_2	B_2	B_2	B_2	—	—

2）单层、多层民用建筑内面积小于 100m² 的房间，当采用防火墙和甲级防火门窗与其他部位分隔时，其装修材料的燃烧性能等级可在表 1-185 的基础上降低一级。

3）当单层、多层民用建筑需作内部装修的空间内装有自动灭火系统时，除顶棚外，其内部装修材料的燃烧性能等级可在表 1-185 规定的基础上降低一级；当同时装有火灾自动报警装置和自动灭火系统时，其顶棚装修材料的燃烧性能等级可在表 1-185 规定的基础上降低一级，其他装修材料的燃烧性能等级可不限制。

138. 高层民用建筑的防火设计有哪些要求?

《建筑内部装修设计防火规范》GB 50222—95 2001 年版中指出：

1）高层民用建筑内部各部位装修材料的燃烧性能等级，不应低于表 1-186 的规定。

高层民用建筑内部各部位装修材料的燃烧性能等级　　表 1-186

建筑物及场所	建筑规模、性质	装修材料燃烧性能等级									
		顶棚	墙面	地面	隔断	固定家具	装饰织物				其他装饰材料
							窗帘	帷幕	床罩	家具包布	
高级旅馆	＞800 座的观众厅、会议厅、顶层餐厅	A	B_1	B_1	B_1	B_1	B_1	B_1	—	B_1	B_1
	≤800 座的观众厅、会议厅	A	B_1	B_1	B_1	B_2	B_1	B_1	—	B_2	B_1
	其他部位	A	B_1	B_1	B_2	B_2	B_1	B_2	B_1	B_2	B_1
商业楼、展览楼、综合楼、商住楼、医院病房楼	一类建筑	A	B_1	B_1	B_1	B_2	B_1	B_1	—	B_2	B_1
	二类建筑	B_1	B_1	B_2	B_2	B_2	B_2	B_2	—	B_2	B_2
电信楼、财贸金融楼、邮政楼、广播电视楼、电力调度楼、防灾指挥调度楼	一类建筑	A	A	B_1	B_1	B_1	B_1	B_1	—	B_2	B_1
	二类建筑	B_1	B_1	B_2	B_2	B_2	B_1	B_2	—	B_2	B_2
教学楼、办公楼、科研楼、档案楼、图书馆	一类建筑	A	B_1	B_1	B_1	B_2	B_1	B_1	—	B_2	B_1
	二类建筑	B_1	B_1	B_1	B_2	B_2	B_1	B_2	—	B_2	B_2
住宅、普通旅馆	一类普通旅馆、高级住宅	A	B_1	B_1	B_1	B_2	B_1	—	B_1	B_2	B_1
	二类普通旅馆、普通住宅	B_1	B_1	B_1	B_2	B_2	B_2	—	B_2	B_2	B_2

注：1. “顶层餐厅”包括设在高空的餐厅、观光厅等。
2. 建筑物的类别、规模、性质应符合国家现行标准《建筑设计防火规范》GB 50016—2014 的有关规定。

2）除 100m 以上的高层民用建筑及大于 800 座的观众厅、会议厅、顶层餐厅外，当设有火灾自动报警装置和自动灭火系统时，除顶棚外，其内部装修材料的燃烧性能等级可在表 1-186 规定的基础上降低一级。

3）电视塔等特殊高层建筑的内部装修，均应采用 A 级装修材料。

139. 地下民用建筑的防火设计有哪些要求?

《建筑内部装修设计防火规范》GB 50222—95 2001 年版中指出：

1）地下民用建筑内部各部位装修材料的燃烧性能等级，不应低于表 1-187 的规定。

地下民用建筑内部各部位装修材料的燃烧性能等级　　表 1-187

建筑物及场所	装修材料燃烧性能等级						
	顶棚	墙面	地面	隔断	固定家具	装饰织物	其他装饰材料
休息室、办公室等；旅馆的客房及公共活动用房等	A	B_1	B_1	B_1	B_1	B_1	B_2
娱乐场所、旱冰场等；舞厅、展览厅等；医院的病房、医疗用房等	A	A	B_1	B_1	B_1	B_1	B_2
电影院的观众厅、商场的营业厅	A	A	A	B_1	B_1	B_1	B_2
停车库、人行通道、图书资料库、档案库	A	A	A	A	A	—	—

注：地下民用建筑系指单层、多层、高层民用建筑的地下部分，单独建造在地下的民用建筑以及平战结合的地下人防工程。

2）地下民用建筑的疏散走道和安全出口的门厅，其顶棚、墙面和地面应采用 A 级装修材料。

3）单独建造的地下民用建筑的地上部分，其门厅、休息室、办公室等内部装修材料的燃烧性能等级可在表 1-187 的基础上降低一级要求。

4）地下商场、地下展览厅的售货柜台、固定货架、展览台等，应采用 A 级装修材料。

140. 其他民用建筑的防火设计有哪些要求?

1）《剧场建筑设计规范》JGJ 57—2000 中规定：

(1) 剧场疏散通道内装饰材料：顶棚不应低于 A 级，墙面和地面不应低于 B_1 级，不得采用在燃烧时产生有害气体的材料。

(2) 剧场疏散门的帷幕应采用 B_1 级材料。

(3) 机械舞台台板采用的材料不得低于 B_1 级。

(4) 剧场舞台所有幕布均应采用 B_1 级材料。

(5) 剧场观众厅（包括乐池）的顶棚、墙面、地面装修材料不应低于 A 级，当采用 B_2 级装修材料时，应设置相应的消防措施（雨淋灭火系统）。

2）《电影院建筑设计规范》JGJ 58—2008 中规定：

(1) 电影院观众厅吊顶内吸声、隔热、保温材料与检修马道应采用 A 级材料。

(2) 电影院放映室、吸烟室、观众厅、声闸和疏散通道的顶棚装修材料不应低于 A 级，墙面、地面材料不应低于 B_1 级。

(3) 电影院顶棚、墙面装饰采用的龙骨材料均应为 A 级。

3）《商店建筑设计规范》JGJ 48—2014 规定，商店营业厅的吊顶和所有装饰面，应采用不燃材料或难燃材料。

八、室 内 环 境

（一）采 光

141. 建筑采光的基本规定有哪些？

《建筑采光设计标准》GB 50033—2013 中规定：

1）光气候分区

我国光气候分区分为 5 区，各区的具体省份与代表城市见表 1-188。

光气候分区表 **表 1-188**

光气候区	省、自治区、直辖市	代表城市
Ⅰ类地区	青海	格尔木、玉树
	云南	丽江
	西藏自治区	拉萨、昌都、林芝
	新疆维吾尔自治区	民丰
Ⅱ类地区	云南	昆明、临沧、思茅、蒙自
	内蒙古自治区	鄂尔多斯、呼和浩特、锡林浩特
	宁夏回族自治区	固原、银川
	甘肃	酒泉
	青海	西宁
	陕西	榆林
	四川	甘孜
	新疆维吾尔自治区	阿克苏、吐鲁番、和田、哈密、喀什、塔城
Ⅲ类地区	山西	大同、太原
	广东	汕头
	云南	楚雄
	内蒙古自治区	赤峰、通辽
	天津	天津
	北京	北京
	台湾	高雄
	四川	西昌
	甘肃	兰州、平凉
	辽宁	大连、丹东、沈阳、营口、朝阳、锦州
	吉林	四平、白城
	安徽	亳州
	河北	邢台、承德
	河南	安阳、郑州、商丘
	陕西	延安
	黑龙江	齐齐哈尔

续表

光气候区	省、自治区、直辖市	代表城市
Ⅲ类地区	新疆维吾尔自治区	乌鲁木齐、伊宁、克拉玛依、阿勒泰
Ⅳ类地区	上海市	上海
	山东	济南、潍坊
	山西	运城
	广东	广州、汕尾、阳江、河源、韶关
	广西壮族自治区	百色、南宁、桂林
	台湾	台北
	四川	马尔康
	甘肃	天水、合作
	辽宁	本溪
	吉林	长春、延吉
	安徽	合肥、安庆、蚌埠
	江西	吉安、宜春、南昌、景德镇、赣州
	江苏	南京、徐州
	河北	石家庄
	河南	驻马店、信阳、南阳
	陕西	汉中、安康、西安
	浙江	杭州、温州、衢州
	海南	海口
	湖北	武汉、麻城
	湖南	长沙、株洲、常德
	黑龙江	牡丹江、佳木斯、哈尔滨
	福建	厦门、福州、崇武
Ⅴ类地区	广西壮族自治区	河池
	四川	乐山、成都、宜宾、泸州、南充、绵阳
	贵州	贵阳、遵义
	重庆市	重庆
	湖北	宜昌

2）采光标准值

采光系数标准值指的是在规定的室外天然光设计照度下，满足视觉功能要求时的采光系数值。各采光等级参考平面上的采光标准值应符合表 1-189 的规定。

3）光气候系数

各光气候区的室外天然光设计照度值见表 1-190。所在地区的采光系数标准值应乘以相应地区的光气候系数 K。

各采光等级参考平面上的采光标准值　　表 1-189

采光等级	侧面采光		顶部采光	
	采光系数标准值（%）	室内天然光照度标准值（lx）	采光系数标准值（%）	室内天然光照度标准值（lx）
Ⅰ	5.0	750	5.0	750
Ⅱ	4.0	600	3.0	450
Ⅲ	3.0	450	2.0	300
Ⅳ	2.0	300	1.0	150
Ⅴ	1.0	150	0.5	75

注：1. 民用建筑参考平面取距地面 0.75m，公共场所取地面。
2. 表中所列采光系数标准值适用于我国Ⅲ类光气候区。采光系数标准值是按室外设计照度值 15000lx 制定的。
3. 采光标准的上限值不宜高于上一采光等级的级差，采光系数值不宜高于 7%。

光气候系数 *K* 值　　表 1-190

光气候区	Ⅰ	Ⅱ	Ⅲ	Ⅳ	Ⅴ
K 值	0.85	0.90	1.00	1.10	1.20
室内天然光临界照度值 E_n（lx）	18000	16500	15000	13500	12000

4）侧面采光

对于Ⅰ、Ⅱ采光等级的侧面采光，当开窗面积受到限制时，其采光系数可降低到Ⅲ级，所减少的天然光照度应采用人工照明补充。

142. 建筑采光标准值是如何规定的?

《建筑采光设计标准》GB 50033—2013 规定的各类建筑的采光标准值为：

1）住宅建筑

（1）住宅建筑的卧室、起居室（厅）、厨房应有直接采光。

（2）住宅建筑的卧室、起居室（厅）的采光不应低于Ⅳ级采光等级的标准值，侧面采光的采光系数不应低于 2.0%，室内天然光照度不应低于 300lx。

（3）住宅建筑的采光标准值不应低于表 1-191 的规定。

住宅建筑的采光标准值　　表 1-191

采光等级	场所名称	侧面采光	
		采光系数标准值（%）	室内天然光照度标准值（lx）
Ⅳ	厨房	2.0	300
Ⅴ	卫生间、过道、餐厅、楼梯间	1.0	150

2）教育建筑

（1）教育建筑的普通教室的采光不应低于采光等级Ⅲ级的采光标准值，侧面采光的采光系数不应低于 3.0%，室内天然光照度不应低于 450lx。

（2）教育建筑的采光标准值不应低于表 1-192 的规定。

教育建筑的采光标准值 **表 1-192**

采光等级	场所名称	侧面采光	
		采光系数标准值（%）	室内天然光照度标准值（lx）
Ⅲ	专用教室、实验室、阶梯教室、教师办公室	3.0	450
Ⅴ	走道、卫生间、楼梯间	1.0	150

3）医疗建筑

（1）医疗建筑的一般病房的采光不应低于采光等级Ⅳ级的采光标准值，侧面采光的采光系数不应低于2.0%，室内天然光照度不应低于300lx。

（2）医疗建筑的采光标准值不应低于表1-193的规定。

医疗建筑的采光标准值 **表 1-193**

采光等级	场所名称	侧面采光		顶部采光	
		采光系数标准值（%）	室内天然光照度标准值（lx）	采光系数标准值（%）	室内天然光照度标准值（lx）
Ⅲ	诊室、药房、治疗室、化验室	3.0	450	2.0	300
Ⅳ	医生办公室（护士室）、候诊室、挂号处、综合大厅、	2.0	300	1.0	150
Ⅴ	走道、楼梯间、卫生间	1.0	150	0.5	75

4）办公建筑

办公建筑的采光标准值不应低于表1-194的规定。

办公建筑的采光标准值 **表 1-194**

采光等级	场所名称	侧面采光	
		采光系数标准值（%）	室内天然光照度标准值（lx）
Ⅱ	设计室、绘图室	4.0	600
Ⅲ	办公室、会议室	3.0	450
Ⅳ	复印室、档案室	2.0	300
Ⅴ	走道、卫生间、楼梯间	1.0	150

5）图书馆建筑

图书馆建筑的采光标准值不应低于表1-195的规定。

图书馆建筑的采光标准值　　表 1-195

采光等级	场所名称	侧面采光		顶部采光	
		采光系数标准值（%）	室内天然光照度标准值（lx）	采光系数标准值（%）	室内天然光照度标准值（lx）
Ⅲ	阅览室、开架书库	3.0	450	2.0	300
Ⅳ	目录室	2.0	300	1.0	150
Ⅴ	书库、走道、楼梯间、卫生间	1.0	150	0.5	75

6）旅馆建筑

旅馆建筑的采光标准值不应低于表 1-196 的规定。

旅馆建筑的采光标准值　　表 1-196

采光等级	场所名称	侧面采光		顶部采光	
		采光系数标准值（%）	室内天然光照度标准值（lx）	采光系数标准值（%）	室内天然光照度标准值（lx）
Ⅲ	会议室	3.0	450	2.0	300
Ⅳ	大堂、客房、餐厅、健身房	2.0	300	1.0	150
Ⅴ	走道、楼梯间、卫生间	1.0	150	0.5	75

7）博物馆建筑

博物馆建筑的采光标准值不应低于表 1-197 的规定。

博物馆建筑的采光标准值　　表 1-197

采光等级	场所名称	侧面采光		顶部采光	
		采光系数标准值（%）	室内天然光照度标准值（lx）	采光系数标准值（%）	室内天然光照度标准值（lx）
Ⅲ	文件修复室*、标本制作室*、书画装裱室	3.0	450	2.0	300
Ⅳ	陈列室、展厅、门厅	2.0	300	1.0	150
Ⅴ	库房、走道、楼梯间、卫生间	1.0	150	0.5	75

注：1. * 表示采光不足部分应补充人工照明，照度标准值为 750lx。
2. 表中的陈列室、展厅是指对光不敏感的陈列室、展厅，如无特殊要求，应根据展品的特征和使用要求优先采用天然采光。
3. 书画装裱室设置在建筑北侧，工作时一般仅用天然光照明。

8）展览建筑

展览建筑的采光标准值不应低于表 1-198 的规定。

展览建筑的采光标准值　　表 1-198

采光等级	场所名称	侧面采光		顶部采光	
		采光系数标准值（%）	室内天然光照度标准值（lx）	采光系数标准值（%）	室内天然光照度标准值（lx）
Ⅲ	展厅（单层及顶层）	3.0	450	2.0	300
Ⅳ	登录厅、连接通道	2.0	300	1.0	150
Ⅴ	库房、楼梯间、卫生间	1.0	150	0.5	75

9）交通建筑

交通建筑的采光标准值不应低于表 1-199 的规定。

交通建筑的采光标准值　　表 1-199

采光等级	场所名称	侧面采光		顶部采光	
		采光系数标准值（%）	室内天然光照度标准值（lx）	采光系数标准值（%）	室内天然光照度标准值（lx）
Ⅲ	进站厅、候机（车）厅	3.0	450	2.0	300
Ⅳ	出站厅、连接通道、自动扶梯	2.0	300	1.0	150
Ⅴ	站台、楼梯间、卫生间	1.0	150	0.5	75

10）体育建筑

体育建筑的采光标准值不应低于表 1-200 的规定。

体育建筑的采光标准值　　表 1-200

采光等级	场所名称	侧面采光		顶部采光	
		采光系数标准值（%）	室内天然光照度标准值（lx）	采光系数标准值（%）	室内天然光照度标准值（lx）
Ⅳ	体育馆场地、观众入口大厅、休息厅、运动员休息室、治疗室、贵宾室、裁判用房	2.0	300	1.0	150
Ⅴ	浴室、楼梯间、卫生间	1.0	150	0.5	75

注：采光主要用于训练或娱乐活动。

11）采光质量

（1）顶部采光时，Ⅰ～Ⅳ采光等级的采光均匀度不宜小于 0.7。为保证均匀度的要求，相邻两天窗中线间的距离不宜大于参考平面至天窗下沿高度的 1.50 倍。

（2）采光设计时，应采取下列减小窗的不舒适眩光的措施：

① 作业区应减少或避免直射阳光；

② 工作人员的视觉背景不宜为窗口；

③ 可采用室内外遮挡措施；

④ 窗结构的内表面或窗周围的内墙面，宜采用浅色饰面。

（3）在采光质量要求较高的场所，宜进行不舒适眩光计算。

（4）办公、图书馆、学校等建筑的房间（场所），其室内各表面的反射比宜为：顶棚 0.60～0.90；墙面 0.30～0.80；地面 0.10～0.50；桌面、工作台面、设备表面 0.20～0.60。

（5）采光设计时，应注意光的方向性，应避免对工作产生遮挡和不利的阴影。

（6）需补充人工照明的场所，照明光源宜选择接近天然光色温的光源。

（7）需识别颜色的场所，应采用不改变天然光光色的采光材料。

（8）博物馆建筑的天然采光设计，对光有特殊要求的场所，宜消除紫外辐射、限制天然光照度值和减少曝光时间。陈列室不应有直射阳光进入。

（9）当选用导光管采光系统进行采光设计时，采光系统应有合理的光分布。

12）有效采光面积的计算应符合下列规定：

《民用建筑设计通则》GB 50352—2005 中规定：

（1）侧窗采光口离地面高度在 0.80m 以下的部分不应计入有效采光面积。

（2）侧窗采光口上部有效宽度超过 1.00m 以上的外廊、阳台等外挑遮挡物，其有效面积可按采光口面积的 70%计算。

（3）平天窗采光时，其有效采光面积可按侧面采光口面积的 2.50 倍计算。

143. 各类建筑的窗地面积比是如何规定的？

1）《民用建筑设计术语标准》GB /T50504—2009 中指出：

窗地面积比是窗洞口面积与地面面积之比（最低值）。

2）《建筑采光设计标准》GB 50033—2013 中规定：

窗地面积比是窗洞口面积与地面面积之比，对于侧面采光，应为参考平面以上的窗洞口面积（参考平面是测量或规定照度的平面）。

3）《宿舍建筑设计规范》JGJ 36—2005 中规定：

宿舍建筑的窗地面积比的最低值应符合表 1-201 的规定。

窗地面积比最低值 **表 1-201**

房间名称	窗地面积比最低值
居室	1/7
楼梯间	1/12
公共厕所、公共浴室	1/10

注：1. 本表按Ⅲ类光气候区单层普通玻璃铝合金窗计算，当用于其他光气候区时或采用其他类型窗时，应按规范进行调整。

2. 离地面高度低于 0.8m 的窗洞口面积不计入采光面积内。窗洞口上沿距地面高度不应低于 2m。

4）《图书馆建筑设计规范》JGJ 38—99 中规定：

图书馆各类用房窗地面积比的最低值见表 1-202。

图书馆各类用房窗地面积比的最低值 表 1-202

房间名称	侧面采光（侧窗）
少年儿童阅览室，普通阅览室，珍善本舆图阅览室，开架书库行政办公、业务用房，会议室（厅），出纳厅，研究室，装裱整修、美工	1/5
目录厅、陈列室、视听室、电子阅览室、缩微阅读室、报告厅（多功能厅）、复印室、读者休息	1/7
闭架书库，门厅、走廊、楼梯间，厕所，其他	1/12

注：本表为Ⅲ类光气候区的单层普通钢窗的采光标准，其他光气候区和窗型应按现行国家标准《建筑采光设计标准》GB 50033—2013 的有关规定进行修正。

5）《住宅设计规范》GB 50096—2011 中规定：

每套住宅至少应有一个居住空间能获得日照。住宅建筑窗地面积比的最低值应满足表 1-203 的要求。

住宅建筑窗地面积比的最低值 表 1-203

房间名称	窗地面积比最低值
居室、起居室（厅）、厨房	1/7
楼梯间	1/12

注：1. 采光窗下沿离楼面或地面高度低于 0.50m 的窗洞口面积不计入采光面积内。
2. 窗洞口上沿距地面高度不应低于 2m。

6）《住宅建筑规范》GB 50368—2005 中规定：

卧室、起居室（厅）、厨房应设置外窗，窗地面积比的最低值不应小于 1/7。

7）《办公建筑设计规范》JGJ 67—2006 中规定：

办公建筑窗地面积比的最低值应满足表 1-204 的要求。

办公建筑窗地面积比的最低值 表 1-204

采光等级	房间类别	侧面采光
Ⅱ	设计室、绘图室	1/3.5
Ⅲ	办公室、视屏工作室、会议室	1/5
Ⅳ	复印室、档案室	1/7
Ⅴ	走道、楼梯间、卫生间	1/12

注：1. 计算条件：1）Ⅲ类光气候区；2）普通玻璃单层铝窗；3）其他条件下的窗墙面积比应乘以相应的系数；
2. 侧窗采光口离地面高度在 0.80m 以下部分不计入有效采光面积；
3. 侧窗采光口上部有宽度超过 1m 以上的外廊、阳台等外部遮挡物时，其有效采光面积可按采光口面积的 70%计算。

8）《中小学校设计规范》GB 50099—2011 中规定：

（1）在建筑方案设计时，其采光窗洞口面积应按不低于表 1-205 窗地面积比的最低值规定估算。

学校用房工作面或地面上的采光系数标准和窗地面积比最低值　　表 1-205

房 间 名 称	窗地面积比	规定采光位置的平面
美术、史地、美术、书法、语言、音乐、合班等教室、阅览室	1/5	课桌面
实验室、科学教室	1/5	实验桌面
计算机教室	1/5	机台面
舞蹈教室、风雨操场	1/5	地面
办公室、保健室	1/5	地面
饮水处、厕所、淋浴	1/10	地面
走道、楼梯间	—	地面

注：1. 表中所列采光系数值适用于我国Ⅲ类光气候区，其他光气候区应将表中的采光系数乘以相应的光气候系数。
2. 走道、楼梯间应直接采光。

（2）普通教室、科学教室、实验室、史地教室、计算机教室、语言教室、美术教室、书法教室及合班教室、图书室均应以自学生座位的左侧射入的光为主。当教室为南向外廊布局时，应以北向窗为主要采光面。

（3）除舞蹈教室、体育建筑设施外，其他教学用房室内各表面反射比值应符合表1-206的规定，会议室、卫生室（保健室）的室内各表面的反射比值宜符合表1-206的规定。

教学用房室内各表面的反射比值　　表 1-206

房间名称	反射比（%）	房间名称	反射比（%）
顶棚	70～80	侧墙、后墙	70～80
前墙	50～60	课桌面	25～45
地面	20～40	黑板	15～20

9）《托儿所、幼儿园建筑设计规范》JGJ 39—87 中指出：

（1）托儿所、幼儿园的生活用房应布置在当地最好的日照方位，并满足冬至日底层满窗日照不少于3.00h的要求，温暖地区、炎热地区的生活用房应避免朝西，否则应设遮阳设施。

（2）托儿所、幼儿园建筑的窗地面积比的最低值应满足表 1-207 的规定。

托儿所、幼儿园建筑的窗地面积比的最低值　　表 1-207

房 间 名 称	窗地面积比最低值
音体活动室、活动室、乳儿室	1/5
寝室、哺乳室、医务保健室、隔离室	1/6
其他房间	1/8

注：单侧采光时，房间进深与窗上口距地面高度的比值不宜大于2.5。

10）《档案馆建筑设计规范》JGJ 25—2000 中规定：档案馆阅览室天然采光的窗地面

积比的最低值不应小于1∶5，应避免阳光直射和眩光。

11）《商店建筑设计规范》JGJ 48—2014 中规定：商店建筑宜利用天然采光和自然通风。

12）《疗养院建筑设计规范》JGJ 40—87 中规定：

疗养院的主要用房应采用天然采光，其窗地面积比的最低值应符合表1-208的规定。

疗养院主要用房的窗地面积比最低值 **表1-208**

房间名称	窗地面积比最低值
疗养员活动室	1/4
疗养室、调剂制剂室、医护办公室及治疗、诊断、检验等用房	1/6
浴室、盥洗室、公共厕所	1/10

注：窗洞口面积按单层钢侧窗计算，如果用其他类型窗，应按窗结构挡光折减系数调整。

13）《汽车库建筑设计规范》JGJ 100—98 中规定：

汽车库内采用天然采光时，其停车空间天然采光系数不应小于0.5%或窗地面积比宜大于1/15。封闭式汽车库的坡道上不得开窗，并应采用漫射光照明。

14）《饮食建筑设计规范》JGJ 64—89 中规定：

（1）餐厅与饮食厅采光、通风应良好。天然采光时，窗地面积比的最低值为1/6。

（2）加工间采用天然采光时，窗地面积比的最低值为1/6。

（3）各类库房采用天然采光时，窗地面积比的最低值为1/10。

15）《博物馆建筑设计规范》JGJ 66—91 中规定：

每间藏品库房应单独设门。窗地面积比不宜大于1/20。珍品库房不宜设窗。

16）《文化馆建筑设计规范》JGJ/T 41－2014 规定：

（1）文化馆建筑中的展览陈列用房宜以自然采光为主，并应避免眩光及直射光。

（2）文化馆建筑中的计算机与网络教室宜北向开窗。

（3）文化馆建筑中的舞蹈排练室的采光窗应避免眩光，或设置遮光设施。

（4）文化馆建筑中的阅览室应光线充足，照度均匀，并应避免眩光或直射光。

（5）文化馆建筑中的录音录像室不宜设外窗。

（6）文化馆建筑中的研究整理室中的档案室应防止日光直射，并应避免紫外线对档案、资料的危害。

（7）文化馆建筑中的文艺创作室应设在适合自然采光的朝向，且外窗应设有遮光措施。

（8）文化馆建筑中的美术教室应为北向采光或顶部采光，并应避免直射阳光；人体写生的美术教室，应采取遮挡外界视线的措施。

（9）文化馆建筑中的琴房宜避开直射阳光，并应设具有吸声效果的窗帘。

17）《旅馆建筑设计规范》JGJ 62－2014 规定：旅馆建筑室内应充分利用自然光，客房宜有直接采光，走道、楼梯间、公共卫生间宜有自然采光和自然通风。

18）《老年人居住建筑设计标准》GB/T 50340—2003 中指出：

老年人居住建筑的窗地面积比最低值应符合下表1-209的规定。

老年人居住建筑窗地面积比最低值　　表 1-209

房间名称	窗地比	房间名称	窗地比
活动室	1/4	厨房、公用厨房	1/7
卧室、起居室、医务用房	1/6	楼梯间、公用卫生间、公用浴室	1/10

注：1. 本表系按Ⅲ类光气候区单层普通玻璃钢窗计算；
2. 离地面高度低于 0.50m 的窗洞口不计入采光面积内。窗洞口上沿距地面高度不宜低于 2m。

19）《养老设施建筑设计规范》GB 50867—2013 规定，养老设施建筑中年人用房的主要房间的采光窗洞口面积与该房间楼（地）面面积之比应符合表 1-210 的规定。

老年人用房的主要房间的采光窗洞口面积与该房间楼（地）面面积之比　　表 1-210

房间名称	窗地比
活动室	1∶4
起居室、卧室、公共餐厅、医疗用房、保健用房	1∶6
公用厨房	1∶7
公用卫生间、公用沐浴间、老年人专用浴室	1∶9

20）其他建筑的窗地比

（1）汽车客运站：候车厅 1∶7。

（2）医院：诊察室、药房 1∶5；病人活动室、检验室、医生办公室 1∶6；候诊室、病房、配餐室、医护人员休息室 1∶7；更衣室、浴室、厕所 1∶8。

144. 采光系数标准值与窗地面积比是如何对应的？

综合相关规范的规定，采光系数标准值与窗地面积比的对应关系为：

1）采光系数标准值为 0.5%时，相对的窗地面积比为 1/12。

2）采光系数标准值为 1.0%时，相对的窗地面积比为 1/7。

3）采光系数为标准值 2.0%时，相对的窗地面积比为 1/5。

（二）通　风

145. 民用建筑的通风设计应满足哪些要求？

1）《民用建筑设计通则》GB 50352—2005 中规定：

（1）建筑物室内应有与室外空气直接流通的窗口或洞口，否则应设自然通风道或机械通风设施。

（2）采用直接自然通风的空间，其通风开口面积应符合下列规定：

① 生活、工作的房间的通风开口有效面积不应小于该房间地板面积的 1/20；

② 厨房的通风开口有效面积不应小于该房间地板面积的 1/10，且不得小于 0.60m^2，厨房的炉灶上方应安装排烟设备，并设排烟道。

（3）严寒地区居住用房，厨房、卫生间应设自然通风道或通风换气设施。

（4）无外窗的浴室和厕所应设机械通风换气设施，并设通风道。

（5）厨房、卫生间的门的下方应设进风固定百叶，也可留有进风缝隙。

（6）自然通风道的位置应设于窗户或进风口相对的一面。

2）《住宅设计规范》GB 50096—2011 中指出：

（1）卧室、起居室（厅）、厨房应有自然通风。

（2）住宅的平面空间组织、剖面设计，门窗的位置、方向和开启方式的设置，应有利于组织室内自然通风。单朝向住宅宜采取改善自然通风的措施。

（3）每套住宅的自然通风开口面积不应小于地板面积的5%。

（4）采用自然通风的房间，其直接或间接自然通风开口面积应符合下列规定：

① 卧室、起居室、明卫生间的自然通风开口面积不应小于该房间地板面积的1/20，当采用自然通风的房间外设置封闭阳台时，阳台的自然通风开口面积不应小于自然通风的房间和阳台地板面积总和的1/20。

② 厨房的直接自然通风开口面积不应小于该房间地板面积的1/10，且不得小于0.60m^2。当厨房外设置封闭阳台时，阳台的自然通风开口面积不应小于厨房和阳台地板面积总和的1/10，且不得小于0.60m^2。

（5）严寒地区的卧室、起居室（厅）应设置通风换气设施，厨房、卫生间应设自然通风道。

3）《住宅建筑规范》GB 50368—2005 中指出：住宅应能自然通风，每套住宅的通风开口面积不应小于地面面积的5%。

4）《办公建筑设计规范》JGJ 67—2006 中指出：利用自然通风的办公室，其通风开口面积不应小于房间地板面积的1/20。

5）《宿舍建筑设计规范》JGJ 36—2005 中规定：

（1）利用自然通风的居室，其通风开口面积不应小于该居室地板面积的1/20。

（2）严寒地区的居室应设置通风换气设施。

6）《中小学校设计规范》GB 50099—2011 中规定：

（1）教学用房及教学辅助用房中，外窗的可开启窗扇面积应满足通风换气的规定。各主要房间的通风换气次数应符合表1-211的规定。

各主要房间的通风换气次数　　表1-211

房间名称		换气次数（次/h）
普通教室	小学	2.5
	初中	3.5
	高中	4.5
实验室		3.0
风雨操场		3.0
厕所		10.0
保健室		2.0
学生宿舍		2.5

（2）炎热地区的教学用房及教学辅助用房中，可在内外墙设置可开闭的通风窗。通风窗下沿宜设在室内楼地面以上0.10～0.15m处。

7）《商店建筑设计规范》JGJ 48—88 中指出：

商业部分营业厅内采用自然通风时，其窗户的开口面积的有效通风面积不应小于楼梯面积的1/20，并宜根据具体要求采用有效的有组织通风系统，如不够，应利用机械通风补偿。

8）《饮食建筑设计规范》JGJ 64—89中指出：

（1）餐厅采用自然通风时，通风开口面积不应小于该厅地面面积的1/16。

（2）加工间采用自然通风时，通风开口面积不应小于地面面积的1/10。

（3）库房采用自然通风时，通风开口面积不应小于地面面积的1/20。

9）其他技术资料指出：

（1）采用自然通风应符合下列规定：

① 生活、休息、工作等各类用房及浴室、厕所等的通风开口面积不应小于该房间地板面积的1/20；

② 中小学教室外墙设小气窗时，其面积不应小于房间面积的1/60，走道开小气窗时，其面积不应小于房间面积的1/30；

③ 自然通风道的位置应设于窗户或进风口相对的一面；

④ 单朝向住宅应采取户门上方设通风窗、下方设通风百叶或机械通风装置等有效措施。

（2）各类主要用房自然通风的可开启窗地面积比

① 有空调系统的公共建筑，见表1-212。

有空调系统的公共建筑自然通风的可开启窗地面积比　　　　表1-212

房间名称	可开启的窗地面积比最低值
门厅、大堂、休息厅	玻璃幕墙开启窗面积不限
门厅、大堂、休息厅	非玻璃幕墙 1/20
办公室等	1/20
厨房	1/10 并不应小于 0.8m^2
厨房库房、卫生间、浴室	1/20

② 无空调系统的公共建筑，见表1-213。

无空调系统的公共建筑自然通风的可开启窗地面积比　　　　表1-213

房间名称	可开启的窗地面积比最低值
门厅、大堂、休息厅	玻璃幕墙开启窗面积不限
门厅、大堂、休息厅	非玻璃幕墙 1/20
商场营业厅	1/20
餐厅	1/16
厨房	1/10 并不应小于 0.8m^2
厨房库房、卫生间、浴室	1/20

③居住建筑，见表1-214。

居住建筑自然通风的可开启窗地面积比　　　　表1-214

房间名称	可开启的窗地面积比最低值
卧室、起居室、明卫生间	1/20
厨房	1/10，且不应小于 0.8m^2

(三) 隔　　声

146.《民用建筑设计通则》对建筑隔声的规定有哪些？

《民用建筑设计通则》GB 50352—2005 中对隔声的规定为：

1）隔声设计等级

隔声设计的等级标准详见表 1-215 的规定。

隔声设计的等级标准　　**表 1-215**

等 级	特 级	一级	二级	三级
标准称谓	特殊标准	较高标准	一般标准	最低标准

2）允许噪声级

民用建筑各类主要用房的室内允许噪声级（昼间）应符合表 1-216 的规定。

室内允许噪声级（昼间）　　**表 1-216**

建筑类别	房 间 名 称	允许噪声级（A 声级、dB）			
		特级	一级	二级	三级
住宅	卧室、书房	—	≤40	≤45	≤50
	起居室	—	≤45	≤50	≤50
学校	有安静要求的房间	—	≤40	—	—
	一般教室	—	—	≤50	—
	无特殊安静要求的房间	—	—	—	≤55
医院	病房、医务人员休息室	—	≤40	≤45	≤50
	门诊室	—	≤55	≤55	≤60
	手术室	—	≤45	≤45	≤50
	听力测听室	—	≤25	≤25	≤30
旅馆	客房	≤35	≤40	≤45	≤55
	会议室	≤40	≤45	≤50	≤50
	多功能大厅	≤40	≤45	≤50	—
	办公室	≤45	≤50	≤55	≤55
	餐厅、宴会厅	≤50	≤55	≤60	—

注：夜间室内允许噪声级的数值比昼间小 10 dB（A）。

3）空气声隔声标准

不同房间围护结构（隔墙、楼板）的空气声隔声标准应符合表 1-217 规定。

空气声隔声标准　　表 1-217

建筑类别	房间名称	计权隔声量（dB）			
		特级	一级	二级	三级
住宅	分户墙、楼板	—	≥50	≥45	≥40
学校	隔墙、楼板	—	≥50	≥45	≥40
医院	病房与病房之间	—	≥45	≥40	≥35
	病房与产生噪声房间之间	—	≥50	≥50	≥45
	手术室与病房之间	—	≥50	≥45	≥40
	手术室与产生噪声房间之间	—	≥50	≥50	≥45
	听力测听室围护结构	—	≥50	≥50	≥50
旅馆	客房与客房间隔墙	≥50	≥45	≥40	≥40
	客房与走廊间隔墙（含门）	≥40	≥40	≥35	≥30
	客房外墙（含窗）	≥40	≥35	≥25	≥20

4）撞击声隔声标准

不同房间楼板撞击声隔声标准应符合表 1-218 的规定。

撞击声隔声标准　　表 1-218

建筑类别	房间名称	计权标准化撞击声声压级（dB）			
		特级	一级	二级	三级
住宅	分户墙间	—	≤65	≤75	≤75
学校	教室层间	—	≤65	≤65	≤75
医院	病房与病房之间	—	≤65	≤75	≤75
	病房与手术室之间	—	—	≤75	≤75
	听力测听室上部	—	≤65	≤65	≤65
旅馆	客房层间	≤55	≤65	≤75	≤75
	客房与有振动房间之间	≤55	≤55	≤65	≤65

5）隔声减噪设计

民用建筑的隔声减噪设计应符合下列规定：

(1) 对于结构整体性较强的民用建筑，应对附着于墙体和楼板的传声源部件采取防止结构声传播的措施。

(2) 有噪声和振动的设备用房应采取隔声、隔振和吸声的措施，并应对设备和管道采取减振、消声处理；平面布置中，不宜将有噪声和振动的设备用房设在主要用房的直接上层或贴邻布置，当其设在同一楼层时，应分区布置。

(3) 安静要求较高的房间内设置吊顶时，应将隔墙砌至梁、板底面；采用轻质隔墙时，其隔声性能应符合有关隔声标准的规定。

147.《民用建筑隔声设计规范》规定的建筑隔声基本术语应如何理解?

《民用建筑隔声设计规范》GB 50118—2010 中指出的建筑隔声术语有：

1）A 声级：用 A 计权网络测得的声压级。

2）单值评价量：按照现行国家标准《建筑隔声评价标准》GB/T 50121—2005 规定的方法，综合考虑了关注对象在 100～3150Hz 中心频率范围内各 1/3 倍频程（或 125～2000Hz 中心频率范围内各 1/1 倍频程）的隔声性能后，所确定的单一隔声参数。

3）计权隔声量：代号为 R_W，表征建筑构件空气隔声性能的单值评价量。计权隔声量宜在实验室测得。

4）计权标准化声压级差：代号为 $D_{nT,w}$，以接收室的混响时间作为修正参数而得到的两个房间之间空气声隔声性能的单值评价量。

5）计权规范化撞击声压级：代号为 $L_{n,w}$，以接收室的吸声量为修正系数而得到的楼板或楼板构造撞击声隔声性能的单值评价量。

6）计权标准化撞击声压级：代号为 $L'_{nT,w}$，以接收室的混响时间作为修正系数而得到的楼板或楼板构造撞击声隔声性能的单值评价量。

7）频谱修正量：频谱修正量是因隔声频道不同以及声源空间的噪声频道不同而需加到空气声隔声单值评价量上的修正值。当声源空间的噪声呈粉红噪声频率特性或交通噪声频率特性时，计算得到的频谱修正量分别是粉红噪声频谱修正量（代号为 C）和交通噪声频谱修正量（代号为 C_{tr}）。

8）降噪系数：代号为 NRC，通过对中心频率在 200～2500Hz 范围内各 1/3 倍频程的无规入射吸声系数测量值进行计算，所得到的材料吸声特性的单一值。

148.《民用建筑隔声设计规范》对总平面防噪声设计的基本要求有哪些?

《民用建筑隔声设计规范》GB 50118—2010 中指出的总平面防噪声的基本要求有：

1）在城市规划中，功能区的划分、交通道路网的分布、绿化与隔离带的设置、有利地形和建筑物屏蔽的利用，均应符合防噪设计要求。住宅、学校、医院等建筑，应远离机场、铁路线、编组站、车站、港口、码头等存在显著噪声影响的设施。

2）新建住宅小区临近交通干线、铁路线时，宜将对噪声不敏感的建筑物作为建筑声屏障，排列在小区外围。交通干线、铁路线旁边，噪声敏感建筑物的声环境达不到现行国家标准《声环境质量标准》GB 3096—2008 的规定时，可采用在噪声源与噪声敏感建筑物之间设置声屏障等隔声措施。交通干线不应贯穿小区。

3）产生噪声的建筑服务设备等噪声源的设置位置、防噪声设计，应符合下列规定：

(1) 锅炉房、水泵房、变压器室、制冷机房宜单独设置在噪声敏感建筑之外。住宅、学校、医院、旅馆、办公等建筑所在区域内有噪声源的建筑附属设施，其设置位置应避免对噪声敏感建筑物产生噪声干扰，必要时应作防噪声处理。区内不得设置未经有效处理的强噪声源。

(2) 确需在噪声敏感建筑物内设置锅炉房、水泵房、变压器室、制冷机房时，若条件许可，宜将噪声源设在地下，但不宜毗邻主体建筑或设在主体建筑下，并应采取有效的隔振、隔声措施。

(3) 冷却塔、热泵机组宜设置在对噪声敏感建筑物的噪声干扰较小的位置。当冷却塔、热泵机组的噪声在周围环境中超过现行国家标准《声环境质量标准》GB 3096—2008的规定时，应对冷却塔、热泵机组采取有效的降低或隔离噪声措施。冷却塔、热泵机组设置在楼顶或裙房顶上时，还应采取有效的隔振措施。

（4）在进行建筑设计前，应对环境及建筑物内外的噪声源作详细的调查与测定，并应对建筑物的防噪间距、朝向选择及平面布置等作综合考虑。仍不能达到室内安静要求时，应采取建筑构造上的防噪声措施。

（5）安静要求较高的民用建筑，宜设置于本区域主要噪声源夏季主导风向的上风侧。

149.《民用建筑隔声设计规范》对住宅建筑隔声的基本要求有哪些？

《民用建筑隔声设计规范》GB 50118－2010 规定的住宅隔声指标和防噪设计的基本要求有：

1）隔声指标

（1）允许噪声级

① 卧室、起居室（厅）内噪声级，应符合表 1-219 的规定。

卧室、起居室（厅）内的允许噪声级　　表 1-219

房间名称	允许噪声级（A 声级，dB）	
	昼间	夜间
卧室	≤45	≤37
起居室（厅）	≤45	

② 高要求住宅的卧室、起居室（厅）内噪声级，应符合表 1-220 的规定。

高要求住宅的卧室、起居室（厅）内的允许噪声级　　表 1-220

房间名称	允许噪声级（A 声级，dB）	
	昼间	夜间
卧室	≤40	≤30
起居室（厅）	≤40	

（2）空气声隔声标准

① 分户墙、分户楼板及分隔住宅和非居住用途空间楼板的空气声隔声性能，应符合表 1-221 的规定。

分户构件空气声隔声标准　　表 1-221

构件名称	空气声隔声单值评价量＋频谱修正量（dB）
分户墙、分户楼板	计权隔声量（R_w）＋粉红噪声频谱修正量（C）＞45
分隔住宅和非居住用途空间的楼板	计权隔声量（R_w）＋交通噪声频谱修正量（C_{tr}）＞51

② 相邻两户房间之间及住宅和非居住用途空间分隔楼板上下的房间之间 的空气声隔声性能，应符合表 1-222 的规定。

房间之间空气声隔声标准 **表 1-222**

房间名称	计权标准化声压级值+频谱修正量（dB）	
卧室、起居室（厅）与邻户房间之间	计权标准化声压级差（$D_{nT,w}$）+粉红噪声频谱修正量（C）	≥45
住宅和非居住用途空间分隔楼板上下的房间之间	计权标准化声压级差（$D_{nT,w}$）+交通噪声频谱修正量（C_{cr}）	≥51

③高要求住宅的分户墙、分户楼板的空气声隔声性能，应符合表 1-223 的规定。

高要求住宅分户构件的空气声隔声标准 **表 1-223**

构件名称	空气声隔声单值评价量+频谱修正量（dB）	
分户墙、分户楼板	计权隔声量（R_W）+粉红噪声频谱修正量（C）	＞50

④ 高要求住宅相邻两户之间房间的空气声隔声性能，应符合表 1-224 的规定。

高要求住宅房间之间的空气声隔声标准 **表 1-224**

房间名称	计权标准化声压级值+频谱修正量（dB）	
卧室、起居室（厅）与邻户房间之间	计权标准化声压级差（$D_{nT,w}$）+粉红噪声频谱修正量（C）	≥50
相邻两户卫生间之间	计权标准化声压级差（$D_{nT,w}$）+粉红噪声频谱修正量（C）	≥45

⑤外窗（包括未封闭阳台的门）的空气声隔声性能，应符合表 1-225 的规定。

外窗（包括未封闭阳台的门）的空气声隔声标准 **表 1-225**

构件名称	空气声隔声单值评价量+频谱修正量（dB）	
交通干线两侧卧室、起居室（厅）的窗	计权隔声量（R_W）+交通噪声频谱修正量（C_{tr}）	≥30
其他窗	计权隔声量（R_W）+交通噪声频谱修正量（C_{tr}）	≥25

⑥ 外墙、户（套）门和户内分室墙的空气声隔声性能，应符合表 1-226 的规定。

外墙、户（套）门和户内分室墙的空气声隔声标准 **表 1-226**

构件名称	空气声隔声单值评价量+频谱修正量（dB）	
外墙	计权隔声量（R_W）+交通噪声频谱修正量（C_{tr}）	≥45
户（套）门	计权隔声量（R_W）+粉红噪声频谱修正量（C）	≥25
户内卧室墙	计权隔声量（R_W）+粉红噪声频谱修正量（C）	≥35
户内其他分室墙	计权隔声量（R_W）+粉红噪声频谱修正量（C）	≥30

（3）撞击声隔声标准

① 卧室、起居室（厅）的分户楼板的撞击声隔声性能，应符合表 1-227 的规定。

分户楼板的撞击声隔声标准 表 1-227

构件名称	空气声隔声单值评价量（dB）	
卧室、起居室（厅）的分户楼板	计权规范化撞击声压级 $L_{n,w}$（实验室测量）	<75
	计权标准化撞击声压级 $L'_{nT,w}$（现场测量）	≤75

注：当确有困难时，可允许住宅分户楼板的撞击声单值评价量小于或等于 85dB，但在楼板结构上应预留改善的可能条件。

② 高要求住宅卧室、起居室（厅）的分户楼板的撞击声隔声性能，应符合表 1-228 的规定。

高要求住宅分户楼板撞击声隔声标准 表 1-228

构件名称	空气声隔声单值评价量（dB）	
卧室、起居室（厅）的分户楼板	计权规范化撞击声压级 $L_{n,w}$（实验室测量）	<65
	计权标准化撞击声压级 $L'_{nT,w}$（现场测量）	≤65

2）隔声减噪设计

（1）与住宅建筑配套而建的停车场、儿童游戏场或健身活动场地的位置选择，应避免对住宅产生噪声干扰。

（2）当住宅建筑位于交通干线两侧或其他高噪声环境区域时，应根据室外环境噪声状况和住宅建筑的室内允许噪声级，确定住宅防噪措施和设计具有相应隔声性能的建筑围护结构（包括墙体、窗、门等构件）。

（3）在选择住宅建筑的体形、朝向和平面布置时，应充分考虑噪声控制的要求，并应符合下列规定：

① 在住宅平面设计时，应使分户墙两侧的房间和分户楼板上下的房间属于同一类型；

② 宜使卧室、起居室（厅）布置在背噪声源的一侧；

③ 对进深较大变化的平面布置形式，应避免相邻户的窗户之间产生噪声干扰。

（4）电梯不得紧邻卧室布置，也不宜紧邻起居室（厅）布置。受条件限制需要紧邻起居室（厅）布置时，应采取有效的隔声和减振措施。

（5）当厨房、卫生间与卧室、起居室（厅）相邻时，厨房、卫生间内的管道、设备等有可能传声的物体，不宜设在厨房、卫生间与卧室、起居室（厅）之间的隔墙上。对固定于墙上且有可能引起传声的管道等构件，应采取有效的减振、隔声措施。主卧室内卫生间的排水管道宜做隔声包覆处理。

（6）水、暖、电、燃气、通风和空调等管线安装及孔洞处理，应符合下列规定：

① 管线穿过楼板或墙体时，孔洞周边应采取密封隔声措施；

② 分户墙中所有电器插座、配电箱或嵌入墙内对墙体构造造成损伤的配套构件，在背对背设置时应相互错开位置，并应对所开洞（槽）有相应的隔声封堵措施；

③ 对分户墙上施工洞口或剪力墙抗震设计所开洞口的封堵，应满足分户墙隔声设计要求的材料与构造；

④ 相邻两户的排烟、排气通道，应采取防止相互串声的措施。

（7）现浇、大板和大模等整体性较强的住宅建筑，在附着于墙体和楼板上可能引起传声的设备处和经常产生撞击、振动的部位，应采取防止结构声传播的措施。

（8）住宅建筑的机电服务设备、器具的选用及安装，应符合下列规定：

① 机电服务设备，宜选用低噪声产品，并应采取综合手段进行噪声与振动控制；

② 设置家用空调时，应采取控制机组噪声和风道、风口噪声的措施；预留空调室外机的位置时，应考虑防噪要求，避免室外机噪声对居室的干扰；

③ 排烟、排气及给排水器具，宜选用低噪声产品。

（9）商住楼内不得设置高噪声级的文化娱乐场所，也不应设置其他高噪声级的商业用房。对商业用房内可能会扰民的噪声源和振动源，应采取有效地防治措施。

150.《民用建筑隔声设计规范》对办公建筑隔声的基本要求有哪些？

《民用建筑隔声设计规范》GB 50118—2010 中指出的办公建筑隔声指标和防噪声设计的基本要求有：

1）隔声指标

（1）允许噪声级

办公室、会议室内的允许噪声级，应符合表 1-229 的规定。

办公室、会议室内允许噪声级（A 声级、dB） **表 1-229**

房间名称	允许噪声级	
	高要求标准	低限标准
单人办公室	≤35	≤40
多人办公室	≤40	≤45
电视电话会议室	≤35	≤40
普通会议室	≤40	≤45

（2）空气声隔声标准

① 办公室、会议室隔墙、楼板的空气声隔声性能，应符合表 1-230 的规定。

办公室、会议室隔墙、楼板的空气声隔声标准（dB） **表 1-230**

构件名称	空气声隔声单值评价量＋频谱修正量	高要求标准	低限标准
办公室、会议室与产生噪声的房间之间的隔墙、楼板	计权隔声量（R_w）＋交通噪声频谱修正量（C_{tr}）	＞50	＞45
办公室、会议室与普通房间之间的隔墙、楼板	计权隔声量（R_w）＋粉红噪声频谱修正量（C）	＞50	＞45

② 办公室、会议室与相邻房间之间的空气声隔声性能，应符合表 1-231 的规定。

办公室、会议室与相邻房间之间的空气声隔声性能（dB） **表 1-231**

房间名称	空气声隔声单值评价量＋频谱修正量	高要求标准	低限标准
办公室、会议室与产生噪声的房间之间	计权标准化声压级差（$D_{nT,w}$）＋交通噪声频谱修正量（C_{tr}）	≥50	≥45
办公室、会议室与普通房间之间	计权标准化声压级差（$D_{nT,w}$）＋粉红噪声频谱修正量（C）	≥50	≥45

③ 办公室、会议室的外墙、外窗（包括未封闭阳台的门）和门的空气声隔声性能，应符合表1-232的规定。

办公室、会议室的外墙、外窗和门的空气声隔声标准（dB）　　表1-232

构件名称	空气声隔声单值评价量+频谱修正量	
外墙	计权隔声量（R_w）+交通噪声频谱修正量（C_{tr}）	≥45
临交通干线的办公室、会议室外窗	计权隔声量（R_w）+交通噪声频谱修正量（C_{tr}）	≥30
其他外窗	计权隔声量（R_w）+交通噪声频谱修正量（C_{tr}）	≥25
门	计权隔声量（R_w）+粉红噪声频谱修正量（C）	≥20

（3）撞击声隔声标准

办公室、会议室顶部楼板的撞击声隔声性能，应符合表1-233的规定。

办公室、会议室顶部楼板的撞击声隔声标准（dB）　　表1-233

构件名称	撞击声隔声单值评价量			
	高要求标准		低限标准	
	计权规范化撞击声压级 $L_{n,w}$（实验室测量）	计权标准化撞击声压级 $L'_{nT,w}$（现场测量）	计权规范化撞击声压级 $L_{n,w}$（实验室测量）	计权标准化撞击声压级 $L'_{nT,w}$（现场测量）
会议室、会议室顶部的楼板	<65	≤65	<75	≤75

注：当确有困难时，可允许办公室、会议室顶部楼板的计权规范化撞击声压级或计权标准化撞击声压级不大于85dB，但在楼板结构上应预留改善的可能条件。

2）隔声减噪设计

（1）拟建办公建筑的用地确定后，应对用地范围环境噪声现状及其随城市建设的变化进行必要的调查、测量和预计。

（2）办公建筑的总体布局，应利用对噪声不敏感的建筑物或办公建筑中的辅助房间遮挡噪声源，减少噪声对办公用房的影响。

（3）办公建筑的设计，应避免将办公室、会议室与有明显噪声源的房间相邻布置；办公室及会议室的上部（楼层）不得布置在产生高噪声（含设备、活动）的房间。

（4）走道两侧布置办公室时，相对房间的门宜错开布置。办公室及会议室面向走廊或楼梯间的门的隔声性能应符合规定。

（5）面向城市干道及户外其他高噪声环境的办公室及会议室，应依据室外环境噪声状况及所确定的允许噪声级，设计具有相应隔声性能的建筑围护结构（包括墙体、窗、门等各种部件）。

（6）相邻办公室之间的隔墙应延伸到吊顶棚高度以上，并与承重楼板连接，不留缝隙。

（7）办公室、会议室的墙体或楼板因孔洞、缝隙、连接等原因导致隔声性能降低时，应采取以下措施：

① 管线穿过楼板或墙体时，孔洞周边应采取密封隔振措施。

② 固定于墙面的引起噪声的管道等构件，应采取隔振措施。

③ 办公室、会议室隔墙中的电气插座、配电箱或其他嵌入墙里对墙体构造造成损伤的配套构件，在背对背布置时，宜相互错开位置，并对所开的洞（槽）有相应的隔声封堵措施。

④ 对分室墙上的施工洞口或剪力墙抗震设计所开洞口的封堵，应采用满足分室墙隔声要求的材料和构造。

⑤ 幕墙和办公室、会议室隔墙及楼板连接时，应采用符合分室墙隔声要求的构造，并应采取防止相互串声的封堵隔声措施。

(8) 对语言交谈有较高私密要求的开放式、分格式办公室宜做专门的设计。

(9) 较大办公室的顶棚宜结合装修选用降噪系数（*NRC*）不小于 0.40 的吸声材料。

(10) 会议室的墙面和顶棚宜结合装修选用降噪系数（*NRC*）不小于 0.40 的吸声材料。

(11) 电视、电话会议室及普通会议室空场 500～1000Hz 的混响时间宜符合表 1-234 的规定。

会议室空场 500～1000Hz 的混响时间（s）　　表 1-234

房间名称	房间容积（m^3）	空场 500～1000Hz 的混响时间（s）
电视、电话会议室	≤200	≤0.6
普通会议室	≤200	≤0.8

(12) 办公室、会议室内的空调系统风口在办公室、会议室内产生的噪声应符合规定。

(13) 走廊顶棚宜结合装修使用降噪系数（*NRC*）不小于 0.40 的吸声材料。

151.《民用建筑隔声设计规范》对学校建筑隔声的基本要求有哪些?

《民用建筑隔声设计规范》GB 50118—2010 中指出的学校建筑隔声指标和防噪设计的基本要求有：

1) 隔声指标

(1) 允许噪声级

学校建筑中各种教学用房及辅助用房的室内允许噪声级，应符合表 1-235 的规定。

室内允许噪声级（A 声级、dB）　　表 1-235

主要教学用房房间名称	允许噪声级	辅助教学用房房间名称	允许噪声级
语言教室、阅览室	≤40	健身房	≤50
普通教室、实验室、计算机房	≤45	教师办公室、休息室、会议室	≤45
音乐教室、琴房	≤45	教学楼中封闭的走廊、楼梯间	≤50
舞蹈教室	≤50		

(2) 空气声隔声标准

① 教学用房隔墙、楼板的空气声隔声性能，应符合表 1-236 的规定。

教学用房隔墙、楼板的空气声隔声标准　　　　表 1-236

构件名称	空气声隔声单值评价量＋频谱修正量（dB）	
语言教室、阅览室的隔墙与楼板	计权隔声量（R_w）＋粉红噪声频谱修正量（C）	＞50
普通教室与各种产生噪声的房间之间的隔墙与楼板	计权隔声量（R_w）＋粉红噪声频谱修正量（C）	＞50
普通教室之间的隔墙与楼板	计权隔声量（R_w）＋粉红噪声频谱修正量（C）	＞45
音乐教室、琴房之间的隔墙与楼板	计权隔声量（R_w）＋粉红噪声频谱修正量（C）	＞45

② 教学用房与相邻房间之间的空气声隔声性能，应符合表 1-237 的规定。

教学用房与相邻房间之间的空气声隔声标准　　　　表 1-237

房间名称	空气声隔声单值评价量＋频谱修正量（dB）	
语言教室、阅览室与相邻房间之间	计权标准化声压级差 $D_{nT,w}$＋粉红噪声频谱修正量（C）	≥50
普通教室与各种产生噪声的房间之间	计权标准化声压级差 $D_{nT,w}$＋粉红噪声频谱修正量（C）	≥50
普通教室之间	计权标准化声压级差 $D_{nT,w}$＋粉红噪声频谱修正量（C）	≥45
音乐教室、琴房之间	计权标准化声压级差 $D_{nT,w}$＋粉红噪声频谱修正量（C）	≥45

③ 教学用房的外墙、外窗和门的空气声隔声性能，应符合表 1-238 的规定。

教学用房的外墙、外窗和门的空气声隔声标准　　　　表 1-238

构件名称	空气声隔声单值评价量＋频谱修正量（dB）	
外墙	计权隔声量（R_w）＋交通噪声频谱修正量（C_{tr}）	≥45
临交通干线的外窗	计权隔声量（R_w）＋交通噪声频谱修正量（C_{tr}）	≥30
其他外窗	计权隔声量（R_w）＋交通噪声频谱修正量（C_{tr}）	≥25
产生噪声房间的门	计权隔声量（R_w）＋粉红噪声频谱修正量（C）	≥25
其他门	计权隔声量（R_w）＋粉红噪声频谱修正量（C）	≥20

（3）撞击声隔声标准

教学用房楼板的撞击声隔声性能，应符合表 1-239 的规定。

教学用房楼板的撞击声隔声标准　　　　表 1-239

构件名称	撞击声隔声单值评价量（dB）	
	计权规范化撞击声压级 $L_{n,w}$（实验室测量）	计权标准化撞击声压级 $L'_{nT,w}$（现场测量）
语言教室、阅览室与上层房间之间的楼板	＜65	≤65
普通教室、实验室、计算机房与上层产生噪声的房间之间的楼板	＜65	≤65
琴房、音乐教室之间的楼板	＜65	≤65
普通教室之间的楼板	＜75	≤75

注：当确有困难时，可允许普通教室之间楼板的撞击声隔声单值评价量小于或等于 85dB，但在楼板结构上应预留改善的可能条件。

2）隔声减噪设计

（1）位于交通干道旁的学校建筑，宜将运动场沿干道布置，作为噪声隔离带。

产生噪声的固定设施与教学楼之间，应设足够距离的噪声隔离带。当教室有门窗面对运动场时，教室外墙至运动场的距离不应小于25m。

（2）教学楼内不应设置发出强烈噪声或振动的机械设备，其他可能产生噪声和振动的设备应尽量远离教学用房，并采取有效的隔声、减振措施。

（3）教学楼内的封闭走廊、门厅及楼梯间的顶棚，在条件允许时宜设置降噪系数（*NRC*）不低于0.40的吸声系数。

（4）各类教室内宜控制混响时间，避免不利反射声，提高语言清晰度。各类教室空场500～1000Hz的混响时间应符合表1-240的规定。

各类教室空场500～1000Hz的混响时间　　表1-240

房间名称	房间容积（m^3）	空场500～1000Hz的混响时间（s）
普通教室	≤200	≤0.8
	>200	≤1.0
语言和多媒体教室	≤300	≤0.6
	>300	≤0.8
音乐教室	≤250	≤0.6
	>250	≤0.8
琴房	≤50	≤0.4
	>50	≤0.6
健身房	≤2000	≤1.2
	>2000	≤1.5
舞蹈教室	≤1000	≤1.2
	>1000	≤1.5

（5）产生噪声的房间（音乐教室、舞蹈教室、琴房、健身房）与其他教学用房同设于一栋教学楼内时，应分区布置，并应采取隔声和减振措施。

152.《民用建筑隔声设计规范》对医院建筑隔声的基本要求有哪些?

《民用建筑隔声设计规范》GB 50118—2010中指出的医院建筑隔声指标和防噪设计基本要求有：

1）隔声指标

（1）允许噪声级

医院主要房间内的允许噪声级，应符合表1-241的规定。

医院主要房间的允许噪声级（A声级，dB）　　表1-241

房间名称	高要求标准		低限标准	
	昼间	夜间	昼间	夜间
病房、医护人员休息室	≤40	≤35①	≤45	≤40
各类重症监护室	≤40	≤35	≤45	≤40

续表

房间名称	高要求标准		低限标准	
	昼间	夜间	昼间	夜间
诊室	≤40		≤45	
手术室、分娩室	≤40		≤45	
洁净手术室	—		≤50	
人工生殖中心净化区	—		≤40	
听力测听室	—		≤25②	
化验室、分析实验室	—		≤40	
入口大厅、候诊厅	≤50		≤55	

注：①对特殊要求的病房，室内允许噪声级应小于或等于 30dB。

②表中听力测听室允许噪声级的数值，适用于采用纯音气导和骨导听阀测听法的听力测听室。采用声场测听法的听力测听室的允许噪声级另有规定。

（2）空气声隔声标准

① 医院各类房间隔墙、楼板的空气声隔声性能，应符合表 1-242 的规定。

医院各类房间隔墙、楼板的空气声隔声标准　　表 1-242

构件名称	空气声隔声单值评价量+频谱修正量	高要求标准（dB）	低限标准（dB）
病房与产生噪声的房间之间的隔墙、楼板	计权隔声量（R_w）+交通噪声频谱修正量（C_{tr}）	>55	>50
手术室与产生噪声的房间之间的隔墙、楼板	计权隔声量（R_w）+交通噪声频谱修正量（C_{tr}）	>50	>45
病房之间及病房、手术室与普通房间之间的隔墙、楼板	计权隔声量（R_w）+粉红噪声频谱修正量（C）	>50	>45
诊室之间的隔墙、楼板	计权隔声量（R_w）+粉红噪声频谱修正量（C）	>45	>40
听力测听室的隔墙、楼板	计权隔声量（R_w）+粉红噪声频谱修正量（C）	—	>50
体外震波碎石室、核磁共振室的隔墙、楼板	计权隔声量（R_w）+交通噪声频谱修正量（C_{tr}）	—	>50

② 相邻房间之间的空气声隔声性能，应符合表 1-243 的规定。

相邻房间之间空气声隔声标准　　表 1-243

房间名称	空气声隔声单值评价量+频谱修正量	高要求标准（dB）	低限标准（dB）
病房与产生噪声的房间之间	计权标准化声压级差（$D_{nT,w}$）+交通噪声频谱修正量（C_{tr}）	≥55	≥50
手术室与产生噪声的房间之间	计权标准化声压级差（$D_{nT,w}$）+交通噪声频谱修正量（C_{tr}）	≥50	≥45

续表

房间名称	空气声隔声单值评价量+频谱修正量	高要求标准(dB)	低限标准(dB)
病房之间及手术室、病房与普通房间之间	计权标准化声压级差($D_{nT,w}$)+粉红噪声频谱修正量(C)	≥50	≥45
诊室之间	计权标准化声压级差($D_{nT,w}$)+粉红噪声频谱修正量(C)	≥45	≥40
听力测听室与毗邻房间之间	计权标准化声压级差($D_{nT,w}$)+粉红噪声频谱修正量(C)	—	≥50
体外震波碎石室、核磁共振室与毗邻房间之间	计权标准化声压级差($D_{nT,w}$)+交通噪声频谱修正量(C_{tr})	—	≥50

③ 外墙、外窗和门的空气声隔声性能，应符合表1-244的规定。

外墙、外窗和门的空气声隔声标准　　表1-244

构件名称	空气声隔声单值评价量+频谱修正量(dB)	
外墙	计权隔声量(R_w)+交通噪声频谱修正量(C_{tr})	≥45
外窗	计权隔声量(R_w)+交通噪声频谱修正量(C_{tr})	≥30(临街一侧病房)
		≥25(其他)
门	计权隔声量(R_w)+粉红噪声频谱修正量(C)	≥30(听力测听室)
		≥20(其他)

(3) 撞击声隔声标准

各类房间与上层房间之间楼板的撞击声隔声性能，应符合表1-245的规定。

各类房间与上层房间之间楼板的撞击声隔声标准　　表1-245

构件名称	撞击声隔声单值评价量	高要求标准(dB)	低限标准(dB)
病房、手术室与上层房间之间的楼板	计权规范化撞击声压级 $L_{n,w}$(实验室测量)	<65	<75
	计权标准化撞击声压级 $L'_{nT,w}$(现场测量)	≤65	≤75
听力测听室与上层房间之间的楼板	计权标准化撞击声压级 $L'_{nT,w}$(现场测量)	—	≤60

注：当确有困难时，可允许上层为普通房间的病房、手术室顶部楼板的撞击声隔声单值评价量小于或等于85 dB，但在楼板结构上应预留改善的可能条件。

2) 隔声减噪设计

(1) 医院建筑的总平面设计，应符合下列规定：

① 综合医院的总平面布置，应利用建筑物的隔声作用。门诊楼可沿交通干线设置，

但与干线的距离应考虑防噪要求。病房楼应设在内院。若病房楼接近交通干线，室内噪声级不符合标准规定时，病房不应设于临街一侧，否则应采取相应的隔声降噪处理措施（如临街布置公共走廊等）。

② 综合医院的医用气体站、冷冻机房、柴油发电机房等设备用房设在病房大楼内时，应自成一区。

（2）临近交通干线的病房楼，在满足外墙、外窗和门的空气隔声性能的基础上，还应根据室外环境噪声状况及规定的室内允许噪声级，设计具有相应隔声性能的建筑围护结构（包括墙体、窗、门等构件）。

（3）体外震波碎石室、核磁共振检查室不得与要求安静的房间毗邻，并应对其围护结构采取隔声和隔振措施。

（4）病房、医护人员休息室等要求安静的房间的邻室及其上、下层楼板或屋面，不应设置噪声、振动较大的设备。当设计上难以避免时，应采取有效的隔声和减振措施。

（5）医生休息室应布置在医生专用区或设置门斗，避免护士站、公共走廊等公共空间人员活动噪声对医生休息室的干扰。

（6）对于病房之间的隔墙，当嵌入墙体的医疗带及其他配套设施造成墙体损伤并使隔墙的隔声性能降低时，应采取有效的隔声减噪措施。

（7）穿越病房围护结构的管道周围的缝隙，应密封。病房的观察窗，宜采用密封窗。病房楼内的污物井道、电梯井道不得毗邻病房等要求安静的房间。

（8）入口大厅、挂号大厅、候药厅及分科候诊厅（室）内，应采取吸声措施，其室内500～1000Hz的混响时间不宜大于2s。病房楼、门诊楼内走廊的顶棚，应采取吸声措施，吊顶所用吸声材料的降噪系数（*NRC*）不应小于0.40。

（9）听力测听室不应与设置有振动或强噪声设备的房间相邻。听力测听室应做全浮筑房中房设计，且房间入口设置声闸；听力测听室的空调系统应设置消声器。

（10）手术室应选用低噪声空调设备，必要时应采取降噪措施。手术室的上层，不宜设置有振动源的机电设备；当设计上难以避免时，应采取有效的隔振、隔声措施。

（11）诊室、病房、办公室等房间外的走廊吊顶内，不应设置有振动和噪声的机电设备。

（12）医院内的机电设备，如空调机组、通风机组、冷水机组、冷却塔、医用气体设备和柴油发电机组等设备，均应选用低噪声产品，并应采取隔振及综合降噪措施。

（13）在通风空调系统中，应设置消声装置，通风空调系统在医院各房间内产生的噪声应符合相关规定。

153.《民用建筑隔声设计规范》对旅馆建筑隔声的基本要求有哪些？

《民用建筑隔声设计规范》GB 50118—2010中指出的旅馆建筑隔声指标和防噪设计基本要求有：

1）旅馆建筑隔声指标的分级

不同级别旅馆建筑的声学指标（包括室内允许噪声级、空气声隔声标准及撞击声隔声标准）所应达到的等级，应符合表1-246的规定。

声学指标等级与旅馆建筑等级的对应关系 **表 1-246**

声学指标的等级	旅馆建筑的等级
特级	五星级以上旅游饭店及同档次旅馆建筑
一级	三、四星级旅游饭店及同档次旅馆建筑
二级	其他档次的旅馆建筑

2）隔声指标

(1) 允许噪声级

旅馆建筑各房间的允许噪声级，应符合表 1-247 的规定。

室内允许噪声级 **表 1-247**

房间名称	允许噪声级（A 声级，dB）					
	特级		一级		二级	
	昼间	夜间	昼间	夜间	昼间	夜间
客房	≤35	≤30	≤40	≤35	≤45	≤40
办公室、会议室	≤40		≤45		≤45	
多用途厅	≤40		≤45		≤50	
餐厅、宴会厅	≤45		≤50		≤55	

(2) 空气声隔声标准

① 客房之间的隔墙或楼板、客房与走廊之间的隔墙、客房外墙（含窗）的空气声隔声性能，应符合表 1-248 的要求。

客房墙、楼板的空气声隔声标准 **表 1-248**

构件名称	空气声隔声单值评价量＋频谱修正量	特级 (dB)	一级 (dB)	二级 (dB)
客房之间的隔墙、楼板	计权隔声量（R_w）＋粉红噪声频谱修正量（C）	>50	>45	>40
客房与走廊之间的隔墙	计权隔声量（R_w）＋粉红噪声频谱修正量（C）	>45	>45	>40
客房外墙（含窗）	计权隔声量（R_w）＋交通噪声频谱修正量（C_{tr}）	>40	>35	>30

② 客房之间、走廊与客房之间，以及室外与客房之间的空气声隔声性能，应符合表 1-249 的要求。

客房之间、走廊与客房之间以及室外与客房之间的空气声隔声标准 **表 1-249**

房间名称	空气声隔声单值评价量＋频谱修正量	特级 (dB)	一级 (dB)	二级 (dB)
客房之间	计权标准化声压级差（$D_{nT,w}$）＋粉红噪声频谱修正量（C）	≥50	≥45	≥40
走廊与客房之间	计权标准化声压级差（$D_{nT,w}$）＋粉红噪声频谱修正量（C）	≥40	≥40	≥35
室外与客房之间	计权标准化声压级差（$D_{nT,w}$）＋交通噪声频谱修正量（C_{tr}）	≥40	≥35	≥30

③ 客房外窗与客房门的空气声隔声性能，应符合表 1-250 的要求。

客房外窗与客房门的空气声隔声标准　　表 1-250

构件名称	空气声隔声单值评价量+频谱修正量	特级(dB)	一级(dB)	二级(dB)
客房外窗	计权隔声量（R_w）+交通噪声频谱修正量（C_{tr}）	≥35	≥30	≥25
客房门	计权隔声量（R_w）+粉红噪声频谱修正量（C）	≥30	≥25	≥20

(3) 撞击声隔声标准

客房与上层房间之间楼板的撞击声隔声性能，应符合表 1-251 的要求。

客房楼板撞击声隔声标准　　表 1-251

构件名称	撞击声隔声单值评价量	特级(dB)	一级(dB)	二级(dB)
客房与上层房间之间的楼板	计权规范化撞击声压级 $L_{n,w}$（实验室测量）	<55	<65	<75
	计权标准化撞击声压级 $L'_{nT,w}$（现场测量）	≤55	≤65	≤75

(4) 客房及其他对噪声敏感的房间与有噪声或振动源的房间之间的隔墙和楼板，其空气声隔声性能标准、撞击声隔声性能标准应根据噪声和振动源的具体情况确定，并应对噪声和振动源进行减噪和隔振处理，使客房及其他对噪声敏感的房间内噪声级满足规范规定。

3）隔声减噪设计

(1) 旅馆建筑的总平面设计，应符合下列要求：

① 旅馆建筑的总平面布置，应根据噪声状况进行分区。

② 产生噪声或振动的设施应远离客房及其他要求安静的房间，并应采取隔声、隔振措施。

③ 旅馆建筑中的餐厅不应与客房等对噪声敏感的房间在同一区域内。

④ 可能产生较大噪声并可能在夜间营业的附属娱乐设施应远离客房和其他有安静要求的房间，并应进行有效的隔声、隔振处理。

⑤ 可能产生强噪声和振动的附属娱乐设施不应与客房和其他有安静要求的房间设置在同一主体结构内，并应远离客房等需要安静的房间。

⑥ 可能在夜间产生干扰噪声的附属娱乐房间，不应与客房和其他有安静要求的房间设置在同一走廊内。

⑦ 客房沿交通干道或停车场布置时，应采取防噪措施，如采用密闭窗或双层窗；也可利用阳台或外廊进行隔声减噪处理。

⑧ 电梯井道不应毗邻客房和其他有安静要求的房间。

(2) 客房及客房楼的隔声设计，应符合下列要求：

① 客房之间的送风和排气管道应采取消声处理措施，相邻客房间的空气声隔声性能应满足相关规定。

② 旅馆内的电梯间，高层旅馆的加压泵、水箱间及其他产生噪声的房间，不应与需要安静的客房、会议室、多用途大厅等毗邻，更不应设置在这些房间的上部。确需设置于这些房间的上部时，应采取有效的隔振降噪措施。

③ 走廊两侧配置客房时，相对房间的门宜错开布置。走廊内宜采用铺设地毯、安装吸声吊顶等吸声处理措施。吊顶所用吸声材料的降噪系数（*NRC*）不应小于0.40。

④ 相邻客房卫生间的隔墙应与上层楼板紧密接触，不留缝隙。相邻客房隔墙上的所有电气插座、配电箱或其他嵌入墙里对墙体构造造成损伤的配套构件，不宜背对背布置，宜相互错开，并应对损伤墙体所开的洞（槽）有相应的封堵措施。

⑤ 客房隔墙或楼板与玻璃幕墙之间的缝隙应使用有相应隔声性能的材料封堵，以保证整个隔墙或楼板的隔声性能满足标准要求。在设计玻璃幕墙时应为此预留条件。

⑥ 当相邻客房橱柜采用"背对背"布置时，两个橱柜应使用满足隔声标准要求的墙体隔开。

（3）设有活动隔断的会议室、多功能厅，其活动隔断的空气声隔声性能应符合下式的规定：计权隔声量（R_w）＋粉红噪声频谱修正量（C）≥35dB。

154.《民用建筑隔声设计规范》对商业建筑隔声的基本要求有哪些?

《民用建筑隔声设计规范》GB 50118—2010 规定商业建筑的隔声指标和防噪声设计的基本要求有：

1）隔声设计

（1）允许噪声级

商业建筑各房间内空场时的允许噪声级，应符合表1-252的规定。

商业建筑各房间内空场时的允许噪声级　　表1-252

房间名称	允许噪声级（A声级、dB）	
	高要求标准	低限标准
商场、商店、购物中心、会展中心	≤50	≤55
餐厅	≤45	≤55
员工休息厅	≤40	≤45
走廊	≤50	≤60

（2）室内吸声

容积大于400m^3 且流动人员人均占地面积小于20m^2 的室内空间，应安装吸声顶棚；吸声顶棚面积不应小于顶棚总面积的75%；顶棚吸声材料或构造的降噪系数（*NRC*）应符合表1-253的规定。

顶棚吸声材料或构造的降噪系数（*NRC*）　　表1-253

房间名称	降噪系数（*NRC*）	
	高要求标准	低限标准
商场、商店、购物中心、会展中心、走廊	≥0.60	≥0.40
餐厅、健身中心、娱乐场所	≥0.80	≥0.40

（3）空气声隔声标准

① 噪声敏感房间与产生噪声房间之间的隔墙、楼板的空气声隔声性能，应符合表1-254的规定。

噪声敏感房间与产生噪声房间之间的隔墙与楼板的空气声隔声标准（dB）　表 1-254

围护结构部位	计权隔声量（R_w）＋交通噪声频谱修正量（C_{tr}）	
	高要求标准	低限标准
健身中心、娱乐场所等与噪声敏感房间之间的隔墙、楼板	＞60	＞55
购物中心、餐厅、会展中心等与噪声敏感房间之间的隔墙、楼板	＞50	＞45

② 噪声敏感房间与产生噪声房间之间的空气声隔声性能，应符合表 1-255 的规定。

噪声敏感房间与产生噪声房间之间的空气声隔声标准（dB）　表 1-255

房间名称	计权标准化声压级差（$D_{nT,w}$）＋交通噪声频谱修正量（C_{tr}）	
	高要求标准	低限标准
健身中心、娱乐场所等与噪声敏感房间之间	≥60	≥55
购物中心、餐厅、会展中心等与噪声敏感房间之间	≥50	≥45

（4）撞击声隔声标准

噪声敏感房间的上一层为产生噪声房间时，噪声敏感房间顶部楼板的撞击声隔声性能，应符合表 1-256 的规定。

噪声敏感房间顶部楼板的撞击声隔声标准　表 1-256

楼板部位	撞击声隔声单值评价量（dB）			
	高要求标准		低限标准	
	计权规范化撞击声压级 $L_{n,w}$（实验室测量）	计权标准化撞击声压级 $L'_{nT,w}$（现场测量）	计权规范化撞击声压级 $L_{n,w}$（实验室测量）	计权标准化撞击声压级 $L'_{nT,w}$（现场测量）
健身中心、娱乐场所等与噪声敏感房间之间的楼板	＜45	≤45	＜50	≤50

2）隔声减噪设计

（1）高噪声级的商业空间不应与噪声敏感的空间位于同一建筑内或毗邻。如果不可避免地位于同一建筑内或毗邻，必须进行隔声、隔振处理，保证传至敏感区域的营业噪声和该区域内的背景噪声叠加后的总噪声级与背景噪声级之差值不大于 3dB（A）。

（2）当公共空间室内设有暖通空调系统时，暖通空调系统在室内产生的噪声级应符合规定，并宜采取下列措施：① 降低风管中的风速；② 设置消声器；③ 选用低噪声的风口。

155. 其他规范对建筑隔声的基本要求有哪些?

1）《住宅设计规范》GB 50096—2011 中指出：

（1）住宅卧室、起居室（厅）内噪声级，应满足下列要求：

① 昼间卧室内的等效连续 A 声级不应大于 45dB。

② 夜间卧室内的等效连续 A 声级不应大于 37dB。

③ 起居室（厅）的等效连续A声级不应大于45dB。

(2) 分户墙和分户楼板的空气声隔声性能应满足下列要求：

① 分隔卧室、起居室（厅）的分户墙和分户楼板的空气声隔声评价量（$R_w + C_{tr}$）应大于45dB。

② 分隔住宅和非居住用途空间的楼板的空气声隔声评价量（$R_w + C_{tr}$）应大于51dB。

(3) 卧室、起居室（厅）的分户楼板的计权规范化撞击声压级宜小于75dB。当条件受到限制时，分户楼板的计权规范化撞击声压级应小于85dB，且应在楼板上预留可供今后改善的条件。

(4) 住宅建筑的体形、朝向和平面布置应有利于噪声控制。在住宅平面设计时，当卧室、起居室（厅）布置在噪声源一侧时，外窗应采取隔声减噪措施；当居住空间与可能产生噪声的房间相邻时，分隔墙和分户楼板应采取隔声减噪措施；当内天井、凹天井中设置相邻户间窗口时，宜采取隔声减噪措施。

(5) 起居室（厅）不宜紧邻电梯布置。受条件限制起居室（厅）紧邻电梯布置时，必须采取有效的隔声和减振措施。

2)《展览建筑设计规范》JGJ 218—2010中指出：

(1) 对产生较大噪声的建筑设备、展厅设施及室外环境的噪声应采取隔声和减噪措施。展厅空场时背景噪声的允许噪声级（A声级）不宜大于55dB。

(2) 展厅室内装修宜采取吸声措施。

3)《宿舍建筑设计规范》JGJ 36—2005中规定：

(1) 宿舍居室内的允许噪声级（A声级）：昼间应不大于50dB，夜间应不大于40dB。

(2) 宿舍居室分室墙与楼板的空气声计权隔声量应不小于40dB。

(3) 宿舍居室楼板的计权标准化撞击声压级宜不大于75dB。

4)《老年人建筑设计规范》JGJ 122—99中指出：

(1) 老年人居住建筑居室之间应有良好的隔声处理和噪声控制，允许噪声级不应大于45dB。

(2) 老年人居住建筑居室之间应有良好的隔声处理和噪声控制，空气隔声不应小于50dB。

(3) 老年人居住建筑居室之间应有良好的隔声处理和噪声控制，撞击声不应大于75dB。

5)《办公建筑设计规范》JGJ 67—2005中指出：

(1) 办公建筑主要房间的室内允许噪声级应符合表1-257的规定。

办公建筑主要房间的室内允许噪声级　　**表1-257**

房间名称	允许噪声级（A声级、dB）		
	一类办公建筑	二类办公建筑	三类办公建筑
办公室	≤45	≤50	≤55
设计制图室	≤45	≤50	≤50
会议室	≤40	≤45	≤50
多功能厅	≤45	≤50	≤50

（2）办公建筑围护结构的空气声隔声标准（计权隔声量）应符合表1-258的规定。

办公建筑围护结构的空气声隔声标准（计权隔声量）(dB)　　表1-258

围护结构部位	计权隔声量		
	一类办公建筑	二类办公建筑	三类办公建筑
办公用房隔墙	≥45	≥40	≥35

6)《住宅建筑规范》GB 50368—2005中指出：

（1）住宅的卧室、起居室（厅）在关窗的状态下的白天允许噪声级（A声级）为50dB，夜间允许噪声级（A声级）为40dB。

（2）住宅空气声计权隔声量：楼板不应小于40dB（分隔住宅和非居住用途的楼板不应小于55dB)，分户墙不应小于40dB，外窗不应小于30dB，户门不应小于25dB。

7)《托儿所、幼儿园建筑设计规范》JGJ 39—87中指出：

（1）音体活动室、活动室、寝室、隔离室等房间的室内允许噪声级不应大于50dB。

（2）音体活动室、活动室、寝室、隔离室等房间隔墙与楼板的空气声计权隔声量不应小40dB。

（3）音体活动室、活动室、寝室、隔离室等房间楼板的计权标准化撞击声压级不应大于75dB。

8)《图书馆建筑设计规范》JGJ 38—99中指出：

图书馆各类用房的允许噪声级见表1-259。

图书馆各类用房的允许噪声级（A声级、dB)　　表1-259

分区		房间名称	允许噪声级
Ⅰ	静区	研究室、专业阅览室、缩微、珍善本、舆图阅览室、普通阅览室、报刊阅览室	40
Ⅱ	较静区	少年儿童阅览室、电子阅览室、集体视听室、办公室	50
Ⅲ	闹区	陈列厅（室）、读者休息区、目录厅、出纳厅、门厅、洗手间、走廊、其他公共活动区	55

9)《文化馆建筑设计规范》JGJ/T 41—2014规定：文化馆用房的室内允许噪声级不应大于表1-260的规定。

文化馆用房的室内允许噪声级（dB)　　表1-260

房间名称	允许噪声级（A声级）
录音录像室（有特殊安静要求的房间）	30
教室、图书阅览室、专业工作室等	50
舞蹈、戏曲、曲艺排练场等	55

10)《旅馆建筑设计规范》JGJ 621—2014规定：

（1）客房附设卫生间的排水管道不宜安装在与客房相邻的隔墙上，应采取隔声降噪措施；

（2）当电梯井贴邻客房布置时，应采取隔声、减震的构造措施；

（3）客房内房间的分隔墙应到结构板底；

（4）相邻房间的电器插座应错位布置，不应贯通；

（5）相邻房间的壁柜之间应设置满足隔声要求的隔墙。

156. 常用构造做法的隔声指标如何?

《蒸压加气混凝土建筑应用技术规程》JGJ/T 17—2008 中指出：蒸压加气混凝土隔墙隔声性能详见表 1-261。

蒸压加气混凝土隔墙隔声性能（dB）　　　　**表 1-261**

<table>
<tr><th>隔 墙 做 法</th><th>500～1000Hz 的计权隔声量</th></tr>
<tr><td>75mm 厚砌块墙，两侧各 10mm 抹灰</td><td>38.8</td></tr>
<tr><td>100mm 厚砌块墙，两侧各 10mm 抹灰</td><td>41.0</td></tr>
<tr><td rowspan="2">150mm 厚砌块墙，两侧各 20mm 抹灰</td><td>（砌块）44.0</td></tr>
<tr><td>（B06 级板材、无抹灰）46.0</td></tr>
<tr><td>100mm 厚条板，两面各刮 3mm 腻子喷浆</td><td>39.0</td></tr>
<tr><td>两道 75mm 厚砌块墙，75mm 中空，两侧各抹 5mm 混合灰</td><td>49.0</td></tr>
<tr><td>两道 75mm 厚条板墙，75mm 中空，两侧各抹 5mm 混合灰</td><td>56.0</td></tr>
<tr><td>一道 75mm 厚砌块墙，50mm 中空，一道 120mm 砖墙，两侧各抹 20mm 灰</td><td>55.0</td></tr>
<tr><td rowspan="2">200mm 厚条板，两面各刮 5mm 腻子喷浆</td><td>45.2（板材）</td></tr>
<tr><td>（B06 级砌块、无抹灰）48.4</td></tr>
</table>

注：1. 上述检测数据，均为 B05 级水泥、矿渣、加气混凝土砌块。
2. 砌块均为普通水泥砂浆砌筑。
3. 抹灰为 1∶3∶9（水∶石灰∶砂）混合砂浆。
4. B06 级制品隔声数据系水泥、矿渣、粉煤灰加气混凝土制品数据。

（四）建 筑 吸 声

157. 哪些建筑的房间必须采用吸声构造?

1）《文化馆建筑设计规范》JGJ/T 41—2014 中规定：

（1）文化馆建筑的琴房之内墙面及顶棚表面应做吸声处理。

（2）文化馆建筑的琴房之窗帘应具有吸声效果。

2）《电影院建筑设计规范》JGJ 58—2008 中规定：

（1）电影院建筑放映机房的墙面及顶棚表面应做吸声处理。

（2）电影院建筑观众厅的后墙应采用防止回声的全频带强吸声结构。

（3）电影院建筑观众厅的银幕后墙面应做吸声处理。

3）《民用建筑隔声设计规范》GB 50118—2010 中规定：容积大于 400m^3 且流动人员人均占地面积小于 20m^2 的室内空间，应安装吸声顶棚；吸声顶棚面积不应小于顶棚总面积 75%。

158. 建筑吸声的构造要求有哪些?

综合相关技术资料得出：

1）声音频率的分级

声音频率指的是 1 秒钟声音振动的次数，单位为 Hz。人耳可以听到的声音为 20～20000Hz，其中 20～500Hz 为低频声，501～1000Hz 为中频声，1001～20000Hz 为高频声。

2）噪声指的是接收者不需要的、感到厌烦的或对接收者有干扰的、有害健康的声音。低频噪声大多来源于水泵、电梯运行产生的声音；高中频噪声大多来源于施工噪声、交通噪声、大声喧哗等。

3）吸声材料

吸声材料大多为多孔材料，如玻璃棉、超细玻璃棉、岩棉、矿棉、泡沫塑料、多孔吸声砖等。

对于材料气泡闭合、互不连通的海绵、加气混凝土、聚苯板等材料，吸声系数较低，属于较好的保温材料。

水泥拉毛墙面表面虽粗糙，但没有气孔，亦不属于吸声材料范畴。

4）常用的吸声材料

（1）薄膜：代表材料有皮革、人造革、塑料薄膜、帆布等，吸收频率为200～1000Hz，吸声系数为0.3～0.4，属于中频吸声材料。

（2）薄板：代表材料有胶合板、硬质纤维板、石膏板、石棉水泥板、金属板等，吸收频率为80～300Hz，吸声系数为0.2～0.5，属于低频吸声材料。

5）吸声结构

①空间吸声体；②吸声尖劈；③帘幕；④洞口；⑤人和家具。

(五) 建 筑 遮 阳

159. 哪些建筑应设置遮阳设施?

1）《住宅设计规范》GB 50096—2011 中规定：

除严寒地区外，住宅建筑的西向居住空间朝西外窗应采取遮阳措施，夏热冬冷地区和夏热冬暖地区住宅建筑的东向居住空间朝东外窗也应采取遮阳措施。

2）《展览建筑设计规范》JGJ 218—2010 中规定：

展览建筑展厅的东、西朝向采用大面积外窗、透明幕墙及屋顶采用大面积透明顶棚时，宜设置遮阳设施。

3）《老年人居住建筑设计标准》GB/T 50340—2003 中规定：老年人居住的卧室、起居室宜向阳布置，朝西外窗宜采用有效的遮阳措施。

4）《民用建筑热工设计规范》GB 50176—93 中指出：建筑物的向阳面，特别是东向、西向窗户，应采取有效的遮阳措施。在建筑设计中，宜结合外廊、阳台、挑檐等处理方法达到遮阳目的。

5）《严寒和寒冷地区居住建筑节能设计标准》JGJ 26—2010 中指出：寒冷 B 区建筑的南向外窗（包括阳台的透明部分）宜设置水平遮阳或活动遮阳。东向、西向的外窗宜设置活动遮阳。

6）《夏热冬冷地区居住建筑节能设计标准》JGJ 134—2010 中指出：东偏北 30°至东偏南 60°，西偏北 30°至西偏南 60°范围内的外窗宜设置水平遮阳或可以遮住窗户正面的活动外遮阳。各朝向的窗户，当设置了可以遮住正面的活动外遮阳（如卷帘、百叶窗等）时，应满足外窗综合遮阳系数 SC_w 的要求。

7）《夏热冬暖地区居住建筑节能设计标准》JGJ 75—2012 中指出：居住建筑的东向、

西向外窗，必须采取建筑外遮阳措施，建筑外遮阳系数 *SD* 不应大于 0.8。

8）《商店建筑设计规范》JGJ 48—2014 规定：商店建筑营业厅的东、西朝向采用大面积外窗、透明幕墙及屋顶采用大面积采光顶时，宜采用外部遮阳措施。

160. 建筑遮阳有哪些类型?

《建筑遮阳工程技术规范》JGJ 237—2011 中关于建筑遮阳的设计规定如下：

1）遮阳的类型：内遮阳、外遮阳、双层幕墙或中空玻璃中间的遮阳等类型。

2）固定遮阳的布置方式：固定遮阳多数采用钢筋混凝土板材制作，有水平遮阳、垂直遮阳、综合遮阳、挡板遮阳等方式（图 1-19）。

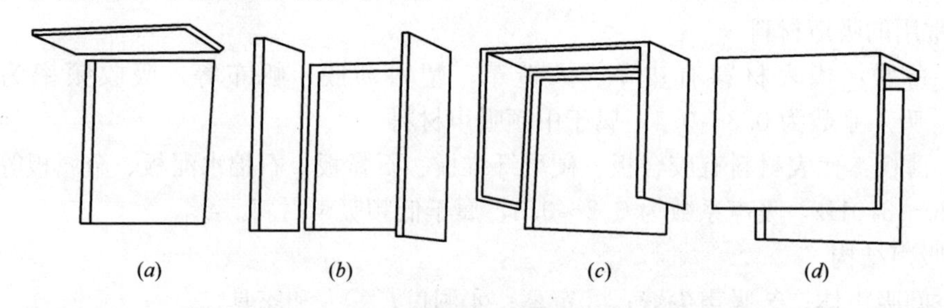

图 1-19　固定遮阳的布置

（*a*）水平遮阳；（*b*）垂直遮阳；（*c*）综合遮阳；（*d*）挡板遮阳

3）活动遮阳的布置方式；活动遮阳可以采用遮阳板、遮阳百叶、遮阳帘布、遮阳篷等几种做法。

161. 建筑遮阳的设计应注意哪些问题?

《建筑遮阳工程技术规范》JGJ 237—2011 关于建筑遮阳设计的规定为：

1）建筑遮阳设计，应根据当地的地理位置、气候特征、建筑类型、建筑功能、建筑造型、透明围护结构朝向等因素，选择适宜的遮阳形式，并宜选择外遮阳。

2）遮阳设计应兼顾采光、视野、通风和散热功能，严寒、寒冷地区不应影响建筑冬季的阳光入射。

3）建筑不同部位、不同朝向遮阳设计的优先次序可根据其所受太阳辐射照度，依次选择屋顶水平天窗（采光顶），西向、东向、南向窗；北回归线以南地区，必要时还宜对北向窗进行遮阳。

4）遮阳设计应进行夏季和冬季的阳光阴影分析，以确定遮阳装置的类型。建筑外遮阳的类型可按下列原则选用：

（1）南向、北向宜采用水平式遮阳或综合式遮阳；

（2）东、西向宜采用垂直或挡板式遮阳；

（3）东南向、西南向宜采用综合式遮阳。

162. 各种遮阳方式的特点和适用范围?

综合相关技术资料得知，各种遮阳方式的特点和适用范围为：

1）外遮阳方式的特点（表 1-262）

外遮阳方式特点 **表 1-262**

基本形式	特　点	设　置
水平式	水平式遮阳能有效遮挡太阳高度角较大时，从窗口前上方投射下来的直射阳光。设计时，应考虑遮阳板挑出长度或百叶旋转角度、高度、间距等，以减少对寒冷季节直射阳光的遮挡	宜布置在北回归线以北地区南向、接近南向的窗口和北回归线以南地区的南向、北向窗口
垂直式	垂直式遮阳能有效遮挡太阳高度角较小时，从窗侧面斜射过来的阳光。当垂直式遮阳布置于东、西向窗口时，板面应向南适当倾斜	宜布置在北向、东北向、西北向附近的窗口
综合式	综合式遮阳能有效遮挡中等太阳高度角从窗前侧向斜射下来的直射阳光，遮阳效果比较均匀	宜布置在从东南向到西南向范围内的窗口
挡板式	挡板式遮阳能有效地遮挡高度角较小时，从窗口正前方射来的直射阳光。挡板式遮阳使用时应减小对视线、通风的干扰	宜布置在东、西向及其附近方向的窗口
自遮阳玻璃	通过镀膜、染色、印花或贴膜的方式，可以降低玻璃的遮阳系数，从而降低进入室内的太阳辐射量	有关参数的选择与建筑物所在地区、外门窗朝向、使用方式、周边环境等多种因素相关

2）各种外遮阳方式的适用范围（表 1-263）

各种外遮阳方式的适用范围 **表 1-263**

建筑性质	气候区	设置部位	外遮阳形式	备　注
居住建筑	寒冷地区	南向外窗（包括阳台的透明部分）	宜设置水平遮阳或活动遮阳	当设置了展开或关闭后可以全部遮蔽窗户的活动式外遮阳时，应认定为满足标准对东外窗的遮阳系数的要求
		东、西向的外窗	宜设置活动遮阳	
	夏热冬冷地区	东偏北 30°至东偏南 60°、西偏北 30°至西偏南 60°范围内的外窗	应设置挡板式遮阳或可以遮住窗户正面的活动外遮阳	各朝向的窗户，当设置了可以完全遮住正面的活动外遮阳时，应认定为满足标准对南向的外窗宜设置水平遮阳或可以对外窗遮阳的要求
		南向的外窗	应设置水平遮阳或可以遮住窗户正面的活动外遮阳	
	夏热冬暖地区	外窗，尤其是东、西向的外窗	宜采用活动或固定的建筑外遮阳设施	—
公共建筑	夏热冬冷、夏热冬暖地区及寒冷地区中制冷负荷大的建筑外窗		宜设置外部遮阳	—

163. 建筑遮阳的材料选择和构造做法应注意哪些问题？

综合相关技术资料得知，建筑遮阳的材料选择和构造做法应注意以下问题：

1）应考虑遮阳材料的表面状态，包括涂料或饰面层材料对太阳能的辐射和吸收能力。

2）遮阳板材料应尽量选择对外来辐射的吸收能力小，本身辐射能力也尽量小的材料。

3）光亮的外表面可以提高对光线的反射强度，暗颜色的表面降低眩目程度，Low-E涂层降低二次热负荷。

4）采用内遮阳和中间遮阳时，遮阳装置面向室外侧宜采用反射太阳辐射的材料，并可根据太阳辐射情况调节其角度和位置。

5）采用外遮阳设计时，应与建筑立面设计相结合，进行一体化设计。遮阳装置应构造简洁、经济实用、耐久美观，便于维修和清洁，并应与建筑物整体及周围环境相协调。

6）遮阳设计宜与太阳能热水系统和太阳能光伏系统结合，进行太阳能利用与建筑一体化设计。

7）建筑遮阳构件宜呈百叶或网格状。实体遮阳构件宜在与建筑窗口、墙面和屋面之间留有间隙。

九、绿 色 建 筑

164. 什么叫“绿色建筑”?

《绿色建筑评价标准》GB/T 50378—2014 规定：

绿色建筑是指在全寿命期内，最大限度地节约资源（节能、节地、节水、节材）、保护环境、减少污染，为人们提供健康、适用和高效的使用空间，与自然和谐共生的建筑。

165. “绿色建筑”的评价原则是什么?

《绿色建筑评价标准》GB/T 50378—2014 规定：

1）绿色建筑的评价应以单栋建筑或建筑群为评价对象。评价单栋建筑时，凡涉及系统性、整体性的指标，应基于该栋建筑所属工程项目的总体进行评价。

2）绿色建筑的评价分为设计评价和运行评价。设计评价应在建筑工程施工图设计文件审查通过后进行；运行评价应在建筑通过竣工验收并投入使用一年后进行。

3）申请评价方应进行建筑全寿命技术和经济分析，合理确定建筑规模，选用适当的建筑技术、设备和材料，对规划、设计、施工、运行阶段进行全过程控制，并提交相应分析、测试报告和相关文件。

4）评价机构应按本标准的有关要求，对申请评价方提交的报告、文件进行审查，出具评价报告，确定等级。对申请运行评价的建筑，尚应进行现场考察。

166. “绿色建筑”的评价内容有哪些?

《绿色建筑评价标准》GB/T 50378—2014 规定：

1）绿色建筑的评价指标体系由节地与室外环境、节能与能源利用、节水与水资源利用、节材与材料资源利用、室内环境质量、施工管理、运营管理七类指标组成。每类指标均包括控制项和评分项。评价指标体还统一设置加分项。

2）设计评价时，不对施工管理和运营管理 2 类指标进行评价，但可预评相关条文。运行评价应包括 7 类指标。

3）控制项的评定结果为满足或不满足；评分项和加分项的评定结果为分值。

4）绿色建筑评价应按总得分确定等级。

5）绿色建筑各类评价指标的权重见表 1-264。

6）绿色建筑的各类评价指标均按控制项、评分项进行。对于提高与创新的内容可以加分，并并入总分。

7）绿色建筑分为一星级、二星级、三星级 3 个等级。3 个等级的绿色建筑均应满足本标准所有控制项的要求，且每类指标的评分得分不应小于 40 分。当绿色建筑总得分分别得到 50 分、60 分、80 分时，绿色建筑等级分别为一星级、二星级、三星级。

8）对多功能的综合性单体建筑，应按本标准全部评价条文逐条对适用的区域进行评价，确定各评价条文的得分。

绿色建筑各类评价指标的权重 **表 1-264**

评价分数 \ 评价项目		节地与室外环境	节能与能源利用	节水与水资源利用	节材与材料资源利用	室内环境质量	资源管理	运营管理
设计评价	居住建筑	0.21	0.24	0.20	0.17	0.18	—	—
	公共建筑	0.16	0.28	0.18	0.19	0.19	—	—
运行评价	居住建筑	0.17	0.19	0.16	0.14	0.14	0.10	0.10
	公共建筑	0.13	0.23	0.14	0.15	0.15	0.10	0.10

注：1. 表中“—”表示不参与评价。

2. 对于同时具有居住和公共功能的单体建筑，各类评价指标权重为居住建筑和公共建筑所对应权重的平均值。

167. “绿色建筑”的评价标准是什么?

《绿色建筑评价标准》GB/T 50378—2014 规定：

1）绿色建筑评价标准适用范围包括住宅建筑和公共建筑中的办公建筑、商场建筑和旅馆建筑，并可以扩展到各类民用建筑。

2）绿色建筑的评价分为设计评价和运行评价两大部分。

3）评价绿色建筑应遵循因地制宜的原则，结合建筑所在地域的气候、环境、资源、经济及文化等特点，对建筑全寿命期内节能、节地、节水、节材、保护环境等性能进行综合评价。

168. “节地与室外环境”的绿色评价标准是什么?

《绿色建筑评价标准》GB/T 50378—2014 规定：

1）控制项

（1）项目选址应符合所在地域城乡规划，且应符合各类保护区、文物古迹保护的建筑控制要求。

（2）场地应无洪涝、滑坡、泥石流等自然灾害的威胁，无危险化学品、易燃易爆危险源的威胁，无电磁辐射、含氡土壤等危害。

（3）场地内不应有排放超标的污染源。

（4）建筑规划布局应满足日照标准，且不得降低周边建筑的日照标准。

2）评分项

（1）土地利用

① 节约集约利用土地，评分总分值为 19 分。对居住建筑，根据其人均居住用地指标按表 1-265 的规则评分，对公共建筑，根据其容积率按表 1-266 的规则评分。

居住建筑人均居住用地指标评分规则 **表 1-265**

居住建筑人均居住用地指标 A（m^2）					得分
3 层级以下	4～6 层	7～12 层	13～18 层	19 层及以上	
$35<A\leqslant41$	$23<A\leqslant26$	$22<A\leqslant24$	$20<A\leqslant22$	$11<A\leqslant13$	15
$A\leqslant35$	$A\leqslant23$	$A\leqslant22$	$A\leqslant20$	$A\leqslant11$	19

公共建筑容积率评分规则 表 1-266

容积率 R	得分	容积率 R	得分
$0.5 \leqslant R < 0.8$	5	$1.5 \leqslant R < 3.5$	15
$0.8 \leqslant R < 1.5$	10	$R \geqslant 3.5$	19

② 场地内合理设置绿化用地，评价总分值为 9 分，并按下列规则评分：

a. 居住建筑按下列规则分别评分并累计：

(a) 住宅绿地率：新区建设达到 30%，旧区改造达到 25%，得 2 分；

(b) 住区人均公共绿地面积按表 1-267 的规则评分，最高得 7 分。

住区人均公共绿地面积评分规则 表 1-267

住区人均公共绿地面积 A_g		得分
新区建设	旧区改造	
$1.0m^2 \leqslant A_g < 1.3m^2$	$0.7m^2 \leqslant A_g < 0.9m^2$	3
$1.3m^2 \leqslant A_g < 1.5m^2$	$0.9m^2 \leqslant A_g < 1.0m^2$	5
$A_g \geqslant 1.5m^2$	$A_g \geqslant 1.0m^2$	7

b. 公共建筑按下列规则分别评分并累计：

(a) 绿地率：按表 1-268 的规则评分，最高得 7 分；

公共建筑绿地率评分规则 表 1-268

绿地率 R_g	得分	绿地率 R_g	得分
$30\% \leqslant R_g < 35\%$	2	$R_g \geqslant 40\%$	7
$35\% \leqslant R_g < 40\%$	5		

(b) 绿地向社会公众开放，得 2 分。

③ 合理开发利用地下空间，评价总分值为 6 分，按表 1-269 的规则评分。

地下空间开发利用评分规则 表 1-269

建筑类型	地下空间开发利用指标		得分
居住建筑	地下建筑面积与地上建筑面积的比率 R_r	$5\% \leqslant R_r < 15\%$	2
		$15\% \leqslant R_r < 25\%$	4
		$R_r \geqslant 25\%$	6
公共建筑	地下建筑面积与地上建筑面积之比 R_{p1}	$R_{p1} \geqslant 0.5$	3
	地下一层建筑面积与总用地面积的比率 R_{p2}	$R_{p1} \geqslant 0.7$ 且 $R_{p2} < 70\%$	6

(2) 室外环境

① 建筑及照明设计避免产生光污染，评价总分值为 4 分，并按下列规则评分并累计：

a. 玻璃幕墙可见光反射比不大于 0.2，得 2 分；

b. 室外夜景照明光污染的限制符合现行行业标准《城市夜景照明设计规范》JGJ/T 163—2008 的规定，得 2 分。

② 场地内环境噪声符合现行国家标准《声环境质量标准》GB 3096—2008 的有关规定，评价分值为 4 分。

③ 场地内风环境有利于室外行走、活动舒适和建筑的自然通风，评价总分值为 6 分，并按下列规则分别评分并累计：

a. 在冬季典型风速和风向条件下，按下列规则评分并累计：

(a) 建筑物周围人行区风速小于 5m/s，且室外风速放大系数小于 2，得 2 分；

(b) 除迎风第一排建筑外，建筑迎风面与背风面表面风压差不大于 5Pa，得 1 分。

b. 过渡季、夏季典型风速和风向条件下，按下列规则分别评分并累计：

(a) 场地内人活动区不出现涡旋或无风区，得 2 分；

(b) 50%以上可开启外窗室内外表面的风压差大于 0.5 Pa，得 1 分。

④ 采取措施降低热岛强度，评价总分值为 4 分，并按下列规则分别评分并累计：

a. 红线范围内户外活动场地有乔木、构筑物等遮阴措施的面积达到 10%，得 1 分；达到 20%，得 2 分；

b. 超过 70%的道路路面、建筑屋面的太阳辐射反射系数不小于 0.4，得 2 分。

(3) 交通设施与公共服务

① 场地与公共交通设施具有便捷的联系，评价总分值为 9 分，并按下列规则分别评分并累计：

a. 场地出入口到达公共汽车站的步行距离不大于 500m，或到达轨道交通站的步行距离不大于 800m，得 3 分；

b. 场地出入口步行距离 800m 范围内设有 2 条及以上线路的公共交通站点（含公共交通和轨道交通站点），得 3 分；

c. 有便捷的人行通道联系公共交通站点，评价分值为 3 分。

② 场地内人行通道采用无障碍设计，评价分值为 3 分。

③ 合理设置停车场所，评价总分值为 6 分，并按下列规则分别评分并累计：

a. 自行车停车设施位置合理、方便出入，且有遮阳防雨措施，得 3 分；

b. 合理设置机动车停车设施，并采取下列措施中至少 2 项，得 3 分：

(a) 采用机械式停车库、地下停车库或停车楼等方式节约集约用地；

(b) 采用错时停车方式向社会开放，提高停车场（库）使用效率；

(c) 合理设计地面停车位，不挤占步行空间及活动场所。

④ 提供便利的公共服务，评价总分值为 6 分，并按下列规则评分：

a. 居住建筑：满足下列要求中的 3 项，得 3 分；满足 4 项及以上，得 6 分：

(a) 场地出入口到达幼儿园的步行距离不大于 300m；

(b) 场地出入口到达小学的步行距离不大于 500m；

(c) 场地出入口到达商业服务设施的步行距离不大于 500m；

(d) 相关设施集中设置并向周边居民开放；

(e) 场地 1000m 范围内设有 5 种及以上的公共服务设施。

b. 公共建筑：满足下列要求中的 2 项，得 3 分；满足 3 项及以上，得 6 分：

(a) 2 种及以上的公共建筑集中设置，或公共建筑兼容 2 种及以上的公共服务功能；

(b) 配套辅助设施设备共同使用、资源共享；

(c) 建筑向社会公众提供开放的公共空间；

(d) 社会活动场地错时向周边居民免费开放。

（4）场地设计与场地生态

① 结合现状地形地貌进行场地设计与建筑布局，保护场地内原有的自然水域、湿地和植被，采取表层土利用等生态补偿措施，评价分值为3分。

② 充分利用场地空间合理设置绿色雨水基础设施，对大于10hm^{2}的场地进行雨水专项设计，评价总分值为9分，并按下列规则分别评分并累计：

a. 下凹式绿地、雨水花园等有调蓄雨水功能的绿地和水体的面积之和占绿地面积的比例达到30%，得3分；

b. 合理衔接和引导屋面雨水、道路雨水进入地面生态设施，并采取相应的径流污染控制措施，得3分；

c. 硬质铺装地面中透水铺装面积的比例达到50%，得3分。

③ 合理规划地表与屋面雨水径流，对场地雨水实施外排总量控制，评价总分值为6分。其场地年径流总量控制率达到55%，得3分；达到70%，得6分。

④ 合理选择绿化方式，科学配置绿化植物，评价总分值为6分，并按下列规则分别评分并累计：

a. 种植适应当地气候和土壤条件的植物，采用乔、灌、草结合的复层绿化，种植区域覆土深度和排水能力满足植物生长需求，得3分；

b. 居住建筑绿地配置乔木不少于3株/100m^2，公共建筑采用垂直绿化、屋顶绿化等方式，得3分。

169. "节能与能源利用"的绿色评价标准是什么?

《绿色建筑评价标准》GB/T 50378—2014规定：

1）控制项

（1）建筑设计应符合相关建筑节能设计标准中强制性条文的规定。

（2）不应采用直接加热设备作为供暖空调系统的供暖热源和空气加湿热源。

（3）冷热源、输配系统和照明等各部分能耗应进行独立分项计量。

（4）各房间或场所的照明功率密度值不应高于现行国家标准《建筑照明设计标准》GB 50034—2013中规定的现行值。

2）评分项

（1）建筑与围护结构

① 结合场地自然条件，对建筑体形、朝向、楼距、窗墙比等进行优化设计，评比分值为6分。

② 外窗、玻璃幕墙的可开启部分能使建筑获得良好的通风，评价总分值为6分，并按下列规则评分：

a. 设玻璃幕墙且不设外窗的建筑，其玻璃幕墙透明部分可开启面积比例达到5%，得4分；达到10%，得6分。

b. 设外窗且不设玻璃幕墙的建筑，外窗可开启面积比例达到30%，得4分；达到35%，得6分。

c. 设玻璃幕墙和外窗的建筑，对其玻璃幕墙透明部分和外窗分别按a条和b条进行评价，得分取两项得分的平均值。

③ 围护结构热工性能优于国家现行建筑节能设计标准的规定，评价总分值为 10 分，并按下列规则评分：

a. 围护结构热工性能比国家现行建筑节能设计标准规定的提高幅度达到 5%，得 5 分，达到 10%，得 10 分。

b. 供暖空调全年计算负荷降低幅度达到 5%，得 5 分，达到 10%，得 10 分。

（2）供暖、通风与空调

① 供暖空调系统的冷、热源机组能效优于现行国家标准《公共建筑节能设计标准》GB 50189—2015 的规定以及现行有关国家标准能效限定值的要求，评价分值为 6 分。对电机驱动的蒸汽压缩循环冷水(热泵)机组，直燃型和蒸汽型溴化锂吸收式冷(温)水机组，单元式空气调节机、风管送风式和屋顶式空调机组，多联式空调(热泵)机组，燃煤、燃油和燃气锅炉，其能效指标比现行国家标准《公共建筑节能设计标准》GB 50189—2015 规定值的提高或降低幅度满足表 1-270 的要求；对房间空气调节器和家用燃气热水炉，其效能等级满足有关国家标准的节能评价值要求。

冷、热源机组能效指标比现行国家标准《公共建筑节能设计标准》GB 50189—2015 的提高或降低幅度　　表 1-270

机组类型		能效指标	提高或降低幅度
电机驱动的蒸汽压缩循环冷水（热泵）机组		制冷性能指数（*COP*）	提高 6%
溴化锂吸收式冷水机组	直燃性	制冷、供热性能指数（*COP*）	提高 6%
	蒸汽型	单位制冷量蒸汽耗量	降低 6%
单元式空气调节机、风管送风式和屋顶式空调机组		能效比（*EER*）	提高 6%
多联式空调（热泵）机组		制冷综合性能系数［*IPLV*（C）］	提高 8%
锅炉	燃煤	热效率	提高 3 个百分点
	燃油燃气	热效率	提高 2 个百分点

② 集中供暖系统热水循环泵的耗电输热比和通风空调系统风机的单位风量耗功率符合现行国家标准《公共建筑节能设计标准》GB 50189—2015 等的有关规定，且空调冷热水系统循环水泵的耗电输冷（热）比比现行国家标准《民用建筑供暖通风与空气调节设计规范》GB 50736—2012 规定值的 20%，评价分值为 6 分。

③ 合理选择和优化供暖、通风与空调系统，评价总分值为 10 分，根据系统能耗降低幅度按表 1-271 的规则评分。

供暖、通风与空调系统能耗降低幅度评分规则　　表 1-271

供暖、通风与空调系统能耗降低幅度 D_e	得分	供暖、通风与空调系统能耗降低幅度 D_e	得分
$5\% \leqslant D_e < 10\%$	3	$D_e \geqslant 15\%$	10
$10\% \leqslant D_e < 15\%$	7		

④ 采取措施降低过渡季节供暖、通风与空调系统能耗，评价分值为 6 分。

⑤ 采取措施降低部分负荷、部分空调使用下的供暖、通风与空调系统能耗，评价总分值为 9 分，并按下列规则分别评分并累计：

a. 区分房间的朝向，细分供暖、空调区域，对系统进行分析控制，得 3 分。

b. 合理选配空调冷、热源机组台数与容量，制定实施根据负荷变化调节制冷（热）量的控制策略，且空调冷源的部分负荷性能符合现行国家标准《公共建筑节能设计标准》GB 50189—2015 的规定，得 3 分。

c. 水系统、风系统采用变频技术，且采取相应的水力平衡措施，得 3 分。

（3）照明与电气

① 走廊、楼梯间、门厅、大堂、大空间、地下停车场等场所的照明系统采取分区、定时、感应等节能控制措施，评价分值为 5 分。

② 照明功率密度值达到现行国家标准《建筑照明设计标准》GB 50034—2013 中规定的目标值，评价总分值为 8 分。主要功能房间满足要求，得 4 分；所有区域均满足要求，得 8 分。

③ 合理选用电梯和自动扶梯，并采用电梯群控、扶梯自动启停等节能控制措施，评价分值为 3 分。

④ 合理选用节能型电气设备，评价总分值为 5 分，并按下列规则分别评分并累计：

a. 三相配电变压器满足现行国家标准《三相配电变压器能效限定值及能效等级》GB 20052—2013 的节能评价要求，得 3 分。

b. 水泵、风机等设备及其他电气装置满足相关现行国家标准的节能评价值要求，得 2 分。

（4）能量综合利用

① 排风能量回收系统设计合理并运行可靠，评价分值为 3 分。

② 合理采用蓄冷蓄热系统，评价分值为 3 分。

③ 合理利用余热废热解决建筑的蒸汽、供暖或生活热水需求，评价分值为 4 分。

④ 根据当地气候和自然资源条件，合理利用可再生能源，评价总分值为 10 分，按表 1-272 的规则评分。

可再生能源利用评分规则　　**表 1-272**

可再生能源利用类型和指标		得　分
由可再生能源提供的生活热水比例 R_{hw}	$20\% \leqslant R_{hw} < 30\%$	4
	$30\% \leqslant R_{hw} < 40\%$	5
	$40\% \leqslant R_{hw} < 50\%$	6
	$50\% \leqslant R_{hw} < 60\%$	7
	$60\% \leqslant R_{hw} < 70\%$	8
	$70\% \leqslant R_{hw} < 80\%$	9
	$R_{hw} \geqslant 80\%$	10
由可再生能源提供的空调用冷量和热量比例 R_{ch}	$20\% \leqslant R_{ch} < 30\%$	4
	$30\% \leqslant R_{ch} < 40\%$	5
	$40\% \leqslant R_{ch} < 50\%$	6
	$50\% \leqslant R_{ch} < 60\%$	7
	$60\% \leqslant R_{ch} < 70\%$	8
	$70\% \leqslant R_{ch} < 80\%$	9
	$R_{ch} \geqslant 80\%$	10

续表

可再生能源利用类型和指标		得分
由可再生能源提供的电量比例 R_e	$1.0\% \leqslant R_e < 1.5\%$	4
	$1.5\% \leqslant R_e < 2.0\%$	5
	$2.0\% \leqslant R_e < 2.5\%$	6
	$2.5\% \leqslant R_e < 3.0\%$	7
	$3.0\% \leqslant R_e < 3.5\%$	8
	$3.5\% \leqslant R_e < 4.0\%$	9
	$R_e \geqslant 4.0\%$	10

170. “节水与水资源利用”的绿色评价标准是什么?

《绿色建筑评价标准》GB/T 50378—2014 规定：

1）控制项

（1）应制定水资源利用方案，统筹利用各种水资源；

（2）给排水系统设置应合理、完善、安全；

（3）应采用节水器具。

2）评分项

（1）节水系统

① 建筑日平均用水量满足现行国家标准《民用建筑节水设计标准》GB 50555—2010 中的节水用水定额的要求，评价总分值为 10 分，达到节水用水定额的上限值的要求，得 4 分；达到上限值与下限值的平均值要求，得 7 分；达到下限值的要求，得 10 分。

② 采取有效措施避免管网漏损，评价总分值为 7 分，并按下列规则分别评分并累计：

a. 选用密闭性能好的阀门、设备，使用耐腐蚀、耐久性能好的管材、管件，得 1 分；

b. 室外埋地管道采取有效措施避免管网漏损，得 1 分；

c. 设计阶段根据水平衡测试的要求安装分级计量水表；运行阶段提供用水量计量情况和管网漏损检测、整改的报告，得 5 分。

③ 给水系统无超压出流现象，评价总分值为 8 分。用水点供水压力不大于 0.30MPa，得 3 分；不大于 0.20MPa ，且不小于用水器要求的最低工作压力，得 8 分。

④ 设置用水计量装置，评价总分值为 6 分，并按下列规则分别评分并累计：

a. 按使用用途，对厨房、卫生间、空调系统、游泳池、绿化、景观等用水分别设置用水计量装置，统计用水量，得 2 分；

b. 按付费或管理单元，分别设置用水计量装置，统计用水量，得 4 分。

⑤ 公用浴室采取节水措施，评价总分值为 4 分，并按下列规则分别评分并累计：

a. 采用带恒温控制和温度显示功能的冷热水混合淋浴器，得 2 分；

b. 设置用者付费的设施，得 2 分。

（2）节水器具与设备

① 使用较高用水效率等级的卫生器具，评价总分值为 10 分；用水效率等级达到 3 级，得 5 分；达到 2 级，得 10 分。

② 绿化灌溉采用节水灌溉方式，评价总分值为10分，并按下列规则评分：

a. 采用节水灌溉系统，得7分，在此基础上设置土壤湿度感应器、雨天关闭装置等节水控制措施，再得3分。

b. 种植无需永久灌溉植物，得10分。

③ 空调设备或系统采用节水冷却技术，评价总分值为10分，并按下列规则评分：

a. 循环冷却水系统设置水处理措施；采取加大集水盘、设置平衡管或平衡水箱的方式，避免冷却水泵停泵时冷却水溢出，得6分；

b. 运行时，冷却塔的蒸发耗水量占冷却水补水量的比例不低于80%，得10分；

c. 采用无蒸发耗水量的冷却技术，得10分。

④ 除卫生器具、绿化灌溉和冷却塔外的其他用水采用节水技术或措施，评价总分值为5分。其他用水中采用节水技术或措施的比例达到50%，得3分；达到80%，得5分。

(3) 非传统水源利用

① 合理使用非传统水源，评价总分值为15分，并按下列规则评分：

a. 住宅、办公、商店、旅馆类建筑：根据非传统水源利用率或者其非传统水源利用措施，按表1-273的规则评分。

非传统水源利用率评分规则 **表1-273**

建筑类型	非传统水源利用率		非传统水源利用措施				得分
	有市政再生水供应	无市政再生水供应	室内冲刷	室外绿化灌溉	道路浇洒	洗车用水	
住宅	8.0%	4.0%	—	□○	□	□	5分
	—	8.0%	—	○	○	○	7分
	30.0%	30.0%	□○	□○	□○	□○	15分
办公	10.0%	—	—	□	□	□	5分
	—	8.0%	—	○	—	—	10分
	50.0%	10.0%	□	□○	□○	□○	15分
商店	3.0%	—	—	□	□	□	2分
	—	2.5%	—	○	—	—	10分
	50.0%	3.0%	□	□○	□○	□○	15分
旅馆	2.0%	—	—	□	□	□	2分
	—	1.0%	—	○	—	—	10分
	12.0%	2.0%	□	□○	□○	□○	15分

注："□"为有市政再生水供应时的要求；"○"为无市政再生水供应时的要求。

b. 其他类型建筑：按下列规则分别评分并累计：

a) 绿化灌溉、道路冲洗、洗车用水采用非传统水源的用水量占其总用水量的比例不低于80%，得7分；

b) 冲厕采用非传统水源的用水量占其总用水量的比例不低于50%，得8分。

② 冷却水补水使用非传统水源，评价总分值为8分，根据冷却水补水使用非传统水源的量占总用水量的比例按表1-274的规则评分。

冷却水补水使用非传统水源的评分规则　　表 1-274

冷却水补水使用非传统水源的量占总用水量比例 R_{nt}	得分
$10\% \leqslant R_{nt} < 30\%$	4
$30\% \leqslant R_{nt} < 50\%$	6
$R_{nt} \geqslant 50\%$	8

③ 结合雨水利用设施进行景观水体设计，景观水体利用雨水的补水量大于其水体蒸发量的60%，且采用生态水处理技术保障水体水质，评价总分值为7分，并按下列规则分别评分并累计：

a. 对进入景观水体的雨水采取控制面源污染的措施，得4分；

b. 利用水生动、植物进行水体净化，得3分。

171. “节材与材料资源利用”的绿色评价标准是什么?

《绿色建筑评价标准》GB/T 50378—2014 规定：

1）控制项

（1）不得采用国家和地方禁止和限制使用的建筑材料及制品。

（2）混凝土结构中梁、柱纵向受力普通钢筋应采用不低于400MPa级的热轧带肋钢筋。

（3）建筑造型要素应简约，且无大量装饰性构件。

2）评分项

（1）节材设计

① 择优选用建筑形体，评价总分值为9分。根据现行国家标准《建筑抗震设计规范》GB 50011—2010 规定的建筑形体规则性评分，建筑体型不规则，得3分；建筑体型规则，得9分。

② 对地基基础、结构体系、结构构件进行优化设计，达到节材效果，评价分值为5分。

③ 土建工程与装修工程一体化设计，评价总分值为10分，并按下列规则评分：

a. 住宅建筑土建与装修一体化设计的户数比例达到30%，得6分；达到100%，得10分。

b. 公共建筑公共部位土建与装修一体化设计，得6分；所有部位均土建与装修一体化设计，得10分。

④ 公共建筑中可变换功能的室内空间采用可重复使用的隔断（墙），评价总分值为5分，根据可重复使用隔断（墙）比例按表1-275的规则评分。

可重复使用隔断（墙）比例评分规则　　表 1-275

可重复使用隔断（墙）比例 R_{rp}	得分	可重复使用隔断（墙）比例 R_{rp}	得分
$30\% \leqslant R_{rp} < 50\%$	3	$R_{rp} \geqslant 80\%$	5
$50\% \leqslant R_{rp} < 80\%$	4	—	—

⑤ 采用工业化生产的预制构件，评价总分值为5分，根据预制构件用量比例按表1-276的规则评分。

预制构件用量比例评分规则 表 1-276

预制构件用量比例 R_{pc}	得分
$15\% \leqslant R_{pc} < 30\%$	3
$30\% \leqslant R_{pc} < 50\%$	4
$R_{pc} \geqslant 50\%$	5

⑥ 采用整体化定型设计的厨房、卫浴间，评价总分值为 6 分，并按下列规则分别评分并累计：

a. 采用整体化定型设计的厨房，得 3 分；

b. 采用整体化定型设计的卫浴间，得 3 分。

（2）材料选用

① 选用本地生产的建筑材料，评价总分值为 10 分，根据施工现场 500km 以内生产的建筑材料重量占建筑材料总重量的比例按表 1-277 的规则评分。

本地生产的建筑材料评分规则 表 1-277

施工现场 500km 以内生产的建筑材料重量占建筑材料总重量的比例 R_{lm}	得分
$60\% \leqslant R_{lm} < 70\%$	6
$70\% \leqslant R_{lm} < 90\%$	8
$R_{lm} \geqslant 90\%$	10

② 现浇混凝土采用预拌混凝土，评价分值为 10 分。

③ 建筑砂浆采用预拌砂浆，评价总分值为 5 分。建筑砂浆采用预拌砂浆的比例达到 50%，得 3 分；达到 100%，得 5 分。

④ 合理采用高强建筑结构材料，评价总分值为 10 分，并按下列规则评分：

a. 混凝土结构：

a）根据 400MPa 级及以上受力普通钢筋的比例，按表 1-278 的规则评分，最高的 10 分。

400MPa 级及以上受力普通钢筋评分规则 表 1-278

400MPa 级及以上受力普通钢筋 R_{sb}	得分	400MPa 级及以上受力普通钢筋 R_{sb}	得分
$30\% \leqslant R_{sb} < 50\%$	4	$70\% \leqslant R_{sb} < 85\%$	8
$50\% \leqslant R_{sb} < 70\%$	6	$R_{sb} \geqslant 85\%$	10

b）混凝土竖向承重结构采用强度等级不小于 C50 混凝土用量占竖向承重结构中混凝土总量的比例达到 50%，得 10 分。

b. 钢结构：Q345 及以上高强钢材用量占钢材总量的比例达到 50%，得 8 分；达到 70%，得 10 分。

c. 混合结构：对其混凝土结构部分和钢结构部分，分别按 a 和 b 的规则进行评价，得分取两项得分的平均值。

⑤ 合理采用高耐久性建筑结构材料，评价分值为 5 分。对混凝土结构，其中高耐久性混凝土用量占混凝土总量的比例达到 50%；对钢结构，采用耐候结构钢或耐候性防腐涂料。

⑥ 采用可再利用材料和可再循环材料，评价总分值为 10 分，并按下列规则评分：

a. 住宅建筑中的可再利用材料和可再循环材料用量比例达到 6%，得 8 分；达到 10%，得 10 分。

b. 公共建筑中的可再利用材料和可再循环材料用量比例达到 10%，得 8 分；达到 15%，得 10 分。

⑦ 使用以废弃物为原料生产的建筑材料，评价总分值为 5 分，并按下列规则评分：

a. 采用一种以废弃物为原料生产的建筑材料，其占同类建筑材料的用量比例达到 30%，得 3 分；达到 50%，得 5 分。

b. 采用两种及以上以废弃物为原料生产的建筑材料，每一种用量比例达到 30%，得 5 分。

⑧ 合理采用耐久性好、易维护的装饰装修建筑材料，评价总分值为 5 分，并按下列规则评分并累计：

a. 合理采用清水混凝土，得 2 分；

b. 采用耐久性好、易维护的外立面材料，得 2 分；

c. 采用耐久性好、易维护的室内装饰装修材料，得 1 分。

172. “室内环境质量”的绿色评价标准是什么?

《绿色建筑评价标准》GB/T 50378—2014 规定：

1）控制项

（1）主要功能房间的室内噪声级应满足现行国家标准《民用建筑隔声设计规范》GB 50118—2010 中的低限要求。

（2）主要功能房间的外墙、隔墙、楼板和门窗的隔声性能应满足现行国家标准《民用建筑隔声设计规范》GB 50118—2010 中的低限要求。

（3）建筑照明数量和质量应满足现行国家标准《建筑照明设计标准》GB 50034—2013 的规定。

（4）采用集中供暖空调系统的建筑，房间内的温度、湿度、新风量等设计参数应符合现行国家标准《民用建筑供暖通风与空气调节设计规范》GB 50736—2012 的规定。

（5）在室内设计温、湿度条件下，建筑围护结构内表面不得结露。

（6）屋顶和东、西外墙隔热性能应满足现行国家标准《民用建筑热工设计规范》GB 50176—93 的要求。

（7）室内空气中的氨、甲醛、苯、总挥发性有机物、氡等污染物浓度应符合现行国家标准《室内空气质量标准》GB/T 18883—2002 的有关规定。

2）评分项

（1）室内声环境

① 主要功能房间室内噪声级，评价总分值为 6 分。噪声级达到现行国家标准《民用建筑隔声设计标准》GB 50118—2010 中的低限标准限值和高要求标准限值的平均值，得 3 分；达到高要求标准限值，得 6 分。

② 主要功能房间的隔声性能良好，评价总分值为 9 分，并按下列规则分别评分并累计：

a. 构件及相邻房间之间的空气隔声性能达到现行国家标准《民用建筑隔声设计标准》GB 50118—2010 中的低限标准和高要求标准限值的平均值，得 3 分；达到高要求标准限值，得 5 分。

b. 楼板的撞击声隔声性能达到现行国家标准《民用建筑隔声设计标准》GB 50118—2010 中的低限标准和高要求标准限值的平均值，得 3 分；达到高要求标准限值，得 4 分。

③ 采取减少噪声干扰的措施，评价总分值为 4 分，并按下列规则分别评分并累计：

a. 建筑平面、空间布局合理，没有明显的噪声干扰，得 2 分；

b. 采用同层排水或其他降低排水噪声的有效措施，使用率不小于 50%，得 2 分。

④ 公共建筑中的多功能厅、接待大厅、大型会议室和其他有声学要求的重要房间进行专项声学设计，满足相应功能要求，评价分值为 3 分。

（2）室内光环境与视野

① 建筑主要功能房间具有良好的户外视野，评价分值为 3 分。对居住建筑，其与相邻建筑的直接间距超过 18m；对公共建筑，其主要功能房间能通过外窗看到室外自然景观，无明显视线干扰。

② 主要功能房间的采光系数满足现行国家标准《建筑采光设计标准》GB 50033—2013 的要求，评价总分值为 8 分，并按下列规则评分：

a. 居住建筑：卧室、起居室的窗地面积比达到 1/6，得 6 分；达到 1/5，得 8 分。

b. 公共建筑：根据主要功能房间采光系数满足现行国家标准《建筑采光设计标准》GB 50033—2013 要求的面积比例，按表 1-279 的规则评分，最高得 8 分。

公共建筑主要功能房间采光评分规则　　表 1-279

面积比例 R_A	得分	面积比例 R_A	得分
$60\% \leqslant R_A < 65\%$	4	$75\% \leqslant R_A < 80\%$	7
$65\% \leqslant R_A < 70\%$	5	$R_A \geqslant 80\%$	8
$70\% \leqslant R_A < 75\%$	6		

③ 改善建筑室内天然采光效果，评价总分值为 14 分，并按下列规则分别评分并累计：

a. 主要功能房间有合理的控制眩光措施，得 6 分；

b. 内区采光系数满足采光要求的面积比例达到 60%，得 4 分；

c. 根据地下空间平均采光系数不小于 0.5% 的面积与首层地下室面积的比例，按表 1-280的规则评分，最高得 4 分。

地下空间采光评分规则　　表 1-280

面积比例 R_A	得分	面积比例 R_A	得分
$5\% \leqslant R_A < 10\%$	1	$15\% \leqslant R_A < 20\%$	3
$10\% \leqslant R_A < 15\%$	2	$R_A \geqslant 20\%$	4

（3）室内热湿环境

① 采用可调节遮阳措施，降低夏季太阳辐射得热，评价总分值为 12 分。外窗和幕墙透明部分中，有可控遮阳措施的面积比例达到 25%，得 6 分；达到 50%，得 12 分。

② 供暖空调系统末端现场可独立调节，评价总分值为 8 分。供暖、空调末端装置可独立启停的主要功能房间数量比例达到 70%，得 4 分；达到 90%，得 8 分。

（4）室内空气质量

① 优化建筑空间、平面布局和构造设计，改善自然通风效果，评价总分值为13分，并按下列规则评分：

a. 居住建筑：按下列2项的规则分别评分并累计：

a）通风开口面积与房间地板面积的比例在夏热冬暖地区达到10%，在夏热冬冷地区达到8%，在其他地区达到5%，得10分；

b）设有明卫，得3分。

b. 公共建筑：根据在过渡季典型工况下主要功能房间平均自然通风换气次数不小于2次/h的面积比例，按表1-281的规则评分，最高的13分。

公共建筑过渡季典型工况下主要功能房间平均自然通风评分规则　　表1-281

面积比例 R_R	得分	面积比例 R_R	得分
$60\% \leqslant R_R < 65\%$	6	$80\% \leqslant R_R < 85\%$	10
$65\% \leqslant R_R < 70\%$	7	$85\% \leqslant R_R < 90\%$	11
$70\% \leqslant R_R < 75\%$	8	$90\% \leqslant R_R < 95\%$	12
$75\% \leqslant R_R < 80\%$	9	$R_R \geqslant 95\%$	13

② 气流组织合理，评价总分值为7分，并按下列规则分别评分并累计：

a. 重要功能区域供暖、通风和空调工况下的气流组织满足热环境设计参数要求，得4分；

b. 避免卫生间、餐厅、地下车库等区域的空气和污染物串通到其他空间或室外活动场所，得3分。

③ 主要功能房间中人员密度较高且随时间变化大的区域设置空气质量监控系统，评价总分值为8分，并按下列规则分别评分并累计：

a. 对室内的二氧化碳浓度进行数据采集、分析，并与通风系统联动，得5分；

b. 实现室内污染物浓度超标实时报警，并与通风系统联动，得3分。

④ 地下车库设置与排风设备联动的一氧化碳浓度监测装置，评价分值为5分。

173. “施工管理”的绿色评价标准是什么？

《绿色建筑评价标准》GB/T 50378—2014规定：

1）控制项

（1）应建立绿色建筑项目施工管理体系和组织机构，并落实各级负责人。

（2）施工项目部应制定施工全过程的环境保护计划，并组织落实。

（3）施工项目部应制定施工人员职业健康安全管理计划，并组织实施。

（4）施工前应进行设计文件中绿色建筑重点内容的专项会审。

2）评分项

（1）环境保护

① 采取洒水、覆盖、遮挡等降尘措施，评价分值为6分。

② 采取有效的降噪措施。在施工场界测量并记录噪声，满足现行国家标准《建筑施工场界环境噪声排放标准》GB 12523—2011的规定，评价分值为6分。

③ 制定并实施施工废弃物减量化、资源化计划，评价总分值为10分，并按下列规则

分别评分并累计：

a. 制定施工废弃物减量化、资源化计划，得3分；

b. 可回收施工废弃物的回收率不小于80%，得3分；

c. 根据每10000m² 建筑面积的施工固体废弃物排放量，按表1-282的规则评分，最高得4分。

施工固体废弃物排放量评分规则　　表1-282

每10000m² 建筑面积的施工固体废弃物排放量 SW_c	得分
$350t < SW_c \leqslant 400t$	1
$300t < SW_c \leqslant 350t$	3
$SW_c \leqslant 300t$	4

（2）资源节约

① 制定并实施施工节能和用能方案，监测并记录施工能耗，评价总分值为8分，并按下列规则分别评分并累计：

a. 制定并实施施工节能和用能方案，得1分；

b. 监测并记录施工区、生活区的能耗，得3分；

c. 监测并记录主要建筑材料、设备从供货商提供的货源地到施工现场运输的能耗，得3分；

d. 监测并记录建筑施工废弃物从施工现场到废弃物处理/回收中心的能耗，得1分。

② 制定并实施施工节水和用水方案，监测并记录施工水耗，评价总分值为8分，并按下列规则分别评分并累计：

a. 制定并实施施工节水和用水方案，得2分；

b. 监测并记录施工区、生活区的水耗数据，得4分；

c. 监测并记录基坑降水的抽取量、排放量和利用数据，得2分。

③ 减少预拌混凝土的耗损，评价总分值为6分。损耗率降低至1.5%，得3分；降低至1.0%，得6分。

④ 采取措施降低钢筋损耗，评价总分值为8分，并按下列规则评分：

a. 80%以上的钢筋采用专业化生产的成型钢筋，得8分；

b. 根据现场加工钢筋损耗率，按表1-283的规则评分，最高得8分。

现场加工钢筋损耗率评分规则　　表1-283

现场加工钢筋损耗率 LR_{sb}	得分
$3.0\% < LR_{sb} \leqslant 4.0\%$	4
$1.5\% < LR_{sb} \leqslant 3.0\%$	6
$LR_{sb} \leqslant 1.5\%$	8

⑤ 使用工具式定型模板，增加模板周转次数，评价总分值为10分，根据工具式定型模板使用面积占模板工程总面积的比例按表1-284的规则评分。

工具式定型模板使用率评分规则　　表1-284

工具式定型模板使用面积占模板工程总面积的比例 R_{sf}	得分
$50\% \leqslant R_{sf} < 70\%$	6
$70\% \leqslant R_{sf} < 85\%$	8
$R_{sf} \geqslant 85\%$	10

（3）过程管理

① 实施设计文件中绿色建筑重点内容，评价总分值为4分，并按下列规则分别评分并累计：

a. 进行绿色建筑重点内容的专项交底，得2分；

b. 施工过程中以施工日志记录绿色建筑重点内容的实施情况，得2分。

② 严格控制设计文件变更，避免出现降低建筑绿色性能的重大变更，评价分值为4分。

③ 施工过程中采取相关措施保证建筑的耐久性，评价总分值为8分，并按下列规则分别评分并累计：

a. 对保证建筑结构耐久性的技术措施进行相应检测并纪录，得3分；

b. 对有节能、环保要求的设备进行相应检验并记录，得3分；

c. 对有节能、环保要求的装修装饰材料进行相应检验并记录，得2分。

④ 实现土建装修一体化施工，评价总分值为14分，并按下列规则分别评分并累计：

a. 工程竣工时主要功能空间的使用功能完备，装修到位，得3分；

b. 提供装修材料检测报告、机电设备检测报告、性能复试报告，得4分；

c. 提供建筑竣工验收证明、建筑质量保证书、使用说明书，得4分；

d. 提供业主反馈意见书，得3分。

⑤ 工程竣工验收前，由建设单位组织有关责任单位，进行机电系统的综合调试和联合试运转，结果符合设计要求，评价分值为8分。

174. "运营管理"的绿色评价标准是什么?

《绿色建筑评价标准》GB/T 50378—2014 规定：

1）控制项

（1）应制定并实施节能、节水、节材、绿化管理制度。

（2）应制定垃圾管理制度，合理规划垃圾物流，对生活废弃物进行分类收集，垃圾容器设置规范。

（3）运行过程中产生的废气、污水等污染物应达标排放。

（4）节能、节水设施应工作正常，且符合设计要求。

（5）供暖、通风、空调、照明等设备的自动监控系统应工作正常，且运行记录完整。

2）评分项

（1）管理制度

① 物业管理机构获得有关管理体系认证，评价总分值为10分，并按下列规则分别评分并累计：

a. 具有ISO 14001环境管理体系认证，得4分；

b. 具有ISO 9001环境管理体系认证，得4分；

c. 具有现行国家标准《能源管理体系　要求》GB/T 23331—2012的能源管理体系认证，得2分。

② 节能、节水、节材、绿化的操作规程、应急预案完善，且有效实施，评价总分值为8分，并按下列规则分别评分并累计：

a. 相关设施的操作规程在现场明示，操作人员严格遵守规定，得 6 分；

b. 节能、节水措施运行具有完善的应急预案，得 2 分。

③ 实施能源管理激励机制，管理业绩与节约能源资源，提高经济效益挂钩，评价总分值为 6 分，并按下列规则分别评分并累计：

a. 物业管理机构的工作考核体系中包含能源资源管理激励机制，得 3 分；

b. 与租用者的合同中包含节能条款，得 1 分；

c. 采用合同能源管理模式，得 2 分。

④ 建立绿色教育宣传机制，编制绿色设施使用手册，形成良好的绿色气氛，评价总分值为 6 分，并按下列规则分别评分并累计：

a. 有绿色教育宣传工作记录，得 2 分；

b. 向使用者提供绿色设施使用手册，得 2 分；

c. 相关绿色行为与成效获得公共媒体报道，得 2 分。

（2）技术管理

① 定期检查、调试公共设施设备，并根据运行检测数据进行设备系统的运行优化，评价总分值为 10 分，并按下列规则分别评分并累计：

a. 具有设施设备的检查、调试、运行、标定记录，且记录完整，得 7 分；

b. 制定并实施设备能效改进方案，得 3 分。

② 对空调通风系统进行定期检查和清洗，评价总分值为 6 分，并按下列规则分别评分并累计：

a. 制定空调通风设备和风管的检查和清洗计划，得 2 分；

b. 实施 a 中的检查和清洗计划，且记录保存完整，得 4 分。

③ 非传统水源的水质和用水记录完整、准确，评价总分值为 4 分，并按下列规则分别评分并累计：

a. 定期进行水质检测，记录完整、准确，得 2 分；

b. 用水量记录完整、准确，的 2 分。

④ 智能化系统的运行效果满足建筑运行与管理的需要，评价总分值为 12 分，并按下列规则分别评分并累计：

a. 居住建筑的智能化系统满足现行行业标准《居住区智能化系统配置与技术要求》CJ/T 174—2003 的基本配置要求，公共建筑的智能化系统满足现行国家标准《智能建筑设计标准》GB/T 50314—2006 的基础配置要求，得 6 分；

b. 智能化系统工作正常，符合设计要求，得 6 分。

⑤应用信息化手段进行物业管理，建筑工程、设施、设备、部品、能耗等档案及记录齐全，评价总分值为 10 分，并按下列规则分别评分并累计：

a. 设置物业管理信息系统，得 5 分；

b. 物业管理信息系统功能完备，得 2 分；

c. 记录数据完整，得 3 分。

（3）环境管理

① 采用无公害病虫防治技术，规范杀虫剂、除草剂、化肥、农药等化学品的使用，有效避免对土壤和地下水环境的损害，评价总分值为 6 分，并按下列规则分别评分并

累计：

a. 建立和实施化学品管理责任制，得2分；

b. 病虫害防治用品使用记录完整，得2分；

c. 采用生物制剂、仿生制剂等无公害防治技术，得2分。

② 栽种和移植的树木一次成活率大于90%，植物生长状态良好，评价总分值为6分，并按下列规则分别评分并累计：

a. 工作记录完整，得4分；

b. 现场观感良好，得2分。

③ 垃圾收集站（点）及垃圾间不污染环境，不散发臭味，评价总分值为6分，并按下列规则分别评分并累计：

a. 垃圾站（间）定期冲洗，得2分；

b. 垃圾及时清运、处置，得2分；

c. 周边无臭味，用户反映良好，得2分。

④ 实行垃圾分类收集和处理，评价总分值为10分，并按下列规则分别评分并累计：

a. 垃圾分类收集率达到90%，得4分；

b. 可回收垃圾的回收比例达到90%，得2分；

c. 对可生物降解垃圾进行单独收集和合理处置，得2分；

d. 对有害垃圾进行单独收集和合理处置，得2分。

175. "提高与创新"的评价标准是什么？

《绿色建筑评价标准》GB/T 50378—2014规定：

1）一般规定

（1）绿色建筑评价时，应按本规范的规定对加分项进行评价。加分项包括性能提高和创新两部分。

（2）加分项的附加得分为各加分项得分之和。当附加得分大于10分时，应取为10分。

2）加分项

（1）性能提高

① 围护结构热工性能比国家现行相关建筑节能设计标准的规定高20%，或者供暖空调全年计算负荷降低幅度达到15%，评价分值为2分。

② 供暖空调系统的冷、热源机组能效均优于现行国家标准《公共建筑节能设计标准》GB 50189—2015的规定以及现行有关国家标准能效节能评价值的要求，评价分值为1分。对电机驱动的蒸汽压缩循环冷水（热泵）机组，直燃型和蒸汽型溴化锂吸收式冷（温）水机组，单元式空气调节机、风管送风式和屋顶式空调机组，多联式空调（热泵）机组，燃煤、燃油和燃气锅炉，其能效指标比现行国家标准《公共建筑节能设计标准》GB 50189—2015的规定值提高或降低幅度满足表1-285的要求；对房间空气调节器和家用燃气热水炉，其能效等级满足现行有关国家标准规定的1级要求。

③ 采用分布式热电冷联供技术，系统全年能源综合利用率不低于70%，评价分值为1分。

冷、热源机组能效指标比现行国家标准《公共建筑节能设计标准》GB 50189—2005 的提高或降低幅度 表 1-285

机组类型		能效指标	提高或降低幅度
电机驱动的蒸汽压缩循环冷水（热泵）机组		制冷性能系数（*COP*）	提高 12%
溴化锂吸收式冷水机组	直燃型	制冷、供热性能系数（*COP*）	提高 12%
	蒸汽型	单位制冷量蒸汽耗量	降低 12%
单元式空气调节机、风管送风式和屋顶式空调机组		能效比（*EER*）	提高 12%
多联式空调（热泵）机组		制冷综合性能系数［*IPLV*（C）］	提高 16%
锅炉	燃煤	热效率	提高 6 个百分点
	燃油燃气	热效率	提高 4 个百分点

④ 卫生器具的用水效率均达到国家标准有关卫生器具用水效率等级标准规定的 1 级，评价分值为 1 分。

⑤ 采用资源消耗少和环境影响小的建筑结构，评价分值为 1 分。

⑥ 对主要功能房间采取有效的空气处理措施，评价分值为 1 分。

⑦ 室内空气中氨、甲醛、苯、总挥发性有机物、氡、可吸入颗粒物等污染物浓度不高于现行国家标准《室内空气质量标准》GB/T 18883—2002 规定限值的 70%，评价分值为 1 分。

（2）创新

① 建筑方案充分考虑建筑所在地域的气候、环境、资源，结合场地特征和建筑功能，进行技术经济分析，显著提高能源资源利用效率和建筑性能，评价分值为 2 分。

② 合理选用废弃场地进行建设，或充分利用尚可使用的旧建筑，评价分值为 1 分。

③ 应用建筑信息模型（BIM）技术，评价分值为 2 分。在建筑的规划设计、施工建造和运行维护阶段中的一个阶段应用，得 1 分；在两个或两个以上阶段应用，得 2 分。

④ 进行建筑碳排放计算分析，采取措施降低单位建筑面积碳排放强度，评价分值为 1 分。

⑤ 采取节约能源资源、保护生态环境、保障安全健康的其他创新，并有明显效益，评价总分值为 2 分。采取一项，得 1 分；采取两项及以上，得 2 分。

十、智 能 建 筑

176. 什么叫“智能建筑”？它包括哪些内容？

《智能建筑设计标准》GB/T 50314—2006 规定：

智能建筑是以建筑物为平台，兼备信息设施系统、信息化应用系统、建筑设备管理系统、公共安全系统等，集结构、系统、服务、管理及其优化组合为一体，向人们提供安全、高效、便捷、节能、环保、健康的建筑环境。代号为 IB。

智能建筑的智能化系统设计，应以增强建筑物的科技功能和提升建筑物的应用价值为目标，以建筑物的功能类别、管理需求及建设投资为依据，具有可扩性、开放性和灵活性。

智能建筑设计适用于办公、商业、文化、媒体、体育、医院、学校、交通和住宅等民用建筑及通用工业建筑的智能化系统工程。

177. “智能建筑”的术语与代号有哪些？

《智能建筑设计标准》GB/T 50314—2006 规定：

1）智能化集成系统

将不同功能的建筑智能化系统，通过统一的信息平台实现集成，以形成具有信息汇集、资源共享及优化管理等综合功能的系统，代号为 IIS。

2）信息设施系统

为确保建筑物与外部信息通信网的互联及信息畅通，对语音、数据、图像和多媒体等各类信息予以接收、交换、传输、存储、检索和显示等进行综合处理的多种类信息设备系统加以组合，提供实现建筑物业务及管理等应用功能的信息通信基础设施，代号为 ITST。

3）信息化应用系统

以建筑物信息设施系统和建筑设备管理系统等为基础，为满足建筑物各类业务和管理功能的多种类信息设备与应用软件而组合的系统，代号为 ITAS。

4）建筑设备管理系统

对建筑设备监控系统和公共安全系统等实施综合管理的系统，代号为 BMS。

5）公共安全系统

为维护公共安全，综合运用现代科学技术，以应对危害社会安全的各类突发事件而构建的技术防范系统或保障体系，代号为 PSS。

6）机房工程

为提供智能化系统的设备和装置等安装条件，以确保各系统安全、稳定和可靠地运行与维护的建筑环境而实施的综合工程，代号为 EEEP。

178. “智能建筑的设计要素”包括哪些内容?

《智能建筑设计标准》GB/T 50314—2006 规定：

1）一般规定

（1）智能建筑的智能化系统工程设计宜由智能化集成系统、信息设施系统、信息化应用系统、建筑设备管理系统、公共安全系统、机房工程和建筑环境等设计要素构成。

（2）智能化系统工程设计，应根据建筑物的规模和功能需求等实际情况，选择配置相关的系统。

2）智能化集成系统

（1）智能化集成系统的功能应符合下列要求：

① 应以满足建筑物的使用功能为目标，确保对各类系统监控信息资源的共享和优化管理。

② 应以建筑物的建设规模、业务性质和物业管理模式等为依据，建立实用、可靠和高效的信息化应用系统，以实施综合管理功能。

（2）智能化集成系统构成宜包括智能化系统信息共享平台建设和信息化应用功能实施。

（3）智能化集成系统配置应符合下列要求：

① 应具有对各智能化系统进行数据通信、信息采集和综合处理的能力。

② 集成的通信协议和接口应符合相关的技术标准。

③ 应实现对各智能化系统进行综合管理。

④ 应支撑工作业务系统及物业管理系统。

⑤ 应具有可靠性、容错性、易维护性和可扩展性。

3）信息设施系统

（1）信息设施系统的功能应符合下列要求：

① 应为建筑物的使用者及管理者创造良好的信息应用环境。

② 应根据需要对建筑物内外的各类信息，予以接收、交换、传输、存储、检索和显示等综合处理，并提供符合信息化应用功能所需的各种类信息设备系统组合的设施条件。

（2）信息设施系统宜包括通信接入系统、电话交换系统、信息网络系统、综合布线系统、室内移动通信覆盖系统、卫星通信系统、有线电视及卫星电视接收系统、广播系统、会议系统、信息导引及发布系统、时钟系统和其他相关的信息通信系统。

（3）通信接入系统应符合下列要求：

① 应根据用户信息通信业务的需求，将建筑物外部的公用通信网或专用通信网的接入系统引入建筑物内。

② 公用通信网的有线、无线接入系统应支持建筑物内用户所需的各类信息通信业务。

（4）电话交换系统应符合下列要求：

① 宜采用本地电信业务经营者所提供的虚拟交换方式、配置远端模块或设置独立的综合业务数字程控用户交换机系统等方式，提供建筑物内电话等通信使用。

② 综合业务数字程控用户交换机系统设备的出入中继线数量，应根据实际话务量等因素确定，并预留裕量。

③ 建筑物内所需的电话端口应按实际需求配置，并预留裕量。

④ 建筑物公共部位宜配置公用的直线电话、内线电话和无障碍专用的公用直线电话和内线电话。

（5）信息网络系统应符合下列要求：

① 应以满足各类网络业务信息传输与交换的高速、稳定、实用和安全为规划与设计的原则。

② 宜采用以太网等交换技术和相应的网络结构方式，按业务需求规划二层或三层的网络结构。

③ 系统桌面用户接入宜根据需要选择配置10/100/1000Mbit/s信息端口。

④ 建筑物内流动人员较多的公共区域或布线配置信息点不方便的大空间等区域，宜根据需要配置无线局域网络系统。

⑤ 应根据网络运行的业务信息流量、服务质量要求和网络结构等配置网络的交换设备。

⑥ 应根据工作业务的需求配置服务器和信息端口。

⑦ 应根据系统的通信接入方式和网络子网划分等配置路由器。

⑧ 应配置相应的信息安全保障设备。

⑨ 应配置相应的网络管理系统。

（6）综合布线系统应符合下列要求：

① 应成为建筑物信息通信网络的基础传输通道，能支持语音、数据、图像和多媒体等各种业务信息的传输。

② 应根据建筑物的业务性质、使用功能、环境安全条件和其他使用的需求，进行合理的系统布局和管线设计。

③ 应根据缆线敷设方式和其所传输信息符合相关涉密信息保密管理规定的要求，选择相应类型的缆线。

④ 应根据缆线敷设方式和其所传输信息满足对防火的要求，选择相应防护方式的缆线。

⑤ 应具有灵活性、可扩展性、实用性和可管理性。

⑥ 应符合现行国家标准《建筑与建筑群综合布线系统工程设计规范》GB/T 50311—2007的相关规定。

（7）室内移动通信覆盖系统应符合下列要求：

① 应克服建筑物的屏蔽效应阻碍与外界通信。

② 应确保建筑的各种类移动通信用户对移动通信使用需求，为适应未来移动通信的综合性发展预留扩展空间。

③ 对室内需屏蔽移动通信信号的局部区域，宜配置室内屏蔽系统。

④ 应符合现行国家标准《国家环境电磁卫生标准》GB 9175—1988的相关规定。

（8）卫星通信系统应符合下列要求：

① 应满足各类建筑的使用业务对语音、数据、图像和多媒体等信息通信的需求。

② 应在建筑物相关对应的部位，配置或预留卫星通信系统天线、室外单元设备安装的空间和天线基座基础、室外馈线引入的管道及通信机房的位置等。

（9）有线电视及卫星电视接收系统应符合下列要求：

① 宜向用户提供多种电视节目源。

② 应采用电缆电视传输和分配的方式，对需提供上网和点播功能的有线电视系统宜采用双向传输系统。传输系统的规划应符合当地有线电视网络的要求。

③ 根据建筑物的功能需要，应按照国家相关部门的管理规定，配置卫星广播电视接收和传输系统。

④ 应根据各类建筑内部的功能需要配置电视终端。

⑤ 应符合现行国家标准《有线电视系统工程技术规范》GB 50200—2004 的相关规定。

（10）广播系统应符合下列要求：

① 根据使用的需要宜分为公共广播、背景音乐和应急广播等。

② 应配置多音源播放设备，以根据需要对不同分区播放不同音源信号。

③ 宜根据需要配置传声器和呼叫站，具有分区呼叫控制功能。

④ 系统播放设备宜具有连续、循环播放和预置定时播放的功能。

⑤ 当对系统有精确的时间控制要求时，应配置标准时间系统，必要时可配置卫星全球标准时间信号系统。

⑥ 宜根据需要配置各类钟声信号。

⑦ 应急广播系统的扬声器宜采用与公共广播系统的扬声器兼用的方式。应急广播系统应优先于公共广播系统。

⑧ 应合理选择最大声压级、传输频率性、传声增益、声场不均匀度、噪声级和混响时间等声学指标，以符合使用的要求。

（11）会议系统应符合下列要求：

① 应对会议场所进行分类，宜按大会议厅（报告厅）、多功能大会议室和小会议室等配置会议系统设备。

② 应根据需求及有关标准，配置组合相应的会议系统功能，系统宜包括与多种通信协议相适应的视频会议电视系统；会议设备总控系统；会议发言、表决系统；多语种的会议同声传译系统；会议扩声系统；会议签到系统、会议照明控制系统和多媒体信息显示系统等。

③ 对于会议室数量较多的会议中心，宜配置会议设备集中管理系统，通过内部局域网集中监控各会议室的设备使用和运行状况。

（12）信息导引及发布系统应符合下列要求：

① 应能向建筑物内的公众或来访者提供告知、信息发布和演示以及查询等功能。

② 系统宜由信息采集、信息编辑、信息播控、信息显示和信息导览系统组成，宜根据实际需要进行系统配置及组合。

③ 信息显示屏应根据所需提供观看的范围、距离及具体安装的空间位置及方式等条件合理选用显示屏的类型及尺寸。各类显示屏应具有多种输入接口方式。

④ 宜设专用的服务器和控制器，宜配置信号采集和制作设备及选用相关的软件，能支持多通道显示、多画面显示、多列表播放和支持所有格式的图像、视频、文件显示及支持同时控制多台显示屏显示相同或不同的内容。

⑤ 系统的信号传输宜纳入建筑物内的信息网络系统并配置专用的网络适配器或专用

局域网或无线局域网的传输系统。

⑥ 系统播放内容应顺畅清晰，不应出现画面中断或跳播现象，显示屏的视角、高度、分辨率、刷新率、响应时间和画面切换显示间隔等应满足播放质量的要求。

⑦ 信息导览系统宜用触摸屏查询、视频点播和手持多媒体导览器的方式浏览信息。

(13) 时钟系统应符合下列要求：

① 应具有校时功能。

② 宜采用母钟、子钟组网方式。

③ 母钟应向其他有时基要求的系统提供同步校时信号。

4) 信息化应用系统

(1) 信息化应用系统的功能应符合下列要求：

① 应提供快捷、有效的业务信息运行的功能。

② 应具有完善的业务支持辅助的功能。

(2) 信息化应用系统宜包括工作业务应用系统、物业运营管理系统、公共服务管理系统、公众信息服务系统、智能卡应用系统和信息网络安全管理系统等其他业务功能所需要的应用系统。

(3) 工作业务应用系统应满足该建筑物所承担的具体工作职能及工作性质的基本功能。

(4) 物业运营管理系统应对建筑物内各类设施的资料、数据、运行和维护进行管理。

(5) 公共服务管理系统应具有进行各类公共服务的计费管理、电子账务和人员管理等功能。

(6) 公众信息服务系统应具有集合各类共用及业务信息的接入、采集、分类和汇总的功能，并建立数据资源库，向建筑物内公众提供信息检索、查询、发布和导引等功能。

(7) 智能卡应用系统宜具有作为识别身份、门钥、重要信息系统密钥，并具有各类其他服务、消费等计费和票务管理、资料借阅、物品寄存、会议签到和访客管理等管理功能。

(8) 信息网络安全管理系统应确保信息网络的运行保障和信息安全。

5) 建筑设备管理系统

(1) 建筑设备管理系统的功能应符合下列要求：

① 应具有对建筑机电设备测量、监视和控制功能，确保各类设备系统运行稳定、安全和可靠并达到节能和环保的管理要求。

② 宜采用集散式控制系统。

③ 应具有对建筑物环境参数的监测功能。

④ 应满足对建筑物的物业管理需要，实现数据共享，以生成节能及优化管理所需的各种相关信息分析和统计报表。

⑤ 应具有良好的人机交互界面及采用中文界面。

⑥ 应共享所需的公共安全等相关系统的数据信息等资源。

(2) 建筑设备管理系统宜根据建筑设备的情况选择配置下列相关的各项管理功能：

① 压缩式制冷机系统和吸收式制冷系统的运行状态监测、监视、故障报警、启停程序配置、机组台数或群控控制、机组运行均衡控制及能耗累计。

② 蓄冰制冷系统的启停控制、运行状态显示、故障报警、制冰与溶冰控制、冰库蓄冰量监测及能耗累计。

③ 热力系统的运行状态监视、台数控制、燃气锅炉房可燃气体浓度监测与报警、热交换器温度控制、热交换器与热循环泵连锁控制及能耗累计。

④ 冷冻水供、回水温度、压力与回水流量、压力监测、冷冻泵启停控制（由制冷机组自备控制器控制时除外）和状态显示、冷冻泵过载报警、冷冻水进出口温度、压力监测、冷却水进出口温度监测、冷却水最低回水温度控制、冷却水泵启停控制（由制冷机组自带控制器时除外）和状态显示、冷却水泵故障报警、冷却塔风机启停控制（由制冷机组自带控制器时除外）和状态显示、冷却塔风机故障报警。

⑤ 空调机组启停控制及运行状态显示；过载报警监测；送风、回风温度监测；室内外温、湿度监测；过滤器状态显示及报警；风机故障报警；冷（热）水流量调节；加湿器控制；风门调节；风机、风阀、调节阀连锁控制；室内 CO_2 浓度或空气品质监测；（寒冷地区）防冻控制；送回风机组与消防系统联动控制。

⑥ 变风量（VAV）系统的总风量调节；送风压力监测；风机变频控制；最小风量控制；最小新风量控制；加热控制；变风量末端（VAVBOX）自带控制器时应与建筑设备监控系统联网，以确保控制效果。

⑦ 送排风系统的风机启停控制和运行状态显示；风机故障报警；风机与消防系统联动控制。

⑧ 风机盘管机组的室内温度测量与控制；冷（热）水阀开关控制；风机启停及调速控制。能耗分段累计。

⑨ 给水系统的水泵自动启停控制及运行状态显示；水泵故障报警；水箱液位监测、超高与超低水位报警。污水处理系统的水泵启停控制及运行状态显示；水泵故障报警；污水集水井、中水处理池监视、超高与超低液位报警；漏水报警监视。

⑩ 供配电系统的中压开关与主要低压开关的状态监视及故障报警；中压与低压主母排的电压、电流及功率因数测量；电能计量；变压器温度监测及超温报警；备用及应急电源的手动/自动状态、电压、电流及频率监测；主回路及重要回路的谐波监测与记录。

⑪ 大空间、门厅、楼梯间及走道等公共场所的照明按时间程序控制（值班照明除外）；航空障碍灯、庭院照明、道路照明按时间程序或按亮度控制和故障报警；泛光照明的场景、亮度按时间程序控制和故障报警；广场及停车场照明按时间程序控制。

⑫ 电梯及自动扶梯的运行状态显示及故障报警。

⑬ 热电联供系统的监视包括初级能源的监测；发电系统的运行状态监测；蒸汽发生系统的运行状态监视能耗累计。

⑭ 当热力系统、制冷系统、空调系统、给排水系统、电力系统、照明控制系统和电梯管理系统等采用分别自成体系的专业监控系统时，应通过通信接口纳入建筑设备管理系统。

（3）建筑设备管理系统应满足相关管理需求，对相关的公共安全系统进行监视及联动控制。

6）公共安全系统

（1）公共安全系统的功能应符合下列要求：

① 具有应对火灾、非法侵入、自然灾害、重大安全事故和公共卫生事故等危害人们生命财产安全的各种突发事件，建立起应急及长效的技术防范保障体系。

② 应以人为本、平战结合、应急联动和安全可靠。

(2) 公共安全系统宜包括火灾自动报警系统、安全技术防范系统和应急联动系统等。

(3) 火灾自动报警系统应符合下列要求：

① 建筑物内的主要场所宜选择智能型火灾探测器；在单一型火灾探测器不能有效探测火灾的场所，可采用复合型火灾探测器；在一些特殊部位及高大空间场所宜选用具有预警功能的线型光纤感温探测器或空气采样烟雾探测器等。

② 对于重要的建筑物，火灾自动报警系统的主机宜设有热备份，当系统的主机出现故障时，备份主机能及时投入运行，以提高系统的安全性、可靠性。

③ 应配置带有汉化操作的界面，操作软件的配置应简单易操作。

④ 应预留与建筑设备管理系统的数据通信接口，接口界面的各项技术指标均应符合相关要求。

⑤ 宜与安全技术防范系统实现互联，可实现安全技术防范系统作为火灾自动报警系统有效的辅助手段。

⑥ 消防监控中心机房宜单独设置，当与建筑设备管理系统和安全技术防范系统等合用控制室时，应符合本标准“机房工程建筑设计”的相关规定。

⑦ 应符合现行国家标准《火灾自动报警系统设计规范》GB 50116—2013 和《建筑设计防火规范》GB 50016—2014 的相关规定。

(4) 安全技术防范系统应符合下列要求：

① 应以建筑物被防护对象的防护等级、建设投资及安全防范管理工作的要求为依据，综合运用安全防范技术、电子信息技术和信息网络技术等，构成先进、可靠、经济、适用和配套的安全技术防范体系。

② 系统宜包括安全防范综合管理系统、入侵报警系统、视频安防监控系统、出入口控制系统、电子巡查管理系统、访客对讲系统、停车库（场）管理系统及各类建筑物业务功能所需的其他相关安全技术防范系统。

③ 系统应以结构化、模块化和集成化的方式实现组合。

④ 应采用先进、成熟的技术和可靠、适用的设备，应适应技术发展的需要。

⑤ 应符合现行国家标准《安全防范工程技术规范》GB 50348—2004 的相关规定。

(5) 应急联动系统应符合下列要求：

大型建筑物或其群体，应以火灾自动报警系统、安全技术防范系统为基础，构建应急联动系统。

① 应急联动系统应具有下列功能：

a. 对火灾、非法入侵等事件进行准确探测和本地实时报警；

b. 采取多种通信手段，对自然灾害、重大安全事故、公共卫生事件和社会安全事件实现本地报警和异地报警；

c. 指挥调度；

d. 紧急疏散与逃生导引；

e. 事故现场紧急处置。

② 应急联动系统宜具有下列功能：

a. 接受上级的各类指令信息；

b. 采集事故现场信息；

c. 收集各子系统上传的各类信息，接收上级指令和应急系统指令下达至各相关子系统；

d. 多媒体信息的大屏幕显示；

e. 建立各类安全事故的应急处理预案。

③ 应急联动系统应配置下列系统：

a. 有线/无线通信、指挥、调度系统；

b. 多路报警系统（110、119、122、120、水、电等城市基础设施抢险部门）；

c. 消防一建筑设备联动系统；

d. 消防一安防联动系统；

e. 应急广播一信息发布一疏散导引联动系统。

④ 应急联动系统宜配置下列系统：

a. 大屏幕显示系统；

b. 基于地理信息系统的分析决策支持系统；

c. 视频会议系统；

d. 信息发布系统。

⑤ 应急联动系统宜配置总控室、决策会议室、操作室、维护室和设备间等工作用房。

⑥ 应急联动系统建设应纳入地区应急联动体系并符合相关的管理规定。

7）机房工程

（1）机房工程指的是信息中心设备机房、数字程控交换机系统设备机房、通信系统总配线设备机房、消防监控中心机房、安防监控中心机房、智能化系统设备总控室、通信接入系统设备机房、有线电视前端设备机房、弱电间（电信间）和应急指挥中心机房及其他智能化系统的设备机房。

（2）机房工程设计内容宜包括机房配电及照明系统、机房空调、机房电源、防静电地板、防雷接地系统、机房环境监控系统和机房气体灭火系统等。

（3）机房工程建筑设计应符合下列要求：

① 通信接入交接设备机房应设在建筑物内底层或在地下一层（当建筑物有地下多层时）。

② 公共安全系统、建筑设备管理系统、广播系统可集中配置在智能化系统设备总控室内，各系统设备应占有独立的工作区，且相互间不会产生干扰。火灾自动报警系统的主机及与消防联动控制系统设备均应设在其中相对独立的空间内。

③ 通信系统总配线设备机房宜设于建筑（单体或群体建筑）的中心位置，并应与信息中心设备机房及数字程控用户交换机设备机房规划时综合考虑。弱电间（电信间）应独立设置，并在符合布线传输距离要求情况下，宜设置于建筑平面中心的位置，楼层弱电间（电信间）上下位置宜垂直对齐。

④ 对电磁骚扰敏感的信息中心设备机房、数字程控用户交换机设备机房、通信系统总配线设备机房和智能化系统设备总控室等重要机房不应与变配电室及电梯机房贴邻

布置。

⑤ 各设备机房不应设在水泵房、厕所和浴室等潮湿场所的正下方或贴邻布置。当受土建条件限制无法满足要求时，应采取有效措施。

⑥ 重要设备机房不宜贴邻建筑物外墙（消防控制室除外）。

⑦ 与智能化系统无关的管线不得从机房穿越。

⑧ 机房面积应根据各系统设备机柜（机架）的数量及布局要求确定，并宜预留发展空间。

⑨ 机房宜采用防静电架空地板，架空地板的内净高度及承重能力应符合相关规范的规定和所安装设备的荷载要求。

(4) 机房工程电源应符合下列要求：

① 应按机房设备用电负荷的要求配电，并应留有裕量。

② 电源质量应符合相关规范或所配置设备的技术要求。

③ 电源输入端应设电涌保护装置。

④ 机房内设备应设不间断或应急电源装置。

(5) 机房照明应符合下列要求：

① 消防控制室的照明灯具宜采用无眩光荧光灯具或节能灯具，应由应急电源供电。

② 机房照明应符合现行国家标准《建筑照明设计标准》GB 50034—2013 的相关规定。

(6) 机房设备接地应符合下列要求：

① 当采用建筑物共用接地时，其接地电阻应不大于 1Ω。

② 当采用独立接地极时，其电阻值应符合相关规范或所配置设备的要求。

③ 接地引下线应采用截面 $25mm^2$ 或以上的铜导体。

④ 应设局部等电位联结。

⑤ 不间断或应急电源系统输出端的中性线（N 极），应采用重复接地。

(7) 机房的背景电磁场强度应符合现行国家标准《环境电磁波卫生标准》GB 9175—1988 的相关规定。

(8) 机房应设专用空调系统，机房的环境温、湿度应符合所配置设备规定的使用环境条件及相应的技术标准。

(9) 根据机房的规模和管理的需要，宜设置机房环境综合监控系统。

(10) 机房工程应符合现行国家标准《电子计算机房设计规范》GB 50174—2008 和《建筑物电子信息系统防雷技术规范》GB 50343—2012 的相关规定。

8) 建筑环境

(1) 建筑物的整体环境应符合下列要求：

① 应提供高效、便利的工作和生活环境。

② 应适应人们对舒适度的要求。

③ 应满足人们对建筑的环保、节能和健康的需求。

④ 应符合现行国家标准《公共建筑节能设计标准》GB 50189—2015 的相关规定。

(2) 建筑物的物理环境应符合下列要求：

① 建筑物内的空间应具有适应性、灵活性及空间的开敞性，各工作区的净高应不低

于2.50m。

② 在信息系统线路较密集的楼层及区域宜采用铺设架空地板、网络地板或地面线槽等方式。

③ 弱电间（电信间）应留有发展的空间。

④ 应对室内装饰色彩进行合理组合。

⑤ 应采取必要措施降低噪声和防止噪声扩散。

⑥ 室内空调应符合环境舒适性要求，宜采取自动调节和控制。

（3）建筑物的光环境应符合下列要求：

① 应充分利用自然光源。

② 照明设计应符合现行国家标准《建筑照明设计标准》GB 50034—2013的相关规定。

（4）建筑物的电磁环境应符合现行国家标准《环境电磁波卫生标准》GB 9175—1988的相关规定。

（5）建筑物内空气质量宜符合表1-286的要求。

空气质量指标　　**表1-286**

项　目	指　标	项　目	指　标
CO含量率（$\times 10^{-6}$）	＜10	湿度（%）	冬天30～60，夏天40～65
CO_2含量率（$\times 10^{-6}$）	＜1000		
温度（℃）	冬天18～24，夏天22～28	气流（m/s）	冬天＜0.2，夏天＜0.3

179. “办公建筑”的智能设计要求有哪些?

《智能建筑设计标准》GB/T 50314—2006规定：

1）一般规定

（1）办公建筑指的是新建、扩建和改建的商务、行政和金融等建筑。

（2）办公建筑智能化系统的功能应符合下列要求：

① 应适应办公建筑物办公业务信息化应用的需求。

② 应具备高效办公环境的基础保障。

③ 应满足对各类现代办公建筑的信息化管理需要。

④ 办公建筑智能化系统可按本标准“附录A”的要求配置。

2）商务办公建筑

（1）多单位共用的办公建筑，应统筹规划配置电信接入设备机房。

（2）信息网络系统应符合下列要求：

① 物业管理系统宜建立独立的信息网络系统。

② 自用办公单元信息网络系统宜考虑信息交换系统设备完整的配置。

③ 建筑物的通信接入系统应由建设方或物业管理方统一建立，并将语音、数据等引入至出租或出售的办公单元或办公区域内。

④ 出租或出售办公单元内的信息网络系统，宜由承租者或入驻的业主自行建设。

（3）综合布线系统应符合下列要求：

① 对于多单位共用的办公建筑，宜由各单位建立各自独立的布线系统。

② 对于出租、出售型办公建筑，物业管理部门应统筹规划建设设备间、垂直主干线系统及楼层配线设备等。

③ 对于办公建筑内区域范围较明确的，宜采用配置集合点的区域配线方式。

(4) 会议系统宜具有提供会议室或会议设备出租使用管理的便利性。

(5) 建筑设备管理系统宜考虑能对区域管理和供能计量。

(6) 安全技术防范系统应符合现行国家标准《安全防范工程技术规范》GB 50348—2004 的相关规定。

3) 行政办公建筑

(1) 通信接入设备系统宜根据具体工作业务的需要，将公用或专用通信网经光缆引入办公建筑内。可根据具体使用的需求，将通信光缆延伸至部分特殊用户工作区。

(2) 电话交换系统应根据办公建筑中各工作部门的管理职能和工作业务实际需求配置，并预留裕量。

(3) 信息网络系统应符合各类（级）行政办公业务信息网络传输的安全性满足行政办公建筑内各类信息传输安全和可靠的要求。

(4) 综合布线系统应满足行政办公建筑内各类信息传输时安全、可靠和高速的要求，应根据工作业务需要及有关管理规定选择配置缆线及机柜等配套设备，系统宜根据信息传输的要求进行分类。

(5) 会议系统应根据所确定的有关使用功能要求，选择配置相府的会议系统设备。

(6) 安全技术防范系统应符合现行国家标准《安全防范工程技术规范》GB 50348—2004 的相关规定。

(7) 对于多机构合用的行政办公建筑，在符合使用要求的前提下，各个单位的信息网络主机设备宜集中设置在同一信息中心主机房。

(8) 涉及国家秘密的通信、办公自动化和计算机信息系统的通信或网络设备均应采取信息安全保密措施，涉密信息机房建设和设备的防护等应符合国家保密局颁布的有关规定。

4) 金融办公建筑

(1) 通信接入系统根据具体工作业务的需要，宜将公用或专用通信网光缆引入金融办公建筑内。

(2) 信息网络系统应符合各类金融网络业务信息传输的安全、可靠和保密的规定进行分类配置；重要的网络系统设备应考虑冗余性、稳定性及系统扩容的要求。

(3) 综合布线系统的垂直干线系统和水平配线系统应具有扩展的能力。

(4) 卫星通信系统应满足对业务的数据等信息实时、远程通信的需求；应在建筑物相应部位，配置或预留卫星通信系统的天线、室外单元设备安装的空间、天线基座、室外馈线引入的管道和通信机房的位置等。

(5) 安全技术防范系统应符合现行国家标准《安全防范工程技术规范》GB 50348—2004 的相关规定。

180. "商业建筑"的智能设计要求有哪些?

《智能建筑设计标准》GB/T 50314—2006 规定：

1) 一般规定

（1）商业建筑指的是新建、扩建和改建的商场、宾馆等建筑。

（2）商业建筑智能化系统的功能应符合下列要求：

① 应符合商业建筑的经营性质、规模等级、管理方式及服务对象的需求。

② 应构建集商业经营及面向宾客服务的综合管理平台。

③ 应满足对商业建筑的信息化管理的需要。

（3）商业建筑智能化系统工程的基本配置应符合下列要求：

① 信息网络系统应满足商业建筑内前台和后台管理和顾客消费的需求。系统应采用基于以太网的商业信息网络，并应根据实际需要宜采用网络硬件设备备份、冗余等配置方式。

② 多功能厅、娱乐等场所应配置独立的音响扩声系统，当该场合无专用应急广播系统时，音响扩声系统应与火灾自动报警系统联动作为应急广播使用。

③ 在建筑物室外和室内的公共场所宜配置信息引导发布系统电子显示屏。

④ 信息导引多媒体查询系统应满足人们对商业建筑电子地图、消费导航等不同公共信息的查询需求，系统设备应考虑无障碍专用多媒体导引触摸屏的配置。

⑤ 应根据商业业务信息管理的需求，配置应用服务器设备和前、后台应用设备及前、后台相应的系统管理功能的软件。应建立商业数字化、标准化、规范化的运营保障体系。

⑥ 安全技术防范系统应符合现行国家标准《安全防范工程技术规范》GB 50348—2004 的相关规定。

（4）商业建筑智能化系统可按本标准“附录 B”的要求配置。

2）商场

（1）应在商场建筑内首层大厅、总服务台等公共部位，应配置公用直线和内线电话，并配置无障碍电话。

（2）在商场建筑公共办公区域、会议室（厅）、餐厅和顾客休闲场所等处，宜配置商场或电信业务经营者宽带无线接入网的接入点设备。

（3）综合布线系统的配线器件与缆线，应满足商业建筑千兆及以上以太网信息传输的要求，并预留信息端口数量和传输带宽的裕量。

（4）商场每个工作区应根据业务需要配置相应的信息端口。

（5）应配置室内移动通信覆盖系统。

（6）在商场电视机营业柜台区域、商场办公、大小餐厅和咖啡茶座等公共场所处应配置电视终端。

（7）当大型商场建筑中设有中小型电影院时，应配置数字视、音频播放设备和灯光控制等设备。

（8）应配置商业信息管理系统，可根据商场的不同规模和管理模式配置前、后台相对应的系统管理功能的软件。前台系统应配置商品收银、餐饮收银、娱乐收银等系统设备；后台系统应配置财务、人事、工资和物流管理等系统设备。前台和后台应联网实现一体化管理。

（9）应配置商场智能卡应用系统，建立统一发卡管理模式，并宜与商场信息管理系统联网。

3）宾馆

（1）应根据宾馆建筑对语音通信管理和使用上的需求，配置具有宾馆管理功能的电话通信交换设备。

（2）应在宾馆建筑内总服务台、办公管理区域和会议区域处宜配置内线电话和直线电话，各层客人电梯厅、商场、餐饮、机电设备机房等区域处宜配置内线电话，在底层大厅等公共场所部位应配置公用直线和内线电话，并应配置无障碍电话。

（3）应配置宾馆业务管理信息网络系统。

（4）宜在宾馆公共区域、会议室（厅）、餐饮和公共休闲场所等处配置宽带无线接入网的接入点设备。

（5）综合布线系统的配线器件与缆线应满足宾馆建筑对信息传输千兆及以上以太网的要求，并预留信息端口数量和传输带宽的裕量。

（6）客房内宜根据服务等级配置供宾客上网的信息端口。

（7）宜配置宽带双向有线电视系统、卫星电视接收及传输网络系统，提供当地多套有线电视、多套自制和卫星电视节目，以满足宾客收视的需求。电视终端安装部位及数量应符合相关的要求。

（8）宜配置视频点播服务系统，供客人点播视频、音频信息、收费电视节目等使用。

（9）在餐厅、咖啡茶座等有关场所宜配置独立控制的背景音乐扩声系统，系统应与火灾自动报警系统联动作为应急广播使用。

（10）在会议中心、中小型会议室、重要接待室等场所宜配置会议系统和灯光控制设备，同时在大型会议中心配置同声传译系统设备，以及在专用会议机房内配置远程电视会议接人和控制设备。

（11）在各楼层、电梯厅等场所宜配置信息发布显示屏系统。

（12）在宾馆室内大厅、总服务台等场所宜配置信息查询导引系统，并应符合残疾人和少儿客人对设备的使用要求。

（13）应根据宾馆的不同规模和管理模式，建立宾馆信息管理系统，配置前台和后台相应的管理功能系统软件。前台系统应配置总台（预订、接待、问讯和账务、稽核）、客房中心、程控电话、商务中心、餐饮收银、娱乐收银和公关销售等系统设备；后台系统应配置财务系统、人事系统、工资系统、仓库管理等系统设备。前台和后台宜联网进行一体化管理。

（14）宾馆信息管理系统宜与宾馆电话交换机系统、客房门锁系统、智能卡系统、客房视频点播系统、远程查询预订系统连接。

（15）应根据宾馆信息管理系统中操作人员职务等级或操作需求配置权限，并对系统中客房、餐饮、库房、娱乐等各分项功能模块的操作权限进行控制。

（16）应配置宾馆智能卡应用系统，建立统一发卡管理模式，系统宜与宾馆信息管理系统联网。

（17）无障碍客房或高级套房的床边和卫生间应配置求助呼叫装置。

181. “文化建筑”的智能设计要求有哪些？

《智能建筑设计标准》GB/T 50314—2006 规定：

1）一般规定

（1）文化建筑指的是新建、扩建和改建的图书馆、博物馆、会展中心、档案馆等建筑。

（2）智能化系统的功能应符合下列要求：

① 应满足文化建筑对文献和文物的存储、展示、查阅、陈列、学术研究及信息传递等功能需求。

② 应满足面向社会、公众信息的发布及传播，实现文化信息加工、增值和交流等文化窗口的信息化应用需要。

（3）文化建筑智能化系统工程的基本配置应符合下列要求：

① 信息网络系统宜在图书阅览室、展览陈列区、会议和学术报告厅等公共区域内，配置与公用互联网或自用信息网络相连的无线网络接入设备。

② 综合布线系统应满足各类文化建筑的业务性质及其使用需求，应根据文化建筑使用功能的要求进行信息端口的合理布置：在图书阅览室、展览陈列区宜按多媒体展示的需求配置；文献、文物存储区宜按存放区域配置；行政、业务、学术研究等区域宜按工作人员职能岗位配置。

③ 信息检索查询设备宜配置无障碍专用多媒体触摸屏查询设备和网络终端查询设备。

④ 信息化应用系统应根据建筑的功能性质及具体应用需求，建立公共信息服务系统，通过多媒体发布、视频点播、检索查询等方式，为公众提供安全、方便、快捷、高效的信息服务。

⑤ 建筑设备管理系统应符合下列要求：

a. 建筑物内的有关环境参数，应按照文化建筑的库区、公共活动区、办公区等分别设定。

b. 智能照明系统对各区域的控制应具有分区域就地控制、中央集中控制等方式。

（4）文化建筑智能化系统可按本标准“附录C”的要求配置。

2）图书馆

（1）应配置声像制作、电子书库、电子阅览室和智能卡借阅登记系统。

（2）建筑设备管理系统应符合下列要求：

① 应确保普通书库的通风、除尘过滤、温湿度等环境参数的控制要求。

② 对图书资料保存应符合有关规范的要求。

③ 应满足对善本书库、珍藏书库、古籍书库、音像制品、光盘库房等场所温湿度及空气质量的控制要求。

（3）安全技术防范系统应按照图书馆阅览、藏书、办公等划分不同防护区域，确定不同风险等级。

3）博物馆

（1）安全技术防范系统应按照文化建筑的特点，将建筑内区域划分为库区、展厅、公众活动区和办公区。

（2）应配置高速、可靠、大数据流、多媒体传输的信息平台，形成以采集、保护、管理和利用人类文化遗产资源的服务体系。

（3）宜建立考古远程接入与发布系统，考古人员在外作业期间，可通过有线或无线网络与博物馆取得联系，也可以通过虚拟专用网络来获得博物馆信息库中的相关资料，同时通过网络系统将现场的资料和信息发送到博物馆。

(4) 公众信息系统宜配置触摸屏、多媒体播放屏、语音导览、多媒体导览器等设备，并配置适量的手持式多媒体导览器，满足观众视听等特殊需求。

(5) 宜配置网络远程接入系统，满足博物馆管理人员远程及异地访问本馆授权服务器、查询信息，实现远程办公功能。

(6) 公共服务管理系统宜配置客流分析系统，系统应设在主要出入口和人流密度需要控制的场合，系统的功能应符合下列要求：

① 应确保客流量不超过限定值。

② 应根据各出入口的人流量及时进行疏导。

③ 应在发生事故时及时反馈现场情况。

(7) 工作业务系统应满足文物保存、展出和馆藏信息内外交流的需求；具有对考古、研究和文物调查追踪工作提供快速的信息服务和基于互联网的展示、研究和交流的功能，实现博物馆信息化应用的功能。

(8) 建筑设备管理系统应符合下列要求：

① 应满足文物对环境安全的控制要求，避免腐蚀性物质、CO_2、温度、湿度、风化、光照和灰尘等对文物的影响。

② 应确保对展品的保护，减少照明系统各种光辐射的损害。

③ 应对文物熏蒸、清洗、干燥等处理、文物修复等工作区的各种有害气体浓度实时监控。

(9) 安全技术防范系统应符合现行国家标准《安全防范工程技术规范》GB 50348—2004 和《文物系统博物馆安全防范工程设计规范》GB/T 16571—2012 的相关规定。

4) 会展中心

(1) 智能化系统结构模式宜根据会展中心展厅分散、展区分布广的特点，采用分层及集中与分散相结合的方式，并可按展厅或区域的划分设置分控中心；分控中心应独立完成该分控区域的系统功能。

(2) 综合布线系统应适应灵活布展的需求，宜根据展位分布情况配置信息端口。

(3) 宜根据展位分布情况配置有线电视终端。

(4) 信息化应用系统应满足会展中心的展览、会议、商贸洽谈、信息交流、通信、广告、休闲、娱乐和办公等需求。

(5) 宜配置网上展览系统。

(6) 宜配置客流统计系统。

(7) 建筑设备管理系统应具有检测会展场（馆）的空气质量和调节新风量的功能。

(8) 安全技术防范系统应根据会展中心建筑客流大、展位多，且展品开放式陈列的特点，采取合理的人防、技防配套措施，确保开展期间人员安全、公共秩序及闭展时展品的安全，系统应符合现行国家标准《安全防范工程技术规范》GB 50348—2004 的相关规定。

(9) 展厅的广播系统应根据面积、空间高度选择扬声器的类型、功率及合理布局，以满足最佳扩声效果。

(10) 火灾自动报警系统应根据展厅面积大、空间高的结构特点，采取合适的火灾探测手段。

5）档案馆

（1）应建立符合相关管理部门使用要求的信息网络系统。

（2）建筑设备管理系统应满足对档案资料防护的有关规定。

（3）安全技术防范系统应符合现行国家标准《安全防范工程技术规范》GB 50348—2004 的相关规定。

182. “媒体建筑”的智能设计要求有哪些?

《智能建筑设计标准》GB/T 50314—2006 规定：

1）一般规定

（1）媒体建筑指的是新建、扩建和改建的中型及以上剧（影）院和广播电视业务等建筑。

（2）智能化系统的功能应符合下列要求：

① 应满足媒体业务信息化应用和媒体建筑信息化管理的需要。

② 应具备媒体建筑业务设施的基础保障条件。

（3）媒体建筑智能化系统工程的基本配置应符合下列要求：

① 综合布线系统应能满足媒体建筑对通信网络、电视制播等应用要求。

② 有线电视系统应满足数字电视信号传输发展的需求，系统应能将建筑物内的剧场、演播室的节目以及现场采访情况的实时信息传输至电视前端室或节目制播机房。

③ 在演播室、剧场、直播室、录音室、配音室宜设无线屏蔽系统，系统应屏蔽所有频段的移动通信信号，或能根据实际需要进行控制和管理。

④ 在剧场、演播室等开展大型活动的地方宜预留拾音器传输接口，满足区域广播的需求。

⑤ 扩声系统的供电应采用独立的电源回路。

⑥ 演播室、剧场等人员密集场所不应直接进行应急广播，应采取自动火灾报警系统二次确认方式进行疏散广播。

⑦ 根据媒体建筑的特点和业务需求，以实现票务管理系统的业务为平台，集成智能卡管理、媒体资产管理、物业管理、办公管理等系统和数字化网站系统等应用系统。

⑧ 在剧场或演播室出入口、贵宾出入口以及化妆室等处应配置自动寄存系统，自动对柜门进行管理。系统应具有友好的操作界面，并具有语音提示功能。

⑨ 应配置人流统计分析系统，系统的功能要求应符合《本标准》的相关规定。

⑩ 售检票系统应配置观众查询和售票终端，为观众提供票座等级和销售的情况，并能动态地显示剧场内座位的详细信息；系统具有提供按票价区、分区和指定座位查询座位信息功能；系统应运行在互联网平台上，通过互联网进行实时的售票信息交换和能提供异地售票功能。

⑪ 门户网站系统通过互联网建立对外发布各种信息，并可进行交流沟通；系统留有与办公自动化应用软件的数据接口，方便访问其他的系统。

⑫ 建筑设备管理系统应满足室内空气质量、温湿度、新风量等控制要求。

⑬ 照明控制系统应对公共区域的照明、室外环境照明、泛光照明、演播室、舞台、观众席、会议室照明进行控制，应具有多种场景控制方式，包括就地控制、遥控、中央管

理室的集中控制，根据光线的变化、现场模式需求及客流情况的自动控制等控制方式。

⑭ 各弱电系统和工艺视频、音频系统应统一规划，应根据系统的设备所处的电磁环境做好电磁兼容性保护。

(4) 媒体建筑智能化系统可按本标准“附录D”的要求配置。

2) 剧（影）院

(1) 应符合现行行业标准《剧场建筑设计规范》JGJ 57—2000、《电影院建筑设计规范》JGJ 58—2008的相关规定。

(2) 通信网络系统应满足进行大型电视信号转播的需要，并预留电视信号接口。系统能将剧场节目和现场采访情况的实时信息传输至电视前端室。

(3) 综合布线系统应在舞台、舞台监督、声控室、灯控室、放映室、资料室、技术用房、化妆间、票务室和售票处等处配置信息端口。

(4) 有线电视系统应在舞台、舞台监督、放映室、化妆室、录音棚、技术用房和休息厅等处配置电视终端。

(5) 视频安防监控系统应在剧场内、放映室、候场区和售票处等处配置摄像机。

(6) 剧场、电影院、演播室的建声设计与电声设计应互为密切配合。

(7) 舞台监督通信指挥系统，宜具有群呼、点呼、声、光等通信的功能，在灯控室、声控室、舞台机械操作台、演员化妆休息室、候场室、服装室、乐池、追光灯室、面光桥、前厅和贵宾室等位置宜配置舞台监督对讲终端机。

(8) 舞台监视系统应作为独立的视频监视系统，能分别观察前后台演职员和剧场内的实况。系统的摄像机应设在舞台演员下场口上方和观众席挑台（或后墙），舞台内摄像机应配置云台。在灯控室、声控室、舞台监督主控台、演员休息室、贵宾室、前厅和观众休息厅等位置宜配置监视器。

(9) 信息显示系统应实现演出信息发布、信息提示、广告发布等功能，信息显示系统的终端宜设置在入口大堂和售票处。

3) 广播电视业务建筑

(1) 通信接入网系统除公用通信网接入的光缆、铜缆外，还包括预留至电视发射塔信号传输的光缆通道及至音像资料馆和广电局信息传输的光缆通道。

(2) 信息网络系统在演播室、演员/导演休息厅、舞台监督、候播区、大开间办公区域、高级贵宾室、大会议室、阅览室和休息区域等处，宜采取无线局域网络的方式。

(3) 综合布线系统信息点相对集中的区域，宜采用区域布线的方式。应在演播室、导控室、音控室、配音间、灯光控制室、立柜机房、主控机房、播出机房、制作机房、传输机房、录音棚、化妆室、资料室和微波机房等技术用房处配置信息端口。

(4) 有线电视系统应提供多种电视信号节目源。

(5) 有线电视系统应在演播室、导控室、音控室、配音间、主控机房、播出机房、制作机房、传输机房、录音棚、化妆室、资料室和候播区等技术用房处配置电视终端。

(6) 视频安防监控系统应在演播室、开放式演播室、播出中心机房、导控室、主控机房、传输机房和候播区等处配置摄像机。

(7) 在大厅出入口处、导控室、演播室、传输机房、制作机房、新闻播出机房、主控机房、分控机房、通信中心机房、数据中心机房和节目库等处，宜配置与智能卡系统兼容的出入口控制系统。

(8) 会议系统宜集中管理，通过内部网络对会议设备进行合理的分配和有效的管理。

(9) 信息显示系统应具有信息提示通知、形象宣传、客流疏导和广告发布等业务信息发布和内部交通导航的功能，系统信息显示终端宜配置在入口大堂、底层电梯厅、电梯转换层、候播区和参观通道。

(10) 电视播控中心宜由频道播出机房（硬盘上载机房）、信号传送接收机房和总控机房等组成。

(11) 工作业务系统应以电视新闻系统为主导，管理记者的外出采访、上载编辑、配音（字幕、特技）、串编、审稿、新闻播出等制作过程。

(12) 演播室内部通话系统应以导演为核心，与所有相关工作人员相连，形成内部区域通话系统，确保导演与摄像人员之间为常通状态。

(13) 内部监视系统应在演播室、导控室、音控室配置监视器，用于对节目输出、播出返送和播出数据与系统内各信号源进行监视，系统应具有主监、预监和技术、音控及灯光监看功能。

(14) 内部监听系统应在导控室、音控室内分别设监听音箱，用于监听节目主输出信号。在导控室、音控室和立柜室配置视音频测量装置，用于监听音、视频信号状态。

(15) 时钟系统宜以母钟为基准信号，并在导控室、音控室、灯光控制室、演播区、立柜机房等处配置数字显示子钟，系统时钟显示器可显示标准时间、正计时、倒计时，并可由人工设定。

(16) 广播直播室应具有对建筑声学、空调通风系统的运行可靠性及对噪声抑制的控制功能，应以数字化系统的设备配置和音频工作站应用的网络布线作为多媒体广播，还应留有电视摄像和监视器接口位置。

(17) 应配置独立的广播电视工艺缆线竖井，按功能分别预留垂直和水平的工艺线槽，制作和播控等技术用房内缆线宜采用地板下走线方式。

(18) 为确保广播电视节目制作系统安全可靠，工艺系统宜采用单独接地方式，其电阻值应符合有关规范和所配置设备使用的技术条件的规定。

183. “体育建筑”的智能设计要求有哪些?

《智能建筑设计标准》GB/T 50314—2006 规定：

1) 一般规定

(1) 体育建筑指的是新建、扩建和改建的各类体育场、体育馆、游泳馆等建筑。

(2) 体育建筑智能化系统的功能应符合下列要求：

① 应满足体育竞赛业务信息化应用和体育建筑的信息化管理的需要。

② 应具备体育竞赛和其他多功能使用环境设施的基础保障。

③ 应统筹规划、综合利用，充分兼顾体育建筑赛后的多功能使用和运营发展。

(3) 体育建筑智能化系统工程的基本配置应符合下列要求：

① 通信接入系统应支持体育建筑内所需的各类信息通信业务。

② 电话交换系统应满足体育赛事和其他活动对通信多功能的需求，为观众、运动员、新闻媒体和其他活动举办者提供方便、快捷、高效、可靠的通信服务。

③ 信息网络系统应具备为新闻媒体在大型国内和国际赛事提供信息服务的条件。

④ 综合布线系统应满足体育建筑内信息通信的要求；应充分兼顾场（馆）赛事期间使用和场（馆）赛后多功能应用的需求，为场（馆）智能化系统的发展创造条件。

⑤ 卫星及有线电视系统应满足场（馆）的实际需要，应与体育工艺的电视转播、现场影像采集及回放系统、竞赛成绩发布系统相连。

⑥ 广播系统应符合下列要求：

a. 应包括场（馆）公共广播、场（馆）竞赛信息广播和场（馆）应急广播系统；系统应在除竞赛区、观众看台区外的公共区域和场（馆）工作区等区域配置；系统应与场地扩声系统在设备配置上互相独立，系统间应实现互联，在需要时实现同步播音。

b. 应根据场（馆）的功能分区、场（馆）的防火分区、竞赛信息广播控制、应急广播控制和广播线路路由等因素确定系统的输出分路。

c. 公共广播系统、场（馆）的竞赛信息广播系统、场（馆）的应急广播系统可共用扬声器和前端设备。

d. 广播系统的用户分路应不大于消防系统的防火分区，并且不得跨越防火分区。

e. 竞赛信息广播系统独立配置时，应与公共广播系统和应急广播系统联动。

f. 竞赛信息广播系统应保证运动员区、竞赛管理区和所对应的出入口、竞赛热身场地有足够的声压级，并应声音清晰、声场均匀。

g. 当发生紧急事件时，应急广播系统应具有最高优先级。

⑦ 信息显示系统应符合下列要求：

a. 应具有竞赛信息显示和彩色视频显示功能。

b. 应根据场（馆）举办体育赛事的级别和竞赛项目的特点确定配置系统的信息显示屏。显示屏的数量应符合国际单项体育联合会的要求，尺寸应根据场（馆）规模、观众视觉距离来确定，应满足文字的最小高度和最大观看距离的关系、竞赛信息显示屏显示的信息行数和列数的最低要求、LED 全彩显示屏视频画面的最小解析度要求等。

c. 显示屏宜根据场（馆）的类别、性质和规模采取两侧配置、分散配置或在场地中央上方集中配置。

d. 应具备多种传输介质进行远距离信号传输的能力，应具备可接收多种制式视频信号的标准数据接口和多种标准视频接口。

e. 应与计时记分及现场成绩处理、有线电视、电视转播、现场影像采集和回放等系统相连。

f. 屏幕显示系统控制室宜根据体育场（馆）举办体育赛事的级别要求，确定独立配置或场（馆）中其他系统的控制室组合配置。

⑧ 体育建筑信息化应用系统是服务体育赛事的专用系统，应根据体育场（馆）的类别、规模及等级选择配置，宜包括计时记分、现场成绩处理、售验票、电视转播和现场评论、主计时时钟、升旗控制和竞赛中央控制等系统。

⑨ 火灾自动报警系统对报警区域和探测区域的划分，应结合体育场（馆）赛事期间功能分区；对于高大空间的竞赛、训练场（馆）、新闻发布厅等，应采取相应行之有效的火灾探测方式，确保其安全可靠性；系统应采取声光报警方式。

⑩ 安全技术防范系统应满足下列要求：

a. 应根据体育场、馆的规模，建立应急联动系统，以预防和处置突发事件。

b. 应根据体育建筑场（馆）的使用功能和需求，宜配置安防信息综合管理、入侵报警、视频安防监控、出入口控制和电子巡查管理等系统。

c. 入侵报警系统应对体育建筑的周界、重要机房、国旗和奖牌存放室、枪械等设备仓库等重点部位的非法入侵进行实时有效的探测和报警。

d. 视频安防监控系统应对体育建筑的周界区域、出入口、进出通道、门厅、公共区域、重要休息室通道、重要机房、国旗和奖牌存放室、新闻中心、停车场等重要部位和场所进行有效的图像监视和记录，应为安防中心和消防控制室提供图像信号，应具有确保重大赛事和活动时扩展监控范围扩展能力。

e. 出入口控制系统应配置在体育建筑出入口、重要办公室、重要机房、国旗和奖牌存放室、枪械仓库、设备间和监控室等处。

f. 电子巡查系统巡查点宜设在主要出入口、主要通道、紧急出入口和各重要部位。

g. 应根据体育场（馆）举办赛事的级别，系统留有为举办大型国内或国际赛事时可扩展的余地。

（4）体育建筑智能化系统可按本标准“附录 E”的要求配置。

2）体育场

（1）体育场内扩声系统宜单独配置，系统宜采用临时或移动扩声系统满足场内集会、文艺演出等多功能应用的需要，系统应根据体育场的不同区域配置相应的系统及相应的广播回路；宜为场内屏幕显示系统、广播等系统配置音频接口，满足视频播放及公共广播系统对音频的需求。

（2）应根据体育场的用途、规模、形状和混响时间要求等，合理布置扬声器，确保竞赛场地、观众席的音响效果达到有关规定的要求。

（3）体育场智能化系统的室外终端设备应采取防雷措施。

3）体育馆

（1）体育馆的体操竞赛的音乐重放系统等扩声系统应单独进行配置，该系统应与馆内观众席扩声相互连通。

（2）体育馆扩声系统宜采用临时或移动扩声系统方式，满足馆内集会、文艺演出等多功能应用扩声需要，系统应根据体育馆的不同区域配置相应的系统及相应的广播回路，宜为馆内屏幕显示、广播等系统配置音频接口，满足视频播放及公共广播系统对音频的需求。

（3）建筑设备管理系统应根据体育馆的用途、规模、形状、空间体积和混响时间要求等，合理布置扬声器。确保竞赛场地、观众席的音响效果达到有关规定的要求。

（4）应根据空调分区和相关区域的环境参数要求对竞赛区和观众区的空调系统进行相应的控制与管理。

4）游泳馆

（1）游泳馆的水下扩声等系统应单独配置。系统宜采用临时或移动扩声系统方式，满足馆内多功能应用的扩声需要。系统应根据游泳馆的不同区域配置相应的系统及相应的广播回路，系统宜为馆内屏幕显示、广播系统配置音频接口，满足视频播放及公共广播系统对音频的需求。

（2）应根据游泳馆规模、形状、空间体积和混响时间要求等，合理布置扬声器。确保竞赛场地、观众席的音响效果达到有关规定的要求。

（3）建筑设备管理系统应根据空调分区和相关区域的环境参数的设定要求，对竞赛区域、观众区的空调系统进行相应的管理。

（4）应根据游泳和跳水赛事的特点，对馆内的计时记分、裁判员评判系统进行相应的布置。

184. “医院建筑”的智能设计要求有哪些?

《智能建筑设计标准》GB/T 50314—2006 规定：

1）一般规定

（1）医院建筑指的是新建、改建和扩建的二级及以上综合性医院等建筑。

（2）医院建筑的智能化系统的功能应符合下列要求：

① 应满足医院内高效、规范与信息化管理的需要。

② 应向医患者提供“有效地控制医院感染、节约能源、保护环境，构建以人为本的就医环境”的技术保障。

（3）医院建筑智能化系统可按本标准“附录 F”的要求配置。

2）综合性医院

（1）通信接入系统应支持医院内各类信息业务，满足医院业务的应用需求。

（2）电话交换系统应根据医院的业务需求，配置相应的无线数字寻呼系统或其他组群方式的寻呼系统，以满足医院内部紧急寻呼的要求。

（3）信息网络系统应符合下列要求：

① 应稳定、实用和安全。

② 应为医院信息管理系统（HIS)、临床信息系统（CIS)、医学影像系统（PACS)、放射信息系统（RIS)、远程医疗系统等医院信息系统服务，系统应具备高宽带、大容量和高速率，并具备将来扩容和带宽升级的条件。

③ 桌面用户接入宜采用 10/100Mbit/s 自适应方式，部分医学影像、放射信息等系统的高端用户宜采用 1000Mbit/s 自适应或光纤到端口的接入方式。

④ 应满足网络运行的安全性和可靠性要求进行网络设备配置，并采用硬件备份、冗余等方式。

⑤ 应根据医院工作业务需求配置服务器。

⑥ 应采用硬件或多重操作口令的安全访问认证控制方式。

（4）室内移动通信覆盖系统的覆盖范围和信号功率应确保医疗设备的正常使用和患者的安全。

（5）有线电视系统应向需收看电视节目的病员、医护人员提供本地有线电视节目或卫星电视及自制电视节目，应能在部分患者收看时不应影响其他患者的休息。

（6）信息查询系统应在出入院大厅、挂号收费处等公共场所配置供患者查询的多媒体信息查询端机，系统能向患者提供持卡查询实时费用结算的信息，并应与医院信息管理系统联网。

（7）医用对讲系统应符合下列要求：

① 病区各护理单元应配置护士站与患者床头间的双向对讲呼叫系统，并在病房外门上方或走道设有灯显设备，各护理单元间宜实现联网，病房内卫生间应配置求助呼叫设备。

② 手术区应配置护士站与各手术室之间的双向对讲呼叫系统。

③ 各导管室与护士站之间应配置双向对讲呼叫系统。

④ 重症监护病房（ICU）、心血管监护病房（CCU）应配置护士站与各病床之间的双向对讲呼叫系统。

⑤ 妇产科应配置护士站与各分娩室间的双向对讲呼叫系统。

⑥ 集中输液室与护士站之间应配置呼叫系统。

(8) 各科候诊区、检查室、输液室、配药室等处宜设立排队叫号系统，宜配置就诊取票机、专用叫号业务广播和电子信息显示装置。

(9) 医用探视系统应具有对不能直接探望患者的探望者，提供进行内外双向互为图像可视及音频对讲通话的功能。

(10) 医院宜根据需要配置展示手术、会诊等实况的视频示教系统，视频示教系统应符合下列要求：

① 应满足视频、音频信息的传输、控制、显示、编辑和存储的需求，应具有提供远程示教功能。

② 应提供操作权限的控制。

③ 应实现手术室与教室间的音频双向传输。

④ 视频图像应满足高分辨率的画质要求，且图像信息无丢失现象。

(11) 医院信息化应用系统应支持各类医院建筑的医疗、服务、经营管理以及业务决策。系统宜包括电子病历系统（CPR）、医学影像系统、放射信息系统（RIS）、实验室信息系统、病理信息系统、患者监护系统、远程医疗系统等医院信息管理系统和临床信息系统。

(12) 建筑设备管理系统宜根据医疗工艺要求配置，系统应符合下列要求：

① 应对氧气、笑气（一氧化二氮）、氮气、压缩空气、真空吸引等医疗用气的使用进行监视和控制。

② 应对医院污水处理的各项指标进行监视，并对其工艺流程进行控制和管理。

③ 应对有空气污染源的区域的通风系统进行监视和负压控制。

(13) 洁净手术室宜采用独立的设备管理系统，手术室设备控制屏宜符合下列要求：

① 宜具有显示当前、手术、麻醉时间；显示手术室内温、湿度等参数；显示风速、室内静压、空气净化等参数。

② 宜具有时间、温度、湿度和净化空调机组的送风量等预置功能，并能发出时间提示信号。

③ 宜有对控制净化空调机组的启、停和风机转速；排风机、无影灯、看片灯、照明灯、摄像机和对讲机等设备的控制功能。

(14) 火灾自动报警系统宜配置声光报警装置。

(15) 安全技术防范系统应符合医院建筑的安全防范管理的规定，宜配置下列系统：

① 安全防范综合管理系统。

② 入侵报警系统应符合下列要求：

a. 宜在医院计算机机房、实验室、财务室、现金结算处、药库、医疗纠纷会议室、同位素室及同位素物料区、太平间等贵重物品存放处及其他重要场所，配置手动报警按钮或其他入侵探测装置；

b. 报警装置应与视频探测摄像机和照明系统联动，在发生报警时同步进行图像记录。

③ 视频监控系统应符合医院内部的管理要求。

④ 出入口控制系统应根据医疗工艺对区域划分的要求，在行政、财务、计算机机房、医技、实验室、药库、血库、各放射治疗区、同位素室及同位素物料区以及传染病院的清洁区、半污染区和污染区等处配置出入口控制系统，系统应符合下列要求：

a. 应有可靠的电源以确保系统的正常使用；

b. 应与消防报警系统联动，当发生火灾时应确保开启相应区域的疏散门和通道；

c. 宜采用非接触式智能卡。

⑤ 电子巡查管理系统宜结合出入口控制系统进行配置。

⑥ 医疗纠纷会谈室宜配置独立的图像监控、语音录音系统。系统宜具有视频、音频信息的显示和存储、图像信息与时间和字符叠加的功能。

⑦ 医院的消防安全保卫控制室内，宜建立应急联动指挥的功能模块，以预防和处置突发事件。

185. “学校建筑”的智能设计要求有哪些?

《智能建筑设计标准》GB/T 50314—2006 规定：

1）一般规定

（1）学校建筑指的是新建、扩建和改建的普通全日制高等院校、高级中学和高级职业中学、初级中学和小学、托儿所和幼儿园等建筑。

（2）学校建筑智能化系统的功能应符合下列要求：

① 应满足各类学校的教学性质、规模、管理方式和服务对象业务等需求。

② 应适应各类学校教师对教学、科研、管理以及学生对学习、科研和生活等信息化应用的发展。

③ 应为高效的教学、科研、办公和学习环境提供基础保障。

（3）学校建筑智能化系统工程的基本配置应符合下列要求：

① 学校建筑信息化应用系统宜包括教学、科研、办公和学习业务应用管理系统、数字化教学系统、数字化图书馆系统、门户网站、校园资源规划管理系统、建筑物业管理系统、校园智能卡应用系统、校园网安全管理系统，及各类学校建筑根据业务功能需求所设的其他应用系统。

② 综合布线系统配置应满足学校语音、数据和图像等多媒体业务信息传输需求，在各单体建筑内相应的工作区均应配置信息端口。

③ 子母时钟系统或单体时钟的显示设备宜配置在学校室外的总体和钟楼上及各单体建筑内。

④ 宜配置安全技术防范系统。

（4）学校建筑智能化系统可按本标准“附录 G”配置。

2）普通全日制高等院校

（1）通信接入系统的设备宜设置在院校某一单体建筑的电信专用机房内。宜将学校建筑外部的公用通信网或教育专网的光缆、铜缆线路系统，分别引入电信专用机房中，并可根据实际需求，将线缆延伸至学校单体建筑内。

（2）信息网络系统应符合下列要求：

① 学校物业管理系统宜运行在校园信息网络上。

② 信息网络系统的交换机、服务器和网络终端设备的配置，应满足学校办公和多媒体教学的需求。

③ 学校教学楼、行政楼、会议中心（厅）、图书馆、体育场（馆）、学生宿舍、校园休闲场所和流动人员较多的公共区域等有关场所处，宜配置与公用互联网或校园信息网络相联的无线网络接入设备。

（3）在学校的大小餐厅、宾馆或招待所等有关场所内，宜配置独立的背景音乐设备，满足各场所内对背景音乐和公共广播信息的需求，并应与应急广播系统实现互联。

（4）学校会议中心（厅）、大中小会议室、重要接待室和报告厅等有关场所内应配置会议系统，用于远程教育的专用会议室内宜配置远程电视会议接入和控制设备。

（5）学校多功能教室、合班教室和马蹄型教室等有关教室内应配置教学视、音频及多媒体教学系统。

（6）学校的专业演播室或虚拟演播室内，应配置多媒体制作播放中心系统。

（7）学校的大门口处、各教学楼、办公楼、图书馆、体育场（馆）、游泳馆、会议中心或大礼堂、学校宾馆或招待所等单体建筑室内，宜配置信息发布及导引系统，系统宜与学校信息发布网络管理和学校有线电视系统之间实现互联。

3）高级中学和高级职业中学

（1）通信接入网系统设备宜配置在学校的某一主体建筑的电信专用机房内。宜将学校建筑外部的公用通信网或教育专网的光缆、铜缆线路系统，分别引入电信专用机房中，并可根据实际需求，将线缆延伸至学校单体建筑内。

（2）信息网络系统应符合下列要求：

① 学校物业管理系统宜运行在校园信息网络上。

② 信息网络系统交换机、服务器群和网络终端设备的配置，应满足学校办公和多媒体教学的需求。

③ 学校教学及教学辅助用房、办公用房、会议接待室、图书馆、体育场（馆）和校园室内外休闲场所等处，宜配置与公用互联网或校园信息网络相联的无线网络接入设备。

（3）应配置教学与管理评估视、音频观察系统。

（4）学校教学业务广播系统宜由学校教学或总务部门管理。

（5）学校的大小餐厅、体育场（馆）等有关场所内宜配置独立的音响扩音设备，满足对音响和公共广播信息的需求，并应与楼内设有的火灾自动报警系统设备相连。

（6）会议系统应配置在学校会议接待室、报告厅等有关场所内。

（7）学校多功能教室、合班教室、马蹄型教室等教室内，应配置教学视、音频及多媒体教学终端设备系统，并可在学校的专业演播室内配置远程电视教学接入、控制和播放设备。

（8）学校电视演播室或虚拟电视演播室内应配置多媒体制作与播放中心系统。

（9）学校的大门口处、各教学楼、办公楼、图书馆、体育场（馆）、游泳馆、会议接待室、餐厅、教师或学生宿舍等单体建筑室内，宜配置信息发布及导引系统，宜与学校信息发布网络管理和学校有线电视系统之间实现互联。

4）初级中学和小学

教学与管理业务信息化应用系统配置应符合下列要求：

（1）宜配置教学与管理评估视、音频观察系统。

（2）指纹识别仪或智能卡读卡机系统设备宜配置在学校传达室处，并联动系统服务器进行预置电脑图像识别对比，供低年级学生家长每日安全接送学生的信息管理。

（3）系统应与学校智能卡应用系统联网。

5）托儿所和幼儿园

（1）宜将学校外部的教育专网或公用通信网上宽带通信设备的光缆或铜缆线路系统引入校园内。

（2）小型电话交换机或集团电话交换机通信设备宜设置在专用的房间内。

（3）信息网络系统应考虑交换机、服务器和网络终端设备的配置，满足学校办公和多媒体教学的需求。

（4）校园小型有线电视系统应与当地有线电视网互联，并满足幼儿的电视教学。当校园所处边远地区时，宜配置卫星电视接收系统，满足校园单向卫星电视远程教学的需求。

（5）校园扩音系统应满足教师和幼儿对公共广播信息、音乐节目、晨操和各作息时间段的定时上下课播音的需求。

（6）信息发布及导引系统宜配置在学校的大门口处。

（7）儿童公用直线电话机宜配置在主体建筑底层进厅的公共部位。

（8）教学与管理业务信息化应用系统设置应满足下列要求：

① 宜配置教学与管理评估视、音频观察系统。

② 指纹识别仪或智能卡读卡机系统设备宜配置在校园主体建筑底层进厅或传达室处，并联动系统服务器进行预置电脑图像识别对比。

186. “交通建筑”的智能设计要求有哪些？

《智能建筑设计标准》GB/T 50314—2006 规定：

1）一般规定

（1）交通建筑指的是新建、扩建和改建的大型空港航站楼、铁路客运站、城市公共轨道交通站、社会停车场等建筑。

（2）交通建筑智能化系统的功能要求：

① 应满足各类交通建筑运营业务的需求。

② 应为高效交通运营业务环境设施提供基础保障。

③ 应满足对各类现代交通建筑管理信息化的需求。

（3）交通建筑智能化可按本标准“附录 H”的要求配置。

2）空港航站楼

（1）通信接入设备系统应满足海关、边防、检验检疫、公安、安全等驻场单位的语音、数据的通信需求。

（2）电话交换系统应符合下列要求：

① 宜采用所归属的电信业务经营者远端模块的虚拟交换网方式或自建用户交换机的方式，实现用户内部电话交换功能；

② 应建立相对独立具有生产调度功能的内通系统，系统应支持航空业务生产调度运营的需求和本地广播功能需求，支持广播系统实现本地广播功能的内部通话机音频应满足带宽需求，系统终端话机应配置在值机柜台、离港柜台、安检柜台和边防柜台与运营相关的部门。

（3）信息网络系统应符合下列要求：

① 大中型航站楼宜采用三层网络结构，即核心层、汇聚层、接入层方式；小型航站楼宜采用两层网络结构，即核心层、接入层方式。

② 离港系统应采用专用网络系统。

③ 数字化视频监控系统宜采用专用网络系统。

④ 其他智能化系统宜共用网络系统。

（4）综合布线系统应符合下列要求：

① 海关、边防、公安、安全和行李分检等部门宜独立配置。

② 安检信息机房应与覆盖 X 光机信息点相对应的区域配线机柜建立光缆连接。

③ 应支持电话、内通、离港、航显、网络、商业、安检信息、泊位引导、行李控制等应用系统。

④ 宜支持时钟、门禁、登机桥监测、电梯、自动扶梯及步梯监测、建筑设备管理等多应用系统的信息传输。

（5）室内移动通信覆盖系统宜包含机场内集群通信等应用需求。

（6）有线电视系统应符合下列要求：

① 节目源应包含航班动态显示节目。

② 配置在候机厅、休息厅等处电视机电源宜采用建筑设备管理系统集中控制电源开启。

（7）广播系统应符合下列要求：

① 应采用人工、半自动、自动三种播音方式，播放航班动态信息或其他相关信息，自动播音应采用语音合成方式完成。

② 国内航班应采用普通话与英语两种语言播放信息。

③ 国际航班应采用三种语言以上（含三种语言）播放信息，宜采用普通话、英语和目的地国的语言播放信息。

④ 航站楼广播宜采用本地广播方式。

⑤ 广播区域划分宜按最小本地广播区域划分。

⑥ 宜配置背景噪声监测设备。

（8）航班信息综合系统应符合下列要求：

① 信息集成的信息源应包括各航空公司、空中管制中心、国际航空协会、航空固定通信网所提供的各类信息。

② 应完成季度航班计划、短期航班计划、次日航班计划。

③ 应向需获得航班计划的系统发布信息，应按时发布次日航班计划信息。

④ 应及时修正日航班计划并即时发布修正信息。

⑤ 应统计、存储、查询 E1 航班计划数据并形成报表。

⑥ 应完成机位桥/登机门分配，到达行李转盘分配，值机柜台分配与出发行李分检转盘分配功能。

(9) 时钟系统应符合下列要求：

① 应采用全球卫星定位系统校时。

② 主机应采用一主一备的热备份方式。

③ 宜采用母钟、二级母钟、子钟三级组网方式。

④ 母钟和二级母钟应向其他有时基要求的系统提供同步校时信号。

⑤ 航站楼内值机大厅、候机大厅、到达大厅、到达行李提取大厅应安装同步校时的子钟。

⑥ 航站楼内贵宾休息室、商场、餐厅和娱乐等处宜安装同步校时的子钟。

(10) 安检信息系统应符合下列要求：

① 交运行李、超规交运行李、团体交运行李和旅客手提行李，应经行李专用 X 光机设备检查，所查验的图像应提供本地辨识和中心控制机房辨识。

② 旅客过安检通道时应摄录贮存旅客肖像信息，应将肖像信息传送至离港系统。

(11) 泊位引导系统应符合下列要求：

① 航站楼的每一个固定登机桥位应安装泊位引导设备。

② 泊位引导设备应自动引导飞机停靠在正确停机位置。

③ 在紧急情况下应通过手动按钮引导飞机停靠在正确停机位置。

④ 泊位引导终端设备应与活动登机建立工作互锁关系。

(12) 离港系统应符合下列要求：

① 值机大厅通过离港终端应完成旅客的登机办票和行李交运工作。由登机牌打印机打印旅客登机牌，由行李牌打印机打印行李交运牌。

② 应将旅客的值机信息传送至安检信息系统。

③ 应将旅客的交运行李信息传送至行李控制系统。

④ 在候机大厅离港闸口应有登机牌阅读机对旅客登机牌进行登机确认。宜采用离港工作站调用安检信息系统提供的旅客肖像信息进行旅客身份确认。

⑤ 应完成配载平衡工作确保飞行安全。

(13) 航班动态信息显示系统应符合下列要求：

① 值机大厅应提供引导旅客值机的值机航班动态信息。

② 值机柜台上方应提供值机航班信息。

③ 中转柜台应提供中转航班动态信息。

④ 候机大厅应提供出发候机航班动态信息。

⑤ 到达行李提取厅应提供引导行李转盘航班动态信息。

⑥ 行李转盘应提供本转盘到达行李的航班信息。

⑦ 行李分拣大厅每条出发行李转盘上应提供在本转盘出发的行李航班信息。

⑧ 行李分拣大厅每条到达行李转盘上应提供在本转盘到达行李航班信息。

⑨ 到达接客大厅应提供到达航班动态信息。

(14) 登机桥监控系统应符合下列要求：

① 应对登机桥靠桥和撤桥进行监控和管理。

② 应对登机桥状态进行监测，应对故障进行报警记录。

③ 应对登机桥运行号数进行统计报表和分析。

④ 应与泊位引导系统建立工作互锁的功能。

(15) 电梯、自动扶梯、自动步道监测系统应符合下列要求：

① 应具有对电梯、自动扶梯、自动步道工作状态进行监视，故障报警记录的功能。

② 应对电梯、自动扶梯、自动步道运行参数进行统计报表分析。

(16) 商业经营系统应符合下列要求：

① 应对货物的进货、库存、销售进行管理。

② 应具有数据查询、维护、监管和统计报表的功能。

③ 应与银联联网，应用信用卡消费和多种货币结算。

④ 应与海关联网，海关应监控免税商品的销售数据、上架数据和库存数据。

⑤ 系统终端应安装在商场、餐厅和娱乐场所等。

(17) 建筑设备管理系统应符合下列要求：

① 应根据航站楼功能复杂，设备可靠性要求高，人群密集，客流变化大，建筑空间大，相应能耗较大等特点来确定对机电设备的管理功能。

② 应结合航站楼内办票厅、候机厅、到达厅等不同区域的空间及空调特点，选择合适的控制技术。

③ 应根据不同区域空调的送风形式及风量调节方式进行送风控制，同时要针对公共区域客流量变化大的特点，特别重视根据空气质量进行新回风比例控制，提高室内综合空气品质，体现人性化服务质量。

④ 应根据建筑及相应公共服务区域的采光特点、室内照度、室内标识、广告照明进行监控。

⑤ 应能接收航班信息，并根据航班时间实现对相关场所的空调、照明等的控制。

⑥ 行李传输系统的运行监测。

⑦ 航班显示、时钟系统电源、安全检查系统电源、机用电源、飞机引导系统电源等的监测。

⑧ 停机坪高杆照明的监控。

⑨ 对航站楼内各租用单元进行电能计量。

(18) 安全技术防范系统应符合现行国家标准《安全防范工程技术规范》GB 50348—2004 的相关规定。

(19) 较大规模的机场航站楼等区域内宜建立机场应急联动指挥中心。

3) 铁路客运站

(1) 通信接入系统应考虑铁路专用通信网的接入。

(2) 信息网络系统应支持旅客引导显示系统、列车到发通告系统、售票及检票系统、旅客行包管理等专用系统的运行。

(3) 广播系统应符合下列要求：

① 系统的语音合成设备应完成接发车、旅客乘运及候车的全部客运技术作业广播。

② 应按候车厅、进站大厅、站台、站前广场、行包房、出站厅、售票厅以及客运值班室等不同功能区进行系统分区划分。

③ 应具有接入旅客引导显示系统、列车到发通告系统等通告显示网的接口条件。

（4）时钟系统应提供与车站中央管理系统集成的接口。

（5）旅客查询系统应符合下列要求：

① 电视问询系统值班台应接入现场任一问询亭进行人工或半自动应答作业。

② 应具有多处问询亭同时占用时排队等待处理功能。

③ 多处问询亭平行作业时应互不干扰，任一问询亭被任一值班台接通后不再接入其他值班台。

④ 电视问询系统或多媒体查询系统应在进站大厅、各候车厅、售票厅、各行包房等地点配置旅客查询终端，并应配置无障碍旅客查询终端。

（6）信息导引及发布系统应符合下列要求：

① 能为旅客提供综合性信息显示服务及进行宣传活动，同时也能作为引导显示系统和客运组织作业的辅助显示设施。

② 显示屏应设于进站大厅、出站大厅、车站商场和餐厅等旅客集中活动场所。

（7）旅客引导显示系统应符合下列要求：

① 应具有动态信息显示的功能。

② 进站集中显示牌应明确显示列车车次、始发站、终到站、到发时刻、候车地点、列车停靠站台、晚点变更、检票状态等信息。

③ 候车厅牌应显示列车车次、开往站、到发时刻、列车停靠站台、晚点变更和检票状态等信息。

④ 检票口牌应显示列车车次、检票状态和发车时刻等信息。

⑤ 站台牌应显示列车车次、到发线路、到发时刻、开往地点和晚点变更等信息。

⑥ 出站台牌应显示列车车次、始发站、到发时刻、列车停靠站台和晚点变更等信息。

⑦ 天桥、廊道牌应显示列车车次和列车停靠站台等信息。

（8）列车到发通告系统应符合下列要求：

① 应在客运站运行过程中需要列车到发通告信息的场所配置接收终端或联网工作站。

② 列车到发通告系统应在广播室、客运总值班室、列检值班室、行车室、客运值班员室、售票室、值班站长、客运计划室、检票口、到达行包房、中转行包房、出发行包房、上水工休息室、国际行包房、客车整备所、机务运转值班楼和环境卫生值班室及其他必要的相关处所配置接收终端或联网工作站。

③ 列车到发通告系统主机应预留与上一级行车指挥信息系统联网的接口条件。

（9）自动售检票系统应符合下列要求：

① 宜配置售票窗口对讲及票额动态显示设施。

② 检票终端应有脱网独立工作的功能。

（10）旅客行包管理系统应符合下列要求：

① 应具有按票号、收货人、收货单进行到达行包查询，通告的功能。

② 应具有自动计算保管费、搬运费、打印收费单，并应具有结账、打印报表及整理库存量、打印库存清单、打印过期行包清单与催领单等功能。

（11）安全技术防范系统应符合现行国家标准《安全防范工程技术规范》GB 50348—2004的相关规定。

（12）较大规模的铁路客运站，宜建立站内应急联动指挥中心。

4）城市公共轨道交通站

（1）智能化建筑各系统应按线路划分、配置分线的中央级和车站级二级监控系统。

（2）宜配置智能化集成系统。

（3）宜配置应急联动系统作为中央级控制系统的备份。

（4）应建立包括机电专业和通讯专业在内的各专业系统集成的主控系统，实现地铁分线各专业子系统之间的信息互通、资源共享。

（5）有线通信系统应符合下列要求：

① 应满足公共轨道交通地铁运营和管理方对列车运行、运营管理、时钟同步、无线通信、公务联系和传递各种信息交换与传输综合业务的需要。

② 应具有实现中央级控制中心与车站及车辆段、车站与车站之间信息传递、交换的功能。

③ 应能迅速、可靠地传输语音、数据和图像等各种信息。

④ 具有网络扩充和管理能力。

（6）无线通信系统应符合下列要求：

① 应具有与公务通信系统互联，经中央级控制中心转接，无线系统内的移动台可与程控电话用户之间通话功能。

② 应具有呼叫（选呼、组呼、紧急呼叫）、广播、切换、录音、存储、检测和优先级功能。

③ 应具有数据传输功能，可实时传递列车状态信息和短消息业务。

④ 应具有完善的网络管理功能。

（7）公务与专用电话系统应符合下列要求：

① 应与分组交换网、无线集群系统、公用市话网互连。系统应具有移动通信接入功能，具有无线接口，能与无线集群交换机相连。

② 车站（车辆段）值班员应与本站（段）其他有关人员直接通话。值班员可任意实现单呼、组呼和全呼方式。站内分机可直接呼叫本站值班员。

③ 邻车站值班员间及车辆段值班员与相邻车站值班员间应通过站间行车电话进行直接通话。站间电话可直接呼叫上行或下行车站值班员，具有紧急呼叫及邻站呼入显示功能，不应出现占线或通道被其他用户占用等情况。

④ 隧道区间及道岔区段的有关作业人员应能通过轨旁电话与相邻站车站值班员通话，并可采用切换方式与公务电话用户通信。

（8）调度电话通信系统应符合下列要求：

① 应为专用直达通信系统，应具有单呼、组呼、全呼、紧急呼叫和录音等功能。

② 中央级控制中心各调度员与各站值班员之间应直接（无阻塞）通话。控制中心各调度员之间应直接通话。

（9）时钟系统应符合下列要求：

① 应为各线、各车站提供统一的标准时间信息，并为其他各系统提供统一的基准

时间。

② 应提供与中央管理系统集成的接口。

（10）信息发布系统应符合下列要求：

① 应提供路面交通、换乘信息、政府公告、紧急灾难信息等即时多媒体信息。

② 应保证乘客方便地获得实时、统一、准确的时间，乘客能以多种方式获得列车班次、紧急通知以及其他方面的服务信息。

（11）自动售检票系统应符合下列要求：

① 应满足交通高峰客流量的需要。

② 应满足交通各种运营模式的要求，系统宜采用智能卡非接触式技术方式。

（12）火灾自动报警系统应设中央级和车站级二级监控方式，对公共轨道交通全线进行火灾探测和报警。

（13）安全技术防范系统应符合国家标准《安全防范工程技术规范》GB 50348—2004 的相关规定。

5）社会停车库（场）

（1）社会停车库（场）宜配置智能化集成系统，实现对整个社会停车库（场）集中控制与协调各系统的信息和资源共享。集成系统可包括停车场收费管理系统、停车场区域引导及车位信息显示系统、出入口红绿灯控制系统、车辆影像对比及车牌自动识别系统、停车场对讲系统、公共音响及应急广播、建筑设备监控系统、消防报警系统、安全技术防范系统等相关系统。

（2）电话交换系统应实现车库管理中心与车辆进、出口处的内部通话功能。

（3）信息网络系统，应支持停车场收费管理系统、停车场区域引导及车位信息显示系统、出入口红绿灯控制系统、车辆影像对比及车牌自动识别等专用系统联网运行。

（4）广播系统应符合下列要求：

① 应配合电视监控等系统完成场内车辆行驶人工语音指挥的功能。

② 应在场内提供公共广播信息。

③ 在遇火灾等紧急情况时，应与火灾报警系统相联，作局部区域或全区域紧急疏散广播使用。

（5）车库收费系统应符合下列要求：

① 可配置每天、每周、每月、任意 24 小时时间段的收费标准。

② 对收款员进行当次结账、操作日志记录等管理。

③ 现场显示收费金额，同时语音报收费金额。

④ 能脱离管理计算机而独立运行。

（6）停车场区域引导及车位信息显示系统应符合下列要求：

① 自动实时统计并显示场内、各楼层、各区域的车位信息，对进出停车场的停泊车辆进行区域引导和管理。

② 实时显示场内、各楼层及各区域等车辆统计数据，在必要时均可进行人工干预和修正，以消除累计误差使引导显示与实际情况相符。

③ 应能与城市公共交通管理系统或其他停车场数据通信平台相联，对外发布相关的车位状态信息。

④ 当出、入口设备出现故障或停车场计数满位等情况下系统能显示红灯禁行，其余时间显示绿灯放行。

(7) 车辆影像对比及车牌自动识别系统应符合下列要求：

① 车库容量超过200辆，宜配置车辆出入口影像对比系统。

② 停车容量超过500辆，宜配置车辆出入口影像对比及车牌自动识别系统。

③ 应能实时记录所有进、出车辆的图像数据，要求图像能清晰地的显示车辆特征，对存储的图像应能用票/卡号、车牌号和时间等信息进行查询。该类数据的有效储存时限应大于三个月。

(8) 建筑机电设备管理系统应设CO监控器，对空气中CO的含量进行监测，并对排风机进行监控。

(9) 火灾自动报警系统除应符合本标准“公共安全系统”的规定外，还应符合现行国家标准《汽车库、修车库、停车场设计防火规范》GB 50067—2014的相关规定。

(10) 安全防范系统应符合现行国家标准《安全防范工程技术规范》GB 50348—2004的相关规定。

187. “住宅建筑”的智能设计要求有哪些?

《智能建筑设计标准》GB/T 50314—2006规定：

1) 一般规定

(1) 住宅建筑指的是住宅、别墅等建筑。

(2) 住宅建筑智能化系统的功能应符合下列要求：

① 应体现以人为本，做到安全、节能、舒适和便利。

② 应符合构建环保和健康的绿色建筑环境的要求。

③ 应推行对住宅建筑的规范化管理。

(3) 住宅建筑智能化系统的基本配置应符合下列要求：

① 宜配置智能化集成系统。

② 宜配置通信接入系统。

③ 宜配置电话交换系统。

④ 宜配置信息网络系统。

⑤ 宜配置综合布线系统。

⑥ 宜配置有线电视系统。

⑦ 宜配置公共广播系统。

⑧ 宜配置物业信息运营管理系统。

⑨ 宜配置建筑设备管理系统。

⑩ 火灾自动报警系统应符合现行国家标准《建筑设计防火规范》GB 50016—2014的相关规定。

⑪ 安全技术防范系统应符合现行国家标准《安全防范工程技术规范》GB 50348—2004的相关规定。

(4) 住宅建筑智能化系统可按本标准“附录J”的要求配置。

2) 住宅

(1) 住户配置符合下列要求：

① 应配置家居配线箱。家居配线箱内配置电话、电视、信息网络等智能化系统进户线的接入点。

② 应在主卧室、书房、客厅等房间配置相关信息端口。

(2) 住宅（区）宜配置水表、电表、燃气表、热能（有采暖地区）表的自动计量、抄收及远传系统，并宜与公用事业管理部门系统联网。

(3) 宜建立住宅（区）物业管理综合信息平台。实现物业公司办公自动化系统、小区信息发布系统和车辆出入管理系统的综合管理。小区宜应用智能卡系统。

(4) 安全技术防范系统的配置不宜低于现行国家标准《安全防范工程技术规范》GB 50348—2004 中有关提高型安防系统的配置标准。

3) 别墅

(1) 宜配置智能化集成系统。

(2) 地下车库、电梯等宜配置室内移动通信覆盖系统。

(3) 宜配置公共服务管理系统。

(4) 宜配置智能卡应用系统。

(5) 宜配置信息网络安全管理系统。

(6) 别墅配置符合下列要求：

① 应配置家居配线箱和家庭控制器。

② 应在卧室、书房、客厅、卫生间、厨房配置相关信息端口。

③ 应配置水表、电表、燃气表、热能（有采暖地区）表的自动计量、抄收及远传系统，并宜与公用事业管理部门系统联网。

(7) 宜建立互联网站和数据中心，提供物业管理、电子商务、视频点播、网上信息查询与服务、远程医疗和远程教育等增值服务项目。

(8) 别墅区建筑设备管理系统应满足下列要求：

① 应监控公共照明系统。

② 应监控给排水系统。

③ 应监视集中空调的供冷/热源设备的运行/故障状态，监测蒸汽、冷热水的温度、流量、压力及能耗，监控送排风系统。

(9) 安全防范技术系统的配置不宜低于现行国家标准《安全防范工程技术规范》GB 50348—2004 先进型安防系统的配置标准，并应满足下列要求：

① 宜配置周界视频监视系统，宜采用周界入侵探测报警装置与周界照明、视频监视联动，并留有对外报警接口。

② 访客对讲门口主机可选用智能卡或以人体特征等识别技术的方式开启防盗门。

③ 一层、二层及顶层的外窗、阳台应设入侵报警探测器。

④ 燃气进户管宜配置自动阀门，在发出泄漏报警信号的同时自动关闭阀门，切断气源。

188. “通用工业建筑”的智能设计要求有哪些?

《智能建筑设计标准》GB/T 50314—2006 规定：

1）一般规定

（1）通用工业建筑指的是新建、扩建和改建的通用工业建筑，与通用工业建筑相配套的辅助用房可按照本标准的同类功能建筑的标准设计。

（2）通用工业建筑智能化系统的功能应符合下列要求：

① 应满足通用生产要求的能源供应和作业环境的控制及管理。

② 应提供生产组织、办公管理所需的信息通信的基础条件。

③ 应符合节能和降低生产成本的要求。

④ 应提供建筑物所需的信息化管理。

2）通用工业建筑

（1）根据实际生产、管理的需要宜配置智能化集成系统，实现对各智能化子系统的协同控制和对设施资源的综合管理。

（2）宜采用先进的信息通信技术手段，提供及时、有效和可靠的信息传递，满足生产指挥调度和经营、办公管理的需要。

（3）企业生产及管理信息系统应符合通用工业建筑生产辅助及生活、办公部分的应用功能。

（4）建筑设备管理系统应符合下列要求：

① 对生产、办公、生活所需的各种电源、热源、水源、气（汽）源及燃气等能源供应系统的监控和管理。

② 对生产、办公、生活所需的空调、通风、排风、给排水和照明等环境工程系统的监控和管理。

③ 对生产废水、废气、废渣排放处理等环境保护系统的监控和管理。

（5）机房工程宜包括公用与生产辅助设备控制管理机房和企业网络及综合管理中心机房等。

189. “智能建筑工程质量验收”包括哪些内容？

《智能建筑工程质量验收规范》GB 50339—2013 规定：

1）智能建筑工程质量验收应包括工程实施的质量控制、系统检测和工程验收。

2）智能建筑工程的子分部工程和分项工程应符合表 1-287 的规定。

智能建筑工程的子分部工程和分项工程　　表 1-287

子分部工程	分项工程
智能化集成系统	设备安装，软件安装，接口及系统调试，试运行
信息接入系统	安装场地检查
用户电话交换系统	线缆敷设，设备安装，软件安装，接口及系统调试，试运行
信息网络系统	计算机网络设备安装，计算机网络系统安装，网络安全设备安装，网络安全软件安装，系统调试，试运行
综合布线系统	梯架、托盘、槽盒和导管安装，线缆敷设，机柜、机架、配线架的安装，信息插座安装，链路或信道测试，软件安装，系统测试，试运行
移动通信室内信号覆盖系统	安装场地检查
卫星通信系统	安装场地检查

续表

子分部工程	分项工程
有线电视及卫星电视接收系统	梯架、托盘、槽盒和导管安装，线缆敷设，设备安装，软件安装，系统调试，试运行
公共广播系统	梯架、托盘、槽盒和导管安装，线缆敷设，设备安装，软件安装，系统调试，试运行
会议系统	梯架、托盘、槽盒和导管安装，线缆敷设，设备安装，软件安装，系统调试，试运行
信息导引及发布系统	梯架、托盘、槽盒和导管安装，线缆敷设，显示设备安装，机房设备安装，软件安装，系统调试，试运行
时钟系统	梯架、托盘、槽盒和导管安装，线缆敷设，设备安装，软件安装，系统调试，试运行
信息化应用系统	梯架、托盘、槽盒和导管安装，线缆敷设，设备安装，软件安装，系统调试，试运行
建筑设备监控系统	梯架、托盘、槽盒和导管安装，线缆敷设，传感器安装，执行器安装，控制器、箱安装，中央管理工作站和操作分站设备安装，软件安装，系统调试，试运行
火灾自动报警系统	梯架、托盘、槽盒和导管安装，线缆敷设，探测器类设备安装，控制器类设备安装，其他设备安装，软件安装，系统调试，试运行
安全技术防范系统	梯架、托盘、槽盒和导管安装，线缆敷设，设备安装，软件安装，系统调试，试运行
应急响应系统	设备安装，软件安装，系统调试，试运行
机房工程	供配电系统，防雷与接地系统，空气调节系统，给水排水系统，综合布线系统，监控与安全防范系统，消防系统，室内装饰装修，电磁屏蔽，系统调试，试运行
防雷与接地	接地装置，接地线，等电位联结，屏蔽设施，电涌保护器，线缆敷设，系统调试，试运行

3）系统试运行应连续进行120h。试运行中出现系统故障时，应重新开始计时，直至连续运行满120h。

4）工程实施的质量控制、系统检测和分部（子分部）工程验收的具体要求与步骤可参看规范原文。

第二部分

建筑构造与装修

一、基础、地下室与地下工程防水

（一）地　　基

190. 地基岩土包括哪几种类型？

《建筑地基基础设计规范》GB 50007—2011 中规定：

可以直接作为地基的土层有岩石、碎石土、砂土、粉土、黏性土；需采取加固处理才能够作为地基的土层和人工填土和其他土层。

1）岩石

作为地基的岩石，除应确定岩石的地质名称外，还应确定岩石的坚硬程度、岩体的完整程度和岩石的风化程度。

（1）岩石的坚硬程度

岩石的坚硬程度详见表 2-1。

岩石的坚硬程度　　表 2-1

坚硬程度类别	坚硬岩	较硬岩	较软岩	软岩	极软岩
饱和单轴抗压强度标准值 f_{rk}（MPa）	$f_{rk}>60$	$60\geqslant f_{rk}>30$	$30\geqslant f_{rk}>15$	$15\geqslant f_{rk}>5$	$f_{rk}\leqslant 5$

注：岩石的承载力 f_{rk} 为 50～600kPa。

（2）岩石的完整程度

岩石的完整程度详见表 2-2。

岩石的完整程度　　表 2-2

完整程度等级	完整	较完整	较破碎	破碎	极破碎
完整性指数	＞0.75	0.75～0.55	0.55～0.35	0.35～0.15	＜0.15

注：完整性指数为岩体纵波波速与岩块纵波波速之比的平方。选定岩体、岩块测定波速时应有代表性。

（3）岩石的风化程度

岩石的风化程度分为未风化、微风化、中等风化、强风化和全风化 5 个档次。

2）碎石土

碎石土为粒径大于 2mm 的颗粒含量超过全重 50％的土。碎石土可分为漂石、块石、卵石、碎石、圆砾和角砾。

（1）碎石土的分类

碎石土的分类见表 2-3。

（2）碎石土的密实度

碎石土的密实度见表 2-4。

碎石土的分类 **表 2-3**

土的名称	颗粒形状	颗粒含量
漂石	圆形及亚圆形为主	粒径大于 200mm 的颗粒含量超过全重 50%
块石	棱角形为主	
卵石	圆形及亚圆形为主	粒径大于 20mm 的颗粒含量超过全重 50%
碎石	棱角形为主	
圆砾	圆形及亚圆形为主	粒径大于 2mm 的颗粒含量超过全重 50%
角砾	棱角形为主	

注：分类时应根据粒组含量栏从上到下以最先符合者确定。

碎石土的密实度 **表 2-4**

重型圆锥动力触探锤击数 $N_{63.5}$	密实度	重型圆锥动力触探锤击数 $N_{63.5}$	密实度
$N_{63.5}\leqslant 5$	松散	$10<N_{63.5}\leqslant 20$	中密
$5<N_{63.5}\leqslant 10$	稍密	$N_{63.5}>20$	密实

注：1. 本表适用于平均粒径小于等于 50mm 且最大粒径不超过 100mm 的卵石、碎石、圆砾、角砾；对于平均粒径大于 50mm 或最大粒径大于 100mm 的碎石土，可根据相关标准鉴别其密实度。

2. 表内 $N_{63.5}$ 为经综合修正后的平均值。

（3）相关资料表明，碎石土的地基承载力特征值 f_{ak} 为 200～1000kPa。

3）砂土

砂土为粒径大于 2mm 的颗粒含量不超过全重 50%、粒径大于 0.075mm 的颗粒含量超过全重 50%的土。砂土分为砾砂、粗砂、中砂、细砂和粉砂。

（1）砂土的分类

砂土的分类见表 2-5。

砂 土 的 分 类 **表 2-5**

土的名称	粒组含量	土的名称	粒组含量
砾砂	粒径大于 2mm 的颗粒含量占全重 25%～50%	细砂	粒径大于 0.075mm 的颗粒含量超过全重 85%
粗砂	粒径大于 0.5mm 的颗粒含量超过全重 50%		
中砂	粒径大于 0.25mm 的颗粒含量超过全重 50%	粉砂	粒径大于 0.075mm 的颗粒含量超过全重 50%

注：分类时应根据粒组含量栏从上到下以最先符合者确定。

（2）砂土的密实度分为松散、稍密、中密、密实 4 个档次。

砂土的密实度见表 2-6。

砂土的密实度 **表 2-6**

标准贯入实验锤击数 N	密实值	标准贯入实验锤击数 N	密实值
$N\leqslant 10$	松散	$20<N\leqslant 30$	中密
$10<N\leqslant 20$	稍密	$N>30$	密实

（3）相关资料表明，砂土的地基承载力特征值 f_{ak}为 140～500kPa。

4）黏性土

黏性土为塑性指数 L_p 大于 10 的土。

（1）黏性土的分类

黏性土的分类见表 2-7。

黏性土的分类 **表 2-7**

塑性指数 L_p	土的名称
$L_p>17$	黏土
$10<L_p\leqslant17$	粉质黏土

（2）黏性土的状态分为坚硬、硬塑、可塑、软塑、流塑。

黏性土的状态见表 2-8。

黏性土的状态 **表 2-8**

<table>
<tr><th>液性指数 I_L</th><th>状　态</th><th>液性指数 I_L</th><th>状　态</th></tr>
<tr><td>$I_L\leqslant0$</td><td>坚硬</td><td rowspan="2">$0.75<I_L\leqslant1$</td><td rowspan="2">软塑</td></tr>
<tr><td>$0<I_L\leqslant0.25$</td><td>硬塑</td></tr>
<tr><td>$0.25<I_L\leqslant0.75$</td><td>可塑</td><td>$I_L>1$</td><td>流塑</td></tr>
</table>

（3）相关资料表明，黏性土的地基承载力特征值 f_{ak}为 105～410kPa。

5）粉土

粉土为介于砂土与黏性土之间，塑性指数 L_p 不大于 10 且粒径大于 0.075mm 的颗粒含量不超过全重 50%的土。相关资料表明，粉土的地基承载力特征值 f_{ak}为 105～475kPa。

6）人工填土

人工填土根据其组成和成因，可分为素填土、压实填土、素填土、冲积土。素填土为由碎石土、砂土、粉土、黏性土等组成的填土。经过压实或夯实的素填土为压实填土。杂填土为含有建筑垃圾、工业废料、生活垃圾等杂物的填土。冲积土为由水力冲击泥砂形成的填土。相关资料表明，人工填土的地基承载力特征值 f_{ak} 为 65～160kPa。

7）其他土层

其他土层包括淤泥、红黏土、膨胀土、湿陷性土等 4 种。

（1）淤泥：淤泥为在静水或缓慢的流水中沉积，并经生物化学作用形成，其天然含水量大于液限、天然孔隙比不小于 1.5 的黏性土。天然含水量大于液限、天然孔隙比小于 1.5 但不小于 1.0 的黏性土或粉土为淤泥质土。含有大量未分解的腐殖质，有机质含量大于 60%的土为泥炭，有机质含量不小于 10%且不大于 60%的土为泥炭质土。

（2）红黏土：红黏土为碳酸盐系的岩石经红土化作用形成的高塑性黏土。其液限一般大于 50%。红黏土经再搬运后仍保留其基本特征，其液限大于 45%的土为次生红黏土。

（3）膨胀土：膨胀土为土中黏性成分主要由亲水性矿物组成，同时具有显著的吸水膨胀和失水收缩特性，其自由膨胀率不小于 40%的黏性土。

（4）湿陷性土：湿陷性土为在一定压力下浸水后产生附加沉降，其湿陷系数不小于 0.015 的土。

191. 地基应满足哪些要求?

相关技术资料表明，基础下部的承受上部荷载的土层叫地基。地基应满足以下三点要求：

1）强度要求

要求地基有足够的承载力，一般强度在200kPa左右时，应优先采用天然地基。

2）变形要求

要求地基有均匀的压缩量，以保证有均匀的下沉。若地基有不均匀下沉出现，建筑物上部会产生开裂变形。

3）稳定要求

要求地基有防止产生滑坡、倾斜的能力。当建筑物与周围基地有较大高差时，应加设挡土墙，以防止滑坡变形的出现。

192. 什么叫天然地基？什么叫人工地基?

相关技术资料表明，天然地基和人工地基的主要不同点为：

1）天然地基

天然地基指的是不需要加固处理就可以直接用作基础的地基。

2）人工地基

人工地基指的是必须经过加固处理才可以用作基础的地基。地基加固处理的方法有夯实法、换土法和打桩。

（二）基　　础

193. 基础埋深的确定原则有哪些？起算点如何计算?

《建筑地基基础设计规范》GB 50007—2011 中指出：

1）基础埋深的确定原则

（1）建筑物的用途，有无地下室、设备基础和地下设施，基础的形式和构造。

（2）作用在地基上的荷载大小和性质。

（3）工程地质和水文地质。

（4）相邻建筑物的基础埋深。

（5）地基土冻胀和融陷的影响。

2）基础埋深的计算

基础埋深是从室外设计地坪至基础底皮的垂直高度。

（1）无筋扩展基础（刚性基础）的基础底皮指的是灰土、混凝土、三合土的底皮（即土层上表面）。

（2）扩展基础（钢筋混凝土基础），应算至垫层上皮（垫层不计入埋深尺寸内）。《混凝土结构设计规范》GB 50010 中规定：钢筋混凝土基础宜设置混凝土垫层，基础中的钢筋混凝土保护层厚度应从垫层顶面算起，且不应小于40mm。垫层的作用主要是找平，为摆放钢筋提供方便。

194. 基础埋深与地上建筑高度是什么关系?

《建筑地基基础设计规范》GB 50007—2011 中指出基础埋深与地上建筑高度的关系是：

1）多层建筑物的基础埋深约为地上建筑高度的 1/10。

2）高层建筑在天然地基上的箱形、筏形基础的埋深不宜小于建筑高度的 1/15。

3）高层建筑的桩箱基础（桩支承的箱形基础）、桩筏（桩支承的筏形基础）基础的埋深不宜小于建筑高度的 1/18～1/20。

195. 什么叫“无筋扩展基础”?

《建筑地基基础设计规范》GB 50007—2011 中指出：

1）特点

无筋扩展基础又称为刚性基础，包括灰土基础、普通砖基础、毛石基础、三合土基础、混凝土基础、毛石混凝土基础 6 种类型。

2）构造要点

(1) 这些基础中不加钢筋，基础中的压力和拉力均由材料自身承担。为解决基础中压力的分布，必须在这些基础的底部采取扩展措施。

(2) 不同基础的扩展角度（台阶宽高比）是不同的，具体数值详见表 2-9。

无筋扩展（刚性）基础台阶宽高比的允许值　　表 2-9

基础种类	质量要求	台阶宽高比的允许值		
		$P_k \leqslant 100$	$100 < P_k \leqslant 200$	$200 < P_k \leqslant 300$
混凝土基础	C15 混凝土	1∶1.00	1∶1.00	1∶1.25
毛石混凝土基础	C15 混凝土	1∶1.00	1∶1.25	1∶1.50
砖基础	砖不低于 MU10，砂浆不低于 M5	1∶1.50	1∶1.50	1∶1.50
毛石基础	砂浆不低于 M5	1∶1.25	1∶1.50	—
灰土基础	体积比为 3∶7 或 2∶8 的灰土，其最小干密度：粉土 1.55t/m^3、粉质黏土 1.50t/m^3、黏土 1.45t/m^3	1∶1.25	1∶1.50	—
三合土基础	体积比为 1∶2∶4～1∶3∶6（石灰∶砖∶骨料），每层均虚铺 220mm，夯实至 150mm	1∶1.50	1∶2.00	—

注：1. P_k 为荷载效应标准组合时基础底面处的平均压力值（kPa）。
2. 阶梯形毛石基础的每个阶梯伸出宽度，不宜大于 200mm。
3. 当基础由不同材料叠加组合时，应对接触部分作抗压验算。
4. 基础底面处的平均压力值超过 300 kPa 的混凝土基础，尚应进行抗剪计算。对基地反力集中于立柱附近的岩石地基，应进行局部受压承载力验算。

常用材料的角度：混凝土是 45°（台阶高宽比是 1∶1）、普通砖基础是 33°（台阶高宽比是 1∶1.5）等。

(3) 由于砖和灰土的扩展角度均为 30°左右（台阶高宽比是 1∶1.5），为节省砖的用量，在其底部可以用灰土来替代。灰土的厚度多为 300mm（俗称两步灰土），450mm（俗称三步灰土）两种。其中300mm用于4层及4层以下的砌体结构建筑中，450mm则用于5、6层的砌体结构建筑中（图2-1）。

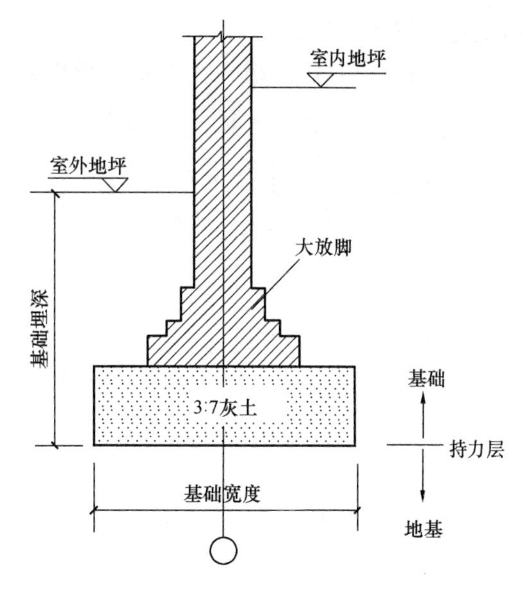

图2-1 无筋扩展基础

196. 什么叫“有筋扩展基础”？

有筋扩展基础指的是钢筋混凝土基础。《建筑地基基础设计规范》GB 50007—2011中规定：有筋扩展基础分为阶梯形和锥形两大类，主要用于柱下基础和墙下基础。

有筋扩展基础的构造要点主要有：

1）扩展基础包括柱下独立基础和墙下条形基础两种类型。

2）扩展基础的截面有阶梯形和锥形两种形式。

3）锥形扩展基础的边缘高度不宜小于200mm，且两个方向的坡度不宜大于1∶3；阶梯形扩展基础的每阶高度宜为300～500mm。

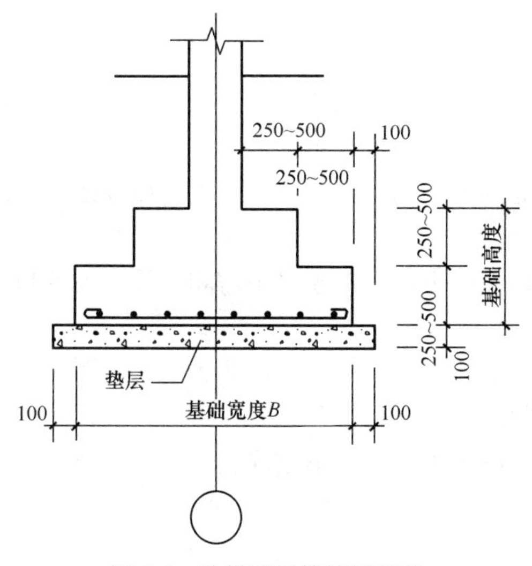

图2-2 阶梯形无筋扩展基础

4）扩展基础混凝土垫层的厚度不宜小于70mm，垫层混凝土强度等级不宜小于C10。

5）柱下扩展基础受力钢筋的最小直径不应小于10mm，间距应在100～200mm之间。墙下扩展基础纵向分布钢筋的直径不应小于8mm，间距不应大于300mm。

6）扩展基础的钢筋保护层：有垫层时，不应小于40mm，无垫层时，不应小于70mm。

7）扩展基础的混凝土强度等级不应低于C20（图2-2）。

197. 多层建筑常用的基础类型有哪些？

相关技术资料表明，多层建筑多采用的基础有：

1）条形基础：主要用于承重墙和自承重墙下的基础，属于无筋扩展基础（刚性基础）的范畴。

2）独立基础：主要用于柱下的基础，属于有筋扩展基础（柔性基础）的范畴。

198. 高层建筑常用的基础类型有哪些？

相关技术资料表明，高层建筑多采用的基础有：

1）筏形基础：筏形基础又称为板式基础，主要用于高层建筑无地下室时，属于有筋基础的范畴（图 2-3）。

2）箱形基础：由顶板、底板和侧墙组成的基础，属于有筋基础的范畴。（图 2-4）。

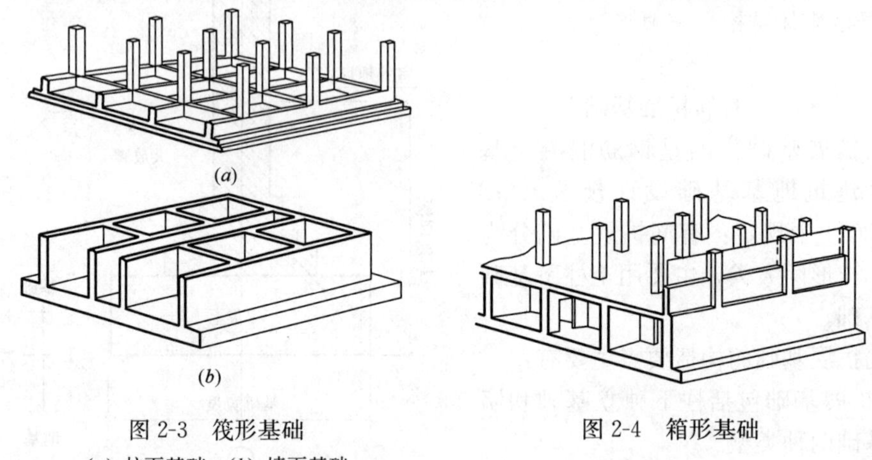

图 2-3　筏形基础

（*a*）柱下基础；（*b*）墙下基础

图 2-4　箱形基础

（三）地　下　室

199. 地下室有哪些类型？

1）地下室按埋置深度区分：

《民用建筑设计术语标准》GB/T 50504—2009 及《建筑设计防火规范》GB 50016—2014 均规定：

（1）地下室：房间地平面低于室外设计地面的平均高度超过该房间平均净高的 1/2 时称为地下室。

（2）半地下室：房间地平面低于室外设计地面的平均高度超过该房间平均净高的1/3，且不超过 1/2 时称为半地下室。

2）地下室按建造方式区分：

（1）附建式：建造在建筑物下部的地下空间。

（2）单建式：建造在广场、绿地、道路、车库等下部的地下空间。

3）地下室按使用性质区分：

（1）普通地下室：无人防要求的地下空间。

（2）人民防空地下室：按人民防空要求设计与建造的地下空间。

200. 人民防空地下室是如何分级的？

《人民防空地下室设计规范》GB 50038—2005 中规定：

1）人民防空地下室用于预防现代战争对人员的伤害，主要预防核武器、常规武器、化学武器、生物武器以及次生灾害和由上部建筑倒塌所产生的倒塌荷载。

2）人民防空地下室的分类：

（1）人民防空地下室，按其重要性分为以预防核武器为主的甲类和以预防常规武器为主的乙类；

（2）人民防空地下室，的建造方式有复建式（建造在建筑物的下部）和单建式（异地修建）两种。

3）人民防空地下室的分级：

（1）甲类：共分为5个级别，即4级（核4级）、4B级（核4B级）、5级（核5级）、6级（核6级）、6B级（核6B级）；

（2）乙类：共分为2个级别，即5级（常5级）、6级（常6级）。

4）对于预防核武器产生的冲击波和倒塌荷载，主要通过加大结构厚度来解决；对于核辐射，应通过加大结构厚度及相应的密闭措施来解决；对于化学毒气，应通过密闭措施和通风、滤毒来解决。

5）用于人民防空地下室的材料与强度等级见表2-10。

人民防空地下室的材料与强度等级　　表2-10

构件类别	混凝土		砌体			
	现浇	预制	砖	料石	混凝土砌块	砂浆
基础	C25	—	—	—	—	—
梁、楼板	C25	C25	—	—	—	—
柱	C30	C30	—	—	—	—
内墙	C25	C25	MU10	MU30	MU15	MU5
外墙	C25	C25	MU15	MU30	MU15	MU7.5

注：1. 防空地下室结构不得采用硅酸盐砖和硅酸盐砌块。
2. 严寒地区、饱和土中砖的强度等级不应低于MU20。
3. 装配填缝砂浆的强度等级不应低于M10。
4. 防水混凝土基础底板的混凝土垫层，其强度等级不应低于C25。

用于人民防空地下室的构件最小厚度见表2-11。

人民防空地下室的构件最小厚度（单位：mm）　　**表2-11**

构件类别	材料种类			
	钢筋混凝土	砖砌体	料石砌体	混凝土砌块
顶板、中间楼板	200	—	—	—
承重外墙	250	490（370）	300	250
承重内墙	200	370（240）	300	250
临空墙	250	—	—	—
防护密闭门门框墙	300	—	—	—
密闭门门框墙	300			

注：1. 表中最小厚度不包括甲类防空地下室防早期核辐射对结构厚度的要求。
2. 表中顶板、中间楼板系指实心楼面，如为密肋板，其实心楼面厚度不宜小于100mm；如为现浇空心板，其顶板厚度不宜小于100mm，且其折合厚度均不应小于200mm。
3. 砖砌体项括号内最小厚度适用于乙类防空地下室和核6级、核6B级甲类防空地下室。
4. 砖砌体包括烧结普通砖、烧结多孔砖以及非黏土砖砌体。

（四）地下工程防水

201. 地下工程防水中的防水方案应如何确定？

《地下工程防水技术规范》GB 50108—2008及相关资料中指出：

1）地下工程防水方案的选择：

（1）地下工程必须进行防水设计，防水设计应定级准确、方案可靠、施工简便、经久耐用、经济合理。

（2）地下工程防水方案应根据工程规划、结构设计、材料选择、结构耐久性和施工工艺等确定。

（3）地下工程的防水设计，应考虑地表水、地下水、毛细管水等的作用以及由于人为因素引起的附近水文地质改变的影响。单建式地下工程，应采用全封闭、部分封闭防排水设计；附建式的全地下或半地下工程的防水设防高度，应高出室外地坪高程500mm以上。

（4）地下工程迎水面主体结构应采用防水混凝土，并根据防水等级的要求采用其他防水措施。

（5）地下工程的变形缝（诱导缝）、施工缝、后浇带、穿墙管（盒）、预埋件、预留通道接头、桩头等细部构造，应加强防水措施。

（6）地下工程的排水管沟、地漏、出入口、窗井、风井等，应采取防倒灌措施，寒冷及严寒地区的排水沟应采取防冻措施。

2）地下工程的防水设计应包括的内容：

（1）防水等级和设防要求。

（2）防水混凝土的抗渗等级和其他技术指标、质量保证措施。

（3）其他防水层选用的材料及其技术指标、质量保证措施。

（4）工程细部构造的防水措施，选用的材料及其技术指标、质量保证措施。

（5）工程的防水排水系统，地面挡水、截水系统及各种洞口的防倒灌措施。

3）防水混凝土的选用：

防水混凝土选用时应注意抗渗等级、设计要点及施工注意事项等内容。

4）其他防水措施的选用：

其他防水措施指的是在防水混凝土结构的外侧（迎水面）铺贴1～2层防水卷材，并对防水卷材采取相应的保护措施。用于地下工程的防水卷材有高分子防水卷材（三元乙丙—丁基橡胶防水卷材、氯化聚乙烯—橡胶共混防水卷材）、高聚物改性沥青防水卷材（APP塑性卷材和SBS弹性卷材），亦可选用水泥砂浆、防水涂料等做法。

5）防水层的保护：

防水层的保护措施有砖墙保护、水泥砂浆保护和聚苯乙烯泡沫塑料板保护。

（1）砖墙保护：这种做法是在卷材外侧砌筑120mm厚普通砖墙。

（2）水泥砂浆保护：这种做法是在卷材外侧抹20mm厚水泥砂浆。

（3）聚苯乙烯泡沫塑料板保护：聚苯乙烯泡沫塑料板保护，又称为软保护，是在卷材外侧粘贴50mm厚聚苯乙烯塑料板（图2-5）。

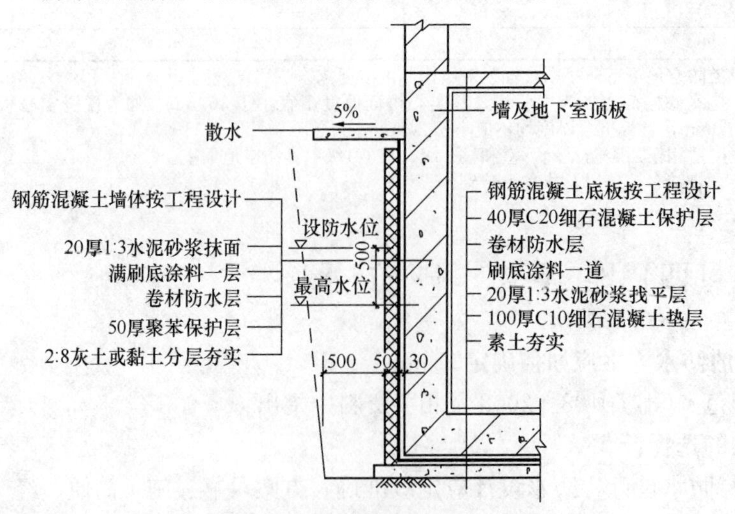

图2-5　聚苯乙烯泡沫塑料板保护

202. 地下工程防水中的防水等级应如何确定？

《地下工程防水技术规范》GB 50108—2008 及相关技术资料均规定：

1）地下工程的防水等级

地下工程的防水等级分为 4 级，各等级的防水标准应符合表 2-12 的规定。

地下工程防水标准　　表 2-12

防水等级	防水标准
一级	不允许渗水，结构表面无湿渍
二级	1. 不允许漏水，结构表面可有少量湿渍； 2. 工业与民用建筑：总湿渍面积不应大于总防水面积（包括顶板、墙面、地面）的 1/1000；任意 100m^2 防水面积上的湿渍不超过 2 处，单个湿渍的最大面积不大于 0.10m^2； 3. 其他地下工程：总湿渍面积不应大于总防水面积的 2/1000；任意 100m^2 防水面积上的湿渍不超过 3 处，单个湿渍的最大面积不大于 0.20m^2
三级	1. 有少量漏水点，不得有线流和漏泥砂； 2. 任意 100m^2 防水面积上的漏水或湿渍点数不超过 7 处，单个漏水点的最大漏水量不大于 2.5L/d，单个湿渍的最大面积不大于 0.30m^2
四级	1. 有漏水点，不得有线流和漏泥砂； 2. 整个工程平均漏水量不大于 2L/(m^2・d)；任意 100m^2 防水面积的平均漏水量不大于 4L/(m^2・d)

2）地下工程不同防水等级的适用范围

地下工程不同防水等级的适用范围，应根据工程的重要性和使用中对防水的要求，按表 2-13 选定。

不同防水等级的适用范围　　表 2-13

防水等级	适用范围	工程或房间示例
一级	人员长期停留的场所；因有少量湿渍而会使物品变质、失效的贮物场所及严重影响设备正常运转和危及工程安全运营的部位；极重要的战备工程、地铁车站	居住建筑地下用房、办公用房、医院、餐厅、旅馆、影剧院、商场、娱乐场所、展览馆、体育馆、飞机和车船等交通枢纽、冷库、粮库、档案库、金库、书库、贵重物品库、通信工程、计算机房、电站控制室、配电间和发电机房等人防指挥工程、武器弹药库、防水要求较高的人员掩蔽部、铁路旅客站台、行李房、地下铁道车站等
二级	人员经常活动的场所；在有少量湿渍的情况下不会使物品变质、失效的贮物场所及基本不影响设备正常运转和工程安全运营的部位；重要的战备工程	地下车库、城市人行地道、空调机房、燃料库、防水要求不高的库房、一般人员掩蔽工程、水泵房等
三级	人员临时活动的场所；一般战备工程	一般战备工程、一般战备工程的交通和疏散通道等
四级	对渗漏水无严格要求的工程	—

203. 地下工程防水设防施工方法有几种？

《地下工程防水技术规范》GB 50108—2008 中指出：

1）地下工程防水设防的施工方法有明挖法和暗挖法 2 种，应根据使用功能、使用年限、水文地质、结构形式、环境条件及材料性能等因素确定。

（1）明挖法地下工程的防水设防要求，应按表2-14选用。

明挖法地下工程防水设防要求 **表2-14**

工程部位		主体结构							施工缝							后浇带					变形缝（诱导缝）					
防水措施		防水混凝土	防水卷材	防水涂料	塑料防水板	膨润土防水材料	防水砂浆	金属防水板	遇水鼓胀止水条（胶）	外贴式止水条	中埋式止水条	外抹防水砂浆	外涂防水涂料	水泥基渗透型防水涂料	预埋注浆管	补偿收缩混凝土	外贴式止水带	预埋注浆管	遇水膨胀止水条（胶）	防水密封材料	中埋式止水带	外贴式止水带	可卸式止水带	防水密封材料	外贴防水卷材	外涂防水涂料
防水等级	一级	应选	应选1～2种						应选2种							应选	应选2种				应选	应选1～2种				
	二级	应选	应选1种						应选1～2种							应选	应选1～2种				应选	应选1～2种				
	三级	应选	宜选1种						应选1～2种							应选	应选1～2种				应选	宜选1～2种				
	四级	宜选	—						宜选1种							应选	宜选1种				应选	宜选1种				

（2）暗挖法地下工程的防水设防要求，应按表2-15选用。

暗挖法地下工程防水设防要求 **表2-15**

工程部位		衬砌结构						内衬砌施工缝						内衬砌变形缝（诱导缝）				
防水措施		防水混凝土	塑料防水板	防水砂浆	防水涂料	防水卷材	金属防水条	外贴式止水带	预埋注浆管	遇水膨胀止水条（胶）	中埋式止水带	水泥基渗透结晶型防水涂料	防水密封材料	中埋式止水带	外贴式止水带	可卸式止水带	防水密封材料	遇水膨胀止水条（胶）
防水等级	一级	必选	应选1～2种					应选1～2种						应选	应选1～2种			
	二级	必选	应选1～2种					应选1种						应选	应选1种			
	三级	必选	宜选1种					宜选1种						应选	宜选1种			
	四级	必选	宜选1种					宜选1种						应选	宜选1种			

2）处于侵蚀性介质中的工程，应采用耐侵蚀性的防水混凝土、防水砂浆、防水卷材或防水涂料等防水材料。

3）处于冻融侵蚀环境中的地下工程，其混凝土抗冻融循环不得小于300次。

4）结构刚度较差或受振动作用的工程，宜采用延伸率较大的卷材等柔性防水材料。

204. 地下工程防水材料应如何选择与确定？

《地下工程防水技术规范》GB 50108—2008 中指出，地下工程防水材料有：

1）防水混凝土

（1）防水混凝土可通过调整配合比或掺加外加剂、掺合料等措施配制而成，其抗渗等级不得小于 P6。

（2）防水混凝土的设计抗渗等级与工程埋置深度有关，最低值为 P6（表 2-16）。

防水混凝土的抗渗等级　　表 2-16

工程埋置深度 H（m）	设计抗渗等级	工程埋置深度 H（m）	设计抗渗等级
$H<10$	P6	$20\leqslant H<30$	P10
$10\leqslant H<20$	P8	$H\geqslant 30$	P12

（3）防水混凝土的环境温度不得高于 80℃；处于侵蚀性介质中的防水混凝土的耐侵蚀要求应根据介质的性质按照有关规定执行。

（4）防水混凝土的结构底板的混凝土垫层，强度等级不应小于 C15，厚度不应小于 100mm，在软弱土层中不应小于 150mm。

（5）防水混凝土结构，应符合下列规定：

① 结构厚度不小于 250mm；

② 裂缝宽度不得大于 0.20mm，且不得贯通；

③ 钢筋保护层厚度应根据结构的耐久性和工程环境选用，迎水面钢筋保护层厚度不应小于 50mm。

（6）防水混凝土应连续浇筑，宜少留施工缝。当必须留设施工缝时，其构造形式应采取下列构造做法之一：

① 采用中埋式止水带（图 2-6）；

② 采用外贴式止水带（图 2-7）；

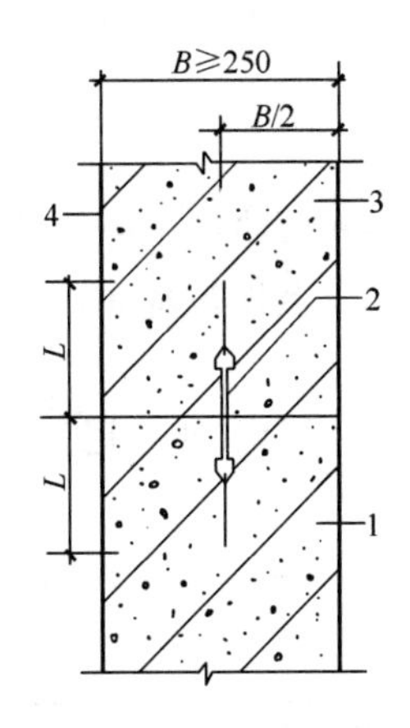

图 2-6　中埋式止水带

1—先浇混凝土；2—中埋止水带；3—后浇混凝土；4—结构迎水面（钢板止水带 $L\geqslant150$，橡胶止水带 $L\geqslant200$，钢边橡胶止水带 $L\geqslant120$）

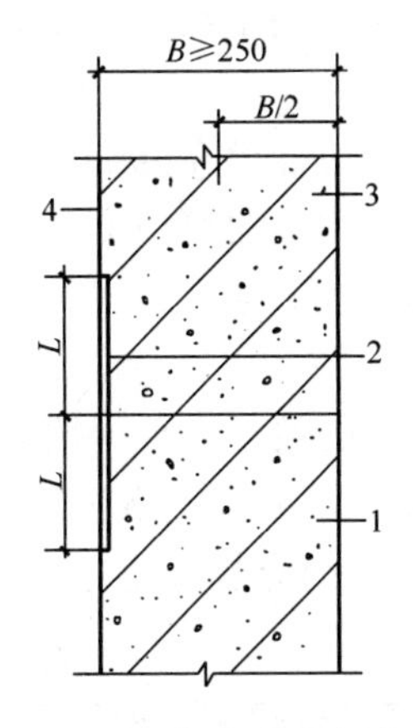

图 2-7　外贴式止水带

1—先浇混凝土；2—外贴止水带；3—后浇混凝土；4—结构迎水面（外贴止水带 $L\geqslant150$，外贴防水涂料 $L=200$，外抹防水砂浆 $L=200$）

③ 采用遇水膨胀止水条（图 2-8）；

④ 采用预埋式注浆管（图 2-9）。

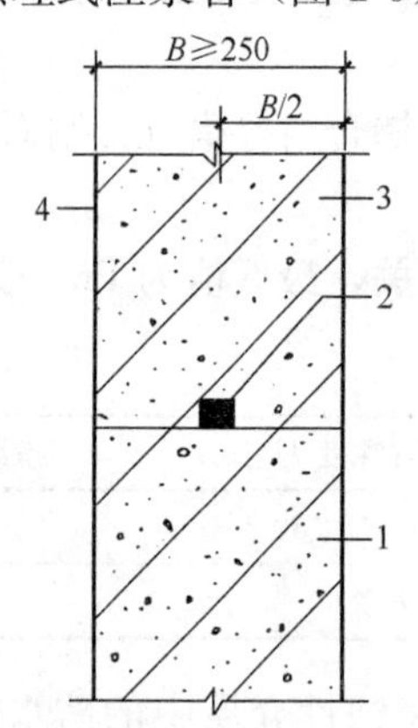

图 2-8 遇水膨胀止水条

1—先浇混凝土；2—遇水膨胀止水条(胶)；3—后浇混凝土；4—结构迎水面

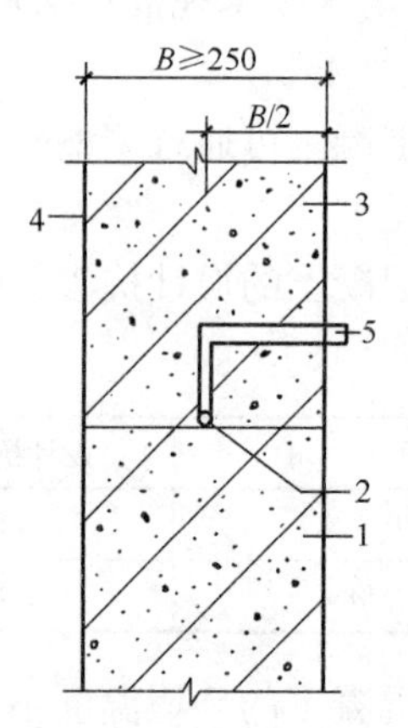

图 2-9 预埋式注浆管

1—先浇混凝土；2—预埋注浆管；3—后浇混凝土；4—结构迎水面；5—注浆导管

2）水泥砂浆防水层

（1）防水砂浆应包括聚合物水泥砂浆、掺外加剂或掺合料的防水砂浆，宜采用多层抹压法施工。

（2）水泥砂浆防水层可用于地下工程主体结构的迎水面或背水面，不应用于受持续振动或温度高于 80℃的地下工程。

（3）聚合物水泥砂浆的厚度：单层施工宜为 6～8mm，双层施工宜为 10～12mm，掺外加剂或掺合料的水泥砂浆厚度宜为 18～20mm。

（4）水泥砂浆防水层的基层混凝土强度或砌体用砂浆强度均不应低于设计值的 80%。

3）卷材防水层

（1）卷材防水层宜用于经常处在地下水环境中，且受侵蚀性介质作用或受振动作用的地下工程。

（2）卷材防水层应铺设在混凝土结构的迎水面。

（3）卷材防水层用于建筑地下室时，应铺设在结构底板垫层至墙体防水设防高度的结构基层上；用于单建式的地下工程时，应从底板垫层铺设至顶板基面，并应在外围形成封闭的防水层。

（4）卷材防水层的卷材品种可按表 2-17 选用，并应符合下列规定：

① 卷材外观质量、品种规格应符合相关规定；

② 卷材及其胶粘剂应具有良好的耐水性、耐久性、耐穿刺性、耐腐蚀性和耐菌性。

卷材防水层的卷材品种 **表 2-17**

类 别	品种名称
高聚物改性沥青防水卷材	弹性体改性沥青防水卷材、改性沥青聚乙烯胎防水卷材、自粘聚合物改性沥青防水卷材
合成高分子防水卷材	三元乙丙橡胶防水卷材、聚氯乙烯防水卷材、聚乙烯丙纶复合防水卷材、高分子自粘胶防水卷材

（5）卷材防水层的厚度应符合表 2-18 的规定。

不同品种卷材的厚度 表 2-18

卷材品种	高聚物改性沥青类防水卷材			合成高分子类防水卷材			
	弹性体改性沥青防水卷材、改性沥青聚乙烯胎防水卷材	自粘聚合物改性沥青防水卷材		三元乙丙橡胶防水卷材	聚氯乙烯防水卷材	聚乙烯丙纶复合防水卷材	高分子自粘橡胶防水卷材
		聚酯毡胎体	无胎体				
单层厚度（mm）	≥4	≥3	≥1.5	≥1.5	≥1.5	卷材≥0.9、胶粘剂≥1.3、芯材厚度≥0.6	≥1.2
双层总厚度（mm）	≥(4+3)	≥(3+3)	≥(1.5+1.5)	≥(1.2+1.2)	≥(1.2+1.2)	卷材≥(0.7+0.7)、胶粘剂≥(1.3+1.3)、芯材厚度≥0.5	—

（6）阴阳角处应做成圆弧或 45°坡角，在阴阳角等特殊部位，应增做卷材加强层，加强层的宽度宜为 300～500mm。

（7）铺贴卷材严禁在雨天、雪天、5 级风以上的天气中施工；冷粘法施工的环境温度不宜低于 5℃，热熔法、自粘法施工的环境温度不宜低于－10℃。

4）涂料防水层

（1）涂料防水层应包括无机防水涂料和有机防水涂料。无机防水涂料可选用掺外加剂、掺合料的水泥基防水涂料、水泥基渗透结晶型防水涂料。有机防水涂料可选用反应型、水乳型、聚合物水泥等涂料。

（2）无机防水涂料宜用于结构主体的背水面，有机防水涂料宜用于地下主体工程的迎水面，用于背水面的有机防水涂料应具有较高的抗渗性，且与基层有较好的粘结性。

（3）防水涂料品种的选择应符合下列规定：

① 潮湿基层宜选用与潮湿基层粘结力大的无机防水涂料或有机防水涂料，也可以采用先涂有机防水涂料或复合防水涂层；

② 冬季施工宜选用反应型涂料；

③ 埋置深度较深的重要工程、有振动或有较大变形的工程，应选用高弹性防水涂料；

④ 有腐蚀性的地下环境宜选用耐腐蚀性较好的有机防水涂料，并应做刚性保护层；

⑤ 聚合物水泥防水涂料应选用Ⅱ型产品。

（4）采用有机防水涂料时，基层阴阳角应做成圆弧形，阴角直径宜大于 50mm，阳角直径宜大于 10mm，在底层转角部位应增加胎体增强材料，并应增涂防水涂料。

（5）防水涂料宜选用外防外涂或内防内涂。

（6）掺外加剂、掺合料的水泥基防水涂料的厚度不得小于 3.0mm；水泥基渗透结晶性防水涂料的用量不应小于 1.5kg/m^2，其厚度不应小于 1.0mm；有机防水涂料的厚度不得小于 1.2mm。

5）塑料防水板防水层

（1）塑料防水板防水层宜用于经常受水压、侵蚀性介质或受振动作用的地下工程。

（2）塑料防水板防水层与铺设在复合式衬砌的初期支护和二次衬砌之间。

（3）塑料防水板宜在初期支护结构趋于基本稳定后铺设。

（4）塑料防水板防水层应由厚度不小于 1.2mm 的塑料防水板（乙烯一醋酸乙烯共聚物、乙烯一沥青共混聚合物、聚氯乙烯、高密度聚乙烯）与缓冲层（5mm 的聚乙烯泡沫塑料或无纺布）组成。

（5）塑料防水板防水层可根据工程地质、水文地质条件和工程防水要求，采用全封闭式、半封闭式或局部封闭式铺设。

（6）塑料防水板防水层应牢固地固定在基面上，固定点的间距应根据基面平整情况确定，拱部宜为 0.50～0.80m，边墙宜为 1.00～1.50m，底部宜为 1.50～2.00m，局部凹凸较大时，应在凹处加密固定点。

6）金属板防水层

（1）金属板防水层可用于长期浸水、水压较大的水工隧道，所用的金属板和焊条应符合设计要求。

（2）金属板的拼接应采用焊接，拼接焊缝应严密。竖向金属板的垂直接缝应相互错开。

（3）主体结构内部设置金属防水层时，金属板应与结构内部的钢筋焊牢，也可以在金属板防水层上焊接一定数量的锚固件。

（4）主体结构外侧设置金属板防水层时，金属板应焊在混凝土结构的预埋件上。与结构的空隙应用水泥砂浆灌实。

（5）金属板防水层应用临时支承加固。金属板防水层底板上应预留浇捣孔，并应保证混凝土浇筑密实，待底板混凝土浇筑完成后应补焊严密。

（6）金属板防水层如先焊成箱体，在整体吊装就位时，应在其内部加设临时支撑。

（7）金属板防水层应采取防锈措施。

7）膨润土防水材料防水层

（1）膨润土防水材料包括膨润土防水毯和膨润土防水板及其配套材料，采用机械固定法铺设。

（2）膨润土防水材料防水层应用于 pH 值为 4～10 的地下环境，含盐量较高的地下环境应采用经过改性处理的膨润土。

（3）膨润土防水材料防水层应用于地下工程主体结构的迎水面，防水层两侧应具有一定的夹持力。

（4）铺设膨润土防水材料防水层的基础混凝土强度等级不得小于 C15，水泥砂浆强度等级不得低于 M7.5。

（5）阴、阳角部位应做成直径不小于 30mm 的圆弧或 30mm×30mm 的坡角。

（6）变形缝、后浇带等接缝部位应设置宽度不小于 500mm 的加强层，加强层应设置在防水层与结构外表面之间。

（7）穿墙管件部位宜采用膨润土橡胶止水条、膨润土密封膏或膨润土粉进行加强处理。

8）地下工程种植顶板防水

（1）地下工程种植顶板的防水等级应为一级。

（2）种植土与周边自然土体不相连，且高于周边地坪时，应按种植屋面要求设计。

（3）地下工程种植顶板结构应符合下列规定：

① 种植顶板应为现浇防水混凝土，结构找坡，坡度宜为1%～2%。

② 种植顶板厚度不应小于250mm，最大裂缝宽度不应大于0.2mm，且不得贯通。

③ 种植顶板的结构荷载应符合现行行业标准《种植屋面工程技术规范》JGJ 155—2013的要求。

（4）地下室顶板面积较大时，应设计蓄水装置；寒冷地区，冬秋季时宜将种植土中的积水排出。

（5）种植顶板防水设计应包括主体结构防水、管线、花池、排水沟、通风井和亭、台、柱、架等构配件的防水排水、泛水设计。

（6）地下室顶板为车道或硬铺地面时，应根据工程所在地区建筑节能标准进行绝热（保温）设计。

（7）少雨地区的地下工程顶板种植土宜与大于1/2周边的自然土体相连，若低于周边土体时，宜设置蓄排水层。

（8）种植土中的积水宜通过盲沟排至周边土体或建筑排水系统。

（9）地下工程种植顶板的防水排水构造应符合下列要求：

① 耐根穿刺防水层应铺设在普通防水层上。

② 耐根穿刺防水层表面应设置保护层，保护层与防水层之间应设置隔离层。

③ 排（蓄）水层应根据蓄水性、储水量、稳定性、抗生物性等因素进行设计；排（蓄）水层应设置在保护层上面，并应结合排水沟分区设置。

④ 排（蓄）水层上应设置过滤层，过滤层材料的搭接宽度不应小于200mm。

⑤ 种植土层与植被层应符合现行行业标准《种植屋面工程技术规范》JGJ 155—2013的要求。

（10）地下工程种植顶板防水材料应符合下列规定：

① 绝热（保温）层应选用密度大、吸水率低的绝热材料，不得选用散状绝热材料。

② 耐根穿刺层防水材料的选用应符合相关规定。

③ 排（蓄）水层应选用抗压强度大且耐久性好的塑料防水板、网状交织排水板或轻质陶粒等轻质材料。

（11）防水层下不得埋设水平管线。垂直穿越的管线应预埋套管，套管超过种植土的高度应大于150mm。

（12）变形缝应作为种植分区的边界，不得跨缝种植。

（13）种植顶板的泛水部位应采用现浇钢筋混凝土，泛水处防水层高度应大于250mm。

（14）泛水部位、水落口及穿顶板管道四周宜设置200～300mm宽的卵石隔离带。

205. 地下工程防水设计中会遇到哪些构造缝隙？应如何处理？

《地下工程防水技术规范》GB 50108—2008中指出：地下工程防水设计中会遇到的缝隙有伸缩缝和沉降缝。两种缝隙均应满足密封防水、适应变形、施工方便、容易检修等要求。

1）用于伸缩的变形缝宜少设，可根据不同的工程类别及工程地质情况采用诱导缝、加强带、后浇带等替代措施。

（1）诱导缝：诱导缝是通过减少钢筋对混凝土的约束等方法，在混凝土结构中设置的容易产生开裂部位的缝隙。

（2）加强带：加强带是在原留设伸缩缝或后浇带的部位留出一定宽度，采用膨胀率大的混凝土与相邻混凝土同时浇筑的部位。

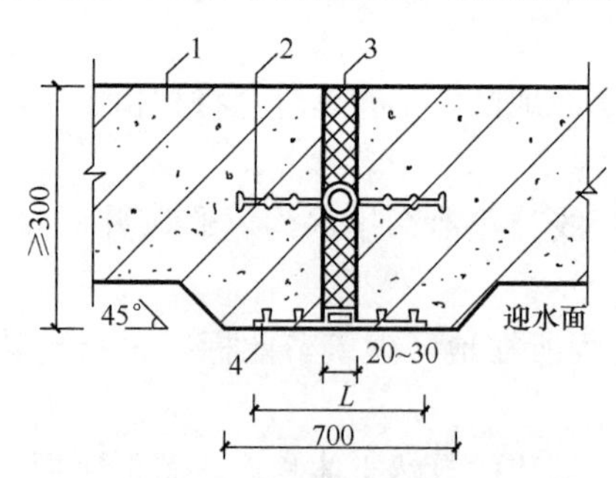

图 2-10 变形缝构造示意

1—混凝土结构；2—中埋式止水带；3—填缝材料；4—外贴止水带（外贴式止水带 $L\geqslant300$、外贴防水卷材 $L\geqslant400$、外涂防水涂层 $L\geqslant400$）

（3）后浇带：后浇带是混凝土施工时预留出一定宽度暂时不浇，待结构封顶后再补浇的预留带。

2）沉降缝的具体做法应满足下列要求：最大沉降量为 30mm，缝宽为 20～30mm，缝中应设中埋式止水带，并用填缝材料将缝填实。附加防水层可以采用外贴防水层、遇水膨胀止水条、预埋钢板等做法（图 2-10）。

206. 地下工程防水设计中的“后浇带”有什么构造要求？

《地下工程防水技术规范》GB 50108—2008 中指出：后浇带是替代地下工程中变形缝的措施之一，主要替代伸缩缝，除用于高层建筑的主体外，还经常用于高层建筑主体与裙房的连接部位。

1）后浇带应设在受力和变形较小的部位，间距宜为 30～60m，宽度宜为 700～1000mm。

2）后浇带可以做成平直缝，结构主筋不宜在缝中断开，如必须断开，则主筋搭接长度应大于 45 倍主筋直径，并应按设计要求增加附加钢筋。

3）后浇带需超前止水时，后浇带部位混凝土应局部加厚，并增设外贴式或中埋式止水带。

4）后浇带的施工应符合下列规定：

（1）后浇带应在其两侧混凝土龄期达到 42d 后再施工，但高层建筑的后浇带应在结构顶板浇筑 14d 后进行。

（2）后浇带混凝土施工前，后浇带部位和外贴式止水带应予以保护，严防落入杂物和损伤外贴式止水带。

（3）后浇带应采用补偿收缩混凝土浇筑，其强度等级不应低于两侧混凝土。

（4）后浇带混凝土的养护时间不得少于 28d（图 2-11）。

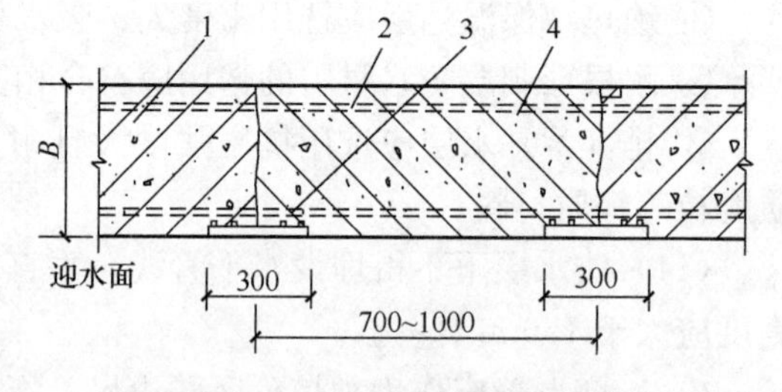

图 2-11 后浇带防水构造

1—现浇混凝土；2—结构主筋；3—外贴式止水带；4—后浇补偿收缩混凝土

207. 地下室设计中的穿墙管应如何考虑？

《地下工程防水技术规范》GB 50108—2008 中指出：

1）穿墙管（盒）应在浇筑混凝土前埋设。

2）穿墙管与内墙角、凹凸部位的距离应大于 250mm。

3）结构变形或管道伸缩量较小时，穿墙管可采用主管直接埋入混凝土内的固定式防水法。直管应加焊止水环或环绕遇水膨胀止水圈，并应在迎水面预留凹槽，槽内应采用密封材料嵌填密实。

4）结构变形或管道伸缩量较大或有更换要求时，应采用套管式防水法，套管应加焊止水环（图 2-12～图 2-14）。

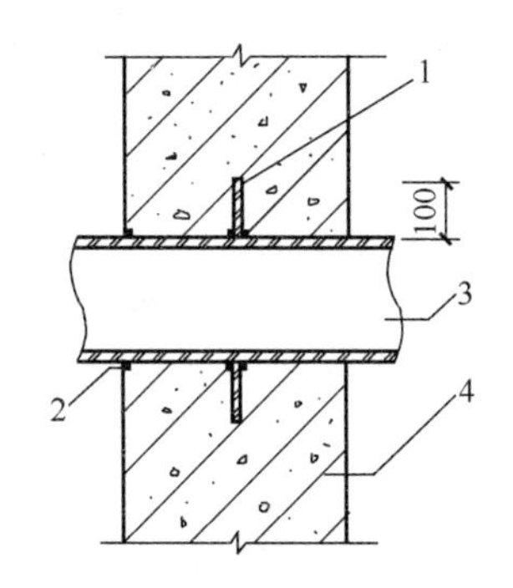

图 2-12　穿墙管的构造（一）
1—止水环；2—密封材料；3—主管；4—混凝土结构

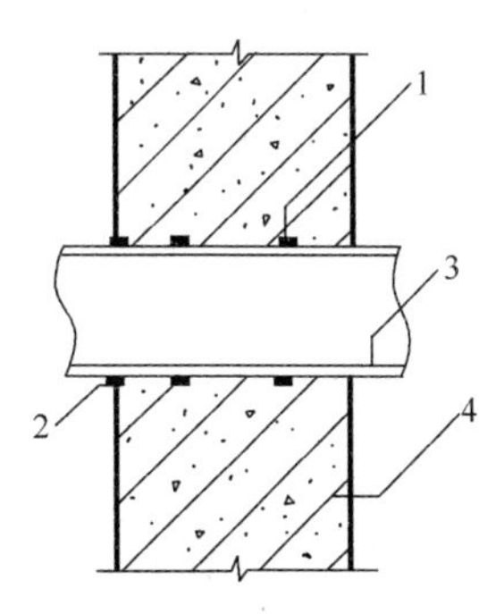

图 2-13　穿墙管的构造（二）
1—遇水膨胀止水条；2—密封材料；3—主管；4—混凝土结构

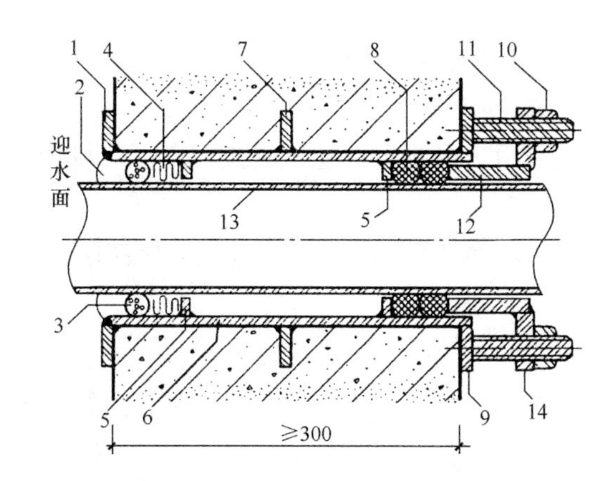

图 2-14　套管式穿墙管的防水构造
1—翼环；2—密封材料；3—背衬材料；4—充填材料；5—挡圈；6—套管；7—止水环；8—橡胶圈；9—翼盘；10—螺母；11—双头螺栓；12—短管；13—主管；14—法兰盘

208. 地下室设计中的孔口应如何考虑?

《地下工程防水技术规范》GB 50108—2008 中指出：

1）地下工程通向地面的各种孔口应采取防地面水倒灌的措施，人员出入口高出地面的高度宜为 500mm；汽车出入口设置明沟排水时，其高度宜为 150mm，并应采取防雨措施。

2）窗井的底部在最高地下水位以上时，窗井的底板和墙应作防水处理，并宜与主体结构断开（图 2-15）。

3）窗井或窗井的一部分在最高地下水位以下时，窗井应与主体结构连成整体，并应在窗井内设置集水坑（图 2-16）。

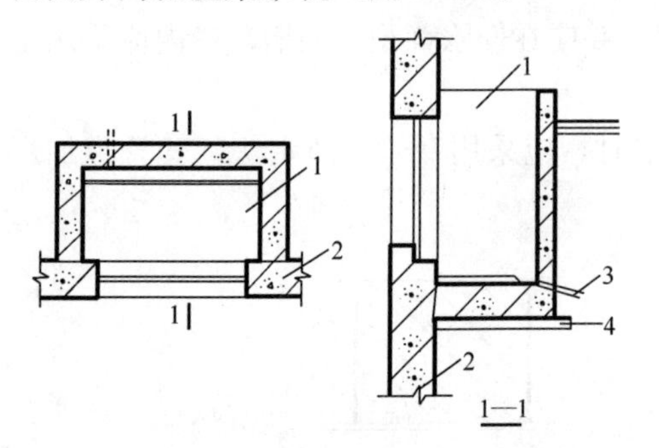

图 2-15　窗井防水构造（一）

1—窗井；2—主体结构；3—排水管；4—垫层

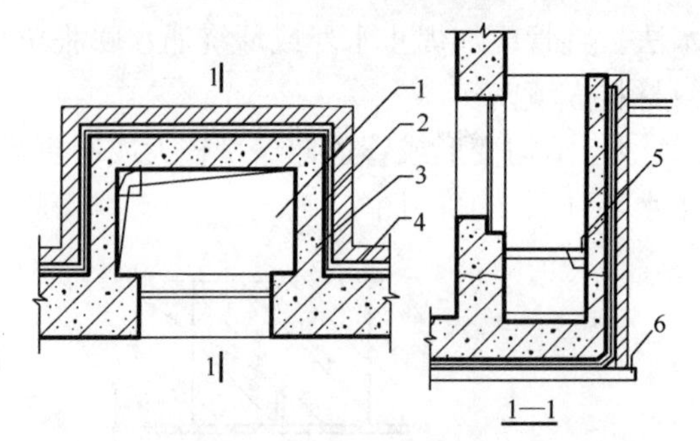

图 2-16　窗井防水构造（二）

1—窗井；2—防水层；3—主体结构；4—防水保护层；5—集水井；6—垫层

4）无论地下水位高低，窗台下部的墙体和底板应做防水层。

5）窗井内的底板，应低于窗下缘 300mm，窗井墙高出地面不得小于 500mm。窗井外地面应做散水，散水与墙面间应加设密封材料嵌填。

6）通风口应与窗井同样处理，竖井窗下缘距室外地面高度不得小于 500mm。

209. 地下室设计中的坑池应如何考虑?

《地下工程防水技术规范》GB 50108—2008 中指出：

1）坑、池、储水库宜采用防水混凝土整体浇筑，内部应设防水层。受振动作用时应设柔性防水层。

2）底板下部的坑、池，其局部底板应相应降低，并应使防水层保持连续（图 2-17）。

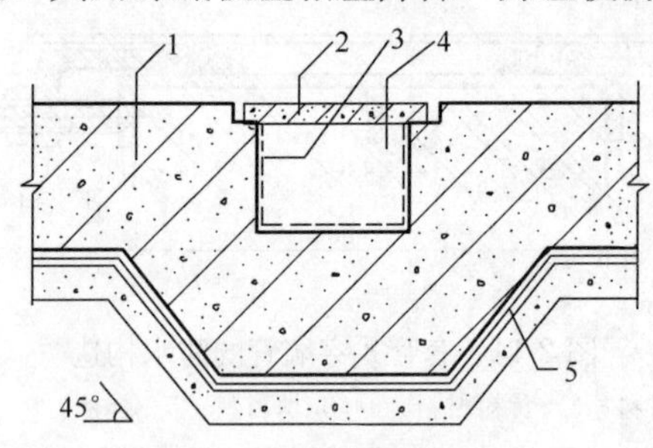

图 2-17　坑、池构造

1—底板；2—盖板；3—坑、池防水层；4—坑、池；5—主体结构防水层

二、墙　体　构　造

（一）防　潮　层

210. 防潮层的做法有哪些规定？

综合《民用建筑设计通则》GB 50352—2005 等规范的规定：

1）墙身材料应因地制宜，尽量采用新型建筑墙体材料。

2）外墙应根据地区气候和建筑要求，采取防潮措施。

3）墙身防潮应符合下列要求：

（1）砌体墙应在室外地面以上，首层地面垫层处设置连续的水平防潮层。

（2）室内相邻地面有高差时，应在高差处墙身的侧面加设垂直防潮层（图 2-18）。

（3）湿度大的房间的外墙内侧及内墙内侧应设置墙面防潮层。

（4）室内墙面有防水、防潮、防污、防碰等要求时，应按使用要求设置墙裙。

（5）防潮层的位置一般设在室内地坪下 0.060m 处。

（6）当墙基为混凝土、钢筋混凝土或石砌体时，可以不设墙身防潮层。

（7）地震区防潮层应满足墙体抗震整体连接（防止上下脱节）的要求。

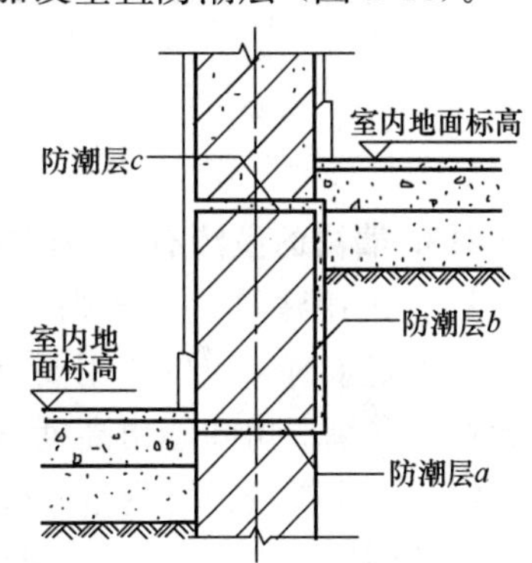

图 2-18　特殊部位防潮层

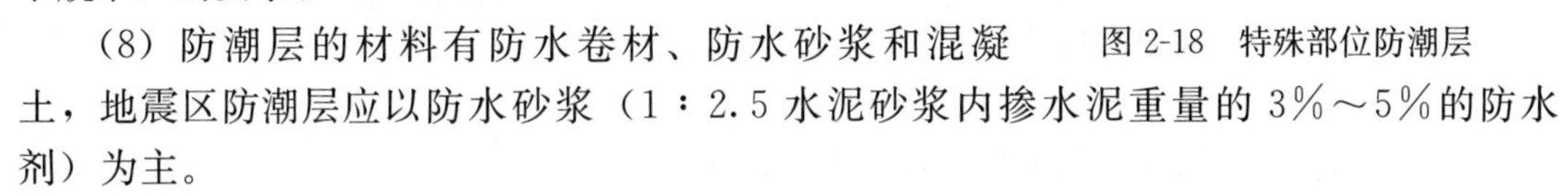

（8）防潮层的材料有防水卷材、防水砂浆和混凝土，地震区防潮层应以防水砂浆（1∶2.5 水泥砂浆内掺水泥重量的 3%～5%的防水剂）为主。

（二）散　　水

211. 散水的做法有哪些规定？

《建筑地面设计规范》GB 50037—96 中指出，散水的构造做法应满足下列要求：

1）散水宽度

散水的宽度应根据土壤性质、气候条件、建筑物高度和屋面排水形式确定，宜为 600～1000mm。当采用无组织排水时，散水的宽度可按檐口线放出 200～300mm。

2）散水坡度

散水的坡度可为 3%～5%。当散水采用混凝土时，宜按 20～30m 间距设置伸缩缝。散水与外墙之间宜设缝，缝宽可为 20～30mm，缝内填沥青类材料。

3）散水材料

散水的材料主要有水泥砂浆、混凝土、花岗石等。

4）特殊位置的散水

当建筑物外墙周围有绿化要求时，可采用暗埋式混凝土散水。暗埋式混凝土散水应高出种植土表面 60mm，防水砂浆应高出种植土表面 500mm。暗埋式混凝土散水的构造见图 2-19。

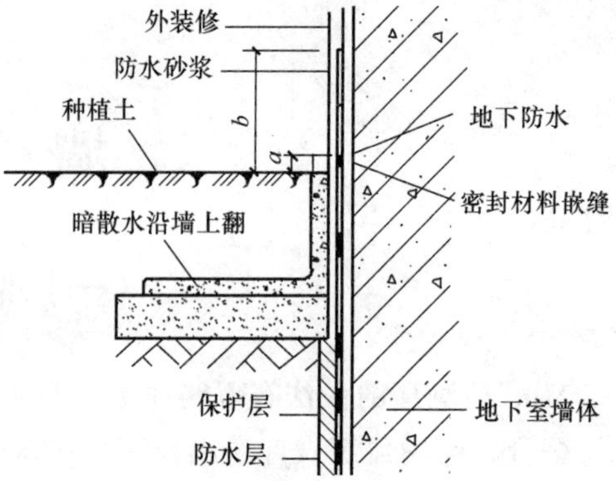

图 2-19　暗埋式混凝土散水

（三）踢　脚

212. 踢脚的做法有哪些规定？

综合相关技术资料可知，踢脚是外墙内侧或内墙两侧与室内地坪交接处的构造，作用是防止扫地、拖地时污染墙面。踢脚的高度一般为 80～150mm。材料一般应与地面材料一致，常用的材料有水泥砂浆、水磨石、木材、石材、釉面砖、涂料、塑料等。

（四）墙　裙

213. 墙裙的做法有哪些规定？

1）《民用建筑设计通则》GB 50352—2005 中指出：室内墙面有防水、防潮、防污、防碰撞等要求时，应按使用要求设置墙裙。一般房间墙裙高度为 1.20m 左右，至少应与窗台持平。潮湿房间墙裙高度不应小于 1.80m，亦可将整个墙面全部装修。

2）《中小学校设计规范》GB 50099—2011 中指出：

教学用房及学生公共活动区的墙面宜设置墙裙，墙裙的高度应符合下列规定：

（1）各类小学的墙裙高度不宜低于 1.20m；

（2）各类中学的墙裙高度不宜低于 1.40m；

（3）舞蹈教室、风雨操场的墙裙高度不宜低于 2.10m。

生活服务用房中的浴室和食堂应设置墙裙，墙裙的高度应符合下列规定：

（1）学校淋浴室的墙裙高度不应低于 2.10m；

（2）学校厨房和配餐室的墙裙高度不应低于 2.10m。

3）墙裙的厚度应与内墙面装修的厚度一致（避免因厚度不一致而造成灰尘污染）。

4）墙裙的材料应按内墙面装修的要求进行选择。

（五）勒　脚

214. 勒脚的做法有哪些规定？

相关技术资料表明，勒脚是建筑外立面装修中根部的一种保护墙面的做法。外墙面采用局部装修（清水墙）时，大多做勒脚，高度以不超过窗台高度为准，其材料应选择耐污染的材料，如水泥砂浆、水磨石、天然石材等。若建筑外立面采用全部装修时，则不做勒脚。

（六）窗　　台

215. 窗台的做法有哪些规定?

1）综合《民用建筑设计通则》GB 50352—2005 等规范的规定：

（1）窗台高度不应低于 0.80m（住宅建筑为 0.90m）。

（2）低于规定高度的低窗台，应采用护栏或在窗台下部设置相当于护栏高度的固定窗作为防护措施。固定窗应采用厚度大于 6.38mm 的夹层玻璃。玻璃窗边框的嵌固必须有足够的强度，以满足冲撞要求。

（3）低窗台防护措施的高度：非居住建筑不应低于 0.80m，居住建筑不应低于 0.90m。

（4）窗台的防护高度的起算点应满足下列要求：

① 窗台高度低于 0.45m 时，护栏或固定扇的高度从窗台算起。

② 窗台高度高于 0.45m 时，护栏或固定扇的高度可从地面算起，但护栏下部 0.45m 高度范围内不得设置任何可踏部位。如有可踏部位，应从可踏面起算。

③ 当室内外高差不大于 0.60m 时，首层的低窗台可不加防护措施。

（5）凸窗的低窗台防护高度应按下列要求处理：

① 凡凸窗范围内设有宽窗台可供人坐或放置花盆时，护栏或固定窗的护栏高度一律从窗台面算起。

② 当凸窗范围内没有宽窗台且护栏紧贴凸窗内墙面设置时，可按低窗台的要求执行。

（6）外窗台应低于内窗台面。

2）《建筑抗震设计规范》GB 50011—2010 中指出：

多层砌体房屋的底层和顶层窗台标高处的构造，宜设置沿纵横墙通长的水平现浇钢筋混凝土带，其截面高度不小于 60mm，宽度不小于墙厚。配筋带中的纵向配筋不小于 $2\phi10$，横向分布筋的直径不小于 $\phi6$，且其间距不大于 200mm。

3）《蒸压加气混凝土建筑应用技术规程》JGJ /T17—2008 中规定：

在房屋的底层和顶层的窗台标高处，应沿纵横墙设置通长的水平配筋带 3 皮，每皮 $3\phi4$；或采用 60mm 厚的钢筋混凝土配筋带，配 $2\phi10$ 纵筋和 $\phi6$ 的分布筋，用 C20 混凝土浇筑。

4）《中小学校设计规范》GB 50099—2011 中指出：临空窗台的高度不应低于 0.90m。

5）《商店建筑设计规范》JGJ 48—2014 规定，商店建筑设置外向橱窗应符合下列规定：

（1）橱窗的平台高度宜至少比室内和室外地面高 0.20m；

（2）橱窗应满足防晒、防眩光、防盗等要求；

（3）采暖地区的封闭橱窗可不采暖，其内壁应采取保温构造，外表面应采取防雾构造。

（七）过　　梁

216. 门窗过梁的做法有哪些规定?

过梁的通常做法有预制钢筋混凝土小过梁、现浇钢筋混凝土带和钢筋砖过梁等。

1）《建筑抗震设计规范》GB 50011—2010 规定：

（1）门窗洞口处不应采用砖过梁；

（2）钢筋混凝土过梁的支承长度，6～8 度时不应小于 240mm，9 度时不应小于 360mm。

2）《砌体结构设计规范》GB 50003—2001 中指出：

（1）砖砌过梁截面计算高度内的砂浆强度等级不宜低于 M5、Mb5、Ms5。

（2）砖砌平拱用竖砖砌筑部分的高度不应小于 240mm。

（3）钢筋砖过梁的具体做法是：在门窗洞口的上方先支模板，模板上砂浆层处放置直径不小于 5mm、间距不大于 120mm 的钢筋，钢筋伸入两侧墙体的长度每侧不少于 240mm，砂浆层的厚度不应少于 30mm，允许使用跨度为 1.50m。

（八）凸　窗

217. 凸窗的做法有哪些规定?

1）《民用建筑设计通则》GB 50352—2005 中指出：在有人行道的上空 2.50m 以上允许设置凸窗，突出的深度不应大于 0.50m。

2）《严寒和寒冷地区居住建筑节能设计标准》JGJ 26—2010 中规定：严寒和寒冷地区的居住建筑不宜设置凸窗。严寒地区除南向外不应设置凸窗。寒冷地区北向的卧室、起居室不得设置凸窗。

当设置凸窗时，凸窗突出（从外墙面至凸窗外表面）不应大于 400mm。凸窗的传热系数限值应比普通窗降低 15%，且其不透明的顶部、底部、侧面的传热系数应小于或等于外墙的传热系数。当计算窗墙面积比时，凸窗的窗面积和凸窗所占的墙面积应按窗洞口面积计算。

3）《住宅设计规范》GB 50096—2011 中指出：

（1）窗台高度低于或等于 0.45m 时，防护高度应从窗台面起算不应低于 0.90m。

（2）可开启窗扇窗洞口底距窗台面的净高低于 0.90m 时，窗洞口处应有防护措施。其防护高度从窗台面起算并不应低于 0.90m。

（3）严寒和寒冷地区不宜设置凸窗。

4）其他技术资料指出：

（1）凡凸窗范围内设有宽窗台可供人坐或放置花盆用时，护栏和固定窗的护栏高度一律从窗台面计起。

（2）当凸窗范围内无宽窗台，且护栏紧贴凸窗内墙面设置时，按低窗台规定执行。

（3）外窗台表面应低于内窗台表面。

（九）烟风道、垃圾管道

218. 烟道与通风道的做法有哪些规定?

《民用建筑设计通则》GB 50352—2005 中指出：烟道、通风道应独立设置，并应采用耐火极限不小于 1.00h 的非燃烧材料制作。

1）烟道、通风道不得与管道井、垃圾道使用同一管道系统。

2）烟道和通风道的断面、形状、尺寸和内壁应有利于排烟（气）通畅，防止产生阻滞、涡流、串烟、漏气和倒灌现象。

3）烟道和通风道应伸出屋面，伸出高度应有利于烟气扩散，并根据屋面形式、排出口周围遮挡物的高度、距离和积雪的深度确定。

（1）平屋面伸出高度不得小于 0.60m。

（2）坡屋面伸出高度应符合下列规定：

① 烟道和通风道中心线距屋脊小于 1.50m 时，应高出屋脊 0.60m。

② 烟道和通风道中心线距屋脊小于 1.50～3.00m 时，应高于屋脊，且伸出屋面高度不得小于 0.60m。

③ 烟道和通风道中心线距屋脊大于 3.00m 时，其顶部同屋脊的连线同水平线之间的夹角不应大于 10°，且伸出屋面高度不得小于 0.60m。

烟囱出口距坡屋面的距离与高度的规定见图 2-20。

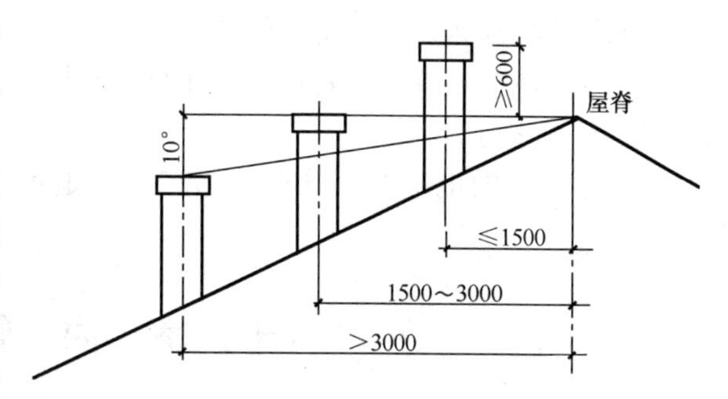

图 2-20　烟囱出口距坡屋面的距离与高度的规定

219. 垃圾道与垃圾间的做法有哪些规定?

1）《民用建筑设计通则》GB 50352—2005 中规定：垃圾道应独立设置，不得与管道井、通风道、烟道使用同一管道系统，且应采用耐火极限不小于 1.00h 的非燃烧材料制作。

（1）民用建筑不宜设置垃圾道。多层建筑不设垃圾道时，应根据垃圾收集方式设置相应措施。中高层和高层建筑不设垃圾道时，每层应设置封闭的垃圾分类、贮存收集空间，并宜有冲洗排污设施。

（2）民用建筑设置垃圾道时，应符合下列规定：

① 垃圾管道宜靠外墙布置，管道主体应伸出屋面，伸出屋面部分应加设顶盖和网栅，并采用防倒灌措施；

② 垃圾出口应有卫生隔离，底部存纳和出运垃圾的方式应与城市垃圾管理方式相适应；

③ 垃圾道内壁应光滑、无突出物。

④ 垃圾斗应采用不燃烧和耐腐蚀的材料制作，并能自行关闭；高层建筑、超高层建筑的垃圾斗应设在垃圾道前室内，该前室应采用丙级防火门。

2）《商店建筑设计规范》JGJ 48—2014 规定：商店建筑内部应设置垃圾收集空间或设施。

3）《建筑设计防火规范》GB 50016—2014 规定：建筑内的垃圾道宜靠外墙设置，垃圾道的排气口应直接开向室外，垃圾斗应采用不燃材料制作，并应能自行关闭。

220. 管道井的做法有哪些规定?

1）《民用建筑设计通则》GB 50352—2005 中指出：管道井应独立设置，不得与垃圾道、通风道、烟道使用同一管道系统，并应采用非燃烧材料制作。

(1) 管道井的断面尺寸应满足管道安装、检修所需空间的要求。

(2) 管道井宜在每层靠公共走道的一侧设检修门（应采用丙级防火门，门槛高度不应小于 100mm）或可拆卸的壁板。

(3) 在安全、防火和卫生方面互有影响的管道不应敷设在同一竖井内。

(4) 管道井壁、检修门及管道井开洞部分等应符合防火规范的有关规定。

2)《建筑设计防火规范》GB 50016—2014 规定：

(1) 电缆井、管道井等竖向井道，应分别独立设置。井壁的耐火极限不应低于 1h，井壁上的检查门应采用丙级防火门。

(2) 建筑内的电缆井、管道井应在每层楼板处采用不低于楼板耐火极限的不燃材料或防火封堵材料进行封堵。

(3) 建筑内的电缆井、管道井与房间、走道等相连通的孔隙应采用防火封堵材料封堵。

(十) 室　内　管　沟

221. 室内管沟的做法有哪些规定?

相关资料表明室内管沟的做法应符合下列规定：

1) 室内地下管沟宜沿外墙设置，并应在外墙勒脚处设置有铁箅子的通风孔。通风孔的位置宜在地沟端部。长管沟中间可适当增加通风孔，间距一般在 15m 左右。通风孔下皮距散水面不应小于 0.15m。

2) 应在室内地面上设置人员检修孔。为便于使用，检修孔一般设在管线转折处或管线接口处，其间距不宜超过 30m。应尽量避免将检修孔设在交通要道及地面有可能浸水的地方（无法避免时，可采用密闭防水型检修孔），检修孔不应设在私密性高及财务或有保密要求等不便进入的房间内。

3) 当地沟通过厕浴室及其他有水的房间时，应注意管沟盖板的标高，保证室内地面排水要求和防水层及混凝土垫层的连续性。

(十一) 隔　　墙

222. 隔墙的作用、特点和构造做法有哪些值得注意?

综合相关技术资料，隔墙的作用、特点和构造做法有以下几点：

1) 隔墙的作用和特点

(1) 隔墙应尽量减薄，目的是减轻施加给楼板的荷载；满足质量轻、厚度薄、不承外重、隔声好、无基础等特点；

(2) 隔墙的稳定性必须保证，应特别注意与承重墙的拉接；

(3) 隔墙应满足隔声、耐水、耐火的要求。

2) 隔墙的种类

(1) 块材类：常见做法有半砖隔墙、加气混凝土砌块墙、陶粒空心砖隔墙等；

（2）板材类：常见做法有加气混凝土板材墙、钢筋混凝土板隔墙、碳化石灰板隔墙、泰柏板等；

（3）骨架类：常见做法有石膏龙骨纸面石膏板、轻钢龙骨纸面石膏板等。

223. 什么叫“泰柏板”？如何使用“泰柏板”？

相关技术资料表明，泰柏板是一种新型建筑材料，它选用阻燃聚苯乙烯泡沫塑料或岩棉板为板芯，两侧配以直径为 2mm 的冷拔钢丝网片，钢丝网目 50mm×50mm，腹丝斜插过芯板焊接而成。泰柏板是目前取代轻质墙体最理想的材料。

特点：泰柏板具有节能、重量轻、强度高、防火、抗震、隔热、隔声、抗风化、耐腐蚀等优良性能，并具有组合性强、易于搬运、适用面广、施工简便等特点。

泰柏板广泛应用于多层和高层工业与民用建筑的内隔墙、围护墙、保温复合外墙和轻型板材、轻型框架的承重墙，亦可以用于楼面、屋面、吊顶和新旧楼房夹层、卫生间隔墙，并且可用于贴面装修等部位（图 2-21）。

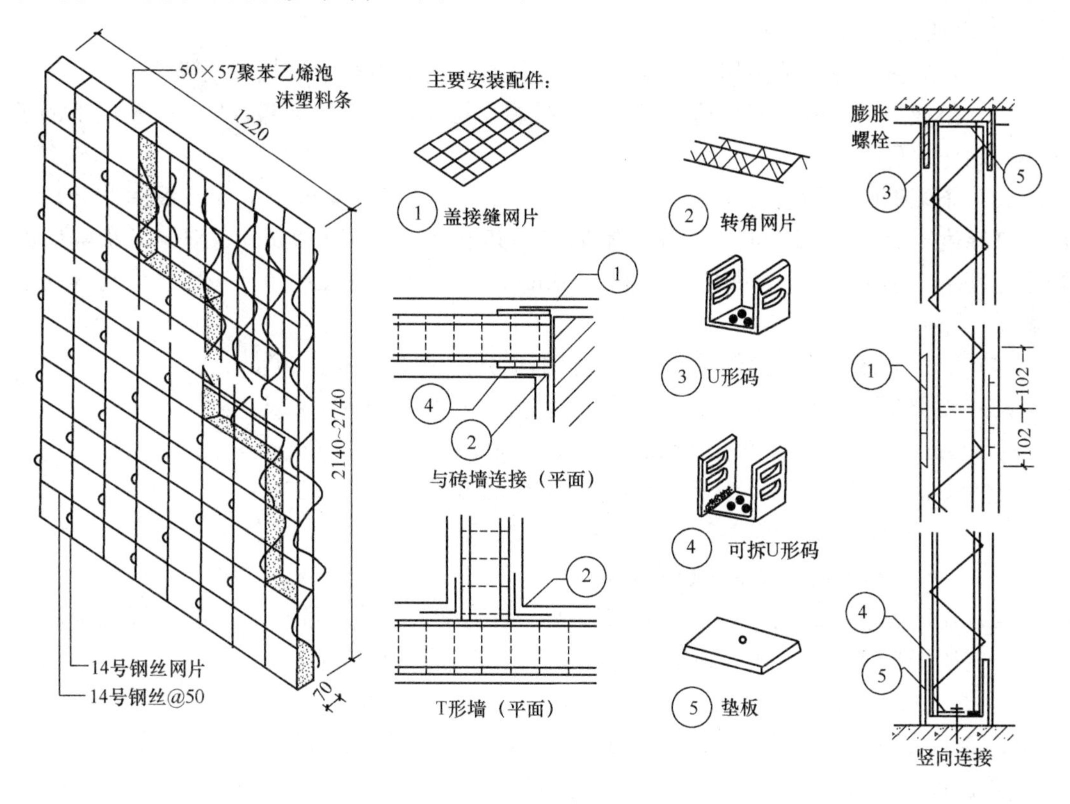

图 2-21　泰柏板

224. 什么叫轻质隔墙条板？它有哪些规定？

1）轻质条板的一般规定

《建筑轻质条板隔墙技术规程》JGJ/T 157—2014 规定：轻质条板是用于抗震设防烈度为 8 度和 8 度以下地区及非抗震设防地区采用轻质材料或大孔洞轻型构造制作的、用于非承重内隔墙的预制条板，轻质条板应符合下列规定：

(1) 面密度不大于190kg/m²，长宽比不小于2.5；

(2) 按构造做法分为空心条板、实心条板和复合夹芯条板三种类型；

(3) 按应用部位分为普通条板、门框板、窗框板和与之配套的异形辅助板材。

2) 轻质条板的主要规格尺寸

(1) 长度的标志尺寸（L）：应为层高减去梁高或楼板厚度及安装预留空间，宜为2200～3500mm；

(2) 宽度的标志尺寸（B）：宜按100mm递增；

(3) 厚度的标志尺寸（T）：宜按10mm或25mm递增。

3) 复合夹芯条板的面板与芯材的要求

(1) 面板应采用燃烧性能为A级的无机类板材；

(2) 芯材的燃烧性能应为B1级及以上；

(3) 纸蜂窝夹芯条板的芯材应为面密度不小于6kg/m² 的连续蜂窝状芯材；单层蜂窝厚度不宜大于50mm，大于50mm时，应设置多层的结构。

4) 轻质条板隔墙的设计

(1) 轻质条板隔墙可用作分户隔墙、分室隔墙、外走廊隔墙和楼梯间隔墙等。

(2) 条板隔墙应根据使用功能和部位，选择单层条板或双层条板。60mm及以下的条板不得用作单层隔墙。

(3) 条板隔墙的厚度应满足抗震、防火、隔声、保温等要求。单层条板用作分户墙时，其厚度不应小于120mm；用作分室墙时，其厚度不应小于90mm；双层条板隔墙的单层厚度不宜小于60mm，间层宜为10～50mm，可作为空气层或填入吸声、保温等功能材料。

(4) 双层条板隔墙，两侧墙面的竖向接缝错开距离不应小于200mm。

(5) 接板安装的单层条板隔墙，其安装高度应符合下列规定：

① 90mm、100mm厚条板隔墙的接板安装高度不应大于3.6m；

② 120mm、125mm厚条板隔墙的接板安装高度不应大于4.50m；

③ 150mm厚条板隔墙的接板安装高度不应大于4.80m；

④ 180mm厚条板隔墙的接板安装高度不应大于5.40m。

(6) 在抗震设防地区，条板隔墙与顶板、结构梁、主体墙和柱之间的连接应采用钢卡，并应使用胀管螺丝、射钉固定。钢卡的固定应符合下列规定：

① 条板隔墙与顶板、结构梁的连接处，钢卡间距不应大于600mm；

② 条板隔墙与主体墙、柱的连接处，钢卡可间断布置，且间距不应大于1m；

③ 接板安装的条板隔墙，条板上端与顶板、结构梁的接缝处应加设钢卡进行固定，且每块条板不应少于2个固定点。

(7) 当条板隔墙需悬挂重物和设备时，不得单点固定。固定点的间距应大于300mm。

(8) 当条板隔墙用于厨房、卫生间及有防潮、防水要求的环境时，应采取防潮、防水处理构造措施。对于附设水池、水箱、洗手盆等设施的条板隔墙，墙面应作防水处理，且防水高度不宜低于1.8m。

(9) 当防水型石膏条板隔墙及其他有防水、防潮要求的条板隔墙用于潮湿环境时，下端应做C20细石混凝土条形墙垫，且墙垫高度不应小于100mm，并应做泛水处理。防潮墙垫宜采用细石混凝土现浇，不宜采用预制墙垫。

（10）普通型石膏条板和防水性能较差的条板不宜用于潮湿环境及有防潮、防水要求的环境。当用于无地下室的首层时，宜在隔墙下部采取防潮措施。

（11）有防火要求的分户隔墙、走廊隔墙和楼梯间隔墙，其燃烧性能和耐火极限应满足现行国家标准《建筑设计防火规范》GB 50016—2014 的要求。

（12）对于有保温要求的分户隔墙、走廊隔墙和楼梯间隔墙，应采取相应的保温措施，并可选用复合夹芯条板隔墙或双层条板隔墙。严寒、寒冷、夏热冬冷地区居住建筑分户墙的传热系数应符合现行国家标准《严寒和寒冷地区居住建筑节能设计标准》JGJ 26—2010 和《夏热冬冷地区居住建筑节能设计标准》JGJ 134—2010 的规定。

（13）条板隔墙的隔声性能应满足现行国家标准《民用建筑隔声设计标准》GB 50118—2010 的规定。

（14）顶端为自由端的条板隔墙，应做压顶。压顶宜采用通长角钢圈梁，并用水泥砂浆覆盖抹平，也可设置混凝土圈梁，且空心条板顶端孔洞均应局部灌实，每块板应埋设不少于 1 根钢筋与上部角钢圈梁或混凝土圈梁钢筋连接。隔墙上端应间断设置拉杆与主体结构固定；所有外露铁件均应做防锈处理。

5）轻质条板隔墙的构造

（1）当单层条板隔墙采取接板安装且在限高以内时，竖向接板不宜超过一次，且相邻条板接头位置应至少错开 300mm。条板对接部位应设置连接件或定位钢卡，做好定位、加固和防裂处理。双层条板隔墙宜按单层条板隔墙的施工方法进行设计。

（2）当抗震设防地区条板隔墙安装长度超过 6m 时，应设置构造柱，并应采取加固措施。当非抗震设防地区条板隔墙安装长度超过 6m 时，应根据其材质、构造、部位，采用下列加强防裂措施：

① 沿隔墙长度方向，可在板与板之间间断设置伸缩缝，且接缝处应使用柔性粘结材料处理；

② 可采用加设拉结筋加固措施；

③ 可采用全墙面粘贴纤维网格布、无纺布或挂钢丝网抹灰处理。

（3）条板应竖向排列，排板应采用标准板。当隔墙端部尺寸不足一块标准板宽时，可采用补板，且补板宽度不应小于 200mm。

（4）条板隔墙下端与楼地面结合处宜预留安装空隙。且预留孔隙在 40mm 及以下的宜填入 1：3 水泥砂浆；40mm 以上的宜填入干硬性细石混凝土。撤除木楔后的遗留空隙应采用相同强度等级的砂浆或细石混凝土填塞、捣实。

（5）当在条板隔墙上横向开槽、开洞敷设电气暗线、暗管、开关盒时，隔墙的厚度不宜小于 90mm，开槽长度不应大于条板宽度的 1/2。不得在隔墙两侧同一部位开槽、开洞，其间距应至少错开 150mm。板面开槽、开洞应在隔墙安装 7d 后进行。

（6）单层条板隔墙内不宜设置暗埋的配电箱、控制柜，可采取明装的方式或局部设置双层条板的方式。配电箱、控制柜不得穿透隔墙。配电箱、控制柜宜选用薄型箱体。

（7）单层条板隔墙内不宜横向暗埋水管，当需要敷设水管时，宜局部设置附墙或局部采用双层条板隔墙，也可采用明装的方式。当需要单层条板内部暗埋水管时，隔墙的厚度不应小于120mm，且开槽长度不应大于条板宽度的1/2，并应采取防渗漏和防裂措施。当低温环境下水管可能产生冰冻或结露时，应进行防冻或防结露设计。

（8）条板隔墙的板与板之间可采用榫接、平接、双凹槽对接方式，并应根据不同材质、不同构造、不同部位的隔墙采取下列防裂措施：

① 应在板与板之间对接缝隙内填满、灌实粘结材料，企口接缝处应采取防裂措施；

② 条板隔墙阴阳角处以及条板与建筑主体结构结合处应作专门防裂处理。

（9）确定条板隔墙上预留门、窗、洞口位置时，应选用与隔墙厚度相适应的门、窗框。当采用空心条板做门、窗框板时，距板边120～150mm范围内不得有空心孔洞，可将空心条板的第一孔用细石混凝土灌实。

（10）工厂预制的门、窗框板靠门、窗框一侧应设置固定门窗的预埋件。施工现场切割制作的门、窗框板可采用胀管螺丝或其他固件与门、窗框固定，并应根据门窗洞口大小确定固定位置和数量，且每侧的固定点不应少于3处。

（11）当门、窗框板上部墙体高度大于600mm或门窗洞口宽度超过1.50m时，应采用配有钢筋的过梁板或采取其他加固措施，过梁板两端搭接尺寸每边不应小于100mm。门框板、窗框板与门、窗框的接缝处应采取密封、隔声、防裂等措施。

（12）复合夹芯条板隔墙的门、窗框板洞口周边应有封边条，可采用镀锌轻钢龙骨封闭端口夹芯材料，并应采取加网补强防裂措施。

6）常见轻型条板隔墙的面密度

《建筑结构荷载规范》GB 50009—2012中指出：常见轻型条板隔墙的面密度见表2-19。

常见轻型条板隔墙的面密度（kN/m²） 表2-19

构造	面密度	构造	面密度
双面抹灰条板隔墙	0.9	GRC空心隔墙板	0.30
单面抹灰条板隔墙	0.5	GRC内隔墙板	0.35
轻钢龙骨隔墙	0.27～0.54	轻质条形墙板	0.40～0.45
彩色钢板金属幕墙板	0.11	钢丝网岩棉夹心复合（GY）板	1.10
金属绝热材料复合板	0.14～0.16	硅酸钙板	0.05～0.12
彩色钢板聚苯乙烯保温板	0.12～0.15	泰柏板	0.95
彩色钢板岩棉夹心板	0.24～0.25	石膏珍珠岩空心条板	0.45
GRC水泥聚苯复合保温板	1.13	玻璃幕墙	1.00～1.50

（十二）墙面防水

225. 外墙面防水做法有哪些规定？

《建筑外墙防水工程技术规程》JGJ /T235—2011中规定：

1）建筑外墙防水应达到的基本要求

建筑外墙防水应具有阻止雨水、雪水侵入墙体的基本功能，并应具有抗冻融、耐高低温、承受风荷载等性能。

2）建筑外墙防水的设置原则

（1）整体防水

在正常使用和合理维护的前提下，下列情况之一的建筑外墙，宜进行墙面整体防水：

① 年降雨量不小于800mm地区的高层建筑外墙；

② 年降雨量不小于600mm且基本风压不小于0.50kN/m^{2}地区的外墙；

③ 年降雨量不小于400mm且基本风压不小于0.40kN/m^{2}地区有外保温的外墙；

④ 年降雨量不小于500mm且基本风压不小于0.35kN/m^{2}地区有外保温的外墙；

⑤ 年降雨量不小于600mm且基本风压不小于0.30kN/m^{2}地区有外保温的外墙。

（2）节点防水

除上述5种情况应进行外墙整体防水以外，年降雨量不小于400mm地区的其他建筑外墙还应采用节点构造防水措施。

（3）全国直辖市和省会城市的基本风压和降雨量数值

全国直辖市和省会城市的基本风压和降雨量数值见表2-20。

全国直辖市和省会城市的基本风压（kN/m^2）和降雨量（mm）数值　　表2-20

省市名	城市名	基本风压	年降雨量	省市名	城市名	基本风压	年降雨量
北京	北京市	0.45	571.90	福建	福州市	0.70	1339.60
天津	天津市	0.50	544.30	陕西	西安市	0.35	553.30
上海	上海市	0.55	1184.40	甘肃	兰州市	0.30	311.70
重庆	重庆市	0.40	1118.50	宁夏	银川市	0.65	186.30
河北	石家庄市	0.35	517.00	青海	西宁市	0.35	373.60
山西	太原市	0.40	431.20	新疆	乌鲁木齐市	0.60	286.30
内蒙古	呼和浩特市	0.55	397.90	河南	郑州市	0.45	632.40
辽宁	沈阳市	0.55	690.30	广东	广州市	0.50	1736.70
吉林	长春市	0.65	570.40	广西	南宁市	0.35	1309.70
黑龙江	哈尔滨市	0.55	524.30	海南	海口市	0.75	1651.90
山东	济南市	0.45	672.70	四川	成都市	0.30	870.10
江苏	南京市	0.40	1062.40	贵州	贵阳市	0.30	1117.70
浙江	杭州市	0.45	1454.60	云南	昆明市	0.30	1011.30
安徽	合肥市	0.35	995.30	西藏	拉萨市	0.30	426.40
江西	南昌市	0.45	1624.20	台湾	台北市	0.70	2363.70
湖北	武汉市	0.35	1269.00	香港	香港	0.90	2224.70
湖南	长沙市	0.35	1331.30	澳门	澳门	0.85	1998.70

注：基本风压（kN/m^2）按50年计算。

（4）建筑外墙节点构造防水设计的内容

① 建筑外墙节点构造防水设计应包括门窗洞口、雨篷、阳台、变形缝、伸出外墙管道、女儿墙压顶、外墙预埋件、预制构件等交接部位的防水设计；

② 建筑外墙的防水层应设置在迎水面；

③ 不同材料的交接处应采用每边不小于150mm的耐碱玻纤网格布或热镀锌电焊网作抗裂增强处理。

（5）建筑外墙整体防水层设计的内容

① 无外保温外墙

a. 采用涂料饰面时，防水层应设在找平层与涂料饰面层之间，防水层宜采用聚合物水泥防水砂浆或普通防水砂浆；

b. 采用块材饰面时，防水层应设在找平层与块材粘结层之间，防水层宜采用聚合物水泥防水砂浆或普通防水砂浆；

c. 采用幕墙饰面时，防水层应设在找平层与幕墙饰面之间，防水层宜采用聚合物水泥防水砂浆、普通防水砂浆、聚合物水泥防水涂料、聚合物乳液防水涂料或聚氨酯防水涂料。

② 外墙外保温

a. 采用涂料或块材饰面时，防水层宜设在保温层与墙体基层之间，防水层可采用聚合物水泥防水砂浆或普通防水砂浆。

b. 采用幕墙饰面时，设在找平层上的防水层宜采用聚合物水泥防水砂浆、普通防水砂浆、聚合物水泥防水涂料、聚合物乳液防水涂料或聚氨酯防水涂料；当外墙保温层选用矿物棉保温材料时，防水层宜采用防水透气膜。

c. 砂浆防水层中可增设耐碱玻纤网格布或热镀锌电焊网增强，并宜用锚栓固定于结构墙体中。

d. 防水层的最小厚度应符合表2-21的规定。

防水层的最小厚度（mm）　　**表2-21**

墙体基层种类	饰面层种类	聚合物水泥防水砂浆		普通防水砂浆	防水涂料
		干粉类	乳液类		
现浇混凝土	涂料	3	5	8	1.0
	面砖				—
	幕墙				1.0
砌体	涂料	5	8	10	1.2
	面砖				—
	干挂幕墙				1.2

e. 砂浆防水层宜留分格缝，分格缝宜设置在墙体结构不同材料交界处。水平分格缝宜与窗口上沿或下沿平齐；垂直分格缝间距不宜大于6.00m，且宜与门、窗框两边线对齐。分格缝宽宜为8～10mm，缝内应采用密封材料作密封处理。

f. 外墙防水层应与地下墙体防水层搭接。

（6）节点构造的防水设计

① 门窗框与墙体间的缝隙宜采用聚合物水泥砂浆或发泡聚氨酯填充；外墙防水层应延伸至门窗框，防水层与门窗框间应预留凹槽，并应嵌填密封材料；门窗上楣的外口应做滴水线；外窗台应设置不小于5%的外排水坡度。

② 雨篷应设置不应小于1%的外排水坡度，外口下沿应做滴水线；雨篷与外墙交接处的防水层应连续；雨篷防水层应延外口下翻至滴水线。

③ 阳台应向水落口设置不小于1%的排水坡度，水落口周边应留槽嵌填密封材料。阳台外口下沿应做滴水线。

④ 变形缝部位应增设合成高分子防水卷材附加层，卷材两端应满粘于墙体，满粘的宽度不应小于150mm，并应钉压固定；卷材收头应用密封材料密封。

⑤ 穿过外墙的管道宜采用套管，套管应内高外低，坡度不应小于5%，套管周边应作防水密封处理。

⑥ 女儿墙压顶宜采用现浇钢筋混凝土或金属压顶，压顶应向内找坡，坡度不应小于2%。当采用混凝土压顶时，外墙防水层应延伸至压顶内侧的滴水线部位；当采用金属压顶时，外墙防水层应做到压顶的顶部，金属压顶应采用专用金属配件固定。

⑦ 外墙预埋件四周应用密封材料封闭严密，密封材料与防水层应连续。

226. 内墙面防水做法有哪些规定?

《住宅室内防水工程技术规范》JGJ 298—2013 规定：

1）一般规定

住宅卫生间、厨房、浴室、设有配水点的封闭阳台、独立水容器等均应进行防水设计。

2）功能房间的防水设计

（1）卫生间、浴室的墙面和顶棚应设置防潮层，门口应有阻止积水外溢的措施。

（2）厨房的墙面宜设置防潮层；厨房布置在无用水点房间的下层时，顶棚应设置防潮层。

（3）厨房的立管排水支架和洗涤池不应直接安装在与卧室相邻的墙体上。

（4）设有配水点的封闭阳台，墙面应设防水层，顶棚宜设防潮层。

3）技术措施

（1）墙面防水设计应符合下列规定：

① 卫生间、浴室和设有配水点的封闭阳台等处的墙面应设置防水层；防水层高度宜距楼面、地面面层1.20m；

② 当卫生间有非封闭式洗浴设施时，花洒所在及其邻近墙面防水层高度不应低于1.80m。

（2）有防水设防的功能房间，除应设置防水层的墙面外，其余部分墙面和顶棚均应设置防潮层。

4）墙面防水材料的选择

（1）防水涂料

① 住宅室内防水工程宜使用聚氨酯防水涂料、聚合物乳液防水涂料、聚合物水泥防

水涂料和水乳型沥青防水涂料等水性和反应性防水涂料。

② 住宅室内防水工程不得使用溶剂型防水涂料。

③ 对于住宅室内长期浸水的部位，不宜使用遇水产生溶胀的防水涂料。

④ 用于附加层的胎体材料宜选用30～50g/m² 的聚酯纤维无纺布、聚丙纶纤维无纺布或耐碱玻璃纤维网格布。

⑤ 住宅室内防水工程采用防水涂料时，涂膜防水层厚度应符合表2-22的规定：

涂膜防水层厚度　　表2-22

防水涂料类别	涂膜防水层厚度（mm）	
	水平面	垂直面
聚合物水泥防水涂料	≥1.5	≥1.2
聚合物乳液防水涂料	≥1.5	≥1.2
聚氨酯防水涂料	≥1.5	≥1.2
水乳型沥青防水涂料	≥2.0	≥1.2

（2）防水卷材

① 住宅室内防水工程可选用自粘聚合物改性沥青防水卷材和聚乙烯丙纶复合防水卷材及聚乙烯丙纶复合防水卷材与相配套的聚合物水泥防水粘结料共同组成的复合防水层。

② 卷材防水层厚度应符合表2-23的规定。

卷材防水层厚度　　表2-23

防水卷材	卷材防水层厚度（mm）	
自粘聚合物改性沥青防水卷材	无胎基≥1.5	聚酯胎基≥2.0
聚乙烯丙纶复合防水卷材	卷材≥0.7（芯材≥0.5），胶结料≥1.3	

（3）防水砂浆

防水砂浆应使用由专业生产厂家生产的掺外加剂的防水砂浆、聚合物水泥防水砂浆、商品砂浆。

（4）防水混凝土

① 防水混凝土中的水泥宜采用硅酸盐水泥、普通硅酸盐水泥；不得使用过期或受潮结块的水泥，不得将不同品种或强度等级的水泥混合使用。

② 防水混凝土的化学外加剂、矿物掺合料、砂、石及拌合用水应符合规定。

（5）密封材料

住宅室内防水工程的密封材料宜采用丙烯酸建筑密封胶、聚氨酯建筑密封胶或硅酮建筑密封胶。

（6）防潮材料

① 墙面、顶棚宜采用防水砂浆、聚合物水泥防水涂料作防潮层；无地下室的地面可采用聚氨酯防水涂料、聚合物乳液防水涂料、水乳型沥青防水涂料和防水卷材作防潮层。

② 采用不同材料作防潮层时，防潮层厚度可按表2-24确定。

防潮层厚度　　表 2-24

材料种类			防潮层厚度（mm）
防水砂浆	掺防水剂的防水砂浆		15～20
	涂刷型聚合物水泥防水砂浆		2～3
	抹压型聚合物水泥防水砂浆		10～15
防水涂料	聚合物水泥防水涂料		1.0～1.2
	聚合物乳液防水涂料		1.0～1.2
	聚氨酯防水涂料		1.0～1.2
	水乳型沥青防水涂料		1.0～1.5
防水卷材	自粘聚合物改性沥青防水卷材	无胎基	1.2
		聚酯胎基	2.0
	聚乙烯丙纶复合防水卷材		卷材≥0.7（芯材≥0.5），胶结料≥1.3

5）防水施工要求

（1）住宅室内防水工程的施工环境温度宜为 5～35℃。

（2）穿越防水墙面的管道和预埋件等，应在防水施工前完成。

（十三）变　形　缝

227. 变形缝做法有哪些规定？

1）《民用建筑设计通则》GB 50352—2005 中规定：变形缝设置的总体要求是：

（1）变形缝应按设缝的性质（伸缩、沉降、防震）和条件设计，使其在产生位移或变形时不受阻，不被破坏，并不破坏建筑物。

（2）变形缝的构造和材料应根据其部位需要分别采取防排水、防火、保温、防老化、防腐蚀、防虫害和防脱落等措施。

2）变形缝的种类：建筑中的变形缝通常有三种，即伸缩缝、沉降缝和防震缝。在抗震设防地区的上述缝隙一般应按照防震缝的要求处理。

3）伸缩缝的构造要点：

（1）伸缩缝的设置原则是以建筑的长度为依据，设置在因温度和收缩变形引起应力集中、砌体产生裂缝可能性最大的地方。伸缩缝的特点是只在±0.000 以上的部位断开，基础不断开。缝宽一般为 20～30mm。

（2）《砌体结构设计规范》GB 50003—2011 中规定的砌体房屋伸缩缝的最大间距详见表 2-25。

砌体房屋伸缩缝的最大间距（m）　　表 2-25

屋盖或楼盖类别		间距
整体式或装配整体式钢筋混凝土结构	有保温层或隔热层的屋盖、楼盖	50
	无保温层或隔热层的屋盖	40
装配式无檩体系钢筋混凝土结构	有保温层或隔热层的屋盖、楼盖	60
	无保温层或隔热层的屋盖	50

续表

屋盖或楼盖类别		间距
装配式有檩体系钢筋混凝土结构	有保温层或隔热层的屋盖	75
	无保温层或隔热层的屋盖	60
瓦材屋盖、木屋盖或楼盖、轻钢楼盖		100

注：1. 对于烧结普通转、烧结多孔砖、配筋砌块砌体房屋，取表中数值；对于石砌体、蒸压灰砂普通砖、蒸压粉煤灰普通砖、混凝土砌块、混凝土普通砖和混凝土多孔砖房屋，取表中数值乘以0.8，当墙体有可靠外保温措施时，其间距可取表中数值。
2. 在钢筋混凝土屋面上挂瓦的屋盖应按钢筋混凝土屋盖采用。
3. 层高大于5m的烧结普通转、烧结多孔砖、配筋砌块砌体结构单层房屋，其伸缩缝间距可按表中数据乘以1.3。
4. 温差较大且变形频繁地区和严寒地区不采暖的房屋及构筑物墙体的伸缩缝的最大间距，应按表中数值予以适当减小。
5. 墙体的伸缩缝应与结构的其他变形缝相重合，缝宽度应满足各种变形缝的变形要求；在进行立面处理时，必须保证缝隙的变形作用。

（3）《混凝土结构设计规范》GB 50010—2010中规定的钢筋混凝土结构伸缩缝的最大间距详见表2-26。

钢筋混凝土结构伸缩缝的最大间距（m） **表2-26**

结构类别		室内或土中	露天
排架结构	装配式	100	70
框架结构	装配式	75	50
	现浇式	55	35
剪力墙结构	装配式	65	40
	现浇式	45	30
挡土墙、地下室墙壁等类结构	装配式	40	30
	现浇式	30	20

注：1. 装配整体式结构的伸缩缝间距，可根据结构的具体情况取表中装配式结构与现浇式结构之间的数值。
2. 框架-剪力墙结构或框架－核心筒结构房屋的伸缩缝间距，可根据结构的具体情况取表中框架结构与剪力墙结构之间的数值。
3. 当屋面无保温或隔热措施时，框架结构、剪力墙结构的伸缩缝间距宜按表中露天栏的数值采用。
4. 现浇挑檐、雨罩等外露结构的局部伸缩缝间距不应大于12m。

4）沉降缝的构造要点：

《建筑地基基础设计规范》GB 50007—2011中指出：

（1）建筑物的以下部位，宜设置沉降缝：

① 建筑平面的转折部位；

② 高度差异或荷载差异处；

③ 长高比过大的砌体承重结构或钢筋混凝土框架结构的适当部位；

④ 地基土的压缩性有显著差异处；

⑤ 建筑结构或基础类型不同处；

⑥ 分期建造房屋的交界处。

（2）沉降缝的构造特点是基础及上部结构全部断开。

（3）沉降缝应有足够的宽度，具体数值应以表 2-27 为准。

房屋沉降缝的宽度（mm） **表 2-27**

房屋层数	沉降缝宽度	房屋层数	沉降缝宽度
2～3 层	50～80	5 层以上	不小于 120
4～5 层	80～120	—	—

5）防震缝的构造要点：

（1）特点

防震缝的两侧均应设置墙体。砌体结构采用双墙方案；框架结构采用双柱、双梁、双墙方案；板墙结构采用双墙方案。

（2）设置原则

① 砌体结构房屋

《建筑抗震设计规范》GB 50011—2010 中规定：砌体结构房屋遇下列情况之一时，宜设置防震缝，防震缝的宽度应根据地震烈度和房屋高度确定，可采用 70～100mm：

a. 房屋立面高差在 6.00m 以上；

b. 房屋有错层，且楼板高差大于层高的 1/4；

c. 各部分的结构刚度、质量截然不同。

② 钢筋混凝土结构

《建筑抗震设计规范》GB 50011—2010 中规定，钢筋混凝土结构防震缝宽度的确定方法：

a. 框架结构（包括设置少量抗震墙的框架结构）房屋的防震缝宽度：当高度不超过 15m 时不应小于 100mm；高度超过 15m 时，随高度变化调整缝宽，以 15m 高为基数，取 100mm；6 度、7 度、8 度和 9 度分别为高度每增加 5m、4m、3m 和 2m，缝宽宜增加 20mm。

b. 框架-抗震墙结构的防震缝宽度不应小于 a 款规定数值的 70%，且不宜小于 100mm。

c. 抗震墙结构的防震缝两侧应为双墙，宽度不应小于 a 款规定数值的 50%，且不宜小于 100mm。

d. 防震缝两侧结构类型不同时，宜按需要较宽防震缝的结构类型和较低房屋高度确定缝宽。

6）变形缝的构造要求

变形缝（伸缩缝、沉降缝、防震缝）可以将墙体、地面、楼面、屋面、基础断开，但不可将门窗、楼梯阻断。

下列房间或部位不应设置变形缝：

（1）伸缩缝和其他变形缝不应从需进行防水处理的房间中穿过。

（2）伸缩缝和其他变形缝应进行防火和隔声处理。接触室外空气及上下与不采暖房间相邻的楼地面伸缩缝应进行保温隔热处理。

（3）伸缩缝和其他变形缝不应穿过电子计算机主机房。

（4）人民防空工程防护单元内不应设置伸缩缝和其他变形缝。

（5）空气洁净度为100级、1000级、10000级的建筑室内楼地面不宜设置伸缩缝和其他变形缝。

（6）玻璃幕墙的一个单元块体不应跨越变形缝。

（7）变形缝不得穿过设备的底面。

（十四）夹芯板墙体

228. 夹芯板墙体的构造要求有哪些?

依据国家建筑标准设计图集《压型钢板、夹芯板屋面及墙体构造》01J925—1得知：

1）夹芯板的定义

夹芯板是将0.5～0.6mm厚的彩色涂层钢板面板及底板与保温材料通过粘结剂复合而成的保温复合围护板材。芯材可以采用硬质聚氨酯（成型板材或现场发泡）、聚苯乙烯和岩棉。

2）夹芯板的厚度

夹芯板的厚度范围为30～250mm。建筑围护结构常用的范围为50～100mm。夹芯板的宽度有750mm和1000mm两种类型，夹芯板的长度可随工程需要制作，但由于运输条件限制，一般控制在12m之内。

3）夹芯板的技术经济指标

（1）硬质聚氨酯夹芯板的挠度与跨度比值为1/200；燃烧性能属于B_1级，导热系数≤0.033W/（m·K），体积密度≥30kg/m^3，粘结强度应≥0.09MPa。

（2）聚苯乙烯夹芯板的挠度与跨度比值为1/250；属于阻燃型（ZR），氧指数≥30%；导热系数≤0.041W/（m·K），体积密度≥18kg/m^3，粘结强度应≥0.10MPa。

（3）岩棉夹芯板的挠度与跨度比值为1/250。燃烧性能为：厚度≥80mm时，耐火极限为60min；厚度＜80mm时，耐火极限为30min。体积密度≥100kg/m^3，粘结强度应≥0.06MPa。

4）夹芯板的面密度

（1）硬质聚氨酯夹芯板（见表1-81）

（2）聚苯乙烯夹芯板（见表1-82）

（3）岩棉夹芯板（见表1-83）

5）夹芯板的外观质量

夹芯板的外观质量见表2-28。

夹芯板的外观质量　　表2-28

项目	质量要求
板面	板面平整、无明显凹凸、翘曲、变形；表面清洁；色泽均匀；无胶痕、油污、无明显划痕、磕碰、伤痕等
表面	表面清洁，无胶痕与油污

续表

项目	质 量 要 求
缺陷	除卷边与切割边外，其余板面无明显划痕、磕碰、伤痕等
切口	切口平直；切面整齐；无毛刺；板边缘无明显翘角、脱胶与波浪形；面板宜向内弯
芯板	芯板切面应整齐；无大块剥落，块与块之间接缝无明显间隙；面材与芯材之间粘结牢固；芯材密实

6）夹芯板的连接

（1）有骨架连接：有骨架的轻型钢结构房屋采用紧固件或连接件将夹芯板固定在檩条或横梁上。其外墙板根部做法详图 2-22，檐部做法详图 2-23。

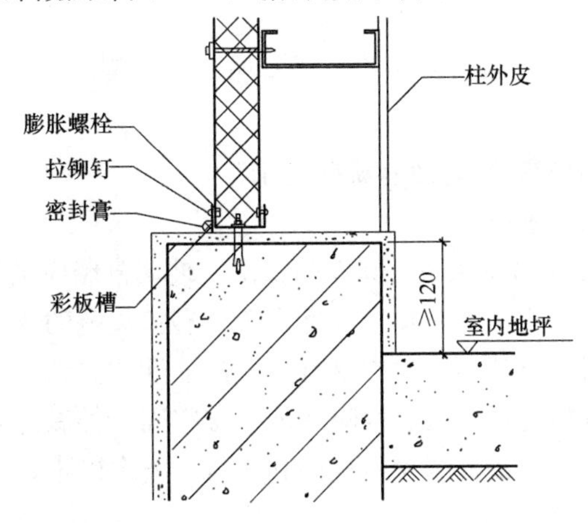

图 2-22 夹芯板墙体的根部做法

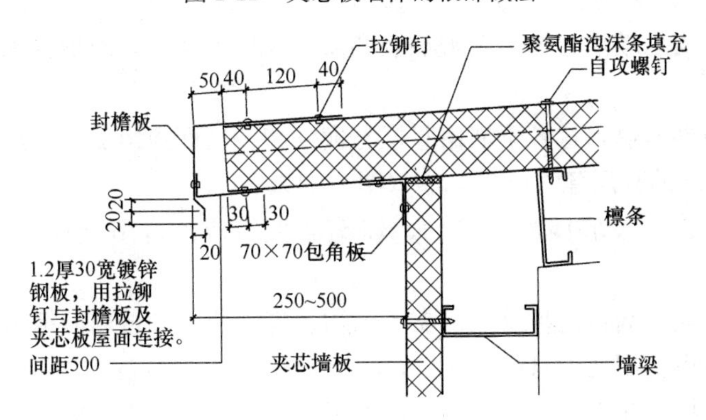

图 2-23 夹芯板墙体的檐部做法

（2）无骨架连接：无骨架的小型房屋可通过连接件将夹芯板组合成型，形成自承重的盒子式房屋。

（十五）建 筑 幕 墙

229. 建筑幕墙包括哪些类型？

1）建筑幕墙的定义

《玻璃幕墙工程技术规范》JGJ 102—2003 中指出：建筑幕墙是由支撑结构体系与面板组成的、相对主体结构有一定位移能力的、不分担主体结构所受作用的建筑外围护结构或装饰性架构。

2）建筑幕墙的技术要求

《民用建筑设计通则》GB 50352—2005 中规定：

(1) 幕墙所采用的型材、板材、密封材料、金属附件、零配件等均应符合现行的有关标准的规定。

(2) 幕墙的物理性能：风压变形、雨水渗漏、空气渗透、保温、隔声、耐撞击、平面内变形、防火、防雷、抗震及光学性能等应符合现行的有关标准的规定。

3）建筑幕墙的类型

建筑幕墙包括玻璃幕墙、石材幕墙和金属幕墙三大类型。

230. 玻璃幕墙的类型和材料选择有哪些要求?

1）玻璃幕墙应符合的规定

《民用建筑设计通则》GB 50352—2005 中指出，玻璃幕墙应满足下列要求：

(1) 玻璃幕墙适用于抗震地区，建筑高度应符合有关规范的要求。

(2) 玻璃幕墙应采用安全玻璃，并应具有抗撞击的性能。

(3) 玻璃幕墙分隔应与楼板、梁、内隔墙处连接牢固，并满足防火分隔要求。

(4) 玻璃窗扇开启面积应按幕墙材料规格和通风口要求确定，并确保安全。

2）玻璃幕墙的类型

《玻璃幕墙工程技术规范》JGJ 102—2003 中指出：

玻璃幕墙有框支承玻璃幕墙、全玻璃墙和点支承玻璃幕墙，玻璃幕墙既是围护结构也是建筑装饰。

(1) 框支承玻璃幕墙：这种幕墙由竖框、横框和玻璃面板组成，适用于多层建筑和建筑高度不超过 100m 的高层建筑的外立面（图 2-24）。

(2) 全玻璃墙：全玻璃墙由玻璃肋、玻璃面板组成，适用于首层大厅或大堂（图 2-25）。

(3) 点支承玻璃幕墙：这种幕墙由支承结构、支承装置和玻璃面板组成。由于这种幕墙的通透性好，最适宜用在建筑的大厅、餐厅等视野开阔的部位，亦可用于门上部的雨篷、室外通道侧墙和顶板、花架顶板等部位，但由于技术原因，点支承玻璃幕墙开窗较为困难（图 2-26）。

3）玻璃幕墙的材料选择

(1) 玻璃

① 总体要求

a. 应采用安全玻璃，如钢化玻璃、夹层玻璃、夹丝玻璃等，并应符合相关规范的要求。

b. 钢化玻璃宜经过二次均质处理。

c. 玻璃应进行机械磨边和倒角处理，倒棱宽度不宜小于 1mm。

图 2-24 框支承玻璃幕墙

图 2-25 全玻璃墙

d. 中空玻璃产地与使用地或与运输途经地的海拔高度相差超过 1000m 时，宜加装毛细管或呼吸管平衡内外气压。

e. 玻璃的公称厚度应经过强度和刚度验算后确定，单片玻璃、中空玻璃的任一片玻璃厚度不宜小于 6mm。

② 个性要求

a. 夹层玻璃的要求：

(a) 夹层玻璃宜为干法合成，夹层玻璃的两片玻璃相差不宜大于 3mm；

图 2-26 点支承玻璃幕墙

(b) 夹层玻璃的胶片宜采用聚乙烯醇缩丁醛（PVB）胶片，胶片厚度不应小于 0.76mm。有特殊要求时，也可以采用（SGP）胶片，面积不宜大于 2.50m^2；

(c) 暴露在空气中的夹层玻璃边缘应进行密封处理。

b. 中空玻璃的要求：

(a) 中空玻璃的间隔铝框可采用连续折弯型。中空玻璃的气体层不应小于 9mm；

(b) 玻璃宜采用双道密封结构，明框玻璃幕墙可采用丁基密封胶和聚硫密封胶；隐框、半隐框玻璃幕墙应采用丁基密封胶和硅酮结构密封胶。

c. 防火玻璃的要求：

(a) 应根据建筑防火等级要求，采用相应的防火玻璃；

(b) 防火玻璃按结构分为复合防火玻璃（FFB）和单片防火玻璃（DFB）。单片防火玻璃的厚度一般为 5mm、6mm、8mm、10mm、12mm、15 mm、19mm；

(c) 防火玻璃按耐火性能分为：隔热型防火玻璃（A 类），即同时满足防火完整性、耐火隔热性要求的防火玻璃。非隔热型防火玻璃（B类），即仅满足防火完整性要求的防火玻璃。防火玻璃按耐火极限分为5个等级：0.50h、1.00h、1.50h、2.00h、3.00h。

d. 钢化夹层玻璃的要求：

全玻璃幕墙的玻璃肋应采用钢化夹层玻璃，如两片夹层、三片夹层玻璃等，具体厚度应根据不同的应用条件，如板面大小、荷载、玻璃种类等具体计算。最小截面厚度为12mm，最小截面高度为100mm。

（2）钢材

① 钢材表面应具有抗腐蚀能力，并采取避免双金属的接触腐蚀。

② 支承结构应选用碳素钢和低碳合金高强度钢、耐候钢。

③ 钢索压管接头应采用经固溶处理的奥氏体不锈钢。

④ 碳素结构钢和低碳合金高强度钢应采取有效的防腐处理：

a. 采用热浸镀锌防腐蚀处理时，镀锌厚度应符合规范要求；

b. 采用防腐涂料时，涂层应完全覆盖钢材表面和无端部衬板的闭口型材结构钢；

c. 采用氟碳漆喷涂或聚氨酯喷涂时，涂抹的厚度不应小于35μm，在空气污染严重及海滨地区，涂膜厚度不应小于45μm。

⑤ 主要受力构件和连接件不宜采用壁厚小于4mm的钢板、壁厚小于3mm的钢管、尺寸小于1.45 mm×4mm（等肢角钢）和1.56 mm×36 mm×4mm（不等肢角钢）以及壁厚小于2mm的冷成型薄壁型钢。

（3）铝合金型材

① 型材尺寸允许偏差应满足高精级或超高精级要求。

② 立柱截面主要受力部位的厚度，应符合下列要求：

a. 铝型材截面开口部位的厚度不应小于3.0mm，闭口部位的厚度不应小于2.5mm；型材孔壁与螺钉之间直接采用螺纹受力连接时，其局部厚度尚不应小于螺钉的公称直径。

b. 对偏心受压立柱，其截面宽厚比应符合现行行业标准《玻璃幕墙工程技术规范》JGJ 102—2003中的规定。

③ 铝合金型材保护膜厚应符合下列规定：

a. 阳极氧化（膜厚级别AA15）镀膜最小平均厚度不应小于15μm，最小局部膜厚不应小于15μm。

b. 粉末喷涂涂层局部不应小于40μm，且不应大小于120μm。

c. 电泳喷涂（膜厚级别B）阳极氧化膜平均膜厚不应小于10μm，局部膜厚不应小于8μm；漆膜局部膜厚不应小于7μm；复合膜局部厚度不应小于16μm。

d. 氟碳喷涂涂层平均厚度不应小于40μm，局部厚度不应小于34μm。

注：1. 阳极氧化镀膜：一般铝合金型材常用的表面处理方法。处理后的型材表面硬度高、耐磨性好、金属感强，但颜色种类不多。

2. 静电粉末喷涂：用于对铝板和钢板的表面进行处理，可喷涂任何颜色，包括金属色。但其耐候性较差，近来已较少使用。

3. 电泳喷涂：又称为电泳涂装。这种工艺是将具有导电性的被涂物浸渍在经过稀释的、浓度比较低的水溶液电泳涂料槽中作为阳极（或阴极），在槽中另外设置与其相对应的阴极（或阳极），在两极间通过一定时间的直流电，使被涂物上析出均一的、永不溶的涂膜的一种涂装方法。这种方法的优点是附着力强、不容易脱落，防腐蚀性强，表面平整光滑，符合环保要求。

4. 氟碳树脂喷涂：氟碳树脂的成分为聚四氯乙烯（PVF4），到目前为止，它被认为是既具备很好的耐候性能，又以颜色多样而适应建筑幕墙需要的表面处理方式。氟碳漆的适用性还在于它可以用于非金属表面的处理，并可以现场操作，甚至可以在金属构件的防火涂料上涂刷，满足对钢结构的装饰和保护要求。

④ 铝合金隔热型材的隔热条应符合下列规定：

a. 总体要求

(a) 采用的密封材料必须在有效期内使用。

(b) 采用的橡胶材料应符合相关规定，宜采用三元乙丙橡胶、氯丁橡胶或丁基橡胶、硅橡胶。

b. 个别要求

(a) 隐框和半隐框玻璃幕墙，其玻璃与铝型材的粘结必须采用中性硅酮结构密封胶；全玻璃墙和点支承幕墙采用镀膜玻璃时，不应采用酸性硅酮结构密封胶粘结。

(b) 玻璃幕墙用硅酮结构密封胶的宽度、厚度尺寸应通过计算确定，结构胶厚度不宜小于6mm且不宜大于12mm，其宽度不宜小于7mm且不大于厚度的2倍。位移能力应符合设计位移量的要求，不宜小于20级。

(c) 结构密封胶、硅酮密封胶同幕墙基材、玻璃和附件应具有良好的相容性和粘结性。

(d) 石材幕墙金属挂件与石材间宜选用干挂石材用环氧胶粘剂，不得使用不饱和聚酯类胶粘剂。

231. 玻璃幕墙的建筑设计、构造设计和安全规定应注意哪些问题?

《玻璃幕墙工程技术规范》JGJ 102—2003中指出，玻璃幕墙的建筑设计、构造设计和安全规定应注意以下问题：

1) 一般规定

(1) 玻璃幕墙应与建筑物整体及周围环境相协调。

(2) 玻璃幕墙立面的分格宜与室内空间相适应，不宜妨碍室内功能和视觉。在确定玻璃板块尺寸时，应有效提高玻璃原片的利用率，同时应适应钢化、镀膜、夹层等生产设备的加工能力。

(3) 幕墙中的玻璃板块应便于更换。

(4) 幕墙开启窗的设置，应满足使用功能和立面效果的要求，并应启闭方便，避免设置在梁、柱、隔墙的位置。开启扇的开启角度不宜大于30°，开启距离不宜大于300mm（其他技术资料指出：开启扇的总量不宜超过幕墙总面积的15%，开启方式以上悬式为主）。

(5) 玻璃幕墙应便于维护和清洁。高度超过40m的幕墙工程宜设置清洗设备。

2) 构造设计

(1) 明框玻璃幕墙的接缝部位、单元式玻璃幕墙的组件对插部位以及幕墙开启部位，宜按雨幕原理进行构造设计。对可能渗入雨水和形成冷凝水的部位，应采取导排构造措施。

(2) 玻璃幕墙的非承重胶缝应采用硅酮建筑密封胶密封。开启扇的周边缝隙宜采用氯丁橡胶、三元乙丙橡胶或硅橡胶密封条制品密封。

（3）有雨篷、压顶及其他突出玻璃幕墙墙面的建筑构造时，应完善其结合部位的防水、排水设计。

（4）玻璃幕墙应选用具有防潮性能的保温材料或采取隔汽、防潮构造措施。

（5）单元式玻璃幕墙，单元间采用对插式组合构件时，纵横缝相交处应采取防渗漏封口构造措施。

（6）幕墙的连接部位，应采取措施防止产生摩擦噪声，构件式幕墙的立柱与横梁连接处应避免刚性接触，可设置柔性垫片或预留1～2mm的间隙，间隙内填胶；隐框幕墙采用挂钩式连接固定玻璃组件时，挂钩接触面宜设置柔性垫片。

（7）除不锈钢外，玻璃幕墙中不同金属接触处，应合理设置绝缘垫片或采取其他防腐蚀措施。

（8）幕墙玻璃之间的拼缝、胶缝宽度应能满足玻璃和胶的变形要求，且不大于10mm。

（9）幕墙玻璃表面周边与建筑内、外装饰物之间的缝隙不宜小于5mm，可采用柔性材料嵌缝。全玻璃墙玻璃应符合相关规定。

（10）明框幕墙玻璃下边缘与下边框槽底之间应采用橡胶垫块衬托，垫块数量应为2个，厚度不应小于3mm，每块长度不应限于100mm。

（11）玻璃幕墙的单元板块不应跨越主体结构的变形缝，与其主体建筑变形缝相对应的构造缝的设计，应能够适应主体建筑变形的要求。

3）安全规定

（1）框支承玻璃幕墙，宜采用安全玻璃。

（2）点支承玻璃幕墙的面板玻璃应采用钢化玻璃。

（3）采用玻璃肋支承的全玻璃墙，其玻璃肋应采用钢化夹层玻璃。

（4）人员流动密度大、青少年或幼儿活动的公共场所以及使用中容易受到撞击的部位，其玻璃幕墙应采用安全玻璃；对使用中容易受到撞击的部位，还应设置明显的警示标志。

（5）当与玻璃幕墙相邻的楼面外缘无实体墙时，应设置防撞措施。

（6）玻璃幕墙与其周边防火分隔构件间的缝隙、与楼板或隔墙外沿间的缝隙、与实体墙面洞口边缘间的缝隙等，应进行防火封堵设计。

（7）玻璃幕墙的防火封堵系统，在正常使用条件下，应具有伸缩变形能力、密封性和耐久性；在遇火状态下，应在规定的耐火极限内，不发生开裂或脱落，保持相对稳定性。

（8）玻璃幕墙的防火封堵构造系统的填充料及其保护性面层材料，应选择不燃烧材料与难燃烧材料。

（9）无窗槛墙的玻璃幕墙，应在每层楼板外沿设置耐火极限不低于1.00m、高度不低于0.80m的不燃烧实体裙墙或防火玻璃裙墙。

（10）玻璃幕墙与各层楼板、隔墙外沿间的缝隙，当采用岩棉或矿棉封堵时，其厚度不应小于100mm，并应填充密实；楼层间水平防烟带的岩棉或矿棉宜采用厚度不小于1.5mm的镀锌钢板承托；承托板与主体结构、幕墙结构及承托板之间的缝隙宜填充防火密封材料。当建筑要求防火分区间设置通透隔断时，可采用符合设计要求的防火玻璃。

（11）同一玻璃幕墙单元，不宜跨越建筑物的两个防火分区。

（12）幕墙的金属框架应与主体结构的防雷体系可靠连接，连接部位应清除非导电保护层。

232. 框支承玻璃幕墙有哪些构造要求?

《玻璃幕墙工程技术规范》JGJ 102—2003 中指出：

1）组成：框支承玻璃幕墙由玻璃、横梁和立柱组成。主要应用于外墙部位。

2）玻璃：单片玻璃的厚度不应小于 6mm，夹层玻璃的单片厚度不宜小于 5mm。夹层玻璃和中空玻璃的单片玻璃厚度相差不宜大于 3mm。玻璃幕墙应尽量减少光污染。若选用热反射玻璃，其反射率不宜大于 20%。

3）横梁：横梁可以采用铝合金型材或钢型材（高耐候钢、碳素钢），其截面厚度不应小于 2.5mm。铝合金型材的表面处理可以采用阳极氧化镀膜、电泳喷涂、粉末喷涂、氟碳树脂喷涂；钢型材应进行热浸镀锌或其他有效的防腐措施。

注：热浸镀锌是对金属表面进行镀锌处理的一种工艺，可以提高钢结构的耐磨性能。近几年，热浸镀锌工艺又采用了镀铝锌、镀铝锌硅等工艺处理使金属的耐候性能又提高了一倍，使用寿命可以达到 30～50 年。缺点是它的颜色比较单一，变化较少。

4）立柱：立柱可以采用铝合金型材或钢型材（高耐候钢、碳素钢），表面处理与横梁相同。立柱与主体结构之间的连接应采用螺栓。每个部位的连接螺栓不应少于 2 个，直径不宜小于 10mm。

233. 全玻璃墙有哪些构造要求?

《玻璃幕墙工程技术规范》JGJ 102—2003 中指出：

1）组成：全玻璃墙由玻璃、玻璃肋和胶缝组成，主要应用于大堂、门厅等部位。

2）连接：全玻璃墙与主体结构的连接有下部支承式与上部悬挂式。下部支承式的最大应用高度见表 2-29。

下部支承式全玻璃墙的最大高度　　表 2-29

玻璃厚度（mm）	10、12	15	19
最大高度（m）	4	5	6

3）玻璃：面板玻璃应采用钢化玻璃，厚度不宜小于 10mm；夹层玻璃单片厚度不应小于 8mm。

4）玻璃肋：玻璃肋应采用截面厚度不小于 12mm、截面高度不小于 100mm 的钢化夹层玻璃。

5）胶缝：采用胶缝传力的全玻璃墙，其胶缝必须采用硅酮结构密封胶。

234. 点支承玻璃幕墙有哪些构造要求?

《玻璃幕墙工程技术规范》JGJ 102—2003 中指出：

1）组成：点支承玻璃幕墙由玻璃面板、支承装置和支承结构三部分组成，可以应用于幕墙、雨罩、室外吊顶等部位。

2）玻璃面板：

（1）玻璃面板有三点支承、四点支承和六点支承等做法。玻璃幕墙支承孔边与板边的距离不宜小于70mm。

(2) 采用浮头式连接件的幕墙玻璃厚度不应小于6mm；采用沉头式连接件的幕墙玻璃厚度不应小于8mm。

(3) 玻璃之间的空隙宽度不应小于10mm，且应采用硅酮建筑密封胶密封。

3) 支承装置：采用专用的点支承装置。

4) 支承结构：支承结构有单根型钢或钢管结构体系、桁架或空腹桁架体系和张拉杆索体系等5种，其特点和应用高度见表2-30。

不同支承体系的特点和应用范围 表2-30

项目＼分类	拉索点支承玻璃幕墙	拉杆点支承玻璃幕墙	自平衡索桁架点支承玻璃幕墙	桁架点支承玻璃幕墙	立柱点支承玻璃幕墙
特点	轻盈、纤细、强度高，能实现较大跨度	轻巧、光亮，有极好的视觉效果	杆件受力合理，外形新颖，有较好的观赏性	有较大的刚度和强度，适合高大空间，综合性能好	对主体结构要求不高，整体效果简洁明快
适用范围	拉索间距 b=1.2～3.5m；层高 h=3～12m；拉索矢高 f=h/(10～15)	拉杆间距 b=1.2～3.0m；层高 h=3～9m；拉杆矢高 f=h/(10～15)	自平衡间距 b=1.2～3.5m；层高 h≤15m；自平衡索桁架矢高 f=h/(5～9)	桁架间距 b=3.0～15.0m；层高 h=6～40m；桁架矢高 f=h/(10～20)	立柱间距 h=12～35m；层高 h≤8.0m

235. 什么叫双层幕墙？它有哪些构造特点？

依据国家建筑标准设计图集《双层幕墙》07J 103—8得知（图2-27）：

图2-27 双层幕墙的外观

1) 双层幕墙的组成和类型

双层幕墙是双层结构的新型幕墙，它由外层幕墙和内层幕墙两部分组成。外层幕墙通常采用点支承玻璃幕墙、明框玻璃幕墙或隐框玻璃幕墙；内层幕墙通常采用明框玻璃幕墙、隐框玻璃幕墙或铝合金门窗。

双层幕墙通常可分为内循环、外循环和开放式三大类型，是一种新型的建筑幕墙系统，具有环境舒适、通风换气的功能，保温、隔热和隔声效果非常明显。

2) 双层幕墙的构造要点

(1) 内循环双层幕墙

外层幕墙封闭，内层幕墙与室内有进气口和出气口连接，使得双层幕墙通道内的空气与室内空气进行循环。外层幕墙采用隔热型材，玻璃通常采用中空玻璃或Low-E中空玻璃；内层幕墙玻璃可采用单片玻璃，空气腔厚度通常在150～300mm之间。根据防火设计要求进行水平或垂直方向的防火分隔，可以满足防火规范要求。

内循环双层幕墙的特点：

① 热工性能优越：夏季可降低空腔内空气的温度，增加舒适性；冬季可将幕墙空气

腔封闭，增加保温效果。

② 隔声效果好：由于双层幕墙的面密度高，所以空气声隔声性能优良，也不容易发生“串声”。

③ 防结露明显：由于外层幕墙采用隔热型材和中空玻璃，外层幕墙内侧一般不结露。

④ 便于清洁：由于双层幕墙的外层幕墙封闭，空气腔内空气与室内空气循环，便于清洁和维修保养。

⑤ 防火达标：双层幕墙在水平方向和垂直方向进行分隔，符合防火规范的规定。

（2）外循环双层幕墙

内层幕墙封闭，外层幕墙与室外有进气口和出气口连接，使得双层幕墙通道内的空气可与室外空气进行循环。内层幕墙应采用隔热型材，可设开启扇，玻璃通常采用中空玻璃或 Low-E 中空玻璃；外层幕墙设进风口、出风口且可开关，玻璃通常采用单片玻璃，空气腔宽度通常为 500mm 以上。

外循环双层幕墙通常可分为整体式、廊道式、通道式和箱体式 4 种类型。

外循环双层幕墙同样具有防结露、通风换气好、隔声优越、便于清洁的优点。

（3）开放式双层幕墙

外层幕墙仅具有装饰功能，通常采用单片幕墙玻璃且与室外永久连通，不封闭。

开放式双层幕墙的特点：

① 主要功能是建筑立面的装饰性，多用于旧建筑物的改造；

② 有遮阳作用；

③ 改善通风效果，恶劣天气不影响开窗换气。

3）双层幕墙的技术要求

（1）抗风压性能：双层幕墙的抗风压性能应根据幕墙所受的风荷载标准值确定，且不应小于 $1kN/m^2$，应符合现行国家标准《建筑结构荷载规范》GB 50009—2012 的规定。

（2）热工性能：双层幕墙的热工性能优良，提高热工性能的关键是玻璃的选用。一般选用中空玻璃或 Low-E 玻璃效果较好。加大空腔厚度只能带来热工性能的下降。

（3）遮阳性能：在双层幕墙的空气腔中设置固定式或活动式遮阳可提高遮阳效果。

（4）光学性能：双层幕墙的总反射比不应大于 0.30。

（5）声学性能：增加双层幕墙每层玻璃的厚度对提高隔声的效果较为明显。增加空气腔厚度对提高隔声性能作用不大。

（6）防结露性能：严寒地区不宜设计使用外循环双层幕墙。因为外循环的外层玻璃一般多用单层玻璃和普通铝型材，容易在空腔内产生结露。

（7）防雷性能：双层幕墙系统应与主体结构的防雷体系有可靠的连接。双层幕墙设计应符合现行国家标准《建筑物防雷设计规范》GB 50057—2010 和《民用建筑电气设计规范》JGJ/T 16—2008 的规定。

236. 金属幕墙的材料和构造做法有哪些特点？

《金属与石材幕墙工程技术规范》JGJ 133—2001 中指出：

1）金属幕墙的构造特点

金属幕墙属于有基层墙体的幕墙，意即金属幕墙应固定于基层墙体上。

2）金属幕墙的材料

（1）金属幕墙宜采用奥氏体不锈钢材。

（2）钢结构幕墙高度超过 40m 时，钢构件宜采用高耐候结构钢，并应在其表面涂刷防腐涂料。处理方法多采用热浸镀锌。

（3）钢构件采用冷弯薄壁型钢时，其壁厚应不小于 3.5mm。

（4）面材主要选用铝合金材料，具体做法有铝合金单板（单层铝板）、铝塑复合板、铝合金蜂窝板（蜂窝铝板）。铝合金的表面应通过阳极氧化镀膜、电泳喷涂、静电粉末喷涂、氟碳树脂喷涂等方法进行表面处理。

（5）采用氟碳树脂喷涂进行表面处理时，氟碳树脂含量不应低于 75%。海边及严重酸雨地区，可采用 3 道或 4 道氟碳树脂涂层，其厚度应大于 40μm；其他地区，可采用 2 道氟碳树脂涂层，其厚度应大于 25μm。

（6）铝合金面材的厚度：

① 铝合金单板：单板的厚度不应小于 2.5mm。

② 铝塑复合板：铝塑复合板的上、下两层铝合金板的厚度均为 0.5mm，中间填以 3～6mm的聚乙烯材料，总厚度不应小于 4mm。

③ 蜂窝铝板：蜂窝铝板的正面应采用 1mm 的铝合金板、背面采用 0.5～0.8mm 的铝合金板中间可采用铝蜂窝、纸蜂窝、玻璃钢蜂窝。总厚度为 10mm、12mm、15mm、20mm、25mm。

3）金属幕墙的连接

金属幕墙通过龙骨安装、焊接、粘结等方法与结构连接。

237. 石材幕墙的材料和构造做法有哪些特点?

《金属与石材幕墙工程技术规范》JGJ 133—2001 中指出：

1）石材幕墙的构造特点

石材幕墙属于有基层墙体的幕墙，意即将幕墙石材固定于基层墙体上的构造做法。

2）石材幕墙的材料

（1）石材幕墙宜采用火成岩（花岗石），石材吸水率应小于 0.8%。

（2）用于石材幕墙的抛光花岗石板的厚度应为 25mm，火烧石板的厚度应比抛光石板的厚度厚 3mm。

（3）单块石板的面积不宜大于 1.50m²。

3）石材幕墙的连接

（1）石材幕墙的构造有钢销式安装、通槽式安装、短槽式安装等方法。

（2）钢销式连接：钢销式安装可以在非抗震设计或 6 度、7 度抗震设计的幕墙中采用，幕墙高度不宜大于 20m，石板面积不宜大于 1.00m²。钢销和连接板应采用不锈钢。连接板截面尺寸不宜小于 40mm×4mm。

（3）通槽式连接：通槽式连接的石板通槽厚度宜为 6～7mm，不锈钢支撑板厚度不宜小于 3mm，铝合金支撑板厚度不宜小于 4mm。

（4）短槽式连接：短槽式连接应在每块板的上下两端各设宽度为 6～7mm、深度不小于 15mm 的短槽。不锈钢支撑板厚度不宜小于 3mm，铝合金支撑板厚度不宜小于 4mm。弧形槽的有效长度不应小于 80mm。

三、底层地面、楼地面和路面

（一）底层地面、楼地面

238. 底层地面与楼地面应包括哪些构造层次？

1)《民用建筑设计通则》GB 50352—2005 规定地面的构造层次有：

（1）底层地面的基本构造层次宜为面层、垫层和地基；楼层地面的基本构造层宜为面层和楼板；当底层地面或楼面的基本构造不能满足使用或构造要求时，可增设结合层、隔离层、填充层、找平层和保温层等其他构造层。

（2）除有特殊使用要求外，楼地面应满足平整、耐磨、不起尘、防滑、防污染、隔声、易于清洁等要求。

（3）厕浴间、厨房等受水或非腐蚀性液体经常浸湿的楼地面应采用防水、防滑类面层，且应低于相邻楼地面（一般低于 20mm），并应设排水坡且坡向地漏；厕浴间和有防水要求的建筑地面必须设置防水隔离层；楼层结构必须采用现浇混凝土或整块预制混凝土板，混凝土强度等级不应小于 C20；楼板四周除门洞外，应做混凝土翻边，其高度不应小于 120mm。经常有水流淌的楼地面应低于相邻楼地面或设门槛等挡水设施，且应有排水措施，其楼地面应采用不吸水、易冲洗、防滑的面层材料，并应设置防水隔离层。

（4）建造于地基土上的底层地面，应根据需要采取防潮、防基土冻胀、防不均匀沉陷等措施。

（5）存放食品、食料、种子或药物等的房间，其存放物品与楼地面直接接触时，严禁采用有毒性的材料作为楼地面。存放异味较强的食物时，应防止采用散发异味的楼地面材料。

（6）受较大荷载或有冲击力作用的楼地面，应根据使用性质及场所选用由板状材料、块状材料、混凝土等组成的易于修复的刚性构造，亦可选用粒料、灰土等组成的柔性构造。

（7）木板楼地面应根据使用要求，采取防火、防腐、防潮、防蛀、通风等相应措施。

（8）采暖房间的楼地面，可不采取保温措施，但遇下列情况之一时应采取局部保温措施：

① 架空或悬挑部分楼层地面，直接对室外或临空采暖房间的。

② 严寒地区建筑物周边无采暖管沟时，底层地面在外墙内侧 0.50～1.00m 范围内宜采取保温措施，其传热阻不应小于外墙的传热阻。

2)《建筑地面设计规范》GB 50037—2013 中规定：

（1）建筑地面构造层次有：

① 面层：建筑地面直接承受各种物理和化学作用的表面层；

② 结合层：面层与下面构造层之间的连接层；

③ 找平层：在垫层、楼板或填充层上起抹平作用的构造层；

④ 隔离层：防止建筑地面上各种液体或水、潮气透过地面的构造层；

⑤ 防潮层：防止地下潮气透过地面的构造层；

⑥ 填充层：建筑地面中设置起隔声、保温、找坡或暗敷管线等作用的构造层；

⑦ 垫层：在建筑地基上设置承受并传递上部荷载的构造层；

⑧ 地基：承受底层地面荷载的土层。

（2）基本构造层次

底层地面的基本构造层次宜为面层、垫层和地基；楼层地面的基本构造层次宜为面层和楼板。当底层地面和楼层地面的基本构造层次不能满足使用或构造要求时，可增设结合层、隔离层、填充层、找平层等其他构造层次（图 2-28）。

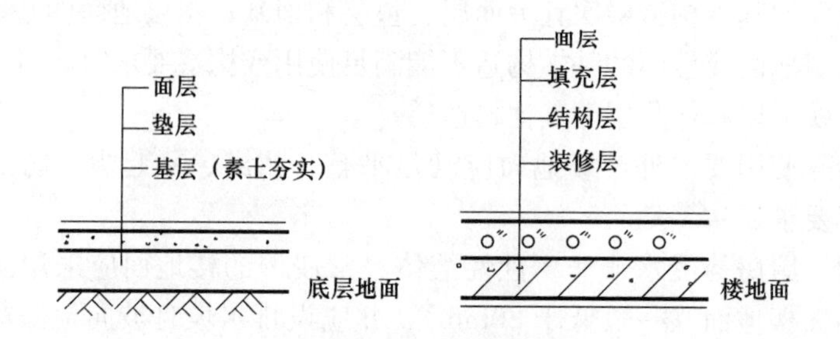

图 2-28　地面构成

239. 如何选择底层地面和楼地面？

1）《建筑地面设计规范》GB 50037—2013 规定：

（1）基本规定

① 建筑地面采用的大理石、花岗石等天然石材应符合现行国家标准《建筑材料放射性核素限量》GB 6566—2010 的相关规定。

② 建筑地面采用的胶粘剂、沥青胶结料和涂料应符合现行国家标准《民用建筑工程室内环境污染控制规范》GB 50325—2010 的相关规定。

③ 公共建筑中，人员活动场所的建筑地面，应方便残疾人安全使用，其地面材料应符合现行国家标准《无障碍设计规范》GB 50763—2012 的相关规定。

④ 木板、竹板地面，应采取防火、防腐、防潮、防蛀等相应措施。

⑤ 建筑物的底层地面标高，宜高出室外地面 150mm。当使用有特殊要求或建筑物预期有较大沉降量等其他原因时，应增大室内外高差。

⑥ 有水或非腐蚀性液体经常浸湿、流淌的地面，应设置隔离层并采用不吸水、易冲洗、防滑类的面层材料（面层标高应低于相邻楼地面，一般为 20mm），隔离层应采用防水材料。楼层结构必须采用现浇混凝土制作，当采用装配式钢筋混凝土楼板时，还应设置配筋混凝土整浇层。

⑦ 需预留地面沟槽、管线时，其地面混凝土工程可分为毛地面和面层两个阶段施工，毛地面混凝土强度等级不应小于 C15。

（2）建筑地面面层类别及材料选择

建筑地面面层类别及材料选择，应符合表 2-31 的有关规定。

建筑地面面层类别及材料选择 **表 2-31**

面层类别	材料选择
水泥类整体面层	水泥砂浆、水泥钢（铁）屑、现制水磨石、混凝土、细石混凝土、耐磨混凝土、钢纤维混凝土或混凝土密封固化剂
树脂类整体面层	丙烯酸涂料、聚氨酯涂层、聚氨酯自流平涂料、聚酯砂浆、环氧树脂自流平涂料、环氧树脂自流平砂浆或干式环氧树脂砂浆
板块面层	陶瓷锦砖、耐酸瓷板（砖）、陶瓷地砖、水泥花砖、大理石、花岗石、水磨石板块、条石、块石、玻璃板、聚氯乙烯板、石英塑料板、塑胶板、橡胶板、铸铁板、网纹板、网络地板
木、竹面层	实木地板、实木集成地板、浸渍纸层压木质地板（强化复合木地板）、竹地板
不发火化面层	不发火花水泥砂浆、不发火花细石混凝土、不发火花沥青砂浆、不发火花沥青混凝土
防静电面层	导静电水磨石、导静电水泥砂浆、导静电活动地板、导静电聚氯乙烯地板
防油渗面层	防油渗混凝土或防油渗涂料的水泥类整体面层
防腐蚀面层	耐酸板块（砖、石材）或耐酸整体面层
矿渣、碎石面层	矿渣、碎石
织物面层	地毯

（3）地面做法的选择

① 常用地面的选择

a. 公共建筑中，经常有大量人员走动或残疾人、老年人、儿童活动及轮椅、小型推车行驶的地面，其地面面层应采用防滑、耐磨、不易起尘的块材面层或水泥类整体面层。

b. 公共场所的门厅、走道、室外坡道及经常用水冲洗或潮湿、结露等容易受影响的地面，应采用防滑面层。

c. 室内环境具有安静要求的地面，其面层宜采用地毯、塑料或橡胶等柔性材料。

d. 供儿童及老年人公共活动的场所地面，其面层宜采用木地板、强化复合木地板、塑胶地板等暖性材料。

e. 地毯的选用，应符合下列要求：

（a）有防霉、防蛀、防火和防静电等要求的地面，应按相关技术规定选用地毯；

（b）经常有人员走动或小推车行驶的地面，宜采用耐磨、耐压、绒毛密度较高的高分子类地毯。

f. 舞厅、娱乐场所地面宜采用表面光滑、耐磨的水磨石、花岗石、玻璃板、混凝土密封固化剂等面层材料，或表面光滑、耐磨和略有弹性的木地板。

g. 要求不起尘、易清洗和抗油腻沾污要求的餐厅、酒吧、咖啡厅等地面，其面层宜采用水磨石、防滑地砖、陶瓷锦砖、木地板或耐沾污地毯。

h. 室内体育运动场地、排练厅和表演厅的地面宜采用具有弹性的木地板、聚氨酯橡胶复合面层、运动橡胶面层；室内旱冰场地面，应采用具有坚硬耐磨、平整的现制水磨石面层和耐磨混凝土面层。

i. 存放书刊、文件或档案等纸质库房地面，珍藏各种文物或艺术品和装有贵重物品的库房地面，宜采用木地板、橡胶地板、水磨石、防滑地砖等不起尘、易清洁的面层；底层地面应采取防潮和防结露措施；有贵重物品的库房，当采用水磨石、防滑地砖面层时，宜在适当范围内增铺柔性面层。

j. 有采暖要求的地面，可选用热源为低温热水的地面辐射供暖，面层宜采用地砖、水泥砂浆、木板、强化复合木地板等。

② 有清洁、洁净、防尘和防菌要求地面的选择

a. 有清洁和弹性要求的地面，应符合下列要求：

(a) 有清洁使用要求时，宜选用经处理后不起尘的水泥类面层、水磨石面层或板块材面层；

(b) 有清洁和弹性使用要求时，宜采用树脂类自流平材料面层、橡胶板、聚氯乙烯板板等面层；

(c) 有清洁要求的底层地面，宜设置防潮层。当采用树脂类自流平材料面层时，应设置防潮层。

b. 有空气洁净度等级要求的建筑地面，其面层应平整、耐磨、不起尘、不易积聚静电，并易除尘、清洗。地面与墙、柱相交处宜做小圆角。底层地面应设防潮层。面层应采用不燃、难燃并宜有弹性与较低的导热系数的材料。面层应避免眩光，面层材料的光反射系数宜为0.15～0.35。

c. 有空气洁净度等级要求的地面不宜设变形缝，空气洁净度等级为N1～N5级的房间地面不应设变形缝。

d. 采用架空活动地板的建筑地面，架空活动地板材料应根据燃烧性能和防静电要求进行选择。架空活动地板有送风、回风要求时，活动地板下应采用现制水磨石、涂刷树脂类涂料的水泥砂浆或地砖等不起尘面层并应根据使用要求采取保温、防水措施。

③ 有防腐蚀要求地面的选择

a. 防腐蚀地面应低于非防腐蚀地面，且不宜少于20mm；也可设置挡水设施（如挡水门槛）。

b. 防腐蚀地面宜采用整体面层。

c. 防腐蚀地面采用块材面层时，其结合层和灰缝应符合下列要求：

(a) 当灰缝选用刚性材料时，结合层宜采用与灰缝材料相同的刚性材料；

(b) 当耐酸瓷砖、耐酸瓷板面层的灰缝采用树脂胶泥时，结合层宜采用呋喃胶泥、环氧树脂胶泥、水玻璃砂浆、聚酯砂浆或聚合物水泥砂浆；

(c) 当花岗石面层的灰缝采用树脂胶泥时，结合层可采用沥青砂浆、树脂砂浆，当灰缝采用沥青胶泥时，结合层宜采用沥青砂浆。

d. 防腐蚀地面的排水坡度：底层地面不宜小于2%，楼层地面不宜小于1%。

e. 需经常冲洗的防腐蚀地面，应设隔离层。隔离层材料可以选用沥青玻璃布油毡、再生胶油毡、石油沥青油毡、树脂玻璃钢等柔性材料。当面层厚度小于30mm且结合层为刚性材料时，不应采用柔性材料做隔离层。

f. 防腐蚀地面与墙、柱交接处应设置踢脚板，高度不宜小于250mm。

④ 有撞击磨损作用的地面的选择

有撞击磨损作用的地面，应采用厚度不小于60mm的块材面层或水玻璃混凝土、树脂细石混凝土、密实混凝土等整体面层。使用小型运输工具的地面，可采用厚度不小于20mm的块材面层或树脂砂浆、聚合物水泥砂浆、沥青砂浆等整体面层。无运输工具的地面可采用树脂自流平涂料或防腐蚀耐磨涂料等整体面层。

⑤ 特殊地面的选择

a. 湿热地区非空调建筑的底层地面，可采用微孔吸湿、表面粗糙的面层；

b. 有保温、隔热、隔声等要求的地面应采取相应的技术措施；

c. 湿陷型黄土地区，受水浸湿或积水的底层地面，应按防水地面设计。地面下应做厚度为300～500mm的3∶7灰土垫层。管道穿过地面处，应做防水处理。排水沟宜采用钢筋混凝土制作并应与地面混凝土同时浇筑。

（4）整体地面的构造要求

① 混凝土或细石混凝土地面

a. 混凝土地面采用的石子粗骨料，其最大颗粒粒径不应大于面层厚度的2/3，细石混凝土面层采用的石子粒径不应大于15mm；

b. 混凝土面层或细石混凝土面层的强度等级不应低于C20；耐磨混凝土面层或耐磨细石混凝土面层的强度等级不应低于C30；底层地面的混凝土垫层兼面层的强度等级不应低于C20，其厚度不应小于80mm；细石混凝土面层厚度不应小于40mm；

c. 垫层及面层，宜分仓浇筑或留缝；

d. 当地面上静荷载或活荷载较大时，宜在混凝土垫层中加配钢筋或在垫层中加入钢纤维，钢纤维的抗拉强度不应小于1000MPa，钢纤维混凝土的弯曲韧度比不应小于0.5。当垫层中仅为构造配筋时，可配置直径为8～14mm，间距为150～200mm的钢筋网；

e. 水泥类整体面层需严格控制裂缝时，应在混凝土面层顶面下20mm处配置直径为4～8mm、间距为100～200mm的双向钢筋网；或面层中加入钢纤维，其弯曲韧度比不应小于0.4，体积率不应小于0.15%。

② 水泥砂浆地面

a. 水泥砂浆的体积比应为1∶2，强度等级不应低于M15，面层厚度不应小于20mm；

b. 水泥应采用硅酸盐水泥或普通硅酸盐水泥，其强度等级不应小于42.5级；不同品种、不同强度等级的水泥不得混用，砂应采用中粗砂。当采用石屑时，其粒径宜为3～5mm，且含泥量不应大于3%。

③ 水磨石地面

a. 水磨石面层应采用水泥与石粒的拌合料铺设，面层的厚度宜为12～18mm，结合层的水泥砂浆体积比宜为1∶3强度等级不应小于M10；

b. 水磨石面层的石粒，应采用坚硬可磨白云石、大理石等岩石加工而成，石子应洁净无杂质，其粒径宜为6～15mm；

c. 水磨石面层分格尺寸不宜大于1m×1m，分格条宜采用铜条、铝合金条等平直、坚挺材料。当金属嵌条对某些生产工艺有害时，可采用玻璃条分格；

d. 白色或浅色的水磨石面层，应采用白水泥；深色的水磨石面层，宜采用强度等级不小于42.5级的硅酸盐水泥、普通硅酸盐水泥或矿渣硅酸盐水泥；同颜色的面层应使用同一批号水泥；

e. 彩色水磨石面层使用的颜料，应采用耐光、耐碱的无机矿物质颜料，宜同厂、同批。其掺入量宜为水泥重量的3%～6%。

注：《建筑地面工程施工质量验收规范》GB 50209—2010中规定：水磨石面层应采用水泥与石粒拌合料铺设；有防静电要求时，拌合料内应掺入导电材料。面层的厚度宜按石粒的粒径确定，宜为12～18mm。白色或浅色的面层应采用白水泥；深色的面层宜采用硅酸盐水泥、普通硅酸盐水泥，掺入颜料

宜为水泥重量的3%～5%。结合层采用水泥砂浆时，强度等级不应小于M10，稠度宜为30～35mm。防静电面层采用导电金属分格条时，分格条应作绝缘处理，十字交叉处不得碰接。

2)《托儿所、幼儿园建筑设计规范》JGJ 39—87中规定：乳儿室、活动室、寝室及音体活动室宜为暖性、弹性地面。幼儿经常出入的通道应为防滑地面。卫生间应为易清洗、不渗水并防滑的地面。

3)《疗养院建筑设计规范》JGJ 40—87规定：

(1) 疗养院主要用房的楼地面除有专门要求外，其面层应采用不起尘、易清洁、防滑的材料。

(2) 电疗室地面应有绝缘、防潮措施。

(3) 体疗室楼地面面层宜采用有弹性、耐磨损的材料。

(4) 放射科用房楼地面面层应采用防潮、绝缘的材料。

(5) 功能检查用房地面应有绝缘措施。

(6) 供应室洗涤地面应采用耐酸碱的材料。

4)《图书馆建筑设计规范》JGJ 38—99规定：

(1) 书库和非书资料库内应注意防止地面和墙面泛潮，不得出现结露现象。

(2) 建于地下水位较高地区的图书馆，书库和非书资料库的一层地面不设架空层时，地面基层应有可靠的防潮措施。

(3) 非书资料库、计算机房、档案馆的拷贝复印室、交通工具停放和维修区、易燃物品库等用房，楼地面应采用不容易产生火花和静电的材料。

5)《汽车库建筑设计规范》JGJ 100—98规定：

(1) 汽车库的楼地面应采用强度高、具有耐磨防滑性能的非燃烧体材料，并应设不小于1%的排水坡度和相应的排水系统。

(2) 汽车库面积较大、设置坡度导致地面做法过厚时，可局部设置坡度。

6)《老年人建筑设计规范》JGJ 122—99规定，老年人出入和通行的厅室、走道地面，应选用平整、防滑材料，并应符合下列要求：

(1) 老年人通行的楼梯踏步应平整光滑无障碍，界限鲜明，不宜采用黑色、显深色面料；

(2) 老年人居室地面宜采用硬质木料或富弹性的塑胶材料，寒冷地区不宜采用陶瓷材料。

7)《老年人居住建筑设计标准》GB/T 50340—2003规定：

(1) 公共走廊地面有高差时，应设置坡道并应设明显标志。

(2) 公共楼梯踏步应采用防滑材料。当设防滑条时，不宜突出踏面。

(3) 卫生间地面应平整，以方便轮椅使用者，地面应选用防滑材料。

8)《中小学校设计规范》GB 50099—2011规定：

(1) 科学教室、化学实验室、热学实验室、生物实验室、美术教室、书法教室、游泳池（馆）等有给水设施的教学用房及教学辅助用房；卫生室（保健室）、饮水处、卫生间、盥洗室、浴室等有给水设施的房间的楼地面应采用防滑构造做法并应设置密闭地漏。

(2) 疏散通道的楼地面应采用防滑的构造做法。

(3) 教学用房走道的楼地面应选择光反射系数为0.20～0.30的饰面材料，并应采用防滑的构造做法。

（4）计算机教室和网络控制室宜采用防静电架空地板，不得采用无导出静电功能的木地板或塑料地板。当采用地板采暖时，楼地面需采用与之相适应的材料与构造做法。

（5）语言教室宜用架空地板，并应注意防尘。当采用不架空做法时，应铺设可敷设电缆槽的地面面层。

（6）舞蹈教室宜采用木地板。

（7）教学用房的地面应有防潮处理。在严寒地区、寒冷地区及夏热冬冷地区教学用房的地面应设保温措施。

9）《办公建筑设计规范》JGJ 67—2006 规定：

（1）根据办公室的使用要求，开放式办公室的楼地面宜按家具位置埋设弱电和强电插座。

（2）大中型计算机房的楼地面宜采用架空防静电地面。

10）《电影院建筑设计规范》JGJ 58—2008 规定：

（1）观众厅的走道地面宜采用阻燃深色地毯。观众席地面宜采用耐磨、耐清洗的地面材料。

（2）放映机房的地面宜采用防静电、防尘、耐磨、易清洁的材料。

11）《档案馆建筑设计规范》JGJ 58—2008 规定：

（1）室内地面应有防潮措施。

（2）档案库楼面、地面应平整、光洁、耐磨。

12）《文化馆建筑设计规范》JGJ/T 41—2014 规定：

（1）文化馆建筑中的群众活动用房应采用易清洁、耐磨的地面；严寒地区的儿童和老年人的活动室宜做暖性地面。

（2）文化馆建筑中的舞蹈排练室地面应平整，且宜做有木龙骨的双层木地板。

（3）文化馆建筑中的档案室地面应易于清扫、不易起尘。

13）《展览建筑设计规范》JGJ 218—2010 规定：展览建筑的展厅和人员通行的区域的地面、楼面面层材料应耐磨、防滑。

14）《养老设施建筑设计规范》GB 50867—2013 规定：养老设施建筑的地面应采用不易碎裂、耐磨、防滑、平整的材料。

15）综合其他技术资料的相关规定：

（1）当采用玻璃楼面时，应选择安全玻璃，并根据荷载大小选择玻璃厚度，一般应避免采用透光率较高的玻璃。

（2）存放食品、饮料或药品等房间，其存放物有可能与楼地面面层直接接触时，严禁采用有毒的塑料、涂料或水玻璃等做面层材料。

（3）加油、加气站场内和道路不得采用沥青路面，宜采用可行驶重型汽车的水泥路面或不产生静电火花的路面。

（4）冷库楼地面应采用隔热材料，其抗压强度不应小于 0.25MPa。

（5）室外地面面层应避免选用釉面或磨光面等反射率较高和光滑的材料，以减少光污染和热岛效应及雨雪天气滑跌。

（6）室外地面宜选择具有渗水透气性能的饰面材料及垫层材料。

240. 地面各构造层次的材料和厚度应如何选择?

《建筑地面设计规范》GB 50037—2013 规定：

1）面层

面层的材料选择和厚度应符合表 2-32 的规定。

面层的材料和厚度　　表 2-32

面层名称		材料强度等级	厚度（mm）
混凝土（垫层兼面层）		≥C20	按垫层确定
细石混凝土		≥C20	40～60
聚合物水泥砂浆		≥M20	20
水泥砂浆		≥M15	20
防静电水泥砂浆		≥M15	40～50
水泥钢（铁）屑		≥M40	30～40
水泥石屑		≥M30	30
现制水磨石		≥C20	≥30
预制水磨石		≥C20	25～30
防静电水磨石		≥C20	40
不发火花细石混凝土		≥C20	40～50
不发火花沥青砂浆		—	20～30
防静电塑料板		—	2～3
防静电橡胶板		—	2～8
防静电活动地板		—	150～400
通风活动地板		—	300～400
矿渣、碎石（兼垫层）		—	80～150
煤矸石砖、耐火砖	（平铺）	≥MU10	53
	（侧铺）		115
水泥花砖		≥MU15	20～40
陶瓷锦砖（马赛克）		—	5～8
陶瓷地砖（防滑地砖、釉面地砖）		—	8～14
耐酸瓷板		—	20、30、50
花岗岩条石或块石		≥MU60	80～120
大理石、花岗石板		—	20～40
块石		≥MU30	100～150
玻璃板（不锈钢压边、收口）		—	12～24
网络地板		—	40～70
木板、竹板	（单层）	—	18～22
	（双层）	—	12～20
薄型木板（席纹拼花）		—	8～12
强化复合木地板		—	8～12

续表

面层名称		材料强度等级	厚度（mm）
聚氨酯涂层		—	1.2
丙烯酸涂料		—	0.25
聚氨酯自流平涂料			2～4
聚氨酯自流平砂浆		≥80MPa	4～7
聚酯砂浆		—	4～7
橡胶板		—	3
聚氨酯橡胶复合面层		—	3.5～6.5（含发泡层、网格布等多种材料）
聚氯乙烯板含石英塑料板和塑胶板		—	1.6～3.2
地毯	单层	—	5～8
	双层		8～10
地面辐射供暖面层	地砖	—	80～150
	水泥砂浆		20～30
	木板、强化复合木地板		12～20

注：1. 双层木板、竹板地板面层厚度不包括毛地板厚，其面层用硬木制作时，板的净厚度宜为12～20mm。
2. 双层强化木地板面层厚度不包括泡沫塑料垫层、毛板、细木工板、中密度板厚。
3. 热源为低温热水的地面辐射供暖，有面层、找平层、隔离层、填充层、绝热层、防潮层等组成，并应符合现行国家标准《辐射供暖供冷技术规程》JGJ 142—2012的有关规定。
4. 本规范中沥青类材料均指石油沥青。
5. 防油渗混凝土的抗渗性能宜按照现行国家标准《普通混凝土长期性能和耐久性能试验方法》GB 50082—2009进行检测，以10号机油为介质，以试件不出现渗油现象的最大不透油压力为1.5MPa。
6. 防油渗涂料粘结抗拉强度为≥0.3MPa。
7. 涂料的涂刷，不得少于3遍，其配合比和制备及施工，必须严格按各种涂料的要求进行。
8. 面层材料为水泥钢（铁）屑、现制水磨石、防静电水磨石、防静电水泥砂浆的厚度中包含结合层。
9. 防静电活动地板、通风活动地板的厚度是指地板成品的高度。
10. 玻璃板、强化复合木地板、聚氯乙烯板宜采用专用胶粘接或粘铺。
11. 地板双层的厚度包括橡胶海绵垫层。
12. 聚氨酯橡胶复合面层的厚度，包含发泡层、网格布等多种材料。

2）结合层

（1）以水泥为胶结料的结合层材料，拌合时可掺入适量化学胶（浆）料。

（2）结合层的厚度应符合表2-33的规定。

结合层厚度 **表2-33**

面层名称	结合层材料	厚度（mm）
陶瓷锦砖（马赛克）	1∶1水泥砂浆	5
水泥花砖	1∶2水泥砂浆或1∶3干硬性水泥砂浆	20～30
块石	砂、炉渣	60

续表

面层名称	结合层材料	厚度（mm）
花岗岩条（块）石	1∶2水泥砂浆	15～20
	砂	60
大理石、花岗石板	1∶2水泥砂浆或1∶3干硬性水泥砂浆	20～30
陶瓷地砖（防滑地砖、釉面地砖）	1∶2水泥砂浆或1∶3干硬性水泥砂浆	10～30
耐酸瓷（板）砖	树脂胶泥	3～5
	水玻璃砂浆	15 ～20
	聚酯砂浆	10～20
	聚合物水泥砂浆	10～20
耐酸花岗石	沥青砂浆	20
	树脂砂浆	10～20
	聚合物水泥砂浆	10～20
玻璃板（用不锈钢压边收口）	专用胶粘剂粘结	—
	C30细石混凝土表面找平	40
	木板表面刷防腐剂及木龙骨	20
强化复合木地板	泡沫塑料衬垫	3～5
	毛板、细木工板、中密度板	15～18
聚氨酯涂层	1∶2水泥砂浆	20
	C20～C30细石混凝土	40
环氧树脂自流平涂料	环氧稀胶泥一道 C20～C30细石混凝土	40～50
环氧树脂自流平砂浆 聚酯砂浆	环氧稀胶泥一道 C20～C30细石混凝土	40～50
聚氯乙烯板（含石英塑料板、塑胶板）、橡胶板	专用粘结剂粘贴	—
	1∶2水泥砂浆	20
	C20细石混凝土	30
聚氨酯橡胶复合面层、运动橡胶板面层	树脂胶泥自流平层	3
	C25～C30细石混凝土	40～50
地面辐射供暖面层	1∶3水泥砂浆	20
	C20细石混凝土内配钢丝网(中间配加热管)	60
网络地板面层	1∶2～1∶3水泥砂浆	20

注：1. 防静电水磨石、防静电水泥砂浆的结合层应采用防静电水泥浆一道，1∶3防静电水泥砂浆内配导静电接地网；
2. 防静电塑料板、防静电橡胶板的结合层应采用专用胶粘剂；
3. 实贴木地板的结合层应采用粘结剂、木板小钉。

3）找平层

(1) 当找平层铺设在混凝土垫层时，其强度等级不应小于混凝土垫层的强度等级。混凝土找平层兼面层时，其强度等级不应小于C20。

（2）找平层材料的强度等级、配合比及厚度应符合表 2-34 的规定。

找平层的强度等级、配合比及厚度　　表 2-34

找平层材料	强度等级或配合比	厚度（mm）
水泥炉渣	1∶6	30～80
水泥石灰炉渣	1∶1∶8	30～80
陶粒混凝土	C10	30～80
轻骨料混凝土	C10	30～80
加气混凝土块	A5.0（M5.0）	≥50
水泥膨胀珍珠岩块	1∶6	≥50

注：《建筑地面工程施工质量验收规范》GB 50209—2010 中规定：找平层宜采用水泥砂浆或水泥混凝土。找平层厚度小于 30mm 时，宜采用水泥砂浆；大于 30mm 时，宜采用细石混凝土。

4）隔离层

建筑地面隔离层的层数应符合表 2-35 的规定

隔离层的层数　　表 2-35

隔离层材料	层数（或道数）	隔离层材料	层数（或道数）
石油沥青油毡	1 层或 2 层	防油渗胶泥玻璃纤维布	1 布 2 胶
防水卷材	1 层	防水涂膜（聚氨酯类涂料）	2 道或 3 道
有机防水涂料	1 布 3 胶		

注：1. 石油沥青油毡，不应低于 350g。
2. 防水涂膜总厚度一般为 1.5～2.0mm。
3. 防水薄膜（农用薄膜）作隔离层时，其厚度为 0.4～0.6mm。
4. 用于防油渗隔离层可采用具有防油渗性能的防水涂膜材料。
5.《建筑地面工程施工质量验收规范》GB 50209—2010 中规定：隔离层材料的防水、防油渗性能应符合要求。在靠近柱、墙处，隔离层应高出面层 200～300mm。

5）填充层

（1）建筑地面填充层材料的密度宜小于 900kg/m^3。

（2）填充层材料的强度等级、配合比及厚度应符合表 2-36 的规定。

填充层的强度等级、配合比及厚度　　表 2-36

填充层材料	强度等级或配合比	厚度（mm）
水泥炉渣	1∶6	30～80
水泥石灰炉渣	1∶1∶8	30～80
陶粒混凝土	CL1.0	30～80
轻骨料混凝土	CL1.0	30～80
加气混凝土块	A5.0（M5.0）	≥50
水泥膨胀珍珠岩块	1∶6	≥50

注：《建筑地面工程施工质量验收规范》GB 50209—2010 中规定：填充层可以选用松散材料、板状材料、块状材料和隔声垫。当采用隔声垫时，应设置保护层。混凝土保护层的厚度不应小于 30mm。保护层内应配置间距不大于 200mm×200mm 的 ϕ6 钢筋网片。

6）垫层

（1）地面垫层类型的选择

① 现浇整体面层、以粘结剂结合的整体面层和以粘结剂或砂浆结合的块材面层，宜采用混凝土垫层。

② 以砂或炉渣结合的块材面层，宜采用碎（卵）石、灰土、炉（矿）渣、三合土等垫层。

③ 有水及侵蚀介质作用的地面，应采用刚性垫层。

④ 通行车辆的面层，应采用混凝土垫层。

⑤ 防油渗要求的地面，应采用钢纤维混凝土或配筋混凝土垫层。

（2）地面垫层的最小厚度应符合表 2-37 的规定。

垫层最小厚度　　**表 2-37**

垫层名称	材料强度等级或配合比	最小厚度（mm）
混凝土垫层	≥C15	80
混凝土垫层兼面层	≥C20	80
砂垫层	—	60
砂石垫层	—	100
碎石（砖）垫层	—	100
三合土垫层	1：2：4（石灰：砂：碎料）	100（分层夯实）
灰土垫层	3：7 或 2：8（熟化石灰：黏土、粉质黏土、粉土）	100
炉渣垫层	1：6（水泥：炉渣）或 1：1：6（水泥：石灰：炉渣）	80

注：《建筑地面工程施工质量验收规范》GB 50209—2010 中规定：灰土垫层、砂石垫层、碎石垫层、碎砖垫层、三合土垫层的厚度均不应小于 100mm；砂垫层的厚度不应小于 60mm；四合土垫层的厚度不应小于 80mm；水泥混凝土垫层的厚度不应小于 60mm、陶粒混凝土垫层的厚度不应小于 80mm。

（3）垫层的防冻要求

① 季节性冰冻地区非采暖房间的地面以及散水、明沟、踏步、台阶和坡道等，当土壤标准冻深大于 600mm，且在冻深范围内为冻胀土或强冻胀土，采用混凝土垫层时，应在垫层下部采取防冻害措施（设置防冻胀层）。

② 防冻胀层应采用中粗砂、砂卵石、炉渣、炉渣石灰土以及其他非冻胀材料。

③ 采用炉渣石灰土做防冻胀层时，炉渣、素土、熟化石灰的重量配合比宜为 7：2：1，压实系数不宜小于 0.85，且冻前龄期应大于 30d。

7）地面的地基

（1）地面垫层应铺设在均匀密实的地基上。对于铺设在淤泥、淤泥质土、冲填土及杂填土等软弱地基上时，应根据地面使用要求、土质情况并按现行国家标准《建筑地基基础设计规范》GB 50007—2011 的有关规定进行设计与处理。

（2）利用经分层压实的压实填土作地基的地面工程，应根据地面构造、荷载状况、填料性能、现场条件提出压实填土的设计质量要求。

（3）对灰土地基、砂和砂石地基、土工合成材料地基、粉煤灰地基、强夯地基、注浆地基、预压地基、水泥土搅拌桩复合地基、高压喷射注浆桩复合地基、砂桩地基、振冲桩复合地基、土和灰土挤密桩复合地基、水泥粉煤灰碎石桩复合地基及夯实水泥土桩复合地基等，经处理后的地基强度或承载力应符合设计要求。

(4) 地面垫层下的填土应选用砂土、粉土、黏性土及其他有效填料，不得使用过湿土、淤泥、腐殖土、冻土、膨胀土及有机物含量大于8%的土。填料的质量和施工要求，应符合《建筑地基基础工程施工质量验收规范》GB 50202—2012 的有关规定。

(5) 直接受大气影响的室外堆场、散水及坡道等地面，当采用混凝土垫层时，宜在垫层下铺设水稳性较好的砂、炉渣、碎石、矿渣、灰土及三合土等材料作为加强层，其厚度不宜小于垫层厚度的规定。

(6) 重要的建筑物地面，应计入地基可能产生的不均匀变形及其对建筑物的不利影响，并应符合现行国家标准《建筑地基基础设计规范》GB 50007—2011 的有关规定。

(7) 压实填土地基的压实系数和控制含水量，应符合现行国家标准《建筑地基基础设计规范》GB 50007—2011 的有关规定。

注：《建筑地面工程施工质量验收规范》GB 50209—2010 规定：基土不应采用淤泥、腐殖土、冻土、耕植土、膨胀土和建筑杂物作为填土，填土土块的粒径不应大于 50mm。

241. 地面的构造要求有哪些?

1)《民用建筑设计通则》GB 50352—2005 规定：

(1) 厕浴间、厨房等受水或非腐蚀性液体经常浸湿的楼地面应采用防水、防滑类面层，且应低于相邻楼地面并设排水坡度，排水坡度应坡向地漏；厕浴间、厨房和有防水要求的建筑地面必须设置防水隔离层；楼层结构必须采用现浇钢筋混凝土或整块预制钢筋混凝土板，混凝土强度等级不应小于 C20；楼板四周除门洞外，应做混凝土翻遍，其高度不应小于 120mm。

(2) 经常有水流淌的楼地面应低于相邻楼地面或设门槛等挡水措施，其楼地面应采用不吸水、易冲洗、防滑的面层材料，并应设置防水隔离层。

(3) 采暖房间的楼地面，可不采取保温措施，但遇到下列情况之一时，应采取相应措施：

① 架空或悬挑部分楼层地面，直接对室外或临非采暖房间的地面；

② 严寒地区建筑物周边无采暖管沟时，底层地面在外墙内侧 0.50～1.00m 范围内宜采取保温措施，其传热阻不应小于外墙的传热阻。

2)《建筑地面设计规范》GB 50037—2013 规定：

(1) 变形缝

① 地面变形缝的设置应符合下列要求：

a. 底层地面的沉降缝和楼层地面的沉降缝、伸缩缝及防震缝的设置，均应与结构相应的缝隙位置一致，且应贯通地面的各构造层，并做盖缝处理。

b. 变形缝应设在排水坡的分水线上，不得通过有液体流经或聚集的部位。

c. 变形缝的构造应能使其产生位移和变形时，不受阻、不被破坏，且不破坏地面；变形缝的材料，应按不同要求分别选用具有防火、防水、保温、防油渗、防腐蚀、防虫害的材料。

② 地面垫层的施工缝

a. 底层地面的混凝土垫层，应设置纵向缩缝（平行于施工方向的缩缝）、横向缩缝（垂直于施工方向的缩缝），并应符合下列要求：

(a) 纵向缩缝应采用平头缝或企口缝［图 2-29（*a*）、图 2-29（*b*）］，其间距宜为 3～6m。

(b) 纵向缩缝采用企口缝时，垫层的构造厚度不宜小于 150mm，企口拆模时的混凝土抗压强度不宜低于 3MPa。

(c) 横向缩缝宜采用假缝［图 2-29（*c*）］，其间距宜为 6～12m；高温季节施工的地面假缝间距宜为 6m。假缝的宽度宜为 5～12mm；高度宜为垫层厚度的 1/3；缝内应填水泥砂浆或膨胀型砂浆。

(d) 当纵向缩缝为企口缝时，横向缩缝应做假缝。

(e) 在不同混凝土垫层厚度的交界处，当相邻垫层的厚度比大于 1、小于或等于 1.4 时，可采取连续式变截面［图 2-29（*d*）］；当厚度比大于 1.4 时，可设置间断式变截面［图 2-29（*e*）］。

(f) 大面积混凝土垫层应分区段浇筑。分区段当结构设置变形缝时，应结合变形缝位置、不同类型的建筑地面连接处和设备基础的位置进行划分，并应与设置的纵向、横向缩缝的间距一致。

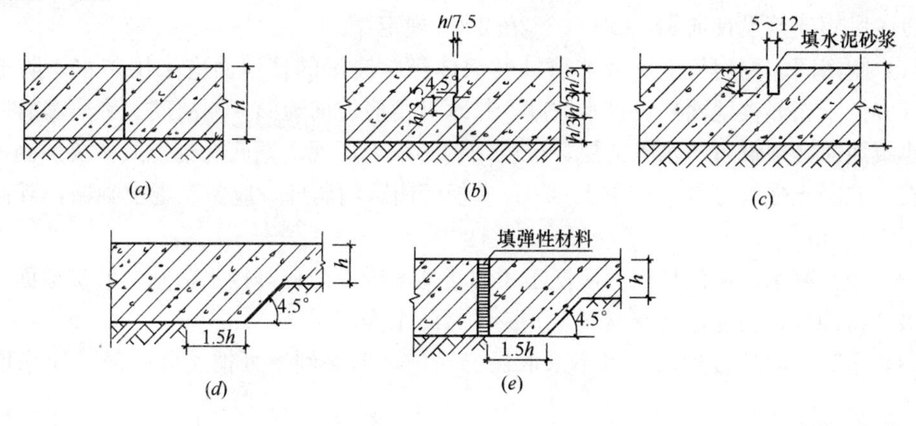

图 2-29　混凝土垫层缩缝

（*a*）平头缝；（*b*）企口缝；（*c*）假缝；（*d*）连续式变截面；（*e*）间断式变截面；*h*—混凝土垫层厚度

(g) 平头缝和企口缝的缝间应紧密相贴，中间不得放置隔离材料，

b. 室外地面的混凝土垫层宜设伸缝，间距宜为 30m，缝宽宜为 20～30mm，缝内应填耐候性密封材料，沿缝两侧的混凝土边缘应局部加强。

c. 大面积密集堆料的地面，其混凝土垫层的纵向缩缝、横向缩缝，应采用平头缝，间距宜为 6m。当混凝土垫层下存在软弱下卧层时，建筑地面与主体结构四周宜设沉降缝。

d. 设置防冻胀层的地面采用混凝土垫层时，纵向缩缝和横向缩缝均应采用平头缝，其间距不宜大于 3m。

③ 面层的分格缝

直接铺设在混凝土垫层上的面层，除沥青类面层、块材类面层外，应设分格缝，并应符合下列要求：

a. 细石混凝土面层的分格缝，应与垫层的缩缝对齐。

b. 水磨石、水泥砂浆、聚合物砂浆等面层的分格缝，除应与垫层的缩缝对齐外，还应根据具体设计要求缩小间距。主梁两侧和柱周围宜分别设分格缝。

c. 防油渗面层分格缝的宽度可采用15～20mm，其深度可等于面层厚度；分格缝的嵌缝材料，下层宜采用防油渗胶泥，上层宜采用膨胀水泥砂浆封缝。

④ 排泄坡面

a. 当有需要排除水或其他液体时，地面应设朝向排水沟或地漏的排泄坡面。排泄坡面较长时，宜设排水沟。排水沟或地漏应设置在不妨碍使用并能迅速排除水或其他液体的位置。

b. 疏水面积和排泄量可控制时，宜在排水地漏周围设置排泄坡面。

⑤ 地面坡度

a. 底层地面的坡度，宜采用修正地基高程筑坡。楼层地面的坡度，宜采用变更填充层、找平层的厚度或结构起坡。

b. 排泄坡面的坡度，应符合下列要求：

a）整体面层或表面比较光滑的块材面层，可采用0.5%～1.5%；

b）表面比较粗糙的块材面层，可采用1%～2%。

c. 排水沟的纵向坡度不宜小于0.5%。排水沟宜设盖板。

⑥ 隔离层的设置

a. 地漏四周、排水地沟及地面与墙、柱连接处的隔离层，应增加层数或局部采取加强措施。地面与墙、柱连接处隔离层应翻边，其高度不宜小于150mm。

b. 有水或其他液体流淌的地段与相邻地段之间，应设置挡水或调整相邻地面的高差。

c. 有水或其他液体流淌的楼层地面孔洞四周翻边高度，不宜小于150mm；平台临空边缘，应设置翻边或贴地遮挡，高度不宜小于100mm。

⑦ 厕浴间的构造要求

厕浴间和有防水要求的建筑地面应设置防水隔离层。楼层地面应采用现浇混凝土。

楼板四周除门洞外，应做强度等级不小于C20的混凝土翻边，其高度不应小于200mm。

⑧ 台阶、坡道、散水的构造要求

a. 在台阶、坡道或经常有水、油脂、油等各种易滑物质的地面上，应考虑防滑措施。

b. 在有强烈冲击、磨损等作用的沟、坑边缘以及经常受磕碰、撞击、摩擦等作用的室内外台阶、楼梯踏步的边缘，应采取加强措施。

c. 建筑物四周应设置散水、排水明沟或散水带明沟。散水的设置应符合下列要求：

a）散水的宽度宜为600～1000mm；当采用无组织排水时，散水的宽度可按檐口线放出200～300mm；

b）散水的坡度宜为3%～5%。当散水采用混凝土时，宜按20～30m间距设置伸缝。散水与外墙交接处宜设缝，缝宽为20～30mm，缝内应填柔性密封材料；

c）当散水不外露须采用隐式散水时，散水上面的覆土厚度不应大于300mm，且应对墙身下部做防水处理，其高度不宜小于覆土层以上300mm，并应防止草根对墙体的伤害；

d）湿陷型黄土地区散水应采用现浇混凝土，并应设置厚150mm的3∶7灰土或300mm的夯实素土垫层；垫层的外缘应超出散水和建筑外墙基底外缘500mm。散水坡度不应小于5%，宜每隔6～10m设置伸缩缝。散水与外墙交接处应设缝，其缝宽和伸缩缝缝宽均宜为20mm，缝内应填柔性密封材料。散水的宽度应符合现行国家标准《湿陷性黄土地区建筑规范》GB 50025—2004的有关规定，沿散水外缘不宜设置雨水明沟。

3）综合其他技术资料对地面构造的要求如下：

（1）楼地面填充层内敷设有管道时，应考虑管道大小及交叉时所需的尺寸来决定厚度。

（2）有较高清洁要求及下部为高湿度房间的楼地面，宜设置防潮层。

（3）有空气洁净度要求的楼地面应设防潮层。

（4）当采用石材楼地面时，石材应进行防碱背涂处理。

（5）档案馆建筑、图书馆的书库及非书资料库，当采用填实地面时，应有防潮措施。当采用架空地面时，架空高度不宜小于0.45m，并宜有通风措施。架空层的下部宜采用不小于1%坡度的防水地面，并高于室外地面0.15m。架空层上部的地面宜采用隔潮措施。

（6）观众厅纵向走道坡度大于1∶10时的坡道面层应做防滑处理。

（7）大面积的水泥楼地面、现浇水磨石楼地面的面层宜分格，每格面积不宜超过25m²。分格位置应与垫层伸缩缝位置重合。

（8）有特殊要求的水泥地面，宜采用在混凝土面层上部干撒水泥面压实赶光（俗称：随打随抹）的做法。

（9）关于地面伸缩缝和变形缝：

① 伸缩缝和变形缝不应从需进行防水处理的房间中穿过；

② 伸缩缝和变形缝应进行防火、隔声处理。接触室外空气及上下与不采暖房间相邻的楼地面伸缩缝应进行保温隔热处理；

③ 伸缩缝和变形缝不应穿过电子计算机主机房；

④ 防空工程防护单元内不应设置伸缩缝和变形缝；

⑤ 空气洁净度为100级、1000级、10000级的建筑室内楼地面不宜设置伸缩缝和变形缝。

注：《洁净厂房设计规范》GB 50073—2013指出空气洁净度（N）共分为9个等级。上述100级相当于2级，1000级相当于3级，10000级相当于4级。

（10）有给水设备或有浸水可能的楼地面，应采用防水和排水措施

① 有防水要求的建筑楼地面，必须设置防水隔离层。楼层结构必须采用现浇钢筋混凝土或整块预制混凝土板；

② 楼地面面层、地面垫层、楼地面填充层和楼地面结合层均应采用不透水材料及防水构造做法；

③ 防水层在立墙部位应至少高出楼面100mm，淋浴间等用房应适当提高并不应低于1800mm；

④ 有排水要求的房间楼地面，坡度应排向地漏，坡度为0.5%～1.5%之间。表面粗糙的面层，坡度应控制在1.0%～2.0%之间。当排泄坡度较长时，宜设排水沟，沟内坡

度不宜小于0.5%；

⑤ 医院的手术室不应设置地漏，否则应有防污染措施；

⑥ 有排水的房间楼地面标高应低于走道或其他房间，高差为10～20mm。

(11) 配电室等用房楼地面标高宜稍高于走道或其他房间，一般高差在20～30mm，亦可采用挡水门槛。

(12) 档案库库区的楼地面应比库区外高20mm。当采用水消防时，应设排水口。

242. 什么叫“自流平地面”？它有什么特点？

相关技术资料表明，“自流平地面”的定义、优点和应用范围为：

1) 定义

在基层上、采用具有自行流平性能或稍加辅助性摊铺即能流动找平的地面材料、经搅拌后摊铺所形成的地面称为自流平地面。

2) 自流平地面的优点

(1) 涂料自流平性能好，施工简便。

(2) 自流平涂膜坚韧、耐磨、耐药性好、无毒、不助燃。

(3) 表面平整光洁、装饰性好、可以满足100级洁净度的要求。

3) 自流平地面的应用范围

随着现代工业技术和生产的发展，对于清洁生产的要求越来越高，要求地坪耐磨、耐腐蚀、洁净、室内空气含尘量尽量的低，已成为发展趋势。如：食品、烟草、电子、精密仪器仪表、医药、医院手术室、汽车、机场用品等生产制作场所均要求为洁净生产车间。这些车间的地坪，一般均采用自流平地面。1996年我国制定的医疗行业标准（GMP）中，一个很重要的硬件就是洁净地坪的制作与自流平地面的使用。

4) 自流平地面的类型

《自流平地面工程技术规程》JGJ/T 175—2009规定：

(1) 水泥基自流平砂浆地面：由基层、自流平界面剂、水泥基自流平砂浆构成的地面。

(2) 石膏基自流平砂浆地面：由基层、自流平界面剂、石膏基自流平砂浆构成的地面。

(3) 环氧树脂自流平地面：由基层、底涂、自流平环氧树脂地面涂层材料构成的地面。

(4) 聚氨酯自流平地面：由基层、底涂、自流平聚氨酯地面涂层材料构成的地面。

(5) 水泥基自流平砂浆-环氧树脂或聚氨酯薄涂地面：由基层、自流平界面剂、水泥基自流平砂浆、底涂、环氧树脂或聚氨酯薄涂构成的地面。

5) 自流平地面的一般规定

(1) 水泥基自流平砂浆可用于地面找平层，也可用于地面面层。当用于地面找平层时，其厚度不得小于2mm，当用于地面面层时，其厚度不得小于5mm。

(2) 石膏基自流平砂浆不得直接作为地面面层使用。当采用水泥基自流平砂浆作为地面面层时，石膏基自流平砂浆可用于找平层，其厚度不得小于2mm。

(3) 环氧树脂和聚氨酯自流平地面面层厚度不得小于0.8mm。

(4) 当采用水泥基自流平砂浆作为环氧树脂和聚氨酯地面的找平层时，水泥基自流平砂浆的强度等级不得低于C20。当采用环氧树脂和聚氨酯作为地面面层时，不得采用石膏基自流平砂浆作找平层。

（5）基层有坡度设计时，水泥基或石膏基自流平砂浆可用于坡度小于等于1.5%的地面；对于坡度大于1.5%但不超过5%的地面，基层应采用环氧底涂撒砂处理，并应调整自流平砂浆流动度；坡度大于5%的基层不得使用自流平砂浆。

（6）面层分隔缝的设置应与基层的伸缩缝保持一致。

243. 地面的防水构造有哪些要求？

《住宅室内防水工程技术规范》JGJ 298—2013规定：

1）一般规定

住宅卫生间、厨房、浴室、设有配水点的封闭阳台、独立水容器等处的地面均应进行防水设计。

2）功能房间防水设计

（1）卫生间、浴室的楼、地面应设置防水层，门口应有阻止积水外溢的措施。

（2）厨房的楼、地面应设置防水层；厨房布置在无用水点房间的下层时，顶棚应设置防潮层。

（3）当厨房设有采暖系统的分集水器、生活热水控制总阀门时，楼、地面宜就近设置地漏。

（4）排水立管不应穿越下层住户的居室；当厨房设有地漏时，地漏的排水支管不应穿过楼板进入下层住户的居室。

（5）设有配水点的封闭阳台，楼、地面应有排水措施，并应设置防潮层。

（6）独立热水器应有整体的防水构造。现场浇筑的独立水容器应进行刚柔结合的防水设计。

（7）采用地面辐射采暖的无地下室住宅，底层无配水点的房间地面应在绝热层下部设置防潮层。

3）技术措施

（1）对于有排水要求的房间，应以门口及沿墙周边为标志标高，标注主要排水坡度和地漏表面标高。

（2）对于无地下室的住宅，地面宜采用强度等级为C15的混凝土作为刚性垫层，且厚度不宜小于60mm。楼面基层宜为现浇钢筋混凝土楼板；当为预制钢筋混凝土条板时，板缝间应采用防水砂浆堵严抹平，并应沿通缝涂刷宽度不宜小于300mm的防水涂料形成防水涂膜带。

（3）混凝土找坡层最薄处的厚度不应小于30mm；砂浆找坡层最薄处的厚度不应小于20mm。找平层兼找坡层时，应采用应采用强度等级为C20的细石混凝土；需设填充层铺设管道时，宜与找坡层合并，填充材料宜选用轻骨料混凝土。

（4）装饰层宜采用不透水材料和构造，主要排水坡度应为0.5%～1%，粗糙面层排水坡度不应小于1%。

（5）防水层应符合下列规定：

① 对于有排水的楼面、地面，应低于相邻房间楼面、地面20mm或作挡水门槛；当需进行无障碍设计时，应低于相邻房间面层15mm，并应以斜坡过渡。

② 当防水层需要采取保护措施时，可采用20mm厚1∶3水泥砂浆做保护层。

4）细部构造

（1）楼面、地面的防水层在门口处应水平延展，且向外延展的长度不应小于500mm，向两侧延展的宽度不应小于200mm。

（2）穿越楼板的管道应设置防水套管，高度应高出装饰层完成面20mm以上；套管与管道之间应采用防水密封材料嵌填压实。

（3）地漏、大便器、排水立管等穿越楼板的管道根部应用密封材料嵌填压实。

（4）水平管道在下降楼板上采用同层排水措施时，楼板、楼面应做双层防水设防。对降板后可能出现的管道渗水，应有密闭措施，且宜在贴临下降楼板上表面处理设泄水管，并宜采取增设独立的泄水立管措施。

（5）地面的防水材料与墙面的防水材料相同。

5）防水施工要求

（1）住宅室内防水工程的施工环境温度宜为5～35℃。

（2）穿越楼板、防水墙面的管道和预埋件等，应在防水施工前完成。

（二）辐射供暖地面

244. 地面辐射供暖的构造做法有哪些?

《辐射供暖供冷技术规程》JGJ 142—2012规定：

1）一般规定

（1）低温热水地面辐射供暖系统的供水、回水温度应由计算确定。供水温度不应大于60℃，供水、回水温度差不宜大于10℃且不宜小于5℃。民用建筑供水温度宜采用35～45℃。

（2）采用加热电缆地面辐射供暖时，应符合下列规定：

① 当辐射间距等于50mm，且加热电缆连续供暖时，加热电缆的线功率不宜大于17W/m；当辐射间距大于50mm时，加热电缆的线功率不宜大于20W/m。

② 当面层采用带龙骨的架空木地板时，应采取散热措施。加热电缆的线功率不宜大于10W/m，且功率密度不宜大于80W/m^2。

③ 加热电缆布置时应考虑家具位置的影响。

（3）辐射供暖表面平均温度计算值应符合表2-38的规定。

辐射供暖表面平均温度（℃） **表2-38**

设置位置		宜采用的平均温度	平均温度上限值
地面	人员经常停留	25～27	29
	人员短期停留	28～30	32
	无人停留	35～40	42
顶棚	房间高度2.5～3.0m	28～30	—
	房间高度3.1～4.0m	33～36	—
墙面	距地面1m以下	35	—
	距地面1m以上3.5m以下	45	—

（4）辐射供冷系统供水温度应保证供冷表面温度高于室内空气露点温度1～2℃。供回水温度差不宜大于5℃且不应小于2℃。辐射供冷表面平均温度宜符合表2-39的规定。

辐射供冷表面平均温度　　　**表2-39**

设置位置		平均温度下限值
地面	人员经常停留	19
	人员短期停留	19
墙面		17
顶棚		17

（5）辐射供暖供冷工程施工图应提供下列施工图设计文件：

① 设计说明（供暖室内外计算温度、热源及热媒参数或配电方案及电力负荷、加热管发热电缆技术数据及规格（公称外径×壁厚）；标明使用的具体条件如工作温度、工作压力以及绝热材料的导热系数、容重（密度）、规格及厚度；填充层、面层伸缩缝的设置要求等）；

② 楼栋内供暖供冷系统和加热供冷部件平面布置图；

③ 供暖供冷系统图和局部详图；

④ 温控装置及相关管线布置图，当采用集中控制系统时，应提供相关控制系统布线图；

⑤ 水系统分水器、集水器及其配件的接管示意图；

⑥ 地面构造及伸缩缝设置示意图；

⑦ 供电系统图及相关管线平面图。

2）地面构造

（1）辐射地面的构造做法应根据其位置和加热供冷部件的类型确定，辐射地面的构造做法分为混凝土填充式供暖地面、预制沟槽保温板式供暖地面和预制轻薄供暖板地面三种方式。辐射地面的构造应由下列全部或部分组成：

① 楼板或与土壤相邻的地面；

② 防潮层（对与土壤相邻地面）；

③ 绝热层；

④ 加热供冷部件；

⑤ 填充层；

⑥ 隔离层（对潮湿房间）；

⑦ 面层。

（2）与土壤相邻的地面，必须设绝热层，且绝热层下部必须设置防潮层。直接与室外空气相邻的楼板，必须设置绝热层。

（3）供暖供冷辐射地面构造应符合下列规定：

① 当与土壤接触的底层作为辐射地面时，应设置绝热层。绝热层与土壤之间应设置防潮层。

② 潮湿房间的混凝土填充式供暖地面的填充层上、预制构槽保温板或预制轻薄板供暖地面的面层下，应设置隔离层。

（4）地面辐射供暖面层宜采用热阻小于0.05（$m^2 \cdot K$）/W的材料。

（5）混凝土填充式地面辐射供暖系统绝热层热阻应符合下列规定：

① 采用泡沫塑料绝热板时，绝热层热阻不应小于表 2-40 规定的数值；

混凝土填充式供暖地面泡沫塑料绝热层热阻　　表 2-40

绝热层位置	绝热层热阻［(m^2·K)/W］
楼层之间地板上	0.488
与土壤或不采暖房间相邻的地板上	0.732
与室外空气相邻的地板上	0.976

② 当采用发泡水泥绝热时，绝热层厚度不应小于表 2-41 规定的数值；

混凝土填充式供暖地面发泡水泥绝热层厚度　　表 2-41

绝热层位置	干密度（kg/m^3）		
	350	400	450
楼层之间地板上	35	40	45
与土壤或不采暖房间相邻的地板上	40	45	50
与室外空气相邻的地板上	50	55	60

（6）采用预制沟槽保温板或供暖板时，与供暖房间相邻的楼板，可不设绝热层。其他部位绝热层的设置应符合下列规定：

① 土壤上部的绝热层宜采用发泡水泥；

② 直接与室外空气或不供暖房间相邻的楼板，绝热层宜设在楼板下，绝热材料宜采用泡沫塑料绝热板；

③ 绝热层厚度不应小于表 2-42 规定的数值。

预制沟槽保温板和供暖板供暖地面的绝热层厚度　　表 2-42

绝热层位置	绝热材料		厚度（mm）
与土壤接触的底层地板上	发泡水泥	干体积密度：350kg/m^3	35
		干体积密度：400kg/m^3	40
		干体积密度：450kg/m^3	45
与室外空气相邻的地板下	模塑聚苯乙烯泡沫塑料		40
与不供暖房间相邻的地板下	模塑聚苯乙烯泡沫塑料		30

（7）混凝土填充式辐射供暖地面的加热部件，其填充层和面层构造应符合下列规定：

① 填充层材料及厚度宜按表 2-43 选择确定；

混凝土填充式辐射供暖地面填充层材料和厚度　　表 2-43

绝热层材料		填充层材料	最小填充层厚度（mm）
泡沫塑料板	加热管	豆石混凝土	50
	加热电缆		40
发泡水泥	加热管	水泥砂浆	40
	加热电缆		35

② 加热电缆应敷设于填充层中间，不应与绝热层直接接触；

③ 豆石混凝土填充层上部应根据面层的需要铺设找平层；

④ 没有防水要求的房间，水泥砂浆填充层可同时作为面层找平层。

（8）预制沟槽保温板辐射供暖地面均热层设置应符合下列规定：

① 加热部件为加热电缆时，应采用铺设有均热层的保温板，加热电缆不应与绝热层直接接触；加热部件为加热管时，宜采用铺设有均热层的保温板；

② 直接铺设木地板面层时，应采用铺设有均热层的保温板，且在保温板和加热管或加热电缆之上宜再铺设一层均热层。

（9）采用供暖板时，房间内未铺设供暖板的部位和敷设输配管的部位应铺设填充板。采用预制沟槽保温板时，分水器、集水器与加热区域之间的连接管，应敷设在预制沟槽保温板中。

（10）当地面荷载大于供暖地面的承载能力时，应采取加固措施。

3）材料

（1）绝热层材料

① 绝热层材料应采用导热系数小、难燃或不燃，具有足够承载能力的材料，且不应含有殖菌源，不得有散发异味及可能危害健康的挥发物。

② 辐射供暖供冷工程中采用的聚苯乙烯泡沫塑料板材主要技术指标应符合表 2-44 的规定。

聚苯乙烯泡沫塑料板材主要技术指标　　表 2-44

项　目		性能指标			
		模　塑		挤　塑	
		供暖地面绝热层	预制沟槽保温板	供暖地面绝热层	预制沟槽保温板
类别		Ⅱ	Ⅲ	W200	X150/W200
表观密度（kg/m^3）		≥20	≥30	≥20	≥30
压缩强度（kPa）		≥100	≥150	≥200	≥150/≥200
导热系数［W/（m·K）］		≤0.041	≤0.039	≤0.035	≤0.030/≤0.035
尺寸稳定性（%）		≤3	≤2	≤2	≤2
水蒸气透过系数［ng/(Pa·m·s)］		≤4.5	≤4.5	≤3.5	≤3.5
吸水率（体积分数）（%）		≤4.0	≤2.0	≤2.0	≤1.5/≤2.0
熔结性	断裂弯曲负荷	25	35	—	—
	弯曲变形	≥20	≥20	—	—
燃烧性能	氧指数	≥30	≥30	—	—
	燃烧分级	达到 B2 级			

注：1. 模塑Ⅱ型密度范围在 20～30kg/m^3 之间；Ⅲ型密度范围在 30～40 kg/m^3 之间；

2. W200 为不带表皮挤塑塑料，X150 为带表皮挤塑塑料；

3. 压缩强度是按现行国家标准《硬质泡沫塑料压缩性能的测定》GB/T 8813—2008 的试件尺寸和试验条件下相对变形为 10%的数值；

4. 导热系数为 25℃时的数值；

5. 模塑断裂弯曲负荷或弯曲变形有一项能符合指标要求，熔结性即为合格。

③ 预制沟槽保温板及其金属均热层的沟槽尺寸应与敷设的加热部件外径吻合，且应符合下列规定：

a. 保温板总厚度不应小于表 2-45 的要求。

预制沟槽保温板总厚度及均热层最小厚度　　表 2-45

<table>
<tr><th colspan="2" rowspan="4">加热部件类型</th><th rowspan="4">保温板总厚度（mm）</th><th colspan="5">均热层最小厚度（mm）</th></tr>
<tr><th rowspan="3">地砖等面层</th><th colspan="4">木地板面层</th></tr>
<tr><th colspan="2">管间距<200mm</th><th colspan="2">管间距≥200mm</th></tr>
<tr><th>单层</th><th>双层</th><th>单层</th><th>双层</th></tr>
<tr><td colspan="2">加热电缆</td><td>15</td><td>0.1</td><td rowspan="4">0.2</td><td rowspan="4">0.1</td><td rowspan="4">0.4</td><td rowspan="4">0.2</td></tr>
<tr><td rowspan="3">加热管外径（mm）</td><td>12</td><td>20</td><td>—</td></tr>
<tr><td>16</td><td>25</td><td>—</td></tr>
<tr><td>20</td><td>30</td><td>—</td></tr>
</table>

注：1. 地砖等面层，指在敷设有加热管或加热电缆的保温板上铺设水泥砂浆找平层后与地砖、石材等粘结的做法。木地板面层，指不需要铺设找平层，直接铺设木地板的做法；

2. 单层均热层，指仅采用带均热层的保温板，加热管或加热电缆上不再铺设均热层时的最小厚度；双层均热层，指仅采用带均热层的保温板，加热管或加热电缆上再铺设一层均热层时的最小厚度。

b. 均热层最小厚度宜满足表 2-44 的要求，并应符合下列规定：

a）均热层材料的导热系数不应小于 237W/(m·K)；

b）加热电缆铺设地砖、石材等面层时，均热层应采用喷涂有机聚合物的、具有耐砂浆性的防腐材料。

④ 发泡水泥绝热层材料应符合下列规定：

a. 水泥宜用硅酸盐水泥、普通硅酸盐水泥、复合硅酸盐水泥；当受条件限制时，可采用矿渣硅酸盐水泥；水泥抗压强度等级不应低于 32.5；

b. 发泡水泥绝热层材料的技术指标应符合表 2-46 的规定。

发泡水泥绝热层技术指标　　表 2-46

干体积密度（kg/m^3）	抗压强度（MPa）		导热系数 [W/(m·K)]
	7 天	28 天	
350	≥0.4	≥0.5	≤0.07
400	≥0.5	≥0.6	≤0.08
450	≥0.6	≥0.7	≤0.09

⑤ 当采用其他绝热材料时，其技术指标应按聚苯乙烯泡沫材料的规定选用同等效果的绝热材料。

（2）填充材料

① 填充层的材料宜采用强度等级为 C15 豆石混凝土，豆石粒径宜为 5～12mm。

② 水泥砂浆填充材料应符合下列规定：

a. 宜选用中粗砂水泥，且含泥量不应大于 5%；

b. 宜选用硅酸盐水泥或矿渣硅酸盐水泥；

c. 水泥砂浆体积比不应小于 1∶3；

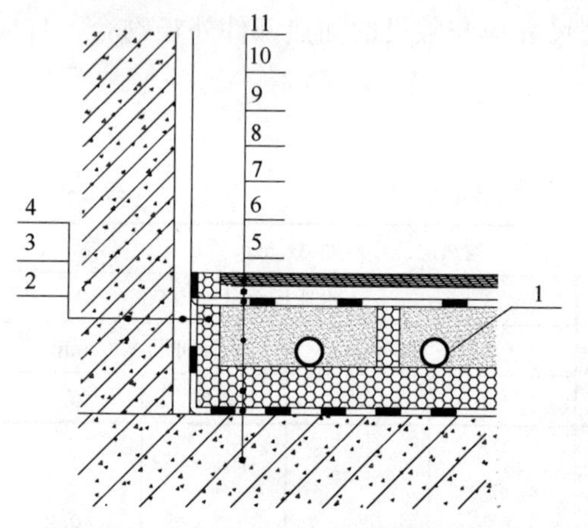

图 2-30　混凝土填充式供暖地面

1—加热管；2—侧面绝热层；3—抹灰层；4—外墙；5—楼板或与土壤相邻地面；6—防潮层（对与土壤相邻地面）；7—泡沫塑料绝热层（发泡水泥绝热层）；8—豆石混凝土填充层（水泥砂浆填充找平层）；9—隔离层（对潮湿房间）；10—找平层；11—装饰面层

d. 强度等级不应低于 M10。

4）构造层次

（1）混凝土填充式供暖地面（图2-30）

① 上下方向（由下而上）

做法一：楼板或与土壤相邻地面—防潮层—泡沫塑料绝热层（发泡水泥绝热层）—豆石混凝土填充层（水泥砂浆填充找平层）—隔离层（对潮湿房间）—找平层—装饰面层。

做法二：金属网—楼板或与土壤相邻地面—防潮层—泡沫塑料绝热层（发泡水泥绝热层）—豆石混凝土填充层（水泥砂浆填充找平层）—隔离层（对潮湿房间）—找平层—装饰面层。

② 左右方向（由内而外）

侧面绝热层—抹灰层—外墙。

（2）预制沟槽保温板式供暖地面（图 2-31）

上下方向（由下而上）

做法一：楼板—可发性聚乙烯（EPE）垫层—预制沟槽保温板—均热层—木地板面层。

做法二：泡沫塑料绝热层—楼板—可发性聚乙烯（EPE）垫层—预制沟槽保温板—均热层—木地板面层。

做法三：与土壤相邻地面—防潮层—发泡水泥绝热层—可发性聚乙烯（EPE）垫层—预制沟槽保温板—均热层—木地板面层。

做法四：楼板—预制沟槽保温板—均热层—找平层（对潮湿房间）—隔离层（对潮湿房间）—金属层—找平层—地砖或石材地面。

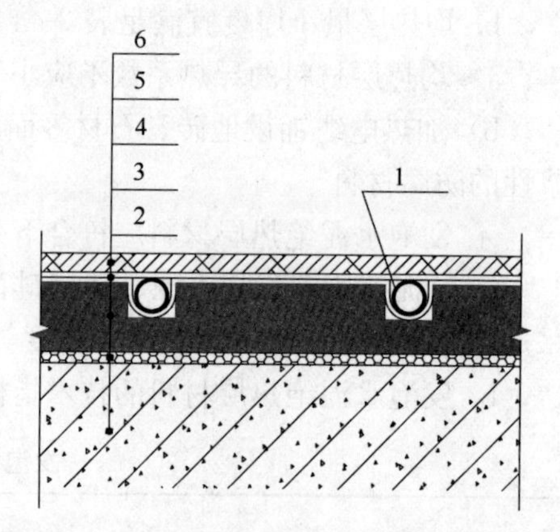

图 2-31　预制沟槽保温板式供暖地面

1—加热管或加热电缆；2—楼板；3—可发性聚乙烯（EPE）垫层；4—预制沟槽保温板；5—均热层；6—木地板面层

（3）预制轻薄供暖地面（图 2-32）

上下方向（由下而上）

做法一：木龙骨—加热管—二次分水器—楼板—可发性聚乙烯（EPE）垫层—供暖板—木地板面层。

做法二：木龙骨—加热管—二次分水器—楼板—供暖板—隔离层（对潮湿房间）—金属层—找平层—地砖或石材面层。

做法三：木龙骨—加热管—二次分水器—泡沫绝热材料—楼板—可发性聚乙烯（EPE）垫层—供暖板—木地板面层。

做法四：木龙骨—加热管—二次分水器—与土壤相邻地面—防潮层—发泡水泥绝热层—可发性聚乙烯（EPE）垫层—供暖板—木地板面层。

5）面层

（1）面层做法选择

① 水泥砂浆、混凝土地面；

② 瓷砖、大理石、花岗石等地面；

③ 符合国家标准的复合木地板、实木复合地板及耐热实木地板。

（2）以木地板作为面层时，木材应经过干燥处理，且应在填充层和找平层完全干燥后，才能进行地板施工。

（3）以瓷砖、大理石、花岗石作为面层时，填充层在伸缩缝处宜采用干贴施工。

（4）采用预制沟槽保温板或供暖板时，面层可按下列方法施工：

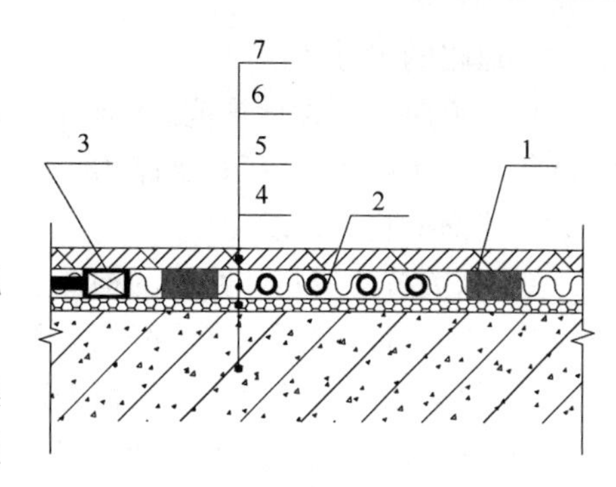

图 2-32　预制轻薄供暖地面

1—木龙骨；2—加热管；3—二次分水器；4—楼板；5—可发性聚乙烯（EPE）垫层；6—供暖板；7—木地板面层

①木地板面层可直接铺设在预制沟槽保温板或供暖板上，可发性聚乙烯（EPE）垫层应铺设在保温板或供暖板下，不得铺设在加热部件上；

②采用带龙骨的供暖板时，木地板应与龙骨垂直铺设；

③铺设石材或瓷砖时，预制沟槽保温板及其加热部件上，应铺设厚度不小于 30mm 的水泥砂浆找平层和粘结层；水泥砂浆找平层应加金属网，网格间距不应大于 100mm，金属直径不应小于 1.0mm。

（5）采用发泡水泥绝热层和水泥砂浆填充层时，当面层为瓷砖或石材地面时，填充层和面层应同时施工。

（6）卫生间施工

① 卫生间应做两层隔离层。

② 卫生间过门处应设置止水墙，在止水墙内侧应配合土建专业作防水。加热管或发热电缆穿止水墙处应采取防水措施。

（三）路　　面

245. 一般路面的构造要求有哪些?

1）路面结构及设计使用年限

《城市道路工程设计规范》CJJ 37—2012 规定的路面结构及设计使用年限见表 2-47。

路面结构及设计使用年限（年）　　表 2-47

道路等级	路面结构类型		
	沥青路面	水泥混凝土路面	砌块路面
快速路	15	30	—
主干路	15	30	—
次干路	10	20	—
支　路	10	20	10（20）

注：砌块路面采用混凝土预制块时，设计年限为 10 年，采用石材时，设计年限为 20 年。

2）道路的设计年限

《城市道路工程设计规范》CJJ 37—2012 中规定的道路设计年限为：快速路、主干路为 20 年；次干路为 15 年；支路为 10～15 年。

3）路面的构造要求

综合相关技术资料，路面的构造要求有：

（1）路面可以选用现浇混凝土、预制混凝土块、石板、锥形料石、现铺沥青混凝土等材料，不得采用碎石基层沥青表面处理（泼油）的路面。

（2）城市道路宜选用现铺沥青混凝土路面，除只通行微型车的路面厚度可采用 50mm 外，其他车型的路面厚度一般为 100～150mm。现铺沥青混凝土路面的优点是噪声小、起尘少、便于维修，表面不作分格处理，因而在高速公路、城市道路、乡村道路等道路中广泛采用。

（3）现浇混凝土路面的混凝土强度等级为 C25，厚度与上部荷载有关：通行小型车（荷载小于 5t）的路面，取 120mm；通行中型车（荷载小于 8t）的路面，取 180mm；通行重型车（荷载小于 13t）的路面，取 220mm。

（4）混凝土路面的纵向、横向缩缝间距应不大于 6.00m，缝宽一般为 5mm。沿长度方向每 4 格（24m）设伸缝一道，缝宽 20～30mm，内填弹性材料。路面宽度达到 8m 时，在路面中间设伸缩缝一道。

（5）道牙可以采用石材、混凝土等材料制作。混凝土道牙的强度等级为 C15～C30，高出路面一般为 100～150mm。道路两侧采用边沟排水时，应采用平道牙。

（6）路面垫层：沥青混凝土路面、现浇混凝土路面、预制混凝土块路面、石材路面均可以采用 150～300mm 厚 3∶7 灰土垫层。

246. 透水路面的构造要求有哪些?

规范表明透水路面有 3 种做法，第一种是透水水泥混凝土路面，第二种是沥青透水路面，第三种是透水砖路面。

1）透水水泥混凝土路面

《透水水泥混凝土路面技术规程》CJJ/T 135—2009 中指出：

（1）透水路面一般采用透水水泥混凝土（又称为“无砂混凝土”）。透水水泥混凝土是由粗集料及水泥基胶结料经拌合形成的具有连续孔隙结构的混凝土。

（2）材料

①水泥：采用强度等级为 42.5 级的硅酸盐水泥或普通硅酸盐水泥。水泥不得混用；

②集料：采用质地坚硬、耐久、洁净、密实的碎石料。

（3）透水水泥混凝土的性能

透水水泥混凝土的性能详见表 2-48。

透水水泥混凝土的性能　　表 2-48

项　目	计量单位	性能要求
耐磨性（磨坑长度）	mm	≤30
透水系数（15℃）	mm/s	≥0.5

续表

项目		计量单位	性能要求	
抗冻性	25次冻融循环后抗压强度损失率	%	≤20	
	25次冻融循环后质量损失率	%	≤5	
连续空隙率		%	≥10	
强度等级		—	C20	C30
抗压强度（28d）		MPa	≥20	≥30
弯拉强度（28d）		MPa	≥2.5	≥3.5

（4）透水水泥混凝土路面的分类

透水水泥混凝土路面分为全透水结构路面和半透水结构路面。

①全透水结构路面：路表水能够直接通过道路的面层和基层向下渗透至路基土中的道路结构体系。主要应用于人行道、非机动车道、景观硬地、停车场、广场。

②半透水结构路面：路表水能够透至面层，不会渗透至路基中的道路结构体系。主要用于荷载小于0.4t的轻型道路。

（5）透水水泥混凝土路面的构造

①全透水结构的人行道

a. 面层：透水水泥混凝土，强度等级不应小于C20，厚度不应小于80mm；

b. 基层：可采用级配砂砾、级配砂石或级配砾石，厚度不应小于150mm；

c. 路基：3∶7灰土等土层。

②全透水结构的非机动车道、停车场等道路

a. 面层：透水水泥混凝土，强度等级不应小于C30，厚度不应小于180mm；

b. 稳定层基层：多孔隙水泥稳定碎石基层，厚度不应小于200mm；

c. 基层：可采用级配砂砾、级配砂石或级配砾石基层，厚度不应小于150mm；

d. 路基：3∶7灰土等土层。

③半透水结构的轻型道路

a. 面层：透水水泥混凝土，强度等级不应小于C30，厚度不应小于180mm；

b. 混凝土基层：混凝土基层的强度等级不应低于C20，厚度不应小于150mm；

c. 稳定土基层：稳定土基层或石灰、粉煤灰稳定砂砾基层，厚度不应小于150mm；

d. 路基：3∶7灰土等土层。

（6）透水水泥混凝土路面的其他要求：

①纵向接缝的间距应为3.00～4.50m，横向接缝的间距应为4.00～6.00m，缝内应填柔性材料。

②广场的平面分隔尺寸不宜大于25m²，缝内应填柔性材料。

③面层板的长宽比不宜超过1.3。

④当水泥透水混凝土路面的施工长度超过30m及与侧沟、建筑物、雨水口、沥青路面等的交接处，均应设置胀缝。

⑤水泥透水混凝土路面基层横坡宜为1%～2%，面层横坡应与基层相同。

⑥当室外日平均温度连续5天低于5℃时，不得施工；室外最高气温达到32℃及以上

时，不宜施工。

2)《透水沥青路面技术规程》CJJ/T 190—2012 中规定：

(1) 透水沥青路面是透水沥青混合料修筑的，路表水可进入路面横向排出，或渗入至路基内部的沥青路面的总称。透水沥青混合料的空隙率为18%～25%。

(2) 透水沥青路面有 3 种路面结构类型：

Ⅰ型：路表水进入后表层后排入邻近排水设施，由透水沥青上面层、封层、中下面层、基层、垫层和路基组成，适用于需要减小降雨时的路表径流量和降低道路两侧噪声的各类新建、改建道路。

Ⅱ型：路表水有面层进入基层（或垫层）后排入邻近排水设施，由透水沥青面层、透水基层、封层、垫层和路基组成，适用于需要缓解暴雨时城市排水系统负担的各类新建、改建道路。

Ⅲ型：路表水进入路面后渗入路基，由透水沥青面层、透水基层、透水垫层、反滤隔离层和路基组成，适用于路基土渗透系数不小于 7×10^{-5} cm/s 的公园，小区道路，停车场，广场和中、轻型荷载道路。

(3) 透水沥青路面的结构层材料

①透水沥青路面的结构层材料见表 2-49。

透水沥青路面的结构层材料 **表 2-49**

路面结构类型	面　层	基　层
透水沥青路面Ⅰ型	透水沥青混合料面层	各类基层
透水沥青路面Ⅱ型	透水沥青混合料面层	透水基层
透水沥青路面Ⅲ型	透水沥青混合料面层	透水基层

②Ⅰ、Ⅱ型透水结构层下部应设封层，封层材料的渗透系数不应大于 80ml/min，且应与上下结构层粘结良好。

③Ⅲ型透水路面的路基土渗透系数宜大于 7×10^{-5} cm/s，并应具有良好的水稳定性。

④Ⅲ型透水路面的路基顶面应设置反滤隔离层，可选用粒类材料或土工织物。

3)《透水砖路面技术规程》CJJ/T 188—2012 中规定：

(1) 透水砖路面适用于轻型荷载道路、停车场和广场及人行道、步行街等部位。

(2) 透水砖路面的基本规定：

①透水砖路面结构层应由透水砖面层、找平层、基层和垫层组成；

②透水砖路面应满足荷载、透水、防滑等使用功能及抗冻胀等耐久性要求；

③透水砖路面的设计应满足当地 2 年一遇的暴雨强度下，持续降雨 30 分钟，表面不产生径流的透（排）水要求，合理使用年限宜为 8～10 年；

④透水砖路面下的基土应具有一定的透水性能，土壤透水系数不应小于 1.0×10^{-3} mm/s，且土壤顶面距离地下水位宜大于 1.00m。当不能满足上述要求时，宜增加路面排水设计；

⑤寒冷地区透水砖路面结构层宜设置单一级配碎石垫层或砂垫层；

⑥透水砖路面内部雨水收集可采用多孔管道及排水盲沟等形式。广场路面应根据规模设置纵横雨水收集系统。

(3) 透水砖路面的基本构造

①面层

a. 透水砖的强度等级可根据不同的道路类型按表 2-50 选用。

透水砖强度等级　　表 2-50

道路类型	抗压强度（MPa）		抗折强度（MPa）	
	平均值	单块最小值	平均值	单块最小值
小区道路（支路）、广场、停车场	≥50.0	≥42.0	≥6.0	≥5.0
人行道、步行街	≥40.0	≥35.0	≥5.0	≥4.2

b. 透水砖的接缝宽度不宜大于 3mm。接缝用砂级配应符合表 2-51 的规定。

透水砖接缝用砂级配　　表 2-51

筛孔尺寸（mm）	10.0	5.0	2.5	1.25	0.63	0.315	0.16
通过质量百分率（%）	0	0	0～5	0～20	15～75	60～90	90～100

②找平层

a. 透水砖面层与基层之间应设置找平层，其透水性能不宜低于面层所用的透水砖；

b. 找平层可采用中砂、粗砂或干硬性水泥砂浆，厚度宜为 20～30mm。

③基层

a. 基层类型包括刚性基层、半刚性基层和柔性基层 3 种；

b. 可根据地区资源差异选择透水粒料基层、透水水泥混凝土基层、水泥稳定碎石基层等类型，并应具有足够的强度、透水性和水稳定性。连续孔隙率不应小于 10%。

④垫层

a. 当透水路面基土为黏性土时，宜设置垫层。当基土为砂性土或底基层为级配碎石、砾石时，可不设置垫层；

b. 垫层材料宜采用透水性能好的砂或砂砾等颗粒材料，宜采用无公害工业废渣，其 0.075mm 以下颗粒含量不应大于 5%。

⑤基土

a. 基土应稳定、密实、匀质，应具有足够的强度、稳定性、抗变形能力和耐久性；

b. 路槽底面基土设计回弹模量值不宜小于 20MPa。特殊情况下，不得小于 15MPa。

（四）阳台、雨罩

247. 阳台、雨罩的构造有哪些规定?

1）《住宅设计规范》GB 50096—2011 中规定：

（1）每套住宅宜设阳台或平台。

（2）阳台栏杆设计必须采用防止儿童攀登的构造，栏杆的垂直杆件间净距不应大于 0.11m，放置花盆处必须采取防止坠落措施。

（3）阳台栏板或栏杆净高，六层及六层以下不应低于 1.05m，七层及七层以上不应低于 1.10m。

（4）封闭阳台栏杆也应满足阳台栏板或栏杆净高要求。7 层及 7 层以上住宅和寒冷、严寒地区住宅的阳台宜采用实体栏板。

（5）顶层阳台应设置雨罩，各套住宅之间毗连的阳台应设分户隔板。

（6）阳台、雨罩均应采取有组织排水措施，雨罩及开敞阳台应采取防水措施。

（7）当阳台设有洗衣设备时，应符合下列规定：

①应设置专用给水、排水管线及专用地漏，阳台楼面、平台地面均应作防水；

②严寒和寒冷地区应封闭阳台，并应采取保温措施。

（8）当阳台或建筑外墙设置空调室外机时，其安装位置应符合下列规定：

①应能通畅地向室外排放空气和自室外吸入空气；

②在排除空气一侧不应有遮挡物；

③应为室外机安装和维护提供方便操作的条件；

④安装位置不应对室外人员形成热污染。

2）《老年人建筑设计规范》JGJ 122—99 中规定：

（1）老年人居住建筑的起居室和卧室应设阳台，阳台净深度不宜小于 1.50m。

（2）老人疗养室、老人病房宜设净深度不小于 1.50m 的阳台。

（3）阳台栏杆扶手高度不应小于 1.10m，严寒和寒冷地区宜设封闭式阳台。顶层阳台应设雨篷。阳台板底或侧壁，应设可升降的晾晒衣物设施。

（4）供老年人活动的屋顶平台或屋顶花园，其屋顶女儿墙护栏高度不应小于 1.10m；突出平台的屋顶突出物，其高度不应小于 0.60m。

3）《托儿所、幼儿园建筑设计规范》JGJ 39—87 中规定：

（1）阳台、屋顶平台的护栏净高不应小于 1.20m，内侧不应设有支撑。

（2）护栏宜采用垂直杆件，其净空间距不应大于 0.11m。

4）《住宅建筑规范》GB 50368—2005 中规定：

（1）阳台地面构造应有排水措施。

（2）6 层及 6 层以下住宅的阳台栏杆净高不应低于 1.05m，7 层及 7 层以上住宅的阳台栏杆净高不应低于 1.10m，阳台栏杆应有防护措施。

（3）防护栏杆的垂直杆件间净距不应大于 0.11m。

5）《疗养院建筑设计规范》JGJ 40—87 中规定：疗养室宜设阳台，阳台净深度不宜小于 1.50m。长廊式阳台可根据需要进行分隔。

6）《养老设施建筑设计规范》GB 50867—2013 规定：老年养老院和养老院的老年人居住用房宜设置阳台，并应符合下列规定：

（1）老年养老院相邻居住用房的阳台宜互相连通；

（2）开敞式阳台栏杆高度不应低于 1.10m，且距地面 0.30m 高度范围内不宜留空；

（3）阳台应设衣物晾晒装置；

（4）开敞式阳台应做好雨水遮挡及排水措施；严寒及寒冷地区、多风沙地区应设封闭阳台；

（5）介护老年人中失智老年人居住用房宜采用封闭阳台。

注：1. 老年养老院指的是为介助、介乎老年人提供生活照料、健康护理、康复娱乐、社会工作等服务的专业照料机构；

2. 养老院指的是为自理、介助、介乎老年人提供生活照料、医疗保健、文化娱乐等综合服务的老人部、敬老院等。

7）《旅馆建筑设计规范》JGJ 122—99 规定：

（1）出入口上方宜设雨篷，多雪地区的出入口上方应设雨篷，地面应防滑。

（2）中庭栏杆或栏板高度不应低于 1.20m。

8）《建筑抗震设计规范》GB 50010—2010 规定：8、9 度抗震设防时，不应采用预制阳台。

248. 阳台等处的防护栏杆有哪些规定？

1）《民用建筑设计通则》GB 50352—2005 中指出，阳台、外廊、室内回廊、内天井、上人屋面及室外楼梯等临空处应设置防护栏杆，并应符合下列规定：

（1）栏杆应以坚固、耐久的材料制作，并能承受荷载规范规定的水平荷载。

（2）临空高度在 24m 以下时，栏杆高度不应低于 1.05m，临空高度在 24m 及 24m 以上（包括中高层住宅）时，栏杆高度不应低于 1.10m；

注：栏杆高度应从楼地面或屋面至栏杆扶手顶面垂直高度计算，如底部有宽度不小于 0.22m，且高度不大于 0.45m 的可踏部位，应从可踏部位顶面起计算。

（3）栏杆离楼面或屋面 0.10m 高度内不宜留空。

（4）住宅、托儿所、幼儿园、中小学及少年儿童专用活动场所的栏杆必须采用防止少年儿童攀登的构造，当采用垂直杆件作栏杆时，其杆件净距不应大于 0.11m。

（5）文化娱乐建筑、商业服务建筑、体育建筑、园林景观建筑等允许少年儿童进入活动的场所，当采用垂直杆件作栏杆时，其杆件净距也不应大于 0.11m。

2）其他规范的规定

（1）《住宅设计规范》GB 50096—2011 中规定：外廊、内天井及上人屋面等临空处的栏杆净高，六层及六层以下不应低于 1.05m，七层及七层以上不应低于 1.10m。防护栏杆必须采用防止少年儿童攀登的构造，栏杆的垂直杆件间净距不应大于 0.11m。放置花盆处必须采取防坠落措施。

（2）《中小学校设计规范》GB 50099—2011 中指出，上人屋面、外廊、楼梯、平台、阳台等临空部位必须设防护栏杆，并应符合下列规定：

①防护栏杆必须坚固、安全，高度不应低于 1.10m；

②防护栏杆最薄弱处承受的最小水平推力应不小于 1.50kN/m^2。

四、楼梯、电梯与自动人行道

(一) 室 内 楼 梯

249. 室内楼梯间的类型和设置原则有哪些要求?

《建筑设计防火规范》GB 50016—2014 规定，室内楼梯间的类型和设置原则为：

1）敞开楼梯间

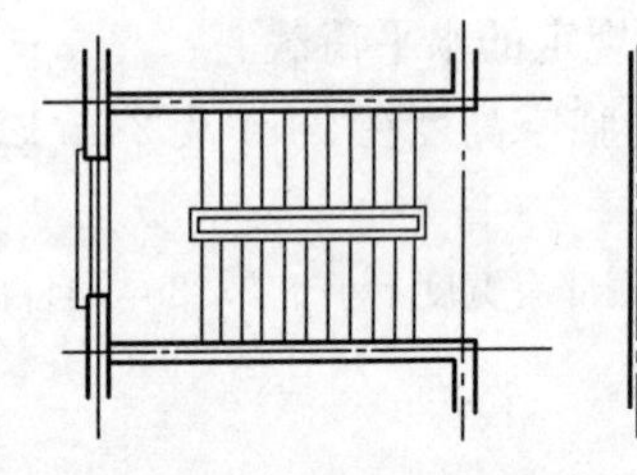

图 2-33　开敞式楼梯间

(1) 特点：疏散用楼梯间的一种做法。前端为开敞式，没有墙体和门分隔（图 2-33)。

① 楼梯间应能天然采光和自然通风，并宜靠外墙设置。靠外墙设置时，楼梯间、前室及合用前室外墙上的窗口与两侧的门、窗、洞口之间的水平距离不应小于 1.00m。

② 楼梯间内不应设置烧水间、可燃材料储藏室、垃圾道。

③ 楼梯间内不应有影响疏散的凸出物或其他障碍物。

④ 公共建筑的敞开楼梯间内不应敷设可燃气管道。

⑤ 住宅建筑的敞开楼梯间内确需设置可燃气体管道和可燃气体计量表时，应采用金属管和设置切断气源的阀门。

⑥ 楼梯间在各层的平面位置不应改变（通向避难层的楼梯除外）。

(2) 设置原则：不需设置封闭式楼梯间和防烟式楼梯间的居住建筑和公共建筑。

2）封闭式楼梯间

《建筑设计防火规范》GB 50016—2014 规定在楼梯间入口处设置门，以防止烟和热气进入的楼梯间为封闭楼梯间（图 2-34、图 2-35)。

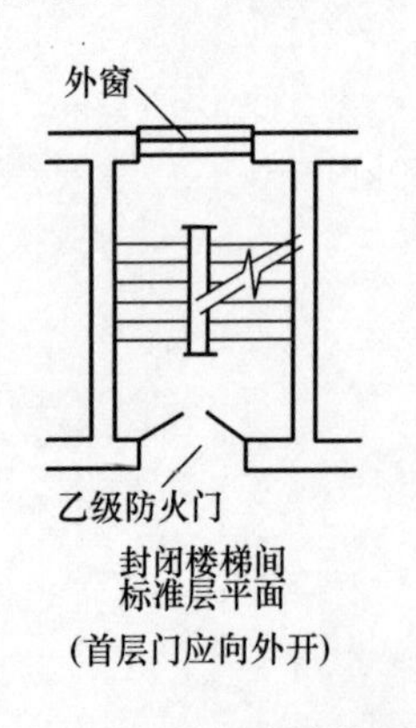

图 2-34　封闭式楼梯间

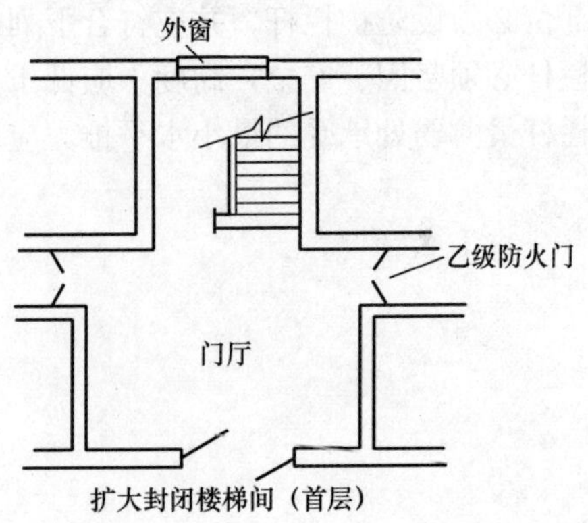

图 2-35　扩大的封闭式楼梯间

(1) 特点：

① 封闭楼梯间应满足开敞楼梯间的各项要求。

② 不能自然通风或自然通风不能满足要求时，应设置机械加压送风或采用防烟楼梯间。

③ 除楼梯间的出入口和外窗外，楼梯间的墙上不应开设其他门、窗、洞口。

④ 高层建筑、人员密集的公共建筑，其封闭楼梯间的门应采用乙级防火门，并应向疏散方向开启；其他建筑，可以采用双向弹簧门。

⑤ 楼梯间的首层可将走道和门厅等包括在楼梯间内形成扩大的封闭楼梯间，但应采用乙级防火门等与其他走道或房间分隔。

⑥ 封闭楼梯间门不应用防火卷帘替代。

（2）设置原则

①《建筑设计防火规范》GB 50016—2014 规定：

a. 建筑高度不大于 32m 的二类高层建筑。

b. 下列多层公共建筑（除与敞开式外廊直接连通的楼梯间外）均应采用封闭楼梯间：

（a）医疗建筑、旅馆、老年人建筑及类似功能的建筑；

（b）设置歌舞娱乐放映游艺场所的建筑；

（c）商店、图书馆、展览建筑、会议中心及类似使用功能的建筑；

（d）6 层及以上的其他建筑。

c. 下列住宅建筑应采用封闭楼梯间：

（a）建筑高度不大于 21m 的敞开楼梯间与电梯井相邻布置时；

（b）建筑高度大于 21m、不大于 33m。

d. 室内地面与室外出入口地坪高差不大于 10m 或 2 层及以下的地下、半地下建筑(室)。

②《宿舍建筑设计规范》JGJ 36—2005 中规定：

a. 7～11 层的通廊式宿舍应设封闭楼梯间。

b. 12～18 层的单元式宿舍应设封闭楼梯间；七层及七层以上各单元的楼梯间均应通至屋顶。当 10 层以下的宿舍在每层居室通向楼梯间的出入口处设有乙级防火门时，该楼梯间可不通至屋顶。

c. 楼梯间应直接采光、通风。

③《商店建筑设计规范》JGJ 48—2014 中规定：大型商店的营业厅设置在五层及以上时，应设置不少于 2 个直通屋顶平台的疏散楼梯间。屋顶平台上无障碍物的避难面积不宜小于最大营业面积层建筑面积的 50％。

④ 其他相关规范的规定：

a. 居住建筑超过 6 层或任一楼层建筑面积大于 $500m^2$ 时，如果户门或通向疏散走道、楼梯间的门、窗为乙级防火门、窗时，可以例外；

b. 地下商店和设置歌舞娱乐放映游艺场所的地下建筑（室）不具备设置防烟楼梯间的条件时；

c. 博物馆建筑的观众厅。

3）防烟楼梯间

《建筑设计防火规范》GB 50016—2014 规定：在楼梯间入口处设置防烟的前室（开敞阳台或凹廊），且通向前室和楼梯间的门均为防火门，以防止烟和热气进入的楼梯间为防烟楼梯间（图 2-36～图 2-38）。

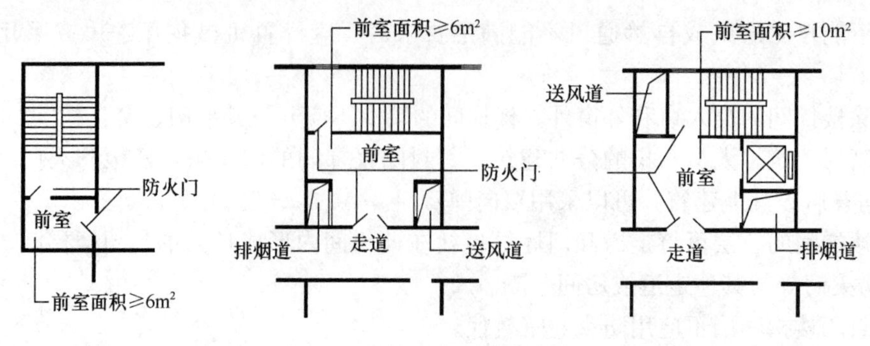

图 2-36　带前室的防烟式楼梯间

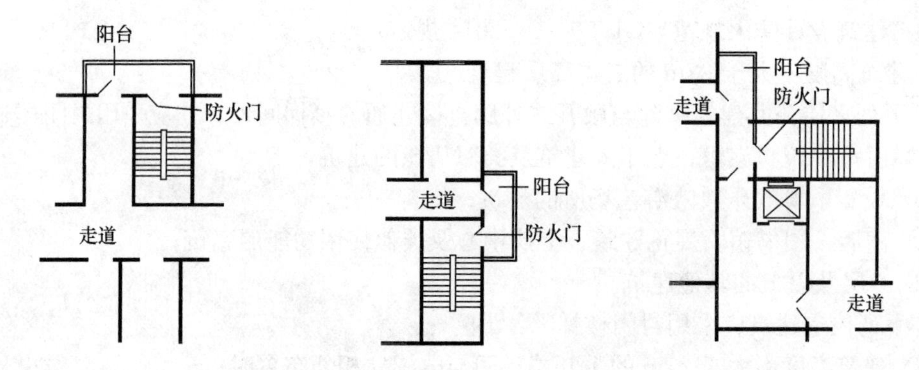

图 2-37　带阳台的防烟式楼梯间

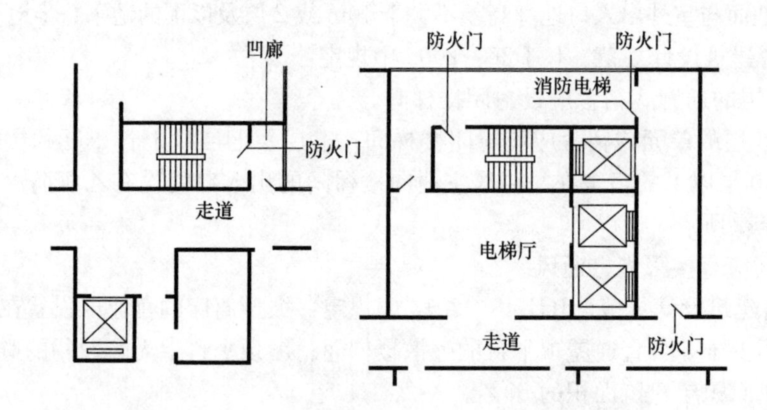

图 2-38　带凹廊（凹阳台）的防烟式楼梯间

（1）特点：

① 封闭楼梯间应满足开敞楼梯间的各项要求。

② 应设置防烟措施。

③ 前室的使用面积：公共建筑，不应小于 6.00m²；居住建筑，不应小于 4.50m²。

④ 与消防电梯前室合用时，合用前室的使用面积：公共建筑不应小于 10.00m²；居住建筑，不应小于 6.00m²。

⑤ 疏散走道通向前室以及前室通向楼梯间的门应采用乙级防火门(不应设置防火卷帘)。

⑥ 除住宅建筑的楼梯间前室外，防烟楼梯间和前室的墙上不应开设除疏散门和送风口外的其他门、窗、洞口。

⑦ 楼梯间的首层可将走道和门厅等包括在楼梯间前室内形成扩大的前室，但应采用乙级防火门等与其他走道和房间分隔。

（2）设置原则

①《建筑设计防火规范》GB 50016—2014 规定：

a. 一类高层公共建筑和建筑高度大于 32m 的二类高层公共建筑、居住建筑。

b. 室内地面与室外出入口地坪高差大于 10m 或 3 层及以上的地下、半地下建筑（室）。

c. 设置在公共建筑、居住建筑中的剪刀式楼梯。

d. 建筑高度大于 33m 的居住建筑。

②《宿舍建筑设计规范》JGJ 36—2005 中规定：

a. 12 层及 12 层以上的通廊式宿舍。

b. 19 层及 19 层以上的单元式宿舍，楼梯间均应通至屋顶。当 10 层以下的宿舍在每层居室通向楼梯间的出入口处设有乙级防火门时，该楼梯间可不通至屋顶。

c. 楼梯间应直接采光、通风。

4）剪刀楼梯间

（1）特点：剪刀楼体指的是在一个开间和一个进深内，设置两个不同方向的单跑（或直梯段的双跑）楼梯，中间用不燃体墙分开，从任何一侧均可到达上层（或下层）的楼梯（图 2-39）。

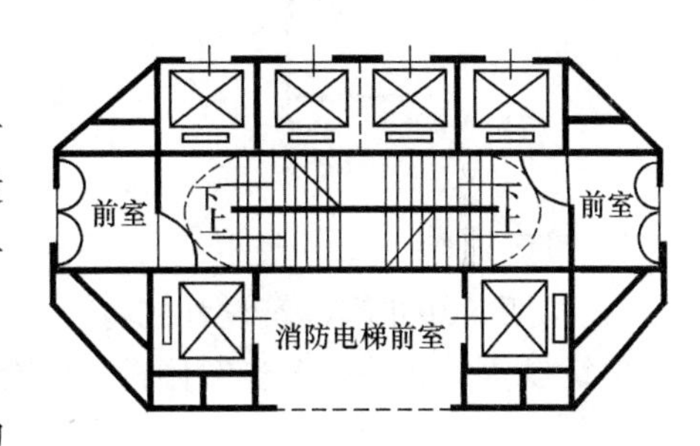

图 2-39　剪刀式楼梯间

① 剪刀式楼梯间应为防烟楼梯间。

② 梯段之间应设置耐火极限不低于 1.00h 的防火隔墙。

③ 楼梯间的前室不宜共用；共用时前室的使用面积不应小于 6.00m²。

④ 居住建筑楼梯间的前室不宜与消防电梯的前室合用；楼梯间的共用前室与消防电梯的前室合用时，合用前室的使用面积不应小于 12.00m²，且短边不应小于 2.40m。

（2）设置原则：

《建筑设计防火规范》GB 50016—2014 规定：

① 高层公共建筑的疏散楼梯，当分散设置确有困难且从任一疏散门至最近疏散楼梯间入口的距离不大于 10m 时，可采用剪刀楼梯。

② 住宅单元的疏散楼梯，当分散设置确有困难且从任一户门至最近疏散楼梯间入口的距离不大于 10m 时，可采用剪刀楼梯。

（二）室 外 楼 梯

250. 室外楼梯应满足哪些要求?

《建筑设计防火规范》GB 50016—2014 中规定：

1）特点

（1）栏杆扶手的高度不应小于 1.10m，楼梯的净宽度不应小于 0.90m。

（2）倾斜角度不应大于 45°。

（3）楼梯段和平台均应采用不燃材料制作。平台的耐火极限不应低于 1.00h。楼梯段的耐火极限不应低于0.25h。

(4) 通向室外楼梯的门宜采用乙级防火门，并应向室外开启；门开启时，不得减少楼梯平台的有效宽度。

(5) 除设疏散门外，楼梯周围2.00m内的墙面上不应设置门窗洞口，疏散门不应正对楼梯梯段（图2-40）。

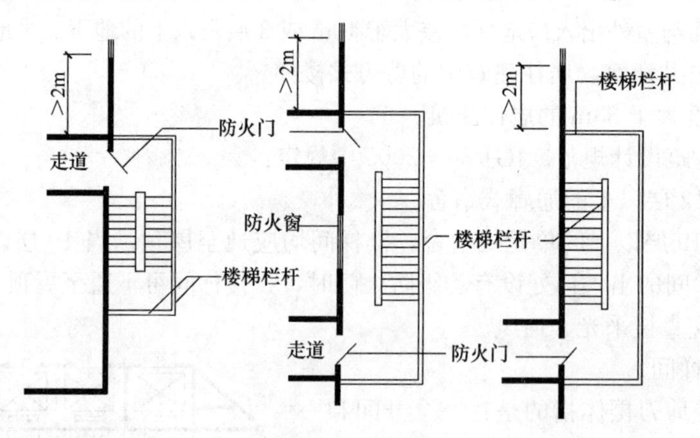

图2-40　室外楼梯

2) 设置原则

《托儿所、幼儿园建筑设计规范》JGJ 39—87规定：在严寒、寒冷地区的托儿所、幼儿园建筑设置的室外安全疏散楼梯，应有防滑措施。

（三）楼梯数量的确定

251. 楼梯的数量如何确定？

《建筑设计防火规范》GB 50016—2014规定：

1) 公共建筑

公共建筑内每个防火分区或一个防火分区的每个楼层，其楼梯的数量应经计算确定，且不应少于2个。符合下列条件之一的公共建筑，可设一个疏散楼梯：

(1) 除托儿所、幼儿园外，建筑面积不大于200m² 且人数不超过50人的单层公共建筑或多层公共建筑的首层；

(2) 除医疗建筑，老年人建筑，托儿所、幼儿园的儿童用房，儿童游乐厅等儿童活动场所和歌舞娱乐放映游艺场所等外，符合表2-52的公共建筑。

2) 居住建筑

(1) 建筑高度不大于27m，当每个单元任一层的建筑面积大于650m²，或任一户门至最近楼梯的距离大于15m时，每个单元每层的楼梯数量不应少于2个。

公共建筑可设置1个疏散楼梯的条件　　　　**表2-52**

耐火等级	最多层数	每层最大建筑面积（m²）	人数
一、二级	3层	200	第二层与第三层人数之和不超过50人
三级	3层	200	第二层与第三层人数之和不超过25人
四级	2层	200	第二层人数不超过15人

（2）建筑高度大于 27m、不大于 54m，当每个单元任一层的建筑面积小于 650m^2，或任一户门至最近安全出口的距离大于 10m 时，每个单元每层的楼梯数量不应少于 2 个。

（3）建筑高度大于 54m 的建筑，每个单元每层的楼梯数量不应少于 2 个。

（四）楼梯位置的确定

252. 楼梯的设置位置有哪些要求？

综合相关技术资料，楼梯的位置应满足以下要求：

1）楼梯应放在明显和易于找到的部位，上下层楼梯应放在同一位置，以方便疏散。

2）楼梯不宜放在建筑物的角部和边部，以方便荷载传递。

3）楼梯间应有天然采光和自然通风（防烟式楼梯间可以除外）。

4）5 层及 5 层以上建筑物的楼梯间，底层应设出入口；4 层及 4 层以下的建筑物，楼梯间可以放置在出入口附近，但不得超过 15m。

5）楼梯不宜采用围绕电梯的布置形式。

6）楼梯间一般不宜占用好朝向。

7）建筑物内主入口的明显位置宜设有主楼梯。

8）楼梯间在各层的平面位置不应改变（通向避难层的楼梯除外）。

（五）楼梯的常用数据

253. 楼梯的常用数据包括哪些内容？

1）《民用建筑设计通则》GB 50352—2005 中规定：

（1）楼梯的数量、位置、宽度和楼梯间形式应满足使用方便和安全疏散的要求。

（2）墙面至扶手中心线或扶手中心线之间的水平距离，即楼梯梯段宽度，除应符合防火规范的规定外，供日常主要交通用的楼梯的梯段宽度应根据建筑物使用特征，按每股人流为［0.55＋（0～0.15）］m 的人流股数确定，且不应少于 2 股人流。0～0.15m 为人流在行进中人体的摆幅，公共建筑中人流众多的场所应取上限值。

（3）梯段改变方向时，扶手转向端处的平台最小宽度不应小于梯段宽度，并不得小于 1.20m，当有搬运大型物件需要时应适量加宽。

（4）每个梯段的踏步不应超过 18 级，也不应少于 3 级。

（5）楼梯平台上部及下部过道处的净高不应小于 2.00m，梯段净高不宜小于 2.20m。

注：梯段净高为自踏步前缘（包括最低和最高一级踏步前缘线以外 0.30m 范围内）量至上方突出物下缘间的垂直高度。

（6）楼梯应至少于一侧设扶手，梯段净宽达 3 股人流时应两侧设扶手，达 4 股人流时宜加设中间扶手。

（7）室内楼梯扶手高度自踏步前缘线量起不宜小于 0.90m。靠楼梯井一侧水平扶手长度超过 0.50m 时，其高度不应小于 1.05m。

（8）踏步应采取防滑措施。

（9）托儿所、幼儿园、中小学及少年儿童专用活动场所的楼梯，梯井净宽大于 0.20m

时，必须采取防止少年儿童攀滑的措施，楼梯栏杆应采取不易攀登的构造，当采用垂直杆件做栏杆时，其杆件净距不应大于 0.11m。

（10）楼梯踏步的高宽比应符合表 2-53 的规定。

楼梯踏步的高宽比（m）　　表 2-53

楼　梯　类　别	最小宽度	最大高度
住宅共用楼梯	0.26	0.175
幼儿园、小学校等楼梯	0.26	0.15
电影院、剧场、体育馆、商场、医院、旅馆和大中学校等楼梯	0.28	0.16
其他建筑楼梯	0.26	0.17
专用疏散楼梯	0.25	0.18
服务楼梯、住宅套内楼梯	0.22	0.20

注：无中柱螺旋楼梯和弧形楼梯离内侧扶手中心 0.25m 的踏步宽度不应小于 0.22m。

2）《建筑设计防火规范》GB 50016—2014 规定：

（1）公共建筑

① 公共建筑疏散楼梯的净宽度不应小于 1.10m。

② 高层公共建筑疏散楼梯的最小净宽度应符合表 2-54 的规定。

高层公共建筑内疏散楼梯的最小净宽度　　表 2-54

建筑类别	疏散楼梯的最小净宽度（m）
高层医疗建筑	1.30
其他高层公共建筑	1.20

③ 疏散用楼梯的阶梯不宜采用螺旋楼梯和扇形踏步。确需采用时，踏步上、下两级所形成的平面角度不应大于 10°，且每级离扶手 250mm 处的踏步深度不应小于 220mm。

④ 建筑内的公共疏散楼梯，其两梯段及扶手间的水平净距不宜小于 150mm。

（2）住宅建筑

① 住宅建筑疏散楼梯的净宽度不应小于 1.10m。

② 建筑高度不大于 18m 的住宅建筑中一边设置栏杆的疏散楼梯，其净宽度不应小于 1.00m。

3）综合《住宅设计规范》GB 50096—2011 及《住宅建筑规范》GB 50368—2005 中规定：

（1）共用楼梯

① 共用楼梯的楼梯梯段净宽不应小于 1.10m，6 层及 6 层以下的住宅，一边设有栏杆的梯段净宽不应小于 1.00m。

注：楼梯梯段净宽度的计算点系指墙面装饰面至扶手中心之间的水平距离。

② 楼梯踏步宽度不应小于 0.26m，踏步高度不应大于 0.175m。扶手高度不应小于 0.90m。楼梯水平段栏杆长度大于 0.50m 时，其扶手高度不应小于 1.05m。楼梯栏杆垂直杆件间净空不应大于 0.11m。

③ 楼梯段改变方向时，扶手转向端处的休息平台最小宽度不应小于梯段宽度，且不

得小于1.20m，当有搬运大型物件的需要时应适量加宽。楼梯平台的结构下缘至人行通道的垂直高度不应低于2.00m。入口处地坪与室外地面应有高差，且不应小于0.10m。

④ 楼梯为剪刀式楼梯时，楼梯平台的净宽不得小于1.30m。

⑤ 楼梯井净宽大于0.11m时，必须采取防止儿童攀滑的措施。

⑥ 扶手高度不应小于0.90m。

（2）套内楼梯

① 套内楼梯，当一边临空时，不应小于0.75m；当两侧有墙时，墙面净宽不应小于0.90m，并应在其中一侧墙面设置扶手。

② 套内楼梯的踏步宽度不应小于0.22m，高度不应大于0.20m，扇形踏步转角距扶手中心0.25m处，宽度不应小于0.22m。

4）《宿舍建筑设计规范》JGJ 36—2005中规定：

（1）楼梯梯段（楼梯门、走道）的宽度应按每100人不小于1.00m计算。

（2）最小梯段净宽不应小于1.20m。

（3）楼梯踏步宽度不应小于0.27m，踏步高度不应大于0.165m。

（4）小学宿舍楼梯踏步宽度不应小于0.26m，踏步高度不应大于0.15m。

（5）楼梯休息平台宽度不应小于楼梯梯段的净宽。

（6）小学宿舍楼梯井净宽不应大于0.20m。

（7）扶手高度不应小于0.90m。

（8）楼梯水平段栏杆长度大于0.50m时，其扶手高度不应小于1.05m。

5）《老年人建筑设计规范》JGJ 122—99中规定：

（1）老年人使用的楼梯间，楼梯段净宽不得小于1.20m。

（2）楼梯间不得采用扇形踏步，不得在平台区内设踏步。

（3）缓坡楼梯踏步的宽度：居住建筑不应小于0.30m，公共建筑不应小于0.32m。

（4）缓坡楼梯踏步的高度：居住建筑不应大于0.15m，公共建筑不应大于0.13m。

（5）踏步前缘宜设高度不大于3mm的异色防滑警示条，踏面前缘前凸不宜大于10mm。

（6）楼梯与坡道两侧离地面0.90m和0.65m处应设连续的栏杆与扶手，沿墙一侧扶手应水平延伸（0.30m为宜）。

6）《中小学校设计规范》GB 50099—2011中指出：

（1）中小学校教学用房的楼梯梯段宽度应为人流股数的整数倍。梯段宽度不应小于1.20m，并应按0.60m的整数倍增加梯段宽度。每个梯段可增加不超过0.15m的摆幅宽度，意即梯段宽度可为0.60～0.75m之间。

（2）中小学校楼梯每个梯段的踏步级数不应小于3级，且不多于18级，并应符合下列规定：

①各类小学楼梯踏步的宽度不得小于0.26m，高度不得大于0.15m；

②各类小学楼梯踏步的宽度不得小于0.28m，高度不得大于0.16m；

③楼梯的坡度不得大于30°。

（3）疏散楼梯不得采用螺旋楼梯和扇形踏步。

（4）楼梯两梯段间楼梯井净宽不得大于0.11m，大于0.11m时，应采取有效的安全防护措施。两梯段扶手之间的水平净距宜为0.10～0.20m。

（5）中小学校的楼梯扶手的设置应符合下列规定：

①梯段宽度为2股人流时，应至少在一侧设置扶手；

②梯段宽度为3股人流时，两侧均应设置扶手；

③梯段宽度达到4股人流时，应加设中间扶手，中间扶手两侧梯段净宽应满足1）项的要求；

④中小学校室内楼梯扶手高度不应低于0.90m；室外楼梯扶手高度不应低于1.10m；水平扶手高度不应低于1.10m；

⑤中小学校的楼梯扶手上应加设防止学生溜滑的设施；

⑥中小学校的楼梯栏杆不得采用易于攀登的构造和花饰；栏杆和花饰的镂空处净距不得大于0.11m。

（6）除首层和顶层外，教学疏散楼梯在中间层的楼层平台与梯段接口处宜设置缓冲空间（休息平台），缓冲空间的宽度不宜小于梯段宽度。

（7）中小学校的楼梯，两相邻楼梯梯段间不得设置遮挡视线的隔墙。

（8）教学用房的楼梯间应有天然采光和自然通风。

7）《托儿所、幼儿园建筑设计规范》JGJ 39—87中指出：

（1）楼梯踏步的宽度不应大于0.26m，踏步的高度不应大于0.15m。

（2）楼梯井的净宽度大于0.20m时，必须采取安全防护措施。

（3）楼梯除设成人扶手外，还应在靠墙一侧设幼儿扶手，其高度不应大于0.60m。

（4）楼梯栏杆垂直线杆件间的净距不应大于0.11m。

8）《商店建筑设计规范》JGJ 48—2014规定：

（1）楼梯梯段最小净宽、踏步最小宽度和最大高度应符合表2-55的规定。

楼梯梯段最小净宽、踏步最小宽度和最大高度　　**表2-55**

楼梯类别	梯段最小净宽（m）	踏步最小宽度（m）	踏步最大高度（m）
营业区的公用楼梯	1.40	0.28	0.16
专用疏散楼梯	1.20	0.26	0.17
室外楼梯	1.40	0.30	0.15

（2）楼梯、室内回廊、内天井等临空处的栏杆应采用防攀爬的构造，当采用垂直杆件作栏杆时，其杆件净距不应大于0.11m。

（3）人员密集的大型商店的中庭应提高栏杆高度，当采用玻璃栏板时，应符合现行行业标准《建筑玻璃应用技术规程》JGJ 113—2009的规定。

9）《剧场建筑设计规范》JGJ 57—2000中指出：

（1）梯段连续踏步不应超过18级，超过18级时，应加设中间休息平台。楼梯休息平台不应小于梯段宽度，且不得小于1.10m。

（2）不得采用螺旋楼梯，采用扇形梯段时，离踏步窄端扶手距离0.25m处踏步宽度不应小于0.22m，宽端扶手处不应大于0.50m，休息平台窄端应不小于1.20m。

（3）楼梯踏步宽度不应小于0.28m，踏步高度不应大于0.16m。

（4）楼梯应设置坚固、连续的扶手，高度不应低于0.85m。

10）《电影院建筑设计规范》JGJ 58—2008 中规定：

（1）楼梯最小宽度不应小于 1.20m。

（2）室外楼梯的净宽不应小于 1.10m；下行人流不应妨碍地面人流。

（3）对于有候场需要的门厅，门厅内供入场使用的主楼梯不应作为疏散楼梯。

（4）疏散楼梯的踏步宽度不应小于 0.28m，踏步高度不应大于 0.16m。

（5）疏散楼梯不得采用螺旋楼梯和扇形踏步；当踏步上下两级形成的平面角度不超过 10°，且每级离扶手 0.25m 处踏步宽度超过 0.22m 时，可不受此限。

（6）转弯楼梯休息平台深度不应小于楼梯段宽度；直跑楼梯的中间休息平台深度不应小于 1.20m。

11）《综合医院建筑设计规范》JGJ 49—88

（1）主楼梯的宽度不得小于 1.65m。

（2）主楼梯和疏散楼梯的休息平台深度不宜小于 2.00m。

（3）踏步高度不宜大于 0.16m，踏步宽度不宜小于 0.26m。

12）《疗养院建筑设计规范》JGJ 40—87 中规定：主楼梯的宽度不得小于 1.65m。

13）《人民防空地下室设计规范》GB 50038—2005 中规定：

（1）踏步高度不宜大于 0.18m，踏步宽度不宜小于 0.25m。

（2）阶梯不宜采用扇形踏步，单踏步上下两段所形成的平面角小于 10°，且每级离扶手 0.25m 处的踏步宽度大于 0.22m 时，可不受此限。

（3）出入口的梯段应至少在一侧设置扶手，其净宽大于 2.00m 时，应在两侧设置扶手，其净宽大于 2.50m 时，宜加设中间扶手。

14）《养老设施建筑设计规范》GB 50867—2013 规定：

① 楼梯间应便于老年人通行，不应采用扇形踏步，不应在楼梯平台区内设置踏步；主楼梯梯段净宽不应小于 1.50m，其他楼梯通行净宽不应小于 1.20m；

② 踏步前缘应相互平行等距，踏步下方不得透空；

③ 楼梯宜采用缓坡楼梯；缓坡楼梯踏面宽度宜为 320～330mm，踢面高度宜为 120～130mm；

④ 踏面前缘宜设置高度不大于 3mm 的异色防滑警示条；踏步前缘向前凸出不应大于 10mm；

⑤ 楼梯踏步与走廊地面对接处应用不同颜色区分，并应设提示照明；

⑥ 楼梯应设双侧扶手；

⑦ 扶手直径宜为 30～45mm，且在有水和蒸汽的潮湿环境时，截面尺寸应取下限值；

⑧ 扶手的最小有效长度不应小于 200mm。

15）其他技术资料规定：

（1）进入楼梯间的门扇，当 90°开启时，宜保持 0.60m 的平台宽度。侧墙门口距踏步的距离不宜小于 0.40m。门扇开启不占用平台时，其洞口距踏步的距离不宜小于 0.40m。居住建筑的距离可略微减小，但不宜小于 0.25m（图 2-41）。

（2）玻璃栏板的选用

《建筑玻璃应用技术规程》JGJ 113—2009 中规定：玻璃栏板应采用安全玻璃，安全玻璃的最大许用面积与玻璃厚度的关系应符合表 2-56 的规定。

安全玻璃的最大许用面积与玻璃厚度的关系

表 2-56

玻璃种类	公称厚度（mm）	最大许用面积（m^2）
钢化玻璃	4	2.0
	5	3.0
	6	4.0
	8	6.0
	10	8.0
	12	9.0
夹层玻璃	6.38、6.76、7.52	3.0
	8.38、8.76、9.52	5.0
	10.38、10.76、11.52	7.0
	12.38、12.76、13.52	8.0

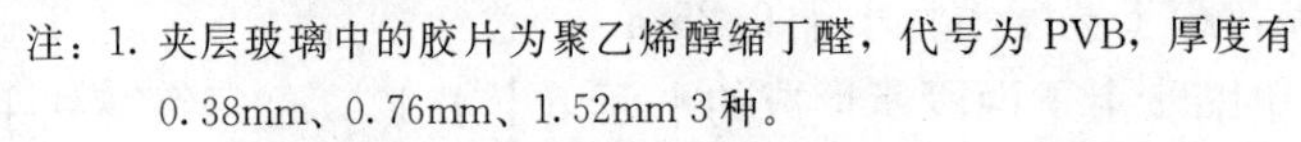
注：1. 夹层玻璃中的胶片为聚乙烯醇缩丁醛，代号为 PVB，厚度有 0.38mm、0.76mm、1.52mm 3 种。

2. 安全玻璃暴露边不得存在锋利的边缘和尖锐的角部。

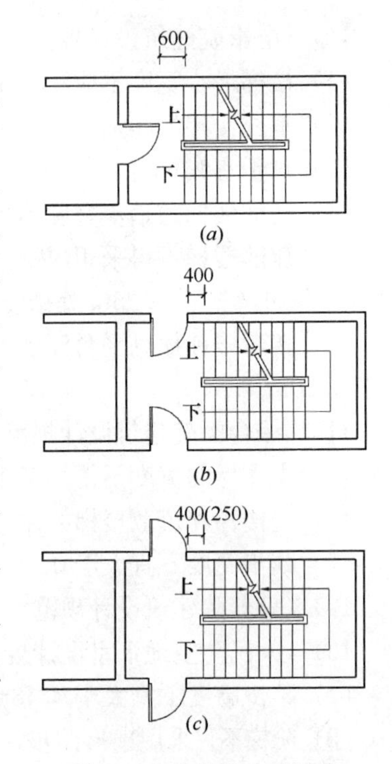

图 2-41　休息平台的尺寸

(a) 门正对楼梯间开启；(b) 门侧对楼梯间外开；(c) 门侧对楼梯间内开

① 不承受水平荷载的栏板玻璃的厚度除应符合表 2-56 的规定外，还应满足公称厚度不小于 5mm 的钢化玻璃或公称厚度不小于 6.38mm 的夹层玻璃的要求。

② 承受水平荷载的栏板玻璃的厚度除应符合表 2-56 的规定外，还应满足公称厚度不小于 12mm 的钢化玻璃或公称厚度不小于 16.76mm 的夹层玻璃的要求。

③当栏板玻璃最低点离一侧楼地面高度为 3.00m 或 3.00m 以上、5.00m 或 5.00m 以下时，应使用公称厚度不小于 16.76mm 的夹层玻璃，当栏板玻璃最低点离一侧楼地面高度大于 5.00m 时，不得使用承受水平荷载的栏板玻璃。

④室外栏板玻璃除应符合相关规定外，还应进行玻璃抗风压设计。对有抗震设计要求的地区，尚应考虑地震作用的组合效应。

（六）电　梯

254. 电梯的设置原则有哪些规定？

1）《民用建筑设计通则》GB 50352—2005 中规定：

（1）电梯不得计作安全出口。

（2）以电梯为主要垂直交通的高层公共建筑和 12 层及 12 层以上的高层住宅，每栋楼设置电梯的台数不应少于 2 台。

（3）建筑物每个服务区单侧排列的电梯不宜超过 4 台，双侧排列的电梯不宜超过 2×4 台，电梯不应在转角处贴邻布置。

（4）电梯候梯厅的深度应符合表 2-57 的规定，且不得小于 1.50m。

候梯厅深度 **表 2-57**

电梯类别	布置方式	候梯厅深度
住宅电梯	单台	≥B
	多台单侧排列	≥B^*
	多台双侧排列	≥相对电梯 B^* 之和，且<3.50m
公共建筑电梯	单台	≥1.5B
	多台单侧排列	≥1.5B^*，当电梯群为 4 台时，≥2.40m
	多台双侧排列	≥相对电梯 B^* 之和，且<4.50m
病床电梯	单台	≥1.5B
	多台单侧排列	≥1.5B^*
	多台双侧排列	≥相对电梯 B^* 之和

注：B 为轿厢深度，B^* 为电梯群中最大轿厢深度。

（5）电梯井道和机房不宜与有安静要求的用房贴邻布置，否则应采取隔振、隔声措施。

（6）机房应为专用的房间，其围护结构应保温隔热，室内应有良好的通风、防尘，宜有自然采光，不得将机房顶板用作水箱底板及在机房内直接穿越水管或蒸汽管。

（7）消防电梯的布置应符合防火规范的有关规定。

2）综合《住宅设计规范》GB 50096—2011 和《住宅建筑规范》GB 50368—2005 中的规定：

（1）属于下列情况之一时，必须设置电梯：

①7 层及 7 层以上住宅或住户入口层楼面距室外设计地面的高度超过 16m 时。

②底层作为商店或其他用房的 6 层及 6 层以下住宅，其住户入口楼层楼面距该建筑物的室外设计地面高度超过 16m 时。

③底层作为架空层或贮存空间的 6 层及 6 层以下住宅，其住户入口楼层楼面距该建筑物的室外设计地面高度超过 16m 时。

④顶层为两层一套的跃层住宅时，跃层部分不计层数，其顶层住户入口层楼面距该建筑物的室外设计地面高度超过 16m 时。

（2）12 层及 12 层以上的住宅，每栋楼设置电梯不应少于 2 台，其中应设置一台可容纳担架的电梯。

（3）12 层及 12 层以上的住宅，每个单元只设置 1 部电梯时，从第 12 层起，应设置与相邻住宅单元连通的联系廊。上下联系廊之间的间隔不应超过 5 层。联系廊的净宽不应小于 1.10m，局部净宽不应低于 2.00m。

（4）由 2 个或 2 个以上单元组成的 12 层及 12 层以上的住宅，其中有 1 个或 1 个以上的住宅单元未设置可容纳担架的电梯时，应从第十二层起设置可容纳担架的电梯连通的联系廊。联系廊可隔层设置，上下联系廊之间的间隔不应超过 5 层。联系廊的净宽不应小于 1.10m，局部净宽不应低于 2.00m。

（5）7 层及 7 层以上的住宅电梯应在设有户门和公共走廊的楼层每层设站。住宅电梯宜成组集中布置。

（6）候梯厅深度不应小于多台电梯中最大轿厢深度，且不应小于 1.50m。

（7）电梯不应紧邻卧室布置。当受条件限制，电梯不得不紧邻兼起居的卧室布置时，应采取隔声、减振的构造措施。

（8）电梯设置台数一般为每 60～90 户设 1 台（参考值）。

3）《办公建筑设计规范》JGJ 67—2006 中指出：

（1）5 层及 5 层以上的办公建筑应设置电梯。

（2）电梯数量应按建筑面积 5000m^2 设 1 台的原则确定。

（3）超高层办公建筑的乘客电梯应分层分区停靠。

4）《宿舍建筑设计规范》JGJ 36—2005 中指出：7 层和 7 层以上宿舍或宿舍居室最高入口层楼面距室外设计地面的高度大于 21m 时，应设置电梯。

5）《疗养院建筑设计规范》JGJ 40—87 中指出：疗养院建筑一般不宜超过 4 层，当超过 4 层时，应设置电梯。

6）《档案馆建筑设计规范》JGJ 25—2010 中规定：

（1）4 层及 4 层以上的对外服务用房、档案业务和技术用房，应设置电梯。

（2）2 层及 2 层以上的档案库应设垂直运输设备。

7）《老年人居住建筑设计标准》GB /T 50340—2003 中指出：

（1）老年人居住建筑宜设置电梯。

（2）3 层及 3 层以上设老年人居住及活动空间的建筑应设置电梯，并应在每层设站。

8）《综合医院建筑设计规范》JGJ 49—88 中指出：

（1）4 层及 4 层以上的门诊楼或病房楼应设置电梯，且数量不得少于 2 台；当病房楼高度超过 24m 时，应设污物梯（参考值：医院住院部按病床数设置电梯，一般每 150 张病床设 1 台）。

（2）供病人使用的电梯和污物梯，应采用“病床梯”。

（3）电梯井道不得与主要用房贴邻。

9）《旅馆建筑设计规范》JGJ 62—2014 规定：

（1）四级、五级旅馆建筑 2 层宜设乘客电梯，3 层及 3 层以上应设乘客电梯。一级、二级、三级旅馆建筑 3 层宜设乘客电梯，4 层及 4 层以上应设乘客电梯。

（2）乘客电梯的台数、额定载重量和额定速度应通过设计和计算确定（参考数：一般每 100～120 间客房设一台）。

（3）主要乘客电梯位置应有明确的导向标识，并应能便捷抵达。

（4）客房部分宜至少设置两部乘客电梯，四级及以上旅馆建筑公共部分宜设置自动扶梯或专用乘客电梯。

（5）服务电梯应根据旅馆建筑等级和实际需要设置，且四级、五级旅馆建筑应设服务电梯。

（6）电梯厅深度应符合现行国家标准《民用建筑设计通则》GB 50352—2005 的规定，且当客房与电梯厅正面布置时，电梯厅的深度不应包括客房与电梯厅之间的走道宽度。

（7）旅馆建筑停车库宜设置通往公共部分的公共通道或电梯。

10）《图书馆建筑设计规范》JGJ 38—87 中规定：

（1）2 层及 2 层以上的书库应有提升设备。

（2）4层及4层以上的书库提升设备不宜少于2套。

（3）6层及6层以上的书库宜另设专用电（货）梯。

（4）库内电梯应做成封闭式，并应设前室。

11）《饮食建筑设计规范》JGJ 64—89规定：位于三层及三层以上的一级餐馆和四层及四层以上的其他各级餐馆与饮食店均宜设置乘客电梯。

12）《商店建筑设计规范》JGJ 48—2014规定：

① 大型和中型商店的营业区宜设乘客电梯；

② 多层商店宜设置货梯或提升机。

13）《养老设施建筑设计规范》GB 50867—2013规定：

（1）二层及以上楼层设有老年人生活用房、医疗保健用房、公共活动用房的养老设施应设置无障碍电梯，且至少1台为医用电梯。

（2）普通电梯门洞净宽不宜小于900mm，选层按钮和呼叫按钮高度宜为0.90～1.10m，电梯入口处宜设提示盲道。

（3）电梯轿厢门开启的净宽度不应小于800mm，轿厢内壁周边设有安全扶手和监控及对讲系统。

（4）电梯运行速度不宜大于1.5m/s，电梯门应采用缓慢关闭程序设定或加装感应装置。

14）《建筑设计防火规范》GB 50016—2014规定：

（1）电梯不得计作安全疏散设施。

（2）公共建筑中的客梯宜设置独立的电梯间，不宜直接设置在营业厅、展览厅、多功能厅等场所内。

255. 电梯的类型及相关的规定有哪些?

综合相关技术资料，电梯分为有机房电梯、无机房电梯和液压电梯三大类，综合相关技术资料可知它们的组成和构造要求为：

1）有机房电梯

（1）组成：有机房电梯由机房、井道和底（地）坑三部分组成，是应用最为广泛的一种。机房内有驱动主机（曳引机）、控制柜（屏）等设备。井道一般采用钢筋混凝土浇筑或普通砖砌筑。地坑内有地弹簧等减振设备。

（2）构造要求：

①电梯门的宽度

a. 载重量为1000kg的电梯，门宽应为1.00m，高级写字楼一般不宜采用；

b. 载重量为1150kg的电梯，门宽可为1.10m，以达到进出方便、舒适；

c. 载重量为1600kg的电梯，门宽可为1.30m；

d. 特大型建筑、使用电梯次数多的建筑、有特殊用途建筑的电梯，可适当加大门宽度。

②井道

a. 电梯井道应选用具有足够强度和不产生粉尘的材料，耐火极限不低于1.00h的不燃烧体。井道厚度采用钢筋混凝土墙时，不应小于200mm，采用砌体承重墙时，不应小于240mm，或根据结构计算确定。当井道采用砌体墙时，应设框架柱和水平圈梁与框架梁，以满足固定轿厢和配重导轨之用。水平圈梁宜设在各层预留门洞上方，高度不宜小于350mm，垂直中距宜为2.50m左右。框架梁高不宜小于500mm。

b. 电梯井道壁应垂直，且井道净空尺寸允许正偏差，其允许偏差值为：

(a) 当井道高度不大于30m时，为0～+25mm。

(b) 当井道高度大于30m、小于60m时，为0～+35mm。

(c) 当井道高度大于60m、小于90m时，为0～+50mm。

(d) 当井道高度大于90m时，应符合电梯生产厂家土建布置图的要求。如果电梯对重装置有安全钳时，则根据需要，井道的宽度和深度尺寸允许适当增加。

c. 电梯井道不宜设置在能够到达的空间上部。如确有人们能到达的空间存在，底坑地面最小应按支承5000Pa荷载设计，或将对重缓冲器安装在一直延伸到坚固地面上的实心柱墩上或由厂家附加对重安全钳。上述做法应得到电梯供货厂的书面文件确认其安全。

d. 电梯井道除层门开口、通风孔、排烟口、安装门、检修门和检修人孔外，不得有其他与电梯无关的开口。

e. 电梯井的泄气孔

(a) 单台梯井道，中速梯（2.50～5.00m/s）在井道顶端宜按最小井道面积的1/100留泄气孔。

(b) 高速梯（≥5.00m/s）应在井道上下端各留不小于1.00m² 的泄气孔。

(c) 双台及以上合用井道的泄气孔，低速梯和中速梯原则上不留，高速梯可比单井道的小或依据电梯生产厂的要求设置。

(d) 井道泄气孔应依据电梯生产厂的要求设置。

f. 当相邻两层门地坎间距离超过11m时，其间应设安全门，其高度不得小于1.80m，宽度不得小于0.35m。安全门和检修门应具有和层门一样的机械强度和耐久性能，且均不得向井道里开启，门本身应是无孔的。

g. 高速直流乘客电梯的井道上部应设隔声层，隔声层应设800mm×800mm的进出口。

h. 多台并列成排电梯井道内部尺寸应符合下列规定：

(a) 共用井道总宽度=单梯井道宽度之和+单梯井道之间的分界宽度之和。每个分界宽度最小按100～200mm计。当两轿厢相对一面设有安全门时，位于该两台电梯之间的井道壁不应为实体墙，应设钢或钢筋混凝土梁，分界宽度不小于1000mm。

(b) 共用井道各组成部分深度与这些电梯单独安装时，井道的深度相同。

(c) 底坑深度由群梯中速度最快的电梯确定。

(d) 顶层高度由群梯中速度最快的电梯确定。

(e) 多台电梯中，电梯厅门间的墙宜为填充墙，不宜为钢筋混凝土抗震墙。

i. 多台并列成排电梯共用机房内部尺寸应符合下列规定：

(a) 多台电梯共用机房的最小宽度，应等于共用井道的总宽度加上最大的1台电梯单独安装时侧向延伸长度之和。

(b) 多台电梯共用机房的最大深度，应等于电梯单独安装所需最深井道加上2100mm。

（c）多台电梯共用机房最小高度，应等于其中最高机房的高度。

③机房

a. 机房的剖面位置

（a）乘客电梯、住宅电梯、病床电梯、载货电梯的机房位于顶站上部。

（b）杂物电梯的机房位于顶站上部或位于本层。

（c）液压电梯的机房位于底层或地下。

b. 机房的工作环境

（a）机房应为专用的房间，围护结构应保温隔热，室内应有良好通风、防尘，宜有自然采光。环境温度应保持在 5～40℃之间，相对湿度不大于 85%。

（b）介质中无爆炸危险、无足以腐蚀金属和破坏绝缘的气体及导电尘埃。

（c）供电电压波动在±7%范围以内。

c. 通向机房的通道、楼梯和门的宽度不应小于 1200mm，门的高度不应小于 2000mm。楼梯的坡度不大于 45°。电梯机房应通过楼梯到达，也可经过一段屋顶到达，但不应经过垂直爬梯。机房门的位置还应考虑电梯更新时机组吊装与进出方便。

d. 机房地面应平整、坚固、防滑和不起尘。机房地面允许有不同高度，当高差大于 0.50m 时，应设防护栏杆和钢梯。

e. 机房顶板上部不宜设置水箱，当不得不设置时，不得利用机房顶板作为水箱底板，且水箱间地面应有可靠的防水措施，也不应在机房内直接穿越水管和蒸汽管。

f. 机房可向井道两个相邻侧面延伸，液压电梯机房宜靠近井道。

g. 机房顶部应设起吊钢梁或吊钩，其中心位置宜与电梯井纵横轴的交点对中。吊钩承受的荷载，对于额定载重量 3000kg 以下的电梯，不应小于 2000kg；对于额定载重量大于 3000kg 电梯，不应小于 3000kg。也可以根据生产厂的要求确定。

h. 设置曳引机承重梁和有关预埋铁件，必须埋入承重墙内或直接传力至承重梁的支墩上。承重梁的支撑长度应超过墙中心 20mm 且不少于 75mm。

④底（地）坑与其他要求

a. 相邻两层站间的距离，当层门入口高度为 2000mm 时，应不小于 2450mm；层门入口高度为 2100mm 时，应不小于 2550mm。

b. 层门尺寸指门套装修后的净尺寸，土建层门的洞口尺寸应大于层门尺寸，留出装修的余量，一般宽度为层门两边各加 100mm，高度为层门加 70～100mm。

c. 电梯井道底（地）坑地面应光滑平整、不渗水、不漏水。消防电梯井道应设排水装置，集水坑设在电梯井道外。

d. 底（地）坑深度超过 900mm 时，需根据要求设置固定金属梯或金属爬梯。金属梯或金属爬梯不得凸入电梯运行空间，且不应影响电梯运行部件的运行。当生产厂自带该梯时，设计不必考虑。

e. 底（地）坑深度超过 2500mm 时，应设带锁的检修门，检修门高度大于 1400mm，宽度大于 600mm，检修门不得向井道内开启。

f. 同一井道安装有多台电梯时，相邻电梯井道之间可为钢筋混凝土隔墙或钢梁（每层设置），用以安装导轨支架，墙厚 200mm，梁的宽度为 100mm。在井道下部不同的电梯运行部件之间应设置护栏，高度为底坑底面以上 2.50m。

g. 电梯详图中应按电梯生产厂要求，在井道和机房详图中表示导轨预埋件、厅门牛腿、厅门门套、机房工字钢梁（或混凝土梁）和顶部检修吊钩的位置、规格，层数指示灯及按钮留洞位置等。为电梯检修，必须满足吊钩底的净空高度要求，当不能满足时，可通过增加层高或吊钩梁采用反梁解决。

2）无机房电梯

（1）无机房电梯的特点是将驱动主机安装在井道或轿厢上，控制柜放在维修人员能接近的位置。

（2）当电梯额定速度为 1.0m/s 时，最大提升高度为 40m，最多楼层数为 16 层；当电梯额定速度为 1.60～1.70m/s 时，最大提升速度为 80m，最多楼层数为 24 层。

（3）多层住宅增设电梯时，宜配置无机房电梯。

（4）无机房电梯的顶层高度应根据电梯速度、载重量和轿厢的高度确定，一般来说，载重量 1t 以下的电梯，顶层高度可按 4.50m 计；1t 及以上的电梯，顶层高度可按 4.80～5.00m 计（应以实际选用的电梯为准）。

3）液压电梯

（1）组成：由液压站、电控柜及附属设备组成。

（2）构造要求：

①液压电梯是以液压力传动的垂直运输设备，适用于行程高度小（一般应不大于 40m，货梯速度为 0.5m/s 时为 20m）、机房不设在建筑物的顶部的电梯。货梯、客梯、住宅电梯和病床电梯均可以采用液压电梯。

②液压电梯的额定载重量为 400～2000kg，额定速度为 0.10～1.00m/s（无特殊要求，一般不应大于 1m/s）。

③液压电梯每小时启动运行的次数不应超过 60 次。

④液压电梯的动力液压油缸应与驱动的轿厢设于同一井道内，动力液压油缸可以伸到地下或其他空间。

⑤液压电梯的液压站、电控柜及其附属设备必须安装在同一专用房间里，该房间应有独立的门、墙、地面和顶板。与电梯无关的物品不得置于专用房间内。

⑥液压电梯的机房宜靠近井道，有困难时，可布置在远离井道不大于 8m 的独立机房内。如果机房无法与井道毗连，则用于驱动电梯轿厢的液压管路和电气线路都必须从预埋的管道或专门砌筑的槽中穿过。对于不毗邻的机房和轿厢之间，应设置永久性的通信设备。

⑦液压电梯的机房尺寸不应小于 1900mm×2100mm×2000mm（宽×深×高），底（地）坑深度应不小于 1.20m。

⑧机房内所安装的设备之间应留有足以操作和维修的人行通道和空间位置。

（七）自动扶梯与自动人行道

256. 自动扶梯和自动人行道的设置原则是什么?

1）《民用建筑设计通则》GB 50352—2005 规定：

（1）自动扶梯和自动人行道不得计作安全出口；

（2）出人口畅通区的宽度不应小于 2.50m，畅通区有密集人流穿行时，其宽度应加大；

（3）栏板应平整、光滑和无突出物；扶手带顶面距自动扶梯前缘、自动人行道踏板面或胶带面的垂直高度不应小于0.90m；扶手带外边至任何障碍物不应小于0.50m，否则应采取措施防止障碍物引起的人员伤害；

（4）扶手带中心线与平行墙面或楼板开口边缘间的距离、相邻平行交叉设置时两梯（道）之间扶手带中心线的水平距离不宜小于0.50m，否则应采取措施防止障碍物引起的人员伤害；

（5）自动扶梯的梯级、自动人行道的踏板或胶带上空，垂直净高不应小于2.50m；

（6）自动扶梯的倾斜角不应超过30°，当提升高度不超过6m，额定速度不超过0.50m/s时，倾斜角允许增至35°；倾斜式自动人行道的倾斜角不应超过12°；

（7）自动扶梯和层间相通的自动人行道单向设置时，应就近布置相匹配的楼梯；

（8）设置自动扶梯或自动人行道所形成的上下层贯通空间，应符合防火规范规定的防火分区等要求。

2）《建筑设计防火规范》GB 50016—2014规定：自动扶梯不得计作安全疏散设施。

3）《商店建筑设计规范》JGJ 48—2014规定：大型和中型商店的营业区宜设自动扶梯和自动人行道。

257. 自动扶梯和自动人行道的构造要求应注意哪些问题？

1）《民用建筑设计通则》GB 50352—2005规定：

（1）自动扶梯和自动人行道与平行墙面间、扶手与楼板开口边缘及相邻平行梯的扶手带的水平距离不应小于0.50m。当既有建筑不能满足上述距离时，特别是在楼板交叉处及各交叉设置的自动扶梯或自动人行道之间，应采取措施防止障碍物引起人员伤害，可在外盖板上方设置一个无锐利边缘的垂直防碰挡板，其高度不应小于0.30m，例如一个无孔三角板。

（2）倾斜式自动人行道距楼板开洞处净高应大于等于2.00m。出口处扶手带转向端距前面障碍物水平距离应大于等于2.50m。

（3）自动扶梯和自动人行道起止平行墙面深度除满足设备安装尺寸外，应根据梯长和使用场所的人流留有足够的等候及缓冲面积；当畅通区宽度至少等于扶手带中心线之间距离时，扶手带转向端距前面障碍物应大于等于2.50m；当该区宽度增至扶手带中心距2倍以上时，其纵深尺寸允许减至2.00m。

（4）自动人行道地沟排水应符合下列规定：

① 室内自动人行道按有无集水可能而设置；

② 室外自动扶梯无论全露天或在雨篷下，其地沟均需全长设置下水排放系统。

（5）自动扶梯或自动人行道在露天运行时，宜加顶篷和围护措施。

2）《商店建筑设计规范》JGJ 48—2014规定：

（1）自动扶梯倾斜角度不应大于30°，自动人行道倾斜角度不应超过12°。

（2）自动扶梯、自动人行道上下两端水平距离3m范围内应保持畅通，不得兼作他用。

（3）扶手带中心线与平行墙面或楼板开口边缘间的距离、相邻位置的自动扶梯或自动人行道的两端（道）扶手带中心线的水平距离应大于0.50m，否则应采取措施。

五、台阶与坡道

（一）台　　阶

258. 台阶的构造要点有哪些?

1）《民用建筑设计通则》GB 50352—2005 中规定：

（1）公共建筑室内外台阶踏步宽度不宜小于 0.30m，踏步高度不宜大于 0.15m，且不宜小于 0.10m，踏步应防滑。室内台阶踏步数不应少于 2 级，当高差不足 2 级时，应按坡道设置。

（2）人流密集的场所台阶高度超过 0.70m 且侧面临空时，应有防护设施。

2）《住宅设计规范》GB 50096—2011 中规定：

（1）公共出入口台阶高度超过 0.70m 且侧面临空时，应设置防护设施，防护设施的净高不应低于 1.05m。

（2）公共出入口台阶踏步宽度不宜小于 0.30m，踏步高度不应大于 0.15m，且不应小于 0.10m，踏步高度应均匀一致，并应采取防滑措施。台阶踏步数不应少于 2 级，当高差不足 2 级时，应按坡道设置；台阶宽度大于 1.80m 时，两侧宜设置栏杆扶手，扶手高度应为 0.90m。

3）《老年人建筑设计规范》JGJ 122—99 中规定：

（1）老年人建筑出入口门前平台与室外地面的高差不宜大于 0.40m，并应采用缓坡台阶和坡道过渡。

（2）缓坡台阶踏步踢面高度不宜大于 0.12m，踏面宽度不宜小于 0.38m，台阶两侧应加栏杆和扶手。

（3）出入口顶部应做雨篷。

4）《商店建筑设计规范》JGJ 48—2014 规定：

（1）室内外台阶的踏步高度不应大于 0.15m，且不宜小于 0.10m。踏步宽度不应小于 0.30m。

（2）当高差不足两级踏步时，应按坡道设置，其坡度不应大于 1∶12。

5）《中小学校设计规范》GB 50099—2011 中指出：

（1）中小学校的建筑物内，当走道有高差变化应设置台阶时，台阶处应有天然采光或照明，踏步级数不得少于 3 级，且不得采用扇形踏步。

（2）当高差不足 3 级踏步时，应设置坡道。

6）《养老设施建筑设计规范》GB 50867—2013 规定：

（1）出入口处的平台与建筑室外地坪高差不宜大于 500mm，并应采用缓步台阶和坡道过度；缓步台阶踢面高度不宜大于 120mm，踏面宽度不宜小于 350mm。

（2）台阶的有效宽度不应小于 1.50m；当台阶宽度大于 3.00m 时，中间宜加设扶手；当坡道与台阶结合时，坡道有效宽度不应小于 1.20m，且坡道应做防滑处理。

(二) 坡 道

259. 坡道的构造要点有哪些?

1)《民用建筑设计通则》GB 50352—2005 中规定:

(1) 室内坡道坡度不宜大于 1∶8,室外坡道坡度不宜大于 1∶10。

(2) 室外坡道水平投影长度超过 15m 时,宜设休息平台,平台宽度应根据使用功能或设备尺寸所需缓冲空间而定。

(3) 供轮椅使用坡道的坡度不应大于 1∶12,困难地段的坡度不应大于 1∶8。

(4) 自行车推行坡道每段坡长不宜超过 6m,坡度不宜大于 1∶5。

(5) 汽车库内机动车行坡道应符合《汽车库建筑设计规范》JGJ100—98 的规定,具体数值见表 2-58。

汽车库内机动车行车坡道 **表 2-58**

<table>
<tr><th rowspan="2">坡道形式
车型</th><th colspan="2">直线坡道</th><th colspan="2">曲线坡道</th></tr>
<tr><th>百分比(%)</th><th>比值(高∶长)</th><th>百分比(%)</th><th>比值(高∶长)</th></tr>
<tr><td>微型车
小型车</td><td>15</td><td>1∶6.67</td><td>12</td><td>1∶8.3</td></tr>
<tr><td>轻型车</td><td>13.3</td><td>1∶7.5</td><td rowspan="2">10</td><td rowspan="2">1∶10</td></tr>
<tr><td>中型车</td><td>12</td><td>1∶8.3</td></tr>
<tr><td>大型客车
大型货车</td><td>10</td><td>1∶10</td><td>8</td><td>1∶12.5</td></tr>
<tr><td>铰接客车
铰接货车</td><td>8</td><td>1∶12.5</td><td>6</td><td>1∶16.7</td></tr>
</table>

(6) 坡道应采取防滑措施,坡道中间休息平台的水平长度不应小于 1.50m。

2)《老年人建筑设计规范》JGJ 122—99 中规定:

(1) 不设电梯的 3 层及 3 层以下老年人建筑除设楼梯以外,还宜兼设坡道,坡道净宽不宜小于 1.50m,坡道长度不宜大于 12m。

①坡道转弯时应设休息平台,休息平台净深度不得小于 1.50m;

②在坡道的起点与终点,应留有深度不小于 1.50m 的轮椅缓冲地带;

③坡道侧面临空时,在栏杆下端宜设高度不小于 50mm 的安全挡台。

(2) 出入口前坡道坡度不宜大于 1∶12,坡道两侧应加栏杆、扶手。

3)《托儿所、幼儿园建筑设计规范》JGJ 39—87 中指出:

(1) 在幼儿安全疏散和经常出入的通道上,不应设置台阶。

(2) 必要时可设置防滑坡道,其坡度不应大于 1∶12。

4)《档案馆建筑设计规范》JGJ 25—2000 中指出:

当档案库与其他用房同层布置且楼地面有高差时,应采用坡道连接。

5)《商店建筑设计规范》JGJ 48—88 中指出,商业部分的坡道应符合下列规定:

(1) 供轮椅通行的坡道的坡度不应大于 1∶12。

（2）坡道两侧应设置高度为 0.65m 的扶手。

（3）坡道水平投影长度超过 15m 时，宜设 1.50m 长的休息平台。

6）《汽车库建筑设计规范》JGJ 100—98 中规定：汽车库内坡道面层应采取防滑措施，并宜在柱子、墙体阳角和凸出构件等部位设置防撞措施。

7）《剧场建筑设计规范》JGJ 57—2000 中规定：室内部分坡度不应大于 1∶8，室外部分坡度不应大于 1∶10，并应加防滑措施。室内坡道采用地毯等级不应低于 B_1 级材料。为残疾人设置的坡道坡度不应大于 1∶12。

8）《博物馆建筑设计规范》JGJ 66—91 中规定：博物馆藏品的运送通道应防止出现台阶，楼地面高差处可设置不大于 1∶12 的坡道。珍品及对温湿度变化较敏感的藏品不应通过露天运送。

9）《中小学校设计规范》GB 50099—2011 中指出：用坡道代替台阶时，坡道的坡度不应大于 1∶8，不宜大于 1∶12。

10）《养老设施建筑设计规范》GB 50867—2013 规定：坡道坡度不宜大于 1/12，连续坡长不宜大于 6m，平台宽度不应小于 2.00m。

11）《旅馆建筑设计规范》JGJ 62－2014 规定：当服务通道有高差时，宜设置坡度不大于 1∶8 的坡道。

12）其他技术资料规定：

（1）不同位置的坡道、坡度和宽度，应以表 2-59 为准。

不同位置的坡道、坡度和宽度 **表 2-59**

坡道位置	最大坡度	最小宽度（m）	坡道位置	最大坡度	最小宽度（m）
有台阶的建筑入口	1∶12	≥1.20	室外道路	1∶20	≥1.50
只有坡道的建筑入口	1∶20	≥1.50	困难地段	1∶10～1∶8	≥1.20
室内走道	1∶12	≥1.00			

（2）坡道起点、终点和中间休息平台的水平长度不应小于 1.50m。

六、屋　　面

（一）屋面的基本要求

260. 屋面应满足哪些基本要求？

1）《民用建筑设计通则》GB 50352—2005 中规定：

（1）屋面工程应根据建筑物的性质、重要程度、使用功能及防水层的合理使用年限，结合工程特点、地区自然条件等，按不同等级进行设防。

（2）屋面构造应符合下列要求：

① 屋面面层应采用不燃烧体材料，包括屋面突出部分及屋顶加层，但一、二级耐火等级建筑物，其不燃烧体屋面基层上可采用可燃卷材防水层。

② 屋面排水宜优先采用外排水；高层建筑、多跨及集水面积较大的屋面宜采用内排水；屋面水落管的数量、管径应通过验（计）算确定。

③ 天沟、檐沟、檐口、水落口、泛水、变形缝和伸出屋面管道等处应采取与工程特点相适应的防水加强构造措施，并应符合有关规范的规定。

④ 当屋面坡度较大或同一屋面落差较大时，应采取固定加强和防止屋面滑落的措施；平瓦必须铺置牢固。

⑤ 地震设防区或有强风地区的屋面应采取固定加强措施。

⑥ 设保温层的屋面应通过热工验算，并采取防结露、防蒸汽渗透及施工时防保温层受潮等措施。

⑦ 采用架空隔热层的屋面，架空隔热层的高度应按照屋面的宽度或坡度的大小变化确定，架空层不得堵塞；当屋面宽度大于 10m 时，应设置通风屋脊；屋面基层上宜有适当厚度的保温隔热层。

⑧ 采用钢丝网水泥或钢筋混凝土薄壁构件的屋面板应有抗风化、抗腐蚀的防护措施；刚性防水屋面应有抗裂措施。

⑨ 当无楼梯通达屋面时，应设上屋面的检修人孔或低于 10m 时可设外墙爬梯，并应有安全防护和防止儿童攀爬的措施。

⑩ 闷顶应设通风口和通向闷顶的检修人孔；闷顶内应有防火分隔。

2）《屋面工程技术规范》GB 50345—2012 中要求：

（1）屋面防水工程应根据建筑物的类别、重要程度、使用功能要求确定防水等级，并应按相应等级进行设防；对防水有特殊要求的建筑屋面，应进行专项防水设计。屋面防水等级和设防要求应符合表 2-60 的要求。

（2）屋面工程应根据建筑物的建筑造型、使用功能、环境条件，对下列内容进行设计：

① 屋面防水等级和设防要求；

② 屋面构造设计；

屋面防水等级和设防要求 表 2-60

防水等级	建筑类别	设防要求
Ⅰ级	重要建筑和高层建筑	两道防水设防
Ⅱ级	一般建筑	一道防水设防

③ 屋面排水设计；

④ 找坡方式和选用的找坡材料；

⑤ 防水层选用的材料、厚度、规格及其主要性能；

⑥ 保温层选用的材料、厚度、燃烧性能及其主要性能；

⑦ 接缝密封防水选用的材料。

(3) 屋面防水层设计应采取下列技术措施：

① 卷材防水层易拉裂部位，宜选用空铺、点粘、条粘或机械固定等施工方法。

② 结构易发生较大变形、易渗漏和损坏的部位，应设置卷材或涂膜附加层。

③ 在坡度较大和垂直面上粘贴防水卷材时，宜采用机械固定和对固定点进行密封的方法。

④ 卷材或涂膜防水层上应设置保护层。

⑤ 在刚性保护层与卷材、涂膜防水层之间应设置隔离层。

(4) 屋面工程所使用的防水材料在下列情况下应具有相容性：

① 卷材或涂料与基层处理剂。

② 卷材与胶粘剂或胶粘带。

③ 卷材与卷材复合使用。

④ 卷材与涂料复合使用。

⑤ 密封材料与接缝基材。

(5) 防水材料的选择应符合下列规定：

① 外露使用的防水层，应选用耐紫外线、耐老化、耐候性好的防水材料。

② 上人屋面，应选用耐霉变、拉伸强度高的防水材料。

③ 长期处于潮湿环境的屋面，应选用耐腐蚀、耐霉变、耐穿刺、耐长期水浸等性能的防水材料。

④ 薄壳结构、装配式结构、钢结构及大跨度建筑屋面，应选用耐候性好、适应变形能力强的防水材料。

⑤ 倒置式屋面应选用适应变形能力强、接缝密封保证率高的防水材料。

⑥ 坡屋面应选用与基层粘结力强、感温性小的防水材料。

⑦ 屋面接缝密封防水，应选用与基材粘结力强和耐候性好、适应变形能力强的密封材料。

⑧ 基层处理剂、胶粘剂和涂料，应符合《建筑防水涂料有害物质限量》JC1066—2008 的有关规定。

3)《档案馆建筑设计规范》JGJ 25—2000 中指出：

(1) 平屋顶上采用架空层时，应做好基层保温隔热层；架空层的高度不应小于 0.30m，且应通风流畅。

（2）炎热多雨地区，采用坡屋顶时，屋顶内应通风流畅；其下层屋顶板，应采用钢筋混凝土结构并做好防漏水处理。

（二）屋面的类型与坡度

261. 屋面的类型和坡度有哪些?

相关技术资料表明，屋面的类型和坡度为：

1）屋面的类型：屋面分为平屋面和坡屋面（亦称瓦屋面）两大部分。

2）屋面排水坡度的表达：

（1）坡度法

①《民用建筑设计通则》GB 50352—2005 中规定的屋面类型和坡度详见表 2-61。

屋面的排水坡度　　表 2-61

屋面类别	类型	排水坡度（%）	屋面类别	类型	排水坡度（%）
平屋面	卷材防水	2～5	坡屋面	油毡瓦	≥20
				平瓦	20～50
	刚性防水	2～5		波形瓦	10～50
				网架、悬索结构金属板	≥4
	种植土屋面	1～3		压型钢板	5～35

注：1. 平屋面采用结构找坡不应小于 3%，采用材料找坡不应小于 2%。
2. 卷材屋面的坡度不宜大于 25%，当坡度大于 25%，应采取固定和防止滑落的措施。
3. 卷材防水屋面天沟、檐沟纵向坡度不应小于 1%，沟底水落差不得超过 200mm。天沟、檐沟排水不应流经变形缝和防火墙。
4. 平瓦必须搁置牢固，地震设防地区或坡度大于 50%的屋面，应采取固定加固措施。
5. 架空隔热屋面坡度不宜大于 5%，种植屋面坡度不宜大于 3%。

②《屋面工程技术规范》GB 50345—2012 中规定：

a. 平屋面：平屋面的类型和坡度详见表 2-62。

平屋面的类型和坡度　　表 2-62

屋面类型	排水坡度	屋面类型	排水坡度
平屋面（材料找坡）	坡度宜为 2%	蓄水隔热屋面	不宜大于 0.5%
平屋面（结构找坡）	不应小于 3%	倒置式屋面	宜为 3%
架空隔热屋面	不宜大于 5%	金属檐沟、天沟的纵向坡度	宜为 0.5%

b. 瓦屋面：瓦屋面的类型和坡度详见表 2-63。

瓦屋面的类型和坡度　　表 2-63

材料种类	屋面排水坡度
烧结瓦、混凝土瓦	不应小于 30%
沥青瓦	不应小于 20%
金属板材	咬口锁边连接 5%、紧固件连接 10%、檐沟 0.5%

③《屋面工程质量验收规范》GB 50207—2012 中对屋面常用坡度的规定为：

a. 结构找坡的屋面坡度不应小于 3%。

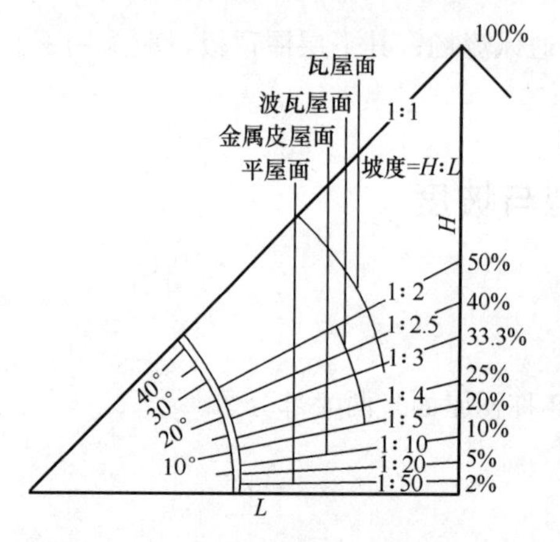

图 2-42　屋面坡度与角度的关系

b. 材料找坡的屋面坡度宜为 2%。

c. 檐沟、天沟纵向坡度不应小于 1%，沟底水落差不得超过 200mm。

（2）角度法

《民用建筑太阳能热水系统应用技术规范》GB 50364—2005 中指出：坡度小于 10°的屋面叫平屋面；坡度不小于 10°且小于 75°的屋面叫坡屋面。采用角度法确定坡度时必须进行转换才能用于工程实践中。

屋面坡度与角度的关系转换的关系见图 2-42。

（3）高跨比法

古建中多采用高度与跨度的比值确定坡屋面的坡度，这种方法叫高跨比，常用的坡屋面高跨比值为 1∶4，转换为坡度是 1∶50，转换为角度约为 27°。

（三）平屋面中的保温屋面

262. 平屋面的正置式做法与倒置式做法有哪些区别?

《屋面工程技术规范》GB 50345—2012 规定，两种平屋面做法的主要区别是：

1）正置式做法：属于传统做法，构造层次的最大特点是保温层在下、防水层在上。

2）倒置式做法：属于节能做法，构造层次的最大特点是保温层在上、防水层在下。

263. 平屋面构造层次中的结构层有哪些要求?

综合《屋面工程技术规范》GB 50345—2012 和《屋面工程质量验收规范》GB 50207—2012，平屋面构造层次中的结构层应符合下列规定：

1）平屋顶的承重结构多以钢筋混凝土板为主，可以现浇也可以预制。层数低的建筑有时也可以选用钢筋加气混凝土板。

2）结构层为装配式钢筋混凝土板时，应用强度等级不小于 C20 的细石混凝土将板缝灌填密实；当板缝宽度大于 40mm 或上窄下宽时，应在缝中放置构造钢筋；板端缝应进行密封处理。

注：无保温层的屋面，板侧缝宜进行密封处理。

264. 平屋面构造层次中的找坡层有哪些要求?

综合《屋面工程技术规范》GB 50345—2012 和《屋面工程质量验收规范》GB 50207—2012 对平屋面构造层次中找坡层的要求为：

1）混凝土结构层宜采用结构找坡，坡度应不小于 3%。

2）当采用材料找坡时，宜采用质量轻、吸水率低和有一定强度的材料，坡度宜为 2%。

265. 平屋面构造层次中找平层的确定因素有哪些?

综合《屋面工程技术规范》GB 50345—2012 和《屋面工程质量验收规范》GB 50207—2012，平屋面构造中的找平层应符合下列规定：

1）卷材屋面、涂膜屋面的基层宜设找平层。找平层的厚度和技术要求应符合表 2-64 的规定。当对细石混凝土找平层的刚度有一定要求时，找平层中宜设置钢筋网片。

找平层厚度和技术要求 **表 2-64**

找平层分类	适用的基层	厚度（mm）	技术要求
水泥砂浆	整体现浇混凝土板	15～20	1∶2.5 水泥砂浆
	整体材料保温层	20～25	
细石混凝土	装配式混凝土板	30～35	C20 混凝土，宜加钢筋网片
	板状材料保温层		C20 混凝土

2）保温层上的找平层应留设分格缝，缝宽宜为 5～20mm，纵横缝的间距不宜大于 6m。

266. 平屋面构造层次中保温层的确定因素有哪些?

综合《屋面工程技术规范》GB 50345—2012 和《屋面工程质量验收规范》GB 50207—2012 对平屋面构造层次中保温层的要求为：

1）保温层的设计

(1) 保温层应选用吸水率低、导热系数小，并有一定强度的保温材料。

(2) 保温层的厚度应根据所在地区现行节能设计标准，经计算确定。

(3) 保温层的含水率，应相当于该材料在当地自然风干状态下的平衡含水率。

(4) 屋面为停车场等高荷载情况时，应根据计算确定保温材料的强度。

(5) 纤维材料做保温层时，应采取防止压缩的措施。

(6) 屋面坡度较大时，保温层应采取防滑措施。

(7) 封闭式保温层或保温层干燥有困难的卷材屋面，宜采取排汽构造措施。

2）屋面排汽构造（图 2-43）

当屋面保温层或找平层干燥有困难时，应做好屋面排汽设计，屋面排汽层的设计应符合下列规定：

(1) 找平层设置的分格缝可以兼作排汽道；排汽道内可填充粒径较大的轻质骨料。

(2) 排汽道应纵横贯通，并与同大气连通的排汽管相通，排汽管的直径应不小于 40mm。排汽孔可设在檐口下或纵横排汽道的交叉处。

(3) 排汽道纵横间距宜为 6.00m。屋面面积每 36m² 宜设置一个排汽孔，排汽孔应作防水处理。

(4) 在保温层下也可铺设带支点的塑料板。

3）屋面热桥部位的处理：当内表面温度低于室内空气的露点温度时，均应作保温处理。

4）保温层的种类及保温材料的类别

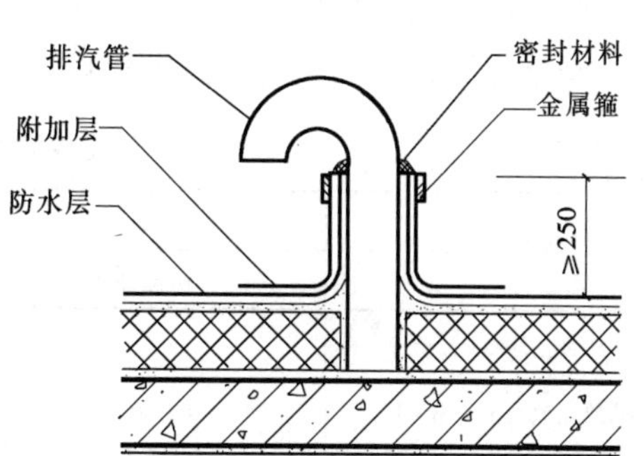

图 2-43 排汽屋面的构造

保温层的种类及保温材料的类别见表 2-65。

保温层及其保温材料　　表 2-65

保温层	保温材料
板状材料保温层	聚苯乙烯泡沫塑料（XPS板、EPS板）、硬质聚氨酯泡沫塑料、膨胀珍珠岩制品、泡沫玻璃制品、加气混凝土砌块、泡沫混凝土砌块
纤维材料保温层	玻璃棉制品、岩棉制品、矿渣棉制品
整体材料保温层	喷涂硬泡聚氨酯、现浇泡沫混凝土

5）保温材料的主要性能指标

（1）板状保温材料

板状保温材料的主要性能指标见表 2-66。

板状保温材料的主要性能指标　　表 2-66

项目	指标						
	聚苯乙烯泡沫塑料		硬质聚氨酯泡沫塑料	泡沫玻璃	憎水型膨胀珍珠岩	加气混凝土	泡沫混凝土
	挤塑	模塑					
表观密度或干密度（kg/m^3）	—	≥20	≥30	≤200	≤350	≤425	≤530
压缩强度(kPa)	≥150	≥100	≥120	—	—	—	—
抗压强度(kPa)	—	—	—	≥0.4	≥0.3	≥1.0	≥0.5
导热系数[W/(m·K)]	≤0.030	≤0.041	≤0.024	≤0.070	≤0.087	≤0.120	≤0.120
尺寸稳定性（70℃，48h,%,）	≤2.0	≤3.0	≤2.0	—	—	—	—
水蒸气渗透系数[ng/(Pa·m·s)]	≤3.5	≤4.5	≤6.5	—	—	—	—
吸水率(v/v,%)	≤1.5	≤4.0	≤4.0	≤0.5	—	—	—
燃烧性能	不低于B_2级			A级			

(2)纤维保温材料

纤维保温材料的主要性能指标见表 2-67。

纤维保温材料的主要性能指标　　表 2-67

项目	指标			
	岩棉、矿渣棉板	岩棉、矿渣棉毡	玻璃棉板	玻璃棉毡
表观密度(kg/m^3)	≥40	≥40	≥24	≥10
导热系数[W/(m·K)]	≤0.040	≤0.040	≤0.043	≤0.050
燃烧性能	A级			

(3)喷涂硬泡聚氨酯保温材料

喷涂硬泡聚氨酯保温材料的主要性能指标见表 2-68。

喷涂硬泡聚氨酯保温材料的主要性能指标　　表 2-68

项　　目	性能要求
表观密度(kg/m^3)	≥35
导热系数[W/(m·K)]	≤0.024
压缩强度(kPa)	≥150
尺寸稳定性(70℃，48h)/%	≤1.0
闭孔率(%)	≥92
水蒸气渗透系数[ng/(Pa·m·s)]	≤5
吸水率(v/v,%)	≤3
燃烧性能	不低于 B_2 级

(4) 现浇泡沫混凝土保温材料

现浇泡沫混凝土保温材料的主要性能指标见表 2-69。

现浇泡沫混凝土保温材料的主要性能指标　　表 2-69

项　　目	指　　标
干密度(kg/m^3)	≤600
导热系数[W/(m·K)]	≤0.14
抗压强度(kPa)	≥0.50
吸水率(%)	≤20
燃烧性能	A 级

267. 平屋面构造层次中隔汽层的确定因素有哪些?

综合《屋面工程技术规范》GB 50345—2012 和《屋面工程质量验收规范》GB 50207—2012，平屋面构造层次中的隔汽层应符合下列规定：

1) 隔汽层的确定

当严寒和寒冷地区屋面结构冷凝界面内侧实际具有的蒸汽渗透阻小于所需值，或其他地区室内湿气有可能透过屋面结构层时，应设置隔汽层。

2) 隔汽层的具体要求

(1)正置式屋面的隔汽层应设置在结构层上、保温层下(倒置式屋面不设隔汽层)。

(2)隔汽层应选用气密性、水密性好的材料。

(3)隔汽层应沿周边墙面向上连续铺设，高出保温层上表面不小于 150mm。

(4)隔汽层采用卷材时宜空铺，卷材搭接缝应满粘，其搭接宽度应不小于 80mm；隔汽层采用涂料时，应涂刷均匀。

268. 平屋面构造层次中防水层的确定因素有哪些?

综合《屋面工程技术规范》GB 50345—2012，和《屋面工程质量验收规范》GB 50207—2012，平屋面构造层次中的防水层应符合下列规定：

1)防水做法与防水等级的关系

防水做法与防水等级的关系应符合表 2-70 的规定。

防水做法与防水等级的关系　　表 2-70

防水等级	防水做法
Ⅰ级	卷材防水层和卷材防水层、卷材防水层与涂膜防水层、复合防水层
Ⅱ级	卷材防水层、涂膜防水层、复合防水层

注：在Ⅰ级屋面防水做法中，防水层仅为单层卷材时，应符合有关单层防水卷材屋面技术的规定。

2)防水卷材

(1)防水卷材的选择

① 防水卷材可选用合成高分子防水卷材或高聚物改性沥青防水卷材，其外观质量和品种、规格应符合国家现行有关材料标准的规定。

② 应根据当地历年最高气温、最低气温、屋面坡度和使用条件等因素，选择耐热度、低温柔性相适应的卷材。

③ 根据地基变形程度、结构形式、当地年温差、日温差和振动等因素，选择拉伸性能相适应的卷材。

④ 应根据防水卷材的暴露程度，选择耐紫外线、耐根穿刺、耐老化、耐霉烂相适应的卷材。

⑤ 种植隔热屋面的防水层应选择耐根穿刺的防水卷材。

(2) 防水卷材最小厚度的确定

每道卷材防水层最小厚度应符合表 2-71 的规定。

(3)防水卷材的性能指标

① 合成高分子防水卷材主要性能指标见表 2-72。

② 高聚物改性沥青防水卷材主要性能指标见表 2-73。

每道卷材防水层的最小厚度（mm）　　表 2-71

防水等级	合成高分子防水卷材	高聚物改性沥青防水卷材		
		聚酯胎、玻纤胎、聚乙烯胎	自粘聚酯胎	自粘无胎
Ⅰ级	1.2	3.0	2.0	1.5
Ⅱ级	1.5	4.0	3.0	2.0

3)防水涂膜

(1)防水涂料的选择

① 防水涂料可选用合成高分子防水涂料、聚合物水泥防水涂料和高聚物改性沥青防水涂料，其外观质量和品种、型号应符合国家现行有关材料标准的规定。

合成高分子防水卷材主要性能指标 **表 2-72**

项目		性能要求			
		硫化橡胶类	非硫化橡胶类	树脂类	树脂类(复合片)
断裂拉伸强度(MPa)		≥6	≥3	≥10	≥60 N/10mm
扯断伸长率(%)		≥400	≥200	≥200	≥400
低温弯折(℃)		−30	−20	−25	−20
不透水性	压力(MPa)	≥0.3	≥0.2	≥0.3	≥0.3
	保持时间(min)	≥30			
加热收缩率(%)		< 1.2	< 2.0	≤2.0	≤2.0
热老化保持率(80℃×168h,%)	断裂拉伸强度	≥80		≥85	≥80
	扯断伸长率	≥70		≥80	≥70

高聚物改性沥青防水卷材主要性能指标 **表 2-73**

项目		性能要求				
		聚酯毡胎体	玻纤毡胎体	聚乙烯胎体	自粘聚酯胎体	自粘无胎体
可溶物含量(g/m^2)		3mm厚≥2100 4mm厚≥2900		—	2mm厚≥1300 3mm厚≥2100	—
拉力(N/50mm)		≥500	纵向≥350	≥200	2mm厚≥350 3mm厚≥450	≥150
延伸率(%)		最大拉力时 SBS ≥30 APP ≥25	—	断裂时 ≥120	最大拉力时 ≥30	最大拉力时 ≥200
耐热度(℃,2h)		SBS卷材90, APP卷材110, 无滑动、流淌、滴落		PEE卷材90, 无流淌、起泡	70,无滑动、 流淌、滴落	70,滑动 不超过2mm
低温柔性(℃)		SBS卷材−20;APP卷材−7;PEE卷材−10			−20	
不透水性	压力(MPa)	≥0.3	≥0.2	≥0.4	≥0.3	≥0.2
	保持时间(min)	≥30				≥120

注:SBS卷材——弹性体改性沥青防水卷材;APP卷材——塑性体改性沥青防水卷材;PEE卷材——改性沥青聚乙烯胎防水卷材。

② 应根据当地历年最高气温、最低气温、屋面坡度和使用条件等因素,选择耐热性和低温柔性相适应的涂料。

③ 应根据地基变形程度、结构形式、当地年温差、日温差和振动等因素,选择拉伸性能相适应的涂料。

④ 应根据屋面涂膜的暴露程度,选择耐紫外线、耐老化相适应的涂料。

⑤ 屋面排水坡度大于25%时,应选择成膜时间较短的涂料。

(2)每道涂膜防水层最小厚度的确定

每道涂膜防水层最小厚度应符合表2-74的规定。

每道涂膜防水层最小厚度(mm) **表 2-74**

防水等级	合成高分子防水涂膜	聚合物水泥防水涂膜	高聚物改性沥青防水涂膜
Ⅰ级	1.5	1.5	2.0
Ⅱ级	2.0	2.0	3.0

(3) 防水涂料主要性能指标

① 合成高分子防水涂料

合成高分子防水涂料(反应固化型)的性能指标见表 2-75；合成高分子防水涂料(挥发固化型)的性能指标见表 2-76。

合成高分子防水涂料(反应固化型)的性能指标 **表 2-75**

项目		指标	
		Ⅰ类	Ⅱ类
固体含量(%)		单组分≥80，多组分≥92	
拉伸强度(MPa)		单组分，多组分≥1.9	单组分，多组分≥2.45
断裂伸长率(%)		单组分≥550，多组分≥450	单组分，多组分≥450
低温柔性(℃、2h)		单组分－40，多组分－35，无裂纹	
不透水性	压力(MPa)	≥0.3	
	保持时间(min)	≥30	

注：产品按拉伸性能分为Ⅰ类和Ⅱ类。

合成高分子防水涂料(挥发固化型)主要性能指标 **表 2-76**

项目		指标
固体含量(%)		≥65
拉伸强度(MPa)		≥1.5
断裂伸长率(%)		≥300
低温柔性(℃，2h)		－20，无裂纹
不透水性	压力(MPa)	≥0.3
	保持时间(min)	≥30

② 聚合物水泥防水涂料

聚合物水泥防水涂料主要性能指标见表 2-77。

聚合物水泥防水涂料主要性能指标 **表 2-77**

项目		指标
固体含量(%)		≥70
拉伸强度(MPa)		≥1.2
断裂伸长率(%)		≥200
低温柔性(℃，2h)		－10，无裂纹
不透水性	压力(MPa)	≥0.3
	保持时间(min)	≥30

③ 高聚物改性沥青防水涂料

高聚物改性沥青防水涂料主要性能指标见表 2-78。

高聚物改性沥青防水涂料主要性能指标　　表 2-78

项　目		性能要求	
		水乳型	溶剂型
固体含量(%)		≥45	≥48
耐热性(80℃，5h)		无流淌、起泡、滑动	
低温柔性(℃，2h)		－15，无裂纹	－15，无裂纹
不透水性	压力(MPa)	≥0.1	≥0.2
	保持时间(min)	≥30	≥30
断裂伸长率(%)		≥600	—
抗裂性(mm)		—	基层裂缝 0.3mm，涂膜无裂纹

4)复合防水层

(1)复合防水层的选用

① 选用的防水卷材与防水涂料应相容。

② 防水涂膜宜设置在防水卷材的下面。

③ 挥发固化型防水涂料不得作为防水卷材粘结材料使用。

④ 水乳型或合成高分子类防水涂膜上面，不得采用热熔型防水卷材。

⑤ 水乳型或水泥基类防水涂料，应待涂膜实干后再采用冷粘铺贴卷材。

(2) 复合防水层的最小厚度

复合防水层的最小厚度应符合表 2-79 的规定。

复合防水层的最小厚度　　表 2-79

防水等级	合成高分子防水卷材＋合成高分子防水涂膜	自粘聚合物改性沥青防水卷材(无胎)＋合成高分子防水涂膜	高聚物改性沥青防水卷材＋高聚物改性沥青防水涂膜	聚乙烯丙纶卷材＋聚合物水泥防水胶结材料
Ⅰ级	1.2＋1.5	1.5＋1.5	3.0＋2.0	(0.7＋1.3)×2
Ⅱ级	1.0＋1.0	1.2＋1.0	3.0＋1.2	0.7＋1.3

5) 下列情况不得作为屋面的一道防水设防：

(1) 混凝土结构层。

(2) Ⅰ型喷涂硬泡聚氨酯保温层。

(3) 装饰瓦以及不搭接瓦。

(4) 隔汽层。

(5) 细石混凝土层。

(6) 卷材或涂膜厚度不符合规范规定的防水层。

269. 平屋面构造层次中的保护层的确定因素有哪些?

综合《屋面工程技术规范》GB 50345—2012 和《屋面工程质量验收规范》GB 50207—2012，平屋面构造中的保护层应符合下列规定：

1）上人屋面的保护层应采用块体材料、细石混凝土等材料，不上人屋面保护层可采用浅色涂料、铝箔、矿物粒料、水泥砂浆等材料。各种保护层材料的适用范围和技术要求应符合表 2-80 的规定。

保护层材料的适用范围和技术要求 **表 2-80**

保护层材料	适用范围	技术要求
浅色涂料	不上人屋面	丙烯酸系反射涂料
铝箔	不上人屋面	0.05mm 厚铝箔反射膜
矿物粒料	不上人屋面	不透明的矿物粒料
水泥砂浆	不上人屋面	20mm 厚 1：2.5 或 M15 水泥砂浆
块体材料	上人屋面	地砖或 30mm 厚 C20 细石混凝土预制块
细石混凝土	上人屋面	40mm 厚 C20 细石混凝土或 50mm 厚 C20 细石混凝土内配 ϕ4@100 双向钢筋网片

2）采用块体材料做保护层时，宜设分格缝，其纵横间距不宜大于 10m，分格缝宽度宜为 20mm，并应用密封材料嵌填。

3）采用水泥砂浆做保护层时，表面应抹平压光，并应设表面分格缝，分格面积宜为 1m^2。

4）采用细石混凝土做保护层时，表面应抹平压光，并应设表面分格缝，其纵横间距不应大于 6m，分格缝宽度宜为 10～20mm，并应用密封材料嵌填。

5）采用浅色涂料做保护层时，应与防水层粘结牢固，厚薄宜均匀，不得漏涂。

6）块体材料、水泥砂浆、细石混凝土保护层与女儿墙或山墙之间，应预留宽度为 30mm 的缝隙，缝内宜填塞聚苯乙烯泡沫塑料，并应用密封材料嵌填。

7）需经常维护的设施周围和屋面出入口至设施之间的人行道，应铺设块体材料或细石混凝土保护层。

270. 平屋面构造层次中的隔离层的确定因素有哪些?

综合《屋面工程技术规范》GB 50345—2012 和《屋面工程质量验收规范》GB 50207—2012，平屋面构造层次中的隔离层应符合下列规定：

1）隔离层的设置原则：块体材料、水泥砂浆、细石混凝土保护层与卷材防水层或涂膜防水层之间应设置隔离层。

2）隔离层材料的适用范围和技术要求宜符合表 2-81 的规定。

隔离层材料的适用范围和技术要求 **表 2-81**

隔离层材料	适用范围	技术要求
塑料膜	块体材料、水泥砂浆保护层	0.4mm 厚聚乙烯膜或 3mm 厚发泡聚乙烯膜
土工布	块体材料、水泥砂浆保护层	200g/m^2 聚酯无纺布
卷材	块体材料、水泥砂浆保护层	石油沥青卷材一层
低强度等级砂浆	细石混凝土保护层	10mm 黏土砂浆，石灰膏：砂：黏土＝1：2.4：3.6
		10mm 厚石灰砂浆，石灰膏：砂＝1：4
		5mm 厚掺有纤维的石灰砂浆

271. 平屋面构造层次中的附加层的确定因素有哪些?

综合《屋面工程技术规范》GB 50345—2012 和《屋面工程质量验收规范》GB 50207—2012，平屋面构造的下列部位应加设附加层：

1）附加层的选用

（1）檐沟、天沟与屋面交接处，屋面平面与立面交接处以及水落口、伸出屋面管道根部等部位，应设置卷材或涂膜附加层。

（2）屋面找平层分格缝等部位，宜设置卷材空铺附加层，其空铺宽度不宜小于 100mm。

2）附加层的最小厚度

附加层的厚度应符合表 2-82 的规定。

附加层的最小厚度（mm）　**表 2-82**

附加层材料	最小厚度
合成高分子防水卷材	1.2
高聚物改性沥青防水卷材（聚酯胎）	3.0
合成高分子防水涂料、聚合物水泥防水涂料	1.5
高聚物改性沥青防水涂料	2.0

注：涂膜附加层应夹铺胎体增强材料。

3）防水卷材接缝应采用搭接缝，卷材搭接宽度应符合表 2-83 的规定。

卷材搭接宽度　**表 2-83**

卷材类别		搭接宽度（mm）
合成高分子防水卷材	胶粘剂	80
	胶粘带	50
	单缝焊	60，有效焊接宽度不小于 25
	双缝焊	80，有效焊接宽度 10×2+空腔宽
高聚物改性沥青防水卷材	胶粘剂	100
	自粘	80

4）胎体增加材料

（1）胎体增加材料宜采用聚酯无纺布或化纤无纺布；

（2）胎体增加材料长边搭接宽度不应小于 50mm，短边搭接宽度不应小于 70mm；

（3）上下层胎体增强材料的长边搭接缝应错开，且不得小于幅宽的 1/3；

（4）上下层胎体增强材料不得相互垂直铺设。

5）接缝密封材料

（1）屋面接缝应按密封材料的使用方式，分为位移接缝和非位移接缝。屋面接缝密封防水技术应符合表 2-84 的要求。

（2）接缝密封防水设计应保证密封部位不渗水，并应做到接缝密封防水与主体防水层相匹配。

屋面接缝密封防水技术要求　　表 2-84

接缝种类	密封部位	密封材料
位移接缝	混凝土面层分格接缝	改性石油沥青密封材料、合成高分子密封材料
	块体面层分格接缝	改性石油沥青密封材料、合成高分子密封材料
	采光顶玻璃接缝	硅酮耐候密封胶
	采光顶周边接缝	合成高分子密封材料
	采光顶隐框玻璃与金属框接缝	硅酮结构密封胶
	采光顶明框单元板块间接缝	硅酮耐候密封胶
非位移接缝	高聚物改性沥青卷材收头	改性石油沥青密封材料
	合成高分子卷材收头及接缝封边	合成高分子密封材料
	混凝土基层固定件周边接缝	改性石油沥青密封材料、合成高分子密封材料
	混凝土构件间接缝	改性石油沥青密封材料、合成高分子密封材料

（3）密封材料的选择应符合下列规定：

① 应根据当地历年最高气温、最低气温、屋面构造特点和使用条件等因素，选择耐热度、低温柔性相适应的密封材料。

② 应根据屋面接缝变形的大小以及接缝的宽度，选择位移能力相适应的密封材料。

③ 应根据屋面接缝粘结性要求，选择与基层材料相容的密封材料。

④ 应根据屋面的暴露程度，选择耐高低温、耐紫外线、耐老化和耐潮湿等性能相适应的密封材料。

（4）位移接缝密封材料的防水设计应符合下列规定：

① 接缝宽度应按屋面接缝位移量计算确定。

② 接缝的相对位移量不应大于可供选择密封材料的位移能力。

③ 密封材料的嵌填深度宜为接缝宽度的50%～70%。

④ 接缝处的密封材料底部应设置背衬材料，背衬材料应大于接缝宽度的20%，嵌入深度应为密封材料的设计厚度。

⑤ 背衬材料应选择与密封材料不粘结或粘结力弱的材料，并应能适应基层的伸缩变形，同时应具有施工时不变形、复原率高和耐久性好等性能。

272. 保温平屋面的构造层次及相关要求有哪些？

综合《屋面工程技术规范》GB 50345—2012 和《屋面工程质量验收规范》GB 50207—2012，保温平屋面的构造层次及相关要求如下：

1）相关要求：平屋面的基本构造层次应根据建筑物的性质、使用功能、气候条件等因素进行组合。

2）平屋面的构造层次应符合表 2-85 的要求。

平屋面的基本构造层次 表 2-85

屋面类型	做法	基本构造层次（由上而下）
卷材屋面、涂膜屋面	上人屋面、正置式	面层－隔离层－防水层－找平层－保温层－找平层－找坡层－结构层
	非上人屋面、倒置式	保护层－保温层－防水层－找平层－找坡层－结构层
	种植屋面、有保温层	种植隔热层－保护层－耐根穿刺防水层－防水层－找平层－保温层－找平层－找坡层－结构层
	架空屋面、有保温层	架空隔热层－防水层－找平层－保温层－找平层－找坡层－结构层
	蓄水屋面、有保温层	蓄水隔热层－隔离层－防水层－找平层－保温层－找平层－找坡层－结构层

注：1. 表中结构层为钢筋混凝土基层；防水层包括卷材防水层和涂膜防水层；保护层包括块体材料、水泥砂浆、细石混凝土等保护层。
2. 有隔汽要求的屋面，应在保温层与结构层之间设隔汽层。

（四）平屋面中的隔热屋面

273. 种植隔热屋面的构造层次及相关要求有哪些?

1）《屋面工程技术规范》GB 50345—2012 中规定：

（1）种植隔热层的构造层次应包括植被层、种植土层、过滤层和排水层等。

（2）种植隔热层所用材料及植物等应与当地气候条件相适应，并应符合环境保护要求。

（3）种植隔热层宜根据植物种类及环境布局的需要进行分区布置，分区布置应设挡墙或挡板。

（4）排水层材料应根据屋面功能及环境、经济条件等进行选择；过滤层宜采用 200～400g/m^2 的土工布，过滤层应沿种植土周边向上铺设至种植土高度。

（5）种植土四周应设挡墙，挡墙下部应设泄水孔，并应与排水出口连通。

（6）种植土应根据种植植物的要求选择综合性能良好的材料；种植土厚度应根据不同种植土和植物种类等确定。

（7）种植隔热层的屋面坡度大于 20％时，其排水层、种植土等应采取防滑措施。

2）《屋面工程质量验收规范》GB 50207—2012 中规定：

（1）种植隔热层与防水层之间宜设细石混凝土保护层。

（2）种植隔热层的屋面坡度大于 20％时，其排水层、种植土层应采取防滑措施。

（3）排水层施工应符合下列要求：

① 陶粒的粒径不应小于 25mm，大粒径应在下，小粒径应在上。

② 凹凸形排水板宜采用搭接法施工，网状交织排水板宜采用对接法施工。

③ 排水层上应铺设过滤层土工布。

④ 挡墙或挡板的下部应设排水孔，孔周围应放置疏水粗细骨料。

（4）过滤层土工布应沿种植土周边向上铺设至种植土高度，并应与挡墙或挡板粘牢；

土工布的搭接宽度不应小于100mm，接缝宜采用粘合或缝合。

(5) 种植土的厚度及自重应符合设计要求。种植土表面应低于挡墙高度100mm。

3)《种植屋面工程技术规范》JGJ 155—2013规定：

(1) 种植式屋面指的是铺以种植土或设置容器种植植物的建筑屋面。仅种植地被植物、低矮灌木的屋面叫简单式种植屋面；种植乔灌木和地被植物，并设置园路、坐凳等休憩设施的屋面叫花园式种植屋面。种植屋面的绿化指标见表2-86。

种植屋面的绿化指标 **表2-86**

种植屋面类型	项目	指标（%）
简单式	绿化屋顶面积占屋顶总面积	≥80
	绿化种植面积占绿化屋顶面积	≥90
花园式	绿化屋顶面积占屋顶总面积	≥60
	绿化种植面积占屋顶总面积	≥85
	铺装园路面积占绿化屋顶面积	≤12
	园林小品面积占绿化屋顶面积	≤3

(2) 种植屋面的分类与构造层次

① 种植平屋面：

构造层次包括：基层－绝热层－找坡（找平）层－普通防水层－耐根穿刺防水层－保护层－排（蓄）水层－过滤层－种植土层－植被层。

② 种植坡屋面：

构造层次包括：基层－绝热层－普通防水层－耐根穿刺防水层－保护层－排（蓄）水层－过滤层－种植土层－植被层。

(3) 种植屋面的防水等级

种植屋面防水层应满足一级防水等级的设防要求，且必须至少设置一道具有耐根穿刺性能的防水材料。

(4) 种植屋面的材料选择

① 结构层：种植屋面的结构层宜采用现浇钢筋混凝土。

② 防水层：种植屋面的防水层应采用不少于两道防水设防，上道应为耐根穿刺防水材料；两道防水层应相邻铺设且防水层的材料应相容。

a. 普通防水层一道防水设防的最小厚度应符合表2-87的要求。

普通防水层一道防水设防的最小厚度 **表2-87**

材料名称	最小厚度（mm）
改性沥青防水卷材	4.0
高分子防水卷材	1.5
自粘聚合物改性沥青防水卷材	3.0
高分子防水涂料	2.0
喷涂聚脲防水涂料	2.0

b. 耐根穿刺防水层一道防水设防的最小厚度应符合表 2-88 的要求。

耐根穿刺防水层一道防水设防的最小厚度 **表 2-88**

材料名称	最小厚度（mm）
弹性体改性沥青防水卷材（复合铜胎基、聚酯胎基）	4.0
塑性体改性沥青防水卷材（复合铜胎基、聚酯胎基）	4.0
聚氯乙烯防水卷材	1.2
热塑性聚烯烃防水卷材	1.2
高密度聚乙烯土工膜	1.2
三元乙丙橡胶防水卷材	1.2
聚乙烯丙纶防水卷材和聚合物水泥胶结料复合	0.6+1.3
喷涂聚脲防水涂料	2.0

③ 种植屋面的保护层（表 2-89）：

种植屋面的保护层 **表 2-89**

屋面种类	保护层材料	质量要求
简单式种植、容器种植	水泥砂浆	体积比 1 ： 3，厚度 15～20mm
花园式种植	细石混凝土	40mm
地下建筑顶板	细石混凝土	70mm

构造要求：

a. 水泥砂浆和细石混凝土保护层的下面应铺设隔离层；

b. 土工布或聚酯无纺布的单位面积质量不应小于 300g/m^2；

c. 聚乙烯丙纶复合防水卷材的芯材厚度不应小于 0.4mm；

d. 高密度聚乙烯土工膜的厚度不应小于 0.4mm。

④ 种植屋面的排（蓄）水材料：

a. 凹凸型排（蓄）水板的主要性能见表 2-90。

凹凸型排（蓄）水板的主要性能 **表 2-90**

项目	伸长率 10% 时拉力（N/100mm）	最大拉力（N/100mm）	断裂延伸率（%）	撕裂性能（N）	压缩性能		低温柔度	纵向通水量（侧压力 150Pa）（cm^3/s）
					压缩率为 20% 最大强度（kPa）	极限压缩现象		
性能要求	≥350	≥600	≥25	≥100	≥150	无裂痕	−10℃ 无裂纹	≥10

b. 网状交织排水板的主要性能见表 2-91。

网状交织排水板的主要性能 **表 2-91**

项目	抗压强度（kN/m^2）	表面开孔率（%）	空隙率（%）	通水量（cm^3/s）	耐酸碱性
性能要求	≥50	≥95	85～90	≥380	稳定

c. 级配碎石的粒径宜为 10～25mm，卵石的粒径宜为 25～40mm，铺设厚度均不宜小于 100mm。

d. 陶粒的粒径宜为 10～25mm，堆积密度不宜大于 500kg/m^3，铺设厚度不宜小于 100mm。

⑤ 种植屋面的过滤水材料：

过滤材料宜选用聚酯无纺布，单位面积质量不应小于 200g/m^2。

⑥ 屋面种植植物的要求：

a. 不宜选用速生树种；

b. 宜选用健康苗木，乡土植物不宜小于 70%；

c. 绿篱、色块、藤本植物宜选用三年以上苗木；

d. 地被植物宜选用多年生草本植物和覆盖能力强的木本植物。

（5）种植屋面的坡度

① 平屋面：种植平屋面的坡度不宜小于 2%；天沟、檐沟的排水坡度不宜小于 1%。

② 坡屋面：

a. 屋面的坡度小于 10%时，可按平屋面的规定执行；

b. 屋面的坡度大于等于 20%时，应采取挡墙或挡板等防滑措施；

c. 屋面的坡度大于 50%时，不宜做种植屋面；

d. 坡屋面满覆盖种植宜采用草坪地被植物；

e. 不宜采用土工布等软质材料做种植坡屋面的保护层，屋面坡度大于 20%时，应采用细石混凝土保护层；

f. 种植坡屋面应在沿山墙和檐沟部位设置防护栏杆。

（6）种植屋面的构造要求：

① 女儿墙、周边泛水部位和屋面檐口部位应设置缓冲带，其宽度不应小于 300mm。缓冲带可结合卵石带、园路或排水沟等设置。

② 泛水：屋面防水层的泛水高度应高出种植土不小于 250mm；地下顶板泛水高度不应小于 500mm。

③ 穿出屋面的竖向管道，应在结构层内预埋套管，套管高出种植土不应小于 250mm。

④ 坡屋面种植檐口处应设置挡墙、墙中设置排水管（孔）、挡墙应设防水层并与檐沟防水层连在一起。

⑤ 变形缝应高于种植土，变形缝上不应种植，可铺设盖板作为园路。

⑥ 种植屋面应采用外排水方式，水落口宜结合缓冲带设置。

⑦ 水落口位于绿地内时，其上方应设置雨水观察井，并在其周边设置不小于 300mm 的卵石观察带；水落管位于铺装层上时，基层应满铺排水板，上设雨水箅子。

⑧ 屋面排水沟上可铺设盖板作为园路，侧墙应设置排水孔。

274. 蓄水隔热屋面的构造层次及相关要求有哪些？

1）《屋面工程技术规范》GB 50345—2012 中规定：

（1）蓄水隔热层不宜在寒冷地区、地震设防地区和振动较大的建筑物上采用。

（2）蓄水隔热层的蓄水池应采用强度等级不低于 C20、抗渗等级不低于 P6 的防水混凝土制作，蓄水池内宜采用 20mm 厚防水砂浆抹面。

(3) 蓄水隔热层的排水坡度不宜大于 0.5%。

(4) 蓄水隔热屋面应划分为若干蓄水区，每区的边长不宜大于 10m，在变形缝的两侧应分成两个互不连通的蓄水区。长度超过 40m 的蓄水隔热屋面应分仓设置，分仓隔墙可采用现浇混凝土或砌块砌体。

(5) 蓄水池应设溢水口、排水管和给水管，排水管应与排水出口连通。

(6) 蓄水池的蓄水深度宜为 150～200mm。

(7) 蓄水池溢水口距分仓墙顶的高度不得小于 100mm。

(8) 蓄水池应设置人行通道。

2)《屋面工程质量验收规范》GB 50207—2012 中规定：

(1) 蓄水隔热层与屋面防水层之间应设置隔离层。

(2) 蓄水池的所有孔洞应预留，不得后凿；所设置的给水管、排水管和溢水管等，均应在蓄水池混凝土施工前安装完毕。

(3) 每个蓄水池的防水混凝土应一次浇筑完毕，不得留施工缝。

(4) 防水混凝土应用机械振捣密实，表面应抹平和压光，初凝后应覆盖养护，终凝后浇水养护不得少于 14d，蓄水后不得断水。

275. 架空隔热屋面的构造层次及相关要求有哪些?

1)《屋面工程技术规范》GB 50345—2012 中规定：

(1) 架空隔热层宜在屋顶有良好通风的建筑物上采用，不宜在寒冷地区采用。

(2) 当采用混凝土架空隔热层时，屋面坡度不宜大于 5%。

(3) 架空隔热制品及其支座的质量应符合国家现行有关材料标准的规定。

(4) 架空隔热层的高度宜为 180～300mm。架空板与女儿墙的距离不应小于 250mm。

(5) 当屋面宽度大于 10m 时，架空隔热层中部应设置通风屋脊。

(6) 架空隔热层的进风口，宜设置在当地炎热季节最大频率风向的正压区，出风口宜设置在负压区。

架空隔热屋面的构造见图 2-44。

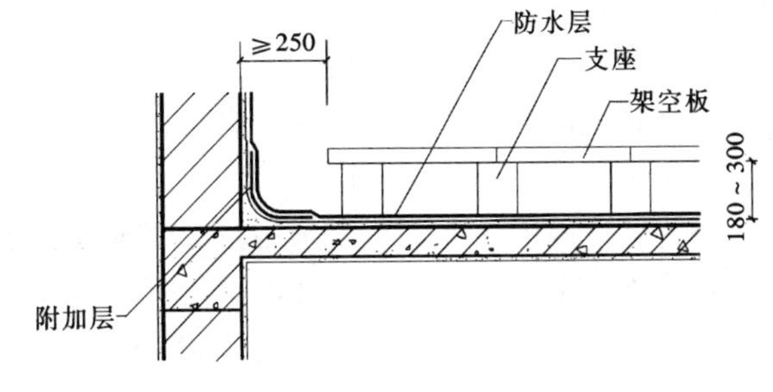

图 2-44　架空屋面的构造

2)《屋面工程质量验收规范》GB 50207—2012 中规定：

(1) 架空隔热层的高度应按屋面宽度或坡度大小确定。设计无要求时，架空隔热层的高度宜为 180～300mm。

(2) 当屋面宽度大于 10m 时，应在屋面中部设置通风屋脊，通风口处应设置通风箅子。

(3) 架空隔热制品支座底面的卷材、涂膜防水层，应采取加强措施。

(4) 架空隔热制品的质量应符合下列要求：

① 非上人屋面的砌块强度等级应不低于 MU7.5；上人屋面的砌块强度等级应不低于 MU10；

② 混凝土板的强度等级应不低于 C20，板厚及配筋应符合设计要求。

（五）平屋面中的倒置式屋面

276. 倒置式屋面的构造层次及相关要求有哪些?

1）《屋面工程技术规范》GB 50345—2012 中规定：

（1）倒置式屋面的坡度宜为 3%。

（2）保温层应采用吸水率低，且长期浸水不变质的保温材料。

（3）板状保温材料的下部纵向边缘应设排水凹槽。

（4）保温层与防水层所用材料应相容匹配。

（5）保温层上面宜采用块体材料或细石混凝土做保护层。

（6）檐沟、水落口部位应采用现浇混凝土堵头或砖砌堵头，并应做好保温层的排水处理。

2）《倒置式屋面工程技术规范》JGJ 230－2010 中规定：

（1）倒置式屋面的防水等级应为Ⅱ级，防水层的合理使用年限应不少于 20 年。

（2）倒置式屋面的保温层使用年限不宜低于防水层的使用年限。

（3）倒置式屋面的找坡层

① 宜采用结构找坡，坡度不宜小于 3%。

② 当采用材料找坡时，找坡层最薄处的厚度不得小于 30mm。

（4）倒置式屋面的找平层

① 防水层下应设找平层。

② 找平层可采用水泥砂浆或细石混凝土材料，厚度应为 15～40mm。

③ 找平层应设分格缝，缝宽宜为 10～20mm，纵横缝的间距不宜大于 6.00m，缝中应用密封材料嵌填。

（5）倒置式屋面的防水层

倒置式屋面的防水层应选用耐腐蚀、耐霉烂、适应基层变形能力的防水材料。

（6）倒置式屋面的保温层

倒置式屋面的保温层可以选用挤塑聚苯板、硬泡聚氨酯板、硬泡聚氨酯防水保温复合板、喷涂硬泡聚氨酯及泡沫玻璃保温板等，倒置式屋面的保温层的设计厚度应按计算厚度增加 25%取值，且最小厚度不得小于 25mm。

（7）倒置式屋面的保护层

① 可以选用卵石、混凝土板块、地砖、瓦材、水泥砂浆、金属板材、人造草皮、种植植物等材料。

② 保护层的质量应保证当地 30 年一遇最大风力时保温板不会被刮起和保温板在积水状态下不会浮起。

③ 当采用板状材料、卵石作保护层时，在保温层与保温层之间应设置隔离层。

④ 当采用板状材料作上人屋面保护层时，板状材料应采用水泥砂浆坐浆平铺，板缝应采用砂浆勾缝处理；当屋面为非功能性上人屋面时，板状材料可以干铺，厚度不应小于 30mm。

⑤ 当采用卵石保护层时，其粒径宜为 40～80mm。

⑥ 保护层应设分格缝，面积分别为：水泥砂浆 1.00m^2、板状材料 100m^2、细石混凝

土 36m²。

⑦ 倒置式屋面的构造层次由下而上为：结构层－找坡层－找平层－防水层－保温层－保护层。

倒置式屋面的构造见图 2-45、图 2-46。

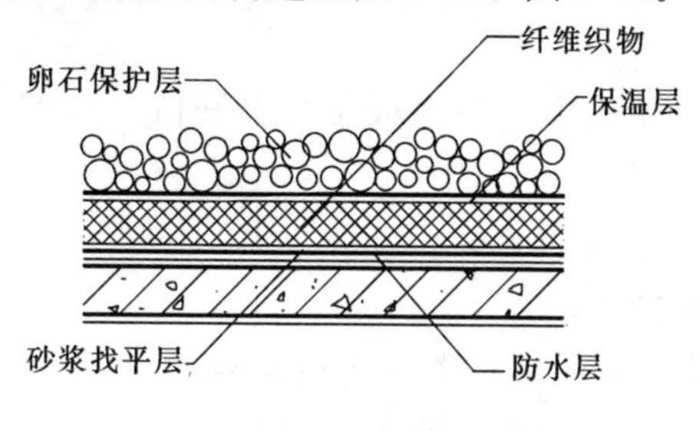

图 2-45 倒置式屋面的构造（一）

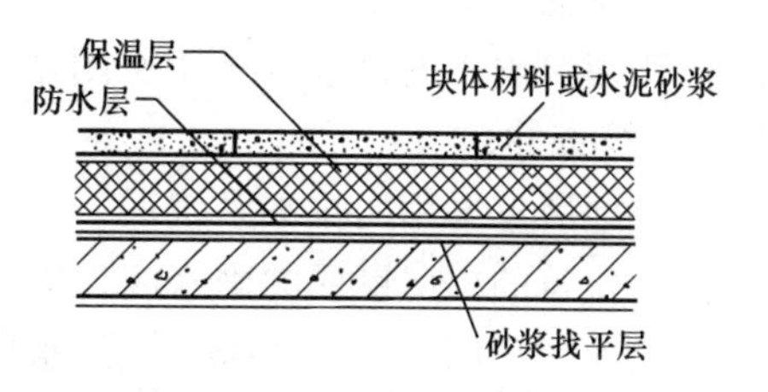

图 2-46 倒置式屋面的构造（二）

（六）平屋面中的排水

277. 平屋面的排水设计有哪些要求?

1）《屋面工程技术规范》GB 50345—2012 中指出：

（1）屋面排水方式的选择应根据建筑物的屋顶形式、气候条件、使用功能等因素确定。

（2）屋面排水方式可分为有组织排水和无组织排水。有组织排水时，宜采用雨水收集系统。

（3）高层建筑屋面宜采用内排水；多层建筑屋面宜采用有组织外排水；低层建筑及檐高小于 10m 的屋面，可采用无组织排水。多跨及汇水面积较大的屋面宜采用天沟排水，天沟找坡较长时，宜采用中间内排水和两端外排水。

（4）屋面排水系统设计采用的雨水流量、暴雨强度、降雨历时、屋面汇水面积等参数，应符合现行国家标准《建筑给水排水设计规范》GB 50015—2003 2009 年版的有关规定。

（5）屋面应适当划分排水区域，排水路线应简捷，排水应通畅。

（6）采用重力式排水时，屋面每个汇水面积内，雨水排水立管不宜少于 2 根；水落口和水落管的位置应根据建筑物的造型要求和屋面汇水情况等因素确定。

（7）高跨屋面为无组织排水时，其低跨屋面受水冲刷的部位应加铺一层卷材，并应设 40～50mm 厚、300～500mm 宽的 C20 细石混凝土保护层；高跨屋面为有组织排水时，水落管下应加设水簸箕。

（8）暴雨强度较大地区的大型屋面宜采用虹吸式屋面雨水排水系统。

（9）严寒地区应采用内排水，寒冷地区宜采用内排水。

（10）湿陷性黄土地区宜采用有组织排水，并应将雨雪水直接排至排水管网。

（11）檐沟、天沟的过水断面应根据屋面汇水面积的雨水流量经计算确定。钢筋混凝土檐沟、天沟净宽不应小于 300mm，分水线处最小深度不应小于 100mm，沟内纵向坡度应不小于 1%，沟底水落差不得超过 200mm，天沟、檐沟排水不得流经变形缝和防火墙。

（12）金属檐沟、天沟的纵向坡度宜为 0.5%。

（13）坡屋面檐口宜采用有组织排水，檐沟和水落斗可采用金属或塑料成品。

2）《建筑屋面雨水排水系统技术规程》CJJ 142—2014 规定：

（1）基本规定

① 建筑屋面雨水积水深度应控制在允许的负荷水深之内，50 年设计重现期降雨时屋面积水不得超过允许的负荷水深；

② 建筑屋面雨水排水系统应独立设置；

③ 民用建筑雨水内排水应采用密闭系统，不得在建筑内或阳台上开口，且不得在室内设非密闭检查井；

④ 严寒地区宜采用内排水系统；

⑤ 高层建筑的裙房屋面的雨水应自成系统排放；

⑥ 寒冷地区采用外排水系统时，雨水排水管道不宜设置在建筑北侧；

⑦ 一个汇水区域内雨水斗不宜少于 2 个，雨水立管不宜少于 2 根；

⑧ 高层建筑雨水管排水至散水或裙房屋面时，应采取防冲刷措施；大于 100m 的高层建筑的排水管排水至室外时，应将水排至室外检查井，并应采取消声措施。

（2）屋面排水的雨水管道系统

① 排水方式

a. 内排水：雨水立管敷设在室内的雨水排水系统；

b. 外排水：雨水立管敷设在室外的雨水排水系统。

② 汇水方式

a. 檐沟外排水系统：适用于屋面面积较小及体量较小的单层、多层住宅；瓦屋面或坡屋面建筑；不允许雨水管进入室内的建筑；

b. 雨水斗外排水系统：适用于屋面设有女儿墙的多层住宅或 7～9 层住宅；屋面设有女儿墙且雨水管不允许进入室内的建筑；

c. 天沟排水系统：适用于轻型屋面、大型复杂屋面、绿化屋面、雨篷；

d. 阳台排水系统：适用于敞开式阳台。

③ 设计流态

a. 半有压排水系统：适用于屋面楼板下允许设雨水管的各种建筑；天沟排水；无法设溢流的不规则屋面排水；

b. 压力流排水系统：适用于屋面楼板下允许设雨水管的大型复杂建筑；天沟排水；需要节省室内竖向空间或排水管道设置位置受限的民用建筑；

c. 重力流排水系统：适用于阳台排水、成品檐沟排水、承雨斗排水、排水高度小于 3m 的屋面排水。

④ 雨水道进水口设置

a. 屋面、天沟、土建檐沟的雨水系统进水口应设置雨水斗；

b. 从女儿墙侧口排水的外排水管道进水口应在侧墙设置承水斗；

c. 成品檐沟雨水管道的进水口可不设雨水斗。

（3）雨水斗

① 雨水斗的材质宜采用碳钢、不锈钢、铸铁、铝合金、铜合金等金属材料；

② 雨水斗规格有 75（80）mm、100mm、150mm、200mm；

③ 雨水斗应设于汇水面的最低处，且应水平安装；

④ 雨水斗不宜布置在集水沟的转弯处。

（4）雨水管

① 雨水斗的材质：采用雨水斗的屋面雨水排水管道宜采用涂塑钢管、镀锌钢管、不锈钢管和承压塑料管；多层建筑外排水系统可采用排水铸铁管、非承压排水塑料管；

② 雨水管的管径（mm）有 *DN*50、*DN*80、*DN*100、*DN*125、*DN*150、*DN*200、*DN*250、*DN*300、*DN*350；

注：采用 HDPE 高密度聚乙烯管时管径不应低于 125 系列。

③ 民用建筑中的雨水管宜沿墙、柱明装，有隐蔽要求时，可暗装于管井内，并应留有检查口；

④ 雨水管道不宜穿过沉降缝、伸缩缝、变形缝、烟道和风道；

⑤ 严寒和寒冷地区雨水斗宜设在冬季易受室内温度影响的位置，否则宜选用带融雪装置的雨水斗。

3）综合其他相关技术资料的数据

（1）年降雨量不大于 900mm 的地区为少雨地区；年降雨量大于 900mm 的地区为多雨地区。

（2）每个水落口的汇水面积宜为 150～200m^2。

（3）有外檐天沟时，雨水管间距可按不大于 24m 设置；无外檐天沟时，雨水管间距可按不大于 15m 设置。

（4）屋面雨水管的内径应不小于 100mm，面积小于 25m^2 的阳台雨水管的内径应不小于 50mm。

（5）雨水管、雨水斗应首选 UPVC 材料（增强塑料），亦可选用不锈钢等材料。雨水管距离墙面不应小于 20mm，其排水口下端距散水坡的高度不应大于 200mm。高低跨屋面雨水管下端有可能产生屋面被冲刷时应加设水簸箕。

（七）平屋面的细部构造

278. 平屋面的细部构造有哪些要求?

《屋面工程技术规范》GB 50345—2012 和《屋面工程质量验收规范》GB 50207—2012 中对保温平屋面细部构造层次的相关要求如下：

1）檐口

（1）卷材防水屋面檐口 800mm 范围内的卷材应满粘，卷材收头应采用金属压条钉压，并应用密封材料封严。檐口下端应做鹰嘴和滴水槽（图 2-47）。

（2）涂膜防水屋面檐口的涂膜收头，应用防水涂料多遍涂刷。檐口下端应做鹰嘴和滴水槽（图 2-48）。

2）檐沟和天沟

（1）檐沟和天沟的防水层下应增设附加层，附加层伸入屋面的宽度不应小于 250mm。

（2）檐沟防水层和附加层应由沟底翻上至外侧顶部，卷材收头应用金属压条钉压，并应用密封材料封严，涂膜收头应用防水涂料多遍涂刷。

（3）檐沟外侧下端应做鹰嘴和滴水槽。

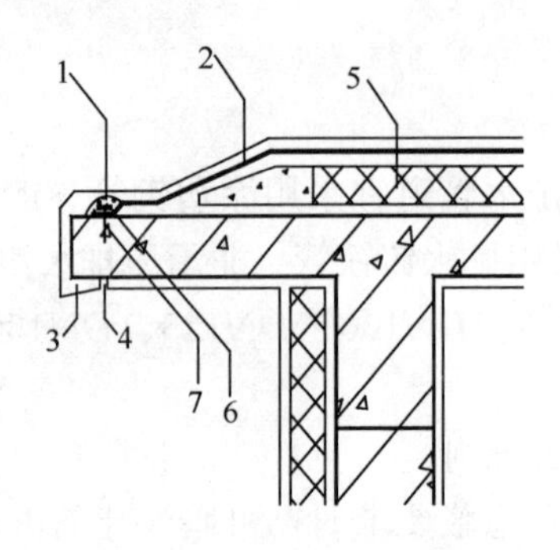

图 2-47　卷材防水屋面檐口

1—密封材料；2—卷材防水层；3—鹰嘴；4—滴水槽；5—保温层；6—金属压条；7—水泥钉

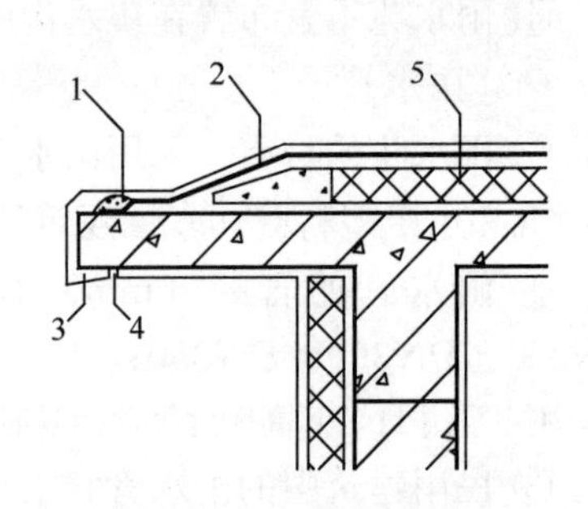

图 2-48　涂膜防水屋面檐口

1—涂料多遍涂刷；2—涂膜防水层；3—鹰嘴；4—滴水槽；5—保温层

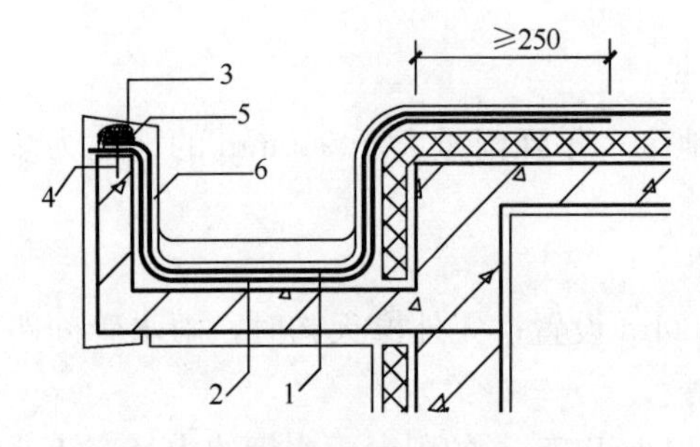

图 2-49　卷材、涂膜防水屋面檐沟

1—防水层；2—附加层；3—密封材料；4—水泥钉；5—金属压条；6—保护层

（4）檐沟外侧高于屋面结构板时，应设置溢水口（图 2-49）。

3）女儿墙和山墙

（1）女儿墙压顶可采用混凝土制品或金属制品。屋顶向内排水坡度不应小于 5%，压顶内侧下端应作滴水处理。

（2）女儿墙泛水处应增设附加层，附加层在平面和立面的高度均不应小于 250mm。

（3）低女儿墙泛水处的防水层可直接铺贴或涂刷至压顶下，卷材收头应用金属压条钉压固定，并应用密封材料封严；涂膜收头应用防水涂料多遍涂刷（图 2-50）。

（4）高女儿墙泛水处防水层泛水高度不应小于 250mm，防水层的收头应用金属压条钉压固定，并应用密封材料封严，涂膜收头应用防水涂料多遍涂刷；泛水上部的墙体应作防水处理（图 2-51）。

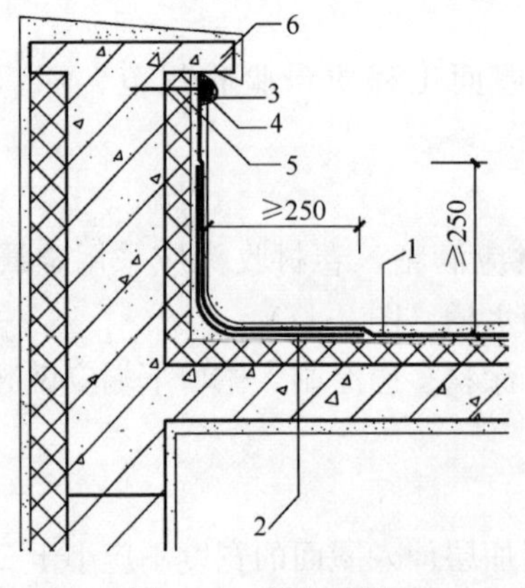

图 2-50　低女儿墙

1—防水层；2—附加层；3—密封材料；4—金属压条；5—水泥钉；6—压顶

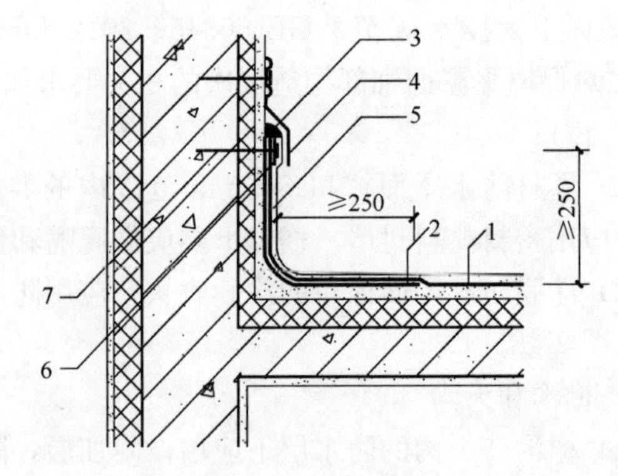

图 2-51　高女儿墙

1—防水层；2—附加层；3—密封材料；4—金属盖板；5—保护层；6—金属压条；7—水泥钉

(5) 女儿墙泛水处的防水层表面宜采用涂刷浅色涂料或浇筑细石混凝土保护。

(6) 山墙压顶可采用混凝土或金属制品。压顶应向内排水，坡度不应小于5%，压顶内侧下端应作滴水处理。

(7) 山墙泛水处的防水层下应增设附加层，附加层在平面上的宽度和立面上的高度均不应小于250mm。

4) 水落口（重力式排水）

(1) 水落口可采用塑料或金属制品，水落口的金属配件均应作防锈处理。

(2) 水落口杯应牢固地固定在承重结构上，其埋设标高应根据附加层的厚度及排水坡度加大的尺寸确定。

(3) 水落口周围直径500mm范围内坡度不应小于5%，防水层下应设涂膜附加层。

(4) 防水层和附加层伸入水落口杯内不应小于50mm，并应粘结牢固（图2-52、图2-53）。

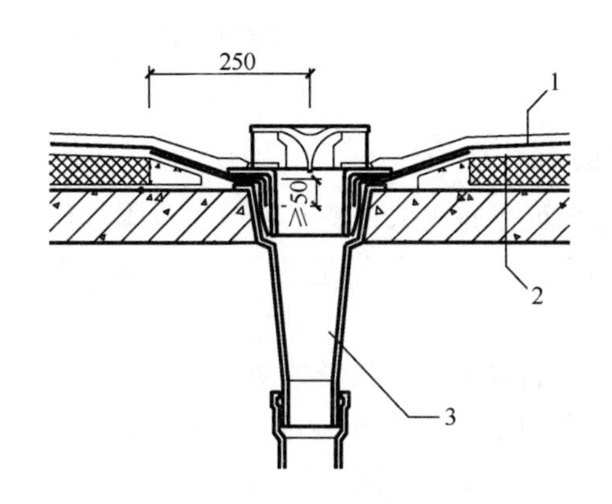

图2-52 直式水落口

1—防水层；2—附加层；3—水落斗

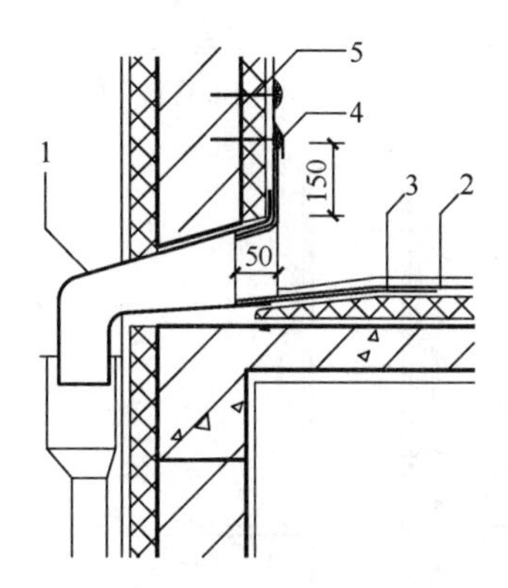

图2-53 横式水落口

1—水落斗；2—防水层；3—附加层；4—密封材料；5—水泥钉

5) 变形缝

(1) 变形缝泛水处的防水层下应增设附加层，附加层在平面和立面的宽度均不应小于250mm；防水层应铺贴或涂刷至泛水墙的顶部。

(2) 变形缝内应预填不燃保温材料，上部应采用防水卷材封盖，并放置衬垫材料，再在其上部干铺一层卷材。

(3) 等高变形缝顶部宜加扣混凝土或金属盖板（图2-54）。

(4) 高低跨变形缝在立墙泛水处，应采用有足够变形能力的材料和构造作密封处理（图2-55）。

6) 伸出屋面管道

(1) 管道周围的找平层应抹出高度不小于30mm的排水坡。

(2) 管道泛水处的防水层下应增设附加层，附加层在平面和立面的宽度均不应小于250mm。

(3) 管道泛水处的防水层泛水高度不应小于250mm。

(4) 卷材收头应用金属箍紧固和密封材料封严，涂膜收头应用防水涂料多遍涂刷（图2-56）。

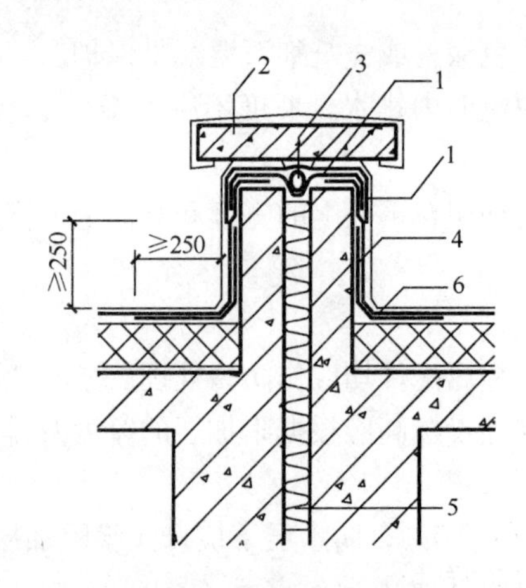

图 2-54　等高变形缝

1—卷材封盖；2—混凝土盖板；3—衬垫材料；4—附加层；5—不燃保温材料；6—防水层

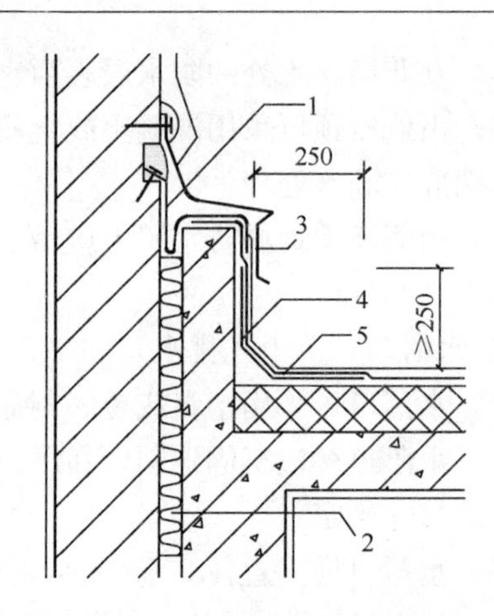

图 2-55　高低跨变形缝

1—卷材封盖；2—不燃保温材料；3—金属盖板；4—附加层；5—防水层

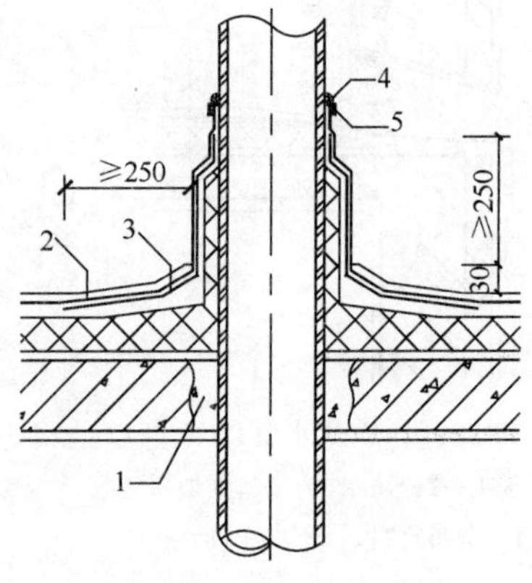

图 2-56　伸出屋面管道

1—细石混凝土；2—卷材防水层；3—附加层；4—密封材料；5—金属箍

7）屋面出入口

（1）屋面垂直出入口泛水处应增设附加层，附加层在平面和立面的宽度均不应小于 250mm；防水层收头应在混凝土压顶圈下（图 2-57）。

（2）屋面水平出入口泛水处应增设附加层和护墙，附加层在平面上的宽度不应小于 250mm；防水层收头应压在混凝土踏步下（图 2-58）。

8）反梁过水孔

（1）应根据排水坡度留设反梁过水孔，图纸应注明孔底标高。

（2）反梁过水孔宜采用预埋管道，其管径不得小于 75mm。

（3）过水孔可采用防水涂料、密封材料防水，预埋管道两端周围与混凝土接触处应留凹槽，并应用密封材料封严。

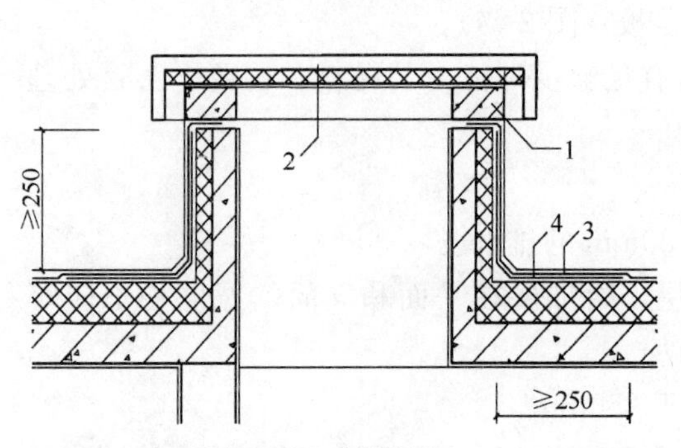

图 2-57　垂直出入口

1—混凝土压顶圈；2—上人孔盖；3—防水层；4—附加层

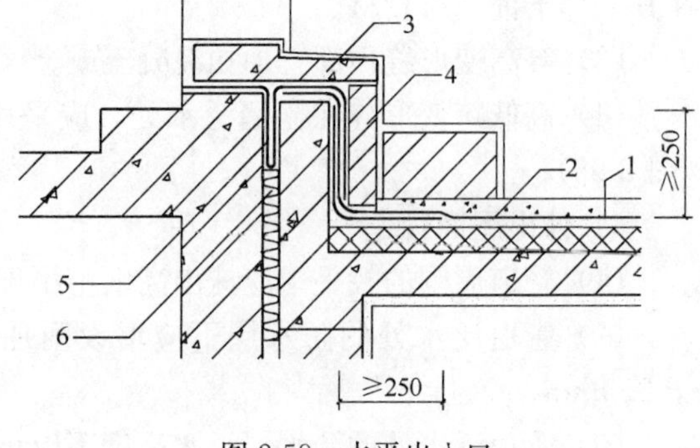

图 2-58　水平出入口

1—防水层；2—附加层；3—踏步；4—护墙；5—防水卷材封盖；6—不燃保温材料

9）设施基座

（1）设备基座与结构层相连时，防水层应包裹设施基座的上部，并应在地脚螺栓周围作密封处理。

（2）在防水层上设置设施时，防水层下应增设卷材附加层，必要时应在其上浇筑细石混凝土，其厚度应不小于 50mm。

10）其他

（1）无楼梯通达屋面且建筑高度低于 10m 的建筑，可设外墙爬梯，爬梯多为铁质材料，宽度一般为 600mm，底部距室外地面宜为 2.00～3.00m。当屋面有大于 2.00m 的高低屋面时，高低屋面之间亦应设置外墙爬梯，爬梯底部距低屋面应为 600mm，爬梯距墙面为 200mm。

（2）《建筑设计防火规范》GB 50016—2014 中规定：建筑高度大于 10m 的三级耐火等级建筑应设置通至屋顶的室外消防梯。室外消防梯不应面对老虎窗，宽度不应小于 0.60m，且宜从离地面 3.00m 高度处设置。

（八）瓦　屋　面

279. 瓦屋面的构造有哪些要求？

《屋面工程技术规范》GB 50345—2012 和《屋面工程质量验收规范》GB 50207—2012 中对瓦屋面的构造层次的相关要求如下：

1）一般规定

（1）瓦屋面的防水等级和防水做法应符合表 2-92 的规定。

瓦屋面的防水等级和防水做法　　　　**表 2-92**

防水等级	防水做法
Ⅰ级	瓦＋防水层
Ⅱ级	瓦＋防水垫层

注：防水层厚度应符合本节表 2-61 和表 2-64Ⅱ级防水的规定。

（2）瓦屋面应根据瓦的类型和基层种类采取相应的构造做法。

（3）瓦屋面与山墙及突出屋面结构的交接处，均应作不小于 250mm 高的泛水处理。

（4）在大风及地震设防地区或屋面坡度大于 100%时，瓦片应采取固定加强措施。

（5）严寒及寒冷地区瓦屋面，檐口部位应采取防止冰雪融化下坠和冰坝形成等措施。

（6）防水垫层宜采用自粘聚合物沥青防水垫层、聚合物改性沥青防水垫层，其最小厚度和搭接宽度应符合表 2-93 的规定。

防水垫层的最小厚度和搭接宽度（mm）　　　　**表 2-93**

防水垫层的品种	最小厚度	搭接宽度
自粘聚合物沥青防水垫层	1.0	80
聚合物改性沥青防水垫层	2.0	100

（7）在满足屋面荷载的前提下，瓦屋面的持钉层厚度应符合下列规定：

① 持钉层为木板时，厚度不应小于 20mm；

② 持钉层为人造板时，厚度不应小于 16mm；

③ 持钉层为细石混凝土时，厚度不应小于 35mm。

(8) 瓦屋面檐沟、天沟的防水层，可采用防水卷材或防水涂膜，也可以采用金属板材。

2) 瓦屋面的构造层次

瓦屋面的基本构造层次可根据建筑物的性质、使用功能、气候条件等因素确定，并应符合表2-94的规定。

瓦屋面的基本构造层次　　　表2-94

瓦材种类	基本构造层次（由上而下）
块瓦	块瓦—挂瓦条—顺水条—持钉层—防水层或防水垫层—保温层—结构层
沥青瓦	沥青瓦—持钉层—防水层或防水垫层—保温层—结构层

3) 瓦屋面的设计

(1) 烧结瓦、混凝土瓦屋面的构造要点

① 烧结瓦、混凝土瓦屋面的坡度不应小于30%。

② 采用的木质基层、顺水条、挂瓦条均应作防腐、防火和防蛀处理；采用的金属顺水条、挂瓦条，均应作防锈蚀处理。

③ 烧结瓦、混凝土瓦应采用干法挂瓦，瓦与屋面基层应固定牢靠。

④ 烧结瓦和混凝土瓦铺装的有关尺寸应符合下列规定：

a. 瓦屋面檐口挑出墙面的长度不宜小于300mm；

b. 脊瓦在两坡面瓦上的搭盖宽度，每边不应小于40mm；

c. 脊瓦下端距坡面瓦的高度不宜大于80mm；

d. 瓦头深入檐沟、天沟内的长度宜为50～70mm；

e. 金属檐沟、天沟深入瓦内的宽度不应小于150mm；

f. 瓦头挑出檐口的长度宜为50～70mm；

g. 突出屋面结构的侧面瓦伸入泛水的宽度不应小于50mm。

(2) 沥青瓦屋面的构造要点

① 沥青瓦屋面的坡度不应小于20%。

② 沥青瓦应具有自粘胶带或相互搭接的连锁构造。矿物粒料或片料覆面沥青瓦的厚度不小于2.6mm；金属箔面沥青瓦的厚度不小于2.0mm。

③ 沥青瓦的固定方式应以钉为主、粘结为辅。每张瓦片上不得少于4个固定钉；在大风地区或屋面坡度大于100%时，每张瓦片不得少于6个固定钉。

④ 天沟部位铺设的沥青瓦可采用搭接式、编织式、敞开式。采用搭接式、编织式铺设时，沥青瓦下应增设不小于1000mm宽的附加层；采用敞开式铺设时，在防水层或防水垫层上应铺设厚度不小于0.45mm的防锈金属板材，沥青瓦与金属板材应用沥青基胶结材料粘结，其搭接宽度不应小于100mm。

⑤ 沥青瓦铺装的有关尺寸应符合下列规定：

a. 脊瓦在两坡面瓦上的搭盖宽度，每边不应小于150mm；

b. 脊瓦与脊瓦的压盖面积不应小于脊瓦面积的1/2；

c. 沥青瓦挑出檐口的长度宜为10～20mm；

d. 金属泛水板与沥青瓦的搭盖宽度不应小于100mm；

e. 金属泛水板与突出屋面墙体的搭接高度不应小于250mm；

f. 金属滴水板伸入沥青瓦下的宽度不应小于80mm。

4）瓦屋面的细部构造

（1）檐口

① 烧结瓦、混凝土瓦屋面的瓦头挑出檐口的长度宜为 50～70mm（图 2-59、图 2-60）。

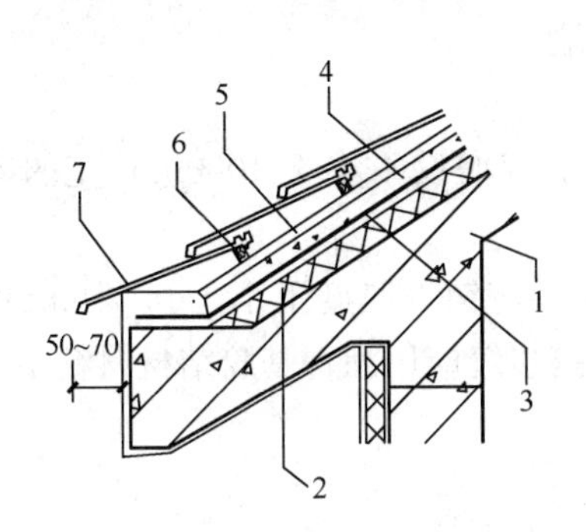

图 2-59 烧结瓦、混凝土瓦屋面檐口（一）
1—结构层；2—保温层；3—防水层或防水垫层；
4—持钉层；5—顺水条；6—挂瓦条；
7—烧结瓦或混凝土瓦

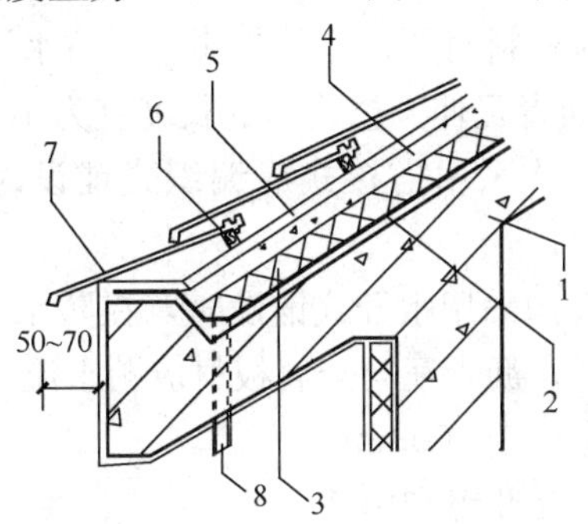

图 2-60 烧结瓦、混凝土瓦屋面檐口（二）
1—结构层；2—防水层或防水垫层；3—保温层；
4—持钉层；5—顺水条；6—挂瓦条；
7—烧结瓦或混凝土瓦；8—泄水管

② 沥青瓦屋面的瓦头挑出檐口的长度宜为 10～20mm；金属滴水板应固定在基层上，伸入沥青瓦下宽度不应小于 80mm，向下延伸长度不应小于 60mm（图 2-61）。

（2）檐沟和天沟

① 烧结瓦、混凝土瓦屋面檐沟（图 2-62）和天沟的防水构造应符合下列规定：

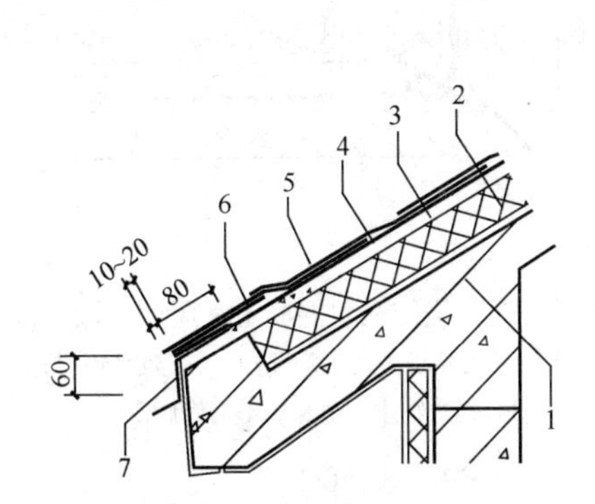

图 2-61 沥青瓦屋面檐口
1—结构层；2—保温层；3—持钉层；4—防水层或防水垫层；5—沥青瓦；6—起始层沥青瓦；7—金属滴水板

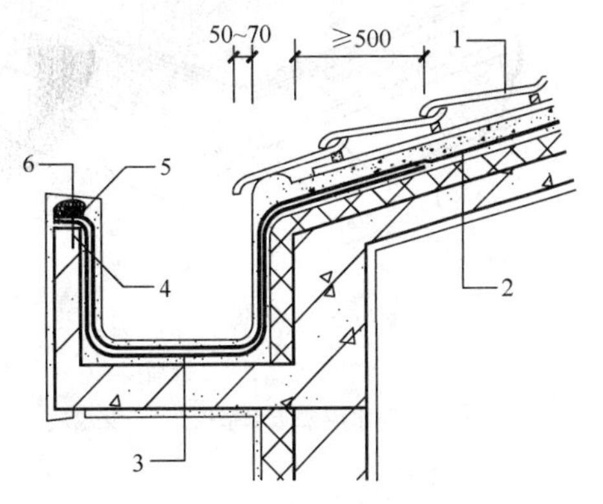

图 2-62 烧结瓦、混凝土瓦屋面檐沟
1—烧结瓦或混凝土瓦；2—防水层或防水垫层；3—附加层；4—水泥钉；5—金属压条；6—密封材料

a. 檐沟和天沟防水层下应增设附加层，附加层伸入屋面的宽度不应小于 500mm；

b. 檐沟和天沟防水层伸入瓦内的宽度不应小于 150mm，并与屋面防水层或防水垫层顺流水方向搭接；

c. 檐沟防水层和附加层应由沟底翻上至外侧顶部，卷材收头应用金属压条钉压，并应用密封材料封严；涂膜收头应用防水涂料多遍涂刷；

d. 烧结瓦、混凝土瓦伸入檐沟、天沟内的长度，宜为 50～70mm。

② 沥青瓦屋面檐沟和天沟的防水构造：

a. 檐沟防水层下应增设附加层，附加层伸入屋面的宽度不应小于 500mm；

b. 檐沟防水层伸入瓦内的宽度不应小于 150mm，并应与屋面防水层或防水垫层顺流水方向搭接；

c. 檐沟防水层和附加层应由沟底翻上至外侧顶部，卷材收头应用金属压条钉压，并应用密封材料封严；涂膜收头应用防水涂料多遍涂刷；

d. 沥青瓦伸入檐沟内的长度宜为 10～20mm；

e. 天沟采用搭接式或编织式铺设时，沥青瓦下应增设不小于 1000mm 宽的附加层（图 2-63）；

f. 天沟采用敞开式铺设时，在防水层与防水垫层应铺设厚度不小于 0.45mm 的防锈金属板材，沥青瓦与金属板材应顺水流方向搭接，搭接缝应用沥青基胶结材料粘结，搭接宽度不应小于 100mm。

（3）女儿墙和山墙

① 烧结瓦、混凝土瓦屋面山墙泛水应采用聚合物水泥砂浆抹成，侧面瓦伸入泛水的宽度不应小于 50mm（图 2-64）。

② 沥青瓦屋面山墙泛水应采用沥青基胶粘材料满粘一层沥青瓦片，防水层和沥青瓦收头应用金属压条钉压固定，并应用密封材料封严（图 2-65）。

③ 烧结瓦、混凝土瓦屋面烟囱（图 2-66）的防水构造，应符合下列规定：

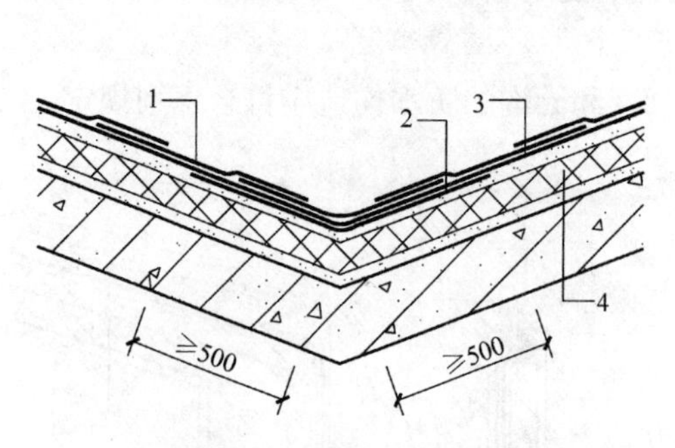

图 2-63　沥青瓦屋面天沟

1—沥青瓦；2—附加层；
3—防水层或防水垫层；4—保温层

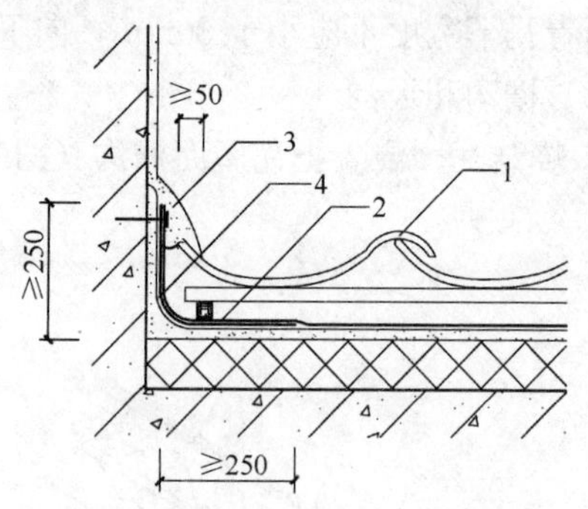

图 2-64　烧结瓦、混凝土瓦屋面山墙

1—烧结瓦或混凝土瓦；2—防水层或防水垫层；
3—聚合物水泥砂浆；4—附加层

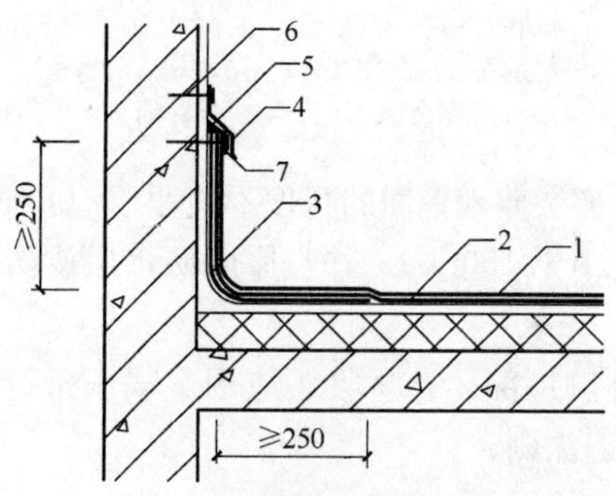

图 2-65　沥青瓦屋面山墙

1—沥青瓦；2—防水层或防水垫层；3—附加层；
4—金属盖板；5—密封材料；6—水泥钉；
7—金属压条

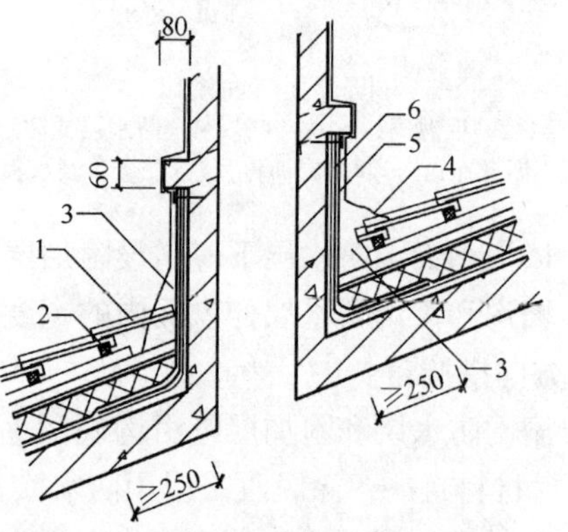

图 2-66　烧结瓦、混凝土瓦屋面烟囱

1—烧结瓦或混凝土瓦；2—挂瓦条；
3—聚合物水泥砂浆；4—分水线；
5—防水层或防水垫层；6—附加层

a. 烟囱泛水处的防水层和防水垫层下应增设附加层，附加层在平面和立面的高度均不应小于 250mm；

b. 屋面烟囱泛水应采用聚合物水泥砂浆抹成；

c. 烟囱与屋面交接处，应在迎水面中部抹出分水线，并应高出两侧各 30mm。

（4）屋脊

① 烧结瓦、混凝土瓦屋面的屋脊处应增设宽度不小于 250mm 的卷材附加层。脊瓦下端距坡面瓦上的高度不宜大于 80mm，脊瓦在两坡面瓦上的搭接宽度，每边不应小于 40mm；脊瓦与坡面瓦之间的缝隙应采用聚合物水泥砂浆填实抹平（图 2-67）。

② 沥青瓦屋面的屋脊处应增设宽度不小于 250mm 的卷材附加层。脊瓦在两坡面瓦上的搭接宽度，每边不应小于 150mm（图 2-68）。

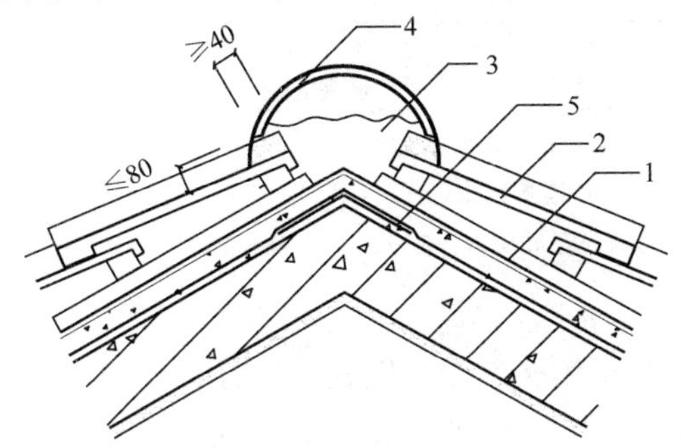

图 2-67 烧结瓦、混凝土瓦屋面屋脊
1—防水层或防水垫层；2—烧结瓦或混凝土瓦；
3—聚合物水泥砂浆；4—脊瓦；5—附加层

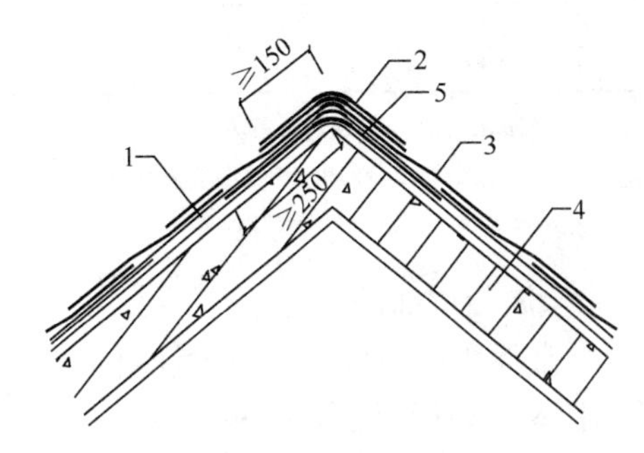

图 2-68 沥青瓦屋面屋脊
1—防水层或防水垫层；2—脊瓦；
3—沥青瓦；4—结构层；5—附加层

（5）屋顶窗

① 烧结瓦、混凝土瓦与屋面窗交接处，应采用金属排水板、窗框固定铁脚、窗口附加防水卷材、支瓦条等连接（图 2-69）。

② 沥青瓦屋面与屋顶窗交接处应采用金属排水板、窗框固定铁脚、窗口附加防水卷材等与结构连接（图 2-70）。

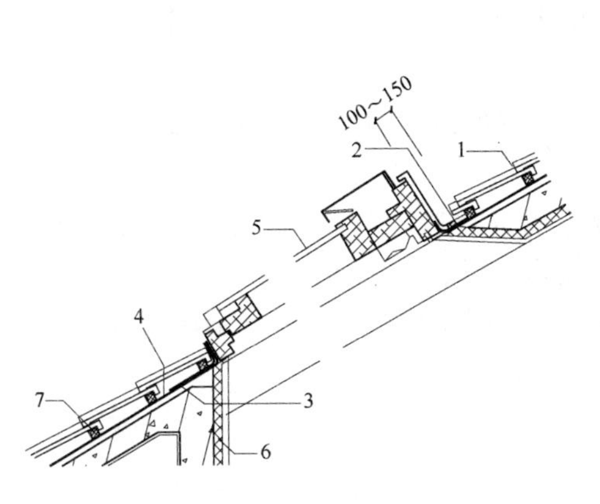

图 2-69 烧结瓦、混凝土瓦屋面屋顶窗
1—烧结瓦或混凝土瓦；2—金属排水板；3—窗口附加防水卷材；4—防水层或防水垫层；
5—屋顶窗；6—保温层；7—支瓦条

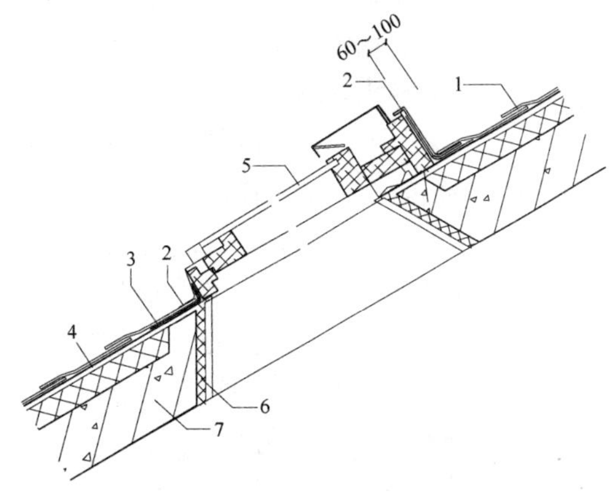

图 2-70 沥青瓦屋面屋顶窗
1—沥青瓦；2—金属排水板；3—窗口附加防水卷材；4—防水层或防水垫层；5—屋顶窗；6—保温层；7—结构层

(九) 金属板屋面

280. 金属板屋面的构造有哪些要求?

《屋面工程技术规范》GB 50345—2012 和《屋面工程质量验收规范》GB 50207—2012 中对金属板屋面的构造层次的相关要求如下：

1) 金属板屋面的防水等级和防水做法

金属板屋面的防水等级和防水做法应符合表 2-95 的规定。

金属板屋面的防水等级和防水做法　　表 2-95

防水等级	防水做法
Ⅰ级	压型金属板+防水垫层
Ⅱ级	压型金属板、金属面绝热夹芯板

注：1. 当防水等级为Ⅰ级时，压型铝合金基板厚度不应小于 0.9mm；压型钢板基板厚度不应小于 0.6mm。
2. 当防水等级为Ⅰ级时，压型金属板应采用 360°咬口锁边连接方式。
3. 在Ⅰ级屋面防水做法中，仅作压型金属板时，应符合《金属压型板应用技术规范》的要求。

2) 金属板屋面的设计

(1) 金属板屋面可按建筑设计要求，选用镀层钢板、涂层钢板、铝合金板、不锈钢板和钛锌板等金属板材。金属板材及其配套的紧固件、密封材料的品种、规格和性能等应符合现行国家有关材料标准的有关规定。

(2) 金属板屋面应按围护结构进行设计，并应具有相应的承载力、刚度、稳定性和变形能力。

(3) 金属板屋面设计应根据当地风荷载、结构体形、热工性能、屋面坡度等情况，采用相应的压型金属板板型及构造系统。

(4) 金属板屋面的防结露设计，应符合现行国家标准《民用建筑热工设计规范》GB50176—93 的有关规定。

(5) 金属板屋面在保温层的下面宜设置隔汽层，在保温层的上面宜设置防水透气膜。

(6) 压型金属板采用咬口锁边连接时，屋面的排水坡度不宜小于 5%；采用紧固件连接时，屋面的排水坡度不宜小于 10%。

(7) 金属檐沟、天沟的伸缩缝间距不宜大于 30m；内檐沟及内天沟应设置溢流口或溢流系统，沟内宜按 0.5%找坡。

(8) 金属板的伸缩缝除应满足咬口锁边连接或紧固件连接的要求外，还应满足檩条、檐口及天沟等的使用要求，且金属板最大伸缩变形量不应超过 100mm。

(9) 金属板在主体结构的变形缝处宜断开，变形缝上部应加扣带伸缩的金属盖板。

(10) 金属板屋面的下列部位应进行细部构造设计：

① 屋面系统的变形缝；

② 高低跨处泛水；

③ 屋面板缝、单元体构造缝；

④ 檐沟、天沟、水落口；

⑤ 屋面金属板材收头；

⑥ 洞口、局部凸出体收头；
⑦ 其他复杂的构造部位。
3）金属板屋面的基本构造层次
金属板屋面的基本构造层次应符合表 2-96 的规定。

金属板屋面的基本构造层次 **表 2-96**

屋面类型	基本构造层次（自上而下）
金属板屋面	压型金属板—防水垫层—保温层—承托网—支承结构
	上层压型金属板—防水垫层—保温层—底层压型金属板—支承结构
	金属面绝热夹芯板—支承结构

4）金属板屋面铺装的有关尺寸规定
（1）金属板檐口挑出墙面的长度不应小于 200mm；
（2）金属板伸入檐沟、天沟内的长度不应小于 100mm；
（3）金属泛水板与突出屋面墙体的搭接高度不应小于 250mm；
（4）金属泛水板、变形缝盖板与金属板的搭盖宽度不应小于 200mm；
（5）金属屋脊盖板在两坡面金属板上的搭盖宽度不应小于 250mm。
5）金属板屋面的细部构造
（1）檐口
金属板屋面檐口挑出墙面的长度不应小于 200mm；屋面板与墙板交接处应设置金属封檐板和压条（图 2-71）。
（2）山墙
金属板屋面山墙泛水应铺钉厚度不小于 0.45mm 的金属泛水板，并应顺水流方向搭接；金属泛水板与墙体的搭接高度不应小于 250mm，与压型金属板的搭盖宽度宜为 1～2 波，并应在波峰处采用拉铆钉连接（图 2-72）。

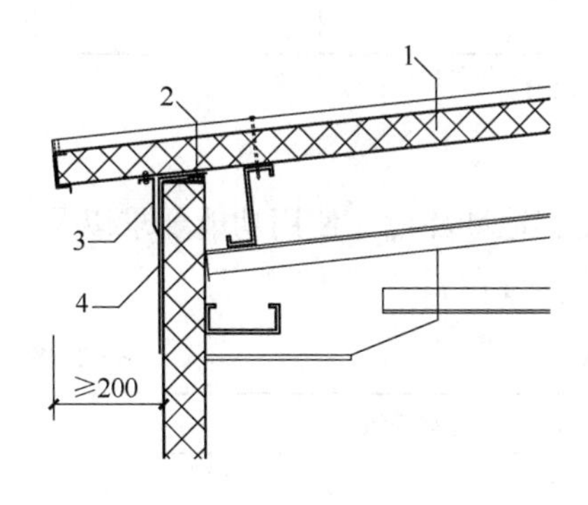

图 2-71 金属板屋面檐口
1—金属板；2—通长密封条；
3—金属压条；4—金属封檐板

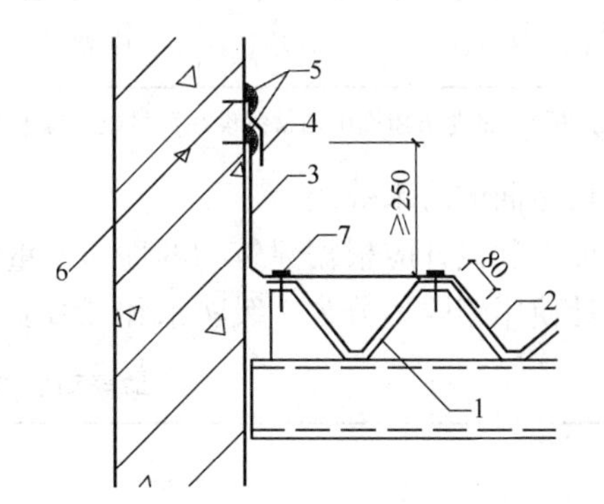

图 2-72 压型金属板屋面山墙
1—固定支架；2—压型金属板；3—金属泛水板；
4—金属盖板；5—密封材料；6—水泥钉；7—拉铆钉

（3）屋脊
金属板屋面的屋脊盖板在两坡面金属板上的搭接宽度每边不应小于 250mm，屋面板端头应设置挡水板和堵头板（图 2-73）。

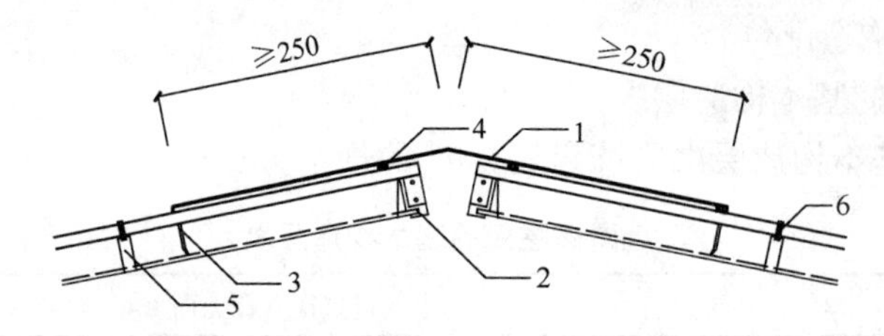

图 2-73　金属板材屋面屋脊

1—屋脊盖板；2—堵头板；3—挡水板；4—密封材料；5—固定支架；6—固定螺栓

（十）坡屋面规范的要求

281.《坡屋面规范》对坡屋面的构造有哪些要求?

《坡屋面工程技术规范》GB 50693—2011 中的规定如下：

1）坡屋面的基本规定和设计要求

（1）坡屋面的类型、适用坡度和防水垫层

根据建筑物的高度、风力、环境等因素，坡屋面的类型、适用坡度和防水垫层的选用应符合表 2-97 的规定。

坡屋面的类型、坡度和防水垫层的选用　　表 2-97

坡度与垫层	屋面类型						
	沥青瓦屋面	块瓦屋面	波形瓦屋面	金属板屋面		防水卷材屋面	装配式轻型坡屋面
				压型金属板屋面	夹芯板屋面		
适用坡度（%）	≥20	≥30	≥20	≥5	≥5	≥3	≥20
防水垫层的选用	应选	应选	应选	一级应选 二级宜选	—	—	应选

注：防水垫层指的是坡屋面中通常铺设在瓦材或金属板下面的防水材料。

（2）坡屋面的防水等级

坡屋面工程设计应根据建筑物的性质、重要程度、地域环境、使用功能要求以及屋面防水层设计使用年限，分为一级防水和二级防水，并应符合表 2-98 的规定。

坡屋面的防水等级　　表 2-98

项　目	坡屋面防水等级	
	一级	二级
防水层设计使用年限	≥20 年	≥10 年

注：1. 大型公共建筑、医院、学校等重要建筑屋面的防水等级为一级，其他为二级。
2. 工业建筑屋面的防水等级按使用要求确定。

（3）坡屋面的设计要求

① 坡屋面采用沥青瓦、块瓦、波形瓦和一级设防的压型金属板时，应设置防水垫层。

② 保温隔热层铺设在装配式屋面板上时，宜设置隔汽层。

③ 屋面坡度大于 100%以及大风地区、抗震设防烈度为 7 度以上的地区，应采取加强瓦材固定等防止瓦材下滑的措施。

④ 持钉层的厚度应符合表 2-99 的规定。

持钉层的厚度（mm） **表 2-99**

材质	最小厚度	材质	最小厚度
木板	20	结构用胶合板	9.5
胶合板或定向刨花板	11	细石混凝土	35

⑤ 细石混凝土找平层、持钉层或保护层中的钢筋网应与屋脊、檐口预埋的钢筋连接。

⑥ 夏热冬冷地区、夏热冬暖地区和温和地区坡屋面的节能措施宜采用通风屋面、热反射屋面、带铝箔的封闭空气间层或种植屋面等。

⑦ 屋面坡度大于 100%时，宜采用内保温隔热措施。

⑧ 冬季最冷月平均气温低于−4℃的地区或檐口结冰严重的地区，檐口部位应增设一层防冰坝返水的自粘或免粘防水垫层。增设的防水垫层应从檐口向上延伸，并超过外墙中心线不少于 1000mm。

⑨ 严寒和寒冷地区的坡屋面檐口部位应采取冰雪融坠的安全措施。

⑩ 钢筋混凝土檐沟的纵向坡度不宜小于 1%。檐沟内应作防水。

⑪坡屋面的排水设计应符合下列规定：

a. 多雨地区（年降雨量大于 900mm 的地区）的坡屋面应采取有组织排水；

b. 少雨地区（年降雨量不大于 900mm 的地区）的坡屋面可采取无组织排水；

c. 高低跨屋面的水落管出水口处应采取防冲刷措施（通常做法是加设水簸箕）。

⑫ 坡屋面有组织排水方式和水落管的数量应符合有关规定。

⑬屋面设有太阳能热水器、太阳能光伏电池板、避雷装置和电视天线等附属设施时，应做好连接和防水密封措施。

⑭采光天窗的设计应符合下列规定：

a. 采用排水板时，应有防雨措施；

b. 采光天窗与屋面连接处应做两道防水设防；

c. 应有结露水泄流措施；

d. 天窗应采用安全玻璃；

e. 采光天窗的抗风压性能、水密性、气密性等应符合相关标准的规定。

2）坡屋面的材料选择

（1）防水垫层

① 沥青类防水垫层（自粘聚合物沥青防水垫层、聚合物改性沥青防水垫层、波形沥青通风防水垫层等）。

② 高分子类防水垫层（铝箔复合隔热防水垫层、塑料防水垫层、透气防水垫层和聚乙烯丙纶防水垫层等）。

③ 防水卷材和防水涂料的复合防水垫层。

（2）保温隔热材料

① 坡屋面保温隔热材料可采用硬质聚苯乙烯泡沫塑料保温板、硬质聚氨酯泡沫塑料保温板、喷涂硬泡聚氨酯、岩棉、矿渣棉或玻璃棉等，不宜采用散状保温隔热材料。

② 保温隔热材料的表观密度不应大于 250kg/m³，装配式轻型坡屋面宜采用轻质保温隔热材料，表观密度不应大于 70kg/m³。

（3）瓦材

瓦材有沥青瓦（片状）、沥青波形瓦、树脂波形瓦（俗称玻璃钢）、块瓦（烧结瓦、混凝土瓦）等。

（4）金属板

① 压型金属板，包括热镀锌钢板（厚度不小于 0.6mm）、镀铝锌钢板（厚度不小于 0.6mm）、铝合金板（厚度不小于 0.9mm）。

② 有涂层的金属板：正面涂层不应低于 2 层，反面涂层应为 1 层或 2 层。涂层有聚酯、硅改性聚酯等。

③ 金属面绝热夹芯板。

（5）防水卷材

防水卷材可以选用聚氯乙烯（PVC）防水卷材、三元乙丙橡胶（EPDM）防水卷材、热塑性聚烯烃（TPO）防水卷材、弹性体（SBS）改性沥青防水卷材、塑性体（APP）改性沥青防水卷材。

屋面防水层应采用耐候性防水卷材，选用的防水卷材人工气候老化试验辐照时间不应少于 2500h。

（6）装配式轻型屋面材料

① 钢结构应选用热浸镀锌薄壁型钢材冷弯成型。承重冷弯薄壁型钢采用的热浸镀锌板的双面涂层重量不应小于 180g/m²。

② 木结构的材质、胶粘剂及配件应符合相关规定。

③ 新建屋面、平改坡屋面的屋面板宜采用定向刨花板（简称 OSB 板）、结构胶合板、普通木板及人造复合板等材料；采用波形瓦时，可不设屋面板。

④ 木屋面板材的厚度：定向刨花板（简称 OSB 板）不小于 11mm；结构胶合板不小于 9.5mm；普通木板为 20mm。

⑤ 新建屋面、平改坡屋面的屋面瓦，宜采用沥青瓦、沥青波形瓦、树脂波形瓦等轻质瓦材。

（7）顺水条和挂瓦条

① 木质顺水条和挂瓦条应采用等级为Ⅰ级或Ⅱ级的木材，含水率不应大于 18%，并应作防腐防蛀处理。

② 金属材质顺水条、挂瓦条应作防锈处理。

③ 顺水条的断面尺寸宜为 40mm×20mm；挂瓦条的断面尺寸宜为 30mm×30mm。

3）坡屋面的设计

（1）沥青瓦坡屋面

① 构造层次（由上而下）：沥青瓦—持钉层—防水垫层—保温隔热层—屋面板。

② 沥青瓦分为平面沥青瓦和叠合沥青瓦两大类型。平面沥青瓦适用于防水等级为二级的坡屋面；叠合沥青瓦适用于防水等级为一级及二级的坡屋面。

③ 沥青瓦屋面的坡度不应小于 20%。

④ 沥青瓦屋面的保温隔热层设置在屋面板上时，应采用不小于压缩强度 150kPa 的硬质保温隔热板材。

⑤ 沥青瓦屋面的屋面板宜为钢筋混凝土屋面板或木屋面板。

⑥ 铺设沥青瓦应采用固定钉固定，在屋面周边及泛水部位应采用满粘法固定。

⑦ 沥青瓦的施工环境温度宜为 5～35℃。环境温度低于 5℃时，应采取加强粘结措施。

（2）块瓦屋面

① 构造层次（由上而下）：块瓦—挂瓦条—顺水条—防水垫层—持钉层—保温隔热层—屋面板。

② 块瓦包括烧结瓦、混凝土瓦等，适用于防水等级为一级和二级的坡屋面。

③ 块瓦屋面坡度不应小于 30%。

④ 块瓦屋面的屋面板可为钢筋混凝土板、木板或增强纤维板。

⑤ 块瓦屋面应采用干法挂瓦，固定牢靠，檐口部位应采取防风揭起的措施。

⑥ 瓦屋面与山墙及突出屋面结构的交接处应作泛水，加铺防水附加层，局部进行密封防水处理。

⑦ 寒冷地区屋面的檐口部位，应采取防止冰雪融化下坠和冰坝的措施。

⑧ 屋面无保温层时，防水垫层应铺设在钢筋混凝土基层或木基层上；屋面有保温层时，保温层宜铺设在防水层上，保温层上铺设找平层。

⑨ 瓦屋面檐口宜采用有组织排水，高低跨屋面的水落管下应采取防冲刷措施。

⑩ 烧结瓦、混凝土瓦屋面檐口挑出墙面的长度不宜小于 300mm，瓦片挑出封檐板的长度宜为 50～70mm。

（3）波形瓦坡屋面

① 构造层次（由上而下）：

a. 做法一：波形瓦—防水垫层—持钉层—保温隔热层—屋面板；

b. 做法二：波形瓦—防水垫层—屋面板—檩条（角钢固定件）—屋架。

② 波形瓦屋面包括沥青波形瓦、树脂波形瓦等，适用于防水等级为二级的屋面。

③ 波形瓦屋面坡度不应小于 20%。

④ 波形瓦屋面承重层为钢筋混凝土屋面板和木质屋面板时，宜设置外保温隔热层；不设屋面板的屋面，可设置内保温隔热层。

（4）金属板坡屋面

① 构造层次（由上而下）：金属屋面板—固定支架—透气防水垫层—保温隔热层—承托网。

② 金属板屋面的板材主要包括压型金属板和金属面绝热夹芯板。

③ 金属板屋面坡度不宜小于 5%。

④ 压型金属板屋面适用于防水等级为一级和二级的坡屋面；金属面绝热夹芯板屋面适用于防水等级为二级的坡屋面。

⑤ 金属面绝热夹芯板的四周接缝均应采用耐候丁基橡胶防水密封胶带密封。

⑥ 防水等级为一级的压型金属板屋面应采用防水垫层，防水等级为二级的压型金属板屋面宜采用防水垫层。

(5) 防水卷材坡屋面

① 构造层次(由上而下):防水卷材—保温隔热层—隔汽层—屋顶结构层。

② 防水卷材屋面适用于防水等级为一级和二级的单层防水卷材的坡屋面。

③ 防水卷材屋面的坡度不应小于3%。

④ 屋面板可采用压型钢板和现浇钢筋混凝土板等。

⑤ 防水卷材屋面采用的防水卷材主要包括聚氯乙烯(PVC)防水卷材、三元乙丙橡胶(EPDM)防水卷材、热塑性聚烯烃(TPO)防水卷材、弹性体(SBS)改性沥青防水卷材、塑性体(APP)改性沥青防水卷材。

⑥ 保温隔热材料可采用硬质岩棉板、硬质矿渣棉板、硬质玻璃棉板、硬质泡沫聚氨酯塑料保温板及硬质聚苯乙烯保温板等板材。

⑦ 保温隔热层应设置在屋面板上。

⑧ 单层防水卷材和保温隔热材料构成的屋面系统,可采用机械固定法、满粘法或空铺压顶法铺设。

(6) 装配式轻型坡屋面

① 构造层次(由上而下):瓦材—防水垫层—屋面板。

② 装配式轻型坡屋面适用于防水等级为一级和二级的新建屋面和平改坡屋面。

③ 装配式轻型坡屋面的坡度不应小于20%。

④ 平改坡屋面应根据既有建筑物的进深、承载能力确定承重结构和选择屋面材料。

(十一)玻璃采光顶

282. 玻璃采光顶的构造要求有哪些?

《屋面工程技术规范》GB 50345—2012、《屋面工程质量验收规范》GB 50207—2012、《建筑玻璃采光顶》JG/T 231—2007、《采光顶与金属屋面技术规程》JGJ 255—2012和相关技术资料的规定如下(图2-74):

图2-74 玻璃采光顶

1) 建筑设计

(1) 安装在玻璃采光顶上的光伏组件面板坡度宜按光伏系统全年日照最多的倾角设

计，宜满足光伏组件冬至日全天有3h以上建筑日照时数的要求，并应避免景观环境或建筑自身对光伏组件的遮挡。

（2）排水设计

① 应采用天沟排水，底板排水坡度宜大于1%。天沟过长时应设置变形缝：顺直天沟不宜大于30m，非顺直天沟不宜大于20m。

② 采光顶采取无组织排水时，应在屋檐设置滴水构造。

（3）防火设计

① 采光顶与外墙交界处、屋顶开口部位四周的保温层，应采用宽度不小于500mm的燃烧性能为A级保温材料设置水平防火隔离带。采光顶与防火分隔构件的缝隙，应进行防火封堵。

② 采光顶的同一玻璃面板不宜跨越两个防火分区。防火分区间设置通透隔断时，应采用防火玻璃或防火玻璃制品。

（4）节能设计

① 采光顶宜采用夹层中空玻璃或夹层低辐射镀膜中空玻璃。明框支承采光顶宜采用隔热铝合金型材或隔热性钢材。

② 采光顶的热桥部位应进行隔热处理，在严寒和寒冷地区，热桥部位不应出现结露现象。

③ 严寒和寒冷地区的采光顶应进行防结露设计。

④ 采光顶宜进行遮阳设计。有遮阳要求的采光顶，可采用遮阳型低辐射镀膜夹层中空玻璃，必要时也可设置遮阳系统。

2）面板设计

（1）框支承玻璃面板

① 采光顶用框支承玻璃面板单片玻璃厚度和中空玻璃的单片厚度不应小于6mm，夹层玻璃的单片厚度不宜小于5mm。夹层玻璃和中空玻璃的各片玻璃厚度相差不宜大于3mm。

② 框支承用夹层玻璃可采用平板玻璃、半钢化玻璃或钢化玻璃。

③ 框支承玻璃面板的边缘应进行精磨处理。边缘倒棱不宜小于0.5mm。

（2）点支承玻璃面板

① 矩形玻璃面板宜采用四点支承，三角形玻璃面板宜采用三点支承。相邻支承点间的板边距离，不宜大于1.5m。点支承玻璃可采用钢爪支承装置或夹板支承装置。采用钢爪支承时，孔边至板边的距离不宜小于70mm。

② 点支承玻璃面板采用浮头式连接件支承时，其厚度不应小于6mm；采用沉头式连接件支承时，其厚度不应小于8mm。夹层玻璃和中空玻璃的单片厚度亦应符合相关规定。钢板夹持的点支承玻璃，单片厚度不应小于6mm。

③ 点支承中空玻璃孔洞周边应采取多道密封。

（3）聚碳酸酯板

① 聚碳酸酯板应可冷弯成型。

② 中空平板的弯曲半径不宜小于板材厚度的175倍；U形中空板的最小弯曲半径不宜小于厚度的200倍；实心板的弯曲半径不宜小于板材厚度的100倍。

3）支承结构设计

（1）铝合金型材有效截面的部位厚度不应小于2.5mm。

（2）热轧钢型材有效截面的部位的壁厚不应小于2.5mm。

（3）冷成型薄壁型钢截面厚度不应小于2.0mm。

4）胶缝设计

（1）胶缝应采用硅酮结构密封胶。

（2）硅酮结构密封胶的粘结宽度不应小于7mm。

（3）硅酮结构密封胶的粘结厚度不应小于6mm。

5）构造设计

（1）一般规定

① 玻璃采光顶应根据建筑物的屋面形式、使用功能和美观要求，选择结构类型、材料和细部构造。玻璃采光顶的面积一般不应大于屋顶总面积的20%。

② 玻璃采光顶所用材料的物理性能、力学性能应根据建筑物的类别、高度、体形、功能以及建筑物所在的地理位置、气候和环境条件进行设计。

③ 严寒和寒冷地区的采光顶应满足寒冷地区防脆断的要求。

④ 玻璃采光顶所用支承构件、透光面板及其配套的紧固件、连接件、密封材料的品种、规格和性能等应符合有关材料标准的规定。

⑤ 玻璃采光顶的防结露设计，应符合现行国家标准《民用建筑热工设计规范》GB 50176—93的有关规定；对玻璃采光顶内侧的冷凝水，应采取控制、收集和排除的措施。

⑥ 玻璃采光顶支承结构选用的金属材料应作防腐处理，铝合金型材应作表面处理，不同金属构件接触面之间应采取隔离措施。

⑦ 玻璃采光顶的防火及防烟、防雷要求应满足相应规范的规定。

⑧ 当采用玻璃梁支承时，玻璃梁宜采用钢化夹层玻璃。玻璃梁应对温度变形、地震作用和结构变形有较好的适应能力。

⑨ 玻璃采光顶应采用支承结构找坡，排水坡度不宜小于5%，并应采取合理的排水措施。

⑩ 玻璃采光顶的高低跨处泛水部位；采光板板缝、单元体构造缝部位；天沟、檐沟、水落口部位；采光顶周边交接部位；洞口、局部凸出体收头部位及其他复杂的构造部位应进行细部构造设计。

（2）材料

① 玻璃

a. 采光顶的玻璃应采用安全玻璃，宜采用夹层玻璃和夹层中空玻璃。玻璃原片可根据设计要求选用，且单片玻璃厚度不宜小于6mm，夹层玻璃的玻璃原片厚度不宜小于5mm。

b. 当玻璃采光顶采用钢化玻璃、半钢化玻璃时应满足相应规范的要求，钢化玻璃宜经过二次匀质处理。

c. 上人的玻璃采光顶应采用夹层玻璃；点支承的玻璃采光顶应采用钢化夹层玻璃。

d. 夹层玻璃宜为干法加工而成，夹层玻璃的两片玻璃厚度相差不宜大于2mm；夹层玻璃胶片宜采用聚乙烯醇缩丁醛（PVB）胶片，聚乙烯醇缩丁醛胶片不应小于0.76mm；

暴露在空气中的夹层玻璃边缘应进行密封处理。

e. 玻璃采光顶采用的中空玻璃气体层不应小于 12mm；中空玻璃宜采用双道密封；隐框玻璃的密封应采用硅酮结构密封胶；中空玻璃的夹层面应在中空玻璃的下表面。

f. 中空玻璃的产地与使用地与运输途经地的海拔高度相差超过 1000m 时，宜加装毛细管或呼吸管平衡内外气压值。

g. 考虑节能与隔声，中空玻璃可采用不同厚度的单片玻璃进行组合，单片玻璃的厚度差宜为 3mm，并应将较厚的玻璃放在外侧。

h. 采光顶所选用的玻璃应进行磨边和倒角处理。

i. 玻璃面板面积不宜大于 2.50m^2，长边边长不宜大于 2.00m。

j. 当采光玻璃顶最高点到地面或楼面距离大于 3.00m 时，应采用夹层玻璃或夹层中空玻璃，且夹胶层位于下侧。

② 钢材

a. 采光顶支承结构所选用的碳素结构钢、低合金高强度钢和耐候钢，除应符合相关规定外，均应按设计要求进行防腐处理。

b. 不锈钢材宜采用奥氏体不锈钢，其含镍量不应小于 8%。

c. 钢索压管接头应采用经固溶处理的奥氏体不锈钢。

③ 铝材

a. 铝型材的基材应采用高精级或超高精级。

b. 铝型材的表面处理应符合表 2-100 的规定。

铝型材的表面处理　　表 2-100

表面处理方式		膜厚级别	膜厚 t	
			平均膜厚	局部膜厚
阳极氧化		不低于 AA15	$t\geqslant15$	$t\geqslant12$
电泳喷涂	阳极氧化膜	B	$t\geqslant10$	$t\geqslant8$
	漆膜		—	$t\geqslant7$
	复合膜		—	$t\geqslant1640$
粉末喷涂		—	—	$40\leqslant t\leqslant120$
氟碳喷涂	二涂	—	$t\geqslant30$	$t\geqslant25$
	三涂	—	$t\geqslant40$	$t\geqslant25$

c. 铝合金隔热型材的隔热条应满足行业标准要求。

④ 钢索

玻璃采光顶使用的钢索应采用钢绞线，钢索的公称直径不宜小于 12mm。

⑤ 五金附件

选用的五金件除不锈钢以外，应进行防腐处理。

⑥ 密封材料：密封材料宜采用三元乙丙橡胶、氯丁橡胶及硅橡胶。

⑦ 其他材料

a. 单组分硅酮结构密封胶配合使用的低发泡间隔双面胶带，应具有透气性；

b. 填充材料宜采用聚乙烯泡沫棒，其密度不应大于 37kg/m^3。

(3) 性能

玻璃采光顶应满足的性能包括结构性能、气密性能、水密性能、热工性能、隔声性能、采光性能等。

① 结构性能

a. 承载性能 S 共分为 9 级，应经计算确定其指标，详见表 2-101。

承载性能分级 **表 2-101**

分级代号	1	2	3	4	5
分级指标值 S（kPa）	$1.0 \leqslant S < 1.5$	$1.5 \leqslant S < 2.0$	$2.0 \leqslant S < 2.5$	$2.5 \leqslant S < 3.0$	$3.0 \leqslant S < 3.5$
分级代号	6	7	8	9	—
分级指标值 S（kPa）	$3.5 \leqslant S < 4.0$	$4.0 \leqslant S < 4.5$	$4.5 \leqslant S < 5.0$	$S \geqslant 5.0$	—

b. 任何单件玻璃板垂直于玻璃平面的挠度不应超过计算边长的 1/60。

② 气密性能

a. 采光顶开启部分采用压力差为 10Pa 时的开启缝长空气渗透量 q_L 作为分级指标，并应符合表 2-102 的规定。

采光顶开启部分气密性能分级 **表 2-102**

分级代号	1	2	3	4
分级标准值 q_L [m^2/（m·h）]	$4.0 \leqslant q_L > 2.5$	$2.5 \leqslant q_L > 1.5$	$1.5 \leqslant q_L > 0.5$	$q_L \leqslant 0.5$

b. 采光顶整体（含开启部分）采用压力差为 10Pa 时的单位面积空气渗透量 q_A 作为分级指标，并应符合表 2-103 的规定。

采光顶整体气密性能分级 **表 2-103**

分级代号	1	2	3	4
分级标准值 q_A [m^2/（m·h）]	$4.0 \leqslant q_A > 2.0$	$2.0 \leqslant q_A > 1.2$	$1.2 \leqslant q_A > 0.5$	$q_A \leqslant 0.5$

③ 水密性能

当采光顶所受风压取正值时，水密性能分级指标 ΔP 应符合表 2-104 的规定。

④ 热工性能

采光顶水密性能指标 **表 2-104**

分级代号		3	4	5
分级指标值 ΔP（Pa）	固定部分	$1000 \leqslant \Delta P < 1500$	$1500 \leqslant \Delta P < 2000$	$\Delta P \geqslant 2000$
	可开启部分	$500 \leqslant \Delta P < 700$	$700 \leqslant \Delta P < 1000$	$\Delta P \geqslant 1000$

注：1. ΔP 为水密性能试验中，严重渗透压力差的前一级压力差。

2. 5 级时需同时标注 ΔP 的实测值。

a. 采光顶的保温性能以传热系数 K 进行分级，其分级指标应符合表 2-105 的规定。

采光顶的保温性能分级 **表 2-105**

分级代号	1	2	3	4	5
分级指标值 K [W/(m^2·K)]	$K>4.0$	$4.0\geqslant K\geqslant 3.0$	$3.0\geqslant K\geqslant 2.0$	$2.0\geqslant K\geqslant 1.5$	$K\leqslant 1.5$

b. 遮阳系数分级指标 SC 应符合表 2-106 的规定。

采光顶的遮阳系数分级 **表 2-106**

分级代号	1	2	3	4	5	6
分级指标值 SC	$0.9\geqslant SC>0.7$	$0.7\geqslant SC>0.6$	$0.6\geqslant SC>0.5$	$0.5\geqslant SC>0.4$	$0.4\geqslant SC>0.3$	$0.3\geqslant SC>0.2$

⑤ 隔声性能

以空气计权隔声量 R_w 进行分级，其分级指标应符合表 2-107 的规定。

采光顶的空气隔声性能指标 **表 2-107**

分级代号	2	3	4
分级标准值 R_w (dB)	$30\leqslant R_w<35$	$35\leqslant R_w<40$	$R_w\geqslant 35$

注：4 级时需同时标注 R_w 的实测值。

⑥ 采光性能

采光性能采用透光折减系数 T_r 作为分级指标，其分级指标应符合表 2-108 的规定。

采光顶采光性能指标 **表 2-108**

分级代号	1	2	3	4	5
分级指标值	$0.2\leqslant T_r<0.3$	$0.3\leqslant T_r<0.4$	$0.4\leqslant T_r<0.5$	$0.5\leqslant T_r<0.6$	$T_r\geqslant 0.6$

注：投射漫射光照度与漫射光照度之比，5 级时需同时标注 T_r 的实测值。

(4) 玻璃采光顶的支承结构

玻璃采光顶的支承结构有钢结构、索杆结构、铝合金结构、玻璃梁结构等。

(5) 构造要求

① 采光玻璃顶组装采用镶嵌方式时，应采取防止玻璃整体脱落的措施。

② 采光玻璃顶组装采用粘结方式时，隐框与半隐框构件的玻璃与金属框之间，应采用与接触材料相容的硅酮结构密封胶粘结，其粘结宽度及厚度应符合强度要求。

③ 采光玻璃顶组装采用点支承组装方式时，连接件的钢制驳接爪与玻璃之间应设置衬垫材料，衬垫材料的厚度不宜小于 1mm，面积不应小于支承装置与玻璃的结合面。

④ 玻璃间的接缝宽度应满足玻璃和密封胶的变形要求，且不应小于 10mm；密封胶的嵌填深度宜为接缝宽度的 50%～70%，较深的密封槽口底部应采用聚乙烯发泡材料填塞。

⑤ 玻璃采光顶的构造层次见表 2-109。

玻璃采光顶的构造层次　　表 2-109

做法类别	基本构造层次
做法一（框架支承）	玻璃面板—金属框架—支承结构
做法二（点支承）	玻璃面板—点支承装置—支承结构

(十二) 阳光板采光顶

283. 阳光板采光顶有哪些构造要求?

综合相关技术资料得知，阳光板采光顶指的是选用聚碳酸酯板（又称为阳光板、PC板）的采光顶，详见图 2-75。

图 2-75　阳光板采光顶

聚碳酸酯板的主要指标为：

1）板的种类：聚碳酸酯板有单层实心板、中空平板、U 形中空板、波浪板等多种类型；有透明、着色等多种板型。

2）板的厚度：单层板 3～10mm，双层板 4mm、6mm、8mm、10mm。

3）燃烧性能：燃烧性能等级应达到 B_1 级。

4）耐候性（黄化指标）：不小于 15 年。

5）透光率：双层透明板不小于 80%，三层透明板不小于 72%。

6）耐温限度：－40～120℃。

7）使用寿命：不得低于 25 年。

8）黄色指数：黄色指数变化不应大于 1。

9）找坡方式：应采用支承结构找坡，坡度不应小于 8%。

10）聚碳酸酯板应可冷弯成型。

11）中空平板的弯曲半径不宜小于板材厚度的 175 倍；U 形中空板的最小弯曲半径不宜小于板材厚度的 200 倍；实心板的弯曲半径不宜小于板材厚度的 100 倍。

（十三）太阳能光伏系统

284．什么叫太阳能光伏系统？

综合相关技术资料得知，太阳能光伏系统是利用光伏效应将太阳辐射能直接转换成电能的发电系统。相关资料指出：光电采光板由上下两层4mm玻璃及中间的光伏电池组成，用铸膜树脂（EVA）热固而成，背面是接线盒和导线。光电采光板的尺寸一般为500mm×500mm～2100mm×3500mm（图2-76）。

图2-76　太阳能光伏系统

285．太阳能光伏系统的安装要求与构造要点有哪些？

综合相关技术资料得知，太阳能光伏系统的安装要求与构造要点有：

1）构造类型：从光电采光板接线盒穿出的导线一般有两种构造类型：

（1）类型一：导线从接线盒穿出后，在施工现场直接与电源插头相连，这种构造适合于表面不通透的外立面，因为它仅外片玻璃是透明的。

（2）类型二：隐藏在框架之间的导线从装置的边缘穿出，这种构造适合于透明的外立面，从室内可以看到这种装置。

2）安装要求

《民用建筑太阳能光伏系统应用技术规范》JGJ 203—2010中指出：

（1）太阳能光伏系统可以安装在平屋面、坡屋面、阳台（平台）、墙面、幕墙等部位，安装时不应跨越变形缝，不应影响所在建筑部位的雨水排放，光伏电池的温度不应高于85℃，多雪地区宜设置人工融雪、清雪的安全通道。

（2）在平屋面上的安装要求

① 应按最佳倾角进行设计。倾角小于10°时，宜设置维修、人工清洗的设施与通道。

② 基座与安装应不影响屋面排水。

③ 安装间距应满足冬至日投射到光伏件的阳光不受影响的要求。

④ 屋面上的防水层应铺设到支座和金属件的上部，并应在地脚螺栓周围作密封处理。

⑤ 在平屋面防水层上安装光伏组件时，其支架基座下部应增设附加防水层。

⑥ 光伏组件的引线穿过平屋面处应预埋防水套管，并做好防水密封处理。

（3）在坡屋面上的安装要求

① 应按全年获得电能最多的倾角设计。

② 光伏组件宜采用顺坡镶嵌或顺坡架空安装方式。

③ 建材型光伏件安装应满足屋面整体保温、防水等功能的要求。

④ 支架与屋面间的垂直距离应满足安装和通风散热的要求。

（4）在阳台（平台）上的安装要求

① 应有适当的倾角。

② 构成阳台或平台栏板的光伏构件，应满足刚度、强度、保护功能和电气安全的要求。

③ 应采取保护人身安全的防护措施。

（5）在墙面上的安装要求

① 应有适当的倾角。

② 光伏组件与墙面的连接不应影响墙体的保温和节能效果。

③ 对安装在墙面上提供遮阳功能的光伏构件，应满足室内采光和日照的要求。

④ 当光伏组件安装在窗面上时，应满足窗面采光、通风等使用功能的要求。

⑤ 应采取保护人身安全的防护措施。

（6）在建筑幕墙上的安装要求

① 安装在建筑幕墙上的光伏组件宜采用建材型光伏构件。

② 对有采光和安全性双重要求的部位，应使用双玻光伏幕墙，其使用的夹胶层材料应为聚乙烯醇缩丁醛（PVB），并应满足建筑室内对视线和透光性能的要求。

③ 由玻璃光伏幕墙构成的雨篷、檐口和采光顶，应满足建筑相应部位的刚度、强度、排水功能及防止空中坠物的安全性能的要求。

（7）安装角度的要求

《采光顶与金属屋面技术规程》JGJ 255—2012 规定：光伏组件面板坡度宜按光伏系统全年日照最多的倾角设计，宜满足光伏组件冬至日全天有 3h 以上建筑日照时数的要求，并应避免景观环境或建筑自身对光伏组件的遮挡。

七、门　　窗

（一）门 窗 选 择

286. 门窗在选用和布置时应注意哪些问题？

1）《民用建筑设计通则》GB 50352—2005 中规定：

（1）门窗产品应符合下列要求：

① 门窗的材料、尺寸、功能和质量等应符合建筑门窗产品标准的规定。

② 门窗的配件应与门窗主体相匹配，并应符合各种材料的技术要求。

③ 应推广应用具有节能、密封、隔声、防结露等优良性能的建筑门窗。

注：门窗加工的尺寸，应按门窗洞口设计尺寸扣除墙面装修材料的厚度，按净尺寸加工。

（2）门窗与墙体应连接牢固，且满足抗风压、水密性、气密性的要求，不同材料的门窗选择相应的密封材料。

（3）门的设置应符合下列规定：

① 外门构造应开启方便，坚固耐用。

② 手动开启的大门扇应有制动装置，推拉门应有防脱轨的措施。

③ 双面弹簧门应在可视高度部分装透明安全玻璃。

④ 旋转门、电动门、卷帘门和大型门的邻近应另设平开疏散门，或在门上设疏散门。

⑤ 开向疏散走道及楼梯间的门扇开足时，不应影响走道及楼梯平台的疏散宽度。

⑥ 全玻璃门应选用安全玻璃或采取防护措施，并应设防撞提示标志。

⑦ 门的开启不应跨越变形缝。

⑧ 一般公共建筑经常出入的西向和北向的外门，应设置双道门、旋转门或门斗，否则应加热风幕。外面一道门应采用外开门，里面一道门宜采用双面弹簧门或电动推拉门。

⑨所有的门若无隔声要求或其他特殊要求，不得设门槛。

⑩ 房间湿度大的门不宜选用纤维板或胶合板。

（4）窗的设置应符合下列规定：

① 窗扇的开启形式应方便使用，安全和易于维修、清洗。

② 当采用外开窗时，应采用加强牢固窗扇的措施。

③ 开向公共走道的窗扇，其底面高度不应低于 2.00m。

④ 临空的窗台低于 0.80m 时，应采取防护措施，防护高度由楼地面起计算，不应低于 0.80m。

⑤ 防火墙上必须开设窗洞时，应按防火规范设置。

⑥ 天窗应采用防破碎伤人的透光材料。

⑦ 天窗应有防冷凝水产生或引泄冷凝水的措施。

⑧ 天窗应便于开启、关闭、固定、防渗水，并方便清洗。

注：1. 住宅窗台低于 0.90m 时，应采取防护措施。

2. 低窗台、凸窗等下部有能上人站立的宽窗台面时，贴窗护栏或固定窗的防护高度应从窗台面起计算。

2)《建筑设计防火规范》GB 50016—2014 规定：

(1) 民用建筑的疏散门应采用向疏散方向开启的平开门。不应采用推拉门、卷帘门、吊门、转门和折叠门。

(2) 人数不超过 60 人且每樘门的平均疏散人数不超过 30 人的房间，其门的开启方向不限。

(3) 开向疏散楼梯或疏散楼梯间的门，其完全开启时，不应减少平台的有效宽度。

(4) 人员密集场所内平时需要控制人员随意出入的疏散门和设置门禁系统的住宅、宿舍、公寓的外门，应保证火灾时不需使用钥匙等任何工具即能从内部易于打开，并应在显著位置设置标识和使用提示。

287. 门窗应满足的五大性能指标是什么?

相关技术资料表明，门窗应满足的五大性能指标包括：气密性能指标、水密性能指标、抗风压性能指标、保温性能指标、空气声隔声性能指标 5 个方面。

1) 建筑外门窗气密性能指标

代号 q_1（单位缝长），单位：$m^3/h \cdot m$；q_2（单位面积），单位：$m^3/h \cdot m$。共分为 8 级，《建筑外门窗气密、水密、抗风压性能分级及检测方法》GB/T 7106—2008 中规定的具体数值详见表 2-110。

气密性能指标 **表 2-110**

分级	1	2	3	4
单位缝长分级指标值 q_1	$4.0 \geqslant q_1 > 3.5$	$3.5 \geqslant q_1 > 3.0$	$3.0 \geqslant q_1 > 2.5$	$2.5 \geqslant q_1 > 2.0$
单位面积分级指标值 q_2	$12.0 \geqslant q_2 > 10.5$	$10.5 \geqslant q_2 > 9.0$	$9.0 \geqslant q_2 > 7.5$	$7.5 \geqslant q_2 > 6.0$
分级	5	6	7	8
单位缝长分级指标值 q_1	$2.0 \geqslant q_1 > 1.5$	$1.5 \geqslant q_1 > 1.0$	$1.0 \geqslant q_1 > 0.5$	$q_1 \leqslant 0.5$
单位面积分级指标值 q_2	$6.0 \geqslant q_2 > 4.5$	$4.5 \geqslant q_2 > 3.0$	$3.0 \geqslant q_2 > 1.5$	$q_2 \leqslant 1.5$

注：北京地区建筑外门窗的空气渗透性能 q_1=10Pa 时，q_1 应达到不大于 1.5，q_2 应达到不大于 4.5，相当于 6 级。

2) 建筑外门窗水密性能指标

代号 ΔP，单位 Pa，共分为 6 级，《建筑外门窗气密、水密、抗风压性能分级及检测方法》GB/T 7106—2008 中规定的具体数值详见表 2-111。

水密性能指标 **表 2-111**

等级	1	2	3	4	5	6
ΔP	$\geqslant 100$ <150	$\geqslant 150$ <250	$\geqslant 250$ <350	$\geqslant 350$ <500	$\geqslant 500$ <700	$\Delta P \geqslant 700$

注：北京地区的建筑外门窗水密性能 ΔP 应不小于 250Pa，相当于 3 级。

3) 建筑外门窗抗风压性能指标

代号 P_3，单位 kPa，共分为 9 级，《建筑外门窗气密、水密、抗风压性能分级及检测方法》GB/T 7106—2008 中规定的具体数值详见表 2-112。

4) 建筑外门窗保温性能指标

代号 K，单位 W/（m^2·K），共分为 10 级，《建筑外门窗保温性能分级及检测方法》GB/T 8484—2008 中规定的具体数值详见表 2-113。

抗风压性能　　表 2-112

分 级	1	2	3	4	5
分级指标值	$1.0 \leqslant P_3 < 1.5$	$1.5 \leqslant P_3 < 2.0$	$2.0 \leqslant P_3 < 2.5$	$2.5 \leqslant P_3 < 3.0$	$3.0 \leqslant P_3 < 3.5$
分级	6	7	8	9	—
分级指标值	$3.5 \leqslant P_3 < 4.0$	$4.0 \leqslant P_3 < 4.5$	$4.5 \leqslant P_3 < 5.0$	$P_3 \geqslant 5.0$	—

注：1. 北京地区的中高层建筑外门窗抗风压性能 $P_3 \geqslant 3.0$kPa，相当于 5 级。
2. 北京地区的低层及多层建筑外门窗抗风压性能 $P_3 \geqslant 2.5$kPa，相当于 4 级。

保温性能指标　　表 2-113

分 级	1	2	3	4	5
分级指标值	$K \geqslant 5.0$	$5.0 > K \geqslant 4.0$	$4.0 > K \geqslant 3.5$	$3.5 > K \geqslant 3.0$	$3.0 > K \geqslant 2.5$
分级	6	7	8	9	10
分级指标值	$2.5 > K \geqslant 2.0$	$2.0 > K \geqslant 1.6$	$1.6 > K \geqslant 1.3$	$1.3 > K \geqslant 1.1$	$K < 1.1$

注：北京地区建筑门窗的保温性能 $K \geqslant 2.80$W/（m^2·K），相当于 5 级。

5）建筑门窗空气声隔声性能指标

代号 $R_w + Ctr$，单位 dB，共分为 6 级，《建筑门窗空气声隔声性能分级及检测方法》GB/T 8485—2008 规定的具体数值详见表 2-114。

空气声隔声性能指标　　表 2-114

分 级	外门、外窗的分级指标值	内门、内窗的分级指标值
1	$20 \leqslant R_w + C_{tr} < 25$	$20 \leqslant R_w + C_{tr} < 25$
2	$25 \leqslant R_w + C_{tr} < 30$	$25 \leqslant R_w + C_{tr} < 30$
3	$30 \leqslant R_w + C_{tr} < 35$	$30 \leqslant R_w + C_{tr} < 35$
4	$35 \leqslant R_w + C_{tr} < 40$	$35 \leqslant R_w + C_{tr} < 40$
5	$40 \leqslant R_w + C_{tr} < 45$	$40 \leqslant R_w + C_{tr} < 45$
6	$R_w + C_{tr} \geqslant 45$	$R_w + C_{tr} \geqslant 45$

注：北京地区的门窗隔声性能应不小于 25dB，相当于 2 级。

288. 门的基本尺度、布置和开启方向应注意哪些问题?

1）门的基本尺度

(1)《住宅设计规范》GB 50096—2011 中规定：

① 底层外窗和阳台门下沿低于 2.00m 且紧邻走廊或共用上人屋面上的窗和门，应采取防卫措施。

② 面临走廊、共用上人屋面或凹口的窗，应避免视线干扰，向走廊开启的窗扇不应妨碍交通。

③ 户门应采用具备防盗、隔声功能的防护门。向外开启的户门不应妨碍公共交通及相邻户门的开启。

④ 厨房和卫生间的门应在下部设置有效截面不小于 0.02m^2 的固定百叶，也可距地面留出不小于 30mm 的缝隙。

⑤ 各部位门洞的最小尺寸应符合表 2-115 的规定。

门洞最小尺寸（m）　　表 2-115

类　别	洞口宽度	洞口高度	类　别	洞口宽度	洞口高度
共用外门	1.20	2.00	厨房门	0.80	2.00
户（套）门	1.00	2.00	卫生间门	0.70	2.00
起居室（厅）门	0.90	2.00	阳台门（单扇）	0.70	2.00
卧室门	0.90	2.00	—	—	—

注：1. 表中门洞高度不包括门上亮子高度，宽度以平开门为准。
2. 洞口两侧地面有高差时，以高地面为起算高度。

（2）《宿舍建筑设计规范》JGJ 36—2005 中指出：

① 居室及辅助用房的门洞宽度不应小于 0.90m。

② 阳台门洞口宽度不应小于 0.80m。

③ 居室内附设的卫生间的门洞口宽度不应小于 0.70m。

④ 设亮子的门洞口高度不应小于 2.40m。

⑤ 不设亮子的门洞口高度不应小于 2.00m。

（3）《托儿所、幼儿园建筑设计规范》JGJ 39—87 中指出：

① 严寒和寒冷地区主体建筑的主要出入口应设挡风门斗，其双层门中心距离不应小于 1.60m。

② 幼儿经常出入的门应符合下列规定：

a. 在距地 0.60～1.20m 高度内，不应装易碎玻璃；

b. 在距地 0.70m 处，宜加设幼儿专用拉手；

c. 门的双面均宜平滑，无棱角；

d. 不应设置门槛和弹簧门；

e. 外门宜设纱门。

（4）《中小学校设计规范》GB 50099—2011 中指出

① 教学用房的门应符合下列规定：

a. 除音乐教室外，各类教室的门均宜设置上亮窗；

b. 除心理咨询室外，教学用房的门扇均宜附设观察窗；

c. 疏散通道上的门不得使用弹簧门、旋转门、推拉门、大玻璃门等不利于疏散通畅、安全的门；

d. 各教学用房的门均应向疏散方向开启，开启的门扇不得挤占走道的疏散通道；

e. 每间教学用房的疏散门均不应少于 2 个，疏散门的宽度应通过计算确定。每樘疏散门的通行净宽度不应小于 0.90m。当教室处于袋形走道尽端时，若教室内任何一处距教室门不超过 15m，且门的通行净宽度不小于 1.50m，可设 1 个门。

② 在寒冷或风沙大的地区，教学用建筑物出入口应设挡风间或双道门。

（5）《办公建筑设计规范》JGJ 67—2006 中指出：

① 办公建筑门洞口宽度不应小于 1.00m，洞口高度不应低于 2.10m。

② 机要办公室、财务办公室、重要档案库、贵重仪表间和计算机中心的门应采取防盗措施，室内宜设防盗报警装置。

（6）《旅馆建筑设计规范》JGJ 62—90 中指出：旅馆客房入口门洞宽度不应小于 0.90m，高度不应低于 2.10m，客房内卫生间门洞口宽度不应小于 0.75m，高度不应低于 2.10m。

（7）《商店建筑设计规范》JGJ 48—2014 规定：

① 严寒和寒冷地区的外门应设门斗或采取其他防寒措施；

② 有防盗要求的外门应采取安全防盗措施。

（8）《老年人建筑设计规范》JGJ 122—99 中指出：老年人建筑公用外门净宽度不应小于 1.10m，老年人住宅户门和内门（含厨房门、卫生间门、阳台门）通行净宽不应小于 0.80m，起居室、卧室、疗养室、病房等门扇应采用可观察的门。

（9）《剧场建筑设计规范》JGJ 57—2000 中指出：观众厅的出口门、疏散外门及后台疏散门应符合下列规定：

① 均应设双扇门，净宽不应小于 1.40m，并应向疏散方向开启。

② 紧靠门的部位不应设门槛，设置踏步应在 1.40m 以外。

③ 严禁用推拉门、卷帘门、转门、折叠门、铁栅门。

④ 宜采用自动门闩，门洞上方应设疏散标志。

（10）《电影院建筑设计规范》JGJ 58—2008 中指出：观众厅的疏散门不应设置门槛，在紧靠门口 1.40m 范围内不应设置踏步。疏散门应为自动推闩式外开门，严禁用推拉门、卷帘门、转门、折叠门。观众厅疏散门应由计算确定，且不应少于 2 个。宽度应符合防火疏散要求，且不应小于 0.90m。应采用甲级防火门，并应向疏散方向开启。

（11）《文化馆建筑设计规范》JGJ/T 41—2014 规定：

① 文化馆建筑多媒体试听教室的门应选用隔声门。

② 文化馆建筑琴房的门应选用隔声门。

③ 文化馆建筑录音录像室的门应采用密闭隔声门。

④ 文化馆建筑研究整理室之档案室的门应设防盗门和甲级防火门。

（12）《养老设施建筑设计规范》GB 50867—2013 规定：

① 老年人居住用房门的开启净宽应不小于 1.20m，且应向外开启或采用推拉门。

② 老年人居住房屋中的厨房、卫生间门的开启净宽应不小于 0.80m，且应选择向外开启的平开门。

（13）《建筑设计防火规范》GB 50016—2014 规定：

① 公共建筑

a. 公共建筑内疏散门的净宽度不应小于 0.90m。

b. 高层公共建筑楼梯间的首层疏散门、首层疏散外门，医疗建筑为 1.30m、其他建筑为 1.20m。

c. 人员密集的公共场所、观众厅疏散门不应设置门槛，其净宽度不应小于 1.40m。

d. 剧院、电影院、礼堂、体育馆等场所供观众疏散的所有内门、外门，应根据疏散人数按每 100 人最小净宽度的指标计算确定。

e. 除剧院、电影院、礼堂、体育馆等场所外的其他公共建筑，每层的房间疏散门、安全出口应根据疏散人数按每 100 人最小净宽度的指标计算确定。首层外门的总净宽度应按该建筑人数最多一层的人数计算确定。不供其他楼层人员疏散的外门，可按本层的疏散人数计算确定。

f. 地下或半地下人员密集的厅、室和歌舞娱乐放映游艺场所，其房间疏散门、安全出口的各自总净宽度，应根据疏散人数按每 100 人不小于 1.00m 计算确定。

② 居住建筑

a. 住宅建筑的户门、安全出口的总净宽度应经计算确定。户门和安全出口的净宽度不应小于 0.90m。

b. 首层疏散外门的净宽度不应小于 1.10m。

2）门的布置

(1) 两个相邻并经常开启的门，应有防止互相碰撞的措施。

(2) 向外开启的平开外门，应有防止风吹碰撞的措施。

(3) 经常出入的外门和玻璃幕墙下的外门已设雨篷，楼梯间外门雨篷下如设吸顶灯应注意不要被门扉碰碎。高层建筑、公共建筑底层入口均设挑檐或雨篷、门斗，以防上层落物伤人。

(4) 变形缝处不得利用门框盖缝，门扇开启时不得跨缝，以免变形时卡住。

3）门的开启方向

(1) 房间门一般应向内开，中小学各教学用房的门均应向疏散方向开启，开启的门扇不得挤占走道的疏散通道。

(2) 一般建筑物的外门应内外开或单一外开。

(3) 观众厅的疏散门必须向外开，且不得设置门槛。

(4) 防火门应单向开启，且应向疏散方向开启。

289. 窗的选用、洞口大小的确定和布置应注意哪些问题？

1）综合《民用建筑设计通则》GB 50352—2005 和其他相关技术资料：

(1) 窗的选用

① 7 层和 7 层以上的建筑不应采用平开窗，应选用推拉窗、内侧内平开窗或外翻窗。

② 开向公共走道的外开窗扇，其高度不应低于 2.00m。

③ 住宅底层外窗和屋顶的窗，其窗台高度低于 2.00m 的应采取防护措施。

④ 有空调的建筑外窗，应设可开启窗扇，其数量为 5%。

⑤ 可开启的高侧窗或天窗应设手动或电动机械开窗机。

⑥ 老年人建筑中，窗扇宜镶用无色透明玻璃。开启窗口应设防蚊蝇纱窗。

⑦ 中小学校靠外廊及单内廊一侧教室内隔墙的窗开启后不得挤占走道的疏散宽度，不得影响安全疏散。二层及二层以上的临空外窗的开启扇，不得外开。

⑧ 炎热地区的教学用房及教学辅助用房中，可在内外墙设置可开闭的通风窗。通风窗下沿宜设在距室内楼地面以上 0.10～0.15m 处。

⑨ 办公建筑的底层及半地下室外窗应采取安全防护措施。

(2)《商店建筑设计规范》JGJ 48—2014 规定：商店建筑的外窗应根据需要，采取通风、防雨、遮阳、保温等措施。

2）窗洞口大小的确定

窗洞口大小的确定与窗墙面积比、窗地面积比及采光系数有关。

（1）窗墙面积比：窗墙面积比是窗洞口面积与所在建筑立面单元的比值。

（2）窗地面积比：窗地比是窗洞口面积与所在房间地面面积的比值。

（3）采光系数：符合相关规定的室内一点照度与室外照度的比值。

3）窗的布置

（1）楼梯间外窗应结合各层休息板布置。

（2）楼梯间外窗做内开扇时，开启后不得在人的高度内凸出墙面。

（3）需防止太阳光直射的窗及厕浴等需隐蔽的窗，宜采用翻窗，并应使用半透明玻璃。

（二）门　窗　构　造

290. 木门窗的构造要点有哪些问题值得注意?

综合相关技术资料，木门窗的构造要点主要有：

1）一般建筑不宜采用木材外窗。

2）木门的基本尺度：木门扇的宽度不宜大于 1.00m，如宽度大于 1.00m、高度大于 2.50m 时，应加大断面；门洞口宽度大于 1.20m 时，应分成双扇或大小扇。

3）镶板门的门芯板宜采用双层纤维板或胶合板。室外拼板门宜采用企口实心木板。

4）镶板门适用于内门或外门；胶合板门适用于内门；玻璃门适用于入口处的大门或大房间的内门；拼板门适用于外门。

5）木窗的基本尺度：600mm 及以下洞口宜做成单扇窗；900mm、1200mm 宜做成双扇窗；1500mm、1800mm 宜做成三扇窗；1800mm 以上的洞口宜采用组合窗。

291. 铝合金门窗的构造要点有哪些?

《铝合金门窗工程技术规范》JGJ 214—2010 中规定：铝门窗适用于高、中、低档次的各类民用建筑。

1）主型材的壁厚

（1）门用主型材：最小壁厚不应小于 2.0mm。

（2）窗用主型材：最小壁厚不应小于 1.4mm。

2）型材的表面处理

（1）阳极氧化型材：阳极氧化膜膜厚应符合 AA15 级要求，氧化膜平均膜厚不应小于 15μm，局部膜厚不应小于 12μm。

（2）电泳涂漆型材：阳极氧化复合膜，表面漆膜采用透明漆膜应符合 B 级要求，复合膜局部膜厚不应小于 16μm；表面漆膜采用有色漆膜应符合 S 级要求，复合膜局部膜厚不应小于 21μm。

（3）粉末喷涂型材：装饰面上涂层最小局部厚度应大于 40μm。

（4）氟碳漆喷涂型材：二涂层氟碳漆膜，装饰面平均漆膜厚度不应小于 30μm；三涂层氟碳漆膜，装饰面平均漆膜厚度不应小于 40μm。

3）玻璃选择

铝合金门窗可根据功能要求选用浮法玻璃、着色玻璃、镀膜玻璃、中空玻璃、真空玻璃、钢化玻璃、钢化玻璃、夹层玻璃、夹丝玻璃等类型。

（1）中空玻璃的基本要求：

① 中空玻璃的单片厚度相差不宜大于3mm。

② 中空玻璃应使用加入干燥剂的金属间隔框，亦可使用塑性密封胶制成的含有干燥剂的波浪形铝带胶条。

③ 中空玻璃产地与使用地海拔高度相差超过800m时，宜加装金属毛细管，毛细管应在安装地调整压差后密封。

（2）低辐射镀膜玻璃的基本要求：

① 真空磁控溅射法（离线法）生产的Low-E玻璃，应合成中空玻璃使用。中空玻璃合片时，应去除玻璃边部与密封胶粘结部位的镀膜，Low-E镀膜应位于中空气体层内。

② 热喷涂法（在线法）生产的Low-E玻璃可单片使用，Low-E膜层宜面向室内。

（3）夹层玻璃的基本要求：夹层玻璃的单片玻璃厚度相差不宜大于3mm。

4）保温节能要求

铝合金门窗的保温节能要求可通过降低门窗的传热系数来实现，具体做法有：

（1）采用有断桥结构的隔热铝合金型材。

（2）采用中空玻璃、低辐射镀膜玻璃、真空玻璃。

（3）提高铝合金门窗的气密性能。

（4）采用双重门窗设计。

（5）门窗框与洞口墙体之间的安装缝隙进行保温处理。

5）其他构造要求

（1）铝合金门窗框与洞口间采用泡沫填充剂作填充时，宜采用聚氨酯泡沫填缝胶。固化后的聚氨酯泡沫胶缝表面应作密封处理。

（2）铝合金门窗用纱门、纱窗，宜使用径向不低于18目（1cm^2有18个小孔）的窗纱。

6）隔声性能

（1）建筑外门窗空气声的计权隔声量（R_w+C_{tr}）应符合下列规定：

① 临街的外窗、阳台门和住宅建筑外窗及阳台门不应低于30dB。

② 其他门窗不应低于25 dB。

（2）隔声构造

① 采用中空玻璃或夹层玻璃。

② 玻璃镶嵌缝隙及框扇开启缝隙，应采用耐久性好的弹性密封材料密封。

③ 采用双重门窗。

④ 门窗框与洞口墙体之间的安装缝隙进行密封处理。

7）安全规定

（1）人员流动较大的公共场所，易于受到人员和物体碰撞的铝合金门窗应采用安全玻璃。

（2）建筑中的下列部位的铝合金门窗应采用安全玻璃：

① 7层及7层以上建筑物外门窗。

② 面积大于1.50m^2的窗玻璃或玻璃底边离最终装修面小于500mm的落地窗。

③ 倾斜安装的铝合金窗。

（3）推拉窗用于外墙时，应设置防止窗扇向室外脱落的装置。

292. 断桥铝合金门窗的特点和构造要点有哪些？

综合相关技术资料，断桥铝合金门窗的特点和构造要点有：

1）特点

断桥铝合金窗又称为铝塑复合窗。铝塑复合窗的原理是利用塑料型材（隔热性高于铝型材 1250 倍）将室内外两层铝合金既隔开又紧密连接成一个整体，构成一种新的隔热型的铝型材。用这种型材做门窗，其隔热性与塑料窗一样可以达到国标级，彻底解决了铝合金传导散热快、不符合节能要求的致命问题。同时采取一些新的结构配合形式，彻底解决了铝合金推拉窗密封不严的老大难问题。该产品两面为铝材，中间用塑料型材腔体作断热材料。这种创新结构的设计，兼顾了塑料和铝合金两种材料的优势，同时满足了装饰效果和门窗强度以及耐老化的多种要求。

2）构造

超级断桥铝塑型材可实现门窗的三道密封结构，合理分离水气腔，成功实现气水等压平衡，显著提高门窗的水密性和气密性。这种窗的气密性比任何单一铝窗、塑料窗都好，能保证风沙大的地区室内窗台和地板无灰尘，同时可以保证在高速公路两侧 50m 内的居民不受噪声干扰，其性能接近平开窗。

3）性能

断桥铝合金窗的热阻值远高于其他类型门窗，节能效果十分明显。北京地区各向窗（阳台门）的传热系数 K_0 应不大于 2.80W/(m^2·K)，相当于总热阻值 R_0 为 0.357[(m^2·K)/W]。断桥铝合金窗的总热阻值 R_0 为 0.560[(m^2·K)/W]。

293. 塑料门窗的构造要点有哪些？

《塑料门窗工程技术规程》JGJ 103—2008 中规定：

1）特点

塑料门窗隔热，隔声，节能，密闭性好，价格合理，广泛应用于居住建筑，亦可应用于其他中低档次的民用建筑。

2）安全规定

门窗工程有下列情况之一时，必须使用安全玻璃（夹层玻璃、钢化玻璃、防火玻璃以及由上述玻璃制作的中空玻璃）：

（1）面积大于 1.50m^{2}的窗玻璃。

（2）距离可踏面高度 900mm 以下的窗玻璃。

（3）与水平面夹角不大于 75°的倾斜装配窗，包括天窗、采光顶等在内的顶棚。

（4）7 层和 7 层以上建筑物外窗。

3）抗风压性能

（1）塑料外门窗所承受的风荷载不应小于 1000Pa。

（2）单片玻璃厚度不宜小于 4mm。

4）水密性能

（1）在外门、外窗的框、扇下横边应设置排水孔，并应根据等压原理设置气压平衡孔槽；排水孔的位置、数量及开口尺寸应满足排水要求，内外侧排水槽应横向错开，避免直通；排水孔宜加盖排水孔帽。

（2）拼樘料与窗框连接处应采取有效可靠的防水密封措施。

（3）门窗框与洞口墙体的安装间隙应有防水密封措施。

（4）在带外墙外保温层的洞口安装塑料门窗时，宜安装室外披水窗台板，且窗台板的边缘与外墙间应妥善收口。

（5）外墙窗楣应做滴水线或滴水槽，外窗台流水坡度不应小于2%。平开窗宜在开启部位安装披水条。

5）气密性能：门窗四周的密封应完整、连续，并应形成封闭的密封结构。

6）隔声性能

对隔声性能要求高的门窗宜采取以下措施：

（1）采用密封性能好的门窗构造。

（2）采用隔声性能好的中空玻璃或夹层玻璃。

（3）采用双层窗构造。

7）保温与隔热性能

（1）有保温和隔热要求的门窗工程应采用中空玻璃，中空玻璃的气体层厚度不宜小于9mm。

（2）严寒地区宜使用中空Low-E镀膜玻璃或单框三玻中空玻璃窗，不宜使用推拉窗。

（3）窗框与窗扇间宜采用三级密封。

（4）当采用副框法与墙体连接时，副框应采取隔热措施。

（5）采光性能：建筑外窗采光面积应满足建筑热工和其他规范的要求。

294. 彩色镀金钢板门窗的构造要点有哪些?

综合相关技术资料，彩色镀金钢板门窗的构造要点有：

彩色镀锌钢板门窗，又称“彩板钢门窗”。彩色镀锌钢板门窗是以0.7～0.9mm的彩色镀锌钢板和3～6 mm厚平板玻璃或双层中空玻璃为主要材料，经过机械加工而制成的，具有红色、绿色、乳白色、棕色、蓝色等多种颜色。其门窗四角用插接件插接，玻璃与门窗交接处以及门窗框与扇之间的缝隙，全部用橡皮密封条和密封胶密封。彩色镀锌钢板门窗在盐雾试验下，不起泡、不锈蚀。彩色镀锌钢板门窗广泛用于中档、高档的公共建筑中。

（三）防火门窗

295. 专用标准《防火门》有哪些规定?

专用标准《防火门》GB 12955—2008规定：

1）防火门的材料

（1）木质防火门：用难燃木材或难燃木材制品制作门框、门扇骨架和门扇面板，门扇内若填充材料，应填充对人体无毒无害的防火隔热材料，并配以防火五金配件所组成的具有一定耐火性能的门。

(2) 钢质防火门：用钢质材料制作门框、门扇骨架和门扇面板，门扇内若填充材料应填充对人体无毒无害的防火隔热材料，并配以防火五金配件所组成的具有一定耐火性能的门。

(3) 钢木质防火门：用钢质和难燃木质材料制作门框、门扇骨架和门扇面板，门扇内若填充材料应填充对人体无毒无害的防火隔热材料，并配以防火五金配件所组成的具有一定耐火性能的门。

(4) 其他材质防火门：采用除钢质、难燃木材或难燃木材制品之外的无机不燃材料或部分钢质、难燃木材、难燃木材制品制作门框、门扇骨架和门扇面板，门扇内若填充材料应填充对人体无毒无害的防火隔热材料，并配以防火五金配件所组成的具有一定耐火性能的门。

2) 防火门的开启方式

主要采用单向开启的平开式，而且应向疏散方向开启。

3) 防火门的综合功能

(1) 隔热防火门（A类）：在规定的时间内，能同时满足耐火完整性和隔热性要求的防火门。

(2) 部分隔热防火门（B类）：在规定不小于0.50h内，满足耐火完整性和隔热性要求，在大于0.50h后所规定的时间内，能满足耐火完整性要求的防火门。

(3) 非隔热防火门（C类）：在规定的时间内，能满足耐火完整性要求的防火门。

4) 防火门按耐火性能的分类

防火门按耐火性能的分类见表2-116。

防火门按耐火性能的分类　　表2-116

名称	耐火性能		代号
隔热防火门（A类）	耐火隔热性≥0.50h 耐火完整性≥0.50h		A0.50（丙级）
	耐火隔热性≥1.00h 耐火完整性≥1.00h		A1.00（乙级）
	耐火隔热性≥1.50h 耐火完整性≥1.50h		A1.50（甲级）
	耐火隔热性≥2.00h 耐火完整性≥2.00h		A2.00
	耐火隔热性≥3.00h 耐火完整性≥3.00h		A3.00
部分隔热防火门（B类）	耐火隔热性≥0.50h	耐火完整性≥1.00h	B1.00
		耐火完整性≥1.50h	B1.50
		耐火完整性≥2.00h	B2.00
		耐火完整性≥3.00h	B3.00
非隔热防火门（C类）	耐火完整性≥1.00h		C1.00
	耐火完整性≥1.50h		C1.50
	耐火完整性≥2.00h		C2.00
	耐火完整性≥3.00h		C3.00

5) 其他

(1) 防火门安装的门锁应是防火锁。

（2）防火门上镶嵌的玻璃应是防火玻璃，并应分别满足A类、B类和C类防火门的要求。

（3）防火门上应安装防火闭门器。

296. 专用标准《防火窗》有哪些规定？

专用标准《防火窗》GB 16809—2008中指出：

1）防火窗的分类

（1）固定式防火窗：无可开启窗扇的防火窗。

（2）活动式防火窗：有可开启窗扇，且装配有窗扇启闭控制装置的防火窗。

（3）隔热防火窗（A类）：在规定时间内，能同时满足耐火完整性和隔热性要求的防火窗。

（4）非隔热防火窗（C类）：在规定时间内，能满足耐火完整性要求的防火窗。

2）防火窗的产品名称

防火窗的产品名称见表2-117。

防火窗的产品名称　　表2-117

产品名称	含　义	代　号
钢质防火窗	窗框和窗扇框架采用钢材制造的防火窗	GFC
木质防火窗	窗框和窗扇框架采用木材制造的防火窗	MFC
钢木复合防火窗	窗框采用钢材、窗扇框架采用木材制造或窗框采用木材、窗扇框架采用钢材制造的防火窗	GMFC

3）防火窗的使用功能

防火窗的使用功能见表2-118。

防火窗的使用功能　　表2-118

使用功能分类	代　号
固定式防火窗	D
活动式防火窗	H

4）防火窗的耐火性能

防火窗的耐火性能见表2-119。

防火窗的耐火性能　　表2-119

防火性能分类	耐火等级代号	耐火性能
隔热防火窗（A类）	A0.50（丙级）	耐火隔热性≥0.50h且耐火完整性≥0.50h
	A1.00（乙级）	耐火隔热性≥1.00h且耐火完整性≥1.00h
	A1.50（甲级）	耐火隔热性≥1.50h且耐火完整性≥1.50h
	A2.00	耐火隔热性≥2.00h且耐火完整性≥2.00h
	A3.00	耐火隔热性≥3.00h且耐火完整性≥3.00h
非隔热防火窗（C类）	C0.50	耐火完整性≥0.50h
	C1.00	耐火完整性≥1.00h
	C1.50	耐火完整性≥1.50h
	C2.00	耐火完整性≥2.00h
	C3.00	耐火完整性≥3.00h

5）其他

（1）防火窗安装的五金件应满足功能要求并便于更换。

（2）防火窗上镶嵌的玻璃应是复合防火玻璃或单片防火玻璃，最小厚度为5mm。

（3）防火窗的气密等级不应低于3级。

（四）防 火 卷 帘

297. 专用标准《防火卷帘》有哪些规定？

专用标准《防火卷帘》GB 14102—2005规定：

1）防火卷帘应具有防火功能和防烟功能。

2）防火卷帘的类型

（1）钢制防火卷帘：用钢质材料做帘板、导轨、座板、门楣、箱体等，并配以卷门机和控制箱所组成的能符合耐火完整性要求的卷帘。代号为GFJ。

（2）无机纤维复合防火卷帘：用无机纤维材料做帘面，用钢质材料做帘板、导轨、座板、门楣、箱体等，并配以卷门机和控制箱所组成的能符合耐火完整性要求的卷帘。代号为WFJ。

（3）特级防火卷帘：用钢质材料和用无机纤维材料做帘面，用钢质材料做帘板、导轨、座板、门楣、箱体等，并配以卷门机和控制箱所组成的能符合耐火完整性要求的卷帘。代号为TFJ。

3）防火卷帘的规格：防火卷帘根据工程实际尺寸确定，以洞口尺寸为准。

4）防火卷帘的分类

（1）耐风压性能（Pa）：490（用50表示）、784（用50表示）和1177（用120表示）。

（2）帘面数量（个）：1个帘面（代号为D）和2个帘面（代号为S）。

（3）启闭方式：垂直卷（代号为Cz）、侧向卷（代号为Cx）和水平卷（代号为Sp）。

（4）耐火极限：按耐火极限的分类见表2-120。

按耐火极限分类 **表 2-120**

名称	名称代号	代号	耐火极限（h）	帘面漏风量 $m^3/(m^2 \cdot min)$
钢制防火卷帘	GFJ	F2	≥2.00	—
		F3	≥3.00	
钢制防火、防烟卷帘	GFYJ	FY2	≥2.00	≤0.2
		FY3	≥3.00	
无机纤维复合防火卷帘	WFJ	F2	≥2.00	—
		F3	≥3.00	
无机纤维复合防火、防烟卷帘	WFYJ	FY2	≥2.00	≤0.2
		FY3	≥3.00	
特级防火卷帘	TFJ	F3	≥3.00	≤0.2

八、建 筑 装 修

(一) 一 般 规 定

298. 装修工程的一般规定有哪些?

《民用建筑设计通则》GB 50352—2005 中规定:

1) 室内外装修的要求:

(1) 室内外装修严禁破坏建筑物结构的安全性。

(2) 室内外装修应采用节能、环保型建筑材料。

(3) 室内外装修工程应根据不同使用要求，采用防火、防污染、防潮、防水和控制有害气体和射线的装修材料和辅料。

(4) 保护性建筑的内外装修尚应符合有关保护建筑条例的规定。

2) 室内装修的规定:

(1) 室内装修不得遮挡消防设施标志、疏散指示标志及安全出口，并不得影响消防设施和疏散通道的正常使用。

(2) 室内需要重新装修时，不得随意改变原有设施、设备管线系统。

3) 室外装修的规定:

(1) 外墙装修必须与主体结构连接牢靠。

(2) 外墙外保温材料应与主体结构和外墙饰面连接牢固，并应防开裂、防水、防冻、防腐蚀、防风化和防脱落。

(3) 外墙装修应防止污染环境的强烈反光。

299. 当前推广使用的建筑装修材料有哪些?

综合相关技术资料和文件，当前推广使用的建筑装修材料有:

1) 钢材

冷轧带肋钢筋焊接网。推广使用的原因: 可以替代人工绑扎钢筋、保证施工质量、提高工效。适用于在大体量现浇混凝土工程中推广冷轧带肋钢筋焊接网。

2) 混凝土及其制品

(1) 新型干法散装水泥。推广使用的原因: 由于质量稳定、能耗低，可以在生产、运输、使用过程中节约资源、保护环境，是我国推广了近 30 年的产业政策。

(2) 普通预拌砂浆。推广使用的原因: 在砌筑砂浆和抹面砂浆中使用预拌砂浆可以保证质量稳定，并可以使用各种外加剂，提高施工质量，是我国近年推广的产业政策。

(3) 再生混凝土骨料。推广使用的原因: 利用拆除的废弃物为混凝土的骨料，具有循环利用、节约、环保的特点。主要用于预拌混凝土、混凝土构件、混凝土砖等制作时使用。

(4) 轻质泡沫混凝土。推广使用的原因: 具有保温、质轻、低弹减震性、施工简单等特点，适用于挡土墙、管道基础、路基、环境覆盖、抢险回填等部位。

(5) 聚羧酸系高效减水剂。推广使用的原因：具有掺量低、保塑性好的特点。

3) 墙体材料：

(1) B04级、B05级加气混凝土砌块和板材。推广使用的原因：具有质轻、保温性能好的特点。

(2) 保温、结构、装饰一体化外墙板。推广使用的原因：具有节能、防火、装饰层牢固的特点。

(3) 石膏空心墙板和砌块。推广使用的原因：具有轻质、隔声、节能、防火、利用工业废弃物的特点。

(4) 保温混凝土空心砌块。推广使用的原因：具有保温、隔热的特点。

(5) 井壁用混凝土砌体模块。推广使用的原因：具有坚固、耐久、密闭性好、有利于保护水质的特点。适用于市政工程、居住小区的各类检查井、方沟、水处理池、化粪池等池体。

(6) 浮石。推广使用的原因：具有轻质、保温的特点，是黏土和页岩的替代材料之一。

4) 建筑保温材料

岩棉防火板、条。推广使用的原因：可以提高保温系统的防火能力。是防火隔离带的优选材料。

5) 建筑门窗幕墙及附件

(1) 传热系数 K 值优于2.5以下的高性能建筑外窗。推广使用的原因：可以提高建筑物的节能水平。

(2) 低辐射镀膜玻璃（LOW-E）。推广使用的原因：具有允许可见光透过、阻断红外线透过的特点。建筑外门窗和透明幕墙采用低辐射镀膜玻璃可以使夏天减少热量进入室内、冬天减少热量传到室外，显著降低建筑能耗。

(3) 石材用建筑密封胶。推广使用的原因：具有耐腐蚀、不污染石材的效果，是建筑物石材幕墙的优选材料。

6) 防水材料

(1) 自粘聚合物改性沥青防水卷材。推广使用的原因：适用于非明火作业施工环境，具有适应基层变形能力强的特点。

(2) 挤塑聚烯烃（TPO）防水卷材。推广使用的原因：具有耐候性、耐腐蚀性、耐微生物性强的特点，是美国生产的高档材料。适用于屋面、地下工程防水施工。

(3) 钠基膨润土防水毯。推广使用的原因：具有防渗性强、耐久性好、柔韧性好、价格便宜、不受环境温度影响等特点。适用于垃圾填埋场、人工水体工程的防渗。

(4) 喷涂聚脲防水材料。推广使用的原因：具有涂膜无毒、无味、抗拉强度高、耐磨、耐高低温、阻燃、厚度均匀的特点。适用于复杂工程的屋面、地下和外露场馆的看台、游泳池等防水施工。

7) 建筑装饰装修材料

(1) 瓷砖粘结胶粉。推广使用的原因：具有质量稳定、使用方便、节约资源、减少污染的特点。适用于建筑室内外墙地砖的粘贴。

(2) 装饰混凝土轻型挂板。推广使用的原因：具有装饰效果好、利用废渣、施工效率高的特点。适用于建筑内外墙装饰。

（3）超薄石材复合板。推广使用的原因：可以减少天然石材资源、减轻建筑物的负荷。

（4）弹性聚氨酯地面材料。推广使用的原因：具有耐磨、耐老化、自洁性好的特点。适用于建筑室内外地面的铺装。

（5）水泥基自流平砂浆。推广使用的原因：具有施工速度快、不开裂、强度好的特点。适用于建筑室内外地面的找平和修补。

（6）柔性饰面砖。推广使用的原因：具有体薄质轻、防水、透气、柔韧性好、施工简便的特点，适合圆角和圆柱体的制作。适用于建筑内外墙装饰装修。

8）市政

砂基透水砖、透水沟构件、透水沥青混凝土。推广使用的原因：有利于收集雨水、补充地下水。适用于广场、停车场、人行步道、慢行车道的铺装。

300. 当前限制使用和禁止使用的建筑材料与建筑装修材料有哪些?

综合相关技术资料和文件，当前限制使用和禁止使用的建筑材料与建筑装修材料有：

1）限制使用的建筑材料与建筑装修材料

（1）混凝土及其制品

① 袋装水泥（特种水泥除外）。限制使用的原因：浪费资源、污染环境。

② 立窑水泥。限制使用的原因：浪费资源、污染环境、质量不稳定。

③ 现场搅拌混凝土。限制使用的原因：浪费资源、污染环境。

④ 现场搅拌砂浆。限制使用的原因：储存和搅拌过程中污染环境。

⑤ 氯离子含量＞0.1%的混凝土防冻剂。限制使用的原因：引起钢筋锈蚀、危害混凝土寿命。

（2）墙体材料

① ±0.000以上部位限制使用实心砖。限制使用的原因：浪费资源、能源消费大。

② 60mm厚度的隔墙板。限制使用的原因：隔声和抗冲击性能差。

（3）建筑保温材料

① 聚苯颗粒、玻化微珠等颗粒保温材料。限制使用的原因：单独使用达不到节能要求指标。

② 水泥聚苯板。限制使用的原因：保温性能不稳定。

③ 墙体内保温浆料（膨胀珍珠岩等）。限制使用的原因：热工性能差、手工湿作业、不易控制质量。

④ 膨胀珍珠岩—海泡石—有机硅复合的保温浆料。限制使用的原因：热工性能差、手工湿作业、不易控制质量。

⑤ 模塑聚苯乙烯保温板。限制使用的原因：燃烧性能只有B2级，达不到A级指标。

⑥ 金属面聚苯夹芯板。限制使用的原因：芯材达不到燃烧性能的要求，应改用岩棉芯材。

⑦ 金属面硬质聚氨酯板。限制使用的原因：芯材达不到燃烧性能的要求，应改用岩棉芯材。

⑧ 非耐减性玻纤网格布。限制使用的原因：外表面层砂浆开裂的主要原因。

⑨ 树脂岩棉。限制使用的原因：生产工程耗能大，对健康不利。

（4）建筑门窗幕墙及附件

① 普通平板玻璃和简易双玻外开窗。限制使用的原因：气密、水密、保温隔热性能差。

② 普通推拉铝合金外窗。限制使用的原因：气密、水密、保温隔热性能差。

③ 单层普通铝合金外窗。限制使用的原因：气密、水密、保温隔热性能差。

④ 实腹、空腹钢窗。限制使用的原因：气密、水密、保温隔热性能差。

⑤ 单腔结构塑料型材。限制使用的原因：气密、水密、保温隔热性能差。

⑥ PVC隔热条—密封胶条。限制使用的原因：强度低、不耐老化、密闭性能差。应改用聚乙酰胺（尼龙66加20%玻纤）隔热条。

（5）防水材料

① 使用汽油喷灯法热熔施工的沥青类防水卷材。限制使用的原因：易发生火灾。

② 石油沥青纸胎油毡。限制使用的原因：不能保证质量，污染环境。

③ 溶剂型建筑防水涂料（冷底子油）。限制使用的原因：易发生火灾，施工过程中污染环境。

④ 厚度≤2mm的改性沥青防水卷材。限制使用的原因：热熔后易形成渗漏点，影响防水质量。

（6）建筑装饰装修材料

① 以聚乙烯醇为基料的仿瓷内墙涂料。限制使用的原因：耐水性能差、污染物超标。

② 聚丙烯酰类建筑胶粘剂。限制使用的原因：耐温性能差、耐久性差、易脱落。

③ 不耐水石膏类刮墙腻子。限制使用的原因：耐水性能差、强度低。

④ 聚乙烯醇缩甲醛胶粘剂（107胶）。限制使用的原因：粘结性能差、污染物排放超标。

2）禁止使用的建筑材料与建筑装修材料

（1）混凝土及其制品

① 多功能复合型混凝土膨胀剂。禁止使用的原因：质量难控制。

② 氯化镁类混凝土膨胀剂。禁止使用的原因：生产工艺落后、易造成混凝土开裂。

（2）墙体材料

① 黏土砖（包括掺和其他原料，但黏土用量超过20%的实心砖、多孔砖、空心砖）。禁止使用的原因：破坏耕地、污染环境。

② 黏土和页岩陶粒及以黏土和页岩陶粒为原料的建材制品。禁止使用的原因：破坏耕地、污染环境。

③ 手动成型的GRC轻质隔墙板。禁止使用的原因：质量难控制、功能不稳定。

④ 以角闪石石棉（蓝石棉）为原料的石棉瓦等建材制品。禁止使用的原因：危害人体健康。

（3）建筑保温材料

① 未用玻纤网增强的水泥（石膏）聚苯保温板。禁止使用的原因：强度低、易开裂。

② 充气石膏板。禁止使用的原因：保温性能差。

③ 菱镁类复合保温板、踢脚板。禁止使用的原因：性能差、容易翘曲、产品易返卤、维修困难。

(4) 建筑门窗幕墙及附件

① 80mm（含）系列以下普通推拉塑料外窗。禁止使用的原因：强度低、易出轨、有安全隐患。

② 改性聚氯乙烯（PVC）弹性密封胶条。禁止使用的原因：弹性差、易龟裂。

③ 幕墙T形挂件系统。禁止使用的原因：单元板块不可独立拆装、维修困难。

(5) 防水材料

① 沥青复合胎柔性防水卷材。禁止使用的原因：拉力和低温柔度指标低，耐久性差。

② 焦油聚氨酯防水涂料。禁止使用的原因：施工过程污染环境。

③ 焦油型冷底子油（JG－1型防水冷底子油涂料）。禁止使用的原因：施工质量差，生产和施工过程污染环境。

④ 焦油聚氯乙烯油膏（PVC塑料油膏聚氯乙烯胶泥煤焦油油膏）。禁止使用的原因：施工质量差，生产和施工过程污染环境。

⑤ S形聚氯乙烯防水卷材。禁止使用的原因：耐老化性能差、防水功能差。

⑥ 采用二次加工复合成型工艺再生原料生产的聚乙烯丙纶等复合防水卷材。禁止使用的原因：耐老化性能差、防水功能差。

(6) 建筑装饰装修材料

① 聚醋酸乙烯乳液类（含BVA乳液）、聚乙烯醇及聚乙烯醇缩醛类、氯乙烯－偏氯乙烯共聚乳液内外墙涂料。禁止使用的原因：耐老化、耐玷污、耐水性均较差。

② 以聚乙烯醇—纤维素—淀粉—聚丙烯酸胺为主要胶粘剂的内墙涂料。禁止使用的原因：耐擦洗性能差、易发霉、起粉。

③ 以聚乙烯醇缩甲醛为胶结材料的水溶性涂料。禁止使用的原因：施工质量差、挥发有害气体。

④ 聚乙烯醇水玻璃内墙涂料（106内墙涂料）。禁止使用的原因：施工质量差、挥发有害气体。

⑤ 多彩内墙涂料（树脂以硝化纤维素为主，溶剂以二甲苯为主的O/W型涂料）。禁止使用的原因：施工质量差、施工过程中挥发有害气体。

(二) 室内装修的污染控制

301. 民用建筑工程室内环境污染控制的内容有哪些？

《民用建筑工程室内环境污染控制规范》GB 50325—20102013年版规定：

1）室内控制污染物主要有氡（简称Rn－222）、甲醛、氨、苯和总挥发性有机化合物（简称TVOC）。

2）根据控制室内环境污染的不同要求，将民用建筑工程划分为以下两类：

(1) Ⅰ类民用建筑工程：住宅、医院、老年建筑、幼儿园、学校教室等民用建筑工程。

(2) Ⅱ类民用建筑工程：办公楼、商店、旅馆、文化娱乐场所、书店、图书馆、展览馆、体育馆、公共交通等候室、餐厅、理发店等民用建筑工程。

3）民用建筑工程所选用的建筑材料和装修材料均应满足现行国家标准《民用建筑工程室内环境污染控制规范》GB 50325—2010（2013年版）的规定。

（1）建筑材料

① 无机非金属建筑主体材料和装修材料

a. 民用建筑工程所使用的砂、石、砖、砌块、水泥、混凝土、混凝土预制构件等无机非金属材料建筑主体材料放射性限量应符合表2-121的规定。

无机非金属建筑主体材料放射性限量　　表2-121

测定项目	限 量
内照射指数（I_{Ra}）	≤1.0
外照射指数（I_{γ}）	≤1.0

b. 民用建筑工程所使用的无机非金属装修材料，包括石材、建筑卫生陶瓷、石膏板、吊顶材料、无机瓷质砖粘结材料等；进行分类时，其放射性限量应符合表2-122的规定。

无机非金属装修材料放射性指标限量　　表2-122

测定项目	限量	
	A	B
内照射指数（I_{Ra}）	≤1.0	≤1.3
外照射指数（I_{γ}）	≤1.3	≤1.9

c. 民用建筑工程所使用的加气混凝土和空心率（孔洞率）大于25%的空心砖、空心砌块等建筑主体材料，其放射性限量应符合表2-123的规定。

加气混凝土和空心率（孔洞率）大于25%的建筑主体材料放射性限量　　表2-123

测定项目	限量
表面氡析出率〔Bq/(m^2 · s)	≤0.015
内照射指数（I_{Ra}）	≤1.0
外照射指数（I_{r}）	≤1.3

d. 建筑主体材料和装修材料放射性核素的测试方法应符合现行国家标准《建筑材料放射性核素限量》GB 6566—2010的规定。

② 人造木板及饰面人造木板

a. 民用建筑工程室内用人造木板及饰面人造木板，必须测定游离甲醛含量或游离甲醛释放量。

b. 人造木板采用环境测试舱法测定游离甲醛释放量并进行分级时，其限量应符合现行国家标准《室内装饰装修材料　人造板及其制品中甲醛释放限量》GB 18580—2001的规定。环境测试舱法测定游离甲醛释放量限量见表2-124。

环境测试舱法测定游离甲醛释放量限量　　表2-124

类别	限量（mg/m^3）
E1	≤0.12

c. 当采用穿孔法测定游离甲醛含量并对人造木板进行分级时，其限量应符合现行国家标准《室内装饰装修材料 人造板及其制品中甲醛释放限量》GB 18580—2001 的规定。

d. 当采用干燥器法测定游离甲醛释放量并对人造木板进行分级时，其限量应符合现行国家标准《室内装饰装修材料 人造板及其制品中甲醛释放限量》GB 18580—2001 的规定。

e. 环境测试舱法测定游离甲醛释放量，宜按本规范的规定进行。

f. 饰面人造木板可采用环境测试舱法或干燥器法测定游离甲醛释放量，当发生争议时应以环境测试舱法的测定结果为准。胶合板、细木工板宜采用干燥器法测定游离甲醛释放量；刨花板、纤维板等应采用穿孔法测定游离甲醛含量。采用穿孔法和干燥器法进行检测时，应符合现行国家标准《室内装饰装修材料 人造板及其制品中甲醛释放限量》GB 18580—2001。

③ 涂料

a. 民用建筑工程室内用水性涂料和水性腻子，应测定游离甲醛的含量，其限量应符合表 2-125 的规定。

室内用水性涂料和水性腻子游离甲醛限量 **表 2-125**

测定项目	限量	
	水性涂料	水性腻子
游离甲醛（mg/kg）	≤100	

b. 民用建筑工程室内用溶剂型涂料和木器用溶剂型腻子，应按其规定的最大稀释比例混合后，测定 VOC（挥发性有机化合物）、苯、甲苯＋二甲苯＋乙苯的含量，其限量应符合表 2-126 的规定。

室内用溶剂型涂料和木器用溶剂型腻子中 VOC、苯、甲苯＋二甲苯＋乙苯的限量

表 2-126

涂料类别	VOC（g/L）	苯（%）	甲苯＋二甲苯＋乙苯（%）
醇酸类涂料	≤300	≤0.3	≤3
硝基类涂料	≤720	≤0.3	≤30
聚氨酯类涂料	≤670	≤0.3	≤30
酚醛防锈漆	≤270	≤0.3	—
其他溶剂型涂料	≤600	≤0.3	≤30
木器用溶剂型腻子	≤550	≤0.3	≤30

c. 聚氨酯漆测定固化剂中游离甲苯二异氰酸酯（TDI、HDI）的含量后，应按其规定的最小稀释比例计算出的聚氨酯漆中游离甲苯二异氰酸酯（TDI、HDI）含量，且不应大于 4g/kg。测定方法应符合现行国家标准《色漆和清漆用漆基 异氰酸酯树脂中二异氰酸酯单体的测定》GB/T 18446—2009 的相关规定。

d. 水性涂料和水性腻子中的游离甲醛含量的测定方法，宜符合现行国家标准《室内装饰装修材料 内墙涂料中有害物质限量》GB 18582—2008 的有关规定。

e. 溶剂型涂料中挥发性有机化合物（VOC）、苯、甲苯＋二甲苯＋乙苯的测定方法，宜符合规范的规定。

④ 胶粘剂

a. 民用建筑工程室内用水性胶粘剂，应测定其挥发性有机化合物（VOC）和游离甲醛的含量，其限量应符合表2-127的规定。

室内用水性胶粘剂中VOC和游离甲醛限量 **表2-127**

测定项目	限量			
	聚乙酸乙烯酯胶粘剂	橡胶类胶粘剂	聚氨酯类胶粘剂	其他胶粘剂
挥发性有机化合物（VOC）（g/L）	≤110	≤250	≤100	≤350
游离甲醛（g/kg）	≤1.00	≤1.00	—	≤1.00

b. 民用建筑工程室内用溶剂型胶粘剂，应测定挥发性有机化合物（VOC）、苯、甲苯＋二甲苯的含量，其限量应符合表2-128的规定。

室内用溶剂型胶粘剂中VOC、苯、甲苯＋二甲苯限量 **表2-128**

项目	限量			
	氯丁橡胶胶粘剂	SBS胶粘剂	聚氨酯类胶粘剂	其他胶粘剂
苯（g/kg）	≤5.0			
甲苯＋二甲苯（g/kg）	≤200	≤150	≤150	≤150
挥发性有机化合物（g/L）	≤700	≤650	≤700	≤700

c. 聚氨酯胶粘剂应测定游离甲苯二异氰酸酯（TDI）的含量，并不应大于4g/kg。测定方法宜符合现行国家标准《室内装饰装修材料　胶粘剂中有害物质限量》GB 18583—2008的规定。

d. 水性胶粘剂中游离甲醛、挥发性有机化合物（VOC）的测定方法宜符合现行国家标准《室内装饰装修材料　胶粘剂中有害物质限量》GB 18583—2008的规定。

e. 溶剂型胶粘剂中挥发性有机化合物（VOC）、苯、甲苯＋二甲苯含量测定方法宜符合本规范的规定。

⑤ 水性处理剂

a. 民用建筑工程室内用水性阻燃剂（包括防水涂料）、防水剂、防腐剂等水性处理剂，应测定游离甲醛的含量，其限量应符合表2-129的规定。

室内用水性处理剂游离甲醛限量 **表2-129**

测定项目	限量
游离甲醛（mg/kg）	≤100

b. 水性处理剂中游离甲醛含量的测定方法，宜按现行国家标准《室内装饰装修材料　内墙涂料中有害物质限量》GB 18582—2008的方法进行。

⑥ 其他材料

a. 民用建筑工程中所使用的能释放氨的阻燃剂、混凝土外加剂，氨的释放量不应大于0.10%，测定方法应符合现行国家标准《混凝土外加剂中释放氨的限量》GB 18588—2001的有关规定。

b. 能释放甲醛的混凝土外加剂，其游离甲醛含量不应大于500mg/kg，测定方法应符合现行国家标准《室内装饰装修材料　内墙涂料中有害物质限量》GB 18582—2008的有关规定。

c. 民用建筑工程中使用的粘合木结构材料，游离甲醛释放量不应大于0.12mg/m³，测定方法应符合本规范的相关规定。

d. 民用建筑工程室内装修时，所使用的壁布、帷幕等游离甲醛释放量不应大于0.12mg/kg，测定方法应符合相关规定。

e. 民用建筑工程室内用壁纸中甲醛含量不应大于120mg/kg，测定方法应符合现行国家标准《室内装饰装修材料　壁纸中有害物质限量》GB 18585—2008的有关规定。

f. 民用建筑工程室内用聚氯乙烯卷材地板中挥发物含量的测定方法应符合现行国家标准《室内装饰装修材料　聚氯乙烯卷材地板中有害物质限量》GB 18586—2009的规定，其限量应符合表2-130的有关规定。

聚氯乙烯卷材地板中挥发物的限量　　表2-130

名称		限量（g/m²）
发泡类卷材地板	玻璃纤维基材	≤75
	其他基材	≤35
非发泡类卷材地板	玻璃纤维基材	≤40
	其他基材	≤10

g. 民用建筑工程室内用地毯、地毯衬垫中总挥发性有机化合物和游离甲醛的释放量测定方法应符合本规范的规定，其限量应符合表2-131的有关规定。

地毯、地毯衬垫中有害物质释放限量　　表2-131

名称	有害物质项目	限量[mg/(m²·h)]	
		A级	B级
地毯	总挥发性有机化合物	≤0.50	≤0.60
	游离甲醛	≤0.05	≤0.05
地毯衬垫	总挥发性有机化合物	≤1.00	≤1.20
	游离甲醛	≤0.05	≤0.05

（2）工程勘察设计

① 一般规定

a. 新建、扩建的民用建筑工程设计前，应进行建筑工程所在城市区域土壤中氡浓度或土壤表面氡析出率调查，并提出相应的调查报告。未进行过区域土壤中氡浓度或土壤表面氡析出率测定的，应进行建筑场地土壤中氡浓度或土壤氡析出率测定，并提供相应的检测报告。

b. 民用建筑工程设计必须根据建筑物的类型和用途，控制装修材料的使用量。

c. 民用建筑工程的室内通风设计，应符合现行国家标准《民用建筑设计通则》GB

50352—2005 的有关规定。对于采用中央空调的民用建筑工程，新风量应符合现行国家标准《公共建筑节能设计标准》GB 50189—2005 的有关规定。

d. 采用自然通风的民用建筑工程，自然间的通风开口有效面积不应小于该房间地板面积的 1/20。夏热冬冷地区、寒冷地区、严寒地区等Ⅰ类民用建筑工程需要长时间关闭门窗使用时，房间应采取通风换气措施。

② 工程地点土壤中氡浓度调查及防氡

a. 新建、扩建的民用建筑工程的工程地质勘察资料，应包括工程所在城市区域氡浓度或土壤表面氡析出率测定历史资料及土壤氡浓度或土壤表面氡析出率平均值数据。

b. 已进行过土壤中氡浓度或土壤表面氡析出率测定的民用建筑工程，当土壤氡浓度测定结果平均值不大于 10000Bq/m^3 或土壤表面氡析出率测定结果平均值不大于 0.02Bq/（m^2・s），且工程场地所在地点不存在地质断裂构造时，可不再进行土壤氡浓度测定，其他情况均应进行工程场地土壤氡浓度或土壤表面氡析出率测定。

c. 当民用建筑工程场地土壤氡浓度不大于 20000Bq/m^3 或土壤表面氡析出率不大于 0.05Bq/（m^2・s）时，可不采取防氡工程措施。

d. 当民用建筑工程地点土壤氡浓度测定结果大于 20000Bq/m^3 且小于 30000Bq/m^3，或土壤表面氡析出率不大于或等于 0.05Bq/（m^2・s）且小于 0.1Bq/（m^2・s）时，应采取建筑物底层地面抗开裂措施。

e. 当民用建筑工程地点土壤氡浓度测定结果大于 30000Bq/m^3 且小于 50000Bq/m^3，或土壤表面氡析出率大于或等于 0.1Bq/（m^2・s）且小于 0.3Bq/（m^2・s）时，除采取建筑物底层地面抗开裂措施外，还必须按现行国家标准《地下工程防水技术规范》GB 50108—2008 中的一级防水要求，对基础进行处理。

f. 当民用建筑工程地点土壤中氡浓度测定结果大于 50000Bq/m^3 或土壤表面氡析出率平均值大于或等于 0.3Bq/（m^2・s）时，应采取建筑物综合防氡措施。

g. 当Ⅰ类民用建筑工程场地土壤中氡浓度大于或等于 50000Bq/m^3 或土壤表面氡析出率大于或等于 0.3Bq/（m^2・s）时，应进行工程场地土壤中的镭—226、钍—232、钾—40 比活度测定。当内照射指数（I_{Ra}）大于 1.0 或外照射指数（I_γ）大于 1.3 时，工程场地土壤不得作为工程回填土使用。

h. 民用建筑工程场地土壤中氡浓度测定方法及土壤表面氡析出率测定方法，应符合本规范的规定。

③ 材料选择

a. 民用建筑工程室内不得使用国家禁止使用、限制使用的建筑材料。

b. Ⅰ类民用建筑工程室内装修采用的无机非金属装修材料必须为 A 类。

c. Ⅱ类民用建筑工程宜采用 A 类无机非金属装修材料；当 A 类和 B 类无机非金属装修材料混合使用时，每种材料的使用量应经过计算确定。

d. Ⅰ类民用建筑工程的室内装修，采用的人造木板及饰面人造木板必须达到 E1 级要求。

e. Ⅱ类民用建筑工程的室内装修，采用的人造木板及饰面人造木板时宜达到 E1 级要求；当采用 E2 级人造木板时，直接暴露于空气的部位应进行表面涂覆密封处理。

f. 民用建筑工程的室内装修，所采用的涂料、胶粘剂、水性处理剂，其苯、甲苯和二甲苯异氰酸酯（TDI)、挥发性有机化合物（VOC）的含量，应符合本规范的规定。

g. 民用建筑工程室内装修时，不应采用聚乙烯醇水玻璃内墙涂料、聚乙烯醇缩甲醛内墙涂料和树脂以硝化纤维素为主、溶剂以二甲苯为主的水包油型（O/W）多彩内墙涂料。

h. 民用建筑工程室内装修时，不应采用聚乙烯醇缩甲醛类胶粘剂。

i. 民用建筑工程室内装修中所使用的木地板及其他木质材料，严禁采用沥青、煤焦油类防腐、防潮处理剂。

j. Ⅰ类民用建筑工程室内装修粘贴塑料地板时，不应采用溶剂型胶粘剂。

k. Ⅱ类民用建筑工程中地下室及不与室外直接自然通风的房间粘贴塑料地板时，不宜采用溶剂型胶粘剂。

l. 民用建筑工程中，不应在室内采用脲醛树脂泡沫塑料作为保温、隔热和吸声材料。

（3）工程施工

① 材料进厂检验

a. 民用建筑工程中，建筑主体采用的无机非金属材料和建筑装修采用的花岗岩、瓷质砖、磷石膏制品必须有放射性指标检测报告，并应符合本规范的相关规定。

b. 民用建筑工程室内饰面采用的天然花岗石或瓷质砖使用面积大于 200m^2 时，应对不同产品、不同批次分别进行放射性指标的抽查复检。

c. 民用建筑工程室内装修中所采用的人造木板及饰面人造木板，必须有游离甲醛含量或游离甲醛释放量检测报告，并应符合设计要求和本规范的有关规定。

d. 民用建筑工程室内装修中所采用的人造木板或饰面人造木板面积大于 500m^2 时，应对不同产品、不同批次材料的游离甲醛含量或游离甲醛释放量分别进行抽查复检。

e. 民用建筑工程室内装修中所采用的水性涂料、水性胶粘剂、水性处理剂必须有同批次产品的挥发性有机化合物（VOC）和游离甲醛含量检测报告；溶剂型涂料、溶剂型胶粘剂必须有同批次产品的挥发性有机化合物（VOC)、苯、甲苯＋二甲苯、游离甲苯二异氰酸酯（TDI）含量检测报告，并应符合设计要求和本规范的有关规定。

f. 建筑材料和装修材料的检测项目不全或对检测结果有疑问时，必须将材料所有资格的检测机构进行检验，检验合格后方可使用。

② 施工要求

a. 采取防氡措施的民用建筑工程，其地下工程的变形缝、施工缝、窗墙管（盒）、埋设件、预留孔洞等特殊部位的施工工艺，应符合现行国家标准《地下工程防水技术规范》GB 50108—2008 的有关规定。

b. Ⅰ类民用建筑工程当采用异地土作为回填土时，该回填土应进行镭—226、钍—232、钾—40 比活度测定。当内照射指数（I_{Ra}）大于 1.0 或外照射指数（I_{γ}）大于 1.3 时，方可使用。

c. 民用建筑工程室内装修时，严禁使用苯、工业苯、石油苯、重质苯及混苯作为稀释剂和溶剂。

d. 民用建筑工程室内装修施工时，不应使用苯、甲苯、二甲苯和汽油进行除油和清除旧油漆作业。

e. 涂料、胶粘剂、水性处理剂、稀释剂和溶剂等使用后，应及时封闭存放，废料应及时清出。

f. 民用建筑工程室内严禁使用有机溶剂清洗施工工具。

g. 采暖地区的民用建筑工程，室内装修施工不宜在采暖期内进行。

h. 民用建筑工程室内装修中，进行饰面人造木板拼接施工时，对达不到E1级的芯板，应对其断面及无饰面部位进行密封处理。

i. 壁纸（布）、地毯、装饰板、吊顶等施工时，应进行防潮，避免覆盖局部潮湿区域。空调冷凝水导排应符合现行国家标准《采暖通风与空气调节设计规范》GB 50019—2003的有关规定。

(4) 验收标准

综合《民用建筑工程室内环境污染控制规范》GB 50325—2010、《住宅建筑规范》GB 50368—2005、《住宅设计规范》GB 50096—2011和《住宅装饰装修工程施工规范》GB 50327—2001、《旅馆建筑设计规范》JGJ 62—2014均规定，民用建筑工程验收时，必须进行室内环境污染物浓度检测。检测结果应符合表2-132的规定。

民用建筑工程室内环境污染物浓度限量 **表2-132**

污染物	Ⅰ类民用建筑工程	Ⅱ类民用建筑工程
氡（Bq/m^3）	≤200	≤400
甲醛（mg/m^3）	≤0.08	≤0.10
苯（mg/m^3）	≤0.09	≤0.09
氨（mg/m^3）	≤0.2	≤0.2
TVOC（mg/m^3）	≤0.5	≤0.6

注：1. 表中污染物浓度测量值，除氡外均指室内测量值扣除同步测定的室外上风向空气测量值（本底值）后的测量值。
2. 表中污染物浓度测量值的极限值判定，采用全数值比较法。
3. 表中Ⅰ类民用建筑工程指住宅等工程，Ⅱ类民用建筑工程指办公楼等工程。

302. 建筑材料放射性核素限量的规定有哪些?

《建筑材料放射性核素限量》GB/T 6566—2010中对石材级别的规定如下：

1) 建筑类别

(1) Ⅰ类民用建筑，包括住宅、老年公寓、托儿所、医院和学校、办公楼、宾馆等。

(2) Ⅱ类民用建筑，包括商场、文化娱乐场所、书店、图书馆、展览馆、体育馆和公共交通等候室、餐厅、理发店等。

2) 代号含义

(1) I_{RA}表示内照射指数，意即建筑材料中天然放射性核素镭—226的放射性比活度与规定限量值的比值。

(2) I_r表示外照射指数，意即建筑材料中天然放射性核素镭—226、钍—232、钾—40的放射性比活度与其各单独存在时规定的限量值之比值的和。

3) 建筑主体材料

(1) 建筑主体材料中天然放射性核素镭—226、钍—232、钾—40的放射量比活度应

同时满足 $I_{RA}\leqslant 1.0$ 和 $I_r\leqslant 1.0$。

（2）对空心率大于 25%的建筑主体材料，其天然放射性核素镭—226、钍—232、钾—40的放射量比活度应同时满足 $I_{RA}\leqslant 1.0$ 和 $I_r\leqslant 1.3$。

4）建筑装修材料

（1）A级：装饰装修材料中天然放射性核素镭—226、钍—232、钾—40 的放射量比活度同时满足 $I_{RA}\leqslant 1.0$ 和 $I_r\leqslant 1.3$ 的要求的为 A 类装修材料，A 类装修材料的产销与使用范围不受限制。

（2）B级：不满足A类装饰装修材料要求但同时满足 $I_{RA}\leqslant 1.3$ 和 $I_r\leqslant 1.9$ 要求的为B类装修材料。B类装修材料不可用于Ⅰ类民用建筑的内饰面，但可以用于Ⅱ类民用建筑物、工业建筑内饰面及其他一切建筑的外饰面。

（3）C级：不满足A、B类装修材料要求但满足 $I_r\leqslant 2.8$ 要求的为C类装修材料。C类装饰装修材料只可用于建筑物的外饰面及室外其他用途。

（三）抹 灰 工 程

303. 抹灰砂浆的种类有哪些？

《抹灰砂浆技术规程》JGJ/T 220—2010 中规定：

1）砂浆种类

（1）水泥抹灰砂浆

① 定义：以水泥为胶凝材料，加入细骨料和水按一定比例配制而成的抹灰砂浆。

② 抗压强度等级：M15、M20、M25、M30。

③ 密度：拌合物的表观密度不宜小于 1900kg/m^3。

（2）水泥粉煤灰抹灰砂浆

① 定义：以水泥、粉煤灰为胶凝材料，加入细骨料和水按一定比例配制而成的抹灰砂浆。

② 抗压强度等级：M5、M10、M15。

③ 密度：拌合物的表观密度不宜小于 1900kg/m^3。

（3）水泥石灰抹灰砂浆

① 定义：以水泥为胶凝材料，加入石灰膏、细骨料和水按一定比例配制而成的抹灰砂浆，简称混合砂浆。

② 抗压强度等级：M2.5、M5、M7.5、M10。

③ 密度：拌合物的表观密度不宜小于 1800kg/m^3。

（4）掺塑化剂水泥抹灰砂浆

① 定义：以水泥（或添加粉煤灰）为胶凝材料，加入细骨料、水和适量塑化剂按一定比例配制而成的抹灰砂浆。

② 抗压强度等级：M5、M10、M15。

③ 密度：拌合物的表观密度不宜小于 1800kg/m^3。

（5）聚合物水泥抹灰砂浆

① 定义：以水泥为胶凝材料，加入细骨料、水和适量聚合物按一定比例配制而成的

抹灰砂浆，包括普通聚合物水泥抹灰砂浆、柔性聚合物水泥抹灰砂浆和防水聚合物水泥抹灰砂浆。

② 抗压强度等级：不小于 M5。

③ 密度：拌合物的表观密度不宜小于 1900kg/m^3。

(6) 石膏抹灰砂浆

① 定义：以半水石膏或Ⅱ型无水石膏单独或两者混合后为胶凝材料，加入细骨料、水和多种外加剂按一定比例配制而成的抹灰砂浆。

② 抗压强度：不小于 4.0MPa。

2) 基本规定

(1) 一般抹灰工程用砂浆宜选用预拌抹灰砂浆。抹灰砂浆应采用机械搅拌。

(2) 抹灰砂浆强度不宜比基体材料强度高出两个及以上强度等级，并应符合下列规定：

① 对于无粘贴饰面砖的外墙，底层抹灰砂浆宜比基体材料高一个强度等级或等于基体材料等级。

② 对于无粘贴饰面砖的内墙，底层抹灰砂浆宜比基体材料低一个强度等级。

③ 对于有粘贴饰面砖的内墙和外墙，中层抹灰砂浆宜比基体材料高一个强度等级且不宜低于 M15，并宜选用水泥抹灰砂浆。

④ 孔洞填补和窗台、阳台抹面等宜采用 M15 或 M20 水泥抹灰砂浆。

(3) 配置强度等级不大于 M20 的抹灰砂浆，宜用 32.5 级通用硅酸盐水泥或砌筑水泥；配置强度等级大于 M20 的抹灰砂浆，宜用 42.5 级通用硅酸盐水泥。通用硅酸盐水泥宜采用散装的。

(4) 用通用硅酸盐水泥拌制抹灰砂浆时，可掺入适量的石灰膏、粉煤灰、粒化高炉矿渣粉、沸石粉等，不应掺入消石灰粉。用砌筑水泥拌制抹灰砂浆时，不得再掺加粉煤灰等矿物掺合料。

(5) 拌制抹灰砂浆，可根据需要掺入改善砂浆性能的添加剂。

(6) 抹灰砂浆的品种宜根据使用部位或基体种类按表 2-133 选用。

抹灰砂浆的品种选用 **表 2-133**

使用部位或基体种类	抹灰砂浆品种
内墙	水泥抹灰砂浆、水泥石灰抹灰砂浆、水泥粉煤灰抹灰砂浆、掺塑化剂水泥抹灰砂浆、聚合物水泥抹灰砂浆、石膏抹灰砂浆
外墙、门窗洞口外侧壁	水泥抹灰砂浆、水泥粉煤灰抹灰砂浆
温（湿）度较高的车间和房屋、地下室、屋檐、勒脚等	水泥抹灰砂浆、水泥粉煤灰抹灰砂浆
混凝土板和墙	水泥抹灰砂浆、水泥石灰抹灰砂浆、聚合物水泥抹灰砂浆、石膏抹灰砂浆
混凝土顶棚、条板	聚合物水泥抹灰砂浆、石膏抹灰砂浆
加气混凝土砌块（板）	水泥石灰抹灰砂浆、水泥粉煤灰抹灰砂浆、掺塑化剂水泥抹灰砂浆、聚合物水泥抹灰砂浆、石膏抹灰砂浆

（7）抹灰砂浆的施工稠度宜按表 2-134 选用。聚合物水泥抹灰砂浆的施工稠度宜为 50～60mm，石膏抹灰砂浆的施工稠度宜为 50～70mm。

抹灰砂浆的施工稠度（mm） **表 2-134**

抹灰层	施工稠度	抹灰层	施工稠度
底层	90～110	面层	70～80
中层	70～90	—	—

（8）抹灰层的平均厚度宜符合下列规定：

① 内墙：普通抹灰的平均厚度不宜大于 20mm，高级抹灰的平均厚度不宜大于 25mm。

② 外墙：墙面抹灰的平均厚度不宜大于 20mm，勒脚抹灰的平均厚度不宜大于 25mm。

③ 顶棚：现浇混凝土抹灰的平均厚度不宜大于 5mm，条板、预制混凝土抹灰的平均厚度不宜大于 10mm。

④ 蒸压加气混凝土砌块基层抹灰平均厚度宜控制在 15mm 以内，当采用聚合物水泥砂浆抹灰时，平均厚度宜控制在 5mm 以内，采用石膏砂浆抹灰时，平均厚度宜控制在 10mm 以内。

（9）抹灰应分层进行，水泥抹灰砂浆每层厚度宜为 5～7mm，水泥石灰砂浆每层厚度宜为 7～9mm，并应待前一层达到六七成干后再涂抹后一层。

（10）强度高的水泥抹灰砂浆不应涂抹在强度低的水泥抹灰砂浆基层上。

（11）当抹灰层厚度大于 35mm 时，应采取与基体粘结的加强措施。不同材料的基体交接处应设加强网，加强网与各基体的搭接宽度不应小于 100mm。

304. 抹灰工程的构造与施工要点有哪些?

1）《住宅装饰装修工程施工规范》GB 50327—2001 中规定：

（1）一般规定

① 室内墙面、柱面和门洞口的阳角处应采用 1：2 水泥砂浆做暗护角，其高度不应低于 2m，每侧宽度不应小于 50mm。

② 冬季施工，抹灰时的作业面温度不应低于 5℃；抹灰层初凝前不得受冻。

（2）材料质量要求

① 抹灰用的水泥宜用硅酸盐水泥、普通硅酸盐水泥，其强度等级不应小于 32.5。

② 抹灰用的砂子宜选用中砂，砂子使用前应过筛，不得含有杂物。

③ 抹灰用石灰膏的熟化期不应少于 15d。罩面的磨细石灰粉的熟化期不应少于 3d。

（3）施工要点

① 基层处理应符合下列规定：

a. 砖砌体，应清楚表面杂物、尘土，抹灰前应洒水湿润；

b. 混凝土，表面应凿毛或在表面洒水润湿后涂刷 1：1 水泥砂浆（加适量胶粘剂）；

c. 加气混凝土，应在湿润后边刷界面剂，边抹强度不大于 M5 的水泥混合砂浆。

② 抹灰应分层进行，每遍厚度宜为 5～7mm。抹石灰砂浆和水泥混合砂浆，每遍厚

度宜为 5～7mm。当抹灰总厚度超过 35mm 时，应采取加强措施。

③ 有排水要求的部位应做滴水线（槽）。滴水线（槽）应整齐顺直，滴水线应内高外低，滴水槽的宽度和深度不应小于 10mm。

2）《老年人建筑设计规范》JGJ 122—99 中指出：老年人建筑内部墙角部位，宜做成圆角或切角，且在 1.80m 高度以下做与墙体齐平的护角。

3）《托儿所、幼儿园建筑设计规范》JGJ 39—87 中指出：幼儿经常接触的 1.30m 以下的室外墙面不应粗糙。室内墙面宜采用光滑易清洁的材料，墙角、窗台、暖气罩、窗口竖边等棱角部位必须做成小圆角。

4）《城市公共厕所设计标准》CJJ 14—2005 中规定：公共厕所墙面必须光滑，便于清洗。地面必须采用防渗、防滑材料铺设。

（四）门 窗 工 程

305. 门窗与墙体的有副框连接与无副框连接有什么区别？

综合相关技术资料，门窗与墙体的有副框连接与无副框连接的区别为：

1）洞口与框口的关系

（1）安装量：门窗洞口与门窗框口之间应预留一定的缝隙，以保证门窗的顺利安装。

（2）门窗安装量的大小与下列因素有关：

① 装修做法：涂料做法，宽度每边预留 20mm、高度每边预留 15mm；面砖做法，宽度每边预留 25mm，高度每边预留 20mm；贴挂石材时宽度和高度均预留 50mm。

② 有无副框做法：有副框（固定片）做法时，预留缝隙较大，彩色钢板窗为 25mm；无副框做法时，预留缝隙较小，彩色钢板窗为 15mm（图 2-77）。

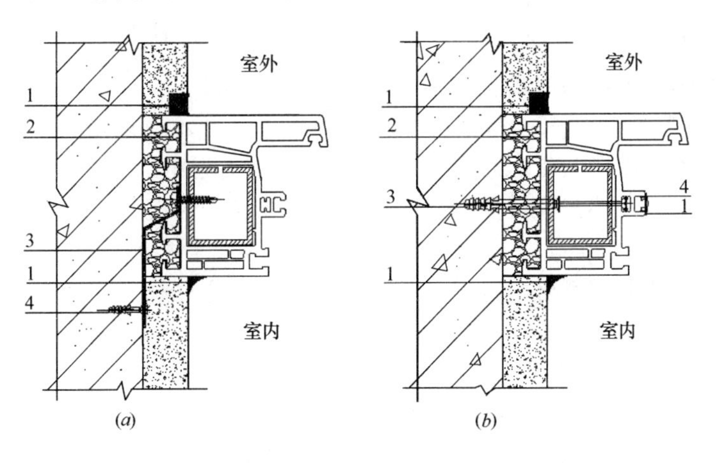

图 2-77　塑料窗安装节点

（a）有副框做法　　（b）无副框做法

1—密封胶；2—聚氨酯发泡胶；3—固定片；4—膨胀螺钉　　1—密封胶；2—聚氨酯发泡胶；3—膨胀螺钉；4—工艺孔帽

（3）《塑料门窗工程技术规程》JGJ 103—2008 中规定的安装缝隙（伸缩缝间隙）见表 2-135。

洞口与门、窗框安装缝隙（mm） 表 2-135

墙体材料饰面层	洞口与门、窗的伸缩缝间隙
清水墙及附框	10
墙体外饰面抹水泥砂浆或贴陶瓷锦砖	15～20
墙体外饰面贴釉面瓷砖	20～25
墙体外饰面贴大理石或花岗石板	40～50
外保温墙体	保温层厚度＋10

2）安装做法

《住宅装饰装修工程施工规范》GB 50327—2001 中指出：

（1）总体要求

①门窗安装应采用预留洞口的施工方法，不得采用边安装边砌口或先安装后砌口的施工方法。

②建筑外门窗的安装必须牢固，在砖砌体上安装门窗严禁用射钉固定。

③推拉门窗扇必须有防脱落措施，扇与框的搭接量应符合设计要求。

（2）木门窗安装

①安装木门窗时，每边固定点（木砖）不得少于 2 个，其间距不得大于 1.20m。

②铰链（合页）安装距门窗扇上下端宜取竖框高度的 1/10，并应避开上、下冒头。

③窗拉手距地面宜为 1.50～1.60m，门拉手距地面宜为 0.90～1.05m。

（3）铝合金门窗安装

①门窗装入洞口应横平竖直，严禁将门窗框直接埋入墙体。

②门窗框与墙体缝隙不得用水泥砂浆填塞，应采用弹性材料填嵌饱满，表面应用密封胶密封。

（4）塑料门窗安装

① 安装门窗五金配件时，应钻孔后用自攻螺钉拧入，不得直接锤击钉入。

② 固定片与膨胀螺栓的数量与位置应正确，连接方式应符合设计要求。固定点应距窗角、中横框、中竖框 150～200mm，固定点间距应不大于 600mm。

③ 安装组合窗时应将两窗框与拼樘料卡接，卡接后应用紧固件双向拧紧，其间距应不大于 600mm，紧固件端头及拼樘料与窗框间的缝隙应用嵌缝膏进行密封处理。拼樘料型钢两端必须与洞口固定牢固。

④ 门窗框与墙体缝隙不得用水泥砂浆填塞，应采用弹性材料填嵌饱满，表面应用密封胶密封。

⑤《塑料门窗工程技术规程》JGJ 103—2008 中规定：

a. 混凝土墙洞口应采用射钉或膨胀螺钉固定；

b. 砖墙洞口或空心砖洞口应用膨胀螺钉固定，并不得固定在砖缝处；

c. 轻质砌块或加气混凝土洞口可在预埋混凝土块上用射钉或膨胀螺钉固定；

d. 设有预埋铁件的洞口应采用焊接方法固定，也可先在预埋件上按紧固件规格打基孔，然后用紧固件固定。

306. 门窗玻璃的选用有什么要求？

综合相关技术资料，门窗玻璃的选用应注意以下问题：

1）保温性能（传热系数 K）：K 值越低，玻璃阻隔热量传递的性能越好，因此尽量选择 K 值较低的玻璃。宜采用中空玻璃，当需要进一步提高保温性能时，可采用 Low-E 中空玻璃、充惰性气体的 Low-E 中空玻璃、两层或多层中空玻璃等；

2）隔热性能（遮阳系数 SC）与透光率：不同地区的建筑应根据当地气候特点选择不同遮阳系数 SC 的玻璃，既要考虑夏季遮阳，还要考虑冬季利用阳光及室内采光的舒适度，因此根据工程的具体情况要选择较合理的平衡点。北方严寒及寒冷地区一般选择 $SC>0.6$ 的玻璃，南方炎热地区一般选择 $SC<0.3$ 的玻璃，其他地区宜选择 $SC=0.3\sim0.6$ 的玻璃，透光率选择 40%～50%较适宜。

（五）玻 璃 工 程

307. 安全玻璃有哪些品种?

综合相关技术资料可知：

安全玻璃主要指的是以下 4 种玻璃：钢化玻璃、单片防火玻璃、夹层玻璃和采用上述玻璃制作的中空玻璃。

1）防火玻璃

（1）防火玻璃，其在防火时的作用主要是控制火势的蔓延或隔烟，是一种措施型的防火材料，其防火的效果以耐火性能进行评价。

（2）防火玻璃的分类与级别

① 防火玻璃的分类：防火玻璃分为复合防火玻璃（FFB）和单片防火玻璃（DFB）两大类。

a. 复合防火玻璃：由 2 层或 2 层以上玻璃复合而成或由 1 层玻璃和有机材料复合而成，并满足相应耐火等级要求的特种玻璃。

b. 单片防火玻璃：由单片玻璃构成并满足相应耐火等级要求的特种玻璃。

② 防火玻璃的级别：

防火玻璃是一种在规定的耐火试验中能够保持其完整性和隔热性的特种玻璃，按耐火性能等级分为三类：

a. A 类：同时满足耐火完整性、耐火隔热性要求的防火玻璃，包括复合型防火玻璃和灌注型防火玻璃两种。此类玻璃具有透光、防火（隔烟、隔火、遮挡热辐射）、隔声、抗冲击性能，适用于建筑装饰钢木防火门、窗、上亮、隔断墙、采光顶、挡烟垂壁、透视地板及其他需要既透明又防火的建筑组件。

b. B 类：船用防火玻璃，包括舷窗防火玻璃和矩形窗防火玻璃，外表面玻璃板是钢化安全玻璃，内表面玻璃板材料类型可任意选择。

c. C 类：只满足耐火完整性要求的单片防火玻璃。此类玻璃具有透光、防火、隔烟、强度高等特点，适用于无隔热要求的防火玻璃隔断墙、防火窗、室外幕墙等。

③ 耐火极限：以上三类防火玻璃按耐火等级可分为Ⅰ级（耐火极限 1.5h）、Ⅱ级（耐火极限 1.0h）、Ⅲ级（耐火极限 0.75h）、Ⅳ级（耐火极限 0.50h）。

④ 标记：复合防火玻璃，如 FFB-15-A；单片防火玻璃，如 DFB-12-C 等。

2）钢化玻璃

（1）钢化玻璃是将浮法玻璃加热到软化温度之后进行均匀的快速冷却，从而使玻璃表面获得压应力的玻璃。在冷却的过程中，钢化玻璃外部因迅速冷却而固化，而内部冷却较慢，内部继续冷却收缩使玻璃表面产生压应力，内部产生拉应力，从而提高了玻璃强度和耐热稳定性。

（2）钢化玻璃的特点：强度高、安全、耐热冲击。

3）夹层玻璃

（1）组成：夹层玻璃是在玻璃之间夹上坚韧的聚乙烯醇缩丁醛（PVB）中间膜，经高温高压加工制成的复合玻璃。PVB 玻璃夹层膜的厚度一般为 0.38mm、0.76mm 和 1.52mm 3 种，对无机玻璃具有良好的粘结性，具有透明、耐热、耐寒、耐湿、机械强度高等特性。PVB 膜的韧性非常好，在夹层玻璃受到外力猛烈撞击破碎时，可以吸收大量的冲击能，并使之迅速衰减。即使破碎，碎片也会粘在膜上。

（2）产品规格：厚度为 5～60mm，最大尺寸为 2000mm×6000mm。

（3）适用范围：建筑物门窗、幕墙、顶棚、架空地面、家具、橱窗、柜台、水族馆、大面积的玻璃墙体。

4）中空玻璃

（1）组成：中空玻璃是由两片或多片玻璃用内部充满分子筛吸附剂的铝框间隔出一定宽度的空间，中间充满空气或惰性气体，边部再用高强度密封胶粘合而成的玻璃组合件。

（2）产品规格：厚度为 12～44mm，间隔铝框宽度为 6mm、9mm、10mm 、12～20mm，最大面积可达 16m^2。

（3）相关数据：《中空玻璃》GB/T 11944—2002 中规定：不同玻璃的厚度、间隔厚度和最大面积可见表 2-136。

中空玻璃的相关数据　　　　**表 2-136**

玻璃厚度（mm）	间隔厚度（mm）	最大面积（m^2）	玻璃厚度（mm）	间隔厚度（mm）	最大面积（m^2）
3	6	2.40	6	6	5.88
	9～12	2.40		9～10	8.54
4	6	2.86		12～20	9.00
	9～10	3.17	10	6	8.54
	12～20	3.17		9～10	15.00
5	6	4.00		12～20	15.90
	9～10	4.80	12	12～20	15.90
	12～20	5.10			

308. 建筑玻璃防人体冲击有哪些规定？

《建筑玻璃应用技术规程》JGJ 113—2009 中指出：活动门玻璃（固定门玻璃、落地窗玻璃）、室内隔断玻璃、浴室用玻璃以及屋面玻璃、百叶窗玻璃均应采用安全玻璃，并以钢化玻璃、夹层玻璃为主。玻璃厚度与最大许用面积的关系见表 2-56 所述。

1）活动门玻璃、固定门玻璃和落地窗玻璃均需选用安全玻璃：

（1）有框时，玻璃厚度应符合表 2-56 的规定。

（2）无框时，应使用不小于 12mm 的钢化玻璃。

2）人群集中的公共场所和运动场所中装配的室内隔断玻璃

（1）有框时，应按表 2-56 的规定执行，且应采用不小于 5mm 的钢化玻璃或不小于 6.38mm 的夹层玻璃。

（2）无框时，应按表 2-56 的规定执行，且应采用不小于 10mm 的钢化玻璃。

3）浴室用玻璃

（1）淋浴隔断、浴缸隔断应按表 2-56 的规定执行。

（2）浴室内无框玻璃应按表 2-56 的规定执行，且应采用不小于 5mm 的钢化玻璃。

4）屋面玻璃

（1）两边支承的屋面玻璃，应支承在玻璃的长边。

（2）屋面玻璃必须使用安全玻璃。当屋面玻璃最高点离地面的高度大于 3.00m 时，必须使用夹层玻璃。用于屋面的夹层玻璃，其胶片厚度不应小于 0.76mm。

（3）上人屋面玻璃应按地板玻璃进行设计。

（4）不上人屋面的活荷载应符合下列规定：

① 与水平夹角小于 30°的屋面玻璃，在玻璃板中心点直径为 150mm 的区域内，应能承受垂直于玻璃为 1.10kN 的活荷载标准值。

② 与水平夹角不小于 30°的屋面玻璃，在玻璃板中心点直径为 150mm 的区域内，应能承受垂直于玻璃为 0.50kN 的活荷载标准值。

（5）当屋面玻璃采用中空玻璃时，集中荷载应只作用在中空玻璃的上片玻璃。

5）百叶窗玻璃

（1）当风荷载标准值不大于 1.00kPa 时，百叶窗使用的平板玻璃最大使用跨度应符合表 2-137 的规定。

百叶窗使用的平板玻璃最大使用跨度（mm）　　表 2-137

公称厚度（mm）	玻璃宽度 d		
	$d \leqslant 100$	$100 < d \leqslant 150$	$150 < d \leqslant 225$
4	500	600	不允许使用
5	600	750	750
6	750	900	900

（2）当风荷载标准值大于 1.0kPa 时，百叶窗使用的平板玻璃最大使用跨度应进行验算。

（六）吊顶工程

309. 吊顶工程有哪些构造要求？

综合相关技术资料，顶棚（吊顶）的作用主要是封闭管线、装饰美化、满足声学要求等诸多方面。顶棚（吊顶）在一般房间要求是平整的，而在浴室等凝结水较多的房间顶棚应做出一定坡度，以保证凝结水顺墙面迅速排除。住宅建筑由于房间净空高度较低，一般多采用在结构板底喷涂料、找平后喷涂料或镶贴装饰材料（如壁纸）的做法，而公共建筑则大多采用吊顶的做法。

1)《民用建筑设计通则》GB 50352—2005 规定，吊顶构造应符合下列要求：

(1) 吊顶与主体结构吊挂应有安全构造措施；高大厅堂管线较多的吊顶内，应留有检修空间，并根据需要设置检修走道和便于进入吊顶的人孔，且应符合有关防火及安全要求。

(2) 吊顶内管线较多，而空间有限不能进入检修时，可采用便于拆卸的装配式吊顶板或在需要部位设置检修手孔。

(3) 吊顶内敷设有上下水管时应采取防止产生冷凝水措施。

(4) 潮湿房间的吊顶，应采用防水材料和防结露、滴水的措施；钢筋混凝土顶板宜采用现浇板。

2)《人民防空地下室设计规范》GB 50038—2005 规定：

防空地下室的顶板不应抹灰。普通地下室的顶棚一般均采用喷浆、刷涂料的做法。

3)《公共建筑吊顶工程技术规程》JGJ 345—2014 规定：

(1) 一般规定

① 吊顶材料及制品的燃烧性能等级不应低于 B1 级。

② 吊杆可以采用镀锌钢丝、钢筋、全牙吊杆或镀锌低碳退火钢丝等材料。

③ 龙骨可以采用轻质钢材和铝合金型材（铝合金型材的表面应采用阳极氧化、电泳喷涂、粉末喷涂或氟碳漆喷涂进行处理）。

④ 面板可以采用石膏板（纸面石膏板、装饰纸面石膏板、装饰石膏板、嵌装式纸面石膏板、吸声用穿孔石膏板）、水泥木屑板、无石棉纤维增强水泥板、无石棉纤维增强硅酸钙板、矿物棉装饰吸声板或金属及金属复合材料吊顶板。

⑤ 集成吊顶：由在加工厂预制的、可自由组合的多功能的装饰模块、功能模块及构配件组成的吊顶。

(2) 吊顶设计

① 有防火要求的石膏板吊顶应采用大于 12mm 的耐火石膏板。

② 地震设防烈度为 8～9 度地区的大空间、大跨度建筑以及人员密集的疏散通道和门厅处的吊顶，应考虑地震作用。

③ 重型设备和有振动荷载的设备严禁安装在吊顶工程的龙骨上。

④ 吊顶内不得敷设可燃气体管道。

⑤ 在潮湿地区或高湿度区域，宜使用硅酸钙板、纤维增强水泥板、装饰石膏板等面板。当采用纸面石膏板时，可选用单层厚度不小于 12mm 或双层 9.5mm 的耐水石膏板。

⑥ 在潮湿地区或高湿度区域吊顶的次龙骨间距不宜大于 300mm。

⑦ 潮湿房间中吊顶面板应采用防潮的材料。公共浴室、游泳馆等吊顶内应有凝结水的排放措施。

⑧ 潮湿房间中吊顶内的管线可能产生冰冻或结露时，应采取防冻或防结露措施。

(3) 吊顶构造

① 不上人吊顶的吊杆应采用直径不小于 4mm 的镀锌钢丝、直径为 6mm 的钢筋、M6 的全牙吊杆或直径不小于 2mm 的镀锌低碳退火钢丝制作。吊顶系统应直接连接到房间顶部结构的受力部位上。吊杆的间距不应大于 1200mm，主龙骨的间距不应大于 1200mm。

② 上人吊顶的吊杆应采用直径不小于 8mm 的钢筋或 M8 的全牙吊杆。主龙骨应选用截面为 U 形或 C 形、高度为 50mm 及以上型号的上人龙骨。吊杆的间距不应大于

1200mm，主龙骨的间距不应大于 1200mm，主龙骨的壁厚应大于 1.2mm。

③ 当吊杆长度大于 1500mm 时，应设置反支撑。反支撑的间距不宜大于 3600mm，距墙不应大于 1800mm。反支撑应相邻对向设置。当吊杆长度大于 2500mm 时，应设置钢结构转换层。

④ 当需要设置永久性马道时，马道应单独吊挂在建筑的承重结构上。

⑤ 吊顶遇下列情况时，应设置伸缩缝：

a. 大面积或狭长形的整体面层吊顶；

b. 密拼缝处理的板块面层吊顶同标高面积大于 $100m^2$ 时；

c. 单向长度方向大于 15m 时；

d. 吊顶变形缝应与建筑结构变形缝的变形量相适应。

⑥ 当采用整体面层及金属板类吊顶时，重量不大于 1kg 的筒灯、石英射灯、烟感器、扬声器等设施可直接安装在面板上；重量不大于 3kg 的灯具等设施可安装在 U 形或 C 形龙骨上，并应有可靠的固定措施。

⑦ 矿棉板或玻璃纤维板吊顶，灯具、风口等设备不应直接安装在矿棉板或玻璃纤维板上。

⑧ 安装有大功率、高热量照明灯具的吊顶系统应设有散热、排热风口。

⑨吊顶内安装有震颤的设备时，设备下皮距主龙骨上皮不应小于 50mm。

⑩透光玻璃纤维板吊顶中光源与玻璃纤维板之间的间距不宜小于 200mm。

图 2-78 为轻钢龙骨纸面石膏板的构造图。

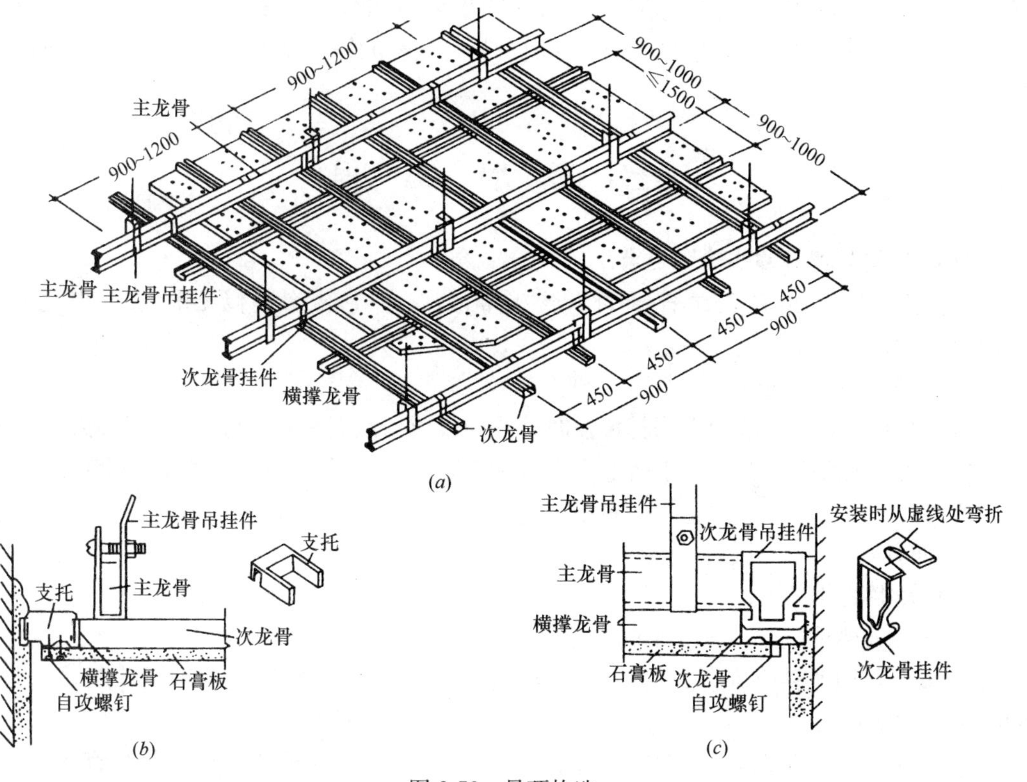

图 2-78　吊顶构造

(*a*) 龙骨布置；(*b*)、(*c*) 细部构造

4)《住宅装饰装修工程施工规范》GB 50327—2001 中指出：

(1) 主龙骨吊点间距、起拱高度应符合设计要求。当设计无要求时，吊点间距应小于1.20m，应按房间短向跨度的3‰～5‰起拱。

(2) 吊杆应通直，距主龙骨端部距离不得超过300mm。当吊杆与设备相遇时，应调整吊点构造或增设吊杆。吊杆长度超过1.50m时应设置反向支撑。

(3) 次龙骨应紧贴主龙骨安装。固定板材的次龙骨间距不得大于600mm，在潮湿地区和场所，间距宜为300～400mm。用沉头自攻螺钉安装饰面板时，接缝处次龙骨宽度不应小于40mm。

(4) 纸面石膏板螺钉与板边距离：纸包边宜为10～15mm，切割边宜为15～20mm；水泥加压板螺钉与板边距离宜为10～15mm。

(5) 纸面石膏板与水泥加压板周边螺钉间距宜为150～170mm，板中钉距不得大于200mm。

(6) 块状石膏板与钙塑板采用钉固法安装时，螺钉与板边距离不得小于15mm，螺钉间距宜为150～170mm。

(7) 采用明龙骨搁置法安装时应留有板材安装缝，每边缝隙不宜大于1mm。

5)《建筑装饰装修工程质量验收规范》GB 50210—2001 中指出：

(1) 重型灯具、电扇及其他重型设备严禁安装在吊顶工程的龙骨上。

(2) 吊杆距主龙骨端部距离不得超过300mm。当大于300mm时，应增设吊杆。当吊杆长度大于1.5m时，应设置反向支撑。当吊杆与设备相遇时，应调整吊杆位置并增设吊杆。

(3) 饰面材料的安装应稳固严密。饰面材料与龙骨的搭接宽度应大于龙骨受力面宽度的2/3。

(七) 隔 墙 工 程

310. 轻质隔墙有哪些构造要求?

轻质隔墙一般指轻钢龙骨纸面石膏板隔墙，《住宅装饰装修工程施工规范》GB 50327—2001 中指出：

1) 一般规定

(1) 当轻质隔墙下端用木踢脚覆盖时，饰面板应与地面留有20～30mm缝隙。

(2) 当用大理石、瓷砖、水磨石等做踢脚板时，饰面板下端应与踢脚板上口齐平，接缝应严密。

2) 龙骨安装

(1) 轻钢龙骨安装

① 轻钢龙骨的端部应安装牢固，龙骨与基体的固定点间距应不大于1.00m。

② 安装竖向龙骨应垂直，龙骨间距应符合设计要求。潮湿房间的钢板抹灰墙，龙骨间距不宜大于400mm。

③ 安装支撑龙骨时，应先将支撑卡安装在竖向龙骨的开口方向，卡距宜为400～600mm，距龙骨两端的距离宜为25～30mm。

④ 安装贯通系列龙骨时，低于3.00m的隔墙安装1道，3.00～5.00m的隔墙安装2道。

（2）木龙骨安装

① 横、竖木龙骨宜采用半开榫、加胶、加钉连接。

② 安装饰面板前应对龙骨进行防火处理。

3）面板安装

（1）纸面石膏板安装

① 石膏板宜竖向铺设，长边接缝应安装在竖向龙骨上。

② 轻钢龙骨应用自攻螺钉固定，木龙骨应用木螺钉固定。沿石膏板周边钉距不得大于 200mm，板中钉距不得大于 300mm，螺钉与板边距离应为 10～15mm。

③ 石膏板的接缝应按设计要求进行板缝处理。石膏板与周围墙或柱应留有 3mm 的槽口，以便进行防开裂处理。

④ 龙骨两侧石膏板及龙骨一侧的双层板的接缝应错开，不得在同一根龙骨上接缝。

（2）胶合板安装

① 胶合板安装前应对板背面进行防火处理。

② 轻钢龙骨应用自攻螺钉固定。木龙骨采用木螺钉固定时，钉距宜为 80～150mm，钉帽应砸扁；采用钉枪固定时，钉距宜为 80～100mm。

③ 阳角处宜做护角。

④ 胶合板用木压条固定时，固定点间距不应大于 200mm。

311. 玻璃隔墙有哪些构造要求?

综合相关技术资料，玻璃隔墙的构造要求有：

1）玻璃砖隔墙

相关技术资料指出，玻璃隔墙应满足下列要求：

（1）玻璃砖隔墙宜以 1.50m 高为一个施工段，待下部施工段交接材料达到设计强度后再进行上部施工。

（2）玻璃砖应排列均匀整齐，表面平整，嵌缝的油灰或密封膏应饱满密实。

（3）玻璃砖隔墙的应用高度见表 2-138。

玻璃砖隔墙的应用高度（m）　　**表 2-138**

砖缝的布置	隔断尺寸	
	高度	长度
贯通式	≤1.5	≤1.5
错开式	≤1.5	≤6.0

注：1. 贯通式指水平缝与垂直缝完全对齐的排列方式。
2. 错开式指水平缝与垂直缝错开的排列方式，错开距离为 1/2 砖长。

（4）当高度不能满足要求时，应在缝中加水平钢筋和竖直钢筋进行增强，增强后的高度可达 4m。

2）平板玻璃隔墙

（1）室内隔断用玻璃及浴室用玻璃的厚度及安装应符合《建筑玻璃应用技术规程》JGJ 113—2009 的有关规定。

（2）压条应与边框紧贴，不得弯棱、凸鼓。

（八）饰面板（砖）工程

312. 饰面板的铺装构造要点有哪些?

1）材料要求

相关技术资料指出：

（1）石材面板的性能应满足建筑物所在地的地理、气候、环境和幕墙功能的要求。

（2）石材：饰面石材的材质分为花岗石（火成岩）、大理石（沉积岩）、砂岩。按其坚硬程度和释放有害物质的多少，应用的部位也不尽相同。花岗石（火成岩）可用于室内和室外的任何部位；大理石（沉积岩）只可用于室内、不宜用于室外；砂岩只能用于室内。

（3）石材的放射性应符合现行国家标准《建筑材料放射性核素限量》GB/T 6566—2010 中依据装饰装修材料中天然放射性核素镭—226、钍—232、钾—40 的放射性比活度大小，将装饰装修材料划分为 A 级、B 级、C 级，具体要求见表 2-139。

放射性物质比活度分级 表 2-139

级别	比活度	使用范围
A	内照射指数 $I_{Ra}\leqslant 1.0$ 和外照射指数 $I_r\leqslant 1.3$	产销和使用范围不受限制
B	内照射指数 $I_{Ra}\leqslant 1.3$ 和外照射指数 $I_r\leqslant 1.9$	不可用于Ⅰ类民用建筑的内饰面，可以用于Ⅱ类民用建筑物、工业建筑内饰面及其他一切建筑的外饰面
C	外照射指数 $I_r\leqslant 2.8$	只可用于建筑物外饰面及室外其他用途

注：1. Ⅰ类民用建筑包括：住宅、老年公寓、托儿所、医院和学校、办公楼、宾馆等。

2. Ⅱ类民用建筑包括：商场、文化娱乐场所、书店、图书馆、展览馆、体育馆和公共交通等候室、餐厅、理发店等。

（4）石材面板的厚度：天然花岗石弯曲强度标准值不小于 8.0MPa，吸水率≤0.6%、厚度不小于 25mm；天然大理石弯曲强度标准值不小于 7.0MPa，吸水率≤0.5%、厚度不小于 35mm；其他石材不小于 35mm。

（5）当天然石材的弯曲强度的标准值在≤0.8 或≥4.0 时，单块面积不宜大于 1.00m^2；其他石材单块面积不宜大于 1.50m^2。

（6）在严寒和寒冷地区，幕墙用石材面板的抗冻系数不应小于 0.80。

（7）石材表面宜进行防护处理。对于处在大气污染较严重或处在酸雨环境下的石材面板，应根据污染物的种类和污染程度及石材的矿物化学物质、物理性质选用适当的防护产品对石材进行保护。

2）施工要点

（1）墙面

石材墙面的安装有湿挂法和干挂法两种。湿挂法适用于小面积墙面的铺装，干挂法适用于大面积墙面的铺装，石材幕墙采用的就是干挂法。

① 湿挂法：先在墙面上拴结 $\phi6\sim\phi10$ 钢筋网，再将设有拴接孔的石板用金属丝（最好是铜丝）拴挂在钢筋网上，随后在缝隙中灌注水泥砂浆。总体厚度在 50mm 左右。

湿挂法的施工要点是：浇水将饰面板的背面和基体润湿，再分层灌注 1∶2.5 水泥砂浆，每层灌注高度为150～200mm，并不得大于墙板高度的1/3，随后振捣密实（图2-79）。

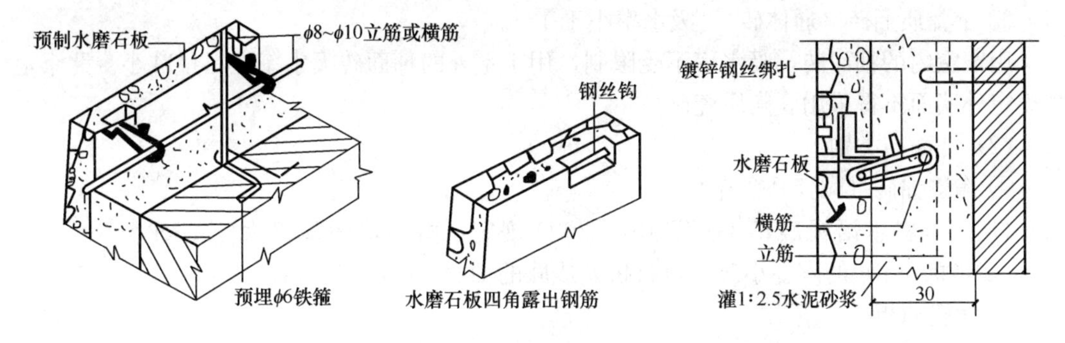

图2-79　石材湿挂法

② 干挂法：干挂法包括钢销安装法、短槽安装法和通槽安装法三种（图2-80）。

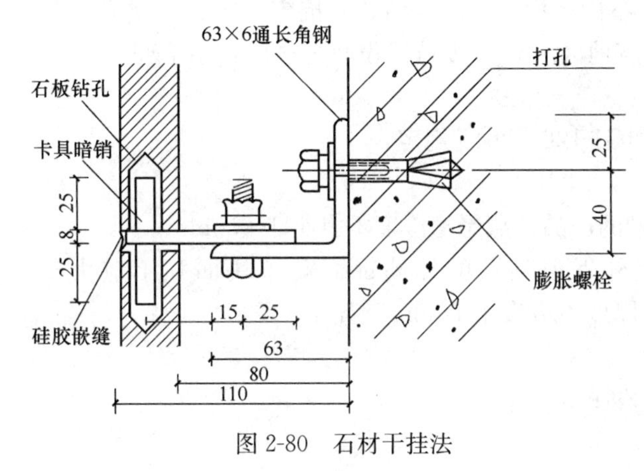

图2-80　石材干挂法

（2）地面：

《住宅装饰装修工程施工规范》GB 50327—2001规定：

① 石材铺贴前应浸水湿润，天然石材铺贴前应进行对色、拼花并进行试拼、编号；

② 铺贴前应根据设计要求确定结合层的砂浆厚度、拉十字线控制其厚度和石材表面平整度；

③ 结合层砂浆宜采用体积比为1∶3的干硬性水泥砂浆，厚度宜高出实铺厚度2～3mm，铺贴前应在水泥砂浆上刷一道水灰比为1∶2的素水泥浆或干铺水泥1～2mm后洒水；

④ 石材铺贴时应保持水平就位，用橡皮锤轻击使其与砂浆粘接紧密，同时调整其表面平整度；

⑤ 铺贴后应及时清理表面，24h后应用1∶1水泥浆灌缝，或选择与地面颜色一致的颜料与白水泥拌合均匀后灌缝；

⑥ 预制板块之间的缝隙在《建筑地面工程施工质量验收规范》GB 50209—2010中的规定是：混凝土板块面层缝宽不宜大于6mm，水磨石板块、人造石板块间的缝宽不宜大于2mm。预制板块铺完24h后，应用水泥砂浆灌缝至2/3高度，再用同色水泥浆擦（勾）缝。

313. 饰面砖的铺装构造要点有哪些?

1）材料要求

相关技术资料指出：

（1）饰面砖的材质

① 全陶质瓷砖：吸水率小于10%；

② 陶胎釉面砖：吸水率3%～10%；

③ 全瓷质面砖（通体砖）：吸水率小于1%。

用于室内的釉面砖，吸水率不受限制，用于室外的釉面砖吸水率应尽量减小。北京地区规定外墙面不得采用全陶质瓷砖。

（2）饰面砖类别

① 陶瓷锦砖（陶瓷马赛克）

《建筑材料术语标准》JGJ/T 191—2009 规定：由多块面积不大于55cm^2（相当于700mm×790mm）的陶瓷小砖经衬材拼贴成联的釉面砖叫陶瓷锦砖。

② 陶瓷薄板

《建筑陶瓷薄板应用技术规程》JGJ/T 172—2012 规定：由黏土和其他无机非金属材料经成型、高温烧成等工艺制成的厚度不大于6mm、面积不小于1.62m^2（相当于900mm×1800mm）的板状陶瓷制品，可应用于室内地面、室内墙面。非抗震地区、6～8度抗震设防地区不大于24m的室外墙面和非抗震地区、6～8度抗震设防地区的幕墙工程。

③ 外墙饰面砖

《外墙饰面砖工程施工及验收规程》JGJ 126—2015 规定：

a. 外墙饰面砖的规格

（a）外墙饰面砖宜采用背面有燕尾槽的产品，燕尾槽深度不宜小于0.5mm；

（b）用于二层（或高度8m）以上外保温粘贴的外墙饰面砖单块面积不应大于15000mm^2（相当于100mm×150mm），厚度不应大于7mm。

b. 外墙饰面砖的吸水率

（a）Ⅰ、Ⅵ、Ⅶ区吸水率不应大于3%；

（b）Ⅱ区吸水率不应大于6%；

（c）Ⅲ、Ⅳ、Ⅴ区和冰冻区一个月以上的地区吸水率不宜大于6%。

c. 外墙饰面砖的冻融循环次数

（a）Ⅰ、Ⅵ、Ⅶ区冻融循环50次不得破坏；

（b）Ⅱ区冻融循环40次不得破坏。

注：冻融循环应以低温环境为－30℃±2℃，保持2h后放入不低于10℃的清水中融化2h为一次循环。

d. 外墙饰面砖的找平材料：外墙基体找平材料宜采用预拌水泥抹灰砂浆。Ⅲ、Ⅳ、Ⅴ区应采用水泥防水砂浆。

e. 外墙饰面砖的粘结材料：应采用水泥基粘结材料。

f. 外墙饰面砖的填缝材料：外墙外保温系统粘结外墙饰面砖所用填缝材料的横向变形不得小于1.5mm。

g. 外墙饰面砖的伸缩缝材料：应采用耐候密封胶。

2）设计规定

（1）基体

① 基体的粘结强度不应小于0.4MPa，当基体的强度小于0.4MPa时，应进行加强处理。

② 加气混凝土、轻质墙板、外墙外保温系统等基体，当采用外墙饰面砖时，应有可

靠的加强及粘结质量保证措施。

（2）外墙饰面砖粘贴应设置伸缩缝。伸缩缝间距不宜大于6m，伸缩缝宽度宜为20mm。

（3）外墙饰面砖伸缩缝应采用耐候密封胶嵌缝。

（4）墙体变形缝两侧粘贴的外墙饰面砖之间的距离不应小于变形缝的宽度。

（5）饰面砖接缝的宽度不应小于5mm，缝深不宜大于3mm，也可为平缝。

（6）墙面阴阳角处宜采用异形角砖。阳角处也可采用边缘加工成45°角的面砖对接。

（7）窗台、檐口、装饰线、雨篷、阳台和落水口等墙面凹凸部位，应采用防水和排水构造。

（8）在水平阳角处，顶面排水坡度不应小于3%；应采用顶面面砖压立面面砖或立面最低一排面砖压底平面面砖的做法，并应设置滴水构造。

3）施工要点

（1）施工温度

① 日最低气温应在5℃以上，低于5℃时，必须有可靠地防冻措施；

② 气温高于35℃时，应有遮阳措施。

（2）一般饰面砖的粘贴工艺

工艺流程为：基层处理—排砖、分格、弹线—粘贴饰面砖—填缝—清理表面

（3）联片饰面砖的粘贴工艺

工艺流程为：基层处理—排砖、分格、弹线—粘贴联片饰面砖—填缝—清理表面

（九）涂料工程

314. 适用于外墙面的建筑涂料有哪些？

《建筑材料术语标准》JGJ/T 191—2009中指出：

适用于外墙的建筑涂料有合成树脂乳液外墙涂料、溶剂型外墙涂料、外墙无机建筑涂料、金属效果涂料等。

1）合成树脂乳液外墙涂料是以合成树脂乳液为主要成膜物质，与颜料、体质颜料及各种助剂配制而成的，施涂后能形成表面平整的薄质涂层的外墙涂料。

2）溶剂型外墙涂料是以合成树脂为主要成膜物质，与颜料、体质颜料及各种助剂配制而成的，施涂后能形成表面平整的薄质涂层的外墙涂料。

3）外墙无机建筑涂料是以碱金属硅酸盐或硅溶液为主要胶粘剂，与颜料、体质颜料及各种助剂配制而成的，施涂后能形成表面平整的薄质涂层的外墙涂料。

4）金属效果涂料是由成膜物质、透明性或低透明性彩色颜料、闪光铝粉及其他配套材料组成的表面具有金属效果的建筑涂料。

315. 适用于内墙面和顶棚的建筑涂料有哪些？

《建筑材料术语标准》JGJ/T 191—2009中指出：

适用于内墙的建筑涂料有合成树脂乳液内墙涂料、纤维状内墙涂料、云彩涂料等。

1）合成树脂乳液内墙涂料是以合成树脂乳液为主要成膜物质，与颜料、体质颜料及各种助剂配制而成的，施涂后能形成表面平整的薄质涂层的内墙用建筑涂料。

2）纤维状内墙涂料是以合成纤维、天然纤维和棉质材料等为主要成膜物质，以一定的乳液为胶料，另外加入增稠剂、阻燃剂、防霉剂等助剂配制而成的内墙装饰用建筑涂料。

3）云彩涂料是以合成树脂乳液为成膜物质，以珠光颜料为主要颜料，具有特殊流变特性和珍珠光泽的涂料。

4）适用于顶棚的建筑涂料有白水泥浆、顶棚涂料（一般与内墙涂料相同)。燃烧性能等级属于A极。

316. 适用于地面的建筑涂料有哪些?

综合相关技术资料可知：适用于楼、地面的建筑涂料有溶剂型、无溶剂型和水性三大类。其中有机材料的性能优于无机材料，有机涂层属于B_1级难燃材料。施工涂刷遍数为3遍。

1）耐磨环氧涂料：这种涂料的性能为耐磨耐压、耐酸耐碱、防水耐油、抗冲击力强、经济适用，主要应用于停车场的停车部位等。无溶剂自流平型的环氧涂料适用于洁净度较高的地面。

2）无溶剂聚氨酯涂料：这种涂料的性能为无溶剂、无毒、耐候性优越、耐磨耐压、耐酸耐碱、耐水、耐油污、抗冲击力强、绿色环保。主要应用于环境高度美观、有舒适和减低噪声要求的场所，如学校教室、图书馆、医院等场所。

3）环氧彩砂涂料：这种涂料是由彩色石英砂和环氧树脂形成的无缝一体化的新型复合装饰地坪，具有耐磨、耐化学腐蚀、耐温差变化、防滑等优点，但价格较高，适用于具有环境优雅、清洁等功能要求的公共场所，如展厅、高级娱乐场等。

317. 涂料工程的施工要点有哪些?

《建筑涂饰工程施工及验收工程》JGJ/T 29—2003中指出：

1）基层

(1) 基层应表面平整、立面垂直、阴阳角垂直、方正和无缺棱掉角、分格缝深浅一致且横平竖直，表面应平而不光。基层抹灰允许偏差应符合表2-140的规定。

基层抹灰允许偏差　　表2-140

平整内容	普通级	中　级	高　级
表面平整	≤5	≤4	≤2
阴阳角垂直	—	≤4	≤2
阴阳角方正	—	≤4	≤2
立面垂直	—	≤5	≤3
分格缝深浅一致和横平竖直	—	≤3	≤1

(2) 基层应清洁，表面无灰尘、无浮浆、无油迹、无锈斑、无霉点、无盐类析出物和青苔等杂物。

(3) 基层应干燥，涂刷溶剂型涂料时，基层含水率不得大于8%；涂刷乳液型涂料时，基层含水率不得大于10%。

(4) 基层的pH值不得大于10。

2）面层

（1）合成树脂乳液内墙涂料的施工工序见表2-141。

合成树脂乳液内墙涂料的施工工序　　表2-141

次序	工序名称	次序	工序名称
1	清理基层	8	涂饰底层涂料
2	填补墙缝、局部刮腻子	9	复补腻子
3	磨平	10	磨平
4	第一遍满刮腻子	11	局部涂饰底层涂料
5	磨平	12	第一遍面层涂料
6	第二遍满刮腻子	13	第二遍面层涂料
7	磨平		

注：对石膏板内墙，顶棚表面除板缝处理外，与合成树脂乳液型内墙涂料的施工工序相同。

（2）合成树脂乳液外墙涂料、溶剂型外墙涂料、外墙无机建筑涂料的施工工序见表2-142。

合成树脂乳液外墙涂料、溶剂型外墙涂料、外墙无机建筑涂料的施工工序　　表2-142

次序	工序名称	次序	工序名称
1	清理基层	4	第一遍面层涂料
2	填补墙缝、局部刮腻子、磨平	5	第二遍面层涂料
3	涂饰底层涂料		

（3）合成树脂乳液砂壁状建筑涂料的施工工序见表2-143。

合成树脂乳液砂壁状建筑涂料的施工工序　　表2-143

次序	工序名称	次序	工序名称
1	清理基层	5	喷涂主层涂料
2	填补墙缝、局部刮腻子、磨平	6	第一遍面层涂料
3	涂饰底层涂料	7	第二遍面层涂料
4	根据设计进行分格		

注：1. 大面积喷涂施工宜按1.50m^2左右分格，然后逐格喷涂。
　　2. 底层涂料可用辊涂、刷涂或喷涂工艺进行

（4）复层涂料的施工工序见表2-144。

复层涂料的施工工序　　表2-144

次序	工序名称	次序	工序名称
1	清理基层	5	辊压
2	填补墙缝、局部刮腻子、磨平	6	第一遍面层涂料
3	涂饰底层涂料	7	第二遍面层涂料
4	涂饰中间层涂料		

注：1. 底涂层涂料可用辊涂或喷涂工艺进行。
　　2. 压平型的中间层，应在中间层涂料喷涂表面干后，用塑料辊筒将隆起的部分表面压平。
　　3. 水泥系的中间涂层，应采取遮盖养护，必要时浇水养护。干燥后，采用抗碱封底涂饰材料，再涂饰罩面面层涂料。

（十）裱　糊　工　程

318. 裱糊工程的施工要点有哪些？

《住宅装饰装修工程施工规范》GB 50327—2001 和《建筑装饰装修工程质量验收规范》GB 50210—2001 及相关手册中指出：

1）壁纸、壁布的类型

壁纸、壁布的类型有纸基壁纸、织物复合壁纸、金属壁纸、复合纸质壁纸、玻璃纤维壁布、锦缎壁布、天然草编壁纸、植绒壁纸、珍木皮壁纸、功能型壁纸等。

功能型壁纸有防尘防静电壁纸、防污灭菌壁纸、保健壁纸、防蚊蝇壁纸、防霉防潮壁纸、吸声壁纸、阻燃壁纸等。

2）胶粘剂

胶粘剂有：改性树脂胶、聚乙烯醇树脂溶液胶、聚醋酸乙烯乳胶漆、醋酸乙烯－乙烯共聚乳液胶、可溶性胶粉、乙－脲混合胶粘剂等。

3）选用原则

（1）宾馆、饭店、娱乐场所及防火要求较高的建筑，应选用氧指数不小于 32％的 B_1 级阻燃型壁纸或壁布。

（2）一般公共场所更换壁纸比较勤，对强度要求高，可选用易施工、耐碰撞的布基壁纸。

（3）经常更换壁纸的宾馆、饭店应选用易撕型网格布布基壁纸。

（4）太阳光照度大的场合和部位应选用日晒牢度高的壁纸。

4）施工要点

（1）墙面要求平整、干净、光滑，阴阳角线顺直方正，含水率不大于 8％，粘结高档壁纸应刷一道白色壁纸底漆。

（2）纸基壁纸在裱糊前应进行浸水处理，布基壁纸不浸水。

（3）壁纸对花应精确，阴角处接缝应搭接，阳角处应包角，且不得有接缝。

（4）壁纸粘贴后不得有气泡、空鼓、翘边、裂缝、皱折，边角、接缝处要用强力乳胶粘牢、压实。

（5）及时清理壁纸上的污物和余胶。

（十一）地　面　铺　装

319. 地面铺装的施工要点有哪些？

《住宅装饰装修工程施工规范》GB 50327—2001 中指出：

1）基层平整度误差不得大于 5mm。

2）铺装前应对基层进行防潮处理，防潮层宜涂刷防水涂料或铺贴塑料薄膜。

3）铺装前应对地板进行选配，宜将纹理、颜色接近的地板集中使用于一个房间或部位。

4）木龙骨应与基层连接牢固，固定点间距不得大于 600mm。

5）毛地板应与龙骨成30°或45°铺钉，板缝应为2～3mm，相邻板的接缝应错开。

6）在龙骨上直接铺钉地板时，主次龙骨间距应根据地板的长度模数计算确定，底板接缝应在龙骨的中线上。

7）地板钉子的长度宜为地板厚度的2.5倍，钉帽应砸扁。固定时应以凹榫边30°倾斜顶入。硬木地板应先钻孔，孔径应略小于地板钉子的直径。

8）毛地板及地板与墙之间应留有8～10mm的缝隙。

9）地板磨光应先刨后磨，磨削应顺木纹方向，磨削总量应控制在0.3～0.8mm范围内。

10）单层直铺地板的基层必须平整，无油污。铺贴前应在基层刷一层薄而匀的底胶以提高粘结力。铺贴时，基层和地板背面均应刷胶，待不粘手后再进行铺贴。拼板时应用榔头垫木板敲打紧密，板缝不得大于0.3mm。溢出的胶液应及时清理干净。

11）《建筑地面工程施工质量验收规范》GB 50209—2010中规定：竹、木地板铺设在水泥面层类基层上，其基层表面应坚硬、洁净、不起砂，表面含水率不应大于8%。

320. 玻璃地板地面的构造要点有哪些?

地板玻璃地面指的是应用于舞厅、展览厅的供人行走和活动的地面玻璃。《建筑玻璃应用技术规程》JGJ 113—2009中规定：

1）地板玻璃宜采用隐框支承或点支承，点支承地板玻璃宜采用沉头式或背栓式连接件。

2）地板玻璃必须采用夹层玻璃，点支承的地板玻璃必须采用钢化夹层玻璃。

3）楼梯踏步板玻璃表面，应进行防滑处理。

4）地板夹层玻璃的单片玻璃相差不宜小于3mm，且夹层胶片厚度不应小于0.76mm。

5）框支承地板玻璃单片厚度不宜小于8mm，点支承地板玻璃单片厚度不宜小于10mm。

6）地板玻璃之间的空隙不应小于6mm，宜采用硅酮建筑密封胶密封。

7）地板玻璃及其连接应能够适应主体结构的变形。

8）地板玻璃板面挠度最大值应小于其跨度的1/200。

321. 竹材、实木地板的施工要点有哪些?

综合相关技术资料得知，竹林、实木地板的施工要点有：

1）材料特点

（1）实木地板：实木地板是天然木材经烘干、加工后形成的地面装饰材料。它呈现出的天然原木纹理和色彩图案，给人以自然、柔和、富有亲和力的质感，同时由于它冬暖夏凉、触感好的特性使其成为卧室、客厅、书房等地面装修的理想材料。

实木地板分AA级、A级、B级三个等级，AA级质量最高。由于实木地板的使用相对比较娇气，安装也较复杂，尤其是受潮、暴晒后易变形，因此选择实木地板要格外注重木材的品质和安装工艺。

（2）竹木复合地板：竹木复合地板是竹材与木材复合的再生产物。它的面板和底板，采用的是上好的竹材，芯材多为杉木、樟木等木材。其生产制作要依靠精良的机器设备和先进的科学技术以及规范的生产工艺流程，经过一系列的防腐、防蚀、防潮、高压、高温以及胶合、旋磨等近 40 道繁杂工序，才能制作成为一种新型的复合地板。

竹木复合地板外观具有自然清新、纹理细腻流畅、防潮防蚀以及韧性强、有弹性等特点；同时，其表面坚硬程度可以与木制地板中的常见材种如樱桃木、榉木等媲美。另一方面，由于该地板芯材采用了木材为原料，故其稳定性极佳，结实耐用，脚感好，格调协调，隔声性能好，而且冬暖夏凉，尤其适用于居家环境以及体育娱乐场所等室内装修。从健康角度而言，竹木复合地板尤其适合城市中的老龄化人群以及婴幼儿，而且对喜好运动的人群也有保护缓冲的作用。

2）施工要点

(1)《住宅装饰装修工程施工规范》GB 50327—2001 中指出：

① 基层平整度误差不得大于 5mm。

② 铺装前应对基层进行防潮处理，防潮层宜涂刷防水涂料或铺贴塑料薄膜。

③ 铺装前应对地板进行选配，宜将纹理、颜色接近的地板集中使用于一个房间或部位。

④ 木龙骨应与基层连接牢固，固定点间距不得大于 600mm。

⑤ 毛地板应与龙骨成 30°或 45°铺钉，板缝应为 2～3mm，相邻板的接缝应错开。

⑥ 在龙骨上直接铺钉地板时，主次龙骨间距应根据地板的长度模数计算确定，底板接缝应在龙骨的中线上。

⑦ 地板钉子的长度宜为地板厚度的 2.5 倍，钉帽应砸扁。固定时应以凹榫边 30°倾斜顶入。硬木地板应先钻孔，孔径应略小于地板钉子的直径。

⑧ 毛地板及地板与墙之间应留有 8～10mm 的缝隙。

⑨ 地板磨光应先刨后磨，磨削应顺木纹方向，磨削总量应控制在 0.3～0.8mm 范围内。

⑩ 单层直铺地板的基层必须平整，无油污。铺贴前应在基层刷一层薄而匀的底胶以提高粘结力。铺贴时，基层和地板背面均应刷胶，待不粘手后再进行铺贴。拼板时应用榔头垫木板敲打紧密，板缝不得大于 0.30mm。溢出的胶液应及时清理干净。

(2)《建筑地面工程施工质量验收规范》GB 50209—2010 中规定：

① 竹、木地板铺设在水泥面层类基层上，其基层表面应坚硬、洁净、不起砂，表面含水率不应大于 8%。

② 铺设竹、木地板面层时，木格栅应垫实钉牢，与柱、墙之间留出 200mm 的缝隙，表面应平直，其间距不宜大于 300mm。

③ 当面层下铺设垫层地板时，垫层地板的髓心应向上，板间缝隙不应大于 3mm，与柱、墙之间应留出 8～12mm 的空隙，表面应刨平。

④ 竹、木地板面层铺设时，相邻板材接头位置应错开不小于 300mm 的距离；与柱、墙之间应留出 8～12mm 的空隙。

3）构造做法

(1) 底层木地板（图 2-81）

(2) 楼层木地板（图 2-82）

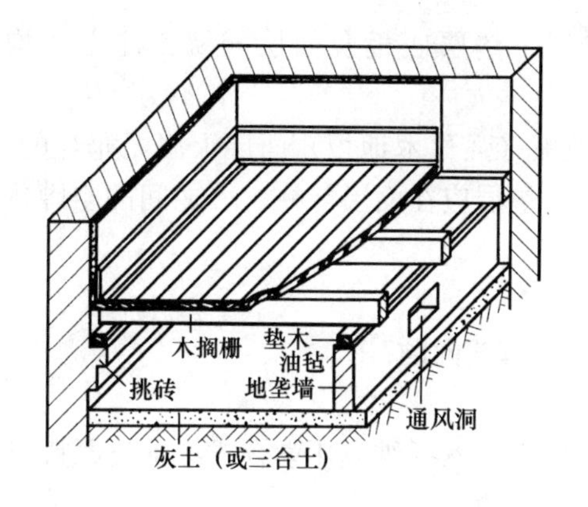

图 2-81　底层木地板

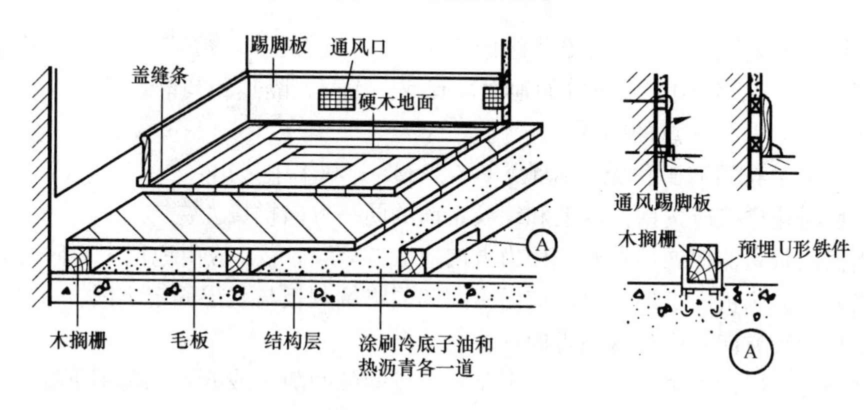

图 2-82　楼层木地板

322. 强化木地板的施工要点有哪些？

1）材料特点

强化木地板为俗称，学名为浸渍纸层压木质地板，是以一层或多层专用纸浸渍热固性氨基树脂，铺装在刨花板、中密度纤维板、高密度纤维板等人造板基材表层，背面加平衡层，正面加耐磨层，经热压而成的地板。

强化木地板的特点有：耐磨、款式丰富、抗冲击、抗变形、耐污染、阻燃、防潮、环保、不褪色、安装简便、易打理、可用于地暖等。

2）强化木地板的施工要点

(1)《住宅装饰装修工程施工规范》GB 50327—2001 中指出：

① 防潮垫层应满铺平整，接缝处不得叠压；

② 安装第一排时应凹槽靠墙，地板与墙之间应留有 8～10mm 的缝隙；

③ 房间长度或宽度超过 8m 时，应在适当位置设置伸缩缝。

(2)《建筑地面工程施工质量验收规范》GB 50209—2010 中规定：

① 浸渍纸层压木质地板（强化木地板）面层应采用条材或块材，以空铺或粘贴方式在基层上铺设。

② 浸渍纸层压木质地板（强化木地板）可采用有垫层地板和无垫层地板的方式铺设。

③ 浸渍纸层压木质地板（强化木地板）面层铺设时，相邻板材接头位置应错开不小

于300mm的距离；衬垫层、垫层底板及面层与墙、柱之间均应留出不小于10mm的空隙。

④ 浸渍纸层压木质地板（强化木地板）面层采用无龙骨的空铺法铺设时，宜在面层与垫层之间设置衬垫层，衬垫层应在面层与柱、墙之间的空隙内加设金属弹簧卡或木楔，其间距宜为200～300mm。

323. 地毯铺装时应注意哪些问题?

1）材料特点

以棉、麻、毛、丝、草等天然纤维或化学合成纤维类原料，经手工或机械工艺进行编结、栽绒或纺织而成的地面铺敷物。

2）应用

它是世界范围内具有悠久历史传统的工艺美术品类之一，覆盖于住宅、宾馆、体育馆、展览厅、车辆、船舶、飞机等的地面，有减少噪声、隔热和装饰效果。

3）地毯铺装时应注意的问题

(1)《住宅装饰装修工程施工规范》GB 50327—2001中指出：

① 地毯对花拼接应按毯面绒毛和织纹走向的同一方向拼接。

② 当使用张紧器伸展地毯时，用力方向应成“V”字形，应由地毯中心向四周展开。

③ 当使用倒刺板固定地毯时，应沿房间四周将倒刺板与基层固定牢固。

④ 地毯铺装方向，应是绒毛走向的背光方向。

⑤ 满铺地毯应用扁铲将毯边塞入卡条和墙壁间的间隙中或塞入踢脚板下面。

⑥ 裁剪楼梯地毯时，长度应留有一定余量，以便在使用时可挪动经常磨损的位置。

(2)《建筑地面工程施工质量验收规范》GB 50209—2010中规定：

① 地毯面层应采用地毯块材或卷材，以空铺法或实铺法铺设。

② 铺设地毯的地面面层（或基层）应坚实、平整、干燥，无凹坑、麻面、起砂、裂缝，并不得有油污、钉头及其他突出物。

③ 地毯衬垫应满铺平整，地毯拼缝处不得露底衬。

④ 空铺地毯

a. 块材地毯宜先拼成整块，块与块之间应紧密服帖；

b. 卷材地毯宜先长向缝合；

c. 地毯面层的周边应压入踢脚线下。

⑤ 实铺地毯

a. 地毯面层采用的金属卡条（倒刺板）、金属压条、专用双面胶带、胶粘剂等应符合设计要求。

b. 铺设时，地毯的表面层宜张拉适度，四周应采用卡条固定；门口处宜用金属压条或双面胶带等固定；地毯周边应塞入卡条和踢脚线下。

c. 地毯周边采用胶粘剂或双面胶带粘结时，应与基层粘贴牢固。

⑥ 楼梯地毯面层铺设时，踢断顶级（头）地毯应固定于平台上，其宽度应不小于标准楼梯、台阶踏步尺寸；阴角处应固定牢固；梯段末级（头）地毯与水平段地毯的连接处应顺畅、牢固。

参 考 文 献

［1］ 中华人民共和国建设部．GB 50352—2005 民用建筑设计通则[S]．北京：中国建筑工业出版社，2005.

［2］ 中华人民共和国住房和城乡建设部．GB/T 50002—2013 建筑模数协调标准[S]．北京：中国建筑工业出版社，2013.

［3］ 中华人民共和国住房和城乡建设部．GB/T 50504—2009 民用建筑设计术语标准[S]．北京：中国计划出版社，2009.

［4］ 中华人民共和国建设部．GB/T 50353—2013 建筑工程建筑面积计算规范[S]．北京：中国计划出版社，2013.

［5］ 中华人民共和国住房和城乡建设部．JGJ/T 191—2009 建筑材料术语标准[S]．北京：中国建筑工业出版社，2010.

［6］ 中华人民共和国建设部．GB 50180—93 城市居住区规划设计规范(2002 年版)[S]．北京：中国建筑工业出版社，2002.

［7］ 中华人民共和国住房和城乡建设部．GB 50574—2010 墙体材料应用统一技术规范[S]．北京：中国建筑工业出版社，2010.

［8］ 中华人民共和国住房和城乡建设部．GB 50096—2011 住宅设计规范[S]．北京：中国建筑工业出版社，2011.

［9］ 中华人民共和国建设部．GB 50368—2005 住宅建筑规范[S]．北京：中国建筑工业出版社，2006.

［10］ 中华人民共和国建设部．GB/T 50340—2003 老年人居住建筑设计标准[S]．北京：中国建筑工业出版社，2003.

［11］ 中华人民共和国建设部．JGJ 122—99 老年人建筑设计规范[S]．北京：中国建筑工业出版社，1999.

［12］ 中华人民共和国建设部．JGJ 100—98 汽车库建筑设计规范[S]．北京：中国建筑工业出版社，1998.

［13］ 中华人民共和国建设部．JGJ 57—2000 剧场建筑设计规范[S]．北京：中国建筑工业出版社，2001.

［14］ 中华人民共和国建设部．JGJ 67—2006 办公建筑设计规范[S]．北京：中国建筑工业出版社，2007.

［15］ 中华人民共和国建设部．GB 50038—2005 人民防空地下室设计规范[S]．北京：国家人民防空办公室，2005.

［16］ 中华人民共和国建设部．JGJ 36—2005 宿舍建筑设计规范[S]．北京：中国建筑工业出版社，2005.

［17］ 中华人民共和国城乡建设环境保护部．JGJ 39—87 托儿所、幼儿园建筑设计规范[S]．北京：中国建筑工业出版社，1987.

［18］ 中华人民共和国住房和城乡建设部．GB 50099—2011 中小学校设计规范[S]．北京：中国建筑工业出版社，2011.

［19］ 中华人民共和国住房和城乡建设部．JGJ 25—2010 档案馆建筑设计规范[S]．北京：中国建筑工业出版社，2010.

[20] 中华人民共和国建设部.JGJ 38—99 图书馆建筑设计规范[S]. 北京：中国建筑工业出版社，1999.
[21] 中华人民共和国建设部.JGJ 58—2008 电影院建筑设计规范[S]. 北京：中国建筑工业出版社，2008.
[22] 中华人民共和国住房与城乡建设部.JGJ 48—2014 商店建筑设计规范[S]. 北京：中国建筑工业出版社，2014.
[23] 中华人民共和国城乡建设环境保护部.JGJ 41—87 文化馆建筑设计规范[S]. 北京：中国建筑工业出版社，1988.
[24] 中华人民共和国城乡建设环境保护部.JGJ 40—87 疗养院建筑设计规范[S]. 北京：中国建筑工业出版社，1988.
[25] 中华人民共和国建设部.JGJ 31—2003 体育建筑设计规范[S]. 北京：中国建筑工业出版社，2003.
[26] 中华人民共和国住房和城乡建设部.JGJ 218—2010 展览建筑设计规范[S]. 中国建筑工业出版社，2010.
[27] 中华人民共和国住房与城乡建设部.JGJ 62—2014 旅馆建筑设计规范[S]. 北京：中国建筑工业出版社，2014.
[28] 中华人民共和国建设部.JGJ 64—89 饮食建筑设计规范[S]. 北京：中国建筑工业出版社，1989.
[29] 中华人民共和国建设部.JGJ 66—91 博物馆建筑设计规范[S]. 中国建筑工业出版社，1991.
[30] 中华人民共和国住房和城乡建设部.GB 50763—2012 无障碍设计规范[S]. 北京：中国建筑工业出版社，2012.
[31] 中华人民共和国城乡和住房建设部.GB 50073—2013 洁净厂房设计规范[S]. 北京：中国计划出版社，2013.
[32] 中华人民共和国住房和城乡建设部.JGJ/T 263—2012 住宅卫生间模数协调标准[S]. 北京：中国建筑工业出版社，2012.
[33] 中华人民共和国住房和城乡建设部.JGJ/T 262—2012 住宅厨房模数协调标准[S]. 北京：中国建筑工业出版社，2012.
[34] 中华人民共和国住房和城乡建设部.GB 50011—2010 建筑抗震设计规范[S]. 中国建筑工业出版社，2010.
[35] 中华人民共和国住房和城乡建设部.GB 50003—2011 砌体结构设计规范[S]. 北京：中国建筑工业出版社，2012.
[36] 中华人民共和国住房和城乡建设部.JGJ 3—2010 高层建筑混凝土结构技术规程[S]. 北京：中国建筑工业出版社，2011.
[37] 中华人民共和国住房和城乡建设部.GB 50223—2008 建筑工程抗震设防分类标准[S]. 北京：中国建筑工业出版社，2008.
[38] 中华人民共和国住房和城乡建设部.GB 50007—2011 建筑地基基础设计规范[S]. 北京：中国建筑工业出版社，2012.
[39] 中华人民共和国建设部.GB 50009—2012 建筑结构荷载规范[S]. 北京：中国建筑工业出版社，2012.
[40] 中华人民共和国住房和城乡建设部.GB 50010—2010 混凝土结构设计规范[S]. 北京：中国建筑工业出版社，2011.
[41] 中华人民共和国住房和城乡建设部.GB 50203—2011 砌体结构工程施工质量验收规范[S]. 北京：中国建筑工业出版社，2011.
[42] 中华人民共和国建设部.GB 50016—2014 建筑设计防火规范[S]. 北京：中国计划出版社，2014.

[43] 中华人民共和国住房和城乡建设部. GB 50098—2009 人民防空工程设计防火规范[S]. 北京：中国计划出版社，2009.
[44] 中华人民共和国建设部. GB 50222—95 建筑内部装修设计防火规范(2001年版)[S]. 北京：中国建筑工业出版社，2001.
[45] 中华人民共和国建设部. GB 50067—2014 汽车库、修车库、停车场设计防火规范[S]. 北京：中国计划出版社，2014.
[46] 中华人民共和国国家质量监督检验检疫总局. GB 15763. 1—2009 建筑用安全玻璃—防火玻璃[S]. 北京：中国标准出版社，2009.
[47] 中华人民共和国住房和城乡建设部. GB 50118—2010 民用建筑隔声设计规范[S]. 北京：中国建筑工业出版社，2010.
[48] 中华人民共和国住房与城乡建设部. GB 50033—2013 建筑采光设计标准[S]. 北京：中国建筑工业出版社，2012.
[49] 中华人民共和国建设部. GB 50176—93 民用建筑热工设计规范[S]. 北京：中国计划出版社，1993.
[50] 中华人民共和国建设部. GB 50189—2015 公共建筑节能设计标准[S]. 北京：中国建筑工业出版社，2015.
[51] 北京市质量技术监督局. DB 11—687—2009 公共建筑节能设计标准[S]. 北京：北京市规划委员会，2009.
[52] 中华人民共和国住房和城乡建设部. JGJ 26—2010 严寒和寒冷地区居住建筑节能设计标准[S]. 北京：中国建筑工业出版社，2010.
[53] 中华人民共和国住房和城乡建设部. JGJ 134—2010 夏热冬冷地区居住建筑节能设计标准[S]. 北京：中国建筑工业出版社，2010.
[54] 中华人民共和国建设部. JGJ 75—2012 夏热冬暖地区居住建筑节能设计标准[S]. 北京：中国建筑工业出版社，2013.
[55] 中华人民共和国住房和城乡建设部. JGJ/T 228—2010 植物纤维工业废渣混凝土砌块建筑技术规程[S]. 北京：中国建筑工业出版社，2011.
[56] 中华人民共和国住房和城乡建设部. GB 50108—2008 地下工程防水技术规范[S]. 北京：中国建筑工业出版社，2009.
[57] 中华人民共和国建设部. GB 50345—2012 屋面工程技术规范[S]. 北京：中国建筑工业出版社，2012.
[58] 中华人民共和国建设部. GB 50207—2012 屋面工程质量验收规范[S]. 北京：中国建筑工业出版社，2012.
[59] 中华人民共和国住房和城乡建设部. JGJ 230—2010 倒置式屋面工程技术规范[S]. 北京：中国建筑工业出版社，2011.
[60] 中华人民共和国住房和城乡建设部. GB 50693—2011 坡屋面工程技术规范[S]. 北京：中国建筑工业出版社，2011.
[61] 中华人民共和国住房和城乡建设部. JGJ 155—2013 种植屋面工程技术规程[S]. 北京：中国建筑工业出版社，2013.
[62] 中华人民共和国住房和城乡建设部. GB 50037—2013 建筑地面设计规范[S]. 北京：中国计划出版社，2013.
[63] 中华人民共和国住房和城乡建设部. GB 50209—2010 建筑地面工程施工质量验收规范[S]. 北京：中国计划出版社，2010.
[64] 中华人民共和国住房和城乡建设部. JGJ 142—2012 辐射供暖供冷技术规程[S]. 北京：中国建筑

工业出版社，2012.

[65] 中华人民共和国住房和城乡建设部．JGJ/T 175—2009 自流平地面工程技术规程[S]. 北京：中国建筑工业出版社，2009.

[66] 中华人民共和国住房和城乡建设部．GB 50325—2010(2013 年版)民用建筑工程室内环境污染控制规范[S]. 北京：中国计划出版社，2013.

[67] 中华人民共和国国家质量监督检验检疫总局．GB 6566—2010 建筑材料放射性核素限量[S]. 北京：中国标准出版社，2010.

[68] 中华人民共和国建设部．JGJ 126—2000 外墙饰面砖工程施工及验收规程[S]. 北京：中国建筑工业出版社，2000.

[69] 中华人民共和国建设部．JGJ/T 29—2003 建筑涂饰工程施工及验收规程[S]. 北京：中国建筑工业出版社，2003.

[70] 中华人民共和国建设部．GB 50210—2001 建筑装饰装修工程质量验收规范[S]. 北京：中国建筑工业出版社，2002.

[71] 中华人民共和国建设部．GB 50327—2001 住宅装饰装修工程施工规范[S]. 北京：中国建筑工业出版社，2002.

[72] 中华人民共和国住房和城乡建设部．JGJ 113—2009 建筑玻璃应用技术规程[S]. 北京：中国建筑工业出版社，2009.

[73] 中华人民共和国建设部．JGJ 102—2003 玻璃幕墙工程技术规范[S]. 北京：中国建筑工业出版社，2003.

[74] 中华人民共和国建设部．JGJ 133—2001 金属与石材幕墙工程技术规范[S]. 北京：中国建筑工业出版社，2001.

[75] 中华人民共和国住房和城乡建设部．JGJ/T 157—2008 建筑轻质条板隔墙技术规程[S]. 北京：中国建筑工业出版社，2008

[76] 中华人民共和国建设部．JGJ 144—2004 外墙外保温工程技术规程[S]. 北京：中国建筑工业出版社，2005.

[77] 中华人民共和国住房和城乡建设部．JGJ 289—2012 建筑外墙外保温防火隔离带技术规程[S]. 北京：中国建筑工业出版社，2012.

[78] 中华人民共和国住房和城乡建设部．JGJ/T 235—2011 建筑外墙防水工程技术规程[S]. 北京：中国建筑工业出版社，2011.

[79] 中华人民共和国住房和城乡建设部．JGJ/T 14—2011 混凝土小型空心砌块建筑技术规程[S]. 北京：中国建筑工业出版社，2011.

[80] 中华人民共和国住房和城乡建设部．JGJ/T 17—2008 蒸压加气混凝土建筑应用技术规程[S]. 北京：中国建筑工业出版社，2009.

[81] 中华人民共和国住房和城乡建设部．JGJ/T 220—2010 抹灰砂浆技术规程[S]. 北京：中国建筑工业出版社，2010.

[82] 中华人民共和国住房和城乡建设部．JGJ/T 223—2010 预拌砂浆应用技术规程[S]. 北京：中国建筑工业出版社，2010.

[83] 中华人民共和国住房和城乡建设部．JGJ/T 172—2012 建筑陶瓷薄板应用技术规程[S]. 北京：中国建筑工业出版社，2012.

[84] 中华人民共和国建设部．JGJ 51—2002 轻骨料混凝土技术规程[S]. 北京：中国建筑工业出版社，2002.

[85] 中华人民共和国住房和城乡建设部．JGJ/T 201—2010 石膏砌块砌体技术规程[S]. 北京：中国建筑工业出版社，2010.

[86] 中华人民共和国住房和城乡建设部 . JGJ 214—2010 铝合金门窗工程技术规范[S]. 北京：中国建筑工业出版社，2011.

[87] 中华人民共和国住房和城乡建设部 . JGJ 103—2008 塑料门窗安装及验收规范[S]. 北京：中国建筑工业出版社，2008.

[88] 中华人民共和国国家质量监督检验检疫总局 . GB/T 5824—2008 建筑门窗洞口尺寸系列[S]. 北京：中国标准出版社，2008.

[89] 中华人民共和国国家质量监督检验检疫总局 . GB 12955—2008 防火门[S]. 北京：中国标准出版社，2008.

[90] 中华人民共和国国家质量监督检验检疫总局 . GB 16809—2008 防火窗[S]. 北京：中国标准出版社，2008.

[91] 中华人民共和国住房和城乡建设部 . JGJ 237—2011 建筑遮阳工程技术规程[S]. 北京：中国建筑工业出版社，2011.

[92] 中华人民共和国住房和城乡建设部 . JGJ/T 261—2011 外墙内保温工程技术规程[S]. 北京：中国建筑工业出版社，2012.

[93] 中华人民共和国住房和城乡建设部 . JGJ 253—2011 无机轻集料砂浆保温系统技术规程[S]. 北京：中国建筑工业出版社，2012.

[94] 中华人民共和国住房和城乡建设部 . CJJ/T 135—2009 透水水泥混凝土路面技术规程[S]. 北京：中国建筑工业出版社，2009.

[95] 中华人民共和国住房和城乡建设部 . JGJ 209—2010 民用建筑太阳能光伏系统应用技术规范[S]. 北京：中国建筑工业出版社，2009.

[96] 中华人民共和国建设部 . JG/T 231—2007 建筑玻璃采光顶[S]. 北京：中国标准出版社，2008.

[97] 中华人民共和国住房和城乡建设部 . GB 50364—2005 民用建筑太阳能热水系统应用技术规范[S]. 北京：中国建筑工业出版社，2005.

[98] 中华人民共和国住房和城乡建设部 . CJJ 37—2012 城市道路工程设计规范[S]. 北京：中国建筑工业出版社，2012.

[99] 中华人民共和国住房和城乡建设部 . CJJ/T 188—2012 透水砖路面技术规程[S]. 北京：中国建筑工业出版社，2012.

[100] 中华人民共和国住房和城乡建设部 . CJJ/T 190—2012 透水沥青路面技术规程[S]. 北京：中国建筑工业出版社，2012.

[101] 中华人民共和国住房和城乡建设部 . GB 50208—2011 地下防水工程质量验收规范[S]. 北京：中国建筑工业出版社，2011.

[102] 中华人民共和国住房和城乡建设部 . GB 50339—2006 智能建筑工程质量验收规范[S]. 北京：中国建筑工业出版社，2013.

[103] 中华人民共和国建设部 . GB/T 50314—2006 智能建筑设计标准[S]. 北京：中国计划工业出版社，2007.

[104] 中华人民共和国住房和城乡建设部 . JGJ 255—2012 采光顶与金属屋面技术规程[S]. 北京：中国建筑工业出版社，2006.

[105] 中华人民共和国住房和城乡建设部 . GB 50687—2013 养老设施建筑设计规范[S]. 北京：中国建筑工业出版社，2013.

[106] 中华人民共和国国家质量监督检验检疫总局 . GB 14102—2005 防火卷帘[S]. 北京：中国标准出版社，2005.

[107] 北京市规划委员会 . DB 11/891—2012(2013 年版)居住建筑节能设计标准[S]. 北京：北京市规划委员会，2013.

[108] 中华人民共和国住房与城乡建设部．GB/T 50378—2014 绿色建筑评价标准[S]. 北京：中国建筑工业出版社，2014.
[109] 中华人民共和国住房和城乡建设部．JGJ 345—2014 公共建筑吊顶工程技术规程[S]. 北京：中国建筑工业出版社，2014.
[110] 中华人民共和国住房和城乡建设部．JGJ/T 341—2014 泡沫混凝土应用技术规程[S]. 北京：中国建筑工业出版社，2014.
[111] 中华人民共和国住房和城乡建设部．JGJ 126—2015 外墙饰面砖工程施工及验收规程[S]. 北京：中国建筑工业出版社，2015.
[112] 中国建筑标准设计研究院．01J925—1 压型钢板、夹芯板屋面及墙体建筑构造标准设计图集．北京：中国计划出版社，2001.
[113] 中国建筑标准设计研究院．07J103—8 双层幕墙标准设计图集．北京：中国计划出版社，2007.